U0622498

中国甜菜栽培理论研究

（2016—2020）

苏文斌　郭晓霞　主编

中国农业出版社

北　京

图书在版编目（CIP）数据

中国甜菜栽培理论研究：2016-2020 / 苏文斌，郭晓霞主编. -- 北京：中国农业出版社，2024. 10.

ISBN 978-7-109-32665-1

Ⅰ. S566.3

中国国家版本馆 CIP 数据核字第 2024VH2138 号

中国甜菜栽培理论研究（2016—2020）

ZHONGGUO TIANCAI ZAIPEI LILUN YANJIU（2016—2020）

中国农业出版社出版

地址：北京市朝阳区麦子店街 18 号楼

邮编：100125

责任编辑：赵　刚

版式设计：小荷博睿　　责任校对：吴丽婷

印刷：中农印务有限公司

版次：2024 年 10 月第 1 版

印次：2024 年 10 月北京第 1 次印刷

发行：新华书店北京发行所

开本：889mm×1194mm　1/16

印张：29.5

字数：895 千字

定价：198.00 元

本书编委会

主　编：

苏文斌　郭晓霞

副主编（按姓氏笔画排序）：

王宇光　田　露　史树德　刘华君　李　智　李国龙

李蔚农　宋柏权　林　明　赵丽梅　耿　贵　曹　禹

董心久

编委会委员（按姓氏笔画排序）：

王　淇　王宇光　王珍珍　王秋红　孔德娟　田　露

史树德　刘　佳　刘华君　刘庆鹏　刘静月　孙亚卿

苏文斌　李　智　李宁宁　李英浩　李国龙　李蔚农

沙　红　宋柏权　张　鹏　张济鹏　阿不都卡地尔·库尔班

阿勒合斯·加尔得木拉提　林　明　林艳军　周远航

赵孝如　耿　贵　徐　瑶　郭晓霞　黄春燕　菅彩媛

曹　禹　鄂圆圆　梁亚晖　董心久　韩　康　韩凤英

鲁伟丹　潘竞海

序

我国是世界第四大食糖生产国，也是第二大食糖消费国，是世界上为数不多的既生产甘蔗糖，又生产甜菜糖的国家。我国的食糖生产特别是甜菜生产已成为北方边疆少数民族地区经济的支柱性产业，也是社会稳定的重要基础产业。因此，甜菜制糖业的持续稳定发展，对于促进老少边穷地区的经济发展，维护边疆地区政治稳定具有重要的战略意义。

目前，我国食糖消费量基本保持在 1 500 万吨/年，全国食糖年产量波动在 1 050 万吨上下，食糖年缺口量为 500 万～600 万吨，约占国内食糖年消费量的 1/3。甜菜是我国第二大糖料作物，种植区主要集中在我国北方。因其独特的气候条件和雨热同季、昼热夜凉的温光资源，且产区地域广阔、人均耕地充裕，结合甜菜生长具有耐盐碱、耐低温、耐瘠薄等特点，在该区域具有良好的发展空间与潜力，成为国家重要的甜菜生产基地和甜菜制糖业的加工基地。甜菜是我国及世界的主要糖料作物之一，是中国西北、东北和华北地区主要的经济作物之一，甜菜生产和制糖业是当地农村经济和地方工业重要的支柱性产业之一。甜菜已被内蒙古、新疆和黑龙江等省区列为主要农作物，是重点扶持和发展的产业。基于甜菜生产的比较效益较高，曾经一度优于玉米、大豆和小麦等主要农作物，因此甜菜已成为我国华北、西北和东北三大产区农业种植结构优化调整中的优势作物。不仅在国民经济发展中具有举足轻重的作用，而且在调整产业结构，促进作物合理布局，推动农业增收、工业增效中发挥着重要作用。因此，发展甜菜生产，开展理论与实践研究，对推进甜菜产业可持续发展，确保我国食糖有效供给及糖罐子牢牢端在自己手里具有重要战略意义、战略定位和战略选择。对制定甜菜产业中长期发展规划与相关政策，具有一定的现实意义。2009 年经农业部批准国家现代农业甜菜产业技术体系正式组建，"十三五"时期国家现代农业产业技术体系经过调整，甜菜与甘蔗合并为国家现代农业糖料产业技术体系。体系内各岗站专家联合攻关生产瓶颈问题，提出对应的有效解决方案，助力产业高质量发展。

因此，开展甜菜产业可持续发展研究，不仅有利于推进甜菜生产技术集成化、劳动过程机械化、生产经营信息化，加快甜菜育种创新和推广应用，开发具有重要应用价值和自主知识产权的甜菜新品种，做大、做强甜菜种业。同时开展生产关键技术攻关，加强甜菜的高效栽培、病虫害防控、农业节水灌溉等生产环节，促进甜菜生产农机、农艺融合，从而推进农业结构战略性调整，加快实现现代甜菜制糖工业体系的步伐。

　　随着甜菜生产的不断发展，各甜菜产区相继进行了甜菜高产、高糖模式化栽培技术方面的研究，并取得了较大的成效。各地因地制宜创造出许多切实可行的栽培方法，我国华北、西北、东北地区最早的甜菜栽培方式是直播栽培，逐渐发展成为覆膜栽培、纸筒育苗移栽栽培、起高垄纸筒育苗栽培、覆膜纸筒栽培。在国外，大部分甜菜生产国采用机械化直播栽培、纸筒育苗栽培。总而言之，以播种形式划分甜菜的栽培方式可归纳为两大类：甜菜直播栽培（露地直播、覆膜直播）、甜菜纸筒育苗栽培（平地移栽、覆膜移栽、起高垄移栽），不同的栽培方式对甜菜的产质量的影响不同。进一步完善和研究栽培模式，可起到甜菜增产、增糖、增效的作用，从而推进我国甜菜生产及其制糖业可持续发展。

　　本书是在总结"十三五"研究成果的基础上，由国家现代农业产业技术体系——糖料体系长期从事甜菜产业经济、耕作栽培、土壤营养、节水灌溉等领域的岗位科学家及团队成员共同参与，汇集了基础理论研究与栽培生产实践科学论文 60 篇，分为"发展综述及研究进展篇""分子生物学篇""栽培生理研究篇""节水灌溉篇""土壤肥料篇""农艺措施篇"共 6 部分。通过深入的理论研究、实证分析，仔细寻找甜菜生育进程的规律、栽培技术模式及高产群体的数量、质量指标，调控措施规范化的高产、省工、节本、增效的栽培体系。为了使甜菜协调生长，可以在一定的生育时期，有目的地实施相应农艺措施。如：根据作物的品种、地力水平、种植制度、产量指标等，将耕作、水、肥、化控等措施事先计划好，在甜菜达到一定的生育时期时开始实施，从而最终达到优质、高产、高效栽培的目的。

　　希望此书在出版发行后能够为各级行政管理部门、科研机构、大专院校、食糖生产企业等相关人员进一步了解和研究中国甜菜产业可持续发展提供参考，为共同促进我国甜菜生产，保障中国食糖安全做出贡献。

本书编委会

2023 年 12 月

目　　录

ZHONGGUO TIANCAI
ZAIPEI LILUN YANJIU

发展综述及
研究进展篇

内蒙古甜菜制糖生产中存在的瓶颈问题及破解途径

苏文斌

（内蒙古农牧业科学院，呼和浩特　010031）

目前内蒙古自治区甜菜生产中存在一些制约甜菜生产发展的突出问题，表现为农业机械化作业效率低、成本高，农机研发投入不足，农机与农艺措施不配套；化学肥料投入量过大，尤其是氮肥用量，造成肥料利用效率低，土壤地力下降；甜菜灌溉不合理，水资源浪费严重，水分利用率低；除草剂药害问题逐年加重，植保、化控技术不到位，药剂防效差等的现状急需改变，严重影响甜菜生产。造成甜菜种植面积不能满足加工的需求，生产成本高，单产低，含糖低，导致农户和企业效益差，通过调研摸清存在的问题，提出拟解决的措施和办法。

2023 年 5 月 15 日到 7 月 10 日深入到内蒙古甜菜优势种植区、生产规模较大的企业、农机合作社、种植大户和协会进行实地调研。其中先后在土左旗、土右旗、察右前旗、察右后旗、察右中旗、商都县、太卜寺旗、林西县、突泉县、乌拉特前旗、农业推广部门、农机合作社、单位种植大户、骑士糖业、博天糖业、佰慧生糖业和内蒙古糖协等进行调研，于 2023 年 7 月 20 日完成调研报告。

1　内蒙古制糖产业发展现状

食糖是我国重要的农产品，是关系到国计民生的大事，是人民生活必需品，也是农产品加工业特别是食品和医药行业及下游产业的重要基础原料和国家重要战略物资。内蒙古是甜菜最适宜的种植区，在全国具有明显的区位优势，同时甜菜也是内蒙古具有明显竞争力的优势地方特色产业。内蒙古现有制糖企业 13 家，其中有 2 家企业 2022 年为休眠状态。

目前内蒙古为我国甜菜糖第一大主产区，全国第三。加工能力为 72 000t/d，按加工期 120～140d 计算，需要原料 864 万～1 008 万 t/年，按产量 3 吨/亩[①]以上计算，种植面积不少于 300 万亩，年产糖量可达到 120 万 t 以上。甜菜已列入我国主要经济作物，内蒙古已成为我国重要糖料基地，甜菜全产业链产值已突破 150 亿元。内蒙古地区甜菜种植主要分布在 10 个盟市 51 个旗县，其中有 28 个旗县是已"摘帽"的国家级、自治区级贫困旗县，甜菜产业涉及 20 万农民和 2 万产业工人，已成为繁荣地方经济、造福地方百姓、实现产业扶贫和创造就业机会的强大引擎。

由于有实力集团资本的注入，企业的股权发生了变化，益海嘉里控股荷丰农业、乐斯福控股佰惠生酵母后，水发集团也控股了佰惠生集团，管理和运行模式发生变化，对制糖产业今后发展奠定了良好的基础。加上加工设备的更新换代，如塔式连续浸出器、喷淋洗菜机最先应用在内蒙古晟通糖业；包装机器人、干法输送以及先进自控设备等一批新装备、新技术在内蒙古自治区糖厂得到普及；节能环保日臻完善，使我区制糖行业技术装备处于全国领先水平。

我国是世界第四大食糖生产国和第二大食糖消费国，也是世界上为数不多的既产甘蔗糖，也产甜菜糖的国家之一。目前，我国食糖消费量基本保持在 1 500 万 t 以上，近年来我国食糖年产量波动在

---

* 作者简介：苏文斌（1964— ），男，内蒙古呼和浩特人，研究员，研究方向：甜菜栽培。

① 亩为非法定计量单位，1 亩≈667m²，下同。

1 050 万 t 上下，食糖年缺口量 500 万～600 万 t，约占国内食糖年消费量的 1/3，其中甘蔗糖约占 87％，甜菜糖约占 13％。甘蔗受自然资源条件的制约，大幅度提升产能困难比较大，加上国际食糖供需基本处于紧平衡的大环境，要确保我国食糖安全和有效供给甜菜理当承担责任和使命，实现甜菜高质量发展意义重大。

2 甜菜产业存在的主要问题

甜菜产区资源利用率低、种植成本高、甜菜含糖率较低，竞争力不强，品质下降，造成农民种植效益低，企业制糖成本高。

2.1 生产成本大幅上涨

食糖的成本 70％以上是原料成本，2022 年内蒙古的甜菜收购价平均为 560 元/t，根据各糖厂所提供的数据，内蒙古甜菜的种植成本以种植大户为例，平均为 1 550 元/亩，最高的 2 045 元/亩，最低的 1 246 元/亩；这意味着内蒙古的平均甜菜单产必须超过 3 吨/亩农户才会有效益。原料成本构成中，第一是物资，第二是地租，第三是农机作业费；这三项是成本大头，占比 80％，其他如人工费、水电费占 20％左右。2023 年肥料、滴灌带和地租上涨明显，涨幅达 20％，亩种植成本平均增加 150～200 元。

2.2 甜菜综合生产水平亟待提高

众所周知，糖料生产是制糖产业的生命线，甜菜含糖高低，收购数量直接关系到我们制糖行业的生存。近些年我区的甜菜平均单产在 3.2t/亩，单产低、含糖不稳定是内蒙古所有制糖企业面临的共同挑战。内蒙古甜菜单产高的高、低的低，地域间、农户间种植管理水平差异大，单户种植规模越来越大，难以做到精细化管理，这些都是导致平均单产偏低的原因；内蒙古地区不论单产还是含糖都还有较大的提升空间，我们要在"十四五"期间，依靠科技进步，力争把甜菜单产提高到 4 吨/亩，菜丝含糖稳步提高到 16％，这样，内蒙古制糖行业的吨糖成本就会下降 300 元/t 左右，竞争力会大大增强，我们的目标：努力使甜菜种植面积稳定在 250 万～300 万亩，收购量在 1 000 万 t 以上，年产糖量达到 130 万 t。

2.3 甜菜产区春季干旱、风大、冷害严重，造成直播甜菜出苗难、保苗难

由于春季干旱严重时导致甜菜出苗率不足 50％，同时在风灾和冷害的影响下，甚至造成幼苗基本死亡，导致重新播种。致使种植面积减少，生产成本增加。

2.4 利益驱动企业数量和生产规模大幅度增加，甜菜重迎茬面积增加，造成地力和产质量水平下降

内蒙古 2017 年 7 家糖厂日处理量 22 500t，种植面积 125 万亩，2020 年新增 7 家糖厂日处理量 75 000t，种植面积 240 万亩，糖厂建设相对密集，布局欠合理，导致原料基地发展受限，重迎茬面积达到 50％以上，导致土壤中营养元素失衡，土壤结构破坏，耕地质量下降，甜菜产质量水平降低。

2.5 化学肥料投入量过大，肥料利用率低，造成土壤地力下降

土地的过度利用，一味追求作物产量，加大了化肥用量，造成肥料利用效率低，致使土壤有机质含量下降，全量养分不均衡性增加，微生物多样性指数降低，进一步降低了资源利用效率。

2.6 农田水利设施仍不完善，用水逐年增多，水分利用率低

农田水利设施仍不完善，甜菜种植区水资源相对贫乏，产区属干旱和半干旱地区，尤其春旱严重，灌溉是保障甜菜产质量的重要措施。加之盲目追求产量，灌溉不合理，水资源浪费严重，水分利用率低。

2.7 农机与农艺措施不配套，造成作业效果差，效率低

由于长期的投入不足，导致了甜菜生产专用机械研发能力不足，突破性核心技术缺乏，造成农机农艺不配套，作业效率低，生产成本较高，产质量水平较低，效益差，企业竞争力不强。

2.8 除草剂残留影响呈现逐年增加趋势

通过调研，我们发现甜菜前茬作物施用除草剂的残留给甜菜生产造成的损失非常严重，除草剂的药害逐年严重，内蒙古东部区尤为突出，玉米、大豆地块使用过除草剂后再种植甜菜，土地药害残留风险非常高，它一方面严重限制甜菜种植面积的扩大，另一方面给甜菜生长发育、产量含糖造成巨大的直接或间接损失。

2.9 甜菜保藏手段严重滞后，造成甜菜腐烂

甜菜保管仍然是个难题，一方面，随着机械化作业面积逐年增加，再加上连年的连作导致土壤病原菌大量积累，机械损伤的甜菜和病菜混入菜垛引起发热烂垛；另一方面，全球气候变化，冬季变暖，使甜菜保藏期缩短给甜菜保管带来了很大困难，保藏不当而烂掉，损失很大。

2.10 甜菜自育种品种市场占有率低

甜菜自育新品种由于国内甜菜种子加工分级与丸粒化包衣技术关键技术没有突破性进展，种子加工设备、技术落后，自育品种现在仍然无法实现商品化占有率低，主要依赖国外品种，对我国种子安全构成危险。

3 甜菜高质量发展措施

要想实现甜菜可持续、绿色、高质量发展，需政府、企业、农业科研部门、大专院校和农业推广部门协同发力，确保食糖自给率实现 65% 以上，内蒙古甜菜产业肩负着重大的使命，实现这一目标应从以下几方面采取措施。

3.1 国家层面

（1）进一步优化甜菜基地布局，加强糖料基地建设

建立足够规模的糖料原料优势生产基地是非常必要的，制糖企业原料不足成为制约甜菜制糖业发展的主要因子，为了提高企业设备利用率，增加规模效益，必须有足够健康稳定的制糖原料基地作为保障，按照企业所分布的区域，可划分内蒙古阴山丘陵冷凉干旱甜菜产区；赤峰、林西平川丘陵甜菜产区；河套、土默川平原灌溉甜菜产区；大兴安岭南麓甜菜产区和大兴安岭北麓高寒甜菜产区，目前大部分糖料主产区基础设施薄弱，抵御自然灾害风险能力差等特点，加强中低产田的农田基本建设、增建田间机井及排灌设施、增施有机肥、深耕翻等措施，可大幅度提高土壤肥力，实现高标准生产农田，提高甜菜单产和品质，提升了制糖企业的生存和竞争能力。

（2）积极争取国家优惠政策，推动产业可持续发展

国家连续几年在中央 1 号文件中把糖与粮棉油肉列为关系国计民生的战略物资，为保护并维持本国食糖市场供求总量平衡和国内食糖价格稳定，我国将不断完善食糖进口保护政策，坚持"食糖立足于国内"指导思想。甜菜各产区建立健全科学合理的农业补贴政策，建议国家在"十四五"制定相关政策时，争取获得国家、自治区的政策支持，争取甜菜糖获得与甘蔗糖一样的政策；争取对甜菜要像粮食和豆类等作物一样给予政策性补贴。

3.2 企业层面

（1）转型升级，走高质量发展之路

继续推进全行业降本增效，转型升级提升产业竞争力，实现甜菜糖业健康稳定可持续发展。要加强糖料甜菜的基地建设，实施切实有效的政策、措施保障甜菜种植户的利益，保护他们的积极性，稳定甜菜的种植面积。加强农、科、教、企紧密合作，加大投入，提高甜菜的单产，稳定含糖率。力争在"十四五"期间，实现我区的甜菜单产达到 4t/亩，含糖率稳定在 16% 左右的目标；努力使甜菜种植面积稳定在 250 万～300 万亩，收购量在 1 000 万 t 以上，年产糖量达到 130 万 t。同时利用现代科技手段建立"互联网＋"平台为广大农户提供技术服务，提高科学种田水平。以转型升级、绿色制造、降本增效和三品战略为重点，加大装备更新和技术改造投资，推动制糖装备向高端化、智能化、绿色化和副产品高附加值发展，力争在"十四五"期间实现内蒙古制糖生产"零取水"。

（2）在产区内应构建企业间实质性有效的重大事项议事机制，强化产区内重大事项的有序管理和利益共同体意识

企业间应创建有效的重大事项议事机制，强化利益共同体意识，面对关乎企业共同发展的重大事项，企业间定期召开会议协商拟定具体举措，统一步调共同遵守。与此同时，要创新与种植户的利益联结机制，增强种植户种甜菜的积极性，实现原料持续平稳发展，避免恶性竞争，抢购甜菜，造成人为损失，影响甜菜制糖良性发展。

（3）延长产业链，降低成本，提高效益

延长食糖品种产业链和升级，现在甜菜制糖企业生产产品相对单一，基本上都是大众化的绵白糖和幼砂糖，产品种类少，附加值低，应开发附加值高的主产品的研发和生产，如方糖、糖果类、精装白糖等。

（4）加强行业人力资源建设，大力培养人才

建立企业人才选拔、培训、使用和激励长效机制，着力加强制糖行业技术工人、研究人员和企业家的队伍建设，提高企业创新能力。加大"知识型＋技能型"人才队伍建设力度，支持企业、协会与高校、技校开展人才共建，培养专业技术人员，提高从业人员整体素质。

（5）积极争取自治区政策支持，讲好甜菜故事，讲好甜菜糖的故事

针对各方存在的"种植甜菜费水费地、糖厂生产耗水耗电，环境污染；还有糖厂在收购过程中存在的漏洞、问题以及食糖影响健康"等质疑，我们要用科学、翔实的数据为依据做好宣传解释工作，为企业代言，为食糖发声，讲好甜菜和甜菜糖的故事。

3.3 技术层面

（1）大力推广甜菜全程机械化绿色高效栽培技术，实现甜菜高质量发展

从内蒙古甜菜生产实际问题为出发，以甜菜绿色高效生产为核心，以协同高效为目标，以自治区甜菜优势产区为重点，加强联合协作，将集成甜菜全程机械化绿色高效栽培技术进行大面积推广，探索建立农业技术推广、科研单位、新型农业经营主体、社会化服务组织等合理分工、高效协作、优势互补的新机制。"基地＋基层农技推广部门＋新型农业经营主体"链条式技术推广服务模式为有力推动我区农业高质量发展、甜菜绿色化生产提供强有力的科技支撑和人才保障。内蒙古地区不论单产还是含糖都还有较大的提升空间，依靠科技进步，力争把甜菜单产提高到 4t/亩，菜丝含糖稳步提高到 16%。

（2）通过甜菜新品种鉴定，科学确定先用适合本产区品种和生产布局

甜菜新品种从主要农作物成为非主要农作物之后，由过去审定变为登记，对品种主要特征、特性、产质量、适应区域和抗性没有系统鉴定，而内蒙古种植甜菜区域分布范围广，气候条件差异大，对品种的要求不同，特别是抗病性差异明显，对甜菜产质量影响大，通过甜菜新品种鉴选，科学确定选用适合本产区品种，安排好生产布局，行之有效的办法。

（3）研究非充分灌溉条件下如何提高甜菜水分利用率，明确甜菜合理灌溉制度

针对不同生态区气候特点，甜菜生态适应性特征，特别是国家实行量水而行的地区，开展非充分灌溉条件下需水量和灌溉制度研究，制定各区域的合理灌溉制度，实现量水而行的目标。

（4）减施化肥、增施有机肥和生物菌肥技术解决化肥利用率低及土壤质量下降等问题

研究甜菜-土壤养分运移规律；明确化肥与有机肥和生物菌肥的最佳配比；研发绿色高效新型肥料，达到提高甜菜产质量水平和提升地力的效果。

（5）轮作制度、耕作制度，解决地力下降问题，实现藏粮于地、藏粮于技

通过作物发展优先序、轮作组合的系统研究，优化种植结构，调整区域布局，增加农田生态系统生物多样性，稳定甜菜产量，提高品质。

（6）甜菜盐碱地关键栽培技术，实现优质高效栽培

由于产业发展迅速，原料区耕地资源受限，向盐碱地转移，是解决甜菜产业发展的一条有效途径。研究不同种植方式、增施盐碱地土壤改良剂等措施实现甜菜优质高效生产。

（7）甜菜病虫草害绿色防控技术，解决对土壤和环境污染问题

针对绿色防控，筛选高效低毒低残留的药剂，达到减少农药用量，实现绿色高效防控。

（8）提升农机装备水平，实现农机与农艺高度融合

目前生产中推进的机收，普遍存在损失率过高、破损率过大、茎叶和杂质过多的问题。造成这方面的原因与耕种机械与起收不配套、品种根头大茎叶多、整齐度差、病害防控不及时有关。积极研发和提升种、管和收农机装备水平，提高作业生产效率，向智能化、数字化转型。

（9）甜菜新型肥料与化控技术研发，减轻对环境的污染，实现甜菜产业绿色可持续发展

重点开展营养元素、酵母废液、微生物菌剂、调节剂及增糖剂等对甜菜根生长发育的调控研究，研发出能提高甜菜产质量的新型肥料与化控产品，减轻对环境的污染，实现甜菜产业绿色可持续发展。

（10）着力培育社会化服务组织

一是培育多元化经营型主体；二是培育社会化服务组织；三是统筹好与社会化服务关系，为企业可持续发展提供支撑和保障。

总之，内蒙古制糖业不仅经历了我国农业、工业发展的峥嵘岁月，同时也是脱贫攻坚、乡村振兴的参与者、引领者；还是国家糖料战略支撑的实践者、贡献者，所以这个产业仍有它的存在价值和发展潜力。几十年的历史经验告诉我们，以内蒙古得天独厚的自然条件，全国领先的技术装备，先进的管理体制，踏实肯干的工作精神，一定会渡过前进过程中的各种难关。

甜菜组学技术研究进展

耿贵[1,2]，吕春华[3]，於丽华[1,2]，李任任[3]，王宇光[1,2]

（1. 黑龙江省普通高校甜菜遗传育种重点试验室/黑龙江大学，哈尔滨 150080；2. 黑龙江大学农作物研究院，哈尔滨 150080；3. 黑龙江大学生命科学学院，哈尔滨 150080）

摘要：转录组学、蛋白组学、基因组学和代谢组学等组学技术具有高通量、高灵敏度和系统性等

---

* 通讯作者：耿贵（1963— ），男，黑龙江牡丹江人，研究员，研究方向：甜菜耕作与栽培。

优点，已成为在分子水平研究植物应对生物胁迫和非生物胁迫的强有力工具。本研究综述了近年来国内外在甜菜组学技术方面的相关研究，包括甜菜在生物和非生物胁迫下的抗逆分子机理研究、细胞质雄性不育（CMS）结构基因和基因辅助甜菜育种功能研究，这些研究对于培育优良甜菜品种具有重要的理论价值。下一步应加强多种组学结合的研究策略，并结合基因功能鉴定发掘更多的甜菜优质基因资源。

0 引言

甜菜（*Beta vulgaris* L.）是藜科甜菜属，2年生草本植物，最重要的经济作物之一，供应世界上约35%的糖[1]，广泛种植于中国北部的干旱和半干旱地区，与甘蔗一起被认为是中国两大糖料作物。虽然甜菜具有耐寒、耐旱、耐盐、抗病等多种优良特性，但极端温度、干旱、水涝、盐度重金属以及病害等胁迫仍然会严重影响甜菜的产质量[2-6]。据报道，全球耕地总量中没有受到胁迫的农业用地仅占10%，也就意味着90%的农业用地所种植的作物都会受到一种或多种非生物的胁迫影响[7]。甜菜在胁迫条件下为了生存和繁殖，会通过调节自身的生理、细胞和分子活动产生一系列复杂的反应和适应机制。因此，了解甜菜的反应及适应机制对于提高甜菜产质量有重要作用。

过去的200年中，通过育种家们的不断努力，甜菜的含糖量从8%增加到18%；另外他们通过选择抗病品种、改良主基因以及培育杂交品种，一定程度提高了甜菜产量[8]。虽然这些传统的基于表型选择的植物育种显著提高了甜菜的产量，但仍存在周期长等一些局限性。随着组学技术的发展，即转录组学、蛋白质组学、基因组学和代谢组学等新研究手段的应用，人们能够逐渐了解植物基因组的遗传结构以及基因型和表型之间的关系。近年来，基于下一代测序（NGS）的基因组学（Genomics）为揭示植物应对生物和非生物胁迫时的响应机制提供了大量的遗传信息[9-10]，目前，完成基因组测序的植物已经大于25种[11]；在转录组学（Transcriptomics）水平，微阵列和RNA测序技术已广泛应用于阐明不同植物物种中涉及生物和非生物应激反应基因的差异表达[12]；蛋白质组学（Proteomics）和代谢组学（Metabolomics）是后基因组时代新兴的两种组学技术，蛋白质组学技术可以同时识别和量化数以千计的蛋白质，是理解生物系统及其变化规律的重要工具[13]，可以用来比较不同应激条件下植物体内的蛋白质变化[14]；代谢组学主要关注低分子量（<1 000Da）代谢物的分布，这些代谢物是生物体液、组织乃至整个机体代谢的最终产物[15]。基因组学、转录组学、蛋白质组学和代谢组学等组学技术的结合对于提高植物的抗应激能力研究具有重要价值。

近年来，国内外已经开展了大量关于甜菜抗胁迫相关基因和蛋白质的研究。本研究对甜菜的基因组学、转录组学、蛋白质组学和代谢组学技术研究进行了总结，旨在为进一步开展相关研究提供借鉴。

1 甜菜转录组学相关研究

转录组学（Transcriptomics）是一门在整体水平上研究细胞中基因转录的情况及转录调控规律的学科[16]。目前，全面综合的高通量分析技术已经引入到甜菜转录组研究中。

采用cDNA微阵列分析甜菜发育过程中初生根蔗糖积累与基因表达的动态变化，结果发现一些参与组织发育调控的基因表达存在差异，参与蛋白代谢、失调和分泌系统的基因出现上调，而受激素调控的一些基因上调[17]。采用比较转录组学研究豌豆、苜蓿和甜菜对根瘤菌的适应性，结果表明在豆科植物根际诱导了许多基因表达，但在甜菜根际中没有诱导[18]。利用转录组测序研究甜菜茎尖对春化和赤霉素处理的整体转录反应，分析确定了RAV1 AP2/B3结构域蛋白在应对春化和赤霉素反应中起重要作用[19]。

以耐盐甜菜品系"O68"为材料，经300mmol/L NaCl处理后利用DDRT-PCR技术和银染技术对正常条件下与高盐条件下的甜菜叶片进行 mRNA 差异显示分析，得出盐胁迫下甜菜叶绿体相关蛋白及金属硫蛋白表达增强，此外信号通路相关蛋白表达也会发生改变[20]。对 500mmol/L NaCl 处理下甜菜 M14 叶片和根系进行转录分析，利用抑制消减杂交技术构建差异表达的 cDNA 文库，获得 58 个 unigenes，部分差异表达基因参与代谢、光合作用、应激与防御、能量、蛋白质合成和蛋白质降解等途径[21]。通过构建盐胁迫下甜菜 M14 品系的参考转录组测序文库，并利用生物信息学对文库进行测序拼接，得到 54 843 个 Unigenes，其中 33 732 个 Unigenes 得到功能注释[22]。利用转录组测序和 qRT - PCR 分析甜菜在盐胁迫和热胁迫条件下 WRKY 家族中基因的表达情况，结果表明热胁迫条件下有 7 个基因上调，盐胁迫条件下有 5 个基因上调，说明 WRKY 对甜菜逆境生理调控起重要作用[23]。利用基因表达谱分析易感、多基因抗性和单基因抗性的甜菜对贝氏孢子防御反应的时间和强度关系，结果表明 3 种基因型在感染过程中均诱导出相似的基因表达，但单基因抗性型在接种后 1 天表现出较强的防御反应，而其他基因型在感染周期的后期（15 天）表现出较强的防御反应[24]。

2　甜菜蛋白质组学相关研究

蛋白质组学（Proteomics）是跟踪和比较全基因组基因在蛋白水平表达的一种方法，寻找在几个发育阶段、组织甚至物种的蛋白定性和定量差异，目前蛋白质组学研究的目的不仅在于发现新的蛋白质与其功能的关系，而且在于揭示它们是如何在植物体内表达调控。

2.1　干旱胁迫下甜菜蛋白质组研究

对干旱胁迫下 T510 和 S210 甜菜品系采用双向电泳和质谱分析，鉴定出 T510 中有 23 种差异蛋白、S210 中有 20 种差异蛋白，与代谢相关的蛋白分别占 17%（T510）和 20%（S210）；与能量代谢相关的蛋白占 17%（T510）和 5%（S210）；与转录和信号传导相关的蛋白在 T510 幼苗叶片中分别有 1 种和 2 种，都表达上调，但 S210 中没有上调表达；与光合作用相关的蛋白在 T510 幼苗叶片中有 4 种，3 种上调表达，但 S210 中没有上调表达[25]。将正常处理和干旱处理的甜菜叶片用 2D - DIGE 分析蛋白差异变化，然后进行图像分析，结果表明干旱胁迫下共检测到 500 多个蛋白点，79 个蛋白点发生显著变化，后对 20 个蛋白点进行 LC - MS/MS 处理，鉴定出 11 个参与氧化应激、信号转导和氧化还原调节的蛋白，预测这些蛋白可能是通过育种提高甜菜耐旱性的重要靶点[26]。通过双向电泳技术对甜菜耐旱品种 HI0466 在正常供水和干旱胁迫条件下叶片差异表达蛋白进行对比研究，质谱鉴定共获得了 17 个差异表达蛋白点，包括上调的 10 个，新出现的蛋白点 6 个，下调的 1 个，功能分类分析表明干旱胁迫蛋白参与光合作用、物质与能量代谢、活性氧清除、细胞结构、物质运输和蛋白质合成等途径[27]。

2.2　盐胁迫下甜菜蛋白质组研究

通过 2D - DIGE 提取分离对照和盐处理样品中的蛋白，叶片中的 40 个蛋白点和根中的 36 个蛋白点表达发生显著的变化，通过质谱分析和数据库检索，鉴定出 38 种叶片差异蛋白和 29 种根系差异蛋白主要参与新陈代谢、蛋白质折叠、光合作用和蛋白质降解等途径[21]。此外，利用 iTRAQ 二维 LC - MS/MS 技术对盐胁迫下甜菜进行膜蛋白质组学定量分析，共鉴定出 274 个蛋白，其中 50 个蛋白表达存在差异变化，40 个蛋白表达增加，10 个蛋白表达减少，这些蛋白主要参与转运（17%）、代谢（16%）、蛋白质合成（15%）、光合作用（13%）、蛋白质的吸收和降解（9%）、信号传导（6%）、压力和防御（6%）、能量（6%）和细胞结构（2%）等途径[28]；后对 500mmol/L 盐胁迫下单体附加系 M14 进行蛋白质组分析，使用 LC - MS/MS 共鉴定了 71 个差异表达的蛋白点，主要参与代谢（28%）、能量（21%）、蛋白质合成（10%）、压力和防御（10%）、目的蛋白（8%）、未知蛋白

（8%）、次生代谢（5%）、信号转导（4%）、转运蛋白（1%）及细胞分裂（1%）等途径[29]。通过 LC‑MS/MS 和磷酸化肽富集技术对蛋白质样品进行总蛋白组学分析，共鉴定出 2 182 个蛋白点，其中 114 个蛋白在盐胁迫下存在差异表达，189 种磷酸化蛋白在磷酸化上存在差异表达，另外发现一些与盐胁迫相关的信号分子，如 14‑3‑3 和丝裂原激活蛋白激酶（MAPK）[30]。

2.3 低温、病虫害及重金属胁迫下甜菜蛋白质组研究

冷胁迫下，分析从悬浮培养的甜菜细胞中提取的原生质体蛋白，结果表明在低温条件下 H+ 泵浦的调节可能是由于 H+ ATPase 和 14‑3‑3 蛋白之间的相互作用[31]。对感染甜菜坏死黄脉病毒（BNYVV）的敏感甜菜进行蛋白质组学分析，共鉴定出 203 种差异表达蛋白质，其中大部分蛋白质与光合作用、能量、代谢和对刺激的反应有关[32]。采用多维液相色谱法对 BNYVV 诱导的甜菜差异蛋白表达进行研究，在根提取物中检测到的 1 000 多个蛋白质中，分别有 7.4% 和 11% 的蛋白表达受到 BNYVV 的影响[33]。通过二维凝胶电泳技术研究甜菜根蛋白组中不同程度的锌毒性现象，结果表明，在低锌和轻度过量锌时，线粒体转运链的复合物 I 和氧化磷酸化轻度受损，并通过增加糖酵解来补偿这种影响；在高锌条件下，一般代谢停止，即有氧呼吸减少和氧化应激防御系统受损[34]。

3 甜菜基因组学相关研究

21 世纪以来，基因组学（Genomics）研究领域迅速发展，不仅提高了基因型预测表型的精度及效率，而且极大地促进了作物耐受生物或非生物胁迫的品种改良[35]。基因组辅助育种已被证明对包括甜菜在内的许多作物是一种有价值的工具，同时也为甜菜的遗传改良提供了新的机会[36]。

3.1 结构基因组学

结构基因组学即以全基因组测序为目标，确定基因组的组织结构、基因组成及基因定位的基因组学的一个分支。Dohm 等构建一个甜菜全基因组序列[8]，通过转录数据预测了 27 421 个蛋白质编码基因，并根据序列同源性对其进行注释，后以甜菜基因组序列为基础分析了甜菜种内变异情况，共鉴定出 700 万个变异位点，这些变异基因在参考基因组、低变异基因和人工选择基因中都发挥作用[37]。研究测定甜菜的叶绿体基因组（cpDNA），结果表明 53.4% 的甜菜 cpDNA 由基因编码区（蛋白编码区和 RNA 基因）组成，113 个个体基因（79 个蛋白编码基因、30 个 tRNA 基因、4 个 rRNA 基因）的含量和相对位置与烟草的 cpDNA 几乎相同[38]。

构建细胞质雄性不育甜菜（CMS）的线粒体 DNA 的基因图谱，并将其与普通可育甜菜的线粒体基因组进行比较，发现 CMS 基因组高度重组[39-40]。同时测定了 CMS 甜菜线粒体基因组的完整核苷酸序列（501020bp），与已报道普通可育甜菜线粒体基因组相比，发现这 2 个基因组具有相同的已知功能基因补体[41]。研究甜菜正常或 CMS 中线粒体的蛋白谱，发现在 CMS 中表达了一种 35kDa 的多肽，而在普通可育甜菜中没有表达[42]。

3.2 功能基因组学

基因不是孤立存在的，基因的相互作用体现在生物体的各个方面，功能基因组学通过将新的功能分配给未知基因来帮助人们理解有机体的基因是如何协同工作的，并通过使用结构基因组学提供的信息来评估基因的功能[43]。

对甜菜中 R2R3‑MYB 基因进行功能分类，在 R3 域中鉴定出具有非典型氨基酸组成的甜菜特异性支链，初步鉴定这些基因编码蛋白参与甜菜红碱调节。此外，R2R3‑MYB 基因 *Bv‑iogq* 编码的蛋白是一种黄酮醇调节剂，并对其调节功能进行了研究[44]。分别从 6 个最耐药和 6 个最易受感染的 F2 甜菜群体中分离出单独的 DNA 片段，鉴定出的 QTL 对应于一种调控冬青抗性的基因，命名为Rz‑l[45]。

从海甜菜基因组文库中分离到 41 个 SSR，从普通甜菜文库中提取 201 个 SSR，在甜菜基因文库 ESTs 上挖掘数据，共鉴定出 19 709 个 ESTs 和 803 个 EST - SSRs[46]。

4　甜菜代谢组学相关研究

代谢组是生物体中除了主要代谢物之外的所有低分子量化合物的集合，它们的综合分析称为代谢组学（Metabolomics）[47]，这些次生代谢物参与不同生理过程和不同应激反应[48]。在植物发育和与环境相互作用的过程中，动态代谢组可反映植物的生理生化过程，并能决定植物的表型和性状[49]。目前，代谢组学的分析工具主要包括高效液相色谱（HPLC）、毛细管电泳（CE）、气相色谱（GC）、UV 分光光度计和液相色谱质谱联用（LC - Ms）。代谢组学对甜菜根的分析仍处于初级阶段，本文研究有机甜菜和传统甜菜的根汁中抗氧化剂和代谢指纹图谱的水平，并对甜菜根汁的抗癌特性进行评价，结果表明，有机新鲜甜菜根中含有的干物质、维生素 C 和部分酚类化合物明显多于传统甜菜根，证明有机甜菜根汁具有更强的抗肿瘤活性[50]。

5　展望

本研究综述了甜菜转录组学、蛋白质组学、基因组学和代谢组技术等方面的研究（图 1），并介绍一些与甜菜响应生物和非生物胁迫相关的基因和蛋白质。但是目前在甜菜方面的研究仍然有限，蛋白质组学和代谢组学在甜菜中的研究仍然较少。随着高通量蛋白质组学和代谢组学研究方法的发展，以及多组学结合策略的应用，将有助于大规模鉴定更多涉及生物学过程相关的分子和信号。这些研究的开展将为甜菜的遗传工程改良和分子技术辅助育种奠定重要基础。

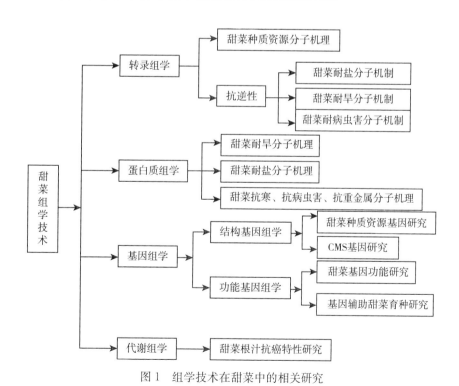

图 1　组学技术在甜菜中的相关研究

◇ 参考文献

[1] Liu H，Wang Q Q，Yu M M，et al. Transgenic salt - tolerant sugar beet（*Beta vulgaris* L.）

constitutively expressing an *Arabidopsis thaliana* vacuolar Na^+/H^+ antiporter gene，AtNHX3，accumulates more soluble sugar but less salt in storage roots [J]. Plant，Cell and Environment，2008，31（9）：1325-1334.

[2] TERRY. Developmental Physiology of Sugar Beet：I. The Influence of Light And Temperature on Growth [J]. Journal of Experimental Botany，1968，19（4）：795-811.

[3] E S. Ober，M L Blo，C J Clark，et al. Evaluation of physiological traits as indirect selection criteria for drought tolerance in sugar beet [J]. Field Crops Research，2005，91（2）：231-249.

[4] Wang Y G，Piergiorgio Stevanat，Yu L H，et al. The physiological and metabolic changes in sugar beet seedlings under different levels of salt stress [J]. J Plant Res，2017，130（6）：1079-1093.

[5] E J HEWITT. Metal Interrelationships in Plant Nutrition：I. Effects of Some Metal Toxicities on Sugar Beet，Tomato，Oat，Potato，and Marrowstem Kale Grown in Sand Culture [J]. Journal of Experimental Botany，1953，4（1）：59-64.

[6] Ioannis Panagopoulos，Janet F Bornman，Lars Olof Björn. Response of sugar beet plants to ultraviolet-B（280-320nm）radiation and Cercospom leaf spot disease [J]. Physiologia Plantarum，1992，84（1）：140-145.

[7] Dita MA，Rispail N，Prats E，et al. Biotechnology approaches to overcome biotic and abiotic stress constraints in legumes [J]. Euphytica，2006，147（1）：1-24.

[8] Juliane C Dohm，André E Minoche，Daniela Holtgräwe. The genome of the recently domesticated crop plant sugar beet（*Beta vulgaris*）[J]. Nature，2014，505（7 484）：546-549.

[9] Yin F Q，Gao J，Liu M，et al. Genomewide analysis of water-stress-responsive microRNA expression profile in tobacco roots [J]. Functional Integrative Genomics，2014，14（2）：319-332.

[10] LuanY S，Cui J，Zhai J M，et al. High-throughput sequencing reveals differential expression of miRNAs in tomato inoculated with Phytophthora infestans [J]. Planta，2015，241（6）：1405-1416.

[11] Hamilton，J P，C R Buell. Advances in plant genome sequencing [J]. Plant J.，2012，70（1）：177-90.

[12] Akpinar B A，Kantar M，Budak H. Root precursors of microRNAs in wild emmer and modern wheats show major differences in response to drought stress [J]. Functional integrative genomics，2015，15（5）：587-598.

[13] Cecilia S S，Li H Y，Chen S X. Recent advances and challenges in plant phosphoproteomics [J]. Proteomics，2015，15（5）：1127-1141.

[14] Isabelle Benoit，Zhou M M，Alexandra Vivas Duarte. Spatial differentiation of gene expression in *Aspergillus niger* colony grown for sugar beet pulp utilization [J]. Scientific reports，2015，5（1）：13592.

[15] M Broche，B Vinocur，E Alatalo，et al. Gene expression and metabolite profiling of *Populus euphratica* growing in the Negev desert [J]. Genome Biol，2005，12（6）：R101.

[16] Jung K H，An G H，Pamela C. Ronald. Towards a better bowl of rice：Assigning function to tens of thousands of rice genes [J]. Nature Reviews Genetics，2008（9）：91-101.

[17] D Trebbi，M McGrath. Functional differentiation of the sugar beet root system as indicator of developmental phase change [J]. Physiologia Plantarum，2009，135（1）：84-97.

[18] Vinoy K Ramachandran，Alison K East，Ramakrishnan Karunakaran，et al. Adaptation of

Rhizobium leguminosarum to pea, alfalfa and sugar beet rhizospheres investigated by comparative transcriptomics [J]. Genome Biology, 2011 (12): R106.

[19] E S Mutasa‐Göttgens, A Joshi, H F Holmes. A new RNASeq‐based reference transcriptome for sugar beet and its application in transcriptomescale analysis of vernalization and gibberellin responses [J]. BMC Genomics, 2012 (13): 99.

[20] 李鹤男. DDRT‐PCR 技术分析甜菜盐胁迫下相关基因差异表达 [D]. 哈尔滨: 哈尔滨工业大学, 2013.

[21] Yang L, Ma C Q, Wang L L, et al. Salt stress induced proteome and transcriptome changes in sugar beet monosomic addition line M14 [J]. Journal of Plant Physiology, 2012, 169 (9): 839‐850.

[22] 吕笑言, 金英. 利用生物信息学技术构建分析甜菜 M14 品系盐胁迫下参考转录组数据库 [J]. 黑龙江大学自然科学学报, 2017, 34 (2): 208‐212.

[23] 孔维龙, 于坤, 但乃震, 等. 甜菜 WRKY 转录因子全基因组鉴定及其在非生物胁迫下的表达分析 [J]. 中国农业科学, 2017, 50 (17): 3259‐3273.

[24] F Weltmeier, A Mäser, A Menze, et al. Transcript Profiles in Sugar Beet Genotypes Uncover Timing and Strength of Defense Reactions to Cercospora beticola Infection [J]. The American Phytopathological Society, 2011, 27 (7): 758‐772.

[25] 彭春雪. 干旱胁迫下甜菜生理及蛋白质组差异分析 [D]. 哈尔滨: 黑龙江大学, 2013.

[26] Hajheidari, Abdollahian‐Noghabi, Askari, et al. Proteome analysis of sugar beet leaves under drought stress [J]. Congress Taipei, 2004, 5 (4): 14‐17.

[27] 李国龙, 吴海霞, 孙亚卿, 等. 甜菜叶片应答干旱胁迫的差异蛋白质组学分析 [J]. 作物杂志, 2015 (5): 63‐68.

[28] Li H Y, Yu P N, Zhang Y X, et al. Salt stress response of membrane proteome of sugar beet monosomic addition line M14 [J]. Journal of Proteomics, 2015, 127 (8): 18‐33.

[29] Li H Y, Cao H X, Wang Y G, et al. Proteomic analysis of sugar beet apomictic monosomic addition line M14 [J]. J. Proteomics, 2009, 73 (2): 297‐308.

[30] Yu B, Li J N, JinKoh, et al. Quantitative proteomics and phosphoproteomics of sugar beet monosomic addition line M14 in response to salt stress [J]. Journal of Proteomics, 2016, 143 (30): 286‐297.

[31] V V Chelysheva, I N Smolenskaya, M C Trofimova, et al. Role of the 14‐3‐3 proteins in the regulation of H^+‐ATPase activity in the plasma membrane of suspension‐cultured sugar beet cells under cold stress [J]. FEBS Letters, 1999, 456 (1): 22‐26.

[32] Kimberly M. Webb, Carolyn J. Broccardo, Jessica E. Prenni, et al. Proteomic profiling of sugar beet (*Beta vulgaris*) leaves during rhizomania compatible interactions [J]. Proteomes, 2014, 2 (2): 208‐223.

[33] Rebecca L Larson, William M Wintermantel, Amy Hill, et al. Proteome changes in sugar beet in response to Beet necrotic yellow vein virus [J]. Physiological and Molecular Plant Pathology, 2008, 72 (1): 62‐72.

[34] Elain Gutierrez‐Carbonell, Giuseppe Lattanzio, Ruth Sagardoy, et al. Changes induced by zinc toxicity in the 2‐DE protein profile of sugar beet roots [J]. Journal of Proteomics, 2013, 94 (6): 149‐161.

[35] Rajeev K Varshney, David A Hoisington, Akhilesh K. Tyagi. Advances in cereal genomics and applications in crop breeding [J]. Trends in Biotechnology, 2006, 24 (11): 490‐499.

[36] Tobias Wurschum，Jochen C Reif，Thomas Kraft，et al. Genomic selection in sugar beet breeding populations [J]. BMC Genetics，2013，14（1）：85.

[37] Juliane C Dohm，Cornelia Lange，Daniela Holtgra，et al. Palaeohexaploid ancestry for Caryophyllales inferred from extensive gene‐based physical and genetic mapping of the sugar beet genome（*Beta vulgaris*）[J]. The Plant Journal，2012，70（3）：528‐540.

[38] Li H，Cao H，Cai F，et al. The complete chloroplast genome sequence of sugar beet（*Beta vulgaris* ssp. *vulgaris*）[J]. Mitochondrial DNA，2014，25（3）：209‐211.

[39] T Kubo，S Nishizawa，T Mikami，et al. Alterations in organization and transcription of the mitochondrial genome of cytoplasmic male sterile sugar beet（*Beta vulgaris* L.）[J]. Molecular and General Genetics，1999，262（2）：283‐290.

[40] M Satoh，T Kubo，T Mikami. The Owen mitochondrial genome in sugar beet（*Beta vulgaris* L.）：possible mechanisms of extensive rearrangements and the origin of the mitotype‐unique regions [J]. Theoretical and Applied Genetics，2006，113（3）：477‐484.

[41] M Satoh，T Kubo，S Nishizawa，et al. The cytoplasmic male‐sterile type and normal type mitochondrial genomes of sugar beet share the same complement of genes of known function but differ in the content of expressed ORFs [J]. Molecular Genetics and Genomics，2004，272（3）：247‐256.

[42] MP Yamamoto，T Kubo，T Mikami. The $5'$‐leader sequence of sugar beet mitochondrial atp6 encodes a novel polypeptide that is characteristic of Owen cytoplasmic male sterility [J]. Molecular genetics and genomics，2005，273（4）：342‐349.

[43] Hieter P，Boguski M. Functional genomics：It's all how you read it [J]. Science，1997，278（5338）：601‐602.

[44] Ralf Stracke，Daniela Holtgräwe，Jessica Schneider，et al. Genome‐wide identification and characterisation of R2R3‐MYB genes in sugar beet（*Beta vulgaris*）[J]. BMC Plant Biology，2014，14（1）：249.

[45] F Pelsy，D Merdinoglu. Identification and mapping of random amplified polymorphic DNA markers linked to a rhizomania resistance gene in sugar beet（*Beta vulgaris* L.）by bulked segregant analysis [J]. Plant Breeding，1996，115（5）：371‐377.

[46] V Laurent，P Devaux，T Thiel，et al. Comparative effectiveness of sugar beet microsatellite markers isolated from genomic libraries and GenBank ESTs to map the sugar beet genome [J]. Theoretical and Applied Genetics，2007，115（6）：793‐805.

[47] N Schauer，A Fernie. Plant metabolomics：Towards biological function and mechanism [J]. Trends in Plant Science，2006，11（10）：508‐516.

[48] E Capuano，R Boerrigter‐Eenling，et al. Analytical authentication of organic products：an overview of markers [J]. J. Sci. Food Agric.，2013，93（1）：12‐28.

[49] Rischer H，Oresic M，Seppanen‐Laakso T，et al. Gene‐to‐metabolite networks for terpenoid indole alkaloid biosynthesis in *Catharanthus roseus* cells [J]. Proceedings of the National Academy of Sciences，2006，103（14）：5614‐5619.

[50] R Kazimierczak，E Hallmann，J Lipowsk，et al. Beetroot（*Beta vulgaris* L.）and naturally fermented beetroot juices from organic and conventional production：metabolomics，antioxidant levels and anticancer activity [J]. J. Sci. Food Agric.，2014，94（13）：2618‐2629.

甜菜生长模型研究进展

胡晓航[1,2]，马亚怀[1,2]，董心久[3]，杨洪泽[3]，李彦丽[1,2]

（1. 黑龙江大学现代农业与生态环境学院，哈尔滨 150008；2. 国家糖料改良中心，哈尔滨 150008；3. 新疆农业科学院经济作物研究所，乌鲁木齐 830091）

摘要： 为探求适合中国区域化的甜菜生长模型，并加强自身模型的开发能力，本文对国内外甜菜生长模型的研究与发展综述可知，甜菜生长模型主要为 3 种：DSSAT - CERES - Beet 模型、AquaCrop - Beet 模型和 APSIM 模型，均可评价甜菜种植制度、管理措施、不同气候变化对产量的影响，监测土壤水分平衡包括潜在蒸散、实际土壤蒸发、植物蒸腾、根系吸水、径流、土壤渗漏以及不同土层的土壤水流等。这对国内甜菜生产潜力、农业管理和农业风险评估方面都有着重要的指导意义。

关键词： 甜菜；生长模型；DSSAT - CERES - Beet；AquaCrop - Beet；APSIM

0 引言

随着科技的飞速发展，在农业-土壤-植物-大气连续体（Soil - Plant - Atmosphere Continuum，SPAC）系统中，越来越多的研究者以作物生理、生态过程为研究基础，以数学、统计及计算机为手段，利用分子遗传学、植物生理学、农业生态学、农业气象学等学科的理论，综合考虑气象因素、土壤因素和灌溉管理制度等，研发出了许多能够对作物生长动态模拟的作物生长模型（Crop growth simulation model）[1]。这些作物模拟模型通过分析环境因子（光照、温度等）对作物生长的状态变量（生物量、水肥吸收）及过程机理（光合作用、呼吸过程等）产生的影响，从而对作物产量预测、优化策略管理等方面的研究备受关注，同时作物生长模型对降低因区域气候变化对作物产量的影响也具有重要意义[2]。甜菜生长模型的应用与开发比较晚，20 世纪初才出现对产量预测及田间管理的生长模型，如 Resistance Mode[3]，Stochastic Model[4]。但到目前为止，可用来模拟甜菜生长和产量的模型很多，这些模型大都是建立在甜菜预采收与最终产量的关系或不同的植物生长过程所涉及的不同生长阶段的基础上[5]。关于甜菜生长模型的类型，按照国外研究和应用研发角度可以分为 3 类：一是经验模型（Empirical models）：PIEteR[6-7]和 LUTIL[8-10]；二是过程模型（Process - based models）：SUBGRO[11]、SUBGOL[12]、SIMBEET[13]、SUBEMO[14-15]、SUCROS[8]、DSSAT - CERES - Beet[16-17]、Broom's Bar[18]、Green Lab[19]、Pilote[20-21]和 AquaCrop[22]；三是最近发展了一种预测作物潜力的动态作物模型，采用 APSIM 模型对饲用甜菜产量进行分析[23]。本文主要针对 DSSAT - CERES - Beet 模型、AquaCrop - Beet 模型和 APSIM 模型的研究和发展进行介绍及比较，为不同地区、不同气候条件下的甜菜生物量累积和产量形成，以及环境对甜菜生产的影响，进而为未来气候变化下的甜菜生产力效率研究提供理论依据。

1 DSSAT - CERES - Beet 模型

农业技术转让决策支持系统（Decision Support System for Agrotechnology Transfer，DSSAT）

---

* 通讯作者：胡晓航（1980—　），女，黑龙江哈尔滨人，助理研究员，研究方向：土壤生态与作物栽培。

可以通过一系列程序将作物模拟模型与土壤、气候及试验数据库相结合，进行长短期的气候应变决策[24]。国内的气候变化对农业生产的影响评估和适应性研究的应用已经开展很多工作，是目前气候变化影响评估领域应用比较广泛的作物模型之一。DSSAT 系统目前主要由 26 种不同的作物模拟模型组成，主要包括 CERES（CropEnvironment Resource Synthesis）系列模型[25-26]、CROPGRO 豆类作物模型[27-28]、SUBSTORpotato 马铃薯模型[29-30]、CROPSIMcassava 木薯模型[31]、OILCROP 向日葵模型[32]以及最新加入的 CANEGRO 甘蔗模型[33-35]。

DSSAT - CERES - Beet 就是在 DSSAT 软件 CERES 模块中的甜菜模型。CERES - Beet 是一种逐渐成熟的作物模型，它模拟一些生理过程，如物候发育、叶、茎和根的生长、生物量的积累和分配、土壤水分、氮的转化、氮吸收和作物组分分离等[36]。Leviel[16]在从 CERES - Maize 中开发 CERES - Beet 时，假定只有一个植物发育阶段即出苗时到收获时由品种参数决定。与玉米相比，甜菜没有确定收获日期的标准。重新命名甜菜的作物参数：叶（对应于玉米的茎）、冠（代替壳）、种子（代替仁）和根。Mohammad 等[37]对 CERES - Beet 模型进行了修正，并将其纳入当前版本的种植系统模型（CSM）中，以模拟甜菜的生长发育和产量。PEST 优化器用于参数估计、可转移性评估和预测不确定性分析。采用两组试验数据，在不同地区、不同环境条件下对甜菜模型进行了评价：一个在 1997—1998 年罗马尼亚（欧洲东南部），另一个在 2014—2016 年美国北达科他州（北美）。对特定品种进行模型校正后，CSM - CERES - Beet 模型对两个数据集的叶面积指数、叶数、叶重或顶重、根重均有较好的模拟效果（NSE=0.144－0.976，rRMSE=0.127－1.014）。不确定度分析表明，校正后的 CSM - CERES - Beet 叶片数始终高于预测值，且存在错误的置信度，但测得的叶片数也表现出显著的变异性。该模型成功地应用于北达科他州 2014—2016 年 6 个甜菜品种的产量预测。CSM - CERES - Beet 可用于预测美国红河谷等环境条件适宜甜菜生产的地区不同土壤和气候条件下的甜菜产量，以及各种田间管理。Baey 等[38]以甜菜为例，对 5 种植物生长模型的评估和比较，这些模型依赖于相同的生物质能量生产，但描述水平不同（每株或每平方米），以及不同的生物质再分配（经验或通过分配）：Greenlab、LNAS、CERES、PILOTE。对模型校准的数据及其预测能力进行比较，从相同种类和相似的环境条件下，使用根均方误差的预测（RMSEP）和建模效率（EF）估测总干物质生产和根的干物质量。各模型均有高估根系干物质总量的倾向。Greenlab 对根生物量的预测最好，CERES 对总生物量的预测最好。

目前，鉴于 DSSAT - CERES 模块在玉米和小麦已成熟建模，DSSAT - CERES - Beet 在 CERES - Maize 和 CERES - Wheat 基础上也通过修正和重建模型以预测甜菜生长过程及产量并已经在欧美地区开始应用[37-38]，但是国内还没有甜菜相关模型的开发及应用研究报道。

2 AquaCrop - Beet 模型

2009 年，联合国粮食及农业组织（FAO）在不同国家和众多领域的专家合作下研发了新型作物模型即 AquaCrop 模型。与其他模型相比，以块茎作物为例，它具有用冠层覆盖度代替叶面积指数、输入参数少、界面简单、直观性强和精度高等优点，其面世以来即受到广泛关注和应用[39]。AquaCrop 模型的结构主要包括 3 部分（图 1）：生长模块（包括作物发育、生长和产量形成）、作物蒸腾与土壤模块和环境模块（如温度、降水、蒸发、CO_2 浓度等）[40]。AquaCrop 模型主要特点是用冠层覆盖度代替叶面积指数（Leaf area index），通过水分利用率与作物蒸腾量来表示作物生物量（Biomass），将从作物蒸散中去除土壤蒸发单独计算。模型将作物产量与耗水量相关，用来模拟指定条件下作物生产力和不同环境下优化灌溉策略[41-42]。

AquaCrop - Beet 模型的应用主要是模拟甜菜生长发育过程和土壤水分平衡、优化灌溉制度，评估管理措施，评估不同气候变化对产量的影响。AquaCrop 是水分驱动的作物生长模型，理论上说相比 CERES 模型 AquaCrop 更适用于产量对水分的响应机制研究，因此大量模型验证研究证实了

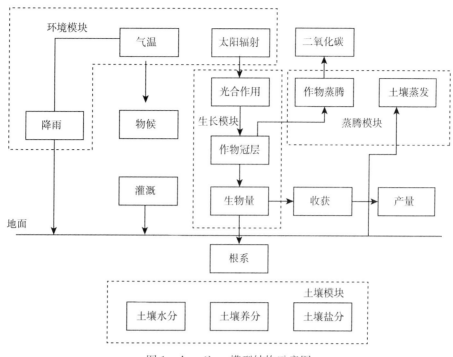

图 1　AquaCrop 模型结构示意图

AquaCrop - Beet 可以精确地模拟甜菜的产量与灌溉水利用效率及优化灌溉策略。Stricevic 等[43] 在 2000—2007 年塞尔维亚北部地区以玉米、甜菜和向日葵为研究对象，用 AquaCrop - Beet 模型校正参数，以模拟 3 种作物的产量和灌溉水利用效率（IWUE），3 种作物的统计指标均为均方根误差（RMSE）和一致性指数（d），研究表明该模型可以高度可靠地评价产量和水分利用效率。Stricevic 等[44] 在 2011—2013 年塞尔维亚中部和 Vojvodina 地区采用 AquaCrop 模型研究气候变化对甜菜产量、灌溉深度变化和节水措施的影响，研究表明 Vojvodina 地区没有增加 CO_2，而在塞尔维亚中部，即使在两种方案中也可能出现产量下降，灌溉可确保这两个区域的产量增加，但由于塞尔维亚中部土壤的水容量较低，增产幅度较大。Malik 等[45] 采用 AquaCrop 模型，对巴基斯坦半干旱区 4 种灌溉制度、3 种覆盖条件和 3 种犁沟灌溉制度下甜菜产量进行了模拟分析。该模型较好地模拟了 3.00RMSE（16.89）、0.84 dindex（0.97）、0.76 NSE（0.99）处理的甜菜冠层覆盖度。在生物量和根系产量方面，RMSE 在全灌（FI）和轻度亏灌（DI20）处理下均表现优异，RMSE 在 0.07～1.17 之间，dindex 在 0.48～0.84 之间，NSE 在 0.42～0.86 之间。基于模型的综合性能，建议应用 AquaCrop 开发半干旱区高效农业水管理策略。

3　APSIM 模型

APSIM（Agricultural Production Systems sIMulator）是澳大利亚系列作物模型的总称，由 APSRU（Agricultural Production Systems Research Unit）小组开发的一种模拟农业系统中的物理和生物过程的模型[46]。它包含了一组模块，这些模块可以模拟一定范围内的植物、动物、土壤、气候和管理的相互作用。Keating 等[47-48] 描述了 APSIM 模型的基本属性，即在农业系统里进行长期资源管理试验时，对在气候变化、作物的遗传特征、土壤环境以及管理措施等因子影响下的作物生产力提供更准确的预测。Brown 等人[49] 开发的植物模型框架（Plant Modelling Framework，PMF）是一个包含植物器官和过程子模型库的新框架，两者可以在运行时耦合来构建一个模型。APSIM 模型已在糖料作物甘蔗上得到广泛应用[47,50]。在甜菜上，APSIM 模型以生理性状为基础来描述甜菜的生长过程，并在特定区域里模拟预测甜菜产量、产糖量、总生物量以及水和氮有效利用条件下甜菜在整个生长季内碳、氮的分配比例。Khaembah 等人[23]利用在新西兰坎特伯雷地区进行的野外试验的独立数据集，对 PMF－APSIM 模型进行了参数化/校准和验证，在 PMF－APSIM 中建立了饲用甜菜模型，并利用独立的数据对其预测精度进行评价。该研究已经确定了目前对饲用甜菜生长和发育过程生理认识的优势和弱点。对于不受约束的水和氮的生长条件，模型中最稳健的方面是与物候生长和营养发育有关。以中等精度模拟了光合相关变量（叶面积指数和光照截留量），从而可以表示整个植物生物量生长的时间动态。APSIM 模型属于具有较强机理基础的模型，而且在作物种植制度、轮作的作物生理生态机理等方面具有较好的模拟能力。国内研究者在特定区域范围内应用 APSIM 模型进行了大量研究[50-53]，主要涉及小麦、水稻、玉米等大范围种植的作物生产问题，但是在甜菜作物上还没有得到具体应用。

4　DSSAT－CERES－Beet、AquaCrop－Beet 和 APSIM 模型的比较

DSSAT－CERES－Beet、AquaCrop－Beet 和 APSIM 三种模型比较，从应用方面讲，其共同点可以评价甜菜种植制度、管理措施、不同气候变化对产量的影响，从模拟内容讲，DSSAT－CERES－Beet 和 AquaCrop－Beet 可以模拟甜菜生长发育过程包括甜菜的生殖生长和营养生长以及光合作用、干物质积累与分配等这些生理过程，3 种模型均可以模拟土壤水分平衡包括潜在蒸散、实际土壤蒸发、植物蒸腾、根系吸水、径流、土壤渗漏以及不同土层的土壤水流，但是 3 种模型的不同点在于，DSSAT－CERES－Beet 是光驱动模型，必须输入甜菜叶面积指数和光截获参数，并且考虑了作物品种的遗传特性，可用于评估农艺措施和生产潜力；AquaCrop－Beet 模型是水分驱动模型，甜菜块根产量主要由可供应的土壤水分而决定，可以精确地模拟不同灌溉条件下甜菜块根的产量，也就是说可以用于进行优化灌溉机制决策，并且用冠层覆盖度代替叶面积指数，输入参数较少[22]；APSIM 模型核心是土壤而非植被，只能考虑天气和管理措施引起的土壤变化，再通过其模型的敏感性分析，可以模拟甜菜冠层相关变量（叶片外观、叶片衰老、叶面积指数和光截获）与动态干物质和氮积累的模拟[23]，APSIM 模型植物参数众多，灵活性强，在这方面优于 DSSAT 模型。另外，DSSAT 模型缺乏模拟种植制度对于土壤的累加影响，而 APSIM 模型可以很好地模拟此类影响[54]。

5　结语

从目前甜菜生长模型的研究进展可以看出，上述 3 种模型应用较多，对于 AquaCrop－Beet 和 APSIM 模型来说，多数研究集中在模型参数校正和模型验证上，总体来说还不多，内容并不丰富，以往两种模型对甜菜的研究多数为水分、气温变化对甜菜生长发育及块根产量的影响，就这两类模型特点而言还可以用于土壤肥力、土壤盐分、土壤碳、氮平衡、地表留茬和土壤酸化对其产量的影响研究，但是目前尚无相关研究的报道，因此，这类研究也将是未来 AquaCrop 模型和 APSIM 模型应用的方向。在不同区域背景下，结合当地气象数据模拟该甜菜种植区域的气候变化和土壤养分的差异，预测甜菜块根的产量，那么对于经典模型 DSSAT－CERES－Beet 来讲，在温度、氮和水分胁迫条件下，对甜菜生长发育过程的影响及光合作用产物如何分配且储存为糖分，对甜菜的品质有何影响能否预测这些问题，也需要此类模型进行解决和完善，另外无论哪种模型都对与实际生产密切相关的病虫害影响因素考虑不足，而且甜菜生长模型的研究地域主要集中在欧美地区，因此在地域选择上有待拓展。

对于未来甜菜生长模型的发展趋势，有两种方向：一是发展广度，与"3S"技术即遥感技术（Remotesensing，RS）、地理信息系统（Geography information systems，GIS）和全球定位系统（Global positioningsystems，GPS）相结合，实现对各种空间信息和环境信息的快速、机动、准确、

可靠地收集、处理与更新，与作物模型同化实现生长参数的时空域连续模拟，进而监测生长参数的时空域变化；二是模型区域化，关于甜菜生长模型都不是中国本地模型，在国内应用首先要进行参数的校正和调整，以使其符合中国甜菜种植区域实际情况，在实际应用中，甜菜品种的遗传参数、土壤和管理制度参数等进行准确调试和校正，从而得到良好的模拟结果。随着现代农业科学技术的发展，我们还将会通过学科交叉和贯通，将基因遗传信息与作物模型相结合来预测甜菜中的不同基因对各种环境的响应。总之，尽快探求适合中国区域化的甜菜生长模型，并加强自身模型的开发能力，对国内甜菜生产潜力、农业管理和农业风险评估都有着重要的指导意义。

◇ 参考文献

[1] 杨宁，廖桂平. 作物生长模拟研究进展 [J]. 作物研究，2002 (S1)：123 - 127.

[2] 曹卫星，罗卫红. 作物模拟系统及智能管理 [M]. 北京：高等教育出版社，2003.

[3] Brown K W, Rosenberg N J. A Resistance Model to Predict Evapotranspiration and Its Application to a Sugar Beet Field [J]. Agronomy Journal, 1973, 65 (3)：205 - 210.

[4] Chalabi Z S, Milford G F J, Day W. Stochastic model of the leaf area expansion of the sugar beet plant in a field crop [J]. Agricultural& Forest Meteorology, 1986, 38 (4)：319 - 336.

[5] Vandendriessche H J, van Ittersum M K. Crop models and decision support systems for yield forecasting and management of the sugarbeet crop [J]. Eur. J. Agron, 1995, 4 (3)：269 - 279.

[6] Biemond T, Greve H J, Schiphouwer T, et al. PIEteR：Semi green box produktie model suikerbieten [Z]. LU Wageningen, VakgroepAgrarische Bedrijfseconomie, 1989：31.

[7] Smit A B, van Niejenhuis J H, Struik P C. Introduction to a bio - economic production model for sugar beet growing. In：Proceedings of'Plant Production on the threshold of new century' [C]. Wageningen, 1993：1178 - 1188.

[8] Spitters C J T, van Keulen H, van Kraalingen D W G. A simple and universal crop growth simulator：SUCROS87. In：Rabbinge, R, Ward, S A, van Laar, H H (Eds.), Simulation and Systems Management in Crop Protection [C]. Wageningen, 1989：434.

[9] Spitters C J T, Kiewiet B, Schiphouwer T. A weather - based yield - forecasting model for sugar beet [J]. Neth. J. Agric. Sci., 1990 (38)：731 - 735.

[10] Modig S A. Swedish Forecasts of sugar beet yields - Some Regression Models [C]. In：Proceedings of the/IRB 55th winter congress, 1992：189 - 210.

[11] Fick G W. Analysis and simulation of the growth of sugar beet (*Beta vulgaris* L.) [D]. University of California, Davis, 1971.

[12] Hunt W F. Respiratorycontrolanditspredictionbyadynamicmodelofsugarbeetgrowth [D]. University of California, Davis, 1974.

[13] Lee G S. Conceptual Development of a sugarbeet crop growth model [D]. Colorado State University, Fort Collins, Colorado, 1983.

[14] Vandendriessche H. Het suikerbieten model SUBEMO [C]. In：Simulatie als hulpmiddelbij het stikstofbemestingsadvies voor deteelten wintertarwe en suikerbieten (I. W. O. N. L.), 1989：83 - 108.

[15] Vandendriessche H J. A model of growth and sugar accumulation of sugar beet for potential production conditions：SUBEMOpo34I. Theory and model structure [J]. Agric. Syst., 2000, 64 (1)：1 - 19.

[16] Leviel B. Evaluation des risques et maîtrise des flux d'azote au niveau d'uneparcelle agricole dans la plaine roumaine et bulgare. Application aux cultures demais, blé, colza et betterave [D].

Institut National Polytechnique de Toulouse，France，2000.

［17］ Leviel B，Crivineanu C，Gabrielle B. CERES – Beet，a model for the production and environ-mental impact of sugar beet. In：A Proceedings of the Joint Colloquium on Sugar Beet Growing and Modelling ［C］. Sept. 12th，Lille，France，2003.

［18］ Qi A，Kenter C，Hoffmann C，Jaggard K W. The Broom's Barn sugar beet growth model and its adaptation to soils with varied available water content ［J］. Eur. J. Agron.，2005（23）：108 – 122.

［19］ De Visser P. In：Vos J，Marcelis L，Struik P，Evers J（Eds.）. Functional Structural Plant Modelling in Crop Production ［M］. Springer，Dordrecht（Chapter 1），2007.

［20］ Tsuji G Y，Hoogenboom G，Thornton P K（Eds.）. Understanding Options for Agricultural Production. //Systems Approaches for Sustainable Agricultural Development ［M］. Kluwer Academic Publishers，Dordrecht，the Netherlands，1998：400.

［21］ Webb C R，Werker A R，Gilligan C A. Modelling the dynamical components of sugar beet ［J］. Annals of Botany（London），1997（80）：427 – 436.

［22］ Malik A，Shakir A S，Ajmal M，et al. Assessment of AquaCrop Model in Simulating Sugar Beet Canopy Cover，Biomass and Root Yield under Different Irrigation and Field Management Practices in Semi – Arid Regions of Pakistan ［J］. Water Resources Management，2017（93）：307 – 328.

［23］ Khaembah E N，Brown H E，Zyskowski R，et al. Development of a fodder beet potential yield model in the next generation APSIM ［J］. Agricultural Systems，2017（158）：23 – 38.

［24］ 罗群英，林而达. 农业技术转移决策支持系统（DSSAT）新进展 ［J］. 气象，1996，22（12）：10 – 13.

［25］ Maccarthy D S，Adiku S G，Freduah B S，et al. Using CERES – Maize and ENSO as Decision Support Tools to Evaluate Climate – Sensitive Farm Management Practices for Maize Production in the Northern Regions of Ghana ［J］. Frontiers in Plant Science，2017（8）：31 – 43.

［26］ 刘海龙，诸叶平，李世娟，等. DSSAT 作物系统模型的发展与应用 ［J］. 农业网络信息，2011（11）：5 – 12.

［27］ Wilkerson G G，Jones J W，Boote K J，et al. Modeling soybean growth for crop management ［Irrigation and pest managementdecisions，SOYGRO］ ［J］. Transactions of the ASAE ［American Society of Agricultural Engineers］（USA），1983，26（1）：63 – 73.

［28］ Hoogenboom G，White J W，Jones J W，et al. BEANGRO：A Process – Oriented Dry Bean Model with a Versatile User Interface ［J］. Agronomy Journal，1994，86（1）：182 – 190.

［29］ Woli P，Hoogenboom G. Simulating weather effects on potato yield，nitrate leaching，and profit margin in the US Pacific Northwest ［J］. Agricultural Water Management，2018（201）：177 – 187.

［30］ 段丁丁. 基于遥感信息和 DSSAT – SUBSTOR 模型数据同化的区域马铃薯产量估算 ［D］. 北京：中国农业科学院，2019.

［31］ Mithra V S S，Sreekumar J，Ravindran C S. Computer simulation of cassava growth：a tool for realizing the potential yield ［J］. Archives of Agronomy & Soil Science，2013，59（4）：603 – 623.

［32］ Nasim W，Ahmad A，Belhouchette H，et al. Evaluation of the OILCROP – SUN model for sunflower hybrids under different agrometeorological conditions of Punjab—Pakistan ［J］. Field Crops Research，2016，88（3）：17 – 30.

［33］ Marin F R，Jones J W，Royce F，et al. Parameterization and Evaluation of Predictions of DS-SAT/CANEGRO for Brazilian Sugarcane ［J］. Agronomy Journal，2011，103（2）：304－311.

［34］ Vianna M D S，Sentelhas P C. Performance of DSSAT CSM－CANEGRO Under Operational Conditions and its Use in Determining the 'Saving Irrigation' Impact on Sugarcane Crop：an international journal of sugar crops & related industries ［J］. Sugar Tech，2015，18（1）：1－12.

［35］ 史源，李益农，白美健，等. DSSAT 作物模型进展以及在农田水管理中的应用研究 ［J］. 中国农村水利水电，2015（1）：15－19.

［36］ Sarkar R. Use of DSSAT to model cropping systems ［J］. CAB Reviews Perspectives in Agriculture Veterinary Science Nutrition and Natural Resources，2009，4（25）：1－12.

［37］ Mohammad J Anar，Zhulu Lin，Gerrit Hoogenboom，et al. Modeling growth，development and yield of sugarbeet using DSSAT ［J］. Agricultural Systems，2019：169（C）：58－70.

［38］ Baey C，Didier A，Lemaire，S é bastien，et al. Parametrization of five classical plant growth models applied to sugar beet and comparison of their predictive capacity on root yield and total biomass ［J］. Ecological Modelling，2014（290）：11－20.

［39］ 孙仕军，张琳琳，陈志君，等. AquaCrop 作物模型应用研究进展 ［J］. 中国农业科学，2017，50（17）：3286－3299.

［40］ 朱秀芳，李宜展，潘耀忠，等. AquaCrop 作物模型研究和应用进展 ［J］. 中国农学通报 2014，30（8）：270－278.

［41］ 王连喜，吴建生，李琪，等. AquaCrop 作物模型应用研究进展 ［J］. 地球科学进展，2015，30（10）：1100－1106.

［42］ Stričević Ružica J，Đurović Nevenka Lj，Vuković Ana J，et al. Application of AquaCrop model for yield and irrigation requirement estimation of sugar beet under climate change conditions in Serbia ［J］. Journal of Agricultural Sciences，2014，59（3）：301－317.

［43］ Stricevic R，Cosic M，Djurovic N，et al. Assessment of the FAO AquaCrop model in the simulation of rainfed and supplementally irrigated maize，sugar beet and sunflower ［J］. Agricultural Water Management，2011，98（10）：615－1621.

［44］ Stricevic R，Djurovic N，Vukovic A，et al. Application of AquaCrop model for yield and irrigation requirement estimation of sugar beet under climate change conditions in Serbia ［J］. Journal of Agricultural Sciences，Belgrade，2014，59（3）：301－317.

［45］ Malik A，Shakir A S，Ajmal M，et al. Assessment of AquaCrop Model in Simulating Sugar Beet Canopy Cover，Biomass and Root Yield under Different Irrigation and Field Management Practices in Semi－Arid Regions of Pakistan ［J］. Water Resources Management，2017，31（13）：4275－4292.

［46］ McCown R L，Hammer G L，Hargreaves J N G，et al. APSIM：a novel software system for model development，model testing，and simulation in agricultural systems research ［J］. Agricultural Systems，1996（50）：255－271.

［47］ 毛钧，Inman－Bamber N G，杨昆，等. 甘蔗农业生产系统模拟模型模块化设计与应用研究进展 ［J］. 中国糖料，2017，39（1）：44－50.

［48］ Keating B A，Carberry P S，et al. An overview of APSIM，a model designed for farming systems simulation ［J］. Eur. J. Agron，2003，18（3－4）：267－288.

［49］ Brown H E，Huth N I，Holzworth D P，et al. Plant Modelling Framework：Software for building and running crop models on the APSIM platform [J]. Environmental Modelling & Software，2014（62）：385-398.

[50] 黄智刚，王超然.APSIM模型对甘蔗叶面积指数和蔗叶含氮量的模拟与验证 [J]. 中国糖料，2018，40（4）：44-47.

[51] Liu L，Wang E，Yan Z，et al. Quantifying three-decade changes of single rice cultivars in China using crop modeling [J]. Field Crops Research，2013，149（2）：84-94.

[52] 赵俊芳，李宁，侯英雨，等.基于APSIM模型评估北方八省春玉米生产对气候变化的响应 [J]. 中国农业气象，2018，39（2）：108-118.

[53] Dengpan X，Fulu T A O，Yanjun S，et al. Combined Impact of Climate Change，Cultivar Shift，and Sowing Date on Spring Wheat Phenology in Northern China [J]. Journal of Meteorological Research，2016，30（5）820-831.

[54] 赵彦茜，齐永青，朱骥，等.APSIM模型的研究进展及其在中国的应用 [J]. 中国农学通报，2017，33（18）：289-305.

甜菜耐盐性形态学及生理生化特征研究进展

耿贵[1]，吕春华[2]，王宇光[1]

（1. 黑龙江大学农作物研究院，哈尔滨　150080；
2. 黑龙江大学生命科学学院，哈尔滨　150080）

摘要： 土壤盐渍化是影响植物生长发育的重要因素，严重制约着我国农业的可持续发展。甜菜是耐盐性较强的作物，但在严重盐渍化环境中对其产质量影响较大，因此了解甜菜耐盐性机理并培育耐盐性较强甜菜品种对有效利用盐渍化土壤具有重要的意义。本文从盐胁迫对甜菜的形态学特征（种子萌发、幼苗生长、不同生长时期耐盐性）和生理生化特征（盐分离子积累与分布、渗透调节物质、离子选择性吸收、光合作用、抗氧化酶活性、植物激素）方面综述了甜菜耐盐性研究现状，并对目前存在的问题和未来可以进行的研究方向进行了探讨，旨在为进一步开展相关研究提供资料。

关键词： 甜菜；耐盐性；形态学；生理生化

土壤盐渍化是世界上干旱和半干旱地区最普遍的农业及环境问题之一。截至目前，全世界共有15亿公顷耕地，约7 700万公顷（5%）的土地受到过量盐含量的影响[1]。在中国，盐渍土地面积约为3 400万公顷，占中国陆地面积的3.6%，相当于总耕地面积的三分之一[2]。甜菜（*Beta vulgaris* L.）属藜科，两年生草本植物，是最重要的耐盐经济作物之一，供应世界上约35%的糖[3]，广泛种植于中国北部的干旱和半干旱地区。灌溉是保持甜菜高产的重要方法，但持续灌溉会导致土壤盐碱化[4]。虽然甜菜是耐盐性较强的作物，但在严重盐碱环境中对其产质量影响较大[5]。多年来，国内外许多研究者对甜菜耐盐机制开展了大量工作，笔者从前人研究较为集中的形态学和生理生化方面总结了甜菜耐盐的生理和代谢反应机制的研究进展，旨在为进一步开展相关研究提供资料。

※　通讯作者：耿贵（1963—　），男，黑龙江牡丹江人，研究员，研究方向：甜菜耕作与栽培。

1 盐胁迫对甜菜形态学特征的影响

1.1 盐胁迫对甜菜种子萌发的影响

盐胁迫条件下，植物的外界溶液渗透压比体内高，使种子不能正常吸水，所以种子在盐渍环境中能否正常萌发是植物生长的一大难题。盐的组成、品种和盐度对种子萌发和根系长度均有显著影响[6]。低浓度的盐处理能够促进甜菜种子的萌发，可提高甜菜种子的发芽势、发芽率[7]；甜菜种子初始萌发率和累计萌发率随着盐浓度的增加均呈现下降趋势，当盐浓度过高时，种子萌发受到完全抑制，不能萌发[8-10]。在同一盐胁迫条件下，不同品种（品系）甜菜种子发芽率和发芽势上存在一定的差异[10]。刘洋[11]和Jafarzadeh[12]在不同甜菜品种的耐盐性方面也得到相似的实验验证。Kandil等研究与耿贵等的结果一致，另外他们和Jamil均实验得出在盐胁迫条件下用适量浓度赤霉素GA$_3$浸泡甜菜种子能有效提高种子的发芽率[13-14]。Jafarzadeh等实验验证单独NaCl对种子萌发和幼苗根系长度的影响要高于混合盐（NaCl、MgSO$_4$、Na$_2$SO$_4$、CaCl$_2$）处理影响，即在天然盐成分的田间条件下甜菜受到盐胁迫影响较小[6]。

1.2 盐胁迫对甜菜幼苗生长的影响

盐胁迫条件下，盐分在土壤中的过度积累，使土壤水势降低，从而阻碍植物根系吸收水分，造成植物的生理干旱，叶片和根细胞能合成大量抗逆相关基因和蛋白来增强抵御盐胁迫的能力[15]。并从形态上来适应环境胁迫，包括增强叶片多汁性和叶片大小，减少叶片和气孔的数量，叶片角质层增厚、退化[16]。甜菜的叶片厚度和盐浓度之间呈正相关关系，即随着盐浓度增加，叶片厚度也随之增加[17]。盐胁迫下甜菜幼苗的相对生长量与种子相对发芽率是正相关的[10]。低盐浓度处理对甜菜叶面积和干物质量的影响不明显，在高盐度处理下显著抑制甜菜叶面积和干物质量的生长[18]。随着盐处理浓度的增加，甜菜幼苗的株高、叶面积、生物量、相对含水量、水势、肉质化均呈现先升高后降低趋势[19-21]，甜菜的地上、地下部分也呈现出先增加后降低的变化趋势[22]，Dadkhah等报道甜菜根生长对盐度的敏感性高于芽生长和叶生长[23]。用NaCl和KCl分别胁迫甜菜幼苗，甜菜幼苗的生物量、叶面积及叶绿素含量抑制作用随胁迫浓度的升高不断加重，而且KCl的胁迫比NaCl胁迫更为严重[24]。

1.3 盐胁迫下甜菜不同生长时期耐盐性的差异

植物在不同的生长时期耐盐能力有所不同，一般来说，耐盐性最差的阶段是萌发期和幼苗期，其次是生殖期。甜菜种子发芽期间盐浓度越高，种子发芽率降低越明显；低浓度盐处理甜菜的出芽高峰推迟了5d，而高浓度盐处理未出现明显的出芽高峰；在子叶期进行盐胁迫时，甜菜总生物量明显降低，各器官中根系受到影响最大，叶柄次之，叶片受到影响最小；在3对真叶期进行盐胁迫，甜菜幼苗的干物质积累量增多，耐盐性较强[25]。叶片不同叶位的含水量对不同时期进行盐胁迫的反应也不同，子叶期胁迫时第一对真叶含水量高于第二对真叶的，而三对真叶期胁迫的不同叶位含水量的差异不明显。对于盐胁迫下叶片的相对含水量及水势，同一处理不同叶位没有明显差异[26]。

2 盐胁迫对甜菜生理生化特征的影响

盐胁迫对甜菜植株在生理生化水平上的影响首先表现在离子积累与分布以及渗透胁迫等方面的原初伤害，其次导致氧化胁迫等次生伤害，导致植株光合作用下降，细胞产生活性氧造成脂质过氧化，导致植株生理代谢失衡，最终死亡。因此，植物在长期的进化过程中形成了一系列的物质来减少渗透胁迫对自身的伤害，例如渗透调节物质、抗氧化酶活性系统等。

2.1 盐胁迫下盐分离子积累与分布

甜菜受到盐胁迫时，细胞内的 Na^+、Cl^-、K^+、NO_3^- 等离子平衡受到破坏导致离子毒害。高浓度 Na^+ 可置换质膜和细胞内膜系统所结合的 Ca^{2+}，膜所结合离子中 Na^+/Ca^{2+} 增加，细胞膜的结构受到损伤[26]。盐胁迫条件下，甜菜植株的 Na^+ 和 Cl^- 含量均显著增加，K^+ 含量下降[27-28]。其中叶柄组织中的 Na^+ 和 Cl^- 的含量明显高于根或叶中的，在不同器官中 Na^+ 和 Cl^- 的增加趋势有所不同，Na^+ 浓度增加时，甜菜根系所吸收的 Na^+ 正常地向叶柄和叶片运输，而 Cl^- 在低盐浓度下主要集中在叶柄，高盐浓度下主要集中在叶片；盐离子在盐胁迫下会首先积聚在甜菜老叶中，在不同叶位叶片中 Na^+ 和 Cl^- 变化趋势也有不同；甜菜叶片质外体和原生质体中 Na^+ 的浓度均随盐浓度升高而升高[2,29-30]。植物 Na^+/H^+ 逆向转运蛋白可将 Na^+ 逆向转运出细胞外或者将其区域化于液泡中来抵御环境中过高的 Na^+，从而维持细胞内正常的 Na^+ 水平[31]。总之，在逆境条件下甜菜植株能够通过将对自身伤害大的 Na^+、有害离子聚集在老叶等不同的离子分配方式，尽量减少盐离子对植株的伤害。

2.2 盐胁迫对渗透调节物质的影响

盐胁迫条件下，植物细胞会通过两种方式进行渗透调节：1）吸收和积累对植物无害的离子，使植物体内外渗透压平衡防止植物失水；2）合成并积累小分子物质维持渗透压平衡保证植物可以吸收充足的水分，这些小分子物质即渗透调节物质包括脯氨酸、游离氨基酸、可溶性糖、可溶性蛋白和甜菜碱、多胺以及有机酸等物质[32]。

脯氨酸在生物合成、降解、运输以及维持细胞的渗透平衡、调节植物抗胁迫能力起着至关重要的作用[33]。可溶性糖积累降低渗透势是盐胁迫中常见的生理反应，主要有葡萄糖、蔗糖、海藻糖等，不仅参与细胞内的渗透调节机制，也含有参与调控与耐盐防御机制相关的基因[34]。在盐胁迫下，甜菜幼苗叶片中的脯氨酸、可溶性糖和甜菜碱含量均随盐胁迫浓度的升高呈先上升后下降的趋势[35-38]，相比之下，甜菜根部的脯氨酸和可溶性糖含量均显著下降[39]。甜菜碱生物合成途径中的最后一个酶是甜菜碱醛脱氢酶（BADH），随盐胁迫浓度的增加 BADH 活性增加，翻译 BADH 的 mRNA 水平也随之增加[40-41]。将拟南芥中 AtNHX3 基因导入甜菜植株，盐胁迫下根中积累较多的可溶性糖，增强甜菜对高盐度的抗性，在提高作物品质和产量方面有很大的应用潜力[42]。盐处理不影响琥珀酸和丙酮酸的含量，而柠檬酸、苹果酸和富马酸的含量随盐度的增加呈上升趋势[2]。盐碱胁迫使甜菜叶片的硝酸还原酶（NR）、谷氨酰胺合成酶（GS）、谷氨酸合酶（GOGAT）以及过氧化物酶（POD）活性和硝酸盐均下降，且随着盐碱胁迫程度的增强，下降幅度增大[43-44]。盐胁迫下，与仅受轻度影响的天冬氨酸和谷氨酸相比，酸性酰胺和碱性氨基酸含量急剧增加；除丝氨酸外，大多数游离氨基酸水平均有所提高[45]。因此，在逆境条件下甜菜植株能够通过提高脯氨酸、可溶性糖、甜菜碱和有机酸、氨基酸等渗透调节物质的含量维持渗透压平衡，减少对细胞的伤害。

2.3 盐胁迫对离子选择性吸收的影响

盐胁迫会对植物产生一系列不良影响：除了通过降低土壤水势限制植物吸水量从而增加渗透胁迫外，盐分还会导致离子特别是 Na^+ 和 Cl^- 的过量摄取，使营养失衡，并最终干扰各种代谢过程[46]。K^+ 是高等植物必需的重要元素和最丰富的阳离子，而高浓度的 Na^+ 对大多数植物有毒害作用，一般认为，K^+ 能抵消 Na^+ 的胁迫，而 Na^+ 反过来又能在一定程度上缓解 K^+ 的缺乏，因此植物要在盐碱环境中正常存活，需要保持较高的 K^+/Na^+ 比；在盐胁迫条件下，甜菜叶片的 Na^+ 含量逐渐增加，K^+ 流出量降低，导致 K^+/Na^+ 比值降低[47]。有研究报道，在相同渗透浓度下，Cl^- 对植物的伤害不及 Na^+ 的一半，而 NaCl 的伤害与 Na^+ 的伤害差别不大，由此说明了 NaCl 起决定性伤害作用的是 Na^+[48]。植物中 Cl^- 是调节细胞质中酶活性的必需微量营养素，是光合作用中必不可少的辅助因子[49]，过量的 Cl^- 可与 NO_3^- 竞争，从而降低 NO_3^- 的吸收效率[50]。盐胁迫时无机离子含量在甜菜体内从根到茎再到叶呈现增加趋势，Na^+ 浓度随 NaCl 含量的增加而增加，总阳离子（Na^+、Ca^{2+}、K^+、Mg^{2+}）含量随盐处理浓度的增加而增加，而 Ca^{2+}、K^+、Mg^{2+} 含量随盐处理浓度增加而降低[51]。随着盐浓度的增加，甜菜根、茎、叶中 N、K 含量显著降低[2]，幼苗体内 Mg、Mn 和 Fe 元素含量明显下降，而 Ca、Zn、Cu 元素含量波动不明显[38]，同时抑制甜菜吸收 NO_3^-、K、Ca 和 Mg 的现象愈显著，促进甜菜吸收 P、Cl^- 与 NO_3^- 从始至终不存在竞争吸收现象[52]。因此，盐胁迫条件下，甜菜植株可以通过排除对自身有害的离子吸收对自身有益的离子等方式实现自身的耐盐机制。

2.4　盐胁迫对光合作用的影响

光合作用是植物生长过程中最基本的生命活动，盐胁迫条件下光合作用及相关指标会受到影响。叶绿素在植物光合作用过程中起着重要作用，叶绿素含量不仅反映了植物光合作用的能力，而且也是植物耐盐性评价的重要生理指标。盐胁迫可能破坏叶绿体结构，降低植物中叶绿素的含量，还可能导致气孔关闭以缓解生理干旱，影响植物的蒸腾和呼吸，导致光合能力减弱[53-54]。盐胁迫下 1，5 -二磷酸核酮糖羧化酶（RuBP）的活性和含量降低，导致酶的羧化效率下降，使植物固定 CO_2 的能力减弱[2,31]。盐胁迫下甜菜单位叶面积光合速率、叶绿素 a、叶绿素 b 和叶绿素（a＋b）含量降低，气孔导度（Gs）和细胞间二氧化碳浓度（Ci）以及叶片磷酸烯醇式丙酮酸羧化酶（PEPC）活性、苹果酸脱氢酶（MDH）活性先升高后降低[2,55-57]。盐度对甜菜碳素积累能力的影响主要是通过减少光合表面的面积来实现的[58]。低浓度盐处理下甜菜的光能利用能力、净光合速率（Pn）、光补偿点（LCP）和光饱和点（LSP）增加，但是高浓度盐处理下显著下降[22]。总之，甜菜植株的耐盐能力与其光合作用相关指标紧密相连，盐胁迫条件下，甜菜植株通过改变叶绿素含量、RuBP 活性、Gs、Ci、PEPC 活性、MDH 活性等光合作用相关指标稳定光合系统实现自身的耐盐能力。

2.5　盐胁迫对抗氧化酶活性的影响

正常情况下，植物体内的活性氧与抗氧化酶系统处于动态平衡状态，但是在盐胁迫条件下，由于渗透压增大使植物体内的代谢活动失衡产生活性氧，引起膜的脂质过氧化或诱导氧化应激[59]。随盐浓度的增加甜菜幼苗叶片与根的质膜透性、丙二醛（MDA）含量以及电导率均呈上升趋势，说明盐胁迫对甜菜植株伤害程度不断加大[36]。植物在长期进化过程中形成了减轻 ROS 伤害的抗氧化酶活性系统，如超氧化物歧化酶（SOD）、过氧化氢酶（CAT）、非特异性过氧化物酶（POD）、抗坏血酸过氧化物酶（APX）等[60-61]。甜菜抗氧化基因启动子中的顺式成分参与调节氧化还原 ROS，是甜菜耐盐性的基础[62]。H_2O_2 是一种有毒物质，是 SOD 活性的副产品，可以防止细胞损伤，H_2O_2 又可被 CAT 和 POD 分解成水，从而防止活性氧自由基对植物的毒害[63-64]。随着盐胁迫程度的增加以及盐胁迫时间的延长，甜菜幼苗叶片的 SOD 和 POD 的活性均呈先升高后下降的趋势[11,65]。不同盐浓度胁迫下叶用甜菜的抗逆性表现不同，0.5% 盐浓度下，叶用甜菜表现出较强的耐盐性，而在 0.7% 的盐浓度下，叶用甜菜的抗性开始降低[66]。在低盐处理下甜菜 SOD 活性比高盐处理下活性高，而在高盐处理下 APX 活性比低盐处理下的活性高，表明低盐处理下清除活性氧的主要酶是 SOD，在高盐处理下清除活性氧的主要酶是 APX[22]。因此，在逆境条件下甜菜植株能够通过提高细胞内抗氧化酶活性保护质膜稳定，减少脂质过氧化对细胞的伤害程度。

2.6　盐胁迫对植物激素调节的影响

植物激素是在植物细胞接受特定环境信号诱导产生的，低浓度时可调节植物生理反应的植物激素活性物质，它们在植物生长发育分化中起着至关重要的调节作用[67]。植物的耐盐性与它们体内植物激素含量有一定关系，吲哚乙酸（IAA）和赤霉素（GA_3）均能够促进植物幼苗的干物质产量和光合作用，提高植物的耐盐性[68]。而脱落酸（ABA）含量的升高能够使气孔关闭，从而降低蒸腾速率，减少植物体内水分流失，是植物应对胁迫环境的一种策略[69]。盐度会扰乱植物激素平衡，在盐胁迫下，甜菜幼苗叶片中 IAA 和 GA₃ 含量均随盐胁迫浓度的升高而显著降低，ABA 含量升高，IAA/ABA 和 GA₃/ABA 比值呈先降低后升高趋势[2,70]，甜菜幼苗叶片中玉米素核苷（ZR）、油菜素内酯（BR）含量均呈现下降趋势，ZR/ABA 和 BR/ABA 在高浓度的盐胁迫条件下呈现下降趋势[38]。总之，针对甜菜植株在盐胁迫条件下的植物激素水平变化的报道较少，可能是由于植物激素受到盐胁迫后的变化是通过其他方式间接影响的。

综上所述，盐胁迫对甜菜生理生化特征的影响主要包括对离子积累与分布、渗透调节物质、离子选择性吸收、光合作用、抗氧化酶活性、植物激素的影响。

3　展望

随着盐渍化土地面积的增加，培育耐盐性甜菜品种对农业生产越来越紧急。虽然国内外已从多方面对甜菜耐盐性进行研究，但甜菜耐盐性是综合作用的结果，其机制十分复杂，许多重要问题仍需要进一步探索。目前，对甜菜的耐盐性研究多为氯化钠胁迫下的研究，但是盐渍化土壤中其他主要成分像碳酸钠、碳酸氢钠类盐的研究较少，应结合土壤环境和生态环境综合进行研究。另外虽然甜菜是耐盐性较强的植物，但是自身耐盐能力有限，如果要大幅度提高甜菜耐盐水平，需要利用分子生物学技术和基因组学等技术引进其他物质的耐盐基因，这将是甜菜耐盐育种的重要研究方向。

◈ 参考文献

[1] Arafat Abdel，Hamed Abdel Latef，He Chaoxing. Effect of arbuscular mycorrhizal fungi on growth，mineral nutrition，antioxidant enzymes activity and fruit yield of tomato grown under salinity stress [J]. Scientia Horticulturae，2011，127（3）：228 – 233.

[2] Wang YG，Piergiorgio Stevanato，Yu LH，et al. The physiological and metabolic changes in sugar beet seedlings under different levels of salt stress [J]. J Plant Res，2017，130（6）：1079 – 1093.

[3] Liu HL，Wang QQ，Yu MM，et al. Transgenic salt – tolerant sugar beet (*Beta vulgaris* L.) constitutively expressing an Arabidopsis thaliana vacuolar Na⁺/H⁺ antiporter gene，AtNHX3，accumulates more soluble sugar but less salt in storage roots [J]. Plant Cell Environ，2010，31（9）：1325 – 1334.

[4] Rozema J，Flowers TJ. Crops for a salinized world [J]. Science，2008（322）：1478 – 1480.

[5] Ibrahim SM，Ibrahim HAK，Omer AM. Comparative study of the effects of some organic extract on sugar beet yield under saline conditions [J]. Aust J Basic Appl Sci，2012（6）：664 – 674.

[6] Ali Asghar Jafarzadeh，Nasser Aliasgharzad. Salinity and salt composition effects on seed germination and root length of four sugar beet cultivars [J]. Biologia，Bratislava，2007，62（5）：562 – 564.

[7] 程大友，张义，陈丽. 氯化钠胁迫下甜菜种子的萌发 [J]. 中国糖料，1996（2）：21 – 23.

[8] Khodadad Mostafavi. Effect of Salt Stress on Germination and Early Seedling Growth Stage of Sugar Beet Cultivars [J]. American – Eurasian Journal of Sustainable Agriculture，2012，6（2）：120 – 125.

[9] M. Jamil，Eui – Shik Rha. The Effect of Salinity（NaCl）on the Germination and Seedling of Sugar Beet（*Beta vulgaris* L. ）and Cabbage（Brassica oleracea L. ）[J]. Plant resources，2004，7（3）：226 – 232.

［10］耿贵，周建朝，陈丽，等．氯化钠胁迫下甜菜不同品种（系）种子发芽率和幼苗生长的差异 ［J］．中国糖料，2004（2）：14－18.

［11］刘洋．不同甜菜品种对盐碱胁迫的生理生化响应 ［D］．哈尔滨．东北农业大学．2014.

［12］Ali Asghar Jafarzadeh，Nasser Aliasgharzad. Salinity and salt composition effects on seed germination and root length of four sugar beet cultivars ［J］．Biologia，Bratislava，2007，62（5）：562－564.

［13］Kandil AA，Sharief AE，Abido WAE. Effect of Gibberellic Acid on Germination Behaviour of Sugar Beet Cultivars under Salt Stress Conditions of Egypt ［J］．Sugar Tech，2014，16（2）：211－221.

［14］M Jamil. Gibberellic Acid（GA$_3$）Enhance Seed Water Uptake，Germination and Early Seedling Growth in Sugar Beet under Salt Stress ［J］．Pakistan Journal of Biological Sciences，2007，10（4）：654－658.

［15］Yang L，Zhang Y，Zhu N，et al. Proteomic analysis of salt tolerance in sugar beet monosomic addition line M14 ［J］．Journal of Proteome Research. 2013，12（11）：4931－50.

［16］Shannon，M C，Wheeler，et al. Salt resistance of Australian channel millet ［J］．Agron J.，1981（73）：830－832.

［17］於丽华，耿贵．不同浓度 NaCl 对甜菜生长的影响 ［J］．中国糖料，2007（3）：14－16.

［18］Panahi M，Ghaemi M，Mostafavi K. Salt stress effects on germination and early seedling growth stages in different sugar beet（*Beta vulgaris* L.）［J］．Adv Crop Sci，2013（13）：51－57.

［19］S Shonjani. Salt Sensitivity of Rice，Maize，Sugar Beet，and Cotton During Germination and Early Vegetative Growth ［R］．Giessen University，2002.

［20］M Jamil，S Rehman，ES Rha. Salinity effect on plant growth，PSII photochemistry and chlorophyll content in sugar beet（*Beta vulgaris* L.）and cabbage（Brassica oleracea capitata L.）［J］．Pak J Bot，2007，39（3）：753－760.

［21］赵慧杰，於丽华，孙学伟，等．不同幼苗期氯化钠胁迫对甜菜体内水分生理的影响 ［J］．黑龙江大学工程学报，2015，6（2）：58－63.

［22］程然然．NaCl 胁迫下甜菜光合能力和光保护机制的研究 ［D］．济南：山东师范大学，2014.

［23］R. Dadkhah，H. Grrifiths. The Effect of Salinity on Growth，Inorganic Ions and Dry Matter Partitioning in Sugar Beet Cultivars ［J］．J. Agric. Sci. Technol，2006，8（3）：199－210.

［24］惠菲，梁启全，於丽华，等．NaCl 和 KCl 胁迫对甜菜幼苗生长的影响 ［J］．中国糖料，2012（3）：30－32.

［25］於丽华，王宇光，孙菲，等．甜菜萌发—幼苗期不同阶段耐盐能力的研究 ［J］．中国农学通报，2017，33（19）：22－28.

［26］张新春，庄炳昌，李自超．植物耐盐性研究进展 ［J］．玉米科学，2002，10（1）：50－56.

［27］Cherki Ghoulam，Ahmed Foursy，Khalid Fares. Effects of salt stress on growth，inorganic ions and proline accumulation in relation to osmotic adjustment in five sugar beet cultivars ［J］．Environmental and Experimental Botany，2002，47（1）：39－50.

［28］H Pakniyat，M Armion. Sodium and proline accumulation as osmoregulators in tolerance of sugar beet genotypes to salinity ［J］．Pakistan Journal of Biological Sciences，2007，10（22）：4081－4086.

［29］於丽华．NaCl 胁迫下甜菜的生理响应及其耐盐机理研究 ［D］．沈阳：沈阳农业大学，2015.

［30］H Wang，M Zhang，R Guo，et al. Effects of salt stress on ion balance and nitrogen metabolism of old and young leaves in rice（Oryza sativa L.）［J］. Plant Biology，2012，12（1）：194.

［31］ E Blumwald，RJ Poole. Salt tolerance in suspension cultures of sugar beet：induction of Na⁺/H⁺ anti-port activity at the tonoplast by growth in salt［J］. Plant Physiol，1987，83（4）：884-887.

［32］ Flowers TJ，Colmer TD. Salinity tolerance in halophytes［J］. New Phytol，2008（179）：945-963.

［33］ kavikishore，P B，Sangam，S，Amrutha，R N，et al. Regulation of proline biosynthesis，degradation，uptake and transport in higher plants：its implications in plant growth and abiotic stress tolerance［J］. Current Science，2005，54（4）：424-438.

［34］ Thanaphol Boriboonkaset，Cattarin Theerawitaya，Nana Yamada，et al. Regulation of some carbohydrate metabolism - related genes，starch and soluble sugar contents，photosynthetic activities and yield attributes of two contrasting rice genotypes［J］. Protoplasma，2013，250（5）：1157-1167.

［35］ Radic S，S tefanic PP，Lepedus H，et al. Salt tolerance of Centaurea ragusina L. is associated with efficient osmotic adjustment and increased antioxidative capacity［J］. Environ Exp Bot，2013，87（1）：39-48.

［36］ 郭艳超，王文成，刘同才，等. 盐胁迫对甜菜叶片生长及生理指标的影响［J］. 河北农业科学，2011，15（2）：11-14.

［37］ Murakeozy EP，Nagy Z，Duhaze C，et al. Seasonal changes in the levels of compatible osmolytes in three halophytic species of inland saline vegetation in Hungary［J］. J. Plant Physiol，2003，160（4）：395-401.

［38］ 桑丽敏. 甜菜幼苗对中性盐和碱性盐胁迫的生理应答特性［D］. 哈尔滨：东北农业大学，2017.

［39］ 郭艳超，王文成，周汉良. 盐胁迫对甜菜叶、根主要生理指标的影响［J］. 中国糖料，2011（3）：20-22.

［40］ Kent F. McCue，Andrew D. Hanson. Salt - inducible betaine aldehyde dehydrogenase from sugar beet：cDNA cloning and expression［J］. Plant Molecular Biology，1992，18（1）：1-11.

［41］ L Zheng，L Ailing，Z Yuan，et al. Accumulation of betaine aldehyde dehydrogenase induced by drought and salt stress in sugar beet leaves［J］. Acta Phytophysiologica Sinica，1996，22（2）：161-164.

［42］ H Liu，Q Wang，M Yu，et al. Transgenic salt - tolerant sugar beet（*Beta vulgaris* L.）constitutively expressing an Arabidopsis thaliana vacuolar Na⁺/H⁺ antiporter gene，AtNHX3，accumulates more soluble sugar but less salt in storage roots［J］. Plant，Cell and Environment，2010，31（9）：1325-1334.

［43］ 刘洋，李彩凤，洪鑫，等. 盐碱胁迫对甜菜氮代谢相关酶活性及产量和含糖率的影响［J］. 核农学报，2015，29（2）：0397-0404.

［44］ M. Adelaide Dias，M. Manuela Costa. Effect of Low Salt Concentrations on Nitrate Reductase and Peroxidase of Sugar Beet Leaves［J］. Journal of Experimental Botany，1983，34（142）：537-543.

［45］ Gzik A. Accumulation of proline and pattern of α - amino adds in sugar beet plants in response to osmotic，water and salt stress［J］. Environmental and Experimental Botany，1996，36（1）：29-38.

［46］ Md. Amirul Alam，A. S. Juraimi，M. Y. Rafii，et al. Effects of salinity and salinity - induced augmented bioactive compounds in purslane（Portulaca oleracea L.）for possible economical use

[J]. Food Chemistry, 2015, 169 (169): 439 - 447.

[47] William, Percey, Lana Shabala, et al. Ion transport in broad bean leaf mesophyll under saline conditions [J]. Planta, 2014, 240 (4): 729 - 743.

[48] 孙小芳, 郑青松, 刘友良. NaCl 胁迫对棉花种子萌发和幼苗生长的伤害 [J]. 植物资源与环境学报, 2000 (3): 22 - 25.

[49] NL Teakle, SD Tyerman. Mechanisms of Cl⁻ transport contributing to salt tolerance [J]. Plant, Cell and Environment, 2010, 33 (4): 566 - 589.

[50] Ulrich Deinlein, Aaron B. Stephan, Tomoaki Horie. Plant salt - tolerance mechanisms [J]. Plant Science, 2014, 19 (6): 371 - 379.

[51] O. Belkjeiri. The effects of salt stress on growth, water relations and ion accumulation in two halophyte species [J]. Environmental and Experimental Botany, 2013, 86 (2): 17 - 28.

[52] 耿贵, 周建朝, 孙丽英等. 不同盐度对甜菜生长和养分吸收的影响 [J]. 中国甜菜糖业, 2000 (1): 12 - 14.

[53] S Shu, LY Yuan, SR Guo, et al. Effects of exogenous spermine on chlorophyll fluorescence, antioxidant system and ultrastructure of chloroplasts in Cucumis sativus L. under salt stress [J]. Plant Physiology and Biochemistry, 2013, 63 (4): 209 - 216.

[54] K. S. Chartzoulakis. Salinity and olive: Growth, salt tolerance, photosynthesis yield [J]. Agricultural Water Management, 2005, 78 (1): 108 - 121.

[55] 耿贵, 汪景宽, 陈丽, 等. 氯化钠胁迫对甜菜幼苗生长、叶绿素含量和硝酸还原酶活性的影响 [J]. 中国糖料, 2007 (1): 25 - 27.

[56] Ali R Dadkhah. Effect of Salinity on Growth and Leaf photosynthesis of Two Sugar Beet (*Beta vulgaris* L.) Cultivars [J]. Journal of Agricultural Science and Technology, 2011, 13 (7): 1001 - 1012.

[57] N. Katerji, J. W. van Hoorn, A. Hamdy. Osmotic adjustment of sugar beets in response to soil salinity and itsinfluence on stomatal conductance, growth and yield [J]. Agricultural Water Management 1997, 34 (1): 57 - 69.

[58] Jeanette C. Papp, et al. A comparative study of the effects of NaCl salinity on respiration, photosynthesis, and leaf extension growth in *Beta vulgaris* L. (sugar beet) [J]. Plant, Cell and Environment, 2010, 6 (8): 675 - 677.

[59] M. Bor, F. O zdemir, I. Turkan. The effect of salt stress on lipid peroxidation and antioxidants in leaves of sugar beet *Beta vulgaris* L. and wild beet Beta maritima L. [J]. Plant Science, 2003, 164 (1): 77 - 84.

[60] Mittler. Oxidative stress, antioxidants and stress tolerance [J]. Trends Plant Sci, 2002 (7): 405 - 410.

[61] Salar Farhangi - Abriz, Shahram Torabian. Antioxidant enzyme and osmotic adjustment changes in bean seedlings as affected by biochar under salt stress [J]. Ecotoxicology and Environmental Safety, 2017 (137): 64 - 70.

[62] M Sazzad Hossain, Abdelaleim Ismail ElSayed, Marten Moore, et al. Redox and reactive oxygen species network in acclimation for salinity tolerance in sugar beet [J]. Journal of Experimental Botany, 2017, 68 (5): 1283 - 1298.

[63] Willekens, H. Inze, D. Van Montagu, et al. Catalase in plants [J]. Mol. Breed, 1995 (1): 207 - 228.

[64] C H Foyer, G Noctor. Oxidant and antioxidant signalling in plants: a revaluation of the concept

of oxidative stress in a physiological context [J]. Plant Cell Environ，2010，28（8）：1056 - 1071.

[65] 杨虎臣，崔杰，罗成飞，等. 脯氨酸代谢与甜菜抗逆胁迫研究进展 [J]. 中国甜菜糖业，2015，12（4）：30 - 35.

[66] 陈贵华，张少英. 盐胁迫对叶用甜菜抗氧化系统的影响 [J]. 内蒙古农业大学报，2012，33（1）：52 - 54.

[67] Aaron Santner，Mark Estelle. Recent advances and emerging trends in plant hormone signalling [J]. Nature，2009，459（25）：1071 - 1078.

[68] Tianyun Shao，Lingling Li，Yawen Wu，et al. Balance between salt stress and endogenous hormones influence dry matter accumulation in Jerusalem artichoke [J]. Science of the Total Environment，2016（568）：891 - 898.

[69] Dilfuza Egamberdieva，Stephan Wirth，Elsayed Fathi Abd Allah. Plant Hormones as Key Regulators in Plant Microbe Interactions Under Salt Stress [J]. Springer Nature Singapore Pte Ltd，2018（7）：165 - 182.

[70] 於丽华，韩晓日，耿贵，等. NaCl 胁迫下甜菜三种内源激素含量的动态变化 [J]. 东北农业大学学报，2014（12）：58 - 64.

外源调节物质对盐胁迫下植物生长调控研究进展

耿贵[1,2]，李任任[1]，吕春华[1]，於丽华[2]，王宇光[2]

（1. 黑龙江大学生命科学学院，哈尔滨　150080；
2. 黑龙江大学现代农业与生态环境学院，哈尔滨　150080）

摘要：为了探究外源物质对植物耐盐性的调控机理及进一步利用外源调节物质提高作物耐盐性，归纳了五大类传统植物激素（生长素、赤霉素、乙烯、脱落酸、细胞分裂素）以及褪黑素、水杨酸、多胺、油菜素类固醇、茉莉酸类等外源生长调节物质对盐胁迫下植物生长的调控情况。同时本文总结了硅、钙等离子类外源调节物对盐胁迫下植物生长的调节作用，得出多种外源调节物质可通过增强光合作用、提高渗透势、增加抗氧化酶活性及减少离子毒害等方式来减轻盐害的结论。本文为进一步利用单一或复合外源调节物质来缓解作物盐害提供理论依据。

关键词：外源物质；盐胁迫；植物激素；离子类外源调节物；耐盐性

0　引言

盐胁迫是影响植物产质量的重要逆境因子之一，盐胁迫对植物的影响主要包括造成植物生理干旱、膜系统破坏、光合抑制、营养失衡、离子毒性和代谢紊乱等，严重影响植物生长及发育，阻碍农业的可持续发展[1]。众多研究表明通过遗传手段开发耐盐植物具有一定的困难性，而施加适量外源调

＊　通讯作者：耿贵（1963—　），男，黑龙江牡丹江人，研究员，研究方向：甜菜耕作与栽培。

节物质，能够达到缓解植物盐胁迫损伤，提高植物耐盐性的目的[2]。近些年的研究发现，气体分子（NO、H_2S 等)[3-4]、外源渗透调节物质（脯氨酸、甜菜碱等)[5-6]以及多种植物激素[7]等都能在植物的逆境调控中发挥重要作用。本文结合大量研究报道，总结了植物激素等外源植物生长调节物质和外源离子对盐胁迫下植物生长的调节作用，以期为进一步利用外源调节物质提高作物耐盐性奠定理论基础。

1 外源植物生长调节物质对盐胁迫下植物生长的影响

1.1 五大类传统植物激素对盐胁迫下植物生长的影响

五大类传统植物激素中生长素、赤霉素（GA）、细胞分裂素（CTK）属于促生长类激素，脱落酸（ABA）和乙烯属于抑制类激素[8]。在盐胁迫等逆境环境下，植物激素能够通过整合内在发育信号和逆境信号通路对逆境胁迫进行应答[9]。如 Wang 等[10]发现盐胁迫通过影响植物生长素的含量以及分布，进而影响植物的根系重塑。Burssens 等[11-12]在拟南芥中研究中发现，生长素的生物合成和分布介导了植物对盐胁迫的响应，盐胁迫下生长素的流入参与调节初生根的生长，并促进侧根的伸长。不同盐水平参与调节植物茎尖中生长素的生物合成以及根部中生长素的浓度梯度，从而影响植物侧根的伸长数和伸长率[13]。Maggio 等[14]研究发现，在低盐条件下进行 GA_3 处理，可降低叶片气孔阻力，加速蒸腾作用，缓解盐胁迫损伤。DELLA 蛋白是一类由环境及多种激素共同调节的生长抑制因子，Achard 等[15]观察到 $10\mu mol/L$ GA 处理拟南芥 1h 后再进行 50mmol/L 盐胁迫处理，发现 DELLA 蛋白的含量明显低于对照组，推测 GA 能降解 DELLA 蛋白，提高植物对低盐胁迫的抗性。但是在高盐胁迫下，GAs（GA_1 和 GA_4）含量会下降，同时伴随着 DELLA 蛋白含量的上升，引起植物的生长抑制。此外，研究发现，盐胁迫下外施 CTK 可打破种子休眠，减轻盐胁迫对种子萌发的抑制作用，低浓度 6 - BA 处理植物种子可促进种子萌发，还可以增强植物幼苗抗盐性，促进脯氨酸渗透调节蛋白的合成，抑制 Na^+ 和 Cl^- 累积及叶绿素和蛋白质的降解[16]。近期，廖祥儒等[17]认为 CTK 缓解盐渍伤害效应可能与其对胞内 H_2O_2 清除酶类的刺激作用有关，如 CTK 参与提高超氧化物歧化酶（SOD）等膜保护酶的活性，清除自由基，减少脂质过氧化作用。

ABA 和乙烯是植物体内重要的生长抑制剂。研究发现，外源施加 ABA 可诱导相关耐盐基因表达，如 ABA 处理可诱导小麦液泡膜 Na^+/H^+ 逆向转运蛋白 *TaNHX2*[18]、小麦液泡膜质子泵 *VHA*[19]、小麦液泡膜焦磷酸酶 *HVP1* 及 *HVP10*[20]等的表达，这些离子运输蛋白的表达可增强细胞的离子选择性吸收，有助于将胞质中过量的 Na^+ 区隔化到液泡中或排出胞外。ABA 还可通过调控胁迫信号进而诱导抗氧化物酶系统相关基因的表达[21]，从而提高抗氧化物酶的活性，加强活性氧物的清除[22]。Khan 等[23]检测了乙烯对 22 种盐生植物种子萌发的影响，发现外用乙烯对打破种子休眠无明显作用，但却可有效地解除盐对植物种子萌发的抑制作用。

1.2 褪黑素对盐胁迫下植物生长的影响

褪黑素（MT），又称松果体素，是一种在进化过程中高度保守的胺类激素[24]。它不仅参与植物的生长发育，还有助于改善植物对各种非生物和生物胁迫的抗逆性[25]。

研究表明，MT 能够通过清除活性氧自由基、提高抗氧化酶活性来增强植物对逆境胁迫的抗性[26]。MT 处理能促进盐胁迫下大豆、棉花种子的萌发[27-28]，并通过提高过氧化氢酶（CAT）、过氧化物酶（POD）等抗氧化酶活性，降低丙二醛（MDA）含量来提高红花（*Carthamus tinctorius*）[29]、芦苇（*Phragmites australias*）[30]等植物对盐胁迫的抗性。Zacharoula 等发现 MT 与抗坏血酸（AsA）配合施用，能够调节 *CaMIPS*、*CaMYB73* 等基因的表达，并通过激活多个代谢途径来提高柑橘（*Citrus aurantium*）对盐胁迫的适应性[31]。尹赜鹏[32]发现盐胁迫下，番茄（*Solanum lycopersicum*）

幼苗光合系统的 PSII 反应中心对光能的捕获能力降低，吸收的光能下降，而施加 MT 能够平衡 PSII 的供体侧、受体侧和反应中心的电子传递，缓解盐胁迫对番茄 PSII 造成的伤害，提高番茄的耐盐性。Tan 等[33]研究了正常处理、加盐处理、盐和 MT 同时处理 3 种条件下，油菜（*Brassica campestris*）幼苗叶片和根的转录组变异情况。发现几个转录因子（TF）家族成员参与盐胁迫下 MT 的应答反应。另外，研究发现 MT 通过导致 GA 等内源激素含量的变化，从而间接促进盐胁迫条件下油菜幼苗的生长。Choi 等[34]发现外源性 MT 主要通过调控 IAA 含量、叶片光合速率、光系统 II 的最大光化学效率和叶绿素含量等缓解盐对植物生长的抑制作用。

1.3 水杨酸对盐胁迫下植物生长的影响

水杨酸（SA），又称邻羟基苯甲酸，是植物体内普遍存在的一种小分子酚类化合物，是植物激素的一种。近年的研究表明水杨酸作为一种内源信号物质，在植物应对盐胁迫等逆境过程中发挥重要作用[35]。

研究发现，SA 能够降低盐胁迫下大豆（*Giycine max*）种子膜脂过氧化程度，并通过增加可溶性糖、可溶性蛋白质含量来维持细胞内环境的生理生态平衡，从而缓解盐胁迫对种子发芽、幼苗生长的抑制作用[36]。Mimouni 等[37]发现 NaCl 胁迫下，大针茅（*Stipa grandis*）幼苗的相对电导率（REC）和 MDA 含量提高，而净光合作用（Pn）、相对含水量（RWC）降低，幼苗整体的生长速率明显降低。而叶片施用 SA 能提高叶绿素含量和抗氧化酶活性，并通过增加 CO_2 的净同化速率，提高光合作用过程，减轻膜损伤，进而增加了茎和根的干物质含量。

SA 通过提高番茄的光合作用、调节和平衡渗透势、诱导相容的渗透代谢、减轻膜损伤来促进番茄的生长[38]。另外，研究盐胁迫下施加 SA（0.5mM）能提高丛枝菌根共生体调节植物体内离子稳态和碳水化合物代谢的能力，从而减小盐胁迫的不利影响[39]。Zheng 等通过盆栽实验，分析了 0.3%、0.6%、0.9% 盐胁迫条件下以及叶面施加 0.5mM SA 下石竹（*Dianthus superbus*）的生长情况，结果表明，在 0.6% 和 0.9% 盐胁迫下，石竹叶片生长速度减慢、可溶性蛋白和糖含量降低，叶肉厚度增加，*MYB* 和 *P5CS* 基因表达增加。同时叶面施用 SA 能有效地增加叶片生物量、可溶性蛋白和可溶性糖的含量，并能显著上调石竹中 *MYB* 和 *P5CS* 的表达，有效促进石竹的光合作用、抗氧化酶活性和叶绿体的发育，有利于提高石竹对中度盐胁迫的适应。但在重度盐胁迫下（0.9% NaCl）SA 施用植株生理反应及相关基因表达无明显差异[40-41]。盐胁迫下，外源施加适量的 NO 或 SA，植物能够提高相关抗氧化酶活性，降低植物体内 MDA 含量，提高盐胁迫下的抗逆性。孙德智 等[42]研究发现，NO 和 SA 联合施用时具有明显的累加效应。

1.4 多胺类物质对盐胁迫下植物生长的影响

多胺（PAs）包括腐胺（Put）、亚精胺（Spd）和精胺（Spm），是植物体中广泛存在的一类生长调节物质[43]，不仅参与调节植物生长发育、控制植物形态建成[44]，还被发现在生物胁迫和非生物胁迫信号网络中发挥重要作用[45]，特别是外源性 PAs 能够提高植物的耐盐能力[46]。

束胜[47]研究了外源 Put 可有效缓解盐胁迫下黄瓜（*Cucumis sativus*）光合效率的降低，发现外源施加 Put 能够缓解光抑制、提高光反应中心电子传递效率、增加总不饱和脂肪酸（UFA）与总饱和脂肪酸（SFA）的比率及降低光合器官的氧化程度，并通过减低 Na^+ 和 Cl^- 积累来减少离子毒害，并且外源 Put 还能够增加光合器官中束缚态和结合态 PAs 的含量。张毅[48]发现外源 Spd 处理能够通过诱导多种代谢途径来缓解碱性盐对番茄幼苗生长的抑制作用，如喷施 Spd 能够加强谷氨酸脱氢酶（GDH）、谷氨酰胺合成酶（GS）/谷氨酸合酶（GOGAT）和转氨三大途径的协同作用，从而减轻盐胁迫导致的氨毒害，并有效缓解盐碱胁迫引起的氮代谢紊乱。同时，外源 Spd 还通过增加抗氧化酶活性、提高渗透调节物质积累、增强 PSII 反应中心的光化学活性，减轻盐碱逆境对番茄叶片光合电子传递的抑制。研究发现，PAs 能够通过影响大麦（*Hordeum vulgare*）幼苗根细胞原生质体离子通道的活性,改善大麦幼苗的 K^+/Na^+ 稳态。外源 Spm 能够在全株水平上显著降低了根部 K^+ 含量和根、茎 Na^+ 含量[49]。此外,研究发现不同植物、不同组织部位以及不同盐胁迫程度下,外源施加不同种类 PAs 对盐胁迫的缓解程度也表现出一定的差异。如孟德云等[50]发现叶面喷施等量的 Put、Spd 和 Spm 对同一水平盐胁迫下盆栽花生(*Arachis hypogaea*)的缓解作用不同,三者都能通过增强抗氧化酶活性,减少 MDA 积累带来的氧化损伤以及增加叶绿素含量来适应盐胁迫,但是对于盆栽花生而言,Spm 的处理效果优于 Put 和 Spd。

1.5 油菜素类固醇(BRs)对盐胁迫下植物生长的影响

油菜素类固醇(BR),又叫芸苔素类固醇,是植物生成的固醇类激素中生物活性最强的一种,不仅在基因表达、调节细胞增殖等生命活动中起关键作用[51]。此外,在低温、干旱和盐碱等逆境下,BR 能够通过增强作物根系吸水性能,并稳定膜系统的结构,从而增强植物的抗逆性,所以 BR 又被称为逆境条件的缓冲剂[52]。

研究表明,BR 有助于提高植物对各种非生物胁迫(包括干旱,寒冷,盐分和重金属胁迫)的抵抗能力[53]。利用 BR 对种子进行前处理或叶面施用均可增强盐胁迫下的种子发芽和幼苗生长。外源补充 BR 可以减轻盐胁迫导致的生长抑制,并促进幼苗的生长以及改善幼苗的水分状况[54];Yuan 等[55]也发现盐胁迫能够降低 $60.6\%\sim76.2\%$ 黄瓜植株的根和茎重,但外源施用 BR 提高了盐胁迫下黄瓜的生物量,主要是由于 BR 通过调节参与胞壁修饰和扩增的木葡聚糖内转葡糖基化酶/水解酶(XTH)基因表达,从而参与了细胞的延长[56-57]。刘丹[58]采用桶栽试验,在盐碱胁迫下,探究不同时期喷施 BR 对甜菜(*Beta vulgaris* L.)叶片的光合特性、各种生理代谢以及块根产质量的影响,发现各时期喷施 BR 均显著提高了甜菜块根中蔗糖含量,减少了还原糖含量,前期处理显著提高块根产量,中期和后期处理显著降低块根中甜菜碱和硝酸盐含量,提高了块根品质。BR 还能够通过调节氧化还原和渗透调节的作用,促进植物在盐胁迫下的生长。Efimova 等[59]发现,利用 BR 对马铃薯(*Solanum tuberosum*)植株进行短期预处理,能够通过增加抗氧化物活性来提高马铃薯对盐的耐受性。近期,Wu 等[60]发现,在盐胁迫下,BR 通过调节不同的植物激素,如 ABA、GA、SA 和 IAA 的水平来改善植物的生长发育,这表明 BR 能够通过调控抗氧化酶和激素水平来提高植物的耐盐性。

1.6 茉莉酸类物质(JAs)对盐胁迫下植物生长的影响

茉莉酸(JA)和茉莉酸甲酯(MeJA)作为主要的茉莉酸类物质(JAs)是植物体内一类内源生长调节物质,其不仅能够调节植物生长发育,还能参与调节植物对逆境胁迫的响应[61]。众多研究表明,JAs 能够作为内源信号分子提高植物在盐胁迫下的抗逆性[62]。

李小玲等[63]研究了不同浓度的 MeJA 对盐胁迫下黄芩(*Scutellaria baicalensi*)种子萌发的影响,发现 MeJA 浓度为 $50\mu mol/L$ 时,种子的发芽率、发芽势显著提高,同时,抗氧化酶含量提高,叶片损伤程度降低,盐害得到有效缓解。周晓馥等[64]研究发现盐胁迫会使玉米的气孔结构改变、光合速率(Pn)等光合参数下降,从而导致玉米整体光合能力的降低,而外源喷施 JA 可缓解盐胁迫对 PSII 活性中心的破坏作用,从而提高盐胁迫下玉米的耐受性。严加坤等[65]研究盐胁迫对玉米(*Zea mays*)根系吸水能力的影响,发现外源施加 MeJA 能够通过调控玉米根系水通道蛋白活性来提高玉米根系的吸水能力,同时,加入适量浓度的外源 JA 能够明显提高盐胁迫下玉米的净光合速率,提高植株生物量。

2 外源离子对盐胁迫下植物生长的影响

土壤的盐离子浓度过高会影响其他元素的吸收(如氮和钙),导致离子失衡,而增加某些元素如钙、磷和镁等能够起到平衡土壤养分，促进植物生长的目的。硅（Si）是土壤中含量第二丰富的元素，研究表明，Si 作为植物中的"多能性"元素，不仅能够改善土壤的营养成分，在高盐条件下，还能参与调节渗透胁迫、氧化应激和 Na^+ 积累等生命过程[66-67]。Alzahrani 等[68]通过盆栽实验研究了外源施加 Si 对植物耐盐性的改善作用，发现在胁迫条件下，补充 Si 可以促进生长，促进气体交换，提高组织水和膜的稳定性，增加体内 K^+ 含量。同时，外源施加 Si 可以降低植物体内 MDA、Na^+ 和电解质泄漏（EL）的含量。绿豆（*Vigna radiata*）在盐胁迫下施用 Si 和水杨酸（SA）可通过增加钾离子积累和减少钠离子的含量，来提高植物的耐盐性[69]。在盐胁迫下，Si 可以提高黄瓜植株的根茎的比例，提高根系的运输水能力，从而改善植物水分平衡[70]。此外，研究发现在盐胁迫的植物中，Si 可能能够提高气孔导度、蒸腾速率、气孔数量和大小，从而提高盐度胁迫下的光合活性[71]。

Ca^{2+} 作为"第二信使"不仅参与植物代谢，还能够起到增强植物抗性、缓解盐害的作用。任珺等[72]发现低浓度的外源钙能够促进苦豆子（*Sophora alopecuroides*）种子的萌发，李文杨[73]发现一定浓度的 $CaCl_2$ 能够提高盐胁迫下白菜（*Brassica campestris*）种子的发芽率、发芽势和发芽指数，能够缓解盐胁迫对种子发芽的抑制作用。另外，黄璐瑶[74]等发现外源钙处理能够提高光合电子传递效率、增加胞间 CO_2 浓度，从而提高植物光合作用、减少植物盐害。对花生[75]、沙拐枣（*Calligonum mongolicum*）[76]等植物研究发现适宜浓度的外源钙能够增加渗透调节物质浓度、提高抗氧化酶活性，从而减少植物膜损伤、提高盐胁迫下的抗性。

3 展望

（1）大量研究表明，施加适量浓度的外源调节物质对植物盐胁迫具有较好的缓解作用。外源施加植物激素、多胺、水杨酸等外源生长调节物以及多种外源离子都能够不同程度地提高植物耐盐能力。

（2）目前对外源物质调控植物耐盐性的相关机理仍需进一步研究，需要在蛋白及基因水平深入探究外源调节物质对基因表达调控产生的直接及间接影响，进一步完善外源物质调控的植物抗逆信号网络。

（3）今后应探索不同种类的外源物质组合使用，深入研究组合型外源物质对植物生长的调控作用以及联合作用机理，将对未来进一步提高植物的抗逆性具有重要的指导意义。

◇ **参考文献**

[1] Abbasi H，Jamil M，Haq A，et al. Salt stress manifestation on plants，mechanism of salt tolerance and potassium role in alleviating it：A review [J]. Zemdirbyste – Agriculture，2016（103）：229 – 238.

[2] 尹相博，李青，王绍武. 外源物质缓解盐胁迫下植物幼苗生长的研究进展 [J]. 黑龙江农业科，2013（11）：147 – 150.

[3] Durner J，Klessig D F. Nitric oxide as a signal in plants [J]. Current opinion in plant biology，1999，2（5）：369 – 374.

[4] 李顺，景举伟，严金平，等. 气体信号分子 H_2S 在植物中的研究进展 [J]. 植物生理学报，2015，51（5）：579 – 585.

[5] 颜志明，孙锦，郭世荣，等. 外源脯氨酸对盐胁迫下甜瓜幼苗根系抗坏血酸-谷胱甘肽循环的影响 [J]. 植物科学学报，2014，32（5）：502 – 508.

[6] 马婷燕，李彦忠. 外源甜菜碱对 NaCl 胁迫下紫花苜蓿种子萌发及幼苗抗性的影响 [J]. 草业科学，2019，36（12）：3100 – 3110.

［7］ 段娜，贾玉奎，徐军，等．植物内源激素研究进展 ［J］．中国农学通报，2015，31（2）：159 - 165.

［8］ 张丽，罗孝明，蒙辉，等．盐胁迫下植物激素水平的研究进展 ［J］．蔬菜，2017（3）：29 - 32.

［9］ Wolters H，Jürgens G. Survival of the flexible：hormonal growth control and adaptation in plant development ［J］．Nature Reviews Genetics，2009，10（5）：305 - 317.

［10］ Wang Y，Li K，Li X. Auxin redistribution modulates plastic development of root system architecture under salt stress in *Arabidopsis thaliana* ［J］．Journal of Plant Physiology，2009，166（15）：1637 - 1645.

［11］ Burssens S，Himanen K，Cotte B V D，et al. Expression of cell cycle regulatory genes and morphological alterations in response to salt stress in *Arabidopsis thaliana* ［J］．Planta，2000，211（5）：632 - 640.

［12］ West G. Cell cycle modulation in the response of the primary root of Arabidopsis to salt stress ［J］．Plant physiology，2004，135（2）：1050 - 1058.

［13］ Sun F，Zhang W，Hu H，et al. Salt modulates gravity signaling pathway to regulate growth direction of primary roots in *Arabidopsis* ［J］．Plant Physiology，2008，146（1）：178 - 188.

［14］ Albino M，Giancarlo B，Giampaolo R，et al. Contrasting effects of GA 3 treatments on tomato plants exposed to increasing salinity ［J］．Journal of Plant Growth Regulation，2010，29（1）：63 - 72.

［15］ Achard P，Cheng H，Grauwe L D，et al. Integration of plant Responses to environmentally activated phytohormonal signals ［J］．Science，2006，311（5757）：91 - 94.

［16］ 申国柱，刘湘永，申仕康，等．6 - BA 和 NAA 对荼梨种子发芽特性的影响 ［J］．种子，2008（3）：73 - 74.

［17］ 廖祥儒，贺普超，朱新产．玉米素对盐渍下葡萄叶圆片 H_2O_2 清除系统的影响 ［J］．Acta Botanica Sinica，1997（7）：641 - 646.

［18］ Yu J，Huang J，Wang Z，et al. An Na^+/H^+ antiporter gene from wheat plays an important role in stress tolerance ［J］．Journal of Biosciences，2007，32（2）：1153 - 1161.

［19］ Zhao Q，Zhao Y，Zhao B，et al. Cloning and functional analysis of wheat $V - H^+ - ATPase$ subunit genes ［J］．Plant Molecular Biology，2009，69（1 - 2）：33 - 46.

［20］ Fukuda A，Tanaka Y. Effects of ABA，auxin，and gibberellin on the expression of genes for vacuolar H^+-inorganic pyrophosphatase，$H^+ - ATPase$ subunit A，and Na^+/H^+ antiporter in barley ［J］．Plant Physiology and Biochemistry，2006，44（5 - 6）：351 - 358.

［21］ Agarwal S，Sairam R K，Srivastava G C，et al. Role of ABA，salicylic acid，calcium and hydrogen peroxide on antioxidant enzymes induction in wheat seedlings ［J］．Plant Science，2005，169（3）：559 - 570.

［22］ Juan F，Jiménez B，Oscar A，et al. Modulation of spermidine and spermine levels in maize seedlings subjected to long - term salt stress ［J］．Plant Physiology and Biochemistry，2007，45（10 - 11）：812 - 821.

［23］ Ajmal K，Raziuddin A，Bilquees G，et al. Dormancy and germination responses of halophyte seeds to the application of ethylene ［J］．Comptes Rendus Biologies，2009，332（9）：806 - 815.

［24］ Hwang O J，Back K. Melatonin deficiency confers tolerance to multiple abiotic stresses in rice via decreased brassinosteroid levels．［J］．International journal of molecular sciences，2019，20（20）：5173.

［25］ Wei W，Li Q T，Chu Y N，et al. Melatonin enhances plant growth and abiotic stress tolerance in soybean plants.［J］. Journal of Experimental Botany，2015，66（3）：695－707.

［26］ Manchester L C，Coto－Montes A，Boga J A，et al. Melatonin：an ancient molecule that makes oxygen metabolically tolerable［J］. Journal of Pineal Research，2015，59（4）：403－419.

［27］ 王明瑶，曹亮，于奇，等. 褪黑素浸种对盐碱胁迫下大豆种子萌发的影响［J］. 作物杂志，2019（6）：195－202.

［28］ 陈莉，刘连涛，马彤彤，等. 褪黑素对盐胁迫下棉花种子抗氧化酶活性及萌发的影响［J］. 棉花学报，2019，31（5）：438－447.

［29］ 彭玲，李爱，杨漫，等. 外施褪黑素对盐胁迫下红花生长和生理特性的影响［J］. 中药材，2019，42（8）：1730－1737.

［30］ 范海霞，郭若旭，辛国奇，等. 外源褪黑素对盐胁迫下芦苇幼苗生长和生理特性的影响［J］. 中国农业科技导报，2019，21（11）：51－58.

［31］ Zacharoula K，Therios L，Efstathios R，et al. Melatonin combined with ascorbic acid provides salt adaptation in *Citrus aurantium* L. seedlings［J］. Plant Physiology and Biochemistry，2015（86）：155－165.

［32］ 尹赜鹏，王珍琪，齐明芳，等. 外施褪黑素对盐胁迫下番茄幼苗光合功能的影响［J］. 生态学杂志，2019，38（2）：467－475.

［33］ Tan X，Long W，Zeng L，et al. Melatonin－induced transcriptome variation of rapeseed seedlings under Salt Stress［J］. International journal of molecular sciences，2019，20（21）：5355.

［34］ Choi G H，Back K. Suppression of melatonin 2－hydroxylase increases melatonin production leading to the enhanced abiotic stress tolerance against Cadmium，Senescence，Salt，and Tunicamycin in Rice Plants［J］. Biomolecules，2019，9（10）：589.

［35］ 彭浩，宋文路，王晓强，等. 水杨酸与植物抗逆性关系研究进展［J］. 园艺与种苗，2016（2）：74－78.

［36］ 廖姝，倪祥银，齐泽民，等. 水杨酸对NaCl胁迫下大豆种子萌发和幼苗逆境生理的影响［J］. 内江师范学院学报，2013，28（2）：39－42.

［37］ Mimouni H，Wasti S，Manaa A，et al. Does Salicylic Acid（SA）improve tolerance to salt stress in plants？a study of SA effects on tomato plant growth，water dynamics，photosynthesis，and biochemical parameters［J］. OMICS：A Journal of Integrative Biology，2016，20（3）：180－90.

［38］ Li T，Hu Y，Du X，et al. Salicylic acid alleviates the adverse effects of salt stress in Torreya grandis cv. Merrillii seedlings by activating photosynthesis and enhancing antioxidant systems［J］. PLoS One，2014，9（10）：e 109492.

［39］ Garg N，Bharti A. Salicylic acid improves arbuscular mycorrhizal symbiosis，and chickpea growth and yield by modulating carbohydrate metabolism under salt stress［J］. Mycorrhiza，2018，28（8）：727－746.

［40］ Zheng J，Ma X，Zhang X，et al. Salicylic acid promotes plant growth and salt－relatedgene expression in *Dianthus superbus* L.（Caryophyllaceae）grown under different salt stress conditions［J］. Physiology and Molecular Biology of Plants，2018，24（2）：231－238.

［41］ Ma X，Zheng J，Zhang X，et al. Salicylic acid alleviates the adverse effects of salt stress on *Dianthus superbus*（Caryophyllaceae）by activating photosynthesis，protecting morphological

structure，and enhancing the antioxidant system ［J］. Frontiers in Plant Science，2017
(8)：600.

［42］ 孙德智，韩晓日，彭靖，等. 外源 NO 和 SA 对盐胁迫下番茄幼苗叶片膜脂过氧化及 AsA -
GSH 循环的影响 ［J］. 植物科学学报，2018，36 (4)：612 - 622.

［43］ Hussain S S，Ali M，Ahmad M，et al. Polyamines：Natural and engineered abiotic and biotic
stress tolerance in plants ［J］. Biotechnology Advances，2011，29 (3)：300 - 311.

［44］ Zhang Y，Wu R，Qin G，et al. Overexpression of WOX1 leads to defects in meristem develop-
ment and polyamine homeostasis in Arabidopsis ［J］. Journal of Integrative Plant Biology，
2011 (6)：87 - 100.

［45］ Tavladoraki P，Cona A，Federico R，et al. Polyamine catabolism：Target for antiproliferative
therapies in animals and stress tolerance strategies in plants ［J］. Amino Acids，2012 (42)：
411 - 426.

［46］ Rubén A，Marta. Polyamine metabolic canalization in response to drought stress in Arabidopsis
and the resurrection plant *Craterostigma plantagineum* ［J］. Plant Signaling & Behavior，2011
(6)：243 - 250.

［47］ 束胜. 外源腐胺缓解黄瓜幼苗盐胁迫伤害的光合作用机理 ［D］. 南京：南京农业大学，2012.

［48］ 张毅. 亚精胺对番茄幼苗盐碱胁迫的缓解效应及其调控机理 ［D］. 杨凌：西北农林科技大
学，2013.

［49］ Zhao F，Song C，He J，et al. Polyamines improve K^+/Na^+ homeostasis in barley seedlings by
regulating root ion channel activities ［J］. Plant physiology，2007 (145)：1061 - 1072.

［50］ 孟德云，侯林琳，杨莎，等. 外源多胺对盆栽花生盐胁迫的缓解作用 ［J］. 植物生态学报，
2015，39 (12)：1209 - 1215.

［51］ 范玉琴. 植物中油菜素类固醇信号转导与细胞增殖 ［J］. 亚热带植物科学，2007，3：80 - 84.

［52］ Krishna P，Prasad B D，Rahman T. Brassinosteroid action in plant abiotic stress tolerance ［J］.
Methods Mol Biol，2017 (1564)：193 - 202.

［53］ Anjum S，Wang L，Farooq M，et al. Brassinolide application improves the droughttolerance in
maize through modulation of enzymatic antioxidants and leaf gas exchange ［J］. Journal of
Agronomy and Crop ence，2011，197 (3)：177 - 185.

［54］ Liu J，Gao H，Wang X，et al. Effects of 24 - epibrassinolide on plant growth osmotic regula-
tion and ion homeostasis of salt - stressed canola ［J］. Plant Biology，2014，16 (2)：440 -
450.

［55］ Ling Y，Sheng S，Jin S，et al. Effects of 24 - epibrassinolide on the photosynthetic characteris-
ticsantioxidant system and chloroplast ultrastructure in *Cucumis sativus* L. under Ca $(NO_3)_2$
stress ［J］. Photosynthesis Research，2012，112 (3)：205 - 214.

［56］ Catterou F，Dubois H，Schaller L，et al. Brassinosteroids，microtubules and cell elongation in
Arabidopsis thaliana. I. Molecular，cellular and physiological characterization of the Arabidopsis
bull mutant，defective in the delta 7 - sterol - C5 - desaturation step leading to brassinosteroid
biosynthesis ［J］. Planta，2001，212 (5 - 6)：659 - 672.

［57］ Ashraf N，Akram R，Arteca M，et al. The physiological，biochemical and molecular roles of
brassinosteroids and salicylic acid in plant processes and salt tolerance ［J］. Critical Reviews in
Plant Sciences，2010，29 (3)：162 - 190.

［58］ 刘丹. 外源 BR 对盐碱胁迫下甜菜生理特性及产量和品质的影响 ［D］. 哈尔滨：东北农业大
学，2019.

［59］Efimova M V，Khripach V A，Boyko E V. The priming of potato plants induced by brassinosteroids reduces oxidative stress and increases salt tolerance ［J］. Doklady Biological Sciences，2018，478（1）：33－36.

［60］Wu W，Zhang Q，Ervin E H，et al. Physiological mechanism of enhancing salt stress tolerance of perennial ryegrass by 24－Epibrassinolide ［J］. Frontiers in Plant Science，2017（8）：1017.

［61］Huang H，Liu B，Liu L，et al. Jasmonate action in plant growth and development ［J］. Journal of Experimental Botany，2017，68（6）：1349－1359.

［62］蔡昆争，董桃杏，徐涛. 茉莉酸类物质（JAs）的生理特性及其在逆境胁迫中的抗性作用 ［J］. 生态环境，2006（2）：397－404.

［63］李小玲，华智锐. 外源茉莉酸甲酯对盐胁迫下黄芩种子萌发及幼苗生理特性的影响 ［J］. 山西农业科学，2016，44（11）：1603－1607.

［64］周晓馥，王艺璇. 外源茉莉酸对盐胁迫下玉米光合特性的影响 ［J］. 吉林师范大学学报，2019，40（4）：80－86.

［65］严加坤，严荣，汪亚妮. 外源茉莉酸甲酯对盐胁迫下玉米根系吸水的影响 ［J］. 广东农业科学，2019，46（1）：1－6.

［66］Zhu Y，Gong H. Beneficial effects of silicon on salt and drought tolerance in plants ［J］. Agronomy for Sustainable Development，2013，34（2）：455－472.

［67］Etesami H，Jeong B R. Silicon（Si）：Review and future prospects on the action mechanisms in alleviating biotic and abiotic stresses in plants ［J］. Ecotoxicology and Environmental Safety，2017（147）：881－896.

［68］Alzahrani Y，Ku A，Alharby H F，et al. The defensive role of silicon in wheat against stress conditions induced by drought，salinity or cadmium ［J］. Ecotoxicology and Environmental Safety，2018（154）：187－196.

［69］Lotfi R，Ghassemi－Golezani K. Influence of salicylic acid and silicon on seed development and quality of mung bean under salt stress ［J］. Seed Science and Technology，2015，43（110）：52－61.

［70］Shiwen W，Peng L，Daoqian C，et al. Silicon enhanced salt tolerance by improving the root water uptake and decreasing the ion toxicity in cucumber ［J］. Frontiers in Plant Science，2015（6）：759.

［71］Yin L，Wang S，Li J，et al. Application of silicon improves salt tolerance through ameliorating osmotic and ionic stresses in the seedling of Sorghum bicolor ［J］. Acta Physiologiae Plantarum，2013，35（11）：3099－3107.

［72］任珺，孙梦洁，张照枬，等. 外源钙对盐胁迫下苦豆子（Sophora alopecuroides）种子萌发和幼苗生长的影响 ［J］. 中国沙漠，2019，39（1）：105－109.

［73］李文杨. 外源钙对盐胁迫下白菜种子萌发的影响 ［J］. 南方园艺，2018，29（1）：9－12.

［74］黄璐瑶，李壮壮，段童瑶，等. 盐胁迫下外源钙对忍冬光合系统的调控 ［J］. 中国中药杂志，2019，44（8）：1531－1536.

［75］杨莎，侯林琳，郭峰，等. 盐胁迫下外源Ca^{2+}对花生生长发育、生理及产量的影响 ［J］. 应用生态学报，2017，28（3）：894－900.

［76］王文银，高小刚，司晓林，等. 外源钙盐对盐胁迫下沙拐枣渗透调节和膜脂过氧化的影响 ［J］. 环境科学研究，2017，30（8）：1230－1237.

作物连作障碍研究进展

耿贵[1]，杨瑞瑞[2]，於丽华[1]，吕春华[2]，李任任[2]，王宇光[1]

(1. 黑龙江省普通高校甜菜遗传育种重点试验室/黑龙江大学，哈尔滨　150080；
2. 黑龙江大学生命科学学院，哈尔滨　150080)

摘要： 随着中国人口的增加、土地资源有限及作物产区相对比较集中等因素的影响，作物连作已成为一种普遍的趋势。随连作年限的增加，作物的产质量均受到不同程度的影响，因此由连作导致的一系列连作障碍已成为制约农业可持续生产的一个重要因素，受到了世界各国的广泛关注。本研究从连作障碍的表现、成因及消减技术3个方面进行了简要概述，并对连作障碍未来的研究方向进行了展望，以期为作物连作障碍的相关研究提供一些借鉴。

关键词： 连作障碍；土壤理化性质；土壤微生物；自毒物质；消减技术

0　引言

同一作物在同一块土地连续种植两茬或者两茬以上的现象称为连作。连作会导致作物生长状况变差、产量降低、品质变劣及病虫害发生加剧等现象的发生[1-2]。该现象早在公元前300年就已经被人们所认识。目前中国由于耕地面积有限、种植条件的制约及经济利益的驱动等，作物连作已成为农业生产中所存在的普遍现象。作物连作在水稻、玉米、小麦等粮食类作物，西瓜、草莓、番茄、黄瓜等果蔬类作物，烤烟、大豆、花生等经济类作物，人参、三七、地黄等药材类作物的栽培种植过程中均有发生，除很小一部分作物的连作对生长具有促进作用[3]，绝大部分连作都存在不同程度导致连作障碍，这严重制约了我国农业的可持续发展。

1　连作障碍的表现

不同作物的连作障碍表现不尽相同，大都表现为植株幼苗生长缓慢、根系发育异常、植株抗逆能力下降、病虫害发生猖獗、产质量下降、土传病害发生严重等，严重者甚至会导致植株死亡。如棉田连作使得棉花蕾、花、铃的脱落数量、比例均高于非连作棉花[4]；花生连作之后导致个体生长发育缓慢、主茎变矮、根幅缩小、单株结果数变少、花生仁细小甚至瘪粒，最终导致产量降低，减产可达40%[5-6]。小麦作为中国北方的主要粮食作物，长期连作产量下降可达一半以上。由此可见，连作障碍已成为一个广泛存在且严重危害生产的问题。部分作物连作危害及特征表现见表1。

表1　一些作物连作障碍产生的危害和特征表现

作物	连作危害及特征	参考文献
大豆	个体生长发育缓慢，植株矮小，叶色变黄，结荚减少，百粒重降低，产量显著下降，且随连作年限延长症状加重	[7-8]

---

* 通讯作者：耿贵（1963—　），男，黑龙江牡丹江人，研究员，研究方向：甜菜耕作与栽培。

（续）

作物	连作危害及特征	参考文献
大蒜	主要表现为大蒜弱苗、小苗、死苗频繁发生，大蒜生长期出现叶片枯黄，蒜腐病、根腐病几率增加，导致大蒜长势严重下降	[9]
玉米	出现植株矮小，叶片呈褐色斑点，叶缘枯焦等典型缺钾症状；植株发育缓慢，节间变短，叶片条纹状失绿等缺锌、缺硼症状	[10]
黄瓜	大棚黄瓜连作之后植株生长发育受到抑制，产量降低；枯萎病发病率增加	[11-12]
烟草	连作的烟株在旺长期和现蕾期的株高、田间叶面积系数均降低，圆顶期的株高、莲围、节距、叶面积系数等也都有不同程度下降	[13-14]
辣椒	生长量减小，果实变短，畸形果比例增加，导致腐根，病毒病等主要病害发病率上升	[15]
草莓	幼苗生长受到抑制，发病率可达89.2%	[16]
花生	幼苗个体生长发育缓慢，植株矮小，结果数少，百果重低，产量下降	[6]
西瓜	植株发病时幼苗失水萎蔫，病蔓基部常有褐色条斑，有树脂状胶质溢出，且根部腐烂极易拔起，以坐果期和瓜膨大期发病最为严重	[17]
高粱	株高、茎粗、叶面积及生物量明显受到抑制，对植株根系生长也产生显著影响	[18]
地黄	外观上表现为地上部弱小，块根不能正常膨大，根部须根多，严重者可导致绝收	[19]
人参	须根易脱落，烧须严重，参根布满病疤，周皮变红	[20]
桃树	幼树在最初的一段时间内叶片褪绿，新生根褐化，生长停滞，枯死腐烂，根分叉较多，枝干出现流胶，严重减产	[21]
马铃薯	随连作年限的延长，马铃薯的株高、茎粗、整株及叶片干物质量、平均单薯质量、植株源活力及根系活力等明显下降	[22]

2 连作障碍的成因

连作障碍是植株—土壤—微生物等多个系统内的诸多因素综合作用的结果，涉及作物、土壤、微生物种群等多个生物因素和非生物因素[23]，其产生原因很多且机理复杂。连作常导致土壤中营养元素含量、pH等理化性质及微生物区系发生改变，制约作物对土壤中养分的吸收，甚至发生严重的病虫害，影响作物的正常生长，使得作物的产量和品质下降[24]。对于连作障碍的形成原因，主要可以归结为以下三点。

2.1 土壤理化性质的变化

一些研究认为连作障碍是由土壤肥力下降引起[25-27]。土壤是作物生长的基础，其物理化学性质直接影响着作物的生长状况，优良的土壤环境可以更好地满足作物对养分的需求。通过对连作黄瓜及人参等的研究发现[28-29]，随着作物种植年限的延长，连作土壤的比重和容重增大，总孔度减少，物理性黏粒增加，导致土壤板结，通气透水性变差，使得作物的正常生长受到影响；连作后还会造成土壤EC值升高，含盐量逐渐增加，并伴有次生盐渍化的倾向[30]；同时Horton和Ogram[31-32]等对作物的连作障碍研究表明，作物对土壤中矿质营养元素的吸收具有特定规律，同一种作物长期连作必然造成土壤中某些特定元素的亏缺或累积，进而造成养分失衡，影响作物的正常生长，使得作物的抗逆能力下降，严重者会使植株致死[33]，陈龙池等[34-35]研究发现连作土壤中的酚酸类等化感物质会影响生态系统中营养元素循环，在土壤中加入香草醛和对羟基苯甲酸这两种化感物质后土壤中的有效氮和有效钾含量均降低，同时还提高了有效磷的含量；另有研究表明，随作物连作年限的增加，土壤中的有机质被大量消耗，营养供应失衡，土壤趋于酸化，导致作物对土壤养分的吸收受到抑制，造成严重的病虫害，从而影响到作物的产量和品质[29]。

2.2 自毒物质的积累

部分学者认为，连作障碍是由于自毒物质在土壤中长期积累所致[36-38]。在对茄子[39]、花生[40]、烟草[41]等许多作物的研究中自毒物质积累已经被证明是导致连作障碍的一个重要因素。作物在其生长过程中通过挥发、叶面浸出、根系分泌及植物组织腐解[42-45]等方式向环境中释放次生代谢产物，其中的根系分泌物和植物残株腐解物是土壤中自毒物质的主要来源。研究发现，这些导致自毒作用的次生代谢产物会随种植年限的增长在连作土壤中逐渐积累，如通过对连作花生土壤的研究发现，土壤中的对羟基苯甲酸、香草酸和香豆酸等自毒物质的含量随连作年限有逐年累加趋势[46-47]；自毒物质在土壤中积累达到特定浓度后就会对作物植株的正常生长产生自毒作用，影响种子的发芽、幼苗的生长及根系对养分的吸收。陈芸等[48]发现几种化感物质对玉米种子萌发及幼苗生长的影响表现为"低促高抑"的作用，即在浓度较低时表现为促进玉米种子萌发，浓度较高时则会抑制种子萌发，并使得玉米幼苗的株高、根长及鲜重均降低。

2.3 土壤微生物区系的改变

但另外一些研究表明，连作障碍是由于富集在根附近的代谢产物及植物组织腐解物为土壤微生物提供的营养条件和寄主环境影响了微生物种群的分布所致[49-52]。这些物质一方面促进了病原菌的增殖或孢子萌发，使得有害微生物大量增殖，另一方面又使得病原拮抗菌数量及种类减少，最终导致土壤微生物多样性水平下降。如西瓜[53]、甜瓜[54]根系分泌物中的酚酸类化感物质可以促进尖孢镰刀菌孢子的萌发。在对连作花生[55]、棉花[56]、烤烟[57]等多种作物的研究中发现，随连作年限的增加，根际土壤中的真菌、细菌比例失调，细菌和放线菌数量明显减少，真菌数量增多，土壤由细菌型向着真菌型转变。

同时，大量研究表明形成连作障碍的上述三个因素间存在着协同作用，连作导致土壤的理化性质发生变化，使得土壤中的化感自毒物质聚集，同时，土壤中的病原菌大量增殖，导致连作障碍的发生，这些变化反过来又影响土壤的理化性质，导致连作障碍逐年加剧[58-60]。

3 连作障碍的消减技术

近年来，有关连作障碍的减缓措施已成为了生产上亟待解决的热点问题之一。有些作物的连作障碍，通过特殊的栽培调控措施可以得到解决，但绝大多数作物的连作障碍至今还没有切实可行的消减技术，如大豆、花生、人参及地黄等作物。目前生产上主要通过以下途径或措施来达到消减连作障碍的目的：

3.1 选择合理的种植制度

大量研究表明，很多作物的根分泌物与某些土传病害的发生密切相关[61-62]。根据某些特殊种类的根分泌物对病原菌的化感作用，在田间生产中实行合理的种植制度，能够显著改善作物的矿质营养[63]，同时还可以调节土壤肥力，改善土壤微生态环境，从而对土传病原菌实现有效的天然调控，减轻病虫害的发生，达到提高作物产量和品质的效果，进而实现农业的可持续发展[64]，是目前最为高效且行之有效的防止连作障碍产生的方法之一。如豆科、禾本科作物间作显著改善了作物的磷营养[65-66]和碳氮营养[67]；黄瓜和小麦、洋葱、大蒜等作物间作后，显著提高了黄瓜根际土壤中的微生物多样性，并降低了黄瓜枯萎病、角斑病、霜霉病等多种病害的发生，间接提高了黄瓜的产质量[68-69]。有研究表明，油菜、大葱及辣椒等的代谢产物和根茬腐解物可以促进甜瓜根系生长，同时还可以抑制尖孢镰刀菌菌丝的生长和孢子萌发，因此在田间生产中通常将这几种作物作为甜瓜种植的前茬作物[70]。值得注意的是，某些作物释放的化感物质会对另一种作物的生长发育产生抑制效应，例如番茄对黄瓜有明显的化感抑制作用[71]。

3.2 选育栽培具有优良化感性状的品种

植物自身的遗传特性决定了植物所产生的化感物质种类和数量，不同种植物对化感物质的敏感程度在植株间也存在差异。例如同为葫芦科的瓜类作物，自毒作用在种间却存在很大差异：甜瓜、西瓜和黄瓜的根系分泌物、水提物对其自身有自毒作用，却可以促进黑籽南瓜的生长[72-73]；黑胡桃代谢产生的胡桃酮会抑制黑莓的生长但对同属另一种草莓的生长并没有抑制作用[74]。果蔬类栽培中，通常采用嫁接栽培技术来进行病虫害的防治，通过嫁接将接穗品种的优良性状和砧木的有利特性进行结合，从而达到品种改良的目的。生产上，西瓜与葫芦[75]的嫁接，黄瓜与黑籽南瓜[76]的嫁接，茄子与野生茄子[77]的嫁接已经发挥了重要的作用。因此便有学者提出可以通过育种手段来进行抗连作品种的选育，借此提高植物对自毒物质的抗性。但由于目前对连作障碍在分子生物学水平上的研究有限，再加上这方面工作难度较大，使得该项技术并不成熟，利用基因工程技术减轻连作障碍的研究尚处在积极探索中。

3.3 科学合理施肥

作物连作种植会导致土壤中氮、磷、钾及矿质营养元素等的缺乏。通过向土壤中适量追加添加营养元素的肥料，可在一定程度上缓解由连作导致的营养元素缺乏。但生产上普遍只重视富含氮、磷、钾等大量营养元素化肥的施用，忽略了微量元素肥和有机肥的施用，使土壤的缓冲能力和离子平衡能力遭到破坏，pH值降低，某些养分的有效性降低，导致土壤中 Ca、Mg、B、Mo 等植物必需营养元素的缺乏，使得作物植株发生多种生理及土传性病害[78]。生物有机肥富含有机营养成分和生物活性物质，可作为提高土壤有机质水平的一个重要来源途径。在土壤中适量添加有机肥可以改善土壤理化性质、优化土壤生物群落结构、提高土壤地力及生态功能[79-83]。目前有很多通过生物有机肥来缓解连作障碍的研究，王笃超等[84-85]在连作大豆体系中施入有机物料提高了连作土壤中微生物生物量碳、微生物生物量氮以及土壤养分含量，并有效改善了土壤呼吸，同时可以保持大豆连作土壤中各营养类群比例平衡，减少土传病害的发生，维持土壤健康。有机肥与化肥相结合已被证明是增加和维持土壤肥力以及提高作物产量的有效方法[86-87]。陶磊等[88]在以有机肥替代部分化肥对长期连作棉田产量、土壤微生物数量及酶活性等的影响的研究中发现常规施肥减量20%～40%并配施以 3 000、6 000kg/hm² 有机肥不仅不会导致棉花减产，而且对提高土壤酶活性、调节土壤细菌、真菌、放线菌群落组成结构，改善北疆绿洲滴灌棉田土壤生物学性状有显著作用。目前，生产上无机—有机复合肥料在提高作物质量、产量等方面发挥着重要作用。

3.4 生物防治

伴随现代生物技术的发展，生物防治已逐步成为防治作物病虫害、减轻连作障碍的重要手段，它是利用有益微生物或其他生物来抑制或消灭土壤中某种病原菌或有害生物的一种方法，目前主要有引入拮抗菌和接种有益微生物2种措施[89]。土壤中的有益微生物可以与有害微生物竞争生存空间，使得土壤中病原菌的数量下降，同时可以减弱其对根系的侵染能力，降低土传病害发病率，从而解决实际生产中存在的连作障碍问题[90]。朱伟杰等[91]研究发现，在田间施用生防菌荧光假单胞菌 *Pseudomonas fluorescens* 2P24，能使甜瓜根际土壤中的放线菌数量下降，细菌和真菌数量提高，对田间甜瓜的枯萎病菌起到一定的抑制效果。Zhou 等[92]发现油菜假单胞菌 J12 能够抑制番茄根系土壤中青枯雷尔氏菌的生长，对番茄青枯病具有良好的防治效果。张艳杰等[93]利用生防菌玫瑰黄链霉菌对设施番茄连作土壤进行修复，结果表明其能增加土壤细菌和放线菌数量，促进植株生长和产量提高。另有研究发现土壤中不仅存有病原拮抗菌，而且存在可以分解自毒物质的微生物种群，因此，很多有益微生物可以从土壤中筛选出来用作防治连作障碍[94-95]。郝永娟等[96]研究由丛枝菌根 VA 菌和使用农业废弃物菇渣培养的拮抗木霉菌剂组成的生物土壤添加剂（BSA）对连作黄瓜生长的影响时发现该添加剂不仅可以改善土壤理化性状，补充土壤养分，还可以促进植株生长，激活土壤原有拮抗菌，有效增强植株抗性，在一定程度上缓解了连作障碍。

3.5 降解作物自毒物质，缓解毒害

缓解自毒物质对连作种植的危害是目前研究的难点。无土栽培是解决自毒作用最彻底的方法，它采用人工基质或培养液进行生产，栽培环境与土壤完全隔离，可有效避免土传病害的发生，但因一次性投入较大，且对技术要求较高，在生产实践中的应用有限。利用高温条件降解自毒物质理论上也是一种可行的方法，曾被用于消减三七的连作障碍[97]。但由于高温处理也杀死了土壤中的有益微生物，在生产上并不推行。最快捷地克服由自毒物质积累所导致连作障碍的方法就是利用吸附剂将栽培环境中的自毒物质排除。生物炭是有机生物质在缺氧环境下经高温裂解后所产生的固体产物，因其具有较大的孔隙度和比表面积，可以吸附土壤中的有害物质，抑制病菌，被广泛应用于土壤改良方面[98-99]。谭磊等[100]在研究生物炭缓解自毒物质对甜瓜和木霉菌的毒害作用中发现，生物炭通过吸附降低了自毒物质浓度，从而缓解了自毒物质的毒害作用，导致木霉菌的生物量、生长速度和产孢量都发生变化，且减弱了自毒物质对甜瓜发芽和生长的影响。

4 作物连作障碍防治研究前景

作物连作障碍是生态系统内多个因素相互作用所致。任何一项单独的措施或几项措施的简单叠加都难以达到彻底克服连作障碍的理想效果。科学的方法应该是系统地阐明导致连作障碍各因素间的相互关系，并探究其中主要诱因，针对不同的环境及不同作物的生长特点将各项防治方法综合应用，使各个方法相互补充，相互配合，从而达到有效防控连作障碍的目的。

伴随现代生物技术在农业科学研究等领域的迅猛发展，运用生物技术消减作物连作障碍必将是重要的发展趋势。在明确连作障碍机制的基础上，利用传统的遗传育种手段与现代基因工程技术相结合，将抗连作障碍的相关基因导入优良作物品种，使其在具有高产、抗病虫草害等优良性状的同时可以自行克服连作障碍，这将对我国农业发展具有重要意义。

◆ **参考文献**

[1] 张子龙，王文全. 植物连作障碍的形成机制及其调控技术研究进展 [J]. 生物学杂志，2010，27（5）：69-72.

[2] Wu F Z, Wang X Z, Xue C Y. Effect of cinnamic acid on soil microbial characteristics in the cucumber rhizosphere [J]. European Journal of Soil Biology，2009，45（4）：356-362.

[3] 郝慧荣，李振方，熊君，等. 连作怀牛膝根际土壤微生物区系及酶活性的变化研究 [J]. 中国生态农业学报，2008，16（2）：307-311.

[4] 王罂. 连作对棉花生长生理效应及硫肥对连作调控效应的研究 [D]. 保定：河北农业大学，2013.

[5] 刘苹，赵海军，万书波，等. 连作对花生根系分泌物化感作用的影响 [J]. 中国生态农业学报，2011，19（3）：639-644.

[6] 吴正锋，成波，王才斌，等. 连作对花生幼苗生理特性及荚果产量的影响 [J]. 花生学报，2006，35（1）：29-33.

[7] 杜长玉，赵华强，李明琴. 大豆连作对植株形态和生理指标的影响 [J]. 北方农业学报，2003（4）：14-15.

[8] 卫玲，樊云茜，肖俊红，等．大豆连作障碍及其缓解措施研究 [J]．园艺与种苗，2010，30 (2)：141-142.

[9] 尹彦舒，崔曼，崔伟国，等．大蒜连作障碍形成机理的研究进展 [J]．生物资源，2018 (2).

[10] 陈海龙，王生兰．张掖市甘州区制种玉米连作的危害及治理措施 [J]．农业科技与信息，2016 (10)：69-69.

[11] 胡元森，吴坤，李翠香，等．酚酸物质对黄瓜幼苗及枯萎病菌菌丝生长的影响 [J]．生态学杂志，2007，26 (11)：1738-1742.

[12] 杨建霞，范小峰，刘建新．温室黄瓜连作对根际微生物区系的影响 [J]．浙江农业科学，2005，1 (6)：441-443.

[13] 张继光，申国明，张久权，等．烟草连作障碍研究进展 [J]．中国烟草科学，2011，32 (3)：95-99.

[14] 王峰吉，尤垂淮，刘朝科，等．不同连作年限植烟土壤对烤烟生长发育及产质量的影响 [J]．福建农业学报，2014，29 (5)：443-448.

[15] 赵尊练，史联联，阎玉让，等．克服线辣椒连作障碍的施肥方案研究 [J]．干旱地区农业研究，2006，24 (5)：77-80.

[16] 甄文超，曹克强，代丽，等．连作草莓根系分泌物自毒作用的模拟研究 [J]．植物生态学报，2004，28 (6)：828-832.

[17] 黄春艳，卜元卿，单正军，等．西瓜连作病害机理及生物防治研究进展 [J]．生态学杂志，2016，35 (6)：1670-1676.

[18] 樊芳芳，王劲松，董二伟，等．连作对高粱生长及根区土壤环境的影响 [J]．中国土壤与肥料，2016 (3)：127-133.

[19] 丁自勉．地黄 [M]．中国中医药出版社，2001.

[20] 王韶娟．人参根系分泌物对植物生长的影响及参后地植物修复 [D]．长春：吉林农业大学，2008.

[21] 胡幼军．桃树忌连作 [J]．农家科技，1996 (11)：19-19.

[22] 崔勇．马铃薯连作造成的影响及连作障碍防控技术 [J]．作物杂志，2018 (2).

[23] Hinsinger P, Plassard C, Jaillard B. Rhizosphere: A New Frontier for Soil Biogeochemistry [J]. Journal of Geochemical Exploration, 2006, 88 (1)：210-213.

[24] 滕应，任文杰，李振高，等．花生连作障碍发生机理研究进展 [J]．土壤，2015，47 (2)：259-265.

[25] 吴凤芝，赵凤艳．根系分泌物与连作障碍 [J]．东北农业大学学报，2003，34 (1)：114-118.

[26] 徐雪风，回振龙，李自龙，等．马铃薯连作障碍与土壤环境因子变化相关研究 [J]．干旱地区农业研究，2015，33 (4)：16-23.

[27] 司鲁俊．设施蔬菜连作障碍分析及防控 [J]．农业科技通讯，2018 (1)：249-251.

[28] 吴凤芝，赵凤艳，谷思玉．保护地黄瓜连作对土壤生物化学性质的影响 [J]．土壤与作物，2002，18 (1)：20-22.

[29] 王梓，李勇，丁万隆．人参化感自毒作用与连作障碍机制研究进展 [J]．中国现代中药，2017，19 (7)：1040-1044.

[30] 吴凤芝，刘德．大棚蔬菜连作年限对土壤主要理化性状的影响 [J]．中国蔬菜，1998，1 (4)：5-8.

[31] Horton T R, Bruns T D. The molecular revolution in ectomycorrhizal ecology: peeking into the black-box [J]. Molecular Ecology, 2010, 10 (8)：1855-1871.

[32] Ogram A. Soil molecular microbial ecology at age 20：methodological challenges for the future

[J]. Soil Biology & Biochemistry, 2000, 32 (11): 1499 - 1504.

[33] 沈志远, 王其传. 作物连作障碍发生原因及解决办法 [J]. 生物学教学, 2002, 27 (3): 39 - 39.

[34] 陈龙池, 廖利平, 汪思龙, 等. 外源毒素对林地土壤养分的影响 [J]. 生态学杂志, 2002, 21 (1): 19 - 22.

[35] 肖辉林, 彭少麟, 郑煜基, 等. 植物化感物质及化感潜力与土壤养分的相互影响 [J]. 应用生态学报, 2006, 17 (9): 1747 - 1750.

[36] Han C M, Li C L, Ye S P, et al. Autotoxic effects of aqueous extracts of ginger on growth of ginger seedings and on antioxidant enzymes, membrane permeability and lipid peroxidation in leaves [J]. Allelopathy Journal, 2012, 30 (2): 259 - 270.

[37] 张淑香, 高子勤. 连作障碍与根际微生态研究Ⅱ. 根系分泌物与酚酸物质 [J]. 应用生态学报, 2000, 11 (1): 153 - 157.

[38] 张淑香, 高子勤. 连作障碍与根际微生态研究Ⅲ. 土壤酚酸物质及其生物学效应 [J]. 应用生态学报, 2000, 11 (5): 741 - 744.

[39] Chen S L, Zhou B L, Lin S S, et al. Effects of cinnamic acid and vanillin on grafted eggplant root growth and physiological characteristics [J]. Chinese Journal of Applied Ecology, 2010, 21 (6): 1446.

[40] Huang Y Q, Han X R, Yang J F, et al. Autotoxicity of peanut and identification of phytotoxic substances in rhizosphere soil [J]. Allelopathy Journal, 2013, 31 (2): 297 - 308.

[41] Xia R, Xiaofeng H, Zhongfeng Z, et al. Isolation, Identification, and Autotoxicity Effect of Allelochemicals from Rhizosphere Soils of Flue - Cured Tobacco [J]. Journal of Agricultural & Food Chemistry, 2015, 63 (41): 8975.

[42] Inderjit, Lambers H, Colmer T D. Soil microorganisms: an important determinant of allelopathic activity [J]. Plant & Soil, 2005, 274 (1/2): 227 - 236.

[43] Kong C H, Chen L C, Xu X H, et al. Allelochemicals and Activities in a Replanted Chinese Fir (Cunninghamia lanceolata (Lamb.) Hook) Tree Ecosystem [J]. J Agric Food Chem, 2008, 56 (24): 11734 - 11739.

[44] Lipinska H, Harkot W. Allelopathic activity of grassland species [J]. Allelopathy Journal, 2007, 19 (1): 3 - 36.

[45] Rial C, Novaes P, Varela R M, et al. Phytotoxicity of cardoon (Cynara cardunculus) allelochemicals on standard target species and weeds [J]. Journal of Agricultural & Food Chemistry, 2014, 62 (28): 6699.

[46] 李培栋, 王兴祥, 李奕林, 等. 连作花生土壤中酚酸类物质的检测及其对花生的化感作用 [J]. 生态学报, 2010, 30 (8): 2128 - 2134.

[47] 刘苹, 赵海军, 唐朝辉, 等. 连作对不同抗性花生品种根系分泌物和土壤中化感物质含量的影响 [J]. 中国油料作物学报, 2015, 37 (4): 467 - 474.

[48] 陈芸, 鲍丽芹, 王继莲. 4种化感物质对玉米种子萌发及幼苗生长的影响 [J]. 种子, 2014, 33 (7): 10 - 14.

[49] Yong T, Cui Y, Li H, et al. Rhizospheric soil and root endogenous fungal diversity and composition in response to continuous Panax notoginseng cropping practices [J]. Microbiological Research, 2017 (194): 10 - 19.

[50] Xiong W, Zhao Q, Zhao J, et al. Different continuous cropping spans significantly affect microbial community membership and structure in a vanilla - grown soil as revealed by deep

pyrosequencing [J]. Microbial Ecology, 2015, 70 (1): 209-218.

[51] Urashima Y, Sonoda T, Fujita Y, et al. Application of PCR-Denaturing-Gradient Gel Electrophoresis (DGGE) Method to Examine Microbial Community Structure in Asparagus Fields with Growth Inhibition due to Continuous Cropping [J]. Microbes & Environments, 2012, 27 (1): 43-48.

[52] Yim, Bunlong, Winkelmann, et al. Evaluation of apple replant problems based on different soil: disinfection treatments - links to soil microbial community structure [J]. Plant & Soil, 2013, 366 (1-2): 617-631.

[53] Hao W Y, Ren L X, Wei R, et al. Allelopathic effects of root exudates from watermelon and rice plants on Fusarium oxysporum f. sp. niveum [J]. Plant & Soil, 2010, 336 (1-2): 485-497.

[54] Huang J. Effects of phenolic compounds of muskmelon root exudates on growth and pathogenic gene expression of Fusarium oxysporum f. sp. Melonis [J]. Allelopathy Journal, 2015, 35 (2): 175-186.

[55] 王兴祥, 张桃林, 戴传超. 连作花生土壤障碍原因及消除技术研究进展 [J]. 土壤, 2010, 42 (4): 505-512.

[56] 文修, 罗明, 李大平, 等. 不同连作年限棉田土壤理化性质及微生物区系变化规律研究 [J]. 干旱地区农业研究, 2014, 32 (3): 134-138.

[57] 刘晔, 姜瑛, 王国文, 等. 不同连作年限对植烟土壤理化性状及微生物区系的影响 [J]. 中国农学通报, 2016, 32 (13): 136-140.

[58] 张兆波, 毛志泉, 朱树华. 6种酚酸类物质对平邑甜茶幼苗根系线粒体及抗氧化酶活性的影响 [J]. 中国农业科学, 2011, 44 (15): 3177-3184.

[59] Landi L, Valori F, Ascher J, et al. Root exudate effects on the bacterial communities, CO2 evolution, nitrogen transformations and ATP content of rhizosphere and bulk soils [J]. Soil Biology & Biochemistry, 2006, 38 (3): 509-516.

[60] Akiyama K, Matsuzaki K, Hayashi H. Plant sesquiterpenes induce hyphal branching in arbuscular mycorrhizal fungi [J]. Nature, 2005, 435 (7043): 824-7.

[61] 董艳, 董坤, 郑毅, 等. 不同抗性蚕豆品种根系分泌物对枯萎病菌的化感作用及根系分泌物组分分析 [J]. 中国生态农业学报, 2014, 22 (3): 292-299.

[62] Cheng F, Cheng Z H, Meng H W. Corrigendum: Transcriptomic insights into the allelopathic effects of the garlic allelochemical diallyl disulfide on tomato roots [J]. Scientific Reports, 2016 (6): 38902.

[63] 付学鹏, 吴凤芝, 吴瑕, 等. 间套作改善作物矿质营养的机理研究进展 [J]. 植物营养与肥料学报, 2016, 22 (2): 525-535.

[64] 秦舒浩, 曹莉, 张俊莲, 等. 轮作豆科植物对马铃薯连作田土壤速效养分及理化性质的影响 [J]. 作物学报, 2014, 40 (8): 1452-1458.

[65] Li H, Zhang F, Rengel Z, et al. Rhizosphere properties in monocropping and intercropping systems between faba bean (Vicia faba L.) and maize (Zea mays L.) grown in a calcareous soil [J]. Crop & Pasture Science, 2013, 64 (10): 976-984.

[66] Dissanayaka D M S B, Maruyama H, Masuda G, et al. Interspecific facilitation of P acquisitionin intercropping of maize with white lupin in two contrasting soils as influenced by different rates and forms of P supply [J]. Plant & Soil, 2015, 390 (1-2): 223-236.

[67] Zang H, Yang X, Feng X, et al. Rhizodeposition of nitrogen and carbon by mungbean (Vigna

radiata L.) and its contribution to intercropped oats（Avena nuda L. ）[J]. Plos One，2015，10（3）：e0121132.

[68] 吴凤芝，周新刚. 不同作物间作对黄瓜病害及土壤微生物群落多样性的影响 [J]. 土壤学报，2009，46（5）：899-906.

[69] Zhou X，Yu G，Wu F. Effects of intercropping cucumber with onion or garlic on soil enzyme activities，microbial communities and cucumber yield [J]. European Journal of Soil Biology，2011，47（5）：279-287.

[70] 庄敬华，杨长成，唐树戈，等. 几种设施蔬菜根系浸提液对甜瓜的化感作用 [J]. 种子，2009，28（11）：94-96.

[71] 周志红，骆世明. 番茄（Lycopersicon）的化感作用研究 [J]. 应用生态学报，1997，8（4）：445-449.

[72] Schutter M，Dick R. Shifts in substrate utilization potential and structure of soil microbial communities in response to carbon substrates [J]. Soil Biology & Biochemistry，2001，33（11）：1481-1491.

[73] 喻景权. 蔬菜生产中的化学他感作用问题及其研究 [C]. 中国科协青年学术讨论会，1998.

[74] 孙文浩. 相生相克效应及其应用 [J]. 植物生理学报，1992（2）：81-87.

[75] 韦志扬，覃泽林，韦莉萍，等. 不同砧木嫁接对西瓜抗生理性凋萎症的作用机理研究 [J]. 南方农业学报，2013，44（5）：773-777.

[76] 刘庆哲. 温室黄瓜与黑籽南瓜嫁接 [J]. 北方园艺，1992（6）：61-61.

[77] 廖道龙，伍壮生，邓长智. 不同野生茄子对紫长茄嫁接应用效果的研究 [J]. 热带农业科学，2015，35（5）：9-12.

[78] 孙令强，耿广东，王倩，等. 设施蔬菜土壤次生盐渍化及其克服对策 [J]. 蔬菜，2004（12）：22-23.

[79] Sharp R G. A Review of the Applications of Chitin and Its Derivatives in Agriculture to Modify Plant-Microbial Interactions and Improve Crop Yields [J]. Agronomy，2013，3（4）：757-793.

[80] 袁嫚嫚，刘勤，张少磊，等. 太湖地区稻田绿肥固氮量及绿肥还田对水稻产量和稻田土壤氮素特征的影响 [J]. 土壤学报，2011，48（4）：797-803.

[81] 马超，周静，刘满强，等. 秸秆促腐还田对土壤养分及活性有机碳的影响 [J]. 土壤学报，2013，50（5）：915-921.

[82] Turmel M S，Speratti A，Baudron F，et al. Crop residue management and soil health：A systems analysis [J]. Agricultural Systems，2015（134）：6-16.

[83] 张红，吕家珑，曹莹菲，等. 不同植物秸秆腐解特性与土壤微生物功能多样性研究 [J]. 土壤学报，2014（4）：743-752.

[84] 王笃超，吴景贵，李建明. 不同有机物料对连作大豆土壤养分含量及生物性状的影响 [J]. 水土保持学报，2017，31（3）：258-262.

[85] 王笃超，吴景贵，李建明. 不同有机物料对连作大豆根际土壤线虫的影响 [J]. 土壤学报，2018，55（2）：490-502.

[86] Aguilera J，Motavalli P P，Gonzales M A，et al. Initial and residual effects of organic and inorganic amendments on soil properties in a potato-based cropping system in the Bolivian Andean Highlands [J]. American Journal of Experimental Agriculture，2012，2（4）：641-666.

[87] Bandyopadhyay K K，Misra A K，Ghosh P K，et al. Effect of integrated use of farmyard manure and chemical fertilizers on soil physical properties and productivity of soybean [J]. Soil

& Tillage Research，2010，110（1）：115 - 125.

[88] 陶磊，褚贵新，刘涛，等. 有机肥替代部分化肥对长期连作棉田产量、土壤微生物数量及酶活性的影响 [J]. 生态学报，2014，34（21）：6137 - 6146.

[89] 李金鞠，廖甜甜，潘虹，等. 土壤有益微生物在植物病害防治中的应用 [J]. 湖北农业科学，2011，50（23）：4753 - 4757.

[90] 高群，孟宪志，于洪飞. 连作障碍原因分析及防治途径研究 [J]. 山东农业科学，2006（3）：60 - 63.

[91] 朱伟杰，王楠，郁雪平，等. 生防菌 Pseudomonas fluorescens 2P24 对甜瓜根围土壤微生物的影响 [J]. 中国农业科学，2010，43（7）：1389 - 1396.

[92] Zhou T，Chen D，Li C，et al. Isolation and characterization of Pseudomonas brassicacearum J12 asan antagonist against Ralstonia solanacearum and identification of its antimicrobial components [J]. Microbiological Research，2012，167（7）：388 - 394.

[93] 张艳杰，杨淑，陈英化，等. 玫瑰黄链霉菌防治番茄连作障碍及对土壤微生物区系的影响 [J]. 西北农业学报，2014，23（8）：122 - 127.

[94] 袁龙刚，张军林. 辣椒连作障碍的主要原因及其对策 [J]. 农学学报，2006（2）：32 - 33.

[95] 冯红贤，杨暹，李欣允，等. 蔬菜连作对土壤生物化学性质的影响 [J]. 长江蔬菜，2004（11）：40 - 43.

[96] 郝永娟，魏军，刘春艳，等. 生物土壤添加剂对连作黄瓜防御酶系及酚类物质含量的影响 [J]. 植物病理学报，2009，39（4）：444 - 448.

[97] 孙雪婷，李磊，龙光强，等. 三七连作障碍研究进展 [J]. 生态学杂志，2015，34（3）：885 - 893.

[98] Liang B Q，Lehmann J，Sohi S P，et al. Black carbon affects the cycling of non - black carbon in soil [J]. Organic Geochemistry，2010，41（2）：206 - 2132008.

[99] 翁福军，卢树昌. 生物炭在农业领域应用的研究进展与前景 [J]. 北方园艺，2015（8）：199 - 203.

[100] 谭磊. 生物炭缓解自毒物质对甜瓜和木霉菌的毒害作用及其对土壤微生物种群的影响 [D]. 沈阳：沈阳农业大学，2017.

氮肥利用率的研究进展

王响玲，宋柏权

（黑龙江大学生命科学学院黑龙江省寒地生态修复与资源利用
重点实验室/黑龙江省普通高等学校甜菜遗传育种重点实验室/
黑龙江省甜菜工程技术研究中心，哈尔滨　150080）

摘要：为提高作物的氮肥利用率、减少资源浪费、降低环境污染和提高作物产量提供科学依据，

＊ 通讯作者：王响玲（1996—　），女，黑龙江桦南人，硕士，研究方向：植物生态。

文章回顾了国内外近年来氮肥利用率的研究成果，从氮肥利用率的研究方法及影响因素等方面分析了氮肥利用率的研究历史、现状和存在问题。归纳得出中国氮肥利用率较低，施肥缺乏科学性，具体表现为氮肥施用量过大、氮肥挥发及硝化反硝化损失严重、施肥时机及施用量与作物氮素吸收规律不协调、肥料品种较单一等。建议结合测土配方施肥、实时监控管理等技术，合理地确定氮肥种类、用量、施用方式及时机，加强新型肥料及肥料增效剂等新技术的研发和推广，并注重作物氮利用高效品种资源的挖掘和应用，进而从土壤、肥料、品种、管理方式等多方面提高氮肥利用率。

关键词：氮肥利用率；影响因素；提高途径；氮肥用量；土壤养分

0　引言

氮素是植物体内核酸、蛋白质和激素的重要组成成分，在植物的生理代谢中起着重要的作用[1]。氮肥是粮食增产的基础，对作物最终产量的贡献达 40％～50％，在现代农业的发展中起着不可替代的作用[2]。

中国是全球最大的氮肥生产国和消费国，仅在 1996 年氮肥用量就超过了 2.5×10^7 t，占全球总氮肥用量的 30％[3]。氮肥利用率低是中国农业生产中存在的主要问题，中国氮肥利用率介于 30％～35％，而在欧洲、美洲等一些发达国家，氮肥利用率高达 70％左右[4]，其主要原因是农户盲目追求高产大量施加氮肥所致。氮肥施用过多不仅会降低氮肥利用率[5]，造成作物贪青晚熟从而导致产量降低和品质变差[6]，还会引起水体富营养化、温室效应加剧等[7]。

目前中国作物产量相对较低，农户为盲目追求高产滥用氮肥，不仅导致作物氮肥利用率降低，引起了严重的环境污染，而且提高了种植成本。为响应国家"双减三控"的号召，化肥的减量增效是施肥调控政策的首要目标，但提高氮肥利用率的有效方法的应用还处于初始阶段，虽然实时氮肥监控、测土配方施肥等措施已经得到推广应用，但由于缺乏理论基础知识，还存在较多技术及管理等方面的问题，本研究通过梳理和总结当前有关氮肥施用现状及氮肥利用率的研究成果，为减少氮肥的不合理施用和进一步提高氮肥利用率提供参考依据和思路。

1　氮肥利用率

1.1　氮肥利用率的概念

氮肥利用率（nitrogen use efficiency，NUE）是评价农田氮肥施用经济效益和环境效应的重要指标，是指施入农田的氮肥被作物吸收到体内的比例，不包括氮肥的损失和残留在土壤中的部分[8]，反映了作物对施入土壤中的肥料氮的回收效率[2]。

1.2　氮肥利用率的计算方法

中国氮肥利用率的研究始于 20 世纪 60 年代[10]，科研生产中常用差减法和 ^{15}N 标记法来计算氮肥利用率。差减法是通过设置不施氮作物作为对照，利用施氮作物和对照作物氮素吸收量的差值与施氮量的比值来计算。^{15}N 标记法是用收获物中标记氮的百分比与收获物的乘积来计算作物吸收同位素标记肥料的量。

不论是差减法还是 ^{15}N 标记法，计算出来的氮肥利用率理论值都偏低[11]、数值变幅较大，在一些情况下并不能较好地反映作物对施入土壤中肥料氮的利用效率。沈善敏[12]认为 ^{15}N 标记法会受到土壤-肥料间交互作用的影响，而差减法则既受土壤-肥料间交互作用的影响，又受作物吸收土壤养分受阻的影响。为了规避上述过程的干扰，提出了适用于通常肥料试验肥料利用率估算的比值法[13]。比值法是指施氮作物的氮吸收量占不施氮作物的氮吸收量与肥料投入量总和的百分比。

近年来研究发现，"累计氮肥利用率"的算法与比值法等计算方法相比，能够更好地表现氮肥利用率概念和更加系统地评价农田氮肥利用状况来指导现代农业生产。"累计氮肥利用率"是指一段时期内作物累计从土壤中吸收的来自肥料的氮量与累计施入土壤中的肥料氮量的比值。该算法避免了气候和其他因素对肥效的影响，更准确客观地表达肥料利用率[14]。

2 氮肥利用率的影响因素

2.1 自然因素

2.1.1 气候因素

（1）温度。温度是调控土壤理化反应过程的关键因素，土壤温度在调节土壤元素的矿化和有效性上起到重要作用，通过影响有机质的分解、矿物质的风化、养分的转化继而影响土壤养分的有效性[15]，土温的日变化幅度可作为评价土壤肥力的指标[16]。薛鹤等[17]研究发现，增加土壤温度可使作物的氮肥利用率提高 $0.24\%\sim8.4\%$，在一定范围内提高土壤温度比增加肥料浓度更能增强肥料利用效率。

（2）降水量。水分能够促进土壤中养分元素的溶解，促进根系伸展和作物生长，从而影响作物生长及干物质累积[18]。研究表明，在超过土壤适宜含水量时，氮肥在土壤中的残留量会随土壤含水量的增加而减少，使得作物氮素利用率下降[19]。因此在丰水年和平水年应增大氮素投入量，在歉水年份减少氮肥投入量，可有效提高作物增产率最高可达 164.9%，作物当季氮肥利用率最高可达 58.6%[20]。

2.1.2 病虫害

研究表明，随着生产中氮肥的大量施用，过量氮肥会削弱天敌对害虫的自然控制能力，导致害虫泛滥成灾，造成农田生态失调，作物严重减产[21]。研究表明，与常规施氮相比，高氮条件下，每公顷产量下降了 $6.2\%\sim10.3\%$，病叶率增加 $44.9\%\sim59.2\%$[22]。适当田间管理措施能够降低病虫害发生并提高了作物的氮肥利用率、农学利用率等[23]。

2.1.3 土壤理化性质

（1）耕层基础肥力。土壤基础肥力是作物养分供应的保障，对作物产量的贡献率可达 54% 左右[24]。研究表明，随着土壤肥力的增加，氮肥利用率由贫瘠土壤中的 12.5% 增至高肥力土壤中的 38.1%[25]。在土壤肥力高的条件下，适当降低基施氮肥施用量，有利于提高氮肥利用率，减少氮素损失和环境污染[26]。

（2）土壤pH。土壤pH与土壤中氮素的硝化速度密切相关，硝化是氮素损失的主要途径之一。当土壤酸碱度从 pH 4.7 增高到 pH 6.5 时，硝化速率会增加 $3\sim5$ 倍[27]，当土壤 pH 4.0 时，N_2O 的排放显著增加，氮素损失加重[28]。研究发现，在 pH 6.2 耕地上种植水稻及小麦，无论是常规施肥还是减氮施肥处理与 pH 8.3 的耕地相比，均获得较高的氮肥利用率最高达 40.8%[29]。

2.2 人为因素

2.2.1 施肥用量

氮肥利用率与氮肥施用量有关，通常随氮肥用量的增加而降低[20]。长期大量施用氮肥导致农田氮素盈余量不断增加，但超出作物的吸收能力和土壤的固持能力后，会使土壤中盈余氮素淋溶损失，进而降低了肥料利用率和污染地下水资源[30]。研究表明，当施氮量由 $60kg/hm^2$ 增至 $120kg/hm^2$ 时，水稻的氮肥利用率从 56.5% 降低至 44.2%，氮肥施用量高达 $180kg/hm^2$ 时，氮肥利用率最低为 35.9%[31]。

2.2.2 施肥时期

研究表明，根据土壤肥力情况及作物种类进行追肥能够影响氮肥利用率，适宜的基追比能有效地提高作物产量[32]。当甜菜叶丛快速增长期、块根膨大期和糖分积累期的氮素追施比例为 6∶3∶1 时，氮肥利用率最高可达 47.49%[33]。烟草的旺长期和成熟期基追比为 4∶6 时，肥料氮的损失率最低为 32.43%，氮肥利用率最高达 33.38%[34]。水稻底肥、分蘖肥、拔节肥和穗肥的施肥比例为 2∶2∶3∶3 时，氮肥利用率相对于其他施肥处理最多增加了 74.9%[35]。

2.2.3 施用方式

合理的氮肥施用方式是实现氮肥高效利用的重要技术手段。与表面撒施相比，集中施用处理即穴施和条施可增产 18.2%～23.8%，氮肥表观利用率达 27.2%～50.7%[36]。施肥深度为 8～10cm 可维持水稻根际高浓度无机氮、减少氮肥损失[37]。追肥深施深度为 5～10cm，比表面撒施小麦产量提高 2.72%～11.57%，氮肥利用率提高 7.2%～12.8%[38]。

2.3 氮肥损失

2.3.1 挥发

氨挥发是氮肥的主要损失途径之一。研究表明，在石灰性、中性或微酸性土壤中都有明显的氨挥发[39]，其损失量占总氮量的 0.41%～40%[40]，且施肥后的前 4 天的氮肥挥发量占总挥发量的 80%[41]。随着土壤 pH 值的升高 NH_3 挥发量增加，土壤 pH5.16 时，NH_3 挥发量为 19.6～23.8kgN/hm²，pH 6.31 时，NH_3 挥发量高达 54.35kg N/hm²[35]。

2.3.2 硝化作用和反硝化作用

硝化作用和反硝化作用是氮素重要的氧化-还原的过程。硝化作用是以铵态氮为底物将其氧化成亚硝酸盐或者硝酸盐[42]。反硝化作用将硝化产物进一步还原成 NO、N_2O 和 N_2[43]。硝化-反硝化作用的强弱受到土壤温度、pH[29]、类型及耕作方式、灌溉等因素影响[44]。研究表明高的土壤 pH 增强了氮肥的硝化速率，导致了肥料氮的大量损失，降低了氮肥利用率。

3 氮肥利用率的提高途径

3.1 优化氮肥管理

3.1.1 测土配方施肥

测土配方施肥技术是依据土壤基础肥力、针对作物种类、需肥特点及施肥效应，进行推荐肥料适宜种类、用量、比例的施肥方法[45]。研究表明，测土配方施肥与农民习惯施肥相比，能够显著提高水稻产量达 120.5kg/hm²，氮肥利用率提高 7.83%[46]。应用测土配方施肥技术不仅可以提高肥料利用率、降低化肥施用量、节省成本，减少土壤、水体及大气的污染，还可通过良好的配套农业管理措施提升土壤养分含量，促进土壤固碳减排[47]。

3.1.2 平衡施肥

过量偏施氮肥可能导致土壤中磷、钾以及某些中量和微量元素养分的缺乏，显著降低作物氮肥利用率[48]。合理的氮磷钾配合施用可显著提高作物产量，增产率高达 124%，同比于增施氮肥、磷肥和习惯施肥等处理，优化施肥处理的氮肥利用率分别提高了 15%、5.2% 和 14.8%[49]。

3.1.3 氮肥深施

研究表明，氮肥深施通过增加土壤中氮残留率，减少氮素损失，提高作物产量和肥料利用率。氮肥深施促进了下部土层根系生长、增强了根吸收效率。在旱田玉米硫铵深施深度为 10cm 时氮肥利用率最高，能达到 52.62%。水田水稻深施 15m 增产效果最好，氮肥利用率平均达到 57.48%[50]。

3.1.4 无机与有机肥配施

有机肥含有与作物生长发育所必需的营养元素，无机肥与有机肥配施既能满足作物需求，又可实现农业有机废弃物资源化利用，保护农业生态环境[51]。长期有机无机肥配施能提高水稻氮肥利用率，与单施化肥处理相比氮肥利用率提高 1.63%～9.46%[52]。

3.1.5　实时氮肥管理

实时氮肥管理强调施肥时间和氮肥施用量与作物对氮的需求量协调一致[53]。研究表明，与农民习惯施肥相比，实时管理模式能够大幅度降低氮肥的投入，在小麦[54]、玉米[55]、水稻[56]、油菜[57]、黄瓜[58]等作物中不仅未减产反而实现增产增效，氮肥吸收利用率相对提高 17.2%～98.2%。

3.2　新型肥料的应用

3.2.1　缓/控释肥

缓/控释肥作为一种新型肥料，在适宜温度和含水量下能缓慢向作物根系提供氮素，具有养分释放与作物吸收同步的特点[59]，可使养分的淋溶和挥发减低到最低程度，有利于环境保护[60]。研究表明，在白菜[61]和玉米[62]中利用缓释肥料与尿素配施较纯尿素增产 7.63%～12%，氮素利用率提高了 16.4%。施用 70% 的控释氮肥使作物增产率最高达 39.9%，氮肥利用率提高至 51.53%[63]。

3.2.2　硝化抑制剂及脲酶抑制剂

硝化抑制剂可以抑制 NH_4^+-N 转化为 NO_3^--N，从而减少 NO_3^--N 淋溶及 N_2 与 N_2O 等气态损失；脲酶抑制剂可以有效地降低氨挥发速率、降低氨挥发损失量[64]。研究表明，合理配施氮肥及 0.5% 脲酶抑制剂和 1% 硝化抑制剂能够显著提高 NH_4^+-N 含量，提高供给作物养分[65]。与传统氮肥相比，硝化抑制剂可有效调整氮化的供应量、形式和时间，因此可减少工作量并提高作物的氮肥利用率，降低氮素向水体迁移的风险[66]。

3.3　选用氮肥利用高效基因型品种

氮肥利用率的高低取决于氮肥管理技术的优化与作物品种对氮素的吸收利用能力。研究氮素高效吸收利用作物品种对减少氮肥施用量、提高氮肥利用率、改善农田生态环境、提高作物产量均具有重要的理论价值与实践意义。研究表明，作物品种间氮素吸收利用差异较大[67]，利用氮高效品种可提高氮肥利用率，在同一氮水平条件下，氮高效品种比氮低效、中效品种氮肥吸收利用率分别高 37.70%、10.31%[68]。

4　展望

氮肥在作物产量上发挥着核心的作用，合理施用氮肥能够增加土壤养分含量、提高土壤肥力，从而促进作物生长、增加作物产量，提高氮肥利用率。然而，由于农民缺乏农业相关专业知识，氮肥管理欠佳及氮肥滥用等现象仍普遍存在，长期不合理地施用氮肥会导致作物贪青晚熟、土壤酸化严重和环境污染加剧等。针对目前施肥现状等实际生产问题，建议从以下几方面提高氮肥利用率：①测土配方施肥是一种因地制宜确定适宜的施肥用量的方法，可高效地利用土壤中养分，减少氮素损失及滥用。②施用新型肥料，如缓/控释肥可根据作物对养分的需求量及时供应；微生物菌剂和生物菌肥可大幅度提高作物对氮肥的吸收利用；硝化抑制剂和脲酶抑制剂等新型肥料可以通过减少氮肥的损失，提高肥料利用率。③实时氮肥管理模式，利用计算机等先进技术对农田中的养分等必需营养环境进行实时监控，以期提高作物产量品质，继而提高作物氮肥利用率。④选用氮高效基因型品种，在缺少或正常的氮素供应水平下可以得到较高的产量和氮肥利用率。⑤优化田间管理，实行秸秆还田、有机无机肥配施、平衡施肥等操作，针对不同肥力土壤，进行合理耕作及轮作，以期为作物提供良好的土壤环境及养料供应。

◆ 参考文献

[1] 魏显珍，赵斌，武晓燕，等. 不同盐度下施氮量对甜菜生长发育及氮素吸收利用特性的影响[J]. 干旱地区农业研究，2017，35（3）：204-211.

［2］李琦，马莉，赵跃，王得平，等．不同温度制备的棉花秸秆生物碳对棉花生长及氮肥利用率（^{15}N）的影响［J］．植物营养与肥料学报，2015，21（3）：600－607.

［3］王琳，谢树果，竭润生，等．不同施氮量对川东北地区水稻产量及氮肥利用率的影响［J］．耕作栽培，2014（6）：12－16.

［4］Liu J G，You L Z，Amini M，et al. A high－resolution assessment on global nitrogen flows in cropland［J］．Proc Natl Acad Sci，2010（107）：803－804.

［5］冯洋，陈海飞，胡孝明，等．高、中、低产田水稻适宜施氮量和氮肥利用率的研究［J］．植物营养与肥料学报，2014，20（1）：7－16.

［6］郭晓霞，苏文斌，樊福义，等．施氮量对膜下滴灌甜菜生长速率及氮肥利用效率的影响［J］．干旱地区农业研究，2016，34（3）：39－45.

［7］Liu X J，Zhang Y，Han W X，et al. Enhanced nitrogen deposition over China［J］．Nature，2013，494（10）：459－462.

［8］田昌玉，左余宝，林治安，等．氮肥利用率概念与^{15}N示踪测定方法研究进展［J］．中国农学通报，2010，26（17）：210－213.

［9］张福锁，王激清，张卫峰，等．中国主要粮食作物肥料利用率现状与提高途径［J］．土壤学报，2008，45（5）：915－924.

［10］朱兆良．农田中氮肥的损失与对策［J］．土壤与环境，2000（1）：1－6.

［11］田昌玉，林治安，左余宝，等．氮肥利用率计算方法评述［J］．土壤通报，2011，42（6）：1530－1536.

［12］沈善敏．关于肥料利用率的猜想［J］．应用生态学报，2005（5）：781－782.

［13］杨宪龙，同延安，路永莉，等．农田氮肥利用率计算方法研究进展［J］．应用生态学报，2015，26（7）：2203－2212.

［14］杨宪龙，路永莉，同延安，等．长期施氮和秸秆还田对小麦-玉米轮作体系土壤氮素平衡的影响［J］．植物营养与肥料学报，2013，19（1）：65－73.

［15］傅国海，刘文科．日光温室甜椒起垄内嵌式基质栽培根区温度日变化特征［J］．中国生态农业学报，2016，24（1）：47－55.

［16］曾希柏．土壤肥力生物热力学及其理论进展［J］．土壤通报，1996（6）：273－276.

［17］薛鹤，段增强，董金龙，等．根区温度对黄瓜生长，产量及氮肥利用率的影响［J］．土壤，2015，47（5）：842－846.

［18］刘艳妮，马臣，于昕阳，等．基于不同降水年型渭北旱塬小麦-土壤系统氮素表观平衡的氮肥用量研究［J］．植物营养与肥料学报，2018，24（3）：569－578.

［19］Jabro J D，Lotse E G，Simmons K E. A field study of macropore flow under saturated conditions using a bromide tracer［J］．Journal of Soil and Water Conservation，1991，46（5）：376－380.

［20］党廷辉，郝明德．黄土塬区不同水分条件下冬小麦氮肥效应与土壤氮素调节［J］．中国农业科学，2000（4）：62－67.

［21］吕仲贤，俞晓平，K L Heong，等．氮肥对水稻叶冠层捕食性天敌种群及其自然控制能力的影响［J］．植物保护学报，2006，33（3）：225－229.

［22］王玲，黄世文，林贤青，等．两种氮肥用量对超级稻产量性状和病虫害发生的影响［J］．植物保护，2007（3）：76－79.

［23］田卡，钟旭华，黄农荣．"三控"施肥技术对水稻生长发育和氮素吸收利用的影响［J］．中国农学通报，2010，26（16）：150－157.

［24］马常宝，卢昌艾，任意，等．土壤地力和长期施肥对潮土区小麦和玉米产量演变趋势的影响

[J]. 植物营养与肥料学报，2012，18（4）：796－802.

[25] 杨馨逸，刘小虎，韩晓日. 施氮量对不同肥力土壤氮素转化及其利用率的影响［J］. 中国农业科学，2016，49（13）：2561－2571.

[26] 赵俊晔，于振文. 不同土壤肥力条件下施氮量对小麦氮肥利用和土壤硝态氮含量的影响［J］. 生态学报，2006（3）：815－822.

[27] Dancer W S，Peterson L A，Chesters G. Ammonification and nitrification of Nass influenced by soil pH and previous Ntreatments［J］. Soil Sci. Amer. Proc.，1973（37）：67－69.

[28] Kesik M，Blagodatsky S，Papen H，et al. Effect of pH，temperature and substrate on N₂O，NO and CO₂ production by Alcali genes faecalisp［J］. Journal of Applied Microbiology，2006（101）：655－667.

[29] 兰婷，韩勇. 两种水稻土氮初级矿化和硝化速率及其与氮肥利用率的关系［J］. 土壤学报，2013，50（6）：1154－1161.

[30] 石祖梁，李丹丹，荆奇，等. 氮肥运筹对稻茬冬小麦土壤无机氮时空分布及氮肥利用的影响［J］. 生态学报，2010，30（9）2434－2442.

[31] 王秀斌，徐新朋，孙刚，等. 氮肥用量对双季稻产量和氮肥利用率的影响［J］. 植物营养与肥料学报，2013，19（6）：1279－1286.

[32] 戴廷波，孙传范，荆奇，等. 不同施氮水平和基追比对小麦籽粒品质形成的调控［J］. 作物学报，2005，31（2）：248－253.

[33] 苏继霞，王开勇，费聪，等. 氮肥运筹对滴灌甜菜产量、氮素吸收和氮素平衡的影响［J］. 土壤通报，2016，47（6）：1404－1408

[34] 袁仕豪，易建华，蒲文宣，等. 多雨地区烤烟对基肥和追肥氮的利用率［J］. 作物学报，2008，34（12）：2223－2227.

[35] 马玉华，刘兵，张枝盛，等. 免耕稻田氮肥运筹对土壤NH₃挥发及氮肥利用率的影响［J］. 生态学报，2013，33（18）：5556－5564.

[36] 刘波，鲁剑巍，李小坤，等. 不同栽培模式及施氮方式对油菜产量和氮肥利用率的影响［J］. 中国农业科学，2016，49（18）：3551－3560.

[37] 凌德，李婷，王火焰，等. 施用方式和氮肥种类对水稻土中氮素迁移的影响效应［J］. 土壤，2015，47（3）：478－482.

[38] 高凤菊，吕金岭. 尿素深施对小麦产量及氮肥利用率的影响［J］. 山东农业科学，2006（3）：48－49.

[39] Cai G X，Peng G H，Wang X Z，et al. Ammonia volatilization from area applied to acid paddy soil in southern China and its control［J］. Pedosphere，1992（4）：345－354.

[40] Tian GM，Cao JL，CaiZ C，et al. Ammonia volatilization from winter wheat field top－dressed with urea［J］. Pedosphere，1998（4）：331－336.

[41] 同延安，张文孝，韩稳社，等. 不同氮肥种类在土及黄绵土中的转化［J］. 土壤通报，1994（3）：107－108.

[42] Frame C H，Casciotti K L. Biogeochemical controls and isotopic signatures of nitrous oxide production by amarine ammoniao－xidizing bacterium［J］. Biogeosciences，2010，7（9）：2695－2709.

[43] Morley N，Baggs EM，Drsch P，et al. Production of NO，N₂O and N₂ by extracted soil bacteria，regulation by NO₂ and O₂ concentrations［J］. FEMS Microbiology Ecology，2008，65（1）：102－112.

[44] 王大鹏，郑亮，罗雪华，等. 砖红壤不同温度、水分及碳氮源条件下硝化和反硝化特征［J］.

土壤通报，2018，49（3）：616－622.

[45] 韩洪云，杨增旭．农户测土配方施肥技术采纳行为研究——基于山东省枣庄市薛城区农户调研数据 [J]．中国农业科学，2011，44（23）：4962－4970.

[46] 曾志，肖雄，罗映．测土配方施肥对水稻产量的影响及肥料利用率研究 [J]．现代农业科技，2014（13）：24－25.

[47] 李秋霞，黄驰超，潘根兴．基于资源环境管理角度推进测土配方施肥的方法探讨 [J]．中国农学通报，2014，30（8）：167－175

[48] 李贵桐，赵紫娟，黄元仿，等．秸秆还田对土壤氮素转化的影响 [J]．植物营养与肥料学报，2002，8（2）：162－167.

[49] 谢如林，谭宏伟，周柳强，等．不同氮磷施用量对甘蔗产量及氮肥、磷肥利用率的影响 [J]．西南农业学报，2012，25（1）：198－202.

[50] 苏正义，韩晓日，李春全，等．氮肥深施对作物产量和氮肥利用率的影响 [J]．沈阳农业大学学报，1997（4）：292－296.

[51] Chuan L M，He P，Pampolino M F，et al. Establishing a scientific basis for fertilizer recommendations for wheat in China：yield response and agronomic efficiency [J]．Field Crops Research，2013（140）：1－8.

[52] 谭力彰，黎炜彬，黄思怡，等．长期有机无机肥配施对双季稻产量及氮肥利用率的影响 [J]．湖南农业大学学报：自然科学版，2018，44（2）：188－192.

[53] Peng S B，Garcia F V，Laza R C，et al. Adjustment for specific leaf weight improves chlorophyll meter's estimate of rice leaf nitrogen concentration [J]．Agron. J. 1993（85）：987－990.

[54] Chen X P，Cui Z L，Vitousek P M，et al. Integrated soil－crop system management for food security [J]．Proceedings of the National Academy of Sciences of the USA，2011，108（16）：6399－6404.

[55] Zhang F S，Cui Z L，Fan M S，et al. Integrated soil－crop system management：reducing environmental risk while increasing crop productivity and improving nutrient use efficiency in China [J]．Journal of Environmental Quality，2011（40）：1051－1057.

[56] 薛亚光，王康君，颜晓元，等．不同栽培模式对杂交粳稻常优3号产量及养分吸收利用效率的影响 [J]．中国农业科学，2011，44（23）：4781－4792.

[57] 任涛，鲁剑巍．中国冬油菜氮素养分管理策略 [J]．中国农业科学，2016，49（18）：3506－3521.

[58] 廉晓娟，李明悦，王艳，等．不同氮肥管理条件下设施黄瓜硝态氮淋失量研究 [J]．中国农学通报，2014，30（10）：135－139.

[59] Shaviv A，Mikklelsen R L. Show release fertilizers for a safer environment maintaining high agronomic use efficiency [J]．Fert. Res.，1993（35）：1－12.

[60] 汪强，李双凌，韩燕来，等．缓/控释肥对小麦增产与提高氮肥利用率的效果研究 [J]．土壤通报，2007（4）：693－696.

[61] 黄丽娜，樊小林．脲甲醛肥料对小白菜产量和氮肥利用率的影响 [J]．西北农林科技大学学报（自然科学版），2012，40（11）：42－46，52.

[62] 倪露，白由路，杨俐苹，等．不同组分脲甲醛缓释肥的夏玉米肥料效应研究 [J]．中国农业科学，2016，49（17）：3370－3379.

[63] 孙克刚，和爱玲，李丙奇，等．控释尿素与普通尿素掺混比例对小麦产量及氮肥利用率的影响 [J]．河南农业大学学报，2008，42（5）：550－552.

[64] 张文学，孙刚，何萍，等．脲酶抑制剂与硝化抑制剂对稻田氨挥发的影响 [J]．植物营养与肥

料学报，2013，19（6）：1411-1419.

[65] 唐贤，陆太伟，黄晶，等．脲酶/硝化抑制剂双控下红壤性水稻土氮素变化特征 [J]．中国土壤与肥料，2018（6）：30-37.

[66] 戢林，李廷轩，张锡洲，等．氮高效利用基因型水稻根系形态和活力特征 [J]．中国农业科学，2012，45（23）：4770-4781.

[67] 于小凤，李进前，田昊，等．影响粳稻品种吸氮能力的根系性状 [J]．中国农业科学，2011，44（21）：4358-4366.

[68] 董桂春，陈琛，袁秋梅，等．氮肥处理对氮素高效吸收水稻根系性状及氮肥利用率的影响 [J]．生态学报，2016，36（3）：642-651.

我国甜菜生产中除草剂应用现状及发展前景

李蔚农，姜莉，董戈

（新疆石河子农业科学研究院甜菜研究所，石河子　832000）

摘要： 介绍了甜菜田间杂草的种类、国内甜菜除草剂使用现状、存在的问题及未来的发展方向，对于今后甜菜生产中合理选择和使用除草剂具有重要指导意义。

关键词： 甜菜；杂草；除草剂

甜菜是我国重要的糖料作物和制糖原料，其种植区域主要分布在我国东北的黑龙江省、华北的内蒙古自治区、山西一线以及西北的新疆、甘肃等省区。在甜菜生产中，田间杂草危害是除病害、虫害以外，威胁甜菜生产的另一大自然灾害。在甜菜生长发育的前期阶段，植株生长缓慢，而杂草则生长迅速，甜菜幼苗极易受到杂草的危害。杂草不仅与甜菜争地争空间，而且与甜菜争光、争水、争肥，严重影响甜菜的生长发育，许多田间杂草甚至还是一些甜菜病虫害的寄主，甜菜草害严重影响着甜菜的产量和品质。甜菜田间杂草的防除仅靠人工除草，不仅效率低，而且劳动强度大。伴随着我国城镇化进程的进一步加快，大量农村劳动力流向城市，农村劳动力严重短缺，雇工成本逐年攀升。因此，要提高甜菜的种植效益，降低生产成本，则必须要实现甜菜生产的全程机械化，而化学除草又是实现甜菜生产全程机械化过程中不可缺少的一个重要环节。

1　甜菜生产中常见的杂草种类及其种群变化

甜菜田间杂草种类多且杂，常见的杂草一般是由耐旱、耐盐的杂草组成，生产中常见的杂草有24科84种。常见的有稗草、野燕麦、狗尾草、芦苇、灰藜、灰绿藜、地肤、扁蓄、酸模叶蓼、野西瓜、田旋花、苍耳、龙葵、小蓟、苦蒿、野苋菜、苘麻、鸭跖草等，而其中的一年生禾本科杂草可占到70%～90%。这些杂草在田间的种类分布除了受自身的一些特性（如生长、传播、繁殖特性，种子寿命，最大种群密度等）、耕作制度和轮作方式的影响之外，还由于所用的化学除草剂的种类不同

---

　　* 通讯作者：李蔚农（1969— ），男，新疆石河子市人，副研究员，研究方向：甜菜育种与栽培技术研究。

而有所变化。长期在一个区域单一地使用某种化学除草剂能够引起杂草种群的变化。例如经常使用甜菜宁或甜菜安除草剂的田块，一年生藜、反枝苋、龙葵等阔叶杂草有所减少，而稗草、田旋花、狗尾草等禾本科杂草则会逐年增多。经常使用金都尔除草剂的田块，田间的稗草、马唐、千金子、狗尾草、牛筋草、蓼、苋、马齿苋等杂草会明显减少，而部分阔叶杂草如灰绿藜和荷麻的发生量则会有所增多。此外，土壤含盐量的不同也能引起甜菜田间杂草群落结构的变化，当土壤含盐量达 0.3％以上时，灰绿藜、碱蓬为优势种；当土壤含盐量为 0.1％左右时，藜科杂草数量下降，狗尾草、芦苇等杂草数量上升；当土壤含盐量为 0.04％～0.05％时，甜菜田中则以禾本科稗草为优势种。

2 甜菜除草剂在我国的应用现状及存在的问题

2.1 甜菜除草剂在我国的应用现状

在我国，除草剂的相关研究与应用历史较短，主要的除草剂品种最先都是由国外引进，由国内的科研院所先行试验研究，并最先在粮棉等大宗作物上率先使用。我国于 20 世纪 60 年代开始研究与应用甜菜专用除草剂。如大庆农科所从日本石原产业株式会社引进 15％精稳杀得乳油防治禾本科杂草；原轻工业部甜菜糖业研究所 1989 年从芬兰凯米拉公司引进 16％的凯米丰 S 乳油，同时配合从日本曹达株式会社引进的 20％拿捕净用于防除野稗、刺蓼、藜、狗尾草等甜菜杂草；中国农业科学院甜菜研究所于 1973—1974 年在呼兰县试验研究了甜菜宁的除草效果及其应用技术，其对稗草、马唐和野燕麦具有良好的防治效果。此外，相关的农药期刊也介绍了部分甜菜除草剂及其施用方法。如常用于甜菜土壤封闭处理的除草剂有环草特、燕麦畏、金都尔；用于苗后茎叶处理的除草剂有拿捕净、精稳杀得、高效盖草能、精禾草克和甜菜安·宁等。21 世纪，随着我国甜菜种植面积的增加，甜菜生产中使用的化学除草剂的种类、用量及其应用面积也呈逐年增加趋势。

2.2 国内应用甜菜除草剂当前存在的问题

2.2.1 对除草剂了解不够，盲目使用

随着近年来各种农业新技术在甜菜生产中的应用和甜菜生产机械化水平的逐步提高，在甜菜生产中农民也渴望通过化学除草技术的应用，从而降低生产成本，并把草害造成的损失降低到最低点。然而在生产中常常遇到的现实问题是农民在具体的草害发生时不知道应该选用何种除草剂，对市场上销售的除草剂的作用机理及靶标杂草缺乏了解，不了解除草剂适用的作物种类、用量、最佳使用时机。在使用中往往存在一定的盲目性，缺少相应的技术指导和相关除草剂的使用常识，要么不敢用，要么使用不当造成一定的药害。因此，制约着除草剂在甜菜生产中的推广应用和发挥应有的效能。

2.2.2 所用除草剂的品种类型较为单一

长期使用单一除草剂的直接后果就是除草谱狭窄，不能充分发挥不同除草剂之间的协同作用并实现除草谱互补，长期使用则引起杂草种群的变化并可能导致一些杂草产生耐药性，最终影响除草剂的除草效果。在我国甜菜生产中最初应用较多的化学除草剂是苗前土壤封闭剂，主要使用持效期较长且对甜菜安全的都尔和金都尔做封闭处理，但是长期使用这些药剂有很大的局限性：仅能防除稗草、狗尾草等一年生禾本科杂草以及小粒种子的阔叶杂草，对大多数阔叶杂草无效；长期使用会造成农田杂草群落改变，阔叶杂草将演变成为主要的恶性杂草，无法根除；在甜菜种植相对集中的东北、西北等干旱地区，由于气候干旱不利于药效的发挥，用药后封闭效果往往达不到理想效果；安全性不高，在碱性土壤上应用，如遇雨淋溶，在土壤高湿情况下易产生药害。

在上个世纪 80 年代初，我国引进了甜菜安与甜菜宁用作甜菜的选择性苗后除草剂，它们使用后对甜菜十分安全。当前在国内甜菜生产中使用较多的除草剂为德国先灵公司注册登记的甜菜安·宁，它的有效成分为 8 的甜菜安和 8％的甜菜宁，属于低毒、选择性苗后除草剂，可用于防除甜菜田中的多种阔叶杂草，具有防效好，土壤、块根残留少的优点。但是在长期的使用过程中，甜菜安·宁也暴

露出很多缺点：对甜菜生长有抑制作用，特别是在苗小、苗弱时易产生药害；使用甜菜安·宁最适宜的环境温度为 20～28℃，在高温条件（高于 30℃）和低温条件（低于 15℃）下均容易产生药害。而东北、新疆、内蒙古等甜菜主产区昼夜温差大，使用不当容易产生药害；长期使用甜菜安·宁后，在甜菜田间会产生诸如刺儿菜、苣荬菜、田旋花、苘麻、苍耳等大量抗性杂草，甜菜安·宁对这类杂草防效差，而且对大龄杂草效果一般；甜菜安·宁仅能防除阔叶杂草，在实际使用中农户还需要复配其他的防除禾本科杂草的药剂，不仅增加了用药成本，而且增加了操作的复杂性，如若用量控制不当，则极大程度地增加了产生药害的风险。

3　我国甜菜生产中常用的除草剂

甜菜除草剂按其施用的目标不同一般分为土壤处理除草剂和茎叶处理除草剂，按照用药时期不同又可细分为播前土壤封闭除草剂、播后苗前土壤封闭除草剂和茎叶处理除草剂等。在我国，甜菜生产中常用的除草剂有 7 大类 19 种，根据其化学结构类型，其中包含芳氧苯氧羧酸 6 种、环己二酮类种、酰胺类 3 种、（硫代）氨基甲酸酯类 4 种、二硝基苯胺类 2 种、三嗪类 1 种、苯呋喃甲磺酸酯类 3 种。

3.1　芳氧苯氧羧酸类

芳氧苯氧羧酸类除草剂具有高效、低毒、杀草谱广、施用期长以及对后茬作物安全等特点，因此，它在世界除草剂市场中占有重要地位。甜菜生产中常用的除草剂有 6 种：禾草灵、盖草能、高效盖草能、精稳杀得、禾草克、威霸。

3.2　环己二酮类

该类型的除草剂有 2 种：烯草酮和烯禾啶，其中烯草酮的活性优于烯禾啶。以上两类除草剂中，芳氧苯氧羧酸类和环己二酮类除草剂主要用于防除禾本科杂草，都用作苗后茎叶处理剂，作用机制都是 ACC 酶抑制剂。相比较而言，芳氧苯氧羧酸类的活性优于环己二酮类。

3.3　酰胺类

该类型的除草剂有 3 种：丁草胺、金都尔和敌草胺。酰胺类除草剂主要用于防除一年生禾本科杂草和部分阔叶杂草，对多年生杂草的防效较差，大多数品种用作芽前土壤处理剂，通常在播后苗前使用。其除草效果受环境条件的影响较大，其中主要受土壤胶体的吸附作用和土壤含水量的影响。在土壤干旱，有机质和土壤黏粒含量高的情况下，土壤吸附作用增强，造成除草效果下降，反之则除草效果提高。因此在春季干旱的北方地区应及早用药，施药后浅覆土，在提高防效的同时亦可减少用药量。单子叶植物吸收除草剂的主要部位是胚芽和胚芽鞘，双子叶植物吸收除草剂的主要部位为上胚轴和幼芽，药剂进入杂草体内后抑制脂类合成或抑制细胞分裂与生长，从而导致杂草死亡。

3.4　（硫代）氨基甲酸酯类

该类型的除草剂绝大部分的品种都是通过植物的根部吸收，并迅速向茎叶传导，抑制杂草的生长，它们对幼芽的抑制作用比根要严重。其主要作用机理是抑制脂肪酸的生物合成以及干扰类酯物的形成，从而影响膜的完整性。甜菜生产上常用的有 4 种：甜菜安、甜菜宁、环草特和燕麦畏。其中的甜菜安、甜菜宁属氨基甲酸酯类除草剂，可以单用，也可以混用，或甜菜安、甜菜宁与乙氧呋草黄等多种除草剂制成复配制剂。环草特和燕麦畏属硫代氨基甲酸酯类除草剂，用作土壤封闭处理。环草特对一年生禾本科杂草及部分阔叶杂草有效活性比酰胺类高。燕麦畏是防除野燕麦的高效选择性除草剂。主要用于土壤处理，燕麦畏挥发性强，施后必须立即混土，否则药效会严重降低。此外，种子不能直接接触药剂，否则会产生药害。

3.5 二硝基苯胺类

二硝基苯胺类除草剂杀草谱广,可防治一年生禾本科杂草和部分一年生阔叶杂草;多用作作物播后苗前的土壤处理剂,主要抑制杂草幼芽,且对单子叶植物的抑制作用重于双子叶植物;由于易于挥发和光解,田间施药后应尽快耙地覆土;除草效果稳定,即便在干旱条件下也能发挥良好的除草效果,因此非常适用于我国北方地区;土壤持效期中等,使用后对绝大多数后茬作物无残留毒害。该类型的除草剂常用的有 2 种:施田补和仲丁灵。该类除草剂常用作土壤处理剂,进行表土喷雾,喷药后将 3~5cm 表土混匀。其作用机理主要是通过对杂草染色体分离的干扰,从而抑制根部分生组织细胞分裂中期的有丝分裂,抑制杂草根及茎的生长发育,进而达到杀死杂草的目的。在施用时应避免药剂与作物的根部直接接触。

3.6 三嗪酮类

三嗪类除草剂属于一类传统的除草剂,由于其在农业生产中用量大,残效期长,长期使用可能会影响地下水并干扰人体内分泌,近年来正逐步被其他高效、安全的新型除草剂所替代。该类型的除草剂有 1 种:苯嗪草酮。苯嗪草酮是重要的甜菜除草剂,2010 年全球销售市值超过 9 000 万美元。它属于选择性芽前除草剂,可用于播后苗前土壤处理及苗后茎叶处理。主要通过杂草根部吸收,再输送到叶片内,通过抑制光合作用的希尔反应而起到杀草的作用。在种植前期主要针对杂草的根部产生影响,在种植后期也能对杂草叶片产生影响。主要用于防除甜菜田一年生杂草,可有效防除藜、龙葵、反枝苋、苦荞麦、蓼等杂草。

3.7 苯并呋喃甲磺酸酯类

该类型的除草剂有 1 种:乙氧呋草黄。乙氧呋草黄是一种低毒、广谱、选择性除草剂,对甜菜具有高度的选择性,使用量大也不会产生药害。可防除看麦娘、野燕麦、早熟禾、狗尾草等一年生禾本科杂草及许多阔叶杂草,对藜等一年生阔叶杂草也有较好的防除效果。但它对敏感杂草的防治效果因气候条件而异,当雨水缺乏时,它的除草活性降低。可于甜菜出苗后,杂草 2~4 叶期,茎叶喷雾 1 次,对甜菜田的部分阔叶杂草如藜、蓼、苘麻等,有较好的防治效果。但在干旱和杂草叶龄偏大时会降低防效,建议在杂草 4 叶期前施药。

4 科学合理地应用化学除草剂

4.1 依据不同除草剂的作用特点分阶段进行防治

甜菜田杂草中一般以禾本科杂草占绝对优势,它们每年有两次出土高峰期,在生产中可分为 3 个用药阶段进行综合防治。①土壤处理:选用酰胺类除草剂如金都尔等进行土壤处理。②播后苗前处理:可供选用的除草剂有苯嗪草酮、施田补、环草特、燕麦畏等。③苗后茎叶处理:在甜菜 4 片真叶期,阔叶杂草 2~4 叶期,禾本科杂草 3~5 叶期,选用甜菜安、甜菜宁及乙氧呋草黄等除草剂进行茎叶喷施处理。

4.2 甜菜除草剂的选择原则

在甜菜除草剂的选择上应遵循高效、低毒、低残留、环境友好的原则。在实际使用时应遵循减量原则,尽可能地选用高效或超高效的品种,降低单位面积用药量。根据甜菜与杂草在形态、生理发育方面的差异及除草剂的特性,通过时差选择、形态选择、生理选择这几种途径确定采用哪种方式来保护甜菜,在此基础上明确除草剂的除草对象,弄清其作用方式及作用部位,最终选择合适的除草剂。

4.3　合理施用，提高防效，安全用药，降低对环境的不利影响

首先，选择适宜的施药方式，施药时点片结合，减少用药面积。其次应选择合适的施药时间，严格掌握用药量，尽可能减少用药次数和用药量。最后，在确定某种除草剂用量时还应考虑杂草的大小、土壤质地、有机质含量、土壤湿度、温度等因素。一般在杂草较大、有机质含量高、干旱、低温时用药量宜大，反之用量宜少。

5　我国甜菜专用除草剂今后的发展方向

近年来，出于保护环境、降低剂量、提高药效的需要，国外使用的甜菜除草剂多已采用混配方法，以使其具有协同作用。对于一些活性高而选择性比较差的除草剂可以通过与其他除草剂的混用从而减少其对后茬作物的药害，另外，除草剂混用还可以延缓杂草抗药性的产生。在国内，目前一些有研发实力的公司也已成功研发出新型的高效甜菜专用除草剂。与单一剂型除草剂相比，混配除草剂具有除草谱广泛且互补、药效高、针对性强并可减少除草剂单剂用量等优点。伴随着我国农化产业的快速发展和甜菜生产机械化水平的提高，我国的甜菜专用除草剂将以高效、低毒、低残留、广谱、专用为今后的发展方向。

ZHONGGUO TIANCAI
ZAIPEI LILUN YANJIU

分子生物学篇

甜菜 BvWRKY23 基因的 RNAi 载体构建

李国龙[1]，吴海霞[2]，孙亚卿[1]

(1. 内蒙古农业大学农学院，呼和浩特　010018；
2. 内蒙古自治区水利科学研究院，呼和浩特　010020)

摘要： WRKY 转录因子家族成员在调控植物生长发育、应答生物胁迫与非生物胁迫等方面具有重要的生物学功能。以抗旱甜菜（*Beta vulgaris* L.）幼苗为材料，提取叶片总 RNA 并反转录为 cDNA，通过 RT - PCR 方法扩增获得甜菜 WRKY 转录因子家族成员 *BvWRKY23* 基因的 RNAi 靶片段，以中间载体 PBSK - RTM 作为媒介，利用传统的"酶切连接"法构建了含有 CaMV 35S 启动子、*BvWRKY23* 基因片段反向重复序列的 RNAi（RNA interference）植物表达载体 pCambia2301ky - BvWRKY23 - RNAi。

关键词： 甜菜；WRKY 转录因子；RNA 干扰；抗旱

WRKY 转录因子是植物特有的最大的转录因子家族之一，属于 DNA 结合蛋白。WRKY 转录因子最早发现于甘薯的 SPF1[1]，其后相继在拟南芥[2-3]、水稻[4-5]、小麦[6]和大麦[7]、玉米[8]、大豆[9]、马铃薯[10]、谷子[11]、甜菜[12]和棉花[13]等模式植物和多种作物上得到鉴定。在植物不同发育时期和多种环境因素诱导下，WRKY 转录因子可通过正负调控蛋白调控植物生长发育、生物与非生物胁迫应答等[14-15]。WRKY 转录因子在增强植物抗旱性方面扮演着重要角色，直接或间接参与植物抗旱应答调控。研究[3,16-20]发现，单独或协同调控拟南芥 AtWRKY18、AtWRKY40、AtWRKY57 和 AtWRKY60 等基因的表达，可增强拟南芥的耐旱能力；超表达 OsWRKY11、OsWRKY30、OsWRKY45 和 OsWRKY47 等基因可提高水稻的耐旱性[21-25]；在小麦中，超表达 Tawrky2 可增强转基因植株的抗旱性[26]；在玉米中也发现，过表达在水分胁迫响应中扮演重要角色的 WRKY 家族成员 Zmwrky106 基因有助于玉米耐旱能力的提高[27]；从大豆中克隆到的 WRKY 家族成员 Gmwrky35 基因转化烟草，证实 Gmwrky35 具有增强抗旱能力作用[28]。

甜菜（*Beta vulgaris* L.）是我国重要的糖料作物和经济作物之一。甜菜主要种植在我国东北、西北和华北等区域，而周期性干旱天气频发、水资源相对匮乏等是这些地区的主要特点，干旱是制约甜菜产量和质量提升及产业可持续发展的主要因素之一[29]。目前，已经对甜菜 WRKY 转录因子全基因组进行了鉴定，发现有 40 个成员在 9 条染色体上呈不均匀分布，初步推测可能有 5 个基因参与盐胁迫调控，7 个基因参与热胁迫调控[12]；而有关甜菜 WRKY 转录因子家族基因与抗旱相关的研究还鲜见报道。本课题组在对甜菜水分胁迫下转录组分析中发现，甜菜 WRKY 转录因子家族成员 BvWRKY23 基因显著上调，推测其可能参与甜菜的抗旱应答，从甜菜中成功克隆了该基因，并构建了表达载体。

鉴于上述前期工作，本研究构建以甜菜 BvWRKY23 为靶目标、含有反向重复发卡结构的 RNAi 表达载体，为进一步鉴定 BvWRKY23 基因在甜菜抗旱中的功能及其作用机制奠定基础。

---

* 通讯作者：李国龙（1977— ），男，内蒙古乌兰察布人，教授，研究方向：甜菜栽培生理。

1 材料与方法

1.1 试验材料

试验材料为内蒙古农业大学甜菜生理研究所筛选的甜菜抗旱材料 HI0466，品种抗旱性鉴定工作已先期开展[30]。选取籽粒饱满的甜菜种子，用紫外灯照射 2h 后在育苗盘内播种，置于人工气候室培养，16h 光照，8h 暗期，温度 25℃。在幼苗生长至 6 片真叶时进行胁迫处理，其中对照（CK）保持正常供水，胁迫处理停止浇水，分别于处理后 4（DS4）、8（DS8）、10d（DS10）和复水后 2d（RW2）取对照和处理的甜菜叶片，于－70℃保存用于转录组测序和 RNA 提取。

1.2 主要试剂

主要试剂有 RNA 提取试剂盒 RNAplantplusreagent、TaqDNA 聚合酶、限制性内切酶、T4DNA 连接酶和 AMV 反转录试剂盒、DNA 凝胶回收和质粒 DNA 提取试剂盒、pUCm－T 载体、PBSK－RTM 中间载体、植物表达载体 pCambia2301ky、氨苄青霉素（Ampicillin，AMP）、卡那霉素（Kanamycin）和大肠杆菌 DH5α 感受态细胞等。

1.3 引物设计及干扰片段的扩增

根据已克隆到的 BvWRKY23 基因全长选取 RNAi 靶片段，靶片段起始于起始密码子后 10bp 处，止于起始密码子后 389bp 处，共 380bp。根据所选靶片段设计特异性正向引物 P1 和反向引物 P2，然后分别在引物的 5′端添加酶切位点 BamHⅠ/XbaⅠ和 SacⅠ/NotⅠ（下划线部分），并增加保护碱基（表 1），保证正向片段和反向片段正确连接到中间载体 PBSK－RTM。

表 1 RNAi 片段及内含子扩增引物

引物类型 Primertype	引物名称 Primername	序列（5′-3′）Sequence（5′-3′）	酶切位点 Enzymesite
P1	BvWRKY23－F1	CGGGATCCGAACCATTGAAGATTGAA	BamHI
	BvWRKY23－R1	GCTCTAGAAGAGGTGGAGGGGTAGGA	XbaI
P2	BvWRKY23－F2	CGAGCTCGAACCATTGAAGATTGAA	SacI
	BvWRKY23－R2	ATTTGCGGCCGCAGAGGTGGAGGGGTAGGA	NotI
内含子 Intron（RTM）	RTM－F	ACGTTGTAAGTCTATTTTTG	
	RTM－R	TCTATCTGCTGGGTCCAAATC	

提取甜菜幼苗叶片总 RNA，反转录合成 cDNA，分别用引物 P1 和 P2 进行干扰靶片段的扩增。PCR 反应程序为：98℃预变性 2min；98℃变性 10s，55℃退火 15s，68℃延伸 48s，35 个循环；68℃延伸 10min，4℃保存。PCR 产物经 1.5% 琼脂糖凝胶电泳检测。通过 DNA 凝胶回收试剂盒回收目的片段，并将其连接到 pUCm－T 载体，用连接产物转化大肠杆菌 DH5α 感受态细胞，在 100μg/mL AMP 的 LB 平板上涂布 IPTG 和 X－gal，于 37℃倒置培养过夜，进行蓝白斑筛选，挑选白色菌落培养并进行 PCR 鉴定，将鉴定后的阳性克隆进行测序。引物合成和测序工作委托北京六合华大基因科技有限公司完成。

1.4 BvWRKY23－RNAi 表达载体的构建

连接至 pUCm－T 载体上的干扰片段经测序确认正确后，用限制性内切酶 BamHⅠ/XbaⅠ从 pUCm－T 载体上切下正向片段并将其连接到中间载体 PBSK－RTM，构建载体 PBSK－RTM－F。转化大肠杆菌 DH5α，挑取单菌落，提取质粒并进行菌液 PCR 验证后测序。用限制性内切酶 SacⅠ/NotⅠ从 pUCm－T 载体上切下反向片段，并将其连接至载体 PBSK－RTM－F 对应的多克隆位点之间，构建中间载体 PBSK‐RTM‐FR，转化大肠杆菌 DH5α，挑取单菌落，提取质粒并进行菌液 PCR 验证及测序。将干扰片段以相反的方向连接到中间载体内含子两侧之后，用限制性内切酶 BamHⅠ和 SacⅠ酶切已构建好的中间载体 PBSK‐RTM‐FR 和干扰表达载体 pCambia2301ky。将中间载体 PBSK‐RTM‐FR 上的正向干扰片段‐内含子（RTM）‐反向干扰片段连接至表达载体 pCambia2301ky 对应酶切位点之间，构建干扰表达载体 pCambia2301ky‐BvWRKY23‐RNAi（图 1），转化大肠杆菌 DH5α，随机挑取 8 个转化子，通过正向片段和内含子引物进行菌液 PCR 验证，挑取阳性的转化子用于质粒提取，通过 BamHⅠ和 SacⅠ进行双酶切鉴定。

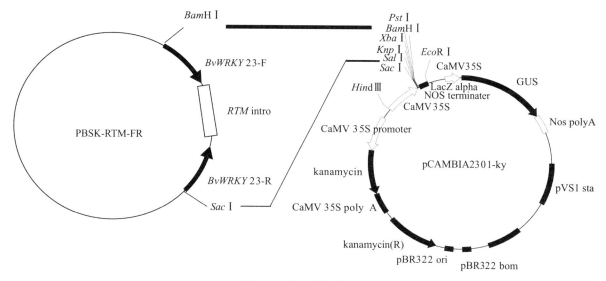

图 1   干扰载体构建策略

2   结果与分析

2.1   水分胁迫下 BvWRKY23 基因的表达情况

通过转录组测序（RNA‐seq）技术对不同水分处理条件下甜菜幼苗叶片 BvWRKY23 基因进行表达定量分析，从以 FPKM（fragmentsperkilobasepermillion，每千个碱基的转录每百万映射读取的片段数）为单位的 BvWRKY23 基因表达定量结果（图 2）表明，随着水分胁迫程度的加剧，BvWRKY23 基因的表达量也逐步增强，在胁迫程度最严重的第 10 天表达量最高，为 CK 表达量的 5.3 倍，而复水后随着胁迫信号的解除，该基因的表达量显著降低，表明 BvWRKY23 基因对水分胁迫高度敏感，水分胁迫特异性诱导该基因的过量表达，由此推测该基因可能具有提高甜菜抗旱能力的作用。

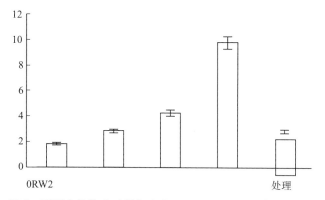

图 2   不同水分胁迫对甜菜叶片 BvWRKY23 基因表达的影响

2.2　BvWRKY23 基因干扰片段的克隆

以甜菜叶片总 RNA 反转录所获得的 cDNA 为模板，通过正、反向引物进行 PCR 扩增，最终获得 2 条约 380bp 的干扰片段，与所选取干扰片段的大小相同（图 3）。将扩增片段分别进行胶回收、纯化，并连接到 pUCm－T 载体上进行测序，通过 GeneBank 的 BLAST（http：//blast. ncbi. nlm. nih. gov/Blast. cgi）功能将测序结果与 BvWRKY23 的基因序列进行比对，结果显示比对结果完全吻合，表明已成功克隆到干扰片段。

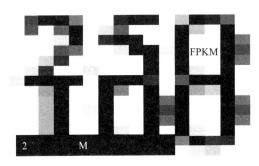

图 3　PCR 产物 BvWRKY23 基因的 RNAi 片段

注：M：DL2000，下同；1～2：RNAi 片段产物。

2.3　中间载体的构建

采用 BamHⅠ和 XbaⅠ双酶切中间载体 PBSK－RTM 和测序正确的含有正向片段的 pUCm－T 载体，并将正向片段连接至 PBSK－RTM 载体，转化大肠杆菌 DH5α 后，随机挑取 8 个转化子进行菌液 PCR 验证，均得到大小为 508bp 的条带，大小正好是正向片段与内含子之和（图 4）。挑取 1 个阳性转化子提取质粒后测序，将测序结果与原干扰片段进行比对，序列完全一致（图 5），表明正向干扰片段成功连接到 PBSK－RTM 载体上，命名为 PBSK－RTM－F。

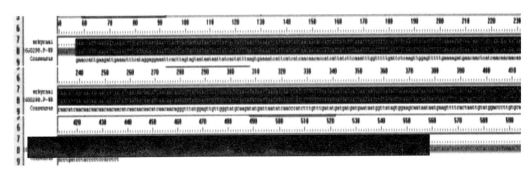

图 4　中间载体 PBSK－RTM－F 阳性克隆菌落的 PCR 鉴定

注：1～8：PCR 扩增干扰片段。下同

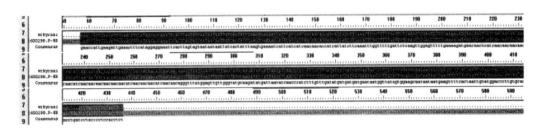

图 5　PBSK－RTM－F 阳性质粒测序

注：第一行为参考序列；第二行为测序序列。下同

采用 Sac I 和 Not I 双酶切正向片段测序正确质粒 PBSK - RTM - F 和含有反向片段的 pUCm - T 载体,并将反向片段连接至 PBSK - RTM - F 载体,转化大肠杆菌 DH5α 后,随机挑取 8 个转化子进行菌液 PCR 验证,同样得到大小为 508bp 的条带,大小正好是反向片段与内含子之和(图 6)。挑取 1 个阳性转化子提取质粒后测序,测序结果与原干扰片段序列比对结果完全一致(图 7),表明反向干扰片段已成功连接到 PBSK - RTM - F 载体上,即中间载体 PBSK - RTM - FR 构建成功。

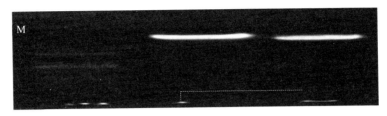

图 6 中间载体 PBSK - RTM - FR 阳性克隆菌落 PCR 鉴定

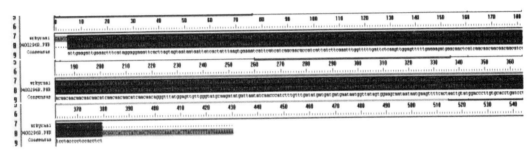

图 7 中间载体 PBSK - RTM - FR 阳性质粒测序

2.4 BvWRKY23RNAi 载体的构建及酶切鉴定

BamH I /Sac I 双酶切 PBSK - RTM - FR 中间载体,回收大片段(正向片段＋RTM＋反向片段)。同时 BamH I /Sac I 双酶切 pCambia2301ky 质粒,将回收的大片段与表达载体连接后构建 pCambia2301ky - BvWRKY23 - RNAi 载体,并转化大肠杆菌 DH5α,然后随机挑取 8 个转化子,通过正向片段和内含子(RTM)引物进行菌液 PCR 验证,获得 6 个阳性转化子,大小为 508bp,正好是正向片段与内含子之和。

挑取 1 个 PCR 阳性的转化子进行质粒提取,通过 BamH I /Sac I 双酶切 pCambia2301ky - BvWRKY23 - RNAi 质粒进行鉴定,电泳结果显示,出现质粒骨架条带和干扰片段条带。其中在 750～1 000bp 的条带大小为 888bp,与正向干扰片段＋RTM(内含子)＋反向干扰片段大小相符,而双酶切空载体仅出现质粒骨架条带(图 8),表明从中间载体 PBSK - RTM - FR 上切下的正向干扰片段＋内含子(RTM)＋反向干扰片段已经成功连接到表达载体 pCambia2301ky 质粒骨架上,即 RNAi 载体构建完成。

3 讨论

RNAi 技术是将外源双链 RNA 导入细胞后,引起与其序列同源的特异 mRNA 降解而导致基因表达抑制的现象[31-32]。RNAi 技术是继基因敲除技术之后又一项高效的基因沉默技术,该技术因具有特异性强和沉默效率高等优点,自 20 世纪 90 年代被发现以来,已被作为基因功能分析与鉴定的有效手段。RNAi 技术成功在植物种质资源创新[33]、高效生物防治[34-35]、抗药性机理研究[36-37] 和各种疾病的预防与治疗[38-42] 等领域开展应用,成为发掘基因未知功能的强有力辅助工具。

在利用 RNAi 技术开展相关研究过程中,构建相应的 RNAi 表达载体至关重要。构建植物 RNAi

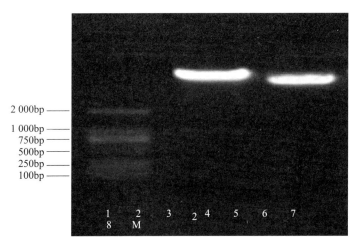

2 000bp
1 000bp
750bp
500bp
250bp
100bp

1
8 M 3 2 4 5 6 7

图 8 pCambia2301ky－BvWRKY23－RNAi 载体 BamHⅠ/SacⅠ双酶切鉴定
注：1：BamHⅠ/SacⅠ双酶切 pCambia2301ky－BvWRKY23－RNAi；2：BamHⅠ/SacⅠ双酶切空载质粒

载体的方法包括传统的"酶切-连接"法[43]、"零背景筛选"技术[44]、Gateway 技术[45]和人工 miRNA 技术[46]。最早的构建 RNA 干扰载体的方法是传统的"酶切-连接"法，已在多种植物中成功构建了 RNA 干扰表达载体[47-50]，但该技术要求原始载体至少有 4 个可用酶切位点，且仅可在载体上插入 1～2 个基因，同时对目的片段的限制条件较多，增加了原始载体和目的片段的选择难度；"零背景筛选"技术可大大降低对原载体可用酶切位点的要求，通过简单的 2 步 PCR 反应就能形成干扰载体所需的"发夹"结构，但该技术对引物设计和 DNA 聚合酶有较高的要求；Gateway 技术虽然可以快速、高效地构建植物 RNAi 表达载体，但高额的专用酶成本在一定程度上限制了其应用[51]。人工 miRNA 技术具有高效、精确和可控等优点，被认为是替代 RNAi 的有效工具，但由于某些特定植物基因组信息的缺乏，沉默效应还不能完全做到人为控制。因此，在构建 RNAi 表达载体时，应根据试验具体情况和要求选择适宜的载体构建方法。

4 结论

WRKY 转录因子家族成员在调控植物生长发育、应答生物胁迫与非生物胁迫等方面具有重要的生物学功能。通过传统的"酶切-连接"方法成功构建了甜菜 WRKY 转录因子家族成员 BvWRKY23 基因的 RNAi 表达载体。

◆ 参考文献

[1] Ishiguro S，Nakamura K. Characterization of a cDNA encoding a novel DNA－binding protein，SPF1，that recognizes SP8 sequences in the 5' upstream regions of genes coding for sporamin and beta－amylase from sweet potato [J]. Molecular Genetics and Genomics，1994，244（6）：563－571.

[2] Chen W Q，Provart N J，Glazebrook J，et al. Expression profile matrix of Arabidopsis transcription factor genes suggests their putative functions in response to environmental stresses [J]. The Plant Cell，2002，14（3）：559－574.

[3] Xu X P，Chen C H，Fan B F，et al. Physical and functional interactions between pathogen－induced Arabidopsis WRKY18，WRKY40，and WRKY60 transcription factors [J]. The Plant Cell，2006，18（5）：1310－1326.

[4] Ramamoorthy R，Jiang S Y，Kumar N，et al. A comprehensive transcriptional profiling of the

WRKY gene family in rice under various abiotic and phytohormone treatments [J]. Plant and Cell Physiology，2008，49（6）：865－879.

[5] Christian R，Shen Q X. The WRKY gene family in rice (Oryza sativa) [J]. Journal of Integrative Plant Biology，2007，49（6）：827－842.

[6] Ning P，Liu C C，Kang J Q，et al. Genome－wide analysis of WRKY transcription factors in wheat（Triticum aestivum L.）and differential expression under water deficit condition [J]. Peer J，2017（5）：3232.

[7] Mangelsen E，Kilian J，Berendzen K W，et al. Phylogenetic and comparative gene expression analysis of barley（Hordeum vulgare）WRKY transcription factor family reveals putatively retained functions between monocots and dicots [J]. BMC Genomics，2008，9（1）：194.

[8] Wei K F，Chen J，Chen Y F，et al. Molecular phylogenetic and expression analysis of the complete WRKY transcription factor family in maize [J]. DNA Research，2012，19（2）：153－164.

[9] Yang Y，Zhou Y，Chi Y，et al. Characterization of soybean WRKY gene family and identification of soybean WRKY genes that promote resistance to soybean cyst nematode [J]. Scientific Reports，2017，7（1）：17804.

[10] Dellagi A，Birch P R J，Heilbronn J，et al. A potato gene，erg－1，is rapidly induced by Erwinia carotovora ssp. atroseptica，Phytophthora infestans，ethylene and salicylic acid [J]. Journal of Plant Physiology，2000，157（2）：201－205.

[11] 祖倩丽，尹丽娟，徐兆师，等. 谷子WRKY36转录因子的分子特性及功能鉴定 [J]. 中国农业科学，2015，48（5）：851－860.

[12] 孔维龙，于坤，但乃震，等. 甜菜WRKY转录因子全基因组鉴定及其在非生物胁迫下的表达分析 [J]. 中国农业科学，2017，50（17）：3259－3273.

[13] Yao D X，Zhang X Y，Zhao X H，et al. Transcriptome analysis reveals salt stress regulated biological processes and key pathwaysin roots of cotton（Gossypium hirsutum L.）[J]. Genomics，2011，98（1）：47－55.

[14] Ülker B，Somssich I E. WRKY transcription factors：from DNAbinding towards biological function [J]. Current Opinion in Plant Biology，2004，7（5）：491－498.

[15] Rushton P J，Somssich I E，Ringler P，et al. WRKY transcriptionfactors [J]. Trends in Plant Science，2010，15（5）：247－258.

[16] Jiang Y J，Liang G，Yu D Q. Activated expression of WRKY57confers drought tolerance in Arabidopsis [J]. Molecular Plant，2012，5（6）：1375－1388.

[17] Chen H，Lai Z R，Shi J W，et al. Roles of Arabidopsis WRKY18，WRKY40 and WRKY60 transcription factors in plant responsesto abscisic acid and abiotic stress [J]. BMC Plant Biology，2010（10）：281.

[18] Pandey S P，Roccaro M，Schon M，et al. Transcriptionalreprogramming regulated by WRKY18 and WRKY40 facilitatespowdery mildew infection of Arabidopsis [J]. The Plant Journal，2010，64（6）：912－923.

[19] Schon M，Toller A，Diezel C，et al. Analyses of wrky18 wrky40 plants reveal critical roles of SA/EDS1 signaling and indole－glucosinolate biosynthesis for Golovinomyces orontii resistance- and a loss－of resistance towards Pseudomonas syringae pv. tomato AvrRPS4 [J]. Molecular Plant－Microbe Interactions，2013，26（7）：758－767.

[20] Babitha K C，Ramu S V，Pruthvi V，et al. Co－expression of AtbHLH17 and AtWRKY28

confers resistance to abiotic stress in Arabidopsis [J]. Transgenic Research，2013，22（2）：327-341.

[21] Wu X L，Shiroto Y，Kishitani S，et al. Enhanced heat and drought tolerance in transgenic rice seedlings over expressing OsWRKY11under the control of HSP101 promoter [J]. Plant Cell Reports，2009，28（1）：21-30.

[22] Tao Z，Kou Y J，Liu H B，et al. OsWRKY45 alleles play differentroles in abscisic acid signalling and salt stress tolerance but similar roles in drought and cold tolerance in rice [J]. Journal of Experimental Botany，2011，62（14）：4863-4874.

[23] Shen H S，Liu C T，Zhang Y，et al. OsWRKY30 is activated by MAP kinases to confer drought tolerance in rice [J]. Plant Molecular Biology，2012，80（3）：241-253.

[24] Raineri J，Wang S H，Peleg Z，et al. The rice transcription factor OsWRKY47 is a positive regulator of the response to water deficit stress [J]. Plant Molecular Biology，2015，88（4）：401-413.

[25] Lee H，Cha J，Choi C，et al. Rice WRKY11 plays a role inpathogen defense and drought tolerance [J]. Rice，2018，11（1）：5.

[26] Gao H M，Wang Y F，Xu P，et al. Over expression of a WRKY transcription factor Tawrky2 enhances drought stress tolerance in transgenic wheat [J]. Frontiers in Plant Science，2018（9）：997.

[27] Wang C T，Ru J N，Liu Y W，et al. Maize WRKY transcription factor Zmwrky106 confers drought and heat tolerance in transgenic plants [J]. International Journal of Molecular Sciences，2018，19（10）：3046.

[28] 李大红，王春弘，刘喜平，等. 大豆 GmWRKY35 基因的克隆及其增强烟草耐旱能力研究 [J]. 大豆科学，2017，36（5）：685-691.

[29] 韩凯虹，张继宗，王伟婧，等. 水分胁迫及复水对华北寒旱区甜菜生长及品质的影响 [J]. 灌溉排水学报，2015，34（4）：63-68.

[30] 李国龙，吴海霞，温丽，等. 甜菜苗期抗旱鉴定指标筛选及其综合评价 [J]. 干旱地区农业研究，2011，29（4）：69-74.

[31] 王伟伟，刘妮，陆沁，等. RNAi 技术的最新研究进展 [J]. 生物技术通报，2017，33（11）：35-40.

[32] Fire A，Xu S，Montgomery M K，et al. Potent and specific genetic interference by double-stranded RNA in Caenorhabditis elegans [J]. Nature，1998，391（6669）：806-811.

[33] Wang L Q，Li Z，Lu M Z，et al. ThNAC13, a NAC transcription factor from Tamarix hispida，confers salt and osmotic stress tolerance to transgenic Tamarix and Arabidopsis [J]. Frontiers in Plant Science，2017（8）：635.

[34] Xu H J，Xue J，Lu B，et al. Two insulin receptors determine alternative wing morphs in planthoppers [J]. Nature，2015，519（7544）：464-467.

[35] Tang B，Wei P，Zhao L N，et al. Knockdown of five trehala segenes using RNA interference regulates the gene expression of the chitin biosynthesis pathway in Tribolium castaneum [J]. BMC Biotechnology，2016（16）：67.

[36] Hu Z，Lin Q，Chen H，et al. Identification of a novel cytochromeP450 gene，CYP321E1 from the diamondback moth，Plutellaxylostella（L.）and RNA interference to evaluate its role inchloran traniliprole resistance [J]. Bulletin of Entomological Research，2014，104（6）：716-723.

[37] Guo Z J, Kang S, Zhu X, et al. The novel ABC transporter ABCH1isa potential target for RNAi – based insect pest control and resistance management [J]. Scientific Reports, 2015 (5): 13 728.

[38] Li L, Li Q Y, Bao Y H, et al. RNAi – based inhibition of porcine reproductive and respirator ysyndrome virus replication in transgenic pigs [J]. Journal of Biotechnology, 2014 (171): 17 – 24.

[39] Linke L M, Wilusz J, Pabilonia K L, et al. Inhibiting avian influenza virus shedding using a novel RNAi antiviral vector technology: proof of concept in an avian cell model [J]. AMB Express, 2016, 6 (1): 16.

[40] Wu S H, Wen F F, Li Y Y, et al. PIK3CA and PIK3CB silencing by RNAi reverse MDR and inhibit tumorigenic properties in humancolorectal carcinoma [J]. Tumor Biology, 2016 (37): 8799 – 8809.

[41] Wang F J, Chen W C, Liu P F, et al. Lentivirus – mediated RNAiknockdown of LMP2A inhibits the growth of the Epstein – Barrassociated gastric carcinoma cell line GT38 in vitro [J]. Experimental and Therapeutic Medicine, 2017 (13): 187 – 193.

[42] Weinsteina S, Toker I A, Emmanuel R, et al. Harnessing RNAi – based nanomedicines for therapeutic gene silencing in B – cell malignancies [J]. Proceedings of the National Academy Sciences of the United States of America, 2015, 113 (1): E16 – E22.

[43] 柴晓杰, 王丕武, 关淑艳, 等. 玉米淀粉分支酶基因反义表达载体的构建和功能分析 [J]. 作物学报, 2005, 31 (12): 1654 – 1656.

[44] Chen S B, Pattavipha S, Liu J L, et al. A versatile zero background T – vector system for gene cloning and functional genomics1 [J]. Plant Physiology, 2009, 150 (3): 1111 – 1121.

[45] 姜玲, 秦长平, 伏卉. GatewayTM 系统快速构建番木瓜环斑病毒 CP 基因反向重复序列表达载体 [J]. 农业生物技术学报, 2008, 16 (3): 526 – 529.

[46] Schwab R, Ossowski S, Riester M, et al. Highly specific gene silencing by artificial microRNAs in Arabidopsis [J]. Plant Cell, 2006 (18): 1121 – 1133.

[47] 邢珍娟, 王振营, 何康来, 等. 转 Bt 基因玉米幼苗残体中 CrylAb 杀虫蛋白田间降解动态 [J]. 中国农业科学, 2008, 41 (2): 412 – 416.

[48] 王镭, 才华, 柏锡, 等. 转 OsCDPK7 基因水稻的培育与耐盐性分析 [J]. 遗传, 2008, 30 (8): 1051 – 1052.

[49] 吕品, 柴晓杰, 王丕武, 等. 大豆胰蛋白酶抑制剂 KSTI3 基因的克隆及其植物表达载体的构建 [J]. 吉林农业大学学报, 2007, 29 (3): 275 – 278.

[50] 娄玲玲, 郑唐春, 曲冠证, 等. 可用于植物转化的 RNAi 载体构建方法 [J]. 安徽农业大学学报, 2012, 39 (1): 120 – 123.

[51] Manamohan M, Sharath Chandra G, Asokan R, et al. One – step DNA fragment assembly for expressing intron – containing hairpin RNA in plants for gene silencing [J]. Analytical Biochemistry, 2013, 433 (2): 189 – 191.

甜菜 BvPPase 基因克隆及表达模式分析

李宁宁，孙亚卿，李国龙，张少英

（内蒙古农业大学农学院，呼和浩特　010019）

摘要： 本研究采用同源克隆技术分离了高糖型甜菜（*Beta vulgaris* L.）'BS02'液泡膜 H^+ 焦磷酸化酶（H^+ - PPase）基因，命名为 *BvPPase*。该基因包含 2 289bp 的开放阅读框，编码 762 个氨基酸，蛋白分子质量为 80.11kDa，理论等电点为 5.25。结构预测表明该蛋白二级结构主要以 α 螺旋和无规则卷曲为主，包含 14 个跨膜结构域，同时含有 V_PPase 和 H_PPase 超家族保守结构域。系统进化分析表明，该蛋白属于 I 型 H^+ - PPase 家族成员，且与盐角草（*Sal - icorniaeuropaea*）、藜麦（*Chenopodiumquinoa*）、菠菜（*Spinaciaoleracea*）等多种藜科植物 H^+ - PPase 聚为一类。组织表达模式分析结果显示：经 400 和 600mmol·L^{-1} 氯化钠（NaCl）、200mmol·L^{-1} 氯化钾（KCl）灌根处理以及 20mmol·L^{-1} 脱落酸（ABA）叶面喷施处理后，该基因的表达量在叶和根中分别达到峰值；此外，在 NaCl 和 ABA 处理下，该基因在根中的表达量明显高于其在叶中表达量，而在 KCl 处理下，正好与之相反，表明该基因能够迅速响应 NaCl、KCl 和 ABA 处理，且不同胁迫下组织表达模式的差异暗示该基因可能在响应不同胁迫时发挥着不同的作用。这些结果将为探索甜菜耐盐分子机理及高糖型甜菜耐盐性遗传改良提供科学依据。

关键词： 高糖型甜菜；BvPPase；基因表达模式；盐胁迫

甜菜（*Beta vulgaris* L.），藜科甜菜属二年生草本植物，属中度耐盐植物，是除甘蔗（*Saccharumofffici - narum*）以外的主要糖料作物，主要分布于我国内蒙古、新疆、河北、甘肃、黑龙江等干旱和半干旱地区，是内蒙古重要的优势经济作物之一[1]。内蒙古自治区拥有盐渍化土地约 $8.49 \times 10^5 hm^2$，其中盐渍化耕地面积已达 $4.67 \times 10^5 hm^2$，占可灌面积的 40%。由于不合理灌溉以及地面蒸发，使盐分留在土壤表层，导致内蒙古盐渍化面积每年仍以 $1.00 \times 10^4 \sim 1.33 \times 10^4 hm^2$ 的速度递增[2]，这已经成为制约内蒙古甜菜产量和质量的主要因素之一。盐渍化环境往往使作物遭受离子胁迫、渗透胁迫和氧化胁迫，导致作物减产，而植物为了应对外界高盐环境进化出一系列耐盐机制，包括离子转运、渗透调节、活性氧清除机制等[3-4]。关于植物离子转运机制的研究已较为深入，其中质膜和液泡膜上 Na^+ 和 K^+ 相关转运蛋白及通道蛋白协同作用共同维持盐胁迫下植物体内的离子稳态平衡[5]，进而改善植物的耐盐性。目前，关于甜菜耐盐性的研究主要停留在生长及生理水平上[6-8]，而在分子水平上对于甜菜离子转运系统的研究还鲜有报道。

植物 H^+ 焦磷酸化酶（H^+ - pyrophosphatase，H^+ - PPase）大致可分为两类，其中可溶性 H^+ - PPase 水解焦磷酸（pyrophosphoricacid，PPi）释放的自由能以热能散发，而膜结合 H^+ - PPase 水解 PPi 释放的自由能被用于建立膜内外的电化学势梯度[9-11]。H^+ - PPase 在调节细胞 pH、保存生物能、促进植物生长及植物抗逆性等方面起着重要作用[22-15]。到目前为止，已经从很多植物中分离出了 H^+ - PPase 基因，例如，小麦（*Triticumaestivum*）[16]、水稻（*Oryzasativa*）[17]、南瓜（*Cucurbitamoschata*）[18]、绿豆（*Vignaradiata*）（Nakanishi 和 Maeshima1998）、蒺藜苜蓿（*Medicagotrunca-*

通讯作者：李宁宁（1988 年— ），男，山西省临汾市人，副教授，研究方向：甜菜栽培生理。

tula)[19]、玉米（*Zeamays*）[20]等，这些 $H^+-PPase$ 基因含有 2 283～2 319 个核苷酸，编码 761～773 个氨基酸，有 12～16 个跨膜结构域[21]。研究表明，在不同的植物中该基因的组织表达模式有所不同，例如：南瓜 $H^+-PPase$ 基因主要在叶和根中表达[22]，红甜菜'DetroitDark' *BVP1* 和 *BVP1* 基因均主要在根中表达[23]，而玉米 $H^+-PPase$ 基因主要在成熟叶片中表达[24]。盐胁迫能够诱导该基因的表达，例如：在 200mmol·L^{-1}NaCl 处理下短芒大麦草（*Hordeumbrevisubulatum*）[25]、麦[26]和小盐芥（*Thellungiellahalophila*）[27]$H^+-PPase$ 基因的表达量显著上调表达。此外，过表达 *AVP1* 基因的转基因番茄（*Solanumlycopersi-cum*）和百脉根（*Lotuscorniculatus*），植株生长较快，根系生长旺盛，具有较强的抗旱能力，同时也表现出较好的耐盐性[28]。沙冬青（*Ammopiptanthusmongolicus*）[29]、盐爪爪（*Kalidiumfoliatum*）[24]、苜蓿[17]等植物的液泡膜 $H^+-PPase$ 基因也同样在提高植物耐盐、耐旱性等方面发挥重要作用。因此，$H^+-PPase$ 基因可作为作物耐盐性遗传改良的重要候选基因。本研究基于内蒙古农业大学甜菜生理研究所自育高糖型甜菜品种'BS02'，分离其 $H^+-PPase$ 基因，对该基因进行生物信息学分析，调查该基因在不同盐胁迫下的组织表达模式，以期为探索甜菜耐盐分子机理及高糖型甜菜品种的耐盐性遗传改良提供理论依据。

1 材料与方法

1.1 试验材料

本研究以高糖型甜菜（*Beta vulgaris* L.）'BS02'为研究材料，该材料是内蒙古农业大学甜菜生理研究所自育品种。将种子播种于粒径 0.5～1.0mm 的蛭石中，待发芽后置于人工气候室（16h 光照，26℃；8h 黑暗，22℃）培养 5 周后，选取长势一致的幼苗进行 NaCl 和 KCl 灌根处理以及叶面喷施脱落酸（abscisicacid，ABA）处理。NaCl 和 KCl 处理浓度分别为 0、200、400、600、800、1 000mmol·L^{-1}，ABA 处理浓度分别为 0、10、15、20、25、30mmol·L^{-1}。分别进行上述处理后，均观察 7d，再分别收取植物材料进行液氮速冻处理，储存于-80℃备用。

大肠杆菌［Escherichiacoli（Mig.）Cast.&Chalm.］感受态细胞（Trans1-T1Phage Resistant Chemically Competent Cell）、反转录试剂盒（Easy Script First-Strandc DNA Synthesis Super Mix）、定量 PCR 试剂盒（Trans Start TipGreenq PCR Super Mix）、PCR 试剂盒（Trans Start *Taq* DNA Polymerase）、RNA 提取试剂盒（Trans Zol Plant）和 TA 克隆载体（pEASY-T1）均购于北京全式金生物技术有限公司。

1.2 BvPPase 基因克隆

从 NCBI 数据库查找到甜菜 $H^+-PPase$mRNA 序列 XM_010692825.2，根据该序列设计包含开放阅读框的上下游引物，引物序列为 PPase-F（5'-AT-GATTTCAGATCTAGCAACAG-3'）和 PPase-R（5'-GGCATCCTCTTAAAATAGTTTG-3'）。利用 Trans Zol Plant 试剂盒提取高糖甜菜总 RNA，并通过 First-StrandcDNASynthesisSuperMix 试剂盒反转录成 cDNA。以 cDNA 为模板，PPase-F、R 为引物，进行甜菜 *BvPPase* 基因的 PCR 扩增。反应体系为：1.0μLcDNA、1.0μLPPase-F（10μmol·L-1）、1.0μLPPase-R（10μmol·L-1）、0.5μLTransStart*Taq*DNAPolymerase、5μL10×TransStartbuffer、4.0μLdNTP（2.5mmol·L-1），加无菌水至 50.0μL。反应条件为：95℃3min；95℃30s，59℃30s，72℃2min，34 个循环；72℃5min。PCR 产物经电泳分离后回收目的片段，并将其克隆到 T 载体 pEASY-T1 中，经菌落 PCR 鉴定，挑选阳性克隆送至北京华大生物技术有限公司测序。

1.3 BvPPase 基因生物信息学分析

用 NCBI 的 BLASTX 比对分析 BvPPase 保守结构域。用 ProtParam 软件对 BvPPase 蛋白基本特性进行预测。利用 ExPASy 在线软件分析 BvPPase 蛋白的二级结构（http://expasy.org/tools/#

secondary）和疏水性（https：//web. expasy. org/protscale/）。利用 TMHMM 在线软件（http：//www. cbs. dtu. dk/services/TMHMM/）预测 BvNHX1 蛋白的跨膜结构区域。利用 ClustalW 程序对 BvP-Pase 与烟草（*Nicotianatabacum*，NP_001312147.1）、陆地棉（*Gossypiumhirsutum*，NP_001313687.1）、拟南芥（*Arabidopsisthaliana*，NP_173021.1）、大豆（*Glycinemax*，XP_003528302.1）、毛果杨（*Populustrichocarpa*，XP_006381091.1）等植物 H$^+$ - PPases 蛋白序列进行多重比对分析。利用 MEGA7.0 软件邻接（neighbor - joining，NJ）法进行系统进化树分析。

1.4 BvPPase 基因组织表达特性分析

为了调查 *BvPPase* 基因的组织表达模式，将 5 周龄的幼苗进行不同浓度 NaCl、KCl 和 ABA 处理，并在处理 7d 后分别收取地上部分和地下部分材料。根据所克隆的 *BvPPase* 基因序列，设计特异性荧光定量 PCR 引物 PPase - RT - F（5′- GCAAACG - CAAGAACAACC - 3′）和 PPase - RT - R（5′- GGAAAC - CCATAACAGCAC - 3′），以甜菜 *Actin* 基因作为内参（Actin - RT - F：5′- TGCT-TGACTCTGGTGATGGT - 3′；Actin - RT - R：5′- AGCAAGATCCAAACGGAG - AATG - 3′）。利用 TransZolPlant 试剂盒提取地上及地下组织的总 RNA，并反转录成 cDNA，将其稀释 10 倍作为模板，按照 TransStartTipGreenqPCRSu - perMix 试剂盒说明书进行实时荧光定量 PCR 检测（Bio - Rad，USA）。反应体系为：0.4μLPPase - RT - F（或 0.4μLActin - RT - F）、0.4μLPPase - RT - R（或 0.4μLActin - RT - R）、10μL2×TSTipSuperMix、1.0μLcDNA、8.2μL 去离子水。扩增程序为：95℃2min；95℃10s，56℃10s，72℃20s，循环 40 次。每个处理包含 3 次生物学重复和 3 次技术重复。甜菜 *BvPPase* 基因相对表达量的计算用 2$^{-\Delta\Delta Ct}$ 法。

2 实验结果

2.1 BvPPase 基因克隆

以高糖型甜菜 cDNA 为模板，利用引物 PPase - F 和 PPase - R 进行 PCR 扩增，经电泳检测获得 cDNA 长度约为 2 289bp（图 1A）。将该 PCR 产物克隆到 pEASY - T1 载体中，并通过菌落 PCR 鉴定获得阳性克隆（图 1B）。对阳性克隆进行测序，最终确定该 cDNA 序列编码甜菜 H$^+$ - PPase，将其命名为 *BvPPase*。

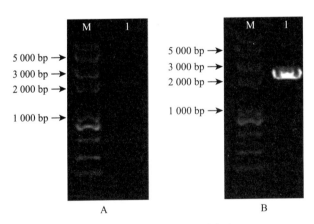

图 1 甜菜 *BvPPase* 基因克隆

注：A：*BvPPase*PCR 产物电泳；B：菌落 PCR 产物电泳。M：Trans2KPlusII DNA Marker

2.2 BvPPase 基因生物信息学分析

对该基因序列进行初步预测分析表明：该基因包含 2 289bp 的开放阅读框，编码蛋白含 762 个氨基酸，分子质量为 80.11kDa，理论等电点为 5.25。序列比对分析显示：BvPPase 与其他植物 H^+ - PPase 蛋白相似性高达 89% 以上，例如：拟南芥（89%），烟草、陆地棉、毛果杨（91%），大豆（92%）。此外，该基因编码蛋白中含有 5 个高度保守的基序，可作为"序列工具箱"用于鉴定其同源性，其中包括催化位点和底物结合位点（黑色方框）（图 2）。

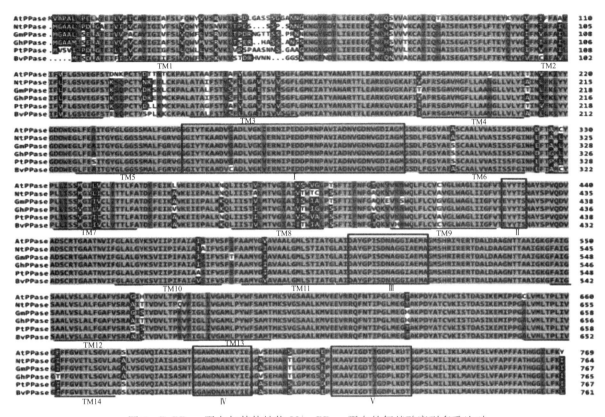

图 2　BvPPase 蛋白与其他植物 H^+ - PPase 蛋白的氨基酸序列多重比对

NCBI 的保守结构域预测显示：BvPPase 编码蛋白包括 V_PPase 和 H_PPase 超家族保守结构域，是 H^+ - PPase 家族的一员（图 3A）。BvPPase 蛋白二级结构预测显示，约有 57.61% 的氨基酸（439个）以 α 螺旋形式存在，12.99% 的氨基酸（99 个）为延伸主链，4.60% 的氨基酸（35 个）为 β 转角，24.80% 的氨基酸（189 个）为无规则卷曲，表明该蛋白二级结构以 α 螺旋和无规则卷曲为主（图 3B）。信号肽预测显示该蛋白 N 端存在信号肽，约含 112 个氨基酸（图 3C）。跨膜结构预测显示该蛋白中含有 14 个跨膜结构域，依次为 TM1～14（图 2 和图 3D）。亲疏水性分析显示该蛋白中存在 14 个疏水区域（图 3E）。

基于 12 个物种的 18 个 H^+ - PPase 的氨基酸序列进行多重比对，并构建系统进化树，结果表明：这些 H^+ - PPase 蛋白大致可分为 2 个类型（Ⅰ型和Ⅱ型），而 BvPPase 基因编码的蛋白属于Ⅰ型 H^+ - PPase，与盐角草（Salicorniaeuropaea）、藜麦（Chenopodiumquinoa）、菠菜（Spinaciaoleracea）等多种藜科植物 H^+ - PPase 聚为一类，其中 BvPPase 与盐角草 SePPase 的亲缘关系最近（图 4）。

2.3　BvPPase 基因表达特性分析

本研究采用实时荧光定量 PCR 技术，系统地调查了 BvPPase 基因在不同浓度的 NaCl、KCl 和 ABA 胁迫处理后叶和根中的表达模式，结果显示：三种处理后，BvPPase 基因无论是在叶中还是在根中都能够被快速地诱导表达（图 5）。NaCl 处理后，BvPPase 基因的表达水平随着 NaCl 浓度的增加而先升高后降低；NaCl 浓度为 400mmol·L^{-1} 时，该基因在叶中的表达量达到峰值；NaCl 浓度为 600mmol·L^{-1} 时，该基因在根中的表达量达到峰值（图 5A）。KCl 处理后，BvPPase 基因能够迅速

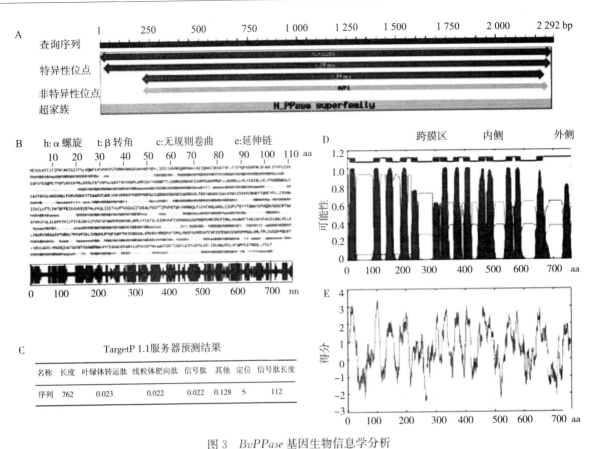

图 3 *BvPPase* 基因生物信息学分析

注：A：保守结构域预测；B：二级结构预测；C：信号肽预测（S 代表分泌途径）；D：跨膜结构预测；E：亲疏水性预测。

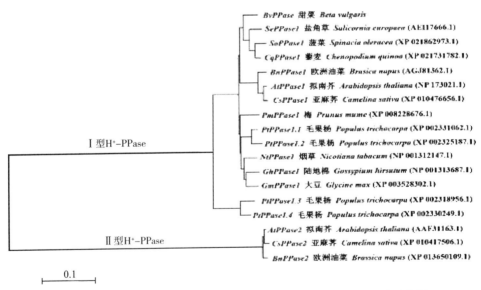

图 4 由邻位相接法构建的 12 种植物 18 个 H⁺-PPase 蛋白的系统进化树

被诱导表达；KCl 浓度为 200mmol·L⁻¹ 时，在叶和根中该基因的表达量均达到峰值，且叶中的表达量明显高于根中表达量；其后随着处理浓度增加表达量迅速减少（图 5B）。ABA 处理后，*BvPPase* 基因在叶和根中的表达量均随着浓度增加而先增加后减少，ABA 浓度为 20mmol·L⁻¹ 时均达到峰值，且该基因在根中的表达量要明显高于叶中的表达量（图 5C）。这些结果一方面表明 *BvPPase* 基因能够被 NaCl、KCl 和 ABA 等诱导表达，另一方面，不同胁迫后组织表达模式的差异暗示该基因可能在响应不同胁迫时发挥着不同的作用。

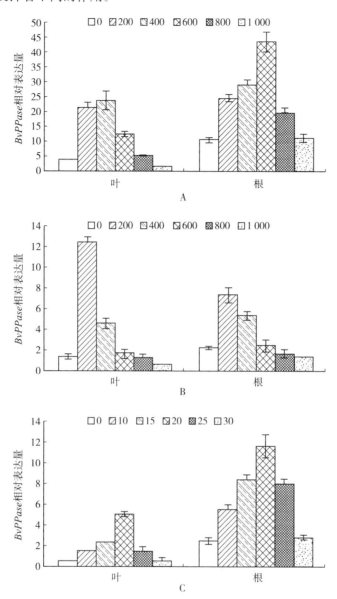

图 5 不同浓度 NaCl、KCl 和 ABA 处理后甜菜叶和根中 $BvPPase$ 基因的表达量
注：A：NaCl 处理；B：KCl 处理；C：ABA 处理。图例中数值的单位均为 "mmol·L^{-1}"。

3 讨论

　　H$^+$-PPase 广泛存在于微生物、藻类和植物中，包含多个同工酶，属于多基因家族编码的蛋白[12]。研究表明该酶能够将 H$^+$ 跨膜转运与 PPi 水解相偶联，建立膜内外的电化学势梯度，从而为物质的跨膜主动运输提供能量，具有调节细胞 pH、促进植物生长及改善植物抗逆性等功能[2]。最早被克隆的拟南芥 $AVP1$ 基因全长 2 310bp，编码蛋白含 770 个氨基酸，分子质量为 66.8kDa，含有 13 个跨膜区域。本研究从糖用甜菜中分离出 $BvPPase$ 基因，编码蛋白含 762 个氨基酸，分子质量为 80.11kDa，含有 14 个跨膜结构域（图 2），这与从红甜菜中分离的 $BVP1$ 和 $BVP1$ 基因分别编码 766 和 761 个氨基酸有所不同[11]。该序列中含有 V_PPase 和 H_PPase 超家族保守结构域，这与小麦、水稻、沙冬青、盐爪爪等植物的 H$^+$-PPase 保守结构域相似。此外，系统进化分析也表明 BvPPase 属于 I 型 H^+-PPase 家族成员，且与盐角草等藜科植物 H^+-PPase 聚为一类。以上结果表明本研究所克隆的甜菜 $BvPPase$ 属于液泡膜 H^+-PPase 基因家族中的一员。

已有研究表明植物 H^+-PPase 基因在不同的植物中组织表达模式有所不同，例如玉米 H^+-PPase 基因主要在成熟叶片中表达[21]；黄瓜（$Cucumissativus$）和长叶红砂（$Reaumuriatrigyna$）H^+-PPase 基因主要在叶和根中表达[15]；而本研究高糖型甜菜 $BvPPase$ 基因主要在根中表达（图5），这与红甜菜 $BVP1$ 和 $BVP1$ 基因的组织表达模式一致[30]，表明 $BvPPase$ 可能在甜菜根中发挥更为重要的作用。此外，大量的研究也证实植物 H^+-PPase 基因可以被盐胁迫以及脱落酸诱导表达，例如：长叶红砂 $RtVP1$ 基因在 200mmol·L^{-1} NaCl 处理后 3h 时表达量达到峰值，在 100μmol·L^{-1} ABA 处理后 6h 时转录水平最高[15]；黄瓜 $CuPPase$ 基因在 100mmol·L^{-1} NaCl 处理后 6h 时表达量达到最大值[22]；而玉米 $ZmVPP1$ 基因在 200mmol·L^{-1} NaCl 处理后 10h 时转录明显上调，在 100μmol·L^{-1} ABA 处理后 2h 时表达量达到最大值[31]。本研究中，在不同浓度 NaCl 和 ABA 处理后，$BvPPase$ 基因在根中的表达量均高于叶中；在 400mmol·L^{-1} NaCl 处理后叶中表达量达到峰值，而在 600mmol·L^{-1} NaCl 处理后根中才达到最大值（图5A）；在 20mmol·L^{-1} ABA 处理后，$BvPPase$ 基因在根和叶中的转录水平均达到最大值（图5C）；在 200mmol·L^{-1} KCl 处理后，$BvPPase$ 基因表达量在根和叶中均达到峰值，且叶中的表达量明显高于根中（图5B）。这些结果一方面表明该基因能够被 NaCl、KCl 和 ABA 诱导表达，而且该基因在响应 NaCl 和 KCl 时可能有着不同的作用机理，另一方面也暗示该基因可能主要在根中行使其功能。本研究分离了高糖型甜菜 H^+-PPase 基因，进行了生物信息学分析及表达模式分析，为进一步解析该基因的功能及耐盐分子机制提供实验依据，同时为高糖型甜菜的丰产及耐盐性遗传改良提供具有潜在应用价值的候选基因。我们正在利用基因编辑和过表达技术对 $BvPPase$ 基因进行深入的功能验证。

◇ 参考文献

[1] Abogadallah GM. Antioxidative defense under salt stress [J]. Plant Signal Behav，2010，5 (4)：369-374.

[2] Arif A，Zafar Y，Arif M，et al. Improved growth, drought tolerance, and ultrastructural evidence of in-creased turgidity in tobacco plants overexpressing Arabi-dopsis vacuolar pyrophosphatase (AVP1) [J]. Mol Biotech-nol, 2013, 54 (2)：379-392.

[3] Bao AK，Zhang JL，Guo ZG，et al. Tonoplast H^+-pyro-phosphatase involved in plant salt tolerance [J]. Plant Physiol Commun, 2006, 42 (4)：777-783.

[4] Brini F，Gaxiola RA，Berkowitz GA，et al. Cloning and characterization of a wheat vacuolar cation/proton anti-porter and pyrophosphatase proton pump [J]. Plant Physiol Bioch, 2005 (43)：347-354.

[5] Cheng X，Wang YW，Bao AK，et al. Overexpression of AVP1 enhanced salt and drought tolerance of transgenic Lotus corniculatus L [J]. Plant Physiol Commun, 2010, 46 (8)：808-816.

[6] Ferjani A，Segami S，Horiguchi G，et al. Keep an eye on PPi：the vacuolar-type H^+-pyro-phosphatase regulates post germinative development in Arabidopsis [J]. Plant Cell, 2011 (23)：2895-2908.

[7] Guo S，Yin H，Zhang X，et al. Molecular cloning and characterization of a vacuolar H^+-pyro-phos-phatase gene, SsVP, from the halophyte Suaeda salsa and its overex-pression increases salt and drought tolerance of Arabi-dopsis [J] Plant Mol Biol, 2006, 60 (1)：41-50.

[8] Hedrich R，Schroeder JI. The physiology of ion chan-nels and electrogenic pumps in higher plants [J]. Ann Rev Plant Physiol, 1989 (40)：539-569.

[9] Hong YY，Shi QH，Wang XF，et al. Cloning, characterization and expression of a H^+-PPase

gene CuPPase from Cucumis sativus L [J]. Acta Hort Sin, 2010, 37 (3): 413 – 420.

[10] Jafarzadeh AA, Aliasghrazad N. Salinity and salt com – position effects on seed germination and root length of four sugar beet cultivars [J]. Biologia, 2007, 62 (5): 562 – 564.

[11] Kim Y, Kim EJ, Rea PA. Isolation and characterization of cDNAs encoding the vacuolar H^+ – pyrophosphatase of *Beta vulgaris* [J]. Plant Physiol, 1994, 106 (1): 375 – 382.

[12] Lerchl J, König S, Zrenner R, et al. Molecular cloning, characterization and expression analysis of isoforms encoding tonoplast – bound proton – translocating inorganic pyrophosphatase in tobacco [J]. Plant Mol Biol, 1995, 29 (4): 833 – 840.

[13] Li CY, Wang YF, Huang R, et al. Research progress in stress resistance of sugarbeet [J]. Sugar Crops China, 2010, 32 (1): 56 – 58.

[14] Li NN. Functional analysis of ion transporter genes in a rare relic recretohalophyte Reaumuria trigyna (disser – tation) [D]. Hohhot: Inner Mongolia University. 2018.

[15] Liu H, Wang Q, Yu M, et al. Transgenic salt tolerant sugar beet (*Beta vulgaris* L.) constitutively expressing an Arabidopsis thaliana vacuolar Na^+/H^+ antiporter gene, AtNHX3, accumulates more soluble sugar but less salt in storage roots [J]. Plant Cell Environ, 2008, 31 (9): 1325 – 1334.

[16] Liu L, Fan XD, Wang FW, et al. Co – expression of ScNHX1 and ScVP in transgenic hybrids improves salt and saline – alkali tolerance in alfalfa (*Medicago sativa* L.) [J]. Plant Growth Regul, 2013, 32 (1): 1 – 8.

[17] Lü SY, Jing YX, Pang XB, et al. cDNA cloning of a vacuolar H^+ – pyrophosphatase and its expression in Hordeum brevi subulatum (Trin.) link in response to salt stress [J]. Agr Sci China, 2005, 4 (4): 247 – 251.

[18] Maruyama C, Tanaka Y, Takeyasu K, et al. Structural studies of the vacuolar H^+ – pyrophosphatase: sequence analysis and identification of the residues modified by fluorescent cyclohexylcarbodiimide and maleimide [J]. Plant Cell Physiol, 1998, 39 (10): 1045 – 1053.

[19] Nakanishi Y, Maeshima M. Molecular cloning of vacuolar H^+ – pyrophosphatase and its developmental expression in growing hypocotyl of mung bean [J]. Plant Physiol, 1998, 116 (2): 589 – 597.

[20] Sakakibara Y, Kobayashi H, Kasamo K. Isolation and characterization of cDNAs encoding vacuolar H^+ – pyro – phosphatase isoforms from rice (*Oryza sativa* L.) [J]. Plant Mol Biol, 1996, 31 (5): 1029 – 1038.

[21] Taiz L. The plant vacuole [J]. J Exp Biol, 1992 (172): 113 – 122.

[22] Vera – Estrella R, Barkla BJ, García – Ramírez L, et al. Salt stress in Thellungiella halophila activates Na^+ transport mechanisms required for salinity tolerance [J]. Plant Physiol, 2005, 139 (3): 1507 – 1517.

[23] Walker RR, Leigh RA. Mg^{2+} – Dependent, cationstimulated inorganic pyrophosphatase associated with vacuoles isolated from storage roots of red beet (*Beta vulgaris* L.) [J]. Planta, 1981, 153 (2): 150 – 155.

[24] Wang BB, Zhang L, Guo H, et al. Research progress of plant H^+ – PPase [J]. Plant Physiol J, 2020, 56 (6): 1109 – 1118.

[25] Wang JW, Shen YH, Wang P, et al. Cloning and characterization of a vacuolar H^+ – PPase gene from Medicago truncatula [J]. Acta Bot Boreal – Occident Sin, 2009, 29 (3): 435 – 442.

［26］ Wei Q，Hu P，Kuai BK. Ectopic expression of an Ammopiptanthus mongolicus，H⁺-pyrophosphatase gene enhances drought and salt tolerance in Arabidopsis［J］．Plant Cell Tiss Org Cult，2012，110（3）：359－369.

［27］ Yamada N，Promden W，Yamane K，et al. Preferential accumulation of betaine uncoupled to choline mono oxygenase in young leaves of sugar beet importance of long distance translocation of betaine under normal and salt－stressed conditions［J］．J Plant Physiol，2009，166（18）：2058－2070.

［28］ Yao M，Zeng Y，Liu L，et al. Overexpression of the halophyte Kalidium foliatum H⁺-pyrophosphatase gene confers salt and drought tolerance in Arabidopsis thali-ana［J］．Mol Biol Rep，2012，39（8）：7989－7996.

［29］ Zhang TB，Zhan XY，Feng H. Research advance and prospect of soil enzyme activities in saline-alkali soils［J］．Chin J Soil Sci，2017，48（2）：495－500.

［30］ Zhu CL，Zhang DF，Liu YH，et al. Cloning and expression analysis of ZmVPP1 under stresses in maize（Zea mays L.）［J］．J Plant Genet Resour，2011，12（1）：107－112.

［31］ Zhu JK. Plant salt tolerance［J］．Trends Plant Sci，2001，6（2）：66－71.

ERF 转录因子家族在甜菜块根发育中的功能分析

曹国丽，张永丰，孙亚卿，李国龙，张少英

（内蒙古农业大学甜菜生理研究所，呼和浩特　010018）

摘要：本研究以 AP2/ERF 保守结构域序列为检索序列在甜菜（*Beta vulgaris* L.）基因组数据中搜索并鉴定 BvERF 转录因子家族成员。通过系统分析，发现甜菜基因组中共有 68 个 BvERF 家族基因，系统进化分析将它们分为 10 个组。BvERF 家族中 15 个成员与甜菜块根转入快速生长阶段有关，其中 *Bv_ammr* 可能与甜菜丰产性能有关，*Bv_ignp*、*Bv_sqfr* 和 *Bv_khde* 与苗龄 113d 时丰产型品种生长速率较高有关，*Bv_wnjc* 可能与块根生长速率负相关，*Bv_fefj* 基因与高糖型品系具有更多的维管束环有关。研究结果为进一步明确 BvERF 转录因子调控甜菜块根发育的分子机制提供参考。

关键词：甜菜；块根发育；BvERF

乙烯响应因子（ethylene-responsiveelementbin-dingfactor，ERF）又称为 EREBP（ethylene-responsiveelementbindingprotein)[1]。ERF 家族是一个成员众多的基因家族，它与 AP2 和 RAV 共同组成 AP2/ERF 超家族[2]。AP2/ERF 超家族的特征是包含一个具有 60～70 个氨基酸的 AP2/ERF 保守结构域，该结构域和蛋白质与 DNA 的结合有关。AP2 家族蛋白质包含两个 AP2/ERF 保守结构域。RAV 家族蛋白质包含一个 AP2/ERF 保守结构域和一个 B3 保守结构域。ERF 家族蛋白质仅包含一个 AP2/ERF 保守结构域。ERF 家族也可被分为 ERF 亚家族和 CBF/DREB 亚家族。ERF 亚家

　　＊　通讯作者：张少英（1962—　　），女，内蒙古呼和浩特人，教授，研究方向：甜菜栽培生理。

族蛋白质的 AP2/ERF 保守结构域的第 14 和 19 位分别是缬氨酸和谷氨酸，CBF/DREB 亚家族蛋白质的 AP2/ERF 保守结构域的第 14 和 19 位分别是丙氨酸和天冬氨酸[3]。ERF 结构域在烟草（Nicotianatabacum）中首先发现，它可以特异性地结合乙烯应答基因 DNA 序列中的 GCC 盒子（Ohme-Takagi 和 Shinshi1995）。在拟南芥（Arabi-dopsisthaliana）AP2 蛋白中首次发现 AP2 结构域具有重复模体[4]。前人已经对 AP2/ERF 转录因子的功能进行了探索。AP2 转录因子家族主要与调控植物生长发育过程有关[5-8]，例如花的发育[9-10]、叶片表皮细胞分化[11]和种子发育[12]。ERF 家族与植物对生物和非生物胁迫的应答密切相关[13-17]，还与多个植物激素的信号转导通路有关[18]。玉米（Zeamays）中的 BD1 基因和水稻（Oryzasativa）中的 FZP 基因可编码两个高度同源的 ERF 转录因子，这两个基因都与小穗分生组织特性的调控有关[19-22]。拟南芥中 TINY 基因编码 ERF 转录因子，TINY 的突变体表现出由于细胞减少而导致的植株矮小[23]；BOLITA 编码的 ERF 转录因子与拟南芥叶片的细胞扩展有关[24]。DRN/ESR（DORNROSCHEN/ENHANCEROFSHOOTRE-GENERATION1）与拟南芥茎尖的分生组织分化有关，其编码的 ERF 转录因子可以调控 CLAVATA3 和 WUSCHEL 基因的表达，从而参与调控干细胞分化[25-26]。近年来，随着多个植物基因组不断公布，AP2/ERF 转录因子超家族在这些植物中的分布情况也已获报道，如拟南芥[27]、水稻[28]、大豆（Glycinemax）[29]、玉米[30]、葡萄（Vitisvinifera）[31]、小麦（Triticumaestivum）[32]、大麦（Hordeumvulgare）[33]、苹果（Malus pumila）[34]和茄子（Solanummelongena）[35]。甜菜（Beta vulgaris）是主要的糖料作物，甜菜块根的丰产高糖是其主要育种方向。本研究组通过转录组学研究发现丰产型品种与高糖型品系之间产量与含糖率的差异主要是块根生长策略的不同引起的：丰产型品种的块根更侧重于细胞生长，高糖型品系块根更侧重于细胞分裂[22]。油菜素内酯、生长素、细胞分裂素和赤霉素的信号转导及多个转录因子家族皆与甜菜块根发育有关。但是由于 ERF 家族成员众多且表达模式变化复杂，尚未深入分析 ERF 家族基因与块根发育的关系。因此，本文筛选了甜菜基因组中的 ERF 家族成员，通过系统进化树、保守性氨基酸模体分析进行功能分类，并根据本研究组已发表的转录组数据（SRP090408）分析其在甜菜块根不同发育阶段的表达模式，预测其与甜菜块根发育关系，为进一步阐明甜菜块根发育调控的分子机制提供理论依据。

1 材料与方法

1.1 植物材料

所用甜菜（Beta vulgaris L.）丰产型品种'SD-13829'由斯特儒博公司（Sollingen，Germany）提供，高糖型品系 BS02 为本研究组自育。甜菜样品 2014 年种植于内蒙古农业大学教学农场（$40°52'54''N$，$111°43'53''E$），取样时间从苗龄 37d 起，选择晴日下午取样，间隔为 7d 左右，样品存放于液氮中。

1.2 实验方法

1.2.1 基因组中鉴定 BvERF 家族基因序列

基于隐马尔可夫模型（Hidden Markov Model，HMM）的保守性 AP2 结构域序列下载自 Pfam 蛋白家族数据库（http://pfam.xfam.org/）。为了筛选出甜菜基因组全部的 ERF 转录因子基因，利用该序列在甜菜基因数据集 RefBeet-1.1 和 RefBeet-1.2（http://bvseq.molgen.mpg.de/Genome/Download/index.shtml）中进行 BLASTP 搜索，所有可以编码完整 AP2 结构域都被归为甜菜 ERF/AP2 超家族基因，并确保其非冗余。将 SMART 分析（http://smart.embl-heidelberg.de/）作为二次检验的标准，确保每一条蛋白质序列都包含保守性 AP2 结构域，其中仅含有一个 AP2 结构域的蛋白质属于 ERF 家族。

1.2.2 BvERF 家族成员系统进化特性分析

利用 ClusterW 在默认设置下对来自甜菜和拟南芥的 *ERF* 氨基酸序列进行多序列比对，然后使用 MEGA6.0 构建无根系统进化树；统计方法为邻接法（neighbor - joining），对系统进行各个节点的检验使用自举法（bootstrapping），引导程序重复 1 000 次。同时利用极大似然法和最小进化法分别构建系统进化树，以检验所得到的系统进化树。

1.2.3 基因结构分析和保守性模体鉴定

使用 MEME（http：//meme - suite.org/tools/meme）在线统计分析 BvERF 蛋白序列中的保守性模体，模体数量设为 14，其他设为默认值。

1.2.4 BvERF 家族基因在甜菜块根发育过程中的表达模式分析

根据甜菜块根发育分子调控研究中获得的转录组学数据（SRP090408），分析所有 *BvERF* 基因在块根发育过程中的表达模式，将基因表达水平标准化为 Z 值（Z - score）后用 HemI（HeatmapIllustrator，version1.0.1；http：//hemi.biocuckoo.org/）作图（Deng 等 2014）。

1.2.5 实时荧光定量 PCR

甜菜 RNA 的提取采用 TRIzol 法。将 cDNA 稀释 16 倍作为实时荧光定量 PCR 反应的模板，耐高温 DNA 聚合酶和染料为 iTaq™ Universal SYBR®Green Supermix（Bio - Rad，USA），内参基因为 *Actin*，扩增体系为 20μL，扩增程序为：95℃2min；95℃10s，55℃10s，72℃30s，循环 40 次。实验包含 3 次生物学重复和 3 次技术重复。相对表达量的计算用 $2^{-\triangle Ct}$ 法。

2 实验结果

2.1 BvERF 家族基因生物信息学分析

利用 AP2/ERF 保守性结构域的氨基酸序列在甜菜基因组数据中搜索，并排除重复序列，得到 88 个蛋白质序列。经简单模块构架搜索（SMART，http：//smart.embl - heidelberg.de/），共得到 88 个 AP2/ERF 超家族成员，其中 68 个仅包含一个 AP2/ERF 结构域的保守性序列，即为 BvERF 家族成员，命名为 *BvERF* 基因家族。

根据甜菜中 ERF 转录因子家族的 AP2 保守结构域序列与拟南芥中 ERF 转录因子的 AP2 保守结构域序列构建系统进化树，根据 BvERF 与拟南芥 ERF 家族成员的进化关系将 BvERF 转录因子的功能进行分类。

构建了基于 AP2/ERF 保守结构域序列多序列比对的系统进化树，包含 68 个甜菜 ERF 家族成员和 122 拟南芥 ERF 家族成员。根据系统进化树并结合拟南芥中已有的研究结果，将进化树中的 ERF 家族成员分为 10 个组；仍有 3 个甜菜 ERF 成员未明确分组（图 1）。其中分入第 IX 组中 BvERF 家族成员为 14 个，分入第 VII 组中为 3 个。3 个 BvERF 和 9 个 AtERF 家族成员未能明确分组。

系统进化树显示，BvERF 与 AtERF 一样可以被分为 10 个组（图 1），与大豆不同，并未出现特异性分组，可能是由于甜菜基因组比大豆基因组小约一倍，甜菜 ERF 家族成员复杂程度较大豆低。BvERF 与 AtERF 家族成员共同进行系统进化分析导致 3 个 BvERF 与 9 个 AtERF 家族成员未明确分组，是因为系统进化分析时引入直系同源基因会改变系统进化树的分支情况。

使用 MEME 程序对 BvERF 蛋白序列进行保守性模体预测，经分析共得到 22 个保守性模体。根据系统进化树的分组和保守性模体分析的分组如图 2 所示，BvERF 家族成员皆含有模体 2，模体 1 存在于除 Bv_gpem、Bv_tyqu 和 Bv_urkh 之外的所有成员中，模体 3 仅存在于分组 II 和 III 中，模体 10 和 12 仅存在于分组 II 中，模体 7 和 11 仅存在于分组 III 中，模体 9 仅存在于分组 IV 和未明确分组的 Bv_emgs 和 Bv_naps 中，模体 6 仅存在于分组 V 中，模体 8 仅存在于分组 V 和 IX 中，模体 17 仅存在于分组 VI 和未明确分组的 Bv_jfsa 中，模体 18 仅存在于分组 VII 中，模体 15 仅存在于分组 I 和 X 中，模体 13 仅存在于分组 IX 中，模体 20 仅存在于分组 X 中。模体 3 仅存在于分组 II 和 III 中，表明分组 II

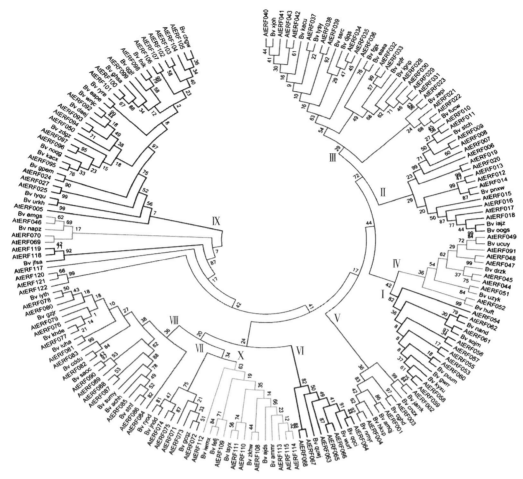

图 1　ERF 系统进化分析和分组

和Ⅲ功能相近（图 2）。上述结果与系统进化树的分组结果互相验证，并且与拟南芥中的结果类似。
Bv_emgs 和 Bv_naps 与分组Ⅳ都包含特异性模体 9，据此可以将系统进化树中未分组的 Bv_emgs 和
Bv_naps 分入分组Ⅳ。同理 Bv_jfsa 可分入组Ⅵ。

2.2　BvERF 家族基因在甜菜块根膨大过程中的表达模式分析

甜菜丰产型品种'SD13829'和高糖型品系 BS02 块根在苗龄 37～59d 生长缓慢，随后在苗龄
82d 转入块根快速生长阶段，直到苗龄 113d；在整个生长阶段，丰产型品种'SD13829'的块根生长
速率明显大于高糖型品系 BS02（图 3）。

根据甜菜块根发育过程中的转录组数据对 68 个 BvERF 基因的表达模式进行了分析。参照系统
进化分析，各组基因的表达模式相近（图 4）。15 个基因在甜菜块根快速生长阶段（苗龄 82d）在两
个品种中皆表达上调（图 5A）。聚类分析将其中 13 个基因分为两个亚组，A1 亚组成员的表达水平于
苗龄 82d 出现峰值，A2 亚组成员的表达水平同样在苗龄 82d 出现峰值；与 A1 亚组成员不同的是 A2
成员在高糖型品系的块根中还存在一个位于苗龄 37d 的峰值（图 5A）。除时间梯度的表达模式外，分
析 BvERF 基因在丰产型品种块根与高糖型品系块根中表达水平之间的差异（图 5B），聚类分析将其
中 14 个成员分为 B1、B2 和 B3。

根据图 5B 所示，苗龄 82d，B1 亚组中的 Bv_ammr 在丰产型品种'SD13829'块根中的表达水
平明显高于高糖型品系 BS02 块根。苗龄 82d，B2 亚组中各成员在两个品种块根中的表达水平之间差
异不明显。苗龄 113d，B2 亚组中的 Bv_ignp 和 Bv_sqfr 在丰产型品种'SD13829'块根中的表达水

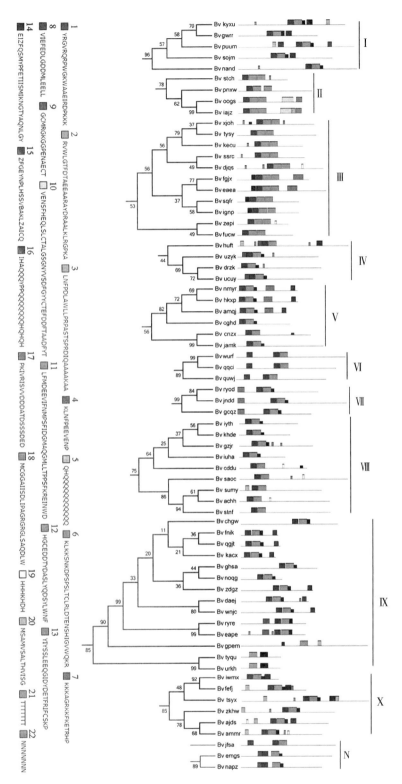

图2　甜菜 ERF 转录家族蛋白保守性模体分布

平明显高于高糖型品系 BS02 块根。在苗龄 37 和 134d，B2 亚组中的 5 个 *BvERF* 基因在丰产型品种'SD13829'块根中的表达水平明显低于高糖型品系 BS02 块根。在苗龄 113d，B3 亚组中的 *Bv_wnjc* 和 *Bv_khde* 在丰产型品种'SD13829'块根中的表达水平明显高于高糖型品系 BS02 块根；其中 *Bv_wnjc* 从苗龄 37d 至苗龄 82d 在丰产型品种'SD13829'块根中的表达水平明显低于高糖型品系 BS02 块根。

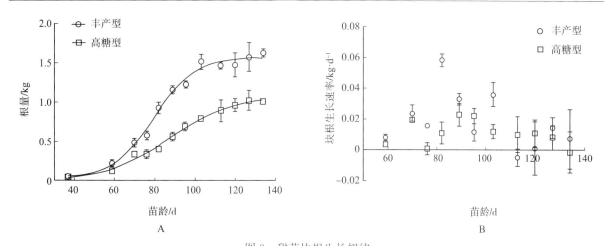

A

B

图 3　甜菜块根生长规律

注：A：块根生长曲线；B：块根生长速率。根据 Zhang 等（2017）并略作修改。

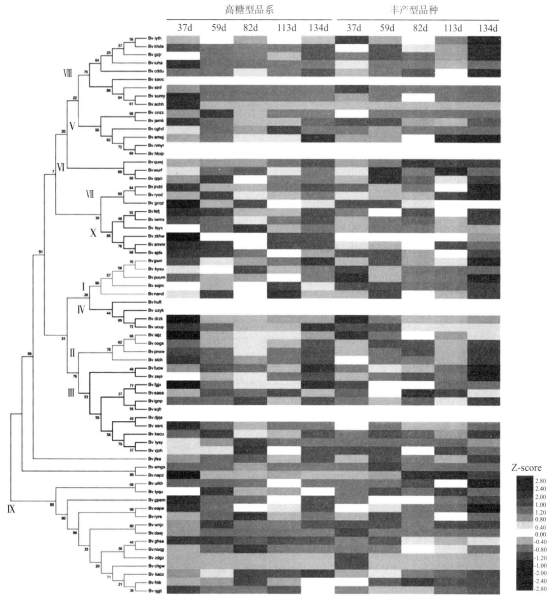

图 4　*BvERF* 家族基因在块根发育过程中的表达模式分析

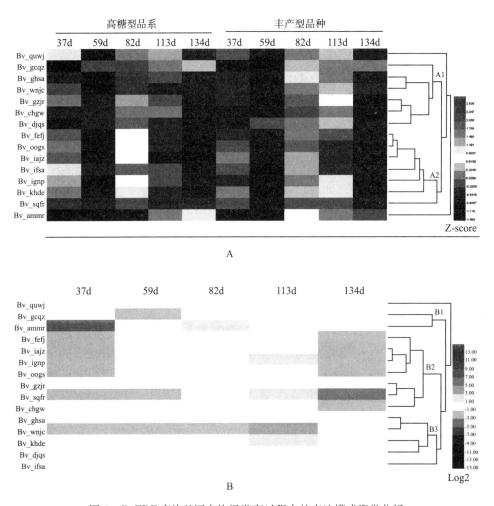

图 5 *BvERF* 家族基因在块根发育过程中的表达模式聚类分析

注：A：时间梯度的表达模式；B：Log2 表示 Log2（丰产型品种 'SD13829' 块根中的基因表达水平/高糖型品系 BS02 块根中的基因表达水平）。

2.3 BvERF 基因在甜菜不同器官中的表达特异性

根据 *BvERF* 基因在甜菜块根发育过程中表达模式的分析，从与块根生长速率相关的 15 个基因中筛选出 11 个基因，分析两个品种于苗龄 82d 在甜菜块根、叶柄和叶片中的相对表达量，以明确其在不同器官中的表达差异。结果表明，*Bv_gcqz* 在块根中的表达水平显著高于叶柄和叶片中的表达水平，*Bv_djqs* 在块根和叶柄中的表达水平都较高，*Bv_ghsa*、*Bv_gzjr*、*Bv_iajz*、*Bv_ignp*、*Bv_khde*、*Bv_oogs*、*Bv_quwj*、*Bv_wnjc* 和 *Bv_fefj* 在叶片中的表达水平显著高于块根和叶柄中的表达水平（图 6）。这一结果使通过器官差异性表达调控块根发育成为可能。

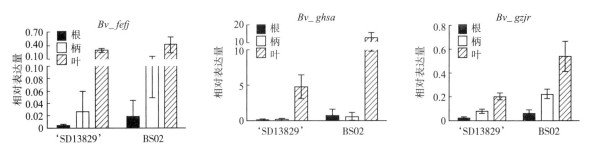

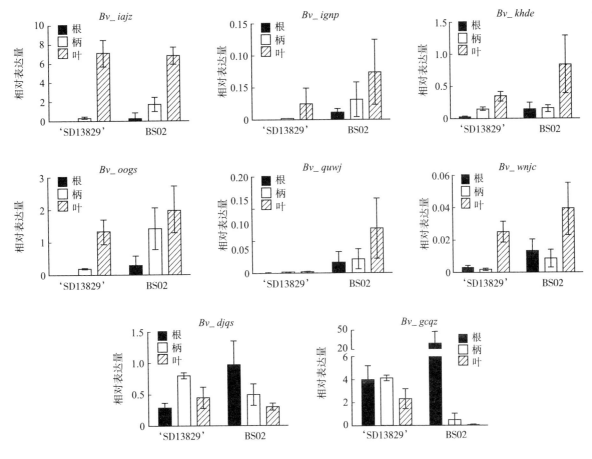

图 6　11 个 *BvERF* 家族基因表达的器官特异性分析

3　讨论

　　ERF 是一个数量庞大的转录因子家族。近年来，基因家族分析成为帮助人们研究基因进化和功能分析的重要方法。随着第二代测序技术的发展和植物基因测序工作的不断完成，已经有学者对多个植物基因组中的 ERF 家族进行了鉴定和研究[36]。ERF 基因家族分析为进一步研究 ERF 在植物生长发育和胁迫应答过程中的功能研究提供了参考。甜菜是以收获块根为目的的糖料作物，为了探明 ERF 转录因子在甜菜块根发育分子调控机制中扮演的角色，须对甜菜 ERF 家族进行系统进化和功能分析。甜菜基因组大小为 567Mb，而拟南芥和水稻基因组的长度分别为 145 和 420Mb，成员数分别为 122 和 139[37]；除大麦以外，其他几种植物中 ERF 转录因子家族皆包含 100 个以上的成员[38]，表明 BvERF 基因家族保守性较差[39]，进化过程中有多个基因丢失。

　　分析结果显示，15 个 *BvERF* 基因在苗龄 82d 时的表达模式与此时块根生长速率的变化模式一致（图 3 和图 5A），表明甜菜块根的快速生长与图 5A 所示的 15 个 *BvERF* 基因的表达水平有关。A2 亚组的 *BvERF* 基因在丰产型品种和高糖型品系块根发育过程表达模式的差异表明 A2 组的 *BvERF* 基因还与丰产型品种'SD13829'和高糖型品系 BS02 块根生长速率的差异有关（图 3 和图 5A）。在此基础上，结合块根生长规律对各发育阶段上述 15 个 *BvERF* 基因在两个品种之间的表达差异进行分析可以深入了解 *BvERF* 基因与丰产型品种和高糖型品系间产量差异的关系。苗龄 82d，*Bv_ammr* 在两个品种间的表达水平差异与两个品种间的块根生长速率差异一致（图 3 和图 5B），可能与不同甜菜品种的丰产性能有关。苗龄 113d，*Bv_ignp*、*Bv_sqfr*、*Bv_wnjc* 和 *Bv_khde* 在两个品种中的表达水平差异与此时两个品种间块根生长速率的差异一致。从苗龄37d至苗龄82d，*Bv_wnjc* 在两个品种块根中的表达水平差异与两者之间的生长速率差异成反比（图3和图5B）。如图1所示 Bv_wnjc 位于 IX组，其直系同源基因为 AtERF092（ERF1），可提高植物耐受生物胁迫的能力[40-43]。除此之外有研究表明第 IX 组的基因表达水平在不同程度上受多种防御相关激素（例如乙烯、茉莉酸甲酯和水杨酸）的诱导[40]，这与高糖型品系具有木质化程度更高的维管束环这一典型性状相符。上述结果表明，*Bv_ignp*、*Bv_sqfr* 和 *Bv_khde* 与苗龄113d时丰产型品种生长速率较高有关，*Bv_wnjc* 可能与块根生长速率负相关。在苗龄 37 和134d，B2 亚组中的 *Bv_fefj*、*Bv_iajz*、*Bv_ignp*、*Bv_oogs* 和 *Bv_sqfr* 基因在品种间差异表达的模式与块根重量差异表达的模式相反（图3和图5B）。值得关注的是，与 Bv_fefj 直系同源的 At-ERF109 参与调控维管形成层的细胞分裂[44]，推断 Bv_fefj 可能具有调控甜菜次生形成层细胞分裂的功能，这与本研究组研究表明高糖型品系的生长策略更侧重于细胞分裂[45]相一致，推断 *Bv_fefj* 基因与高糖型品系具有更多的维管束环有关。在后续的研究中，将对 *Bv_ammr*、*Bv_wnjc* 与 *Bv_fefj* 进行克隆、转化甜菜，进一步研究这些基因在甜菜块根发育中的功能，并探索通过基因工程手段改良甜菜。

参考文献

[1] Aukerman MJ，Sakai H. Regulation of flowering time and floral organ identity by a microRNA and its APETA-LA2-like target genes [J]. Plant Cell，2003，15（11）：2730-2741.

[2] Banno H，Ikeda Y，Niu QW，et al. Overexpression of Arabidopsis ESR1 induces initiation of shoot regeneration [J]. Plant Cell，2001，13（12）：2609-2618.

[3] Berrocal-Lobo M，Molina A，Solano. Constitutive expression of ETHYLENE-RESPONSE-FACTOR1 in Arabidopsis confers resistance to several necrotrophic fungi [J]. Plant J.，2002，29（1）：23-32.

[4] Chuck G，Muszynski M，Kellogg E，et al. The control of spikelet meristem identity by the-branched silkless1gene in maize [J]. Science，2002，298（5 596）：1238-1241.

[5] Deng W，Wang Y，Liu Z，et al. HemI：a toolkit for illustrating heatmaps [J]. PLoS ONE，2014，9（11）：e 111988.

[6] Dong L，Cheng Y，Wu J，et al. Overexpression of GmERF5，a new member of the soybean EAR motif-containing ERF transcription factor，enhances resistance to Phytophthora so jae in soybean [J]. J Exp Bot，2015，66（9）：2635-2647.

[7] Etchells JP，Provost CM，Turner SR. Plant vascular cell division is maintained by an interaction between PXY and ethylene signalling [J]. PLoS Genet，2012，8（11）：1002997.

[8] Fujimoto SY，Ohta M，Usui A，et al. Arabidopsis ethylene-responsive element binding factors act as transcriptional activators or repressors of GCC box-mediated gene expression [J]. Plant Cell，2000，12（3）：393-404.

[9] Girardi CL，Rombaldi CV，Dal Cero J，et al. Genome-wide analysis of the AP2/ERF super-family in apple and transcriptional evidence of ERF involvement in scab pathogenesis [J]. Sci Hortic，2013，151（2）：112-121.

[10] Gu YQ，Wildermuth MC，Chakravarthy S，et al. Tomato transcription factors Pti4，Pti5，and Pti6 activate defense responses when expressed in Arabidopsis [J]. Plant Cell，2002，14（4）：817-831.

[11] Gu YQ，Yang C，Thara VK，et al. Pti4 is induced by ethylene and salicylic acid，and its product is phosphory lated by the Pto kinase [J]. Plant Cell，2000，12（5）：771-786.

[12] HAN X. The cloning and analysis of three stress-related transcription factors from Caragana intermedia（dissertation）[D]. Hohhot：Inner Mongolia Agricultural University，2015.

[13] Horstman A，Willemsen V，Boutilier K，et al. AINTEG-UMENTA-LIKE proteins：hubs

in a plethora of networks [J]. Trends Plant Sci, 2014, 19 (3): 146 - 157.

[14] Jofuku KD, den Boer BGW, Van Montagu M, et al. Control of Arabidopsis flower and seed development by the homeotic gene APETALA2 [J]. Plant Cell, 199, 46 (9): 1211 - 1225.

[15] Jofuku KD, Omidyar PK, Gee Z, et al. Control of seed mass and seed yield by the floral homeotic gene APETA - LA2 [J]. Proc Natl Acad Sci USA, 2005, 102 (8): 3117 - 3122.

[16] Kirch T, Simon R, Grünewald M, et al. The DORN - RÖSCHEN/ENHANCER OF SHOOT REGENERATION1 gene of Arabidopsis acts in the control of meristem cell fate and lateral organ development [J]. Plant Cell, 2003, 15 (3): 694 - 705.

[17] Komatsu M, Chujo A, Nagato Y, et al. FRIZZY PAN - ICLE is required to prevent the formation of axillary meristems and to establish floral meristem identity in rice spikelets [J]. Development, 2003, 130 (16): 3841 - 3850.

[18] Kuluev B, Avalbaev A, Nurgaleeva E, et al. Role of AINTEGUMENTA - like gene NtANTL in theregulation of tobacco organ growth [J]. J Plant Physiol, 2015, 189 (2015): 11 - 23.

[19] Li A, Zhou Y, Jin C, et al. LaAP2L1, a heterosis - associ - ated AP2/EREBP transcription factor of Larix, increases organ size and final biomass by affecting cell proliferation in Arabidopsis [J]. Plant Cell Physiol, 2013, 54 (11): 1822 - 1836.

[20] 李慧峰, 冉昆, 何平等. 苹果生长素响应因子 (ARF) 基因家族全基因组鉴定及表达分析 [J]. 植物生理学报, 2015, 51 (7): 1045 - 1054.

[21] Licausi F, Giorgi FM, Zenoni S, et al. Genomic and transcriptomic analysis of the AP2/ERF superfamily in Vitis vinifera [J]. BMC Genomics, 2010 (11): 719.

[22] Marsch - Martinez N, Greco R, Becker JD, et al. BOLI - TA, an Arabidopsis AP2/ERF - like transcription factor that affects cell expansion and proliferation/differentiation pathways [J]. Plant Mol Biol, 2006, 62 (6) 825 - 843.

[23] Moose SP, Sisco PH. Glossy15, an APETALA2 - like gene from maize that regulates leaf epidermal cell identi - ty [J]. Gene Dev, 1996, 10 (23): 3018 - 3027.

[24] 莫纪波, 李大勇, 张慧娟, 等. ERF 转录因子在植物对生物和非生物胁迫反应中的作用 [J]. 植物生理学报, 2011, 47 (12): 1145 - 1154.

[25] Nakano T, Suzuki K, Fujimura T, et al. Genome - wide analysis of the ERF gene family in Arabidopsis and rice [J]. Plant Physiol, 2006, 140 (2): 411 - 432.

[26] Ohme - Takagi M, Shinshi H. Ethylene - inducible DNA binding proteins that interact with an ethylene - responsive element [J]. Plant Cell, 1995, 7 (2): 173 - 182.

[27] Oñate - Sánchez L, Singh KB. Identification of Arabi - dopsis ethylene - responsive element binding factors with distinct induction kinetics after pathogen infection [J]. Plant Physiol, 2002, 128 (4): 1313 - 1322.

[28] Riechmann JL, Heard J, Martin G, et al. Arabidopsis transcription factors: genome - wide comparative analysis among eukaryotes [J]. Science, 2000, 290 (5499): 2105 - 2110.

[30] DREBs, transcription factors involved in dehydration - and cold - inducible gene expression [J]. Biochem Bioph Res Co, 290 (3): 998 - 1009.

[31] Schmutz J, Cannon SB, Schlueter J, et al. Genome sequence of the palaeopolyploid soybean [J]. Nature, 2010, 463 (7278): 178 - 183.

[32] Seo YJ, Park JB, Cho YJ, et al. Overexpression of the ethylene - responsive factor gene BrERF4 from Brassica rapa increases tolerance to salt and drought in Arabidopsis plants [J]. Mol Cells, 2010, 30 (3): 271 - 277.

[33] 邵欣欣，李涛，李植良等．茄子 AP2/ERF 转录因子的鉴定及胁迫条件下的表达分析 [J]．植物生理学报，2015，51（11）：1901-1918.

[34] 魏海超，刘媛，豆明珠等．大豆 AP2/ERF 基因家族的分子进化分析 [J]．植物生理学报，2015，51（10）：1706-1718.

[35] Wilson K，Long D，Swinburne J，et al. A dissociation insertion causes a semidominant mutation that increases expression of TINY，an Arabidopsis gene related to APETALA2 [J]．Plant Cell，1996，8（4）：659-671.

[36] Wu Z，Cheng J，Cui J，et al. Genome-wide identifica-tion and expression profile of Dof transcription factor gene family in pepper（Capsicum annuum L.）[J]．Front Plant Sci，2016，7（164）：574.

[37] Yanagisawa S. The Dof family of plant transcription factors [J]．Trends Plant Sci，2002，7（12）：555-560.

[38] 翟莹，张军，赵艳，等．大豆 5 个新发现 ERF 基因的生物信息学及表达分析 [J]．浙江农业学报，2016，47（10）：1644-1649.

[39] Zhang G，Chen M，Chen X，et al. Phylogeny，gene structures，and expression patterns of the ERF gene family in soybean（Glycine max L.）[J]．J Exp Bot，2008，59（15）：4095-4107.

[40] 张计育，王庆菊，郭忠仁植物 AP2/ERF 类转录因子研究进展 [J]．遗传，2012，34（7）：44-56.

[41] Zhang YF，Li GL，Wang XF，et al. Transcriptomic profiling of taproot growth and sucrose accumulation in sugar beet（Beta vulgaris L.）at different developmental stages [J]．PLoS ONE，2017，12（4）：e0175454.

[42] Zhu QH，Hoque MS，Dennis ES，et al. Ds tagging of BRANCHED FLORETLESS 1（BFL1）that mediates the transition from spikelet to floret meristem in rice（Oryza sativa L）[J]．BMC Plant Biol，2003，3（1）：6.

[43] Zhuang J，Anyia A，Vidmar J，et al. Discovery and expression assessment of the AP2-like genes in Hordeum vulgare [J]．Acta Physiol Plant，2011，33（5）：1639-1649.

[44] Zhuang J，Chen JM，Yao QH，et al. Discovery and ex-pression profile analysis of AP2/ERF family genes from Triticum aestivum [J]．Mol Biol Rep，2011，38（2）：745-753.

[45] Zhuang J，Deng DX，Yao QH，et al. Discovery，phylogeny and expression patterns of AP2-like genes in maize [J]．Plant Growth Regul，2010，62（1）：51-58.

甜菜 CPD 基因家族生物信息学分析

朱晓庆，李宁宁，王玮，张少英

（内蒙古农业大学甜菜生理研究所，呼和浩特　010018）

摘要：BvCPD 基因编码细胞色素 P450 类固醇侧链羟化酶（CYP90），调控油菜素甾醇（BRs）

* 通讯作者：张少英（1962— ），内蒙古呼和浩特市人，女，教授，研究方向：甜菜栽培生理。

的生物合成。为探索 BvCPD 基因在甜菜生长发育中的功能，通过 HMM 和 BLAST 在甜菜基因组数据中检索 P450 保守结构域序列，并对其家族成员进行分析。结果表明共检测到 76 个 BvCPD 家族成员，聚为 10 个亚组，其中，第 Ⅱ 亚组的 BvCPD 家族成员最多（16 个）；染色体定位结果显示，甜菜 9 条染色体上均有 BvCPD 基因分布，其中第 7 条染色体上分布最多，但仍有 10 个家族成员尚未明确定位；BvCPD 蛋白共有 10 个保守性模体，模体 2 和模体 7 存在于所有 BvCPD 家族成员中。进一步对 BvCPD 家族成员中的 Bv2_qyup 进行分析发现，该基因编码 473 个氨基酸，相对分子量为 54.11kDa，等电点为 8.85，其编码的蛋白二级结构以 α-螺旋和无规则卷曲为主，可能定位于细胞质中，是一种含信号肽的亲水跨膜蛋白，存在 44 个磷酸化位点；同源多重比对发现，Bv2_qyup 与藜麦、菠菜、毛果杨、黄瓜和拟南芥 CPD 的同源性较高。研究结果将为 BvCPD 基因克隆和功能鉴定提供理论依据。

关键词：甜菜；基因；蛋白；BvCPD；Bv2_qyup；生物信息学

0 引言

植物持续光形态建成与矮化基因（Constitutivephotomorphogenesisanddwarf，CPD）编码细胞色素 P450 类固醇侧链羟化酶（CYP90），在植物激素油菜素甾醇（Brassinosteroids，BRs）的生物合成中起重要作用[1-2]。已有研究表明，CPD 基因在植物生长发育过程中通过促进 BRs 的合成，调控植物的株高、产量、粒型、育性、纤维等多种农艺性状[3-5]，参与细胞的伸长与分裂、维管束分化、光形态建成、叶和根发育、衰老、育性以及对逆境胁迫的响应等多个生物学过程，对植物生长发育起着至关重要的作用[6-8]。在 BR 合成过程中参与催化反应的酶主要有 6 种，其中有 5 种为细胞色素 P450 单加氧化酶（CytochromeP450s，CYPs）。到目前为止，与拟南芥 CPD 同源的基因已经在豌豆、番茄、水稻、大豆、马铃薯、胡杨、棉花、玉米、杨树等[9-16]植物中被鉴定和研究，但在甜菜上未见报道。本研究以 P450 保守结构域序列，为检索序列通过 HMM 和 BLAST 在甜菜基因组数据中进行同源性搜索，对 BvCPD 家族成员进行分析。利用 ExPASy、MEGA7.0、MapInspect、MEME 等生物信息学分析工具对 BvCPD 家族成员进行理化性质、系统进化关系、基因染色体定位及模体分析。同时，根据本课题组在甜菜块根不同发育时期的转录组数据分析已得出的 BvCPD 家族成员 Bv2_qyup 与甜菜块根膨大有关的结果[17]，进一步对 Bv2_qyup 蛋白的理化性质、蛋白质结构、蛋白信号肽和跨膜预测、亚细胞定位、蛋白保守结构域以及蛋白磷酸化位点进行生物信息学分析，以期阐明 BvCPD 的基本理化特性，并为 Bv2_qyup 的克隆及功能鉴定提供理论依据。

1 材料与方法

1.1 BvCPD 家族成员系统进化特征分析

以拟南芥 CPD 氨基酸序列（ACCESSION：At5g05690，来自拟南芥数据库及蛋白序列数据库）作为探针序列，基于"隐马尔可夫模型"（HMM）下载自 Pfam 蛋白家族数据库（http：//pfam.xfam.org/）保守性 P450 结构域序列在甜菜基因数据库 RefBeet1.1 和 RefBeet1.2 中进行 BLASTP 搜索，把编码完整的任何 P450 结构域均视为 BvCPD 家族基因，并确保其非冗余（$10 \leqslant E$ 值 $\leqslant 15$）。将 SMART 分析作为二次检验的标准，确保每一条蛋白质序列都包含保守性 P450 结构域。利用软件 ExPASy 中的 Prot-Param 工具对 BvCPD 蛋白的氨基酸组分和理化性质进行分析；利用 Clus-terW（在默认设置下）软件对来自甜菜和拟南芥的 CPD 蛋白氨基酸序列进行多序列比对；利用 MEGA7.0 软件分析与构建无根系统进化树；统计方法为邻接（Neighborjoining）法。同时利用 Maximum Likelihood 和 Minimum Evolution 法分别构建的系统进化树对所得系统进化树进行验证。

1.2 BvCPD 家族成员的染色体定位

根据上面分析，再通过对甜菜基因组数据集 RefBeet1.1（http：//bvseq. molgen. mpg. de/Genome/Download/index. shtml）的搜索确定 BvCPD 家族基因所在的位置，利用 Mapin - spect 软件绘制 BvCPD 家族基因的染色体定位图谱。

1.3 BvCPD 家族基因的保守性模体鉴定

进一步，使用在线工具 MEME（http：//meme - suite. org/tools/meme）统计分析 BvCPD 家族蛋白序列中的保守性模体，模体数量上限设为 10，其他值均设为默认值。

1.4 Bv2_qyup 基因的生物信息学分析

利用 ExPASy - Protparam 和 Protscale 在线软件预测分析蛋白的理化性质和亲水性；利用 NCBI CD search 及 NPSA - PRABI、Swiss - Model 软件分别预测蛋白的保守结构域及二、三级结构；并在网站 Psort 进行亚细胞定位预测。根据 SignalP4.1、TMHMM Server v. 2.0 和 NetPhos 3.1Server 软件预测分析蛋白信号肽、蛋白跨膜及磷酸化位点[18-21]。

2 结果与分析

2.1 BvCPD 基因家族的分子特征

以 P450 保守结构域序列为检索序列通过 HMM 和 BLAST 在甜菜基因组数据中进行同源性搜索，共获得 76 个 BvCPD 家族成员，其 mRNA 长度范围在 786～4 132bp，外显子数为 1～16 个；编码蛋白质的氨基酸数量为 235（Bv6_pfpc）～767（Bv7u_xmah）个，分子质量为 26.40（Bv1_iokn）～87.49（Bv7u_xmah）kDa，等电点变化范围为 5.59（Bv2_dnyj）～9.45（Bv0_xcyt），亲水性指数为 −0.369～0.077（表 1）。

表 1 部分 *BvCPD* 家族成员信息

基因	登录号	mRNA 长度/bp	外显子数/个	氨基酸长度/aa	分子质量/kDa	理论等电点	亲水性指数
Bv2_qyup	LOC 104903459	1 833	8	473	54.11	8.85	−0.107
Bv2_qzcm	LOC 104906946	1 718	9	465	53.75	9.06	−0.206
Bv5pj.xn	LOC 104892332	2 754	9	481	54.75	9.38	−0.152
Bv6tnss	LOC 104895859	2 206	8	495	56.35	8.86	−0.191
Bv9_axjr	LOC 104904168	1 236	8	411	46.99	8.77	−0.029
Bv6_xaoe	LOC 104895094	2 163	9	510	58.68	8.92	−0.227
Bv0xcyt	LOC 104883761	1 749	9	468	53.89	9.45	−0.094
Bv7hhum	LOC 104900369	2 349	8	495	56.70	9.14	−0.081
Bv6_pfpc	LOC 104897265	1 582	3	235	26.80	6.32	−0.360
Bv1_iokn	—	—	—	237	26.40	8.55	−0.010
Bv2_dnyj	LOC 104908479	1 623	2	354	40.83	5.59	−0.369
Bv5_hrsq	LOC 104892393	4 132	2	546	61.68	9.01	−0.154
Bv4_ypen	LOC 104890782	2 286	16	628	70.32	5.83	−0.189
Bv_wsip	LOC 104907457	1 821	1	551	62.64	8.90	−0.129
Bv7u_xmah	LOC 104908581	2 613	5	767	87.49	8.72	−0.321

（续）

基因	登录号	mRNA 长度/bp	外显子数/个	氨基酸长度/aa	分子质量/kDa	理论等电点	亲水性指数
Bv6zwxc	LOC 104897569	1 981	2	519	58.61	9.21	0.077
Bv9_chgh	LOC 104903304	786	1	261	30.15	6.40	−0.208
Bv6_wqcr	LOC 104895114	2 008	2	524	59.39	6.62	−0.184
Bv3_xxhh	LOC 104889649	1 743	3	518	51.59	5.94	−0.258
Bv8cfkc	LOC 104902179	1 793	3	508	58.24	6.66	−0 176

2.2　BvCPD 基因家族的系统发育分析

将 76 个 BvCPD 的氨基酸序列与 52 个 AtCPD 的氨基酸序列用 NJ 法构建系统进化树，并根据 BvCPD 家族成员与 AtCPD 家族成员的进化关系将 BvCPD 家族成员分成 10 个亚组（图 1），1～10 个亚组中的 BvCPD 数量分别是 3、16、13、3、11、9、7、7、2 和 5 个，其中 Bv2_qyup 和 AtC-YP90A1 同源性最高，共同位于亚组 X 中。

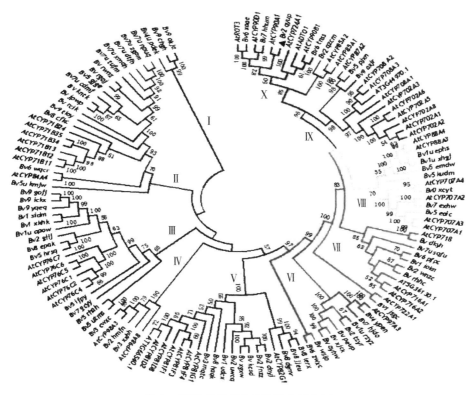

图 1　CPD 基因家族系统进化树分析

2.3　BvCPD 家族成员保守性模体分析

对 BvCPD 蛋白序列进行保守性模体预测，经分析共得到 10 个保守性模体，所有 BvCPD 家族成员均含有 4～10 个模体。且均含有模体 2 和模体 7，除 Bv_hhum 外均含有模体 1，除 Bv_sqfu 外均含有模体 4 和模体 5（图 2）。结合系统进化树的分组，每个亚组中模体数量和种类相近。

2.4　BvCPD 家族基因染色体定位分析

通过 Mapin-spect 软件分析发现，有 66 个 BvCPD 家族成员分布在甜菜的 9 条染色体上，其中

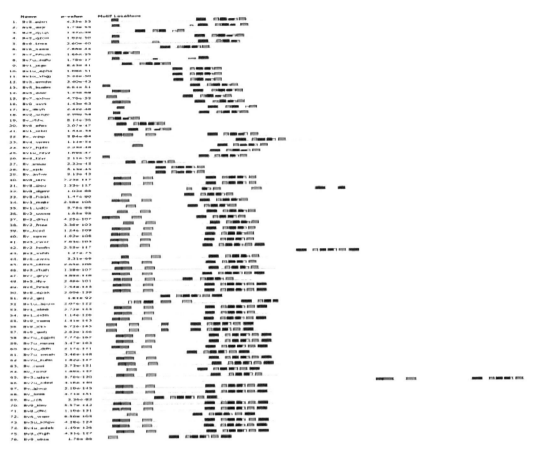

图 2　CPD 家族蛋白保守性模体分布

第 7 条染色体上分布最多，分布有 13 个基因；其次为第 5 条和第 1 条，分别分布有 11 个和 9 个基因；在第 3 条染色体上分布的基因最少，只有 3 个基因（图 3）。除此之外，还有 10 个基因尚未明确定位。Bv2_qyup 被定位于第 2 条染色体上。

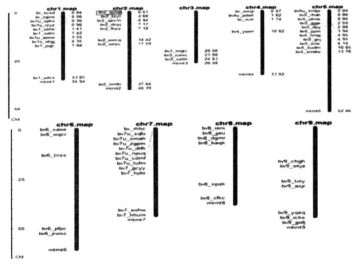

图 3　*BvCPD* 家族成员的染色体分布

2.5　Bv2_qyup 的生物信息学分析

为进一步调查 BvCPD 的功能，结合本课题组对甜菜块根发育的转录组数据分析所发现的 BvCPD

基因家族中 Bv2_024470_qyup.t1 与甜菜块根膨大呈正相关的结果，我们进一步对 Bv2_qyup 及其编码蛋白进行生物信息学分析，以期为研究该基因在甜菜块根发育中的功能奠定基础。

2.5.1 Bv2_qyup 的序列分析

利用 NCBI 数据库中 ORF finder 软件预测 Bv2_qyup 的开放阅读框（ORF），结果显示 Bv2_qyup 的 cDNA 序列包含有 1 422bp 的 ORF，编码 473 个氨基酸（图 4）。其中亮氨酸（Leu）、苏氨酸（Thr）所占比例较高，分别为 12.1%、7.8%，半胱氨酸（Cys）的占比最低，为 1.1%；含碱性氨基酸精氨酸（Arg）和赖氨酸（Lys）共 58 个；含酸性氨基酸天冬氨酸（Asp）和谷氨酸（Glu）共 52 个。

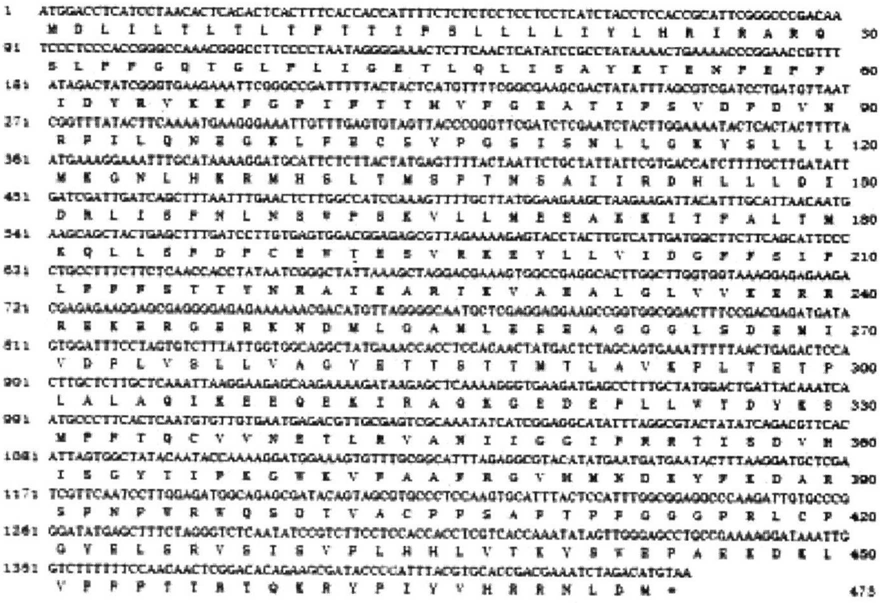

图 4 *Bv2_qyup* 的核苷酸序列及推测的氨基酸序列

2.5.2 Bv2_qyup 的理化性质及结构

通过 ExPASy - Protparam 在线工具对 Bv2_qyup 的理化性质进行分析。得出该蛋白的相对分子量为 54.11kD 等电点为 8.85；蛋白质不稳定指数为 37.49，说明该蛋白是稳定蛋白（不稳定系数＜40）[22]；总平均亲水指数（GRAVY）为 -0.107，再根据 ProtScale 软件检测其亲水性和疏水性。Bv2_qyup 最大的亲水性和疏水性值分别为 -4.033 和 2.833。从图 5A 可以看出 Bv2_qyup 亲水性和疏水性氨基酸分别为 157 个和 135 个，说明 Bv2_qyup 属于亲水蛋白。

通过在线网站 NPSA - PRABI 预测 Bv2_qyup 的二级结构，如图 5B 所示：Bv2_qyup 由 α-螺旋、延伸链和无规卷曲组合的超二级结构，其中 α-螺旋区域有 230 个氨基酸，占 48.63%；参与形成无规则卷曲的氨基酸有 187 个，占 39.53%；参与形成延伸链的氨基酸有 56 个，占 11.84%。

通过 Swiss - Model 数据库运用同源建模的方法预测 Bv2_qyup 的三级结构，预测的结果如图 5C 所示 Bv2_qyup 的主要空间结构由 α-螺旋和无规则卷曲构成，与其二级结构预测分析一致，经折叠、弯曲等一系列复杂的过程形成了一个稳定的三级结构。

利用软件 NCBI CD search 预测 Bv2_qyup 蛋白序列保守结构域（图 5D），预测结果表明 Bv2_qyup 具有细胞色素 p450 超家族结构。

2.5.3 Bv2_qyup 的亚细胞定位、磷酸化位点、跨膜区域及信号肽预测

通过 Psort 分析表明，Bv2_qyup 定位于细胞质中可能性占比最高（表 2）。

通过软件 TMHMM Server v.2.0 分析 Bv2_qyup 的跨膜结构，其 N 末端位于膜内侧的概率为 0.454 1（图 6A），预测该蛋白在第 4～23 个氨基酸存在跨膜结构域，说明 Bv2_qyup 是一种膜蛋白，

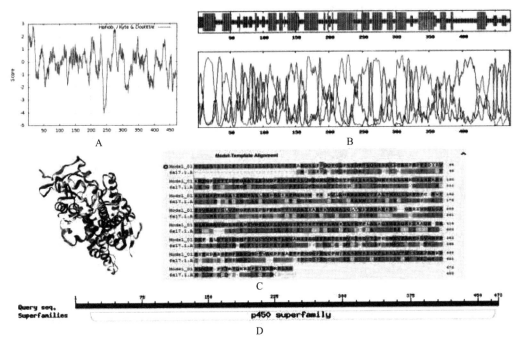

图5　Bv2_qyup的理化性质及结构分析

并根据对目的肽链氨基酸间潜在酶切位点的预测来判断是否存在信号肽[23]，预测分析表明：Bv2_qyup在第28～29个氨基酸位置存在信号肽（图6B）。

表2　*Bv2_qyup*的亚细胞定位分析

亚细胞器	可能性/％
细胞质	60.9
线粒体	21.7
细胞核	13.0
分泌系统的囊泡	4.3

　　蛋白修饰在翻译后细胞的调控机制中起极其重要的作用，磷酸化修饰是蛋白修饰的主要方式。对Bv2_qyup编码蛋白磷酸化位点进行分析预测，当潜在磷酸化位点的阈值为0.5时，Bv2_qyup潜在的磷酸化位点有44个，其中22个丝氨酸（Ser）位点、19个苏氨酸（Thr）位点、3个酪氨酸（Tyr）位点（图6C），推测Bv2_qyup被这3种氨基酸的磷酸激酶磷酸化并激活。

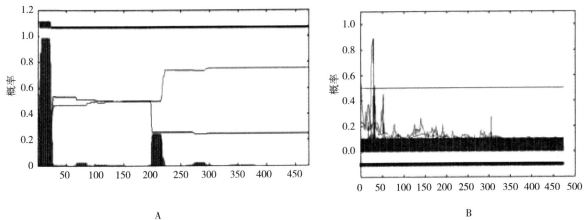

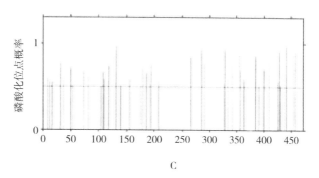

图 6　Bv2_qyup 的跨膜区域、信号肽及磷酸化位点预测

注：a 为 Bv2_qyup 蛋白的跨膜结构预测；b 为 Bv2_qyup 蛋白的信号肽预测；c 为 Bv2_qyup 蛋白磷酸化位点预测。

2.5.4　Bv2_qyup 蛋白序列的同源性分析

利用 ClustalW 软件进行同源多重比对，结果如图 7 所示，Bv2_qyup 与藜麦 CqCPD、菠菜 SoCPD、毛果杨 PtCPD、黄瓜 CsCPD 和拟南芥 AtCPD 的同源性较高，分别为 91%、89%、75%、75% 和 75%。

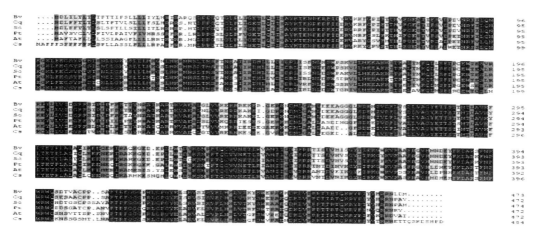

图 7　Bv2_qyup 与不同植物的 CPDs 氨基酸序列比对

注：黑色背景、灰色背景及浅色背景的同源水平分别达到 100%、75% 及 50%，藜麦 （*Chenopodium qui-noa*，XP_021732452；Cq）、菠菜 （*Spinacia oleracea*，XP_021863307；So）、毛果杨 （*Populus trichocarpa*，XP_002311214；Pt）、拟南芥 （*Arabidopsis thaliana*，XP_002873219；At）、黄瓜 （*Cucumis sativus*，XP_011654987；Cs）、甜菜 （*Beta vulgaris*，XP_010689797；Bv）。

3　讨论与结论

通过生物信息学分析可以了解基因的结构、染色体定位、保守结构域、编码蛋白序列及结构、信号肽、跨膜结构和磷酸化位点等信息。本研究对甜菜 CPD 基因家族进行了生物信息学分析，研究结果表明，甜菜 CPD 基因共有 76 个家族成员，分为 10 个亚组，66 个 BvCPD 家族基因分布在甜菜 9 条染色体上，有 10 个基因尚未明确定位；编码蛋白含 10 个保守性模体，系统进化树分组中每个亚组的模体数量和种类相近。进一步对 Bv2_qyup 基因及其编码的蛋白质分析表明，Bv2_qyup 由 473 个氨基酸组成，是一种含信号肽的亲水跨膜蛋白，二级结构以 α-螺旋和无规则卷曲为主要组成部分，与藜麦、菠菜、毛果杨、黄瓜和拟南芥 CPD 的同源性较高。细胞定位预测表明该蛋白在细胞质中存在的可能性最大，与中国樱桃 Uni-gene5028（CPD）定位于叶绿体中不同[24]，表明甜菜 CPD 家族成员在细胞中的定位不同，Bv2_qyup 存在 44 个磷酸化位点，可被丝氨酸、苏氨酸、酪氨酸磷酸激酶磷酸化并激活。根据以上研究结果，我们将对 Bv2_qyup 克隆，并对其在甜菜块根发育中的功能进行深入研究。

◇ 参考文献

[1] Wu H J，Si J P，Xu D R，et al. Heterologous expression of Populus eupluratica CPD（PeCPD）car repair the phenotype abnormity caused by inactivated ArCPD through restaring brassino ster ai ds biosynthesis in Arabidopsis［J］. Pipsiologiae Plantarin，2014，36（12）：3123 - 3135.

[2] Sakamoto T，Marinaka Y，OImishi T，et al. Erect leaves caused by brassinosteroid deficiencyincrease tiomass prochuction and gain yield in rice［J］. Nature Biotecinolog，2006（24）：105 - 109.

[3] Choe S，Fujioka S，Noguchi T，et al. Overexpression of DWARF4 in the brassinosteroid biosynthetic pathway results in increased vegetative growth and seed yield in Arabidopsis［J］. The Plant Journal，2001，26（6）：573 - 582.

[4] Cheon J，Park S Y，Schulz B，et al. Arabidopsis brassinosteroid biosynthetic mutant dwarf7 - 1 exhibits slower rates of cell division and shoot induction［J］. BMC plant biology，2010，10（1）：270.

[5] Choe S，Noguchi T，Fujioka S，et al. The Arabidopsis dwf7/ste1 mutant is defective in the $\Delta 7$ sterol C - 5 desaturation step leading to brassinosteroid biosynthesis［J］. The Plant Cell Online，1999，11（2）：207 - 221.

[6] Rao S S R，Vardhini B V，Sujatha E，et al. Brassinosteroids - A new class of phytohormones［J］. Current Science，2002（82）：1239 - 1245.

[7] Krishna P. Brassinosteroid - mediated stress responses［J］. Journal of Plant Growth Regulation，2003，22（4）：289 - 297.

[8] Sasse J. Physiological actions of brassinosteroids：an update［J］. Journal of Plant Growth Regulation，2003，22（4）：276 - 288.

[9] Sakamoto T，Matsuoka M. Characterization of Constitutive Photomorphogenesis and Dwarfism homologs in rice（Oryza sativa L.）［J］. Journal of plant growth regulation，2006，25（3）：245 - 251.

[10] 王妙. GmBRI1 和 GmCPD 基因的克隆及在大豆开花过程中的功能研究［D］. 长春：吉林大学，2015.

[11] 周香艳. 马铃薯油菜素内酯合成限速酶基因 StCPD 和 StDWF4 对干旱和盐胁迫的响应［D］. 兰州：甘肃农业大学，2016.

[12] 徐多荣. 胡杨 BR 生物合成酶基因 PeCPD 功能的研究［D］. 兰州：兰州大学，2014.

[13] 陈剑峰. 利用 RNAi 研究胡杨油菜素内酯合成酶基因 CPD 的功能［D］. 兰州：兰州大学，2012.

[14] 鲁丽丽. 棉花油菜素内酯合成酶基因 GaCPD 的克隆及功能分析［D］. 郑州：河南工业大学，2014.

[15] 段方猛，罗秋兰，鲁雪莉，等. 玉米油菜素甾醇生物合成关键酶基因 ZmCYP90B1 的克隆及其对逆境胁迫的响应［J］. 作物学报，2018，44（3）：343 - 356.

[16] 王新宇，王崇英，Olof Olsson. 杨树细胞色素 P450 类固醇单加氧酶（CYP90）基因的克隆与分析［J］. 遗传学报，2005（4）：384 - 392.

[17] 张永丰. 甜菜（*Beta vulgaris* L.）块根发育的转录组学分析及 BvDof 基因的克隆与功能研究［D］. 呼和浩特：内蒙古农业大学，2017.

[18] 王俊杰，梁青，陈伟雄．水稻细胞质雄性不育恢复基因的生物信息学分析 [J]．杂交水稻，2020 (5)：1－9．

[19] 梁丽琴，杨瑞，鄂刚．马铃薯 StUOXs 基因家族的生物信息学分析 [J/OL]．浙江农业学报，2020，32 (9)：1523－1532．

[20] Kelley L A，Al E. The Phyre2 web portal for protein modeling，prediction and analysis [J]. Nat Protocols，2015，10 (6)：845－858.

[21] Petersen T N，Brunak S，Von H G，et al. Signal P 4.0：discrim－inating signal peptides from transmembrane regions [J]. Nat Meth－ods，2011，8 (10)：785－786.

[22] 徐思远，刘志雄，张晓玫．大豆 GmGRF5 基因的组织表达模式与生物信息学分析 [J]．分子植物育种，2020，18 (5)：1393－1400．

[23] 于欣，杨震，楚元奎，等 . IL－6 基因结构和功能生物信息学预测 [J]．国际检验医学杂志，2016，37 (21)：2959－2960．

[24] 刘伟娜．中国樱桃花芽油菜素内酯合成相关基因克隆与功能分析 [D]．金华：浙江师范大学，2016．

甜菜 NAC 转录因子鉴定及其在水分胁迫下的表达分析

徐晓阳，李国龙，孙亚卿，张少英

（内蒙古农业大学甜菜生理研究所，呼和浩特　010018）

摘要：植物特异性 NAC 转录因子是植物特有的、最大的转录因子家族之一，在响应植物干旱胁迫反应等过程中发挥着重要作用。本研究以 NAC 保守结构域序列为检索序列通过 HMM 和 BLAST 在甜菜（*Beta vulgaris* L.）基因组数据中进行同源性搜索，对甜菜 NAC 转录因子基因（BvNAC）家族成员进行鉴定。利用 ExPASy、MEGA6.0、Mapinspect、GSDS2.0、MEME 等生物信息学分析工具对甜菜 NAC 转录因子家族成员进行蛋白质氨基酸组分和理化性质分析、系统进化关系分析、基因染色体定位及蛋白质结构域序列保守性预测；通过 RNA－seq 和 qRT－PCR 分析甜菜 NAC 基因在水分胁迫下的表达情况。结果表明：甜菜 NAC 家族基因共有 52 个成员，其中 50 个在 9 条染色体上不均等分布，2 个目前尚未定位；其编码的蛋白所含氨基酸残基数从 48 到 711 不等，其中 17 个为碱性蛋白质，4 个为亲水性蛋白质；系统进化分析将 52 个成员分为 2 类，I 类有 38 个成员，II 类有 14 个成员，NAC 保守域分析表明同类成员有相近的保守元件，而外显子和内含子数目具有高变异性；在干旱胁迫下甜菜 NAC 家族成员中共有 23 个基因上调表达。研究结果为揭示甜菜耐旱分子机理和发掘甜菜耐旱基因提供了理论依据。

关键词：甜菜；BvNAC；干旱胁迫；基因表达

　　NAC（NAM、ATAF 和 CUC）转录因子家族是植物特有的一类转录因子，也是目前发现最大的转录因子家族之一。目前大量该转录因子基因已陆续在模式植物拟南芥、烟草及主要粮食作物水

---

　　* 通讯作者：张少英（1962— ），女，内蒙古呼和浩特市人，教授，研究方向：甜菜栽培生理。

稻、玉米中被克隆，少部分基因的功能已被明确，如参与植物水分胁迫调控、盐分胁迫调控、参与植物对温度胁迫的应答等[1-2]。据 Wu 等[3]推测有 20%～25%的 NAC 基因对至少一种胁迫有应答反应，在拟南芥中，过表达 ATAF1 可提高转基因拟南芥对贫瘠的耐受性；ANAC019、ANAC055 和 ANAC072 的表达均受到干旱、高盐或 ABA 的诱导，过表达可提高转基因植株对干旱的耐受性[4]，而且 ANAC019 和 ANAC055 的表达与生物胁迫有关[5]。在水稻中，OsNAC6 对贫瘠、低温、高盐和 ABA 均有应答反应，超量表达 OsNAC6 和 ONAC045 均可提高转基因水稻对干旱和高盐的耐受性[6-7]。这些研究表明，NAC 转录因子在植物的逆境胁迫调控中发挥着重要作用。

干旱是影响植物生长发育的主要逆境因子。前人研究多种植物发现 NAC 转录因子直接或通过调控参与干旱应答基因的表达，在植物抗旱中起重要作用[8]。研究表明，在逆境中 NAC 基因受诱导，可介导生长素信号传递，促进侧根生长，提高根系吸水能力，抵御干旱胁迫[9]。代婷婷等[10]研究烟草 NAC4 基因表明，在干旱胁迫下，NAC4 基因调控吡咯啉-5-羧酸合成酶基因和鸟氨酸-6-氨基转移酶基因上调表达，提高植株超氧化物歧化酶、过氧化氢酶活性，降低丙二醛含量，进而提高植株抗旱能力。李文等（2015）从 19 个花生野生种中分离得到 11 类 NAC4 的 DNA 序列，其中 Aw1NAC4、Aw2NAC4 与栽培种核苷酸序列同源性最高。AhNAC4（HM776131.1）编码的蛋白属于干旱胁迫响应的转录因子，全长为 1 244bp，区长度为 1 050bp，含有 2 个内含子[11]。Re-dillas 等（2012）研究表明，水稻 NAC 结构域家族成员 OsNAC9 干旱时过表达，作物产量均提高 30%左右，有效地提高了转基因水稻的抗旱性[12]。代婷婷等（2018）明确干旱胁迫时烟草中，NAC4 基因上调表达，提高烟草抗旱性[13]。前人对拟南芥的研究表明 ATAF1、ANAC019、ANAC055 和 ANAC072/RD26 参与植物对干旱的应答，能够改善拟南芥对干旱胁迫的应答[14-16]。

甜菜是中国重要的糖料作物和经济作物之一，主要种植在水资源相对匮乏，伴随周期性或难以预期的干旱天气的北方地区，产量受水分胁迫制约[17]。迄今为止，尽管在许多植物中 NAC 转录因子与抗旱相关的基因已被克隆并进行了相关功能的鉴定，但对甜菜抗旱相关的 NAC 转录因子研究还鲜见报道。因此，通过发掘干旱诱导的甜菜 NAC 转录因子，可为改造抗逆甜菜新材料和加速甜菜抗旱新品种培育提供理论依据。

1 材料与方法

1.1 植物材料

选取本研究组筛选的甜菜（*Beta vulgaris* L.）强抗旱品种'HI0466'，于 2017 年 11 月栽培于内蒙古农业大学甜菜生理研究所人工气候室中（光周期 16h，室温 25℃）。待幼苗长至 6 片真叶时停止浇水进行干旱处理，选取干旱处理 4、6 和 10d，干旱处理 10d 后恢复给水的复水（RW）处理组和正常每 2d 浇水一次的对照（CK）组的叶片经液氮速冻后存于-80℃冰箱，用于甜菜总 RNA 的提取及 RNA-seq 测序分析。

1.2 总 RNA 的提取和 cDNA 的合成

取-80℃冰箱中保存的甜菜叶片，采用 TRIzol 法提取不同干旱处理样品中的总 RNA，以纯化好的 RNA 为模板根据 AMV 反转录试剂盒合成 cDNA，存于-80℃备用。

1.3 甜菜 NAC 基因的生物信息学分析

1.3.1 甜菜 NAC 家族成员系统进化特征分析

利用基于"隐马尔可夫模型"（hiddenMarkovmodel，HMM）下载自 Pfam 蛋白家族数据库（http：//pfam. xfam. org/）的保守性 NAC 结构域序列在甜菜基因数据集 RefBeet-1.1 和 RefBeet-1.2（http：//bvseq. molgen. mpg. de/Genome/Download/index. shtml）中进行 BLASTP 搜索。将所

有可以编码完整 NAC 结构域都归为 BvNAC 家族基因，并确保其非冗余。将 SMART 分析（http：// smart. embl‐heidelberg. de/）作为二次检验的标准，确保每一条蛋白质序列都仅包含一条保守性 NAC 结构域。使用在线软件 ExPASy（http：//www. expasy. org/tools）中 Prot‐Param 工具分析 BvNAC 蛋白的氨基酸组分和理化性质。利用 Clus‐terW 在默认设置下对来自甜菜和拟南芥的 NAC 家族蛋白氨基酸序列进行同源性分析。利用 MEGA6. 0 软件中的 NJ 法构建甜菜 NAC 家族基因与拟南芥 NAC 家族基因的系统进化树。

1.3.2 甜菜 NAC 家族成员的染色体定位

通过对甜菜基因组数据集 RefBeet‐1. 1 的搜索确定 BvNAC 家族基因所在的位置。利用 Mapin‐spect 软件绘制 BvNAC 家族基因的染色体定位图。

1.3.3 基因结构分析和保守性模体鉴定

使用在线工具 GSDS2. 0（http：//gsds. cbi. pku. edu. cn/）绘制 BvNAC 家族基因的外显子‐内含子分布图。使用在线工具 MEME（http：//meme‐suite. org/tools/meme）统计分析 BvNAC 家族蛋白序列中的保守性模体，模体数量上限设为 13，其他值均设为默认值。

1.4 甜菜 NAC 基因表达分析

RNA‐seq 测序用生长栽培于内蒙古农业大学甜菜生理研究所人工气候室中（光周期 16h，室温 25℃）的'HI0466'植株，培养至 6 片真叶停止浇水做干旱处理，取干旱处理 4、6 和 10d 以及 RW、CK 的植株叶片进行 RNA‐seq 测序分析。根据甜菜 NAC 家族基因序列设计引物（表 1），以干旱处理 4、6 和 10d 以及 RW、CK 的甜菜叶片提取 RNA 并反转录成 cDNA。将稀释 16 倍的 cDNA 作为实时荧光定量 PCR 反应的模板进行扩增，每个样品重复 3 次。相对表达量的计算用 $2^{-\Delta\Delta Ct}$ 法。根据甜菜水分胁迫条件下获得的转录组学数据，分析所有 BvNAC 基因在水分胁迫条件下的表达模式，将基因表达水平标准化为 Z 值（Z‐score）后用 HemI（Heatmap Il‐lustrator，version 1. 0. 1；http：// hemi. biocuckoo. org/）作图。

表 1 荧光定量 PCR 扩增引物序列

引物名称	引物序列（5′→3′）
BvNAC‐twas	CCGTTCATTTGCACTGCCAC
BvNAC‐twas	AGCCCAATCGAAACTACCCG
BvNAC‐hdfh	GAACCTTCCTGCTCCGTGTT
BvNAC‐hdfh	TGCTACTGCTGCTTTCGTCT
BvNAC‐guiw	ATCTTGTGCATGGTGAGAGC
BvNAC‐guiw	AAGGTCAAAATCGTGGGGCT
BvNAC‐sgnn	GAACAGCATTAGACCCAACAGAGT
BvNAC‐sgnn	GCACTGGTTTCCTTCTCCTTCA
BvNAC‐hzcx	TCCATTTCCCGATGACCCATT
BvNAC‐hzcx	AGCAACCTCAACCTTCCCTTT
BvNAC‐kjzy	GCCCAAGACCCAATAAACTC
BvNAC‐kjzy	GCTCAACTAACAAAGCCAAAG
BvActin F	CCAAGGCAAACAGGGAAAAG
BvActin R	CCATCACCAGAGTCAAGCACA

2 实验结果

2.1 甜菜 NAC 家族基因分子特征

对在甜菜数据库检索到的 52 条 BvNAC 家族基因进行序列分析，表明 52 个 BvNAC 基因编码的蛋白质平均含有 353 个氨基酸。氨基酸数量最多的是 Bv_enjh 蛋白，编码一个含有 711 个氨基酸残基的假定蛋白，全长 cDNA 为 2 136bp，预测分子质量为 80.40kDa，理论等电点为 5.95；氨基酸数量最少的是 Bv_wkcm 蛋白，编码一个含有 48 个氨基酸残基的假定蛋白，全长 cDNA 为 669bp，预测分子质量为 5.63kDa，理论等电点为 3.61。52 条 BvNAC 编码的蛋白质等电点变化范围为 3.61（Bv_wkcm）~9.95（Bv_aktr），其中仅有 17 个编码氨基酸为碱性氨基酸，其余编码氨基酸均为酸性氨基酸；根据亲水性指数介于 -0.5~0.5 为两性蛋白（GRAVY 为负值表示亲水性，正值表示疏水性）的原则[18]，发现仅有 Bv_ueac、Bv_guiw、Bv_tgus 与 Bv_znkf 为亲水性蛋白，其余均为两性蛋白（表 2）。

表 2 甜菜 NAC 家族基因信息

基因	登录号	基因长度/bp	氨基酸长度/aa	分子质量/kDa	理论等电点	亲水性指数
enjh	LOC 104895917	2 136	711	80.4	5.95	-0.616
pzjj	LOC 104895915	705	234	26.99	6.98	-0.899
yqtj	LOC 104908882	852	254	29.31	5.61	-1.209
rpmu	LOC 104908401	1 164	387	43.51	4.73	-0.665
ekgh	LOC 104901118	1 167	388	43.55	5.25	-0.698
tdfd	LOC 104902338	1 530	509	57.61	6.46	-1.056
aktr	LOC 104903447	501	166	19.15	9.95	-1.028
hisu	LOC 104900619	540	179	20.87	9.62	-1.004
twpc	—	732	264	30.26	5.98	-0.895
ktgn	LOC 104901573	576	191	21.88	4.86	-0.694
wkcm	LOC 104895420	669	48	5.63	3.61	-0.846
wshi	LOC 104895419	627	208	24.71	4.91	-0.736
ndxy	LOC 104902625	1 236	411	46.3	6.44	-0.730
tzwj	LOC 104898318	1 203	282	32.95	5.57	-0.958
qoku	LOC 104902599	1 041	346	39.64	6.7	-0.973
zihs	LOC 104895537	1 077	358	40.39	8.12	-0.651
zfhk	LOC 104895551	1 086	361	40.88	7.24	-0.692
xrgj	LOC 104892637	1 068	355	40.9	5.97	-0.813
rapp	LOC 104903714	1 392	292	33.49	6.07	-0.800
strk	LOC 104893665	1 050	349	40.36	6.19	-0.940
cmip	LOC 104895128	1 206	401	45.71	5.23	-0.739
uozo	LOC 104888686	1 206	401	46.44	6.01	-1.101
fpfn	LOC 104892061	1 098	365	42.24	6.52	-0.834
dyzk	LOC 104883369	963	320	36.17	6.51	-0.592
yzgr	LOC 104900945	1 335	444	49.47	6.05	-0.551

（续）

基因	登录号	基因长度/bp	氨基酸长度/aa	分子质量/kDa	理论等电点	亲水性指数
pjnp	LOC 104894023	1 086	361	40.68	5.87	−0.782
cugw	LOC 104891476	1 215	404	43.94	7.13	−0.589
gzxk	LOC 104893997	1 017	338	38.48	6.09	−0.762
gcaa	LOC 104886693	1 008	335	37.19	8.68	−0.639
noyn	LOC 104906228	264	87	10.29	5.38	−0.991
hdfh	LOC 104897497	912	303	33.98	8.43	−0.891
pfso	LOC 104900768	1 026	341	38.46	8.36	−0.755
qejj	LOC 104891597	1 233	410	46.04	7.41	−0.926
twas	LOC 104891602	1 095	364	41.06	8.97	−0.737
hzcx	LOC 104890529	912	303	34.57	7.62	−0.639
esaw	LOC 104898084	1 287	428	48.63	5.66	−0.590
xzdt	LOC 104906205	1 164	387	43.81	7.99	−0.522
sgnn	LOC 104906153	1 011	336	38.85	7.63	−1.000
jkxz	LOC 104896989	1 557	518	58.5	6.68	−0.899
kjzy	LOC 104903839	897	298	33.99	7.1	−0.534
ueac	LOC 104905776	1 164	387	43.71	8.7	−0.447
nige	LOC 104885897	1 182	393	44.13	8.54	−0.519
usim	LOC 104888129	1 914	637	71.14	5.63	−0.535
gzwx	LOC 104892958	807	329	37.52	5.43	−0.573
ofji	LOC 104903965	1 056	351	40.13	5.26	−0.736
mhnx	LOC 104907698	1 809	496	55.76	5.16	−0.505
oxms	LOC 104907701	726	241	27.62	5.43	−0.684
guiw	LOC 104907296	1 623	540	59.95	4.57	−0.404
tgus	LOC 104890605	1 044	347	37.8	4.65	−0.432
znkf	LOC 104909031	1 557	518	57.86	4.78	−0.488
xiqu	LOC 104907290	1 206	401	45.05	5.44	−0.674

2.2　甜菜 NAC 基因的生物信息学分析

2.2.1　甜菜 NAC 家族基因的鉴定与系统发育分析

通过对甜菜基因组数据进行 NAC 保守性结构域的搜索，共得到 52 条仅包含有一条 NAC 保守性结构域的蛋白序列，即为甜菜 NAC 家族成员，命名为 BvNAC 基因家族。将 BvNAC 转录因子家族蛋白序列与拟南芥 105 个 NAC 转录因子家族蛋白序列用 NJ 法构建系统进化树（图 1），并根据 BvNAC 家族成员与拟南芥 NAC 家族成员的进化关系将 BvNAC 转录因子家族成员进行功能分类。

根据 Ooka 等（2003）对拟南芥和水稻 NAC 家族基因系统进化树分组的方法[19]，将甜菜 NAC 家族按蛋白的 NAC 结构域序列相似性分成两大组，第 I 大组又分为 13 个亚家族，第 II 大组分为 5 个亚家族，且第 II 大组只有 3 个亚家族中含有 BvNAC 家族基因（图 1）。分入第 I 大组第 Il 亚家族的 BvNAC 家族基因最多，为 9 个；第 I 大组第 Ic、If、Ig、Ii、Ik 和 Im6 个亚家族的 BvNAC 家族基因最少，均为 1 个。

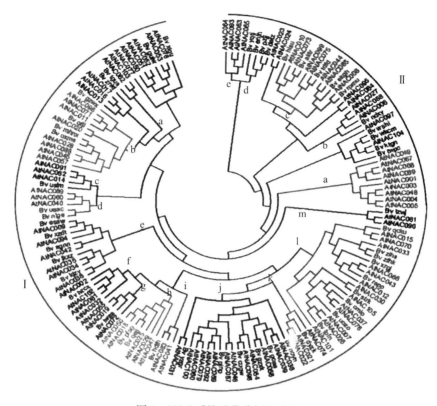

图 1　NAC 系统进化分析和分组

注：I、II 代表 NAC 家族被分成 2 个大组，不同小写字母代表两大组中的不同亚族。

2.2.2　甜菜 NAC 家族保守域序列分析

对 BvNAC 蛋白序列进行保守性模体预测，经分析共得到 13 个保守性模体，其中模体 2、4、1、5、6 分别代表 NAC 类转录因子 A、B、C、D、E 亚结构域。所有 BvNAC 家族成员均含有 3～8 个模体，且所有 BvNAC 家族成员均含有模体 5（图 2）。根据系统进化树的分组和保守型模体分析可将所有 BvNAC 家族基因分成两大组：第 I 大组基因序列相对保守，除 Bv_mhnx、Bv_noyn 和 Bv_tzwj 外的基因蛋白序列均含有模体 1、模体 2、模体 3、模体 4、模体 5、模体 6。而分析显示第 II 大组基因序列不保守，模体 8 仅存于第 II 大组的 Bv_rpmu、Bv_ekgh、Bv_hisu 和 Bv_detz 中，模体 9 仅存在于第 I 大组的 Bv_jkxz、Bv_twas、Bv_zihs、Bv_zfhk 和第 II 大组 Bv_tdfd、Bv_enjh 中，模体 10 仅存在于第 II 大组的 Bv_rpmu、Bv_ekgh 和 Bv_tdfd 中，模体 12 仅存在于第 I 大组 Bv_zihs 和 Bv_zf-hk。上述结果与系统进化树的分组结果相互验证，且与拟南芥和水稻中的分组类似（Ooka 等 2003）。

2.2.3　甜菜 NAC 家族基因染色体定位分析

染色体定位（图 3）发现，52 个 BvNAC 成员中的 50 个在甜菜 9 条染色体均有分布。其中第 VI 条染色体上分布最多，分布有 10 个基因；其次为第 I 条和第 IV 条，分别分布有 8 个和 9 个基因；在第 III 条和第 VII 条染色体上分布的基因最少，分别只有 2 个基因。除此之外，Bv_dyzk 和 Bv_twpc 尚未明确定位。

2.2.4　甜菜 NAC 家族内含子和外显子结构分析

甜菜 NAC 家族基因外显子和内含子数目具有高变异性（1～7 个外显子）（图 4）。52 个 BvNAC 成员中含有 3 个外显子的最多，为 31 个，占 59.6%；其次为含有 4 个外显子有 11 个 BvNAC 成员，占 21.2%；而含有 2 个外显子和含有 7 个外显子的 BvNAC 成员最少，均为 1 个，分别是 Bv_twpc 和 Bv_tdfd。位于同一分支的基因普遍具有相似的外显子-内含子组织结构，但仍有部分分支上基因外显子-内含子数量变异性较大。

2.3　甜菜 NAC 家族基因在干旱条件下的表达分析

通过对 52 个 BvNAC 家族基因在干旱胁迫条件下 RNA‑seq 分析（图 5），表明 A 组中大部分基因对水分胁迫有响应，但表达量变化不大；B 组中基因随干旱胁迫时间增加表达量显著降低甚至不响应；C 组中大部分基因随干旱胁迫时间增加表达量显著增加。为进一步分析 BvNAC 家族基因在干旱胁迫条件下的响应情况，通过 RNA‑seq 分析结果表明，干旱胁迫下 NAC 家族成员有 23 个基因表达量上调，9 个基因表达量下调，20 个基因表达无显著变化（图 6）。

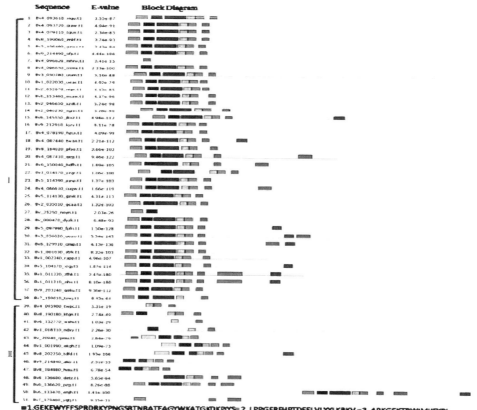

■1.GEKEWYFFSPRDRKYPNGSRTNRATEAGYWKATGKDKPYYS ■2. LPPGFRFHPTDEELVLYYLKRKV ■3. APKGEKTBWIMHEYRL
■4. LDVIAEVDLYKYEPWDLPEKA ■5. KLIGMKKTLVFYRGR ■6. EDDWVLCRVFKKSG ■7. RHFFHRPSKAYTTGTRKRRIHTD
■8. RWHKTGKTRPVLING ■9. DQQQQQQQQQQQQQQQ ■10. HPFIDEFIPTIEGEDGICYTHFKDLPGV
■11. GNNSSAEEENNNSNNNTNDNNNNNAB ■12.HLMKPSSNMTASSTTLLPPRQNGYNIQPSMFPNNYTDYTLEGTMHLPQL
■13. QLTDWRVLDKFVASQLSQ

图 2　甜菜 NAC 转录家族蛋白保守性模体分布

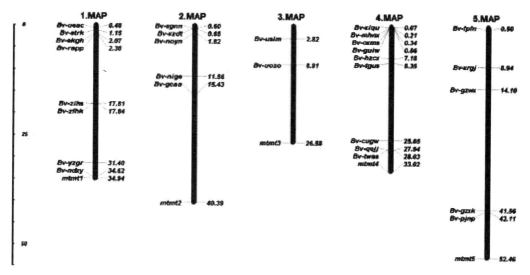

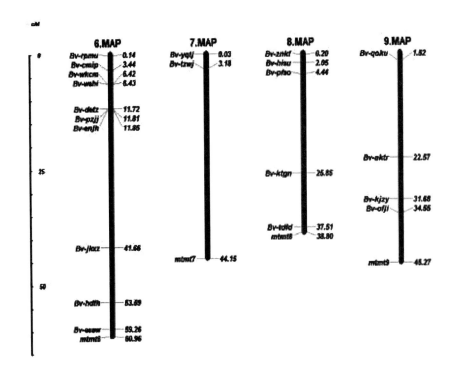

图 3　甜菜 NAC 家族基因在染色体上的分布

　　为了进一步明确 23 个上调表达基因在水分胁迫下表达情况的准确性，选取了其中 6 个基因利用 qRT‑PCR 进行进一步验证其在水分胁迫下的表达情况，结果（图 7）表明，Bv_twas、Bv_hdfh、Bv_sgnn、Bv_guiw、Bv_hzcx 和 Bv_kjzy 随干旱胁迫时间的增加表达量均有不同程度增加，其中 Bv_hdfh 与 Bv_sgnn 表达量增加最为显著；Bv_guiw 与 Bv_twas 在干旱胁迫 4d 时表达量显著增加，而在干旱胁迫 6d 和 10d 时表达量又出现降低趋势，但仍高于对照；而 Bv_hzcx 与 Bv_kjzy 在干旱胁迫处理下表达量出现先升高后降低的趋势，复水处理后表达量降为最低。qRT‑PCR 的检验结果与 RNA‑seq 的结果基本一致，从而验证了 RNA‑seq 结果的可靠性，23 个上调表达基因初步认定为抗旱相关候选基因。

3　讨论

　　NAC 转录因子是目前发现的植物中最大的转录因子家族之一，其家族成员数量庞大，最初由 Souer 等（1996）人在矮牵牛中发现，接着在拟南芥、水稻、玉米、棉花和白菜[21-23]中分别发现含有 117、151、152、145 和 204 个 NAC 转录因子基因，其中在模式植物拟南芥和水稻中的研究较多。已发现 NAC 家族在多种生物学过程中起作用，包括茎尖分生组织的形成[24]、花发育[25]、细胞分裂[26]、叶衰老[27]、次生壁的形成以及生物和非生物胁迫响应等。Huang 等（2012）对菊花的 44 个 NAC 基因进行了表达模式分析，发现有 32 个基因对 2 种逆境胁迫处理产生应答，10 个基因对 5 种逆境胁迫产生应答，其中 ClNAC17 和 ClNAC21 对 6 种胁迫产生应答[25]。Liu 等（2014）对蓖麻的 32 个 NAC 基因进行了分析，发现部分基因对非生物胁迫产生反应，一些则在次生生长组织中表达[26]。小麦 TaNAC67 基因对干旱、高盐、ABA 和低温胁迫产生应答，超量表达的 TaNAC67 基因提高转基因拟南芥对干旱、盐胁迫和冷冻胁迫的抗性[27]，胡杨 NAC 基因能够被干旱和高盐胁迫诱导，而对 ABA 的响应较弱，超量表达的 NAC 基因提高转基因拟南芥的抗旱能力[28]。华中农业大学熊立仲教授研究

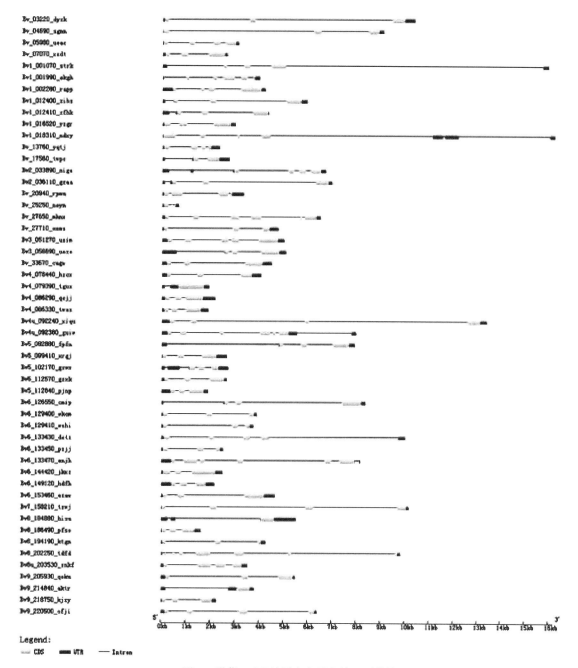

图 4　甜菜 *NAC* 基因内含子和外显子结构

小组克隆了一个水稻抗旱耐盐基因 SoNAC1，该基因是 NAC 类型的转录因子，其主要在气孔的保卫细胞中被诱导表达，干旱胁迫时促进气孔关闭，但是并不影响光合速率，因而抗旱性大为提高，在生殖生长期严重干旱的情况下，超量表达 SoNAC1 的转基因植株坐果率较对照提高 22%～34%；在营养生长期，转基因植株也表现出很强的抗旱性[29-31]。

　　本实验系统进化树研究表明，52 个 BvNAC 基因被分成 16 个亚家族，根据各亚家族分支长短我们推测第 II 亚家族为原始祖先。根据基因的保守性模体分析及染色体定位分析结果推测基因重复可能在 BvNAC 基因家族的扩增和进化中发挥了重要作用，最终导致 BvNAC 基因在数量上、结构上和功能上的多样性。通过 RNA‐seq 分析，发现 52 个。BvNAC 家族成员中有 23 个在干旱胁迫处理后上调表达，占 44.2%，其中 Bv‐pfso、Bv‐qejj、Bv‐twas、Bv‐hzcx、Bv‐sgnn 和 Bv‐jkxz 集中分布于 ATAF1 和 ONAC022 亚类，该亚类目前发现和植物抗逆性密切相关；此外 Bv‐

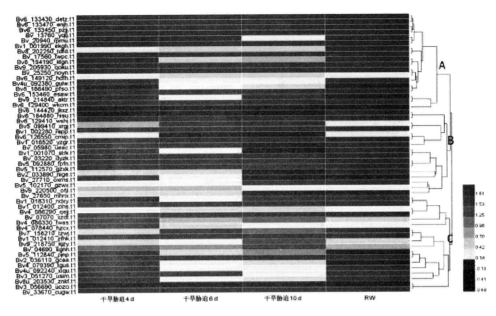

图5　BvNAC 家族基因在干旱胁迫下的表达模式分析

注：图中不同色块代表基因在不同干旱胁迫时间下的表达量。

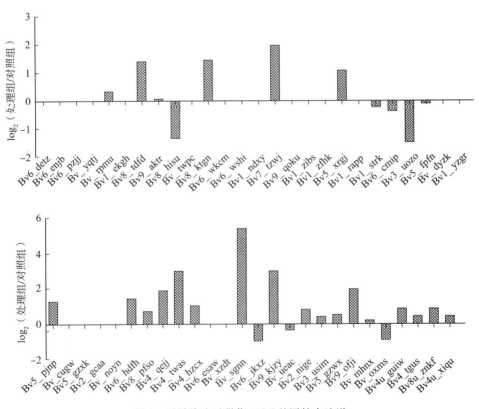

图6　干旱胁迫下甜菜 *NAC* 基因的表达谱

注：图中各基因表达量为干旱胁迫 4d、6d、10d 和 RW 的总表达量。

guiw、Bv‑tgus、Bv‑znkf 和 Bv‑xiqu 属于 NAC2 亚类，该亚类相关基因目前也发现和植物抗逆性密切相关，由此推测 BvNAC 家族成员在甜菜应对干旱胁迫中发挥着重要作用。通过 qRT‑PCR 验证分析发现，被挑选出的 6 个 BvNAC 家族基因在干旱胁迫中均表现出明显上调表达，与 RNA‑seq 结果基本一致，初步推测 BvNAC 家族 23 个上调表达基因可能参与了甜菜干旱胁迫下生长发育的调控，其中 Bv-twas 与拟南芥中调控抗旱性的 ANAC019、ANAC055 和 ANAC072 基因亲缘关系较近，推测 Bv-twas 可能与提高甜菜对干旱胁迫的耐受性关系更为密切，可作为改良甜菜耐旱性的候选基因。

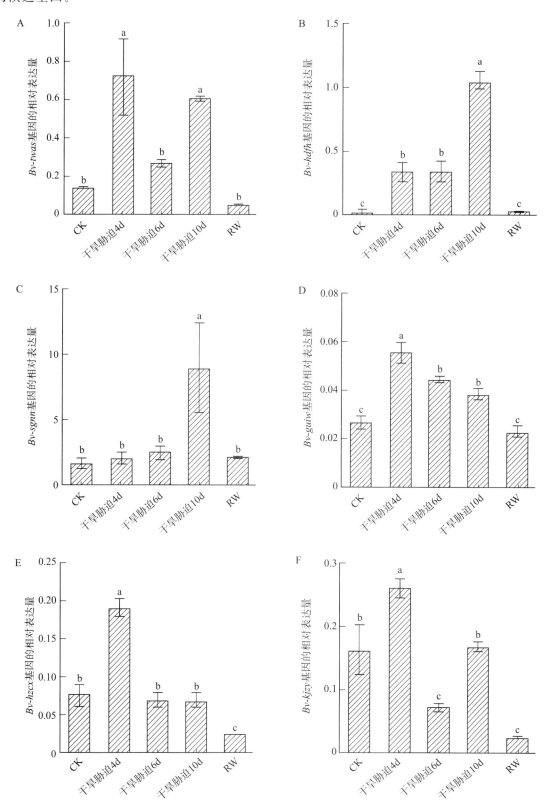

图 7 干旱胁迫下 6 个甜菜 NAC 家族基因的表达分析

参考文献

[1] Breeze E，Harrison E，McHattie S，et al. High－resolution temporal profiling of transcripts during Arabidopsis leaf senescence reveals a distinct chronology of processes and regulation [J]. Plant Cell，2011，23（3）：873-894.

[2] Bu QY，Jiang HL，Li CB，et al. Role of the Arabidopsis thaliana NAC transcription factors ANAC019 and ANAC055 in regulating jasmonic acid－signaled defense responses [J]. Cell Res，2008，18（5）：756-767.

[3] Christianson JA，Dennis ES，Llewellyn DJ，et al. Ataf NAC transcription factors：regulators of plant stress signaling [J]. Plant Signal Behav，2010，5（4）：428-432.

[4] 代婷婷，姚新转，吕立堂，等. 烟草NAC4基因的克隆及其抗旱功能分析 [J]. 农业生物技术学报，2018，26（5）：764-773.

[5] Hu HH，Dai MQ，Yao JL，et al. Overexpressing a NAM，ATAF，and CUC（NAC）transcription factor en－hances drought resistance and salt tolerance in rice [J]. Proc Natl Acad Sci.，USA，2006，103（35）：12987-12992.

[6] Huang H，Wang Y，Wang SL，et al. Transcriptome－wide survey and expression analysis of stress－responsive NAC genes in Chrysanthemum lavandulifolium [J]. Plant Sci，2012，193-194（3）：18-27.

[7] Kim YS，Kim SG，Park JE，et al. A membrane－bound NAC transcription factor regulates cell division in Arabi－dopsis [J]. Plant Cell，2007，18（1）：3132-3144.

[8] 李国龙，吴海霞，温丽等. 甜菜苗期抗旱鉴定指标筛选及其综合评价 [J]. 干旱地区农业研究，2011，29（4）：69-74.

[9] 李文，万干，刘风珍等. 花生转录因子基因NAC4的等位变异分析 [J]. 作物学报，2015，41（1）：31-41.

[10] Liu TM，Zhu SY，Tang QM，et al. Identification of 32 full－length NAC transcription factors in ramie（Boehmeria nivea L. Gaud）and characterization of the expression pattern of these genes [J]. Mol Genet Genomics，2014，289（4）：675-684.

[11] Lu PL，Chen NZ，An R，et al. A novel drought－inducible gene，ATAF 1，encodes a NAC family protein that negatively regulates the expression of stress－responsive genes in Arabidopsis [J]. Plant Mol Biol，2006，63（2）：289-305.

[12] Mao XG，Chen SS，Li A，et al. Novel NAC transcription factor TaNAC67 confers enhanced multi－abiotic stress tolerances in Arabidopsis [J]. PLoS ONE，2014，9（1）：84359.

[13] Nakashima K，Tran LP，Nguyen DV，et al. Functional analysis of a NAC－type transcription factor OsNAC6 involved in abiotic and biotic stress－responsive gene expression in rice [J]. Plant J，2007，51（4）：617-630.

[14] Nakashima K，Takasaki H，Mizoi J，et al. NAC transcription factors in plant abiotic stress responses [J]. Biochim Biophys Acta，2012，819（2）：97-103.

[15] Nuruzzaman M，Manimekalai R，Sharoni AM，et al. Genome－wide analysis of nac transcription factor family in rice [J]. 2010，Gene，465（1）：30-44.

[16] Ooka H，Tatoh K，Doi K，et al. Comprehensive analysis of NAC family genes in Oryza sativa and Arabidopsis thaliana [J]. DNA Res，2003，10（6）：239-247.

[17] Redillas MC，Jeong JS，Kim YS，et al. The over expression of OsNAC9 alters the root architecture of rice plants enhancing drought resistance and grain yield under field conditions [J].

Plant Biotechnol J，2012，10（7）：792 - 805.

［18］ Shiriga K，Sharma R，Kumar K，et al. Genome - wide identification and expression pattern of drought responsive members of the NAC family in maize ［J］. Meta Gene，2014，2（1）：407 - 417.

［19］ Shang HH，Li W，Zou CS，et al. Analyses of the NAC transcription factor gene family in Gossypium raimondii ulbr：chromosomal location，structure，phylogeny，and expression patterns ［J］. J Integr Plant Biol，2013，55（7）：663 - 676.

［20］ Souer E，Houwelingen AV，Kloos D，et al. The NOAPICAL MERISTEM gene of Petunia is required for pattern formation in embryos and flowers and is expressed at meristem and primordia boundaries ［J］. Cell，1996，85（2）：159 - 170.

［21］ 孙利军，李大勇，张慧娟，等. NAC 转录因子在植物抗病和抗非生物胁迫反应中的作用 ［J］. 遗传，2012，34（8）：993 - 1002.

［22］ Takada S，Hibara K，Ishida T，et al. The CUP - SHAPED COTYLEDON1 gene of Arabidopsis regulates shoot apical meristem formation ［J］. Development，2001，128（7）：1127 - 1135.

［23］ Tran LP，Nakashima K，Sakuma Y，et al. Isolation and functional analysis of Arabidopsis stress - inducible NAC transcription factors that bind to a drought - responsive ciselement in the early responsive to dehydration stress1 promoter ［J］. Plant Cell，2004，16（9）：2481 - 2498.

［24］ Tran LP，Nishiyama R，Yamaguchi - Shinozaki K，et al. Potential utilization of nac transcription factors to enhance abiotic stress tolerance in plants by biotechnological approach ［J］. GM Crops，2010，1（1）：32 - 39.

［25］ 王凤涛，蔺瑞明，徐世昌. 小麦 3 个 NAC 转录因子基因克隆与功能分析 ［J］. 基因组学与应用生物学，2010，29（4）：639 - 645.

［26］ Wang JY，Wang JP，Yuan H. A Populus euphratica NAC protein regulating Na^+/K^+ homeostasis improves salt tolerance in Arabidopsis thaliana ［J］. Gene，2013，521（2）：265 - 273.

［27］ 王瑞芳，胡银松，高文蕊，等. 植物 NAC 转录因子家族在抗逆响应中的功能 ［J］. 植物生理学报，2014，50（10）：1494 - 1500.

［28］ 王占军，金伦，徐忠东，等. 麻风树 LEC1 基因的生物信息学分析 ［J］. 生物学杂志，2014，31（4）：68 - 72.

［29］ Wu YR，Deng ZY，Lai JB，et al. Dual function of Arabidopsis ATAF1 in abiotic and biotic stress responses ［J］. Cell Res，2009（11）：1279 - 1290.

［30］ 张木清，陈如凯. 作物抗旱分子生理与遗传改良 ［J］. 北京：科学出版社，2005：22 - 23.

［31］ Zheng X，Chen B，Lu G，et al. Overexpression of a nactranscription factor enhances rice drought and salt tolerance ［J］. Biochem Biophys Res Commun，2009，379（4）：985 - 989.

栽培生理研究篇

甜菜幼苗叶片保护酶系活性对低温的响应

白阳阳，李国龙，孙亚卿，张永丰，李智，张少英

（内蒙古农业大学甜菜生理研究所，内蒙古呼和浩特 010018）

摘要：利用人工气候室模拟低温条件，对两个耐寒甜菜品种进行低温胁迫与恢复常温处理，以低温敏感品种为对照，研究了低温胁迫与恢复对甜菜幼苗叶片细胞膜透性及 SOD、POD、CAT 活性的影响。结果表明，甜菜耐寒品种在低温胁迫下膜透性破坏程度小，SOD 活性先降低后增强，POD 活性增强，CAT 活性有所降低。说明甜菜幼苗在低温胁迫下先通过呼吸作用维持体内温度，再增强抗氧化酶活性来抵御活性氧伤害。POD 活性可作为甜菜幼苗耐寒性的生理指标。

关键词：低温；甜菜幼苗；保护酶活性；响应

甜菜（*Beta vulgaris* L.）作为重要的糖料作物之一，适宜生长在我国西北、华北、东北等昼夜温差较大的地区，但是北方春季低温寒害抑制甜菜种子萌发及幼苗生长，甚至造成冻害。研究表明，植物在受到低温逆境伤害时，活性氧类物质积累，膜系统过氧化程度加重，细胞内保护酶系能有效缓解低温对植株的伤害[2-4]，目前尚无低温胁迫与恢复常温对甜菜幼苗保护酶系活性的影响报道。因此，本试验选用经筛选所得的甜菜耐寒品种，以不耐寒品种为对照，对甜菜幼苗进行低温胁迫和恢复常温处理，研究低温胁迫及温度恢复对甜菜幼苗叶片细胞膜透性及 SOD、POD、CAT 活性的影响，明确甜菜耐低温的生理基础，为甜菜幼苗耐寒性研究和评价提供理论依据。

1 材料与方法

1.1 实验材料与仪器

材料：甜菜耐寒品种（系）DZ-6 和 SD21316；低温敏感品种 04BSO2（系）和 ST21015。其中供试品种 DZ-6 由中国农科院甜菜研究所提供，SD21316、ST21015 由德国斯特儒博公司提供，04BS02 由内蒙古农业大学甜菜生理研究所提供。

仪器：人工气候室、分光光度计（新世纪，中国）、高速冷冻离心机（Eppendorf centrifuge 5415R、5417R，德国）、酶标仪（Epoch，中国）、离心机（湘仪，中国）、电导率仪（DDS-30，中国）、恒温水浴锅等。

1.2 试验方法

试验于 2016—2017 年在内蒙古农业大学甜菜生理研究所人工气候室内进行。按 1∶1∶1 比例将试验田表层土、蛭石、营养土混匀后，等量均匀放入各方形塑料花盆（高 11cm，上下边长分别为 11 和 8cm）中。每个品种种植 10 盆，每盆播种 10 粒，置于相对湿度 75%、温度 20℃/10℃（常温）、16h/8h 昼夜温光周期的人工气候室中培养，定期定量浇水。每隔一周播种一次。苗龄 15d 左右间苗定植，每盆留健苗 5 株。待第一对真叶叶片长度达到 2.5cm 左右时置于低温下胁迫 3d，然后在常温下恢复 2d，分别于处理前（CK）、

---

* 通讯作者：张少英（1962— ），女，内蒙古呼和浩特市人，教授，研究方向：甜菜栽培生理。

处理 1d、2d、3d、恢复 1d（R1）、2d（R2）后测定各指标。试验包含两个低温处理水平：5℃、3℃。

1.3 测定指标与方法

细胞膜透性测定采用相对电导率（REC）法，参照 Yu. X[5]等的方法，略改动，参照史树德[6]、许瑛[7]方法测定叶片丙二醛（MDA）含量、超氧化物歧化酶（SOD）活性、过氧化物酶（POD）、过氧化氢酶（CAT）活性，略改动。

数据统计分析采用 Excel2010、SAS9.0 和 SPSS19.0。

2 结果与分析

2.1 低温胁迫对甜菜幼苗叶片膜透性的影响

由表 1、表 2 可以看出，常温培养（CK）时，各品种甜菜幼苗叶片细胞内丙二醛（MDA）含量较低，基本在 2.5nmol·g^{-1} 左右，且品种间差异不显著（$P < 0.05$）；随着低温胁迫时间延长和温度降低，各品种叶片 MDA 含量逐渐上升，温度越低，低温处理时间越长，则 MDA 含量越高；且各品种的上升幅度不同。5℃胁迫 1d，耐寒品种 DZ-6 和 SD21316 的叶片 MDA 含量分别上升至对照的 2.77 倍和 3.36 倍，而低温敏感品种 04BS02 和 ST21015 分别达到对照的 4.04 倍和 4.16 倍；3℃胁迫 1d 各品种的叶片 MDA 含量显著增加，04BS02 和 ST21015 的 MDA 含量分别上升至对照的 6.13 和 6.52 倍，比 5℃胁迫时高 50% 以上。低温胁迫第 1 天各品种 MDA 含量增加速率最快，随着低温的持续，增速逐渐减缓。在 5℃和 3℃低温下，各品种 MDA 含量都在处理第三天时达到最大值，DZ-6 与 SD21316 两个品种的 MDA 含量相对较低。恢复常温后，各品种 MDA 含量均显著降低（$P < 0.05$），且耐寒品种降低更快，恢复 1 天后即降至对照的 2 倍，5℃低温处理恢复 2 天后则 MDA 含量与对照差异不显著，而 3℃低温处理 MDA 含量不能恢复到处理前水平。

表 1 5℃低温胁迫对甜菜幼苗叶片 MDA 含量（μmol·g^{-1}）的影响

品种	低温处理与恢复时间（d）					
	CK	1	2	3	R1	R2
DZ-6	0.002 2eA	0.006 1cC	0.009 9bC	0.012 4aC	0.004 7dD	0.002 4eC
SD21316	0.002 5fA	0.008 4cB	0.011 6bB	0.014 0aB	0.006 1dC	0.003 7eB
04BS02	0.002 3fA	0.009 3cA	0.014 0bA	0.017 4aA	0.008 5dB	0.004 6eA
ST21015	0.002 4eA	0.010 0cA	0.013 4bA	0.016 3aA	0.010 5cA	0.004 4dA

表 2 3℃低温胁迫对甜菜幼苗叶片 MDA 含量（μmol·g^{-1}）的影响

品种	低温处理与恢复时间（d）					
	CK	1	2	3	R1	R2
DZ-6	0.002 2fA	0.009 3dC	0.014 4bC	0.017 3aD	0.010 4cC	0.004 7eD
SD21316	0.002 5fA	0.011 5dB	0.017 3bB	0.020 7aC	0.010 3cC	0.005 6eC
04BS02	0.002 3fA	0.014 1dA	0.018 6bA	0.023 5aA	0.016 1cA	0.009 4eA
ST21015	0.002 4eA	0.015 0cA	0.019 5bA	0.021 9aB	0.014 4cB	0.010 6dB

由表 3、表 4 可以看出，甜菜各品种在低温胁迫前相对电导率（REC）较低，平均为 20%，且除 ST21015 外品种间差异不显著（$P < 0.05$）；随着低温胁迫时间延长和温度降低，各品种叶片 REC 逐渐上升，温度越低，低温处理时间越长，则 REC 越高；且各品种的上升幅度不同。5℃胁迫 1d，耐寒品种 DZ-6 和 SD21316 的叶片相对电导率分别上升至对照的 1.48 倍和 1.46 倍，而敏感品种 04BS02 和 ST21015

分别达到对照的 1.66 倍和 1.51 倍；3℃胁迫 1d 各品种的叶片 REC 显著增加，04BS02 和 ST21015REC 分别上升至对照的 6.13 倍和 6.52 倍，比 5℃胁迫时高 50% 以上。低温胁迫第 1 天各品种 REC 增加速率最快，随着低温的持续，增速逐渐减缓，可能是因为幼苗逐渐对低温产生了适应性变化。在 5℃和 3℃低温下，各品种 REC 都在处理第 3 天时达到最大值，DZ-6 与 SD21316 两个品种的 REC 相对较低，恢复常温后，各品种 REC 均显著降低（P<0.05）；耐寒品种降低更快，恢复 1d 后即降至对照的 1.3 倍，但恢复温度两天后，5℃低温处理的电导率与对照差异不显著，而 3℃低温处理电导率不能恢复到处理前水平。

表 3　5℃低温胁迫对甜菜幼苗叶片相对电导率（%）的影响

品种	低温处理与恢复时间（d）					
	CK	1	2	3	R1	R2
DZ-6	21.31cdB	31.63bC	33.59abB	34.77aC	26.66bB	22.36cB
SD21316	22.19cdAB	32.31aC	34.17aB	35.23aC	27.54abAB	23.49bcB
04BS02	20.54cdB	34.18aB	36.42aA	36.22aB	28.38bAB	25.66bcA
ST21015	23.79cdA	35.31aA	35.22abA	35.68aA	28.51bA	26.01cA

表 4　3℃低温胁迫对甜菜幼苗叶片相对电导率（%）的影响

品种	低温处理与恢复时间（d）					
	CK	1	2	3	R1	R2
DZ-6	21.31dB	37.89bC	38.54abB	39.83aB	36.94bB	26.52cD
SD21316	22.19dAB	38.23aBC	39.56aB	37.92aB	36.83abB	27.73cC
04BS02	20.53dB	44.73aB	42.65aA	43.51aA	42.11bA	36.56bcB
ST21015	23.79dA	46.10aA	44.06abA	44.93aA	41.85bA	38.18bcA

2.2　低温胁迫对甜菜幼苗叶片 SOD 活性的影响

由表 5、表 6 可以看出，常温培养时，甜菜各品种幼苗叶片细胞内超氧化物歧化酶（SOD）活性基本在 160～185U·g^{-1} 上下浮动，各品种间存在差异（P<0.05），DZ-6 和 SD21316 略高于两个敏感型品种，DZ-6 活性最强；随着低温胁迫时间延长和温度降低，各品种叶片 SOD 活性总体呈现先降低后上升趋势，温度越低，低温处理时间越长，则活性越高；且各品种的酶活性变化不同，在胁迫 1d，DZ-6 和 SD21316 活性略有降低，2d 后逐渐增强。5℃胁迫 1d，耐寒品种 DZ-6 和 SD21316 的叶片 SOD 活性分别降低了对照的 9.57% 和 6.65%，而敏感品种 04BS02 和 ST21015 分别比对照增加 7.56% 和 5.39%，且两个耐寒品种之间差异不显著（P<0.05），低温处理 2d，各品种 SOD 活性均开始上升，耐寒品种的上升幅度大于敏感品种，处理 3d 各品种 SOD 活性达到最大，耐寒品种 DZ-6 和 SD21316 分别较对照增加了 23.34% 和 21.51%，敏感品种 04BS02 和 ST21015 分别增加了对照的 19.28% 和 19.04%；3℃胁迫使各品种叶片 SOD 活性变化幅度更大，处理 3d 时 04BS02、ST21015、DZ-6 和 SD21316 的 SOD 活性分别较对照上升了 36.80%、24.15%、41.85% 和 38.45%，差异显著（P<0.05）；恢复常温后，各品种 SOD 活性又开始下降（P<0.05）。

表 5　5℃低温胁迫对甜菜幼苗叶片 SOD 活性（U·g^{-1}·min^{-1}）的影响

品种	低温处理与恢复时间（d）					
	CK	1	2	3	R1	R2
DZ-6	18.59cA	16.79dC	21.46bA	22.93aA	18.76cA	18.60cA
SD21316	17.71dB	16.53eC	20.25bB	21.52aB	19.16cA	18.29cA

（续）

品种	低温处理与恢复时间（d）					
	CK	1	2	3	R1	R2
04BS02	16.44dC	17.68cA	18.60bC	19.61aC	17.81cB	16.62dC
ST21015	16.40dC	17.26cB	18.54bC	19.52aC	17.48cB	16.27dB

表6　3℃低温胁迫对甜菜幼苗叶片 SOD 活性（U·g^{-1}·min^{-1}）的影响

品种	低温处理与恢复时间（d）					
	CK	1	2	3	R1	R2
DZ-6	18.59dA	16.46eC	22.48bA	26.37aA	20.40cB	19.02dB
SD21316	17.71dB	15.99eC	21.42bB	24.52aB	19.11bcC	18.60cC
04BS02	16.44eC	18.70dA	19.76cB	22.49aB	21.62bA	19.38cA
ST21015	16.40dC	18.36cB	18.97bC	20.36aC	17.19cD	17.31cD

2.3　低温胁迫对甜菜幼苗叶片 POD 活性的影响

由表7、表8可知，常温各品种过氧化物酶（POD）活性不同，耐低温品种的酶活性高于不耐低温的品种；随着低温胁迫时间延长和温度降低，各品种叶片 POD 活性总体呈现上升趋势，温度越低，低温处理时间越长，则 POD 活性越高，且各品种的上升幅度不同。

5℃胁迫 1d，耐寒品种 DZ-6 和 SD21316 的叶片 POD 活性分别比对照增加了 63.16% 和 65.89%，敏感品种 04BSO2 和 ST21015 分别增加了对照的 46.83% 和 36.79%，第二天开始各品种 POD 活性增加逐渐减缓，处理第三天各品种 POD 活性达到处理期间最强，各品种（按表7中先后顺序）分别较对照增加了 93、95%、101、92%、88.55%、106.18%；3℃胁迫使各品种的叶片 POD 活性变化幅度更大，处理第三天时，DZ-6 和 SD21316 分别增加了对照的 157.80%、153.77%，04BSO2 和 ST21015 的 POD 活性分别较对照上升了 88.55%、106.18%。

表7　5℃低温胁迫对甜菜幼苗叶片 POD 活性（U·g^{-1}·min^{-1}）的影响

品种	低温处理与恢复时间（d）					
	CK	1	2	3	R1	R2
DZ-6	202.81eA	329.53cA	384.34bA	392.32aA	257.57dC	213.42eC
SD21316	185.10efB	304.36cB	367.45bAB	373.76aB	271.84dB	202.67eCD
04BS02	171.93dC	248.17cdC	316.33bB	324.17aCD	279.93cAB	247.33edAB
ST21015	168.86deC	188.38dD	291.36beC	348.16aC	291.64bcA	257.56cA

表8　3℃低温胁迫对甜菜幼苗叶片 POD 活性（U·g^{-1}·min^{-1}）的影响

品种	低温处理与恢复时间（d）					
	CK	1	2	3	R1	R2
DZ-6	202.81eA	295.43cdC	487.44bA	522.84aA	373.97cA	248.03dB
SD21316	185.10eB	388.27bA	394.96bB	469.73aB	373.26bcA	276.76deA
04BS02	171.93fC	314.45dB	376.23bcBC	425.06aC	226.31dD	229.67dC
ST21015	168.86efC	272.06cdCD	338.16bCD	367.93aD	279.64cdC	246.76dB

恢复常温后，各品种 POD 活性均开始降低，5℃胁迫恢复两天后耐寒品种 POD 活性与对照差异

不显著，耐寒品种与敏感品种之间差异显著（$P<0.05$），3℃胁迫后恢复两天各品种 POD 活性与对照仍有显著差异。

2.4 低温胁迫对甜菜幼苗叶片 CAT 活性的影响

由表 9、表 10 可以看出，常温培养（CK）时，甜菜各品种幼苗叶片细胞内过氧化氢酶（CAT）活性相对较高，品种间差异显著（$P<0.05$），DZ-6 和 SD21316 高于两个敏感型品种，DZ-6 活性最强；随着低温胁迫时间延长和温度降低，各品种叶片 CAT 活性总体呈先降低后上升趋势。

5℃胁迫 1d，耐寒品种 DZ-6 和 SD21316 的叶片 CAT 活性分别比对照降低了 11.16% 和 9.89%，敏感品种 04BSO2 和 ST21015 分别降低了对照的 43.63% 和 50.86%，品种类型组间差异不显著（$P<0.05$）；胁迫第三天时，DZ-6、SD21316、04BS02 和 ST21015 的 CAT 活性分别上升至对照的 84.53%、78.80%、58.07%、50.98%；3℃胁迫对各品种的叶片 CAT 活性影响更大，胁迫第三天时 DZ-6、SD21316、04BSO2 和 ST21015 的 CAT 活性分别上升至对照的 84.16%、80.45%、70.23%、62.99%。恢复常温后，各品种 CAT 活性迅速回升。耐寒品种 DZ-6 和 SD21316 在 5℃胁迫下的 CAT 活性恢复一天后与对照差异不显著，3℃胁迫下恢复两天后与对照差异不显著（$P<0.05$）；敏感品种恢复两天后均与对照差异显著（$P<0.05$），说明敏感品种 CAT 活性的恢复能力弱于耐寒品种。

表 9　5℃低温胁迫对甜菜幼苗叶片 CAT 活性（$U \cdot g^{-1} \cdot min^{-1}$）的影响

品种	低温处理与恢复时间（d）					
	CK	1	2	3	R1	R2
DZ-6	21.21abA	16.10dC	17.44edA	17.85bedA	22.04aA	19.88abcA
SD21316	19.34bB	14.55cC	14.69cB	15.56cB	21.02aA	19.87bA
04BS02	20.63aC	10.62dA	12.97dC	14.49cdC	18.93bB	18.19beC
ST21015	20.89aC	9.56dB	13.48cC	13.16cC	16.89bcB	19.16bB

表 10　3℃低温胁迫对甜菜幼苗叶片 CAT 活性（$U \cdot g^{-1} \cdot min^{-1}$）的影响

品种	低温处理与恢复时间（d）					
	CK	1	2	3	R1	R2
DZ-6	21.21aA	19.38abA	15.90edA	17.93bcA	16.45aA	19.56abA
SD21316	19.34aB	18.79aA	14.28bB	15.24cAB	14.60bAB	18.12aA
04BSO2	20.63aAB	11.88dB	12.48dC	11.98cC	12.92bcB	13.76bB
ST21015	20.89aAB	10.06cB	9.34cC	10.65cC	11.82bcB	14.68bB

2.5 保护酶系与甜菜幼苗抗寒性

以甜菜耐寒品种 DZ-6 为例，对胁迫 1d 时幼苗各指标 3℃与 5℃相对变化率进行相关分析，如表 11 所示，SOD、POD 与甜菜幼苗叶片 REC 和 MDA 含量负相关，其中 POD 与两者显著负相关；SOD 活性与 POD 活性极显著正相关，说明 POD 和 SOD 对甜菜幼苗耐寒性的影响较大。

表 11　低温胁迫下甜菜幼苗各指标相关性分析结果

	REC	MDA	SOD	POD	CAT
REC	1.000				
MDA	0.679*	1.000			

（续）

	REC	MDA	SOD	POD	CAT
SOD	−0.315	−0.429	1.000		
POD	−0.536*	−0.782*	0.813**	1.000	
CAT	−0.153	−0.343	0.273	0.21	1.000

注：＊、＊＊分别表示10%、5%的显著性水平。

3 讨论与结论

植物遭受低温伤害后，过量活性氧使细胞膜产生膜脂过氧化物，最终分解生成MDA[8]，加剧膜系统损伤，膜透性增加，导致细胞REC上升[9]，MDA含量和REC可直接反映细胞受活性氧伤害的程度，MDA含量越高，REC越大，耐寒性越弱。但是，细胞能主动增强SOD、POD和CAT等保护酶活性，清除过多活性氧，缓解细胞所受过氧化伤害[10]。本试验研究发现，甜菜受到低温胁迫后，耐寒品种细胞内MDA含量和相对电导率均低于低温敏感品种，说明耐寒品种在胁迫时细胞膜损伤小，温度回升后，MDA含量和相对电导率有所下降，细胞膜损伤可得以修复。低温胁迫后，SOD活性先降低后增强，POD活性增强，CAT活性下降，表明甜菜幼苗抵御低温的途径是快速启动POD活性增强呼吸代谢，释放热能来维持体内温度，之后SOD活性提高增强抗氧化能力，保持细胞膜的稳定性。同时，当低温胁迫解除后，甜菜的保护酶系活性和膜透性都能更快恢复，耐寒品种较低温敏感品种恢复能力更强。因此增强呼吸代谢和抗氧化能力均能提高甜菜幼苗对低温的忍耐力。

◇ 参考文献

[1] Eric S. Ober，Abazar Rajabi. Abiotic Stress in Sugar Beet [J]. Sugar Tech，2010，12（1）：294-298.

[2] 潘瑞炽. 植物生理学（第六版）[M]. 北京：高等教育出版社，2008.

[3] 李春燕，陈思思，徐雯，等. 苗期低温胁迫对扬麦16叶片抗氧化酶和渗透调节物质的影响 [J]. 作物学报，2011（12）：2293-2298.

[4] 周斌，张金龙，冯纪年，等. 短期低温胁迫对核桃抗氧化酶活性的影响 [J]. 西北林学院学报，2015（3）：51-53，65.

[5] Yu X，Peng YH，Zhang MH，Shao YJ，Su WA，Tang ZC. Water relations and an expression analysis of plasma membrane intrinsic proteins in sensitive and tolerant rice during chilling and recovery. Cell Res，2006（16）：599-608.

[6] 史树德，孙亚卿，魏磊. 植物生理学实验指导 [M]. 北京：中国林业出版社，2011.

[7] 许瑛，陈煜，陈发棣，陈素梅，菊花耐寒特性分析及其评价指标的确定 [J]. 中国农业科学，2009（3）：974-98.

[8] 丁广洲，陈丽，赵春雷，等. 甜菜耐低温种质筛选和苗期耐冷性鉴定 [J]. 种子，2013（8）：1-6.

[9] M. Nazari，R. Amiri，Changes in antioxidant responses against oxidative damage in black chickpea following cold acclimation [J]. Russian Journal of Plant Physiology，2012（59）：183-189.

[10] 李春燕，徐雯，刘立伟，等. 低温条件下拔节期小麦叶片内源激素含量和抗氧化酶活性的变化 [J]. 应用生态学报，2015（7）：2015-2022.

甜菜幼苗叶片抗氧化系统对干旱胁迫的响应

李国龙[1]，孙亚卿[1]，邵世勤[2]，张永丰[1]

（1. 内蒙古农业大学农学院，呼和浩特　010018；
2. 内蒙古农业大学生命科学学院，呼和浩特　010018）

摘要：以抗旱性不同的甜菜品种 HI0466 和 KWS9454 为供试材料，在不同水分处理条件下研究了甜菜抗氧化系统生理指标对苗期不同程度水分亏缺的响应机制及其与甜菜抗旱性的关系。结果表明：持续水分胁迫下甜菜幼苗叶片超氧化物歧化酶（SOD）、过氧化物酶（POD）、过氧化氢酶（CAT）等保护酶活性及抗氧化物质还原型谷胱甘肽（GSH）、抗坏血酸（AsA）含量基本呈现出先升高后下降的趋势，而类胡萝卜素（Car）含量逐步降低。由于抗旱甜菜品种在水分胁迫下各生理指标具有增幅大或降幅较小的特征，因此在胁迫加重时抗旱甜菜品种可维持较高的 SOD、POD、CAT 活性及 Car、AsA 含量，以降低膜质过氧化程度，使得其丙二醛（MDA）含量维持在较低水平，但在品种间差异明显。主成分分析结果表明，干旱胁迫条件下 SOD、POD 活性，MDA、AsA 含量均可作为甜菜品种苗期抗旱性鉴定的有效生理指标。

关键词：甜菜；抗氧化系统；干旱胁迫；抗旱性

干旱是对植物影响最大的逆境生态因子，也是农业可持续发展的一个重要制约因素[1-3]。干旱胁迫使植物细胞分裂、细胞增长被显著抑制，植株生长缓慢；使细胞内产生大量自由基，破坏植物体内活性氧代谢平衡，加剧膜质过氧化程度而损伤甚至损坏膜系统，严重时导致细胞组织解体[4-6]。植物对干旱胁迫的响应机制一直是植物生理生态学研究的热点，特别是随着分子生物学的发展，使该领域的研究工作进入一个充满活力的新时期[7]。围绕干旱胁迫下植物表观形态及生理生化应答机制的研究报道较多[8-12]。然而，植物抗旱性是一个十分复杂的性状，不但受多个基因控制，而且是通过多个途径来实现，包括增强细胞渗透调节能力、提高膜质抗氧化能力、增强内源激素调控能力、增强蛋白质抗脱水能力等。深入研究植物耐旱性的生理响应机制，明确起关键作用的主要途径，可为下一步有针对性地开展抗旱基因组、蛋白质组及代谢组研究提供依据。

甜菜（*Beta vulgaris* L.）是我国重要的糖料作物和经济作物之一。我国甜菜种植主要分布在东北、西北和华北，这些地区水资源相对匮乏，伴随周期性或难以预期的干旱天气，水分成为限制甜菜生产的主要因素[13-14]。这一问题的解决一方面依赖于节水高效的现代农业灌溉措施，提高水分利用效率；另一方面有待于挖掘甜菜自身潜力，应加强抗旱研究力度，培育甜菜抗旱新品种。而明确不同抗旱性甜菜对干旱的生理响应差异、抗旱相关的重要生理指标，阐明其抗旱的主要生理途径，对抗旱甜菜品种的筛选和培育有重要的现实意义。为此，对甜菜幼苗进行不同程度水分处理，分析不同程度水分亏缺条件下及复水后甜菜幼苗在抗氧化系统方面的生理响应，探讨抗氧化系统相关生理参数与甜菜抗旱性的关系，为进一步研究甜菜对干旱胁迫的响应机理和筛选甜菜耐旱品种提供参考依据。

---

* 通讯作者：李国龙（1977—　），男，内蒙古乌兰察布市人，教授，研究方向：甜菜栽培生理。

1 材料与方法

1.1 材料培养与处理

供试材料为强抗旱甜菜品种 HI0466（瑞士先正达公司选育）和弱抗旱甜菜品种 KWS9454（德国 KWS 公司选育），品种抗旱性鉴定工作已先期开展[15]。采用室内盆栽试验，选取相同规格（60cm×40cm×20cm）的培养箱，每箱装入 35kg 试验田表土并拌入包膜缓释肥料 400g。土壤田间持水量和永久萎蔫系数分别为 21% 和 7.5%，土壤 pH 为 6.8。幼苗培育在人工气候室进行，人工气候室条件设置为温度 25℃，光暗周期为 14h/10h。每箱留健壮幼苗 30 株，在幼苗生长至 6 片真叶时开始进行胁迫处理。对照（CK）每箱浇灌 6.5L 水使土壤含水量维持在饱和含水量的 75%～80%，并且每天 6：00 通过称重法对土壤含水量进行监测；胁迫处理停止浇水，胁迫持续 5d 后复水至对照水平。分别于处理后 1d、3d、5d 和复水后 1d（RW1）、2d（RW2）取对照和处理植株长势一致的完全展开的第三、四片叶进行相关生理指标的测定。

1.2 测定项目与方法

称取不同处理叶片各 0.5g 放入预冷的研钵内，加 1mL 预冷 pH7.8 磷酸缓冲液在冰浴下研磨成浆，加缓冲液使最终体积为 5mL，然后在 4℃于 10 000r/min 离心 10min，取上清液，即酶液冷藏于 4℃冰箱，用于测定叶片超氧化物歧化酶（SOD）、过氧化物酶（POD）、过氧化氢酶（CAT）活性。其中叶片 SOD 活性采用氮蓝四唑（NBT）光化还原法[16]测定；POD 活性采用愈创木酚法[17]测定；CAT 活性采用紫外吸收法[18]测定。留样后进行其余指标的测定：采用硫代巴比妥酸比色法[17]测定丙二醛（MDA）含量，采用 $KMnO_4$ 法[16]测定 H_2O_2 含量，参照张宗申等[19]方法测定抗坏血酸（AsA）、还原型谷胱甘肽（GSH）含量，参照高俊凤[20]方法测定类胡萝卜素（Car）含量。

1.3 数据分析

数据采用 Excel2007 和 SPSS13.0 进行分析与处理。其中，图表制作采用 Excel 2007，不同处理间差异显著性分析及主成分分析采用 SPSS13.0，数据均为 3 次重复的平均值。

2 结果与分析

2.1 甜菜幼苗叶片 SOD 活性对水分胁迫的响应

SOD 是膜质过氧化防御系统的关键保护酶，作为超氧自由基清除剂，可催化活性氧发生歧化反应生成 H_2O_2 和 O_2，其活性高低与植物的抗逆性大小存在一定的相关性[21]。图 1 结果表明，在正常供水条件下，对照组两个不同抗旱性的甜菜品种的 SOD 活性变化趋势平缓且稳定，品种间 SOD 活性基本接近。在水分胁迫条件下，两个甜菜品种的 SOD 活性变化趋势相似但变化幅度差别较大。强抗旱品种 HI0466 从胁迫第 3 天开始 SOD 活性迅速升高，至胁迫第 5 天已提高到对照水平的 1.42 倍；而弱抗旱品种 KWS9454 仅提高到对照水平的 1.18 倍，强抗旱品种在水分胁迫 3d 后 SOD 活性较弱抗旱品种增幅明显。复水后 2d，SOD 活性均又恢复到对照水平。说明强抗旱品种可通过诱导叶片 SOD 活性的升高来清除干旱胁迫导致的活性氧积累，减轻水分胁迫伤害。

2.2 甜菜幼苗叶片 POD 活性对水分胁迫的响应

POD 也是植物细胞中抗氧化保护酶系的主要成员，对环境变化较为敏感，在逆境胁迫或衰老初期均有表达，可通过氧化相应基质清除低浓度的过氧化物。但 POD 作用具有双重性，其还可参与活性氧的形成而表现为伤害效应[22]。由图 2 可知，正常供水条件下对照组 POD 活性无明显波动，且两

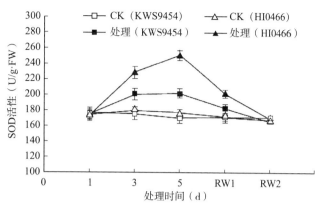

图1 不同水分条件下甜菜幼苗叶片 SOD 活性变化

注：RW1、RW2 分别指 KWS9454、HI0466 复水处理，下同。

个品种较为接近。水分胁迫处理后，在胁迫第 1 天两个品种 POD 活性均有所增加；胁迫至第 3 天强抗旱品种 HI0466 的 POD 活性仍显著增加，而弱抗旱材料 KWS9454 开始下降；在胁迫的第 5 天，两个品种的 POD 活性虽然均出现降低，但弱抗旱品种 KWS9454 降低的程度显著高于强抗旱材料 HI0466。在复水后 POD 活性均恢复至接近对照水平。

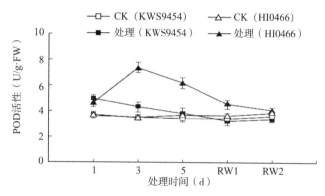

图2 不同水分条件下甜菜幼苗叶片 POD 活性变化

2.3 甜菜幼苗叶片 CAT 活性对水分胁迫的响应

CAT 专一清除植物体内的 H_2O_2，它与 SOD 协同以最大限度地减少·OH 的形成[23]。图3 结果表明，正常供水条件下对照组品种间差异不显著，且 CAT 活性无明显波动。在水分胁迫处理后，供试两个品种变化趋势相似，在胁迫 3d 内 CAT 活性呈增长趋势，至胁迫第 5 天 CAT 活性开始略有降低，但不同抗旱性品种的增长或降低程度不同，强抗旱品种 HI0466 的增长或降低幅度较大，在胁迫第 1、3、5 天 CAT 活性分别较弱抗旱品种 KWS9454 高 14.6%、15.8% 和 17.5%，且品种间差异明显。在复水后两个品种的 CAT 活性均恢复到接近对照水平。

2.4 甜菜幼苗叶片 MDA 含量对水分胁迫的响应

MDA 是作物遭受干旱时细胞膜脂过氧化的主要产物之一，其大量积累容易造成细胞膜功能的紊乱，破坏细胞中的生物功能分子，其含量高低是反映细胞膜脂过氧化作用强弱和质膜破坏程度的重要指标[24]。由图4 看出，正常供水条件下对照组品种 MDA 含量稳定且两个品种接近。在胁迫第 1 天，由于胁迫程度较低，两个品种 MDA 含量与对照的水平接近。随着胁迫时间的延长，两个甜菜品种 MDA 含量均呈现升高趋势，但升高幅度不同。弱抗旱材料增幅明显，在处理第 3 天和第 5 天 MDA 含量累积分别较对照提高 78.1% 和 85.3%，而强抗旱品种 HI0466 在相同胁迫时间分别较对照提高

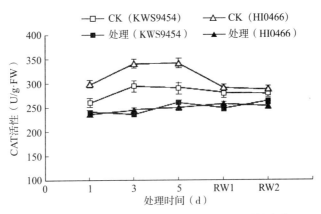

图3　不同水分条件下甜菜幼苗叶片 CAT 活性变化

31.2％和32.4％，明显低于弱抗旱品种。结果表明短时间胁迫对细胞膜脂过氧化作用的影响不大，胁迫持续时间过长会使膜脂过氧化程度加重，且抗旱性强的品种膜脂过氧化程度低。

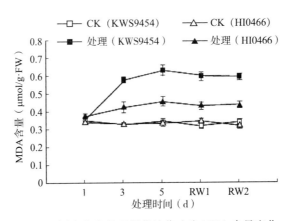

图4　不同水分条件下甜菜幼苗叶片 MDA 含量变化

2.5　甜菜幼苗叶片 H_2O_2 含量对水分胁迫的响应

H_2O_2 是植物细胞中普遍存在的一种重要活性氧，其含量的激增也是植物受旱后的过氧化表现[25]。图5结果表明，对照组在正常供水条件下 H_2O_2 含量在品种间差异不明显，且含量稳定。在水分胁迫后 H_2O_2 含量开始升高，在胁迫后第1天，处理组略有升高，但品种间差异仍不明显；随着胁迫时间的延长，在胁迫第3天 H_2O_2 含量急剧升高，弱抗旱品种 KWS9454 较对照增加了2.42倍，而强抗旱品种较对照增加1.93倍，增加幅度明显低于弱抗旱品种；在胁迫的第5天，可能由于弱抗旱品种 KWS9454 幼苗代谢受到严重抑制，对进一步胁迫难以响应，而强抗旱材料 HI0466 的 H_2O_2 含量继续升高，为对照的2.74倍，对水分胁迫仍然能够做出敏感响应，表明抗旱品种能够在相对较长的时间内维持自身一定水平的抗旱活力，具有较强的干旱胁迫耐受力。

2.6　甜菜幼苗叶片 Car 含量对水分胁迫的响应

在逆境条件下，Car 可保护叶绿素分子免遭光氧化损伤，在活性氧猝灭系统中起重要作用。图6结果表明，正常供水条件下不同抗旱性甜菜品种间 Car 含量稳定且相互接近。在水分胁迫下，Car 含量开始逐渐下降，但降幅不同，抗旱品种 HI0466 下降幅度较小，在胁迫时间较长时与弱抗旱品种相比仍可保持较高的 Car 含量。胁迫第3天，不同抗旱性甜菜品种间 Car 含量差异明显。在复水后两个品种的 Car 含量恢复并开始增加，2d 后基本接近对照水平。

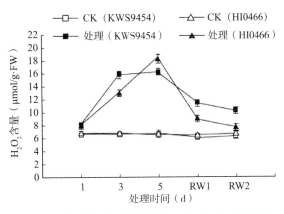

图 5 不同水分条件下甜菜幼苗叶片 H_2O_2 含量变化

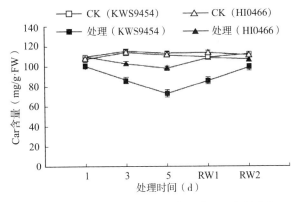

图 6 不同水分条件下甜菜幼苗叶片 Car 含量变化

2.7 甜菜幼苗叶片 GSH 含量对水分胁迫的响应

GSH 是生物体内普遍存在的一种三肽,作为细胞内重要的抗氧化酶正日益受到重视,该酶具有清除自由基和保护细胞膜及生物大分子结构的生物学功能。由图 7 可知,在正常供水条件下不同抗旱品种的 GSH 含量稳定且彼此接近。水分胁迫下,GSH 含量开始升高。在胁迫第 1 天,HI0466 和 KWS9454 分别较对照上升了 16.9% 和 12.0%,而到胁迫第 5 天,两个品种 GSH 含量分别升高至对照的 1.23 倍和 1.27 倍,但在整个胁迫过程中两个品种始终保持相近的变化幅度。

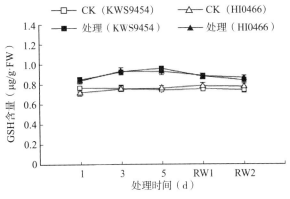

图 7 不同水分条件下甜菜幼苗叶片 GSH 含量变化

2.8 甜菜幼苗叶片 AsA 含量对水分胁迫的响应

AsA 是广泛存在于植物光合组织中的一种重要的抗氧化剂，具有多种抗氧化功能。从图 8 结果看出，不同抗旱性品种在正常水分条件下 AsA 含量维持稳定且品种间基本接近。在第 1 天水分胁迫下，AsA 含量开始升高，且品种间升高的幅度接近，分别较对照升高 21.0% 和 17.5%；随着胁迫时间的延长，不同抗旱性品种 AsA 含量均开始降低，但降低幅度不同抗旱性品种表现出不同。强抗旱品种 HI0466 降幅较小，胁迫第 5 天与胁迫第 1 天相比，仅降低 6.8%，仍高于对照水平，而弱抗旱品种 KWS9454 与胁迫第 1 天相比降低了 26.8%，且明显低于对照水平，在胁迫时间较长时不同抗旱性品种间 AsA 含量表现出明显不同。

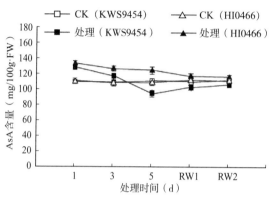

图 8 不同水分条件下甜菜幼苗叶片 AsA 含量变化

2.9 甜菜抗旱性鉴定指标的评价

甜菜不同抗旱性品种在不同水分状况下各单项生理指标对胁迫的响应不尽相同，采用单一指标评价甜菜抗旱性结果相对片面，且各指标间关系复杂，不同指标对抗旱性贡献的权重比例各异，因此需对其进行综合分析评价。利用 SPSS13.0 软件对 8 项生理指标进行主成分分析（表 1），主成分分析特征值中 2 个成分的累积贡献率达到 90.372%，具有较强的代表性，提取的 2 个主成分基本上代表了 8 个原始指标的绝大部分信息。其中决定第一主成分大小的主要有 SOD、POD 活性两个生理指标，系数分别为 0.977 和 0.941，这两个指标属于抗氧化酶系统；决定第二主成分大小的主要有 MDA、AsA 含量两个生理指标，系数分别为 -0.972 和 0.917，这两个指标可反映膜质过氧化程度和评价植物抗氧化能力。因此，主成分分析结果表明，在甜菜苗期 SOD、POD 活性，MAD、AsA 含量均可作为甜菜抗旱性的鉴定指标。

表 1 各生理指标主成分的特征向量及贡献率

生理指标	成分 1	成分 2
SOD 活性	0.977	0.425
POD 活性	0.941	0.751
MDA 含量	0.388	-0.972
CAT 活性	0.847	0.591
H_2O_2 含量	0.718	-0.139
Car 含量	-0.555	0.849
GSH 含量	0.455	-0.089
AsA 含量	-0.232	0.917

（续）

生理指标	成分 1	成分 2
特征值	3.786	3.444
贡献率（%）	47.325	43.046
累计百分率（%）	47.325	90.372

3 讨论

SOD、POD 和 CAT 作为植物内在的保护酶，通过相互间的分工合作，在植物抗逆代谢中起重要的调控作用。正常情况下，自由基的生成和消除处于动态平衡。在水分胁迫条件下，保护酶系统清除活性氧的能力与水分胁迫的方式及强度、植物材料、同种植物材料的不同品种（系）等诸多因素有关。对玉米的研究表明，玉米叶片在水分胁迫程度较轻时 SOD、POD 和 CAT 活性上升，胁迫程度较重、胁迫时间较长则 SOD、CAT 活性下降，膜质过氧化程度加重；同时抗旱性不同的品种 SOD、CAT、POD 活性均存在着明显的差异，抗旱性较强的品种，其保护酶的活性也较高[26]。Kolarovič 等[27]研究发现，抗旱玉米品种苗期受短时间水分胁迫后，其叶片抗氧化酶 SOD、POD 和 CAT 活性均得到显著提高，且保护酶体系中 SOD 的作用更为显著。在对烟草的研究也发现，叶片中抗氧化酶活性与水分胁迫程度间存在规律性响应[5]。这些研究结果与本研究结果相似，水分胁迫下抗旱性不同的甜菜品种间 SOD、POD、CAT 活性存在着明显的差异，抗旱性较强的甜菜品种在胁迫时间较长时仍可通过维持较高的保护酶活性来缓解干旱胁迫的伤害。表明通过增强活性氧清除能力进而降低膜质过氧化是甜菜抗旱性提高的主要生理机制之一，保护酶活性可作为甜菜抗旱性评价的主要生理参考指标。

抗氧化物质在植物参与水分胁迫的响应过程中也起着重要的作用，这些抗氧化物质主要包括 Car、AsA 以及一些含巯基的低分子化合物，如 GSH，它们可通过多条途径直接或间接地清除活性氧。在冬小麦研究中发现，旗叶在遭受水分胁迫过程中 Car 含量逐渐降低，抗旱性较强的品种可保持相对较高的 Car 含量[28]。而对烟草的研究发现干旱可导致 AsA 含量下降，引起植物清除活性氧能力降低，并阻碍了 Halliwell - Asada 循环[29]。如能在适度干旱条件下保持植株叶片 AsA 含量稳定或有所提高，将有助于其在干旱逆境中的生长代谢[29]。有关 GSH 在水分胁迫下的作用目前的研究结论不尽相同，一种观点认为在水分胁迫下通过 GSH 含量的大幅度提高可增强植物的抗氧化能力，但也有研究认为 GSH 的大量增加可进一步造成更大程度的氧化胁迫[30-31]。在 Car、AsA 含量与水分胁迫的关系方面，本研究结果与前人研究基本一致，在水分胁迫下甜菜叶片 Car、AsA 含量均呈现出降低的趋势，但抗旱性强的甜菜品种 Car、AsA 含量在水分胁迫下降低幅度较小，与弱抗旱品种相比能够在水分胁迫下维持相对较高的 Car、AsA 含量，进而对干旱逆境中甜菜的生长代谢起到重要作用。对 GSH 含量的研究表明，干旱胁迫可诱导甜菜体内 GSH 含量的增加，但不同抗旱性品种间增加幅度相近，表明在增强甜菜抗旱性方面通过 GSH 含量的变化未能起到主要作用。

植物可通过多种抗旱机制作用的发挥来增强其抗旱性。研究表明，MDA 能够作为植物细胞膜脂过氧化的主要产物，通过与脂类、蛋白质、糖类、核酸的作用，影响活性氧代谢系统的平衡，其含量的多少可直接反映出组织抗旱能力的强弱；同时，H_2O_2 的富集也是膜脂过氧化的一种体现，不同强度干旱胁迫处理后，其含量变化同 MDA 高度相似[32-33]。本研究的结果表明，通过 SOD、POD、CAT 及抗氧化物质 Car、AsA 的协同作用，减少了活性氧的富集，降低了膜脂的过氧化程度，水分胁迫初期抗旱品种甜菜幼苗的 MDA、H_2O_2 含量增加幅度较小。

作物的抗旱性是由多个因素交互作用形成的一种综合表现，不同抗旱生理指标对作物干旱胁迫的响应敏感程度不同，因此不应采用某种单一指标对抗旱性进行评价，而应通过综合评价方法对抗旱相关生理指标进行分析。目前报道的抗旱性综合评价方法主要有隶属函数法、聚类分析法、灰色关联分析法、主成分分析法等[34-35]。本研究通过主成分分析法对 8 个甜菜品种的抗旱指标进行了综合评价，其中在隶属的两个主成分中，SOD、POD 活性，MAD、AsA 含量对干旱胁迫最为敏感，对抗旱性的贡献率也最大，可作为甜菜苗期抗旱性评价的主要参考指标。

◇ 参考文献

[1] 黄玉兰，殷奎德，向君亮，等．干旱胁迫下植物生理生化及 DNA 甲基化的研究进展 [J]．玉米科学，2016，24（2）：96 - 102．

[2] Schindler U，Steidl J，Müller L，et al. Drought risk to agricultural land in Northeast and Central Germany [J]．Journal of Plant Nutrition & Soil Science，2007，170（3）：357 - 362．

[3] 山仑．植物抗旱生理研究与发展半旱地农业 [J]．干旱地区农业研究，2007，25（1）：1 - 5．

[4] Nogués I，Llusià J，Ogaya R，et al. Physiological and antioxidant responses of Quercus ilex to drought in two different seasons [J]．Plant Biosystems，2014，148（2）：268 - 278．

[5] 邵惠芳，陈征，许嘉阳，等．两种烟草幼苗叶片对不同强度干旱胁迫的生理响应比较 [J]．植物生理学报，2016（12）：1861 - 1871．

[6] Ma X，Xin Z，Wang Z，et al. Identification and comparative analysis of differentially expressed miRNAs in leaves of two wheat（Triticum aestivum L.）genotypes during dehydration stress [J]．BMC Plant Biology，2015，15（1）：1 - 15．

[7] Chaves M M，Maroco J P，Pereira J S. Understanding plant responses to drought - from genes to the whole plant [J]．Functional Plant Biology，2003，30（3）：239 - 264．

[8] 靳军英，张卫华，袁玲．三种牧草对干旱胁迫的生理响应及抗旱性评价 [J]．草业学报，2015，24（10）：157 - 165．

[9] 任磊，赵夏陆，许靖，等．4 种茶菊对干旱胁迫的形态和生理响应 [J]．生态学报，2015，35（15）：5131 - 5139．

[10] 张旭东，王智威，韩清芳，等．玉米早期根系构型及其生理特性对土壤水分的响应 [J]．生态学报，2016，36（10）：2969 - 2977．

[11] 马一泓，王术，于佳禾，等．水稻生长对干旱胁迫的响应及抗旱性研究进展 [J]．种子，2016，35（7）：45 - 49．

[12] 张木清，陈如凯．作物抗旱分子生理与遗传改良 [M]．北京：科学出版社，2005：22 - 23．

[13] 李丽芳，罗晓芳，王华芳．植物抗旱基因工程研究进展 [J]．西北林学院学报，2004，19（3）：53 - 57．

[14] 李国龙，吴海霞，温丽，等．甜菜苗期抗旱鉴定指标筛选及其综合评价 [J]．干旱地区农业研究，2011，29（4）：69 - 74．

[15] 高俊凤．植物生理学实验指导 [M]．北京：高等教育出版社，2006：221 - 224．

[16] 张志良，瞿伟菁．植物生理学实验指导 [M]．3 版．北京：高等教育出版社，2006：274 - 277．

[17] 王学奎．植物生理生化实验原理和技术 [M]．2 版．北京：高等教育出版社，2006：172 - 173．

[18] 张宗申，利容千，王建波．外源 Ca^{2+} 预处理对高温胁迫下辣椒叶片细胞膜透性和 GSH、AsA 含量及 Ca^{2+} 分布的影响．植物生态学报，2001，25（2）：230 - 234．

[19] 高俊凤．植物生理学试验技术 [M]．西安：世界图书出版公司，2000：101 - 103．

[20] 夏民旋，王维，袁瑞，等．超氧化物歧化酶与植物抗逆性 [J]．分子植物育种，2015，13（11）：2633 - 2646．

[21] 左应梅，杨维泽，杨天梅，等．干旱胁迫下 4 种人参属植物抗性生理指标的比较 [J]．作物杂志，2016（3）：84 - 88．

[22] 闫志利，牛俊义，席玲玲，等．水分条件对豌豆保护酶活性及膜脂过氧化的影响 [J]．中国生

态农业学报，2009，17（3）：554-559.

[23] 杜彩艳，段宗颜，潘艳华，等．干旱胁迫对玉米苗期植株生长和保护酶活性的影响 [J]．干旱地区农业研究，2015，33（3）：124-129.

[24] 井大炜，邢尚军，杜振宇，等．干旱胁迫对杨树幼苗生长、光合特性及活性氧代谢的影响 [J]．应用生态学报，2013，24（7）：1809-1816.

[25] 孙彩霞，刘志刚，荆艳东．水分胁迫对玉米叶片关键防御酶系活性及其同工酶的影响 [J]．玉米科学，2003，11（1）：63-66.

[26] Kolarovič L，Valentovič P，Luxová M，et al. Changes in antioxidants and cell damage in heterotrophic maize seedlings differing in drought sensitivity after exposure to short-term osmotic stress [J]. Plant Growth Regulation，2009，59（1）：21-26.

[27] 马俊莹，周睿，程炳嵩．类胡萝卜素与活性氧代谢的关系 [J]．山东农业大学学报（自然科学版），1997（4）：518-521.

[28] Fletcher J M，Barnes J D，Foyer C H. The function of ascorbate oxidase in tobacco [J]. Plant Physiology，2003，132（3）：1631-1641.

[29] 阎成仕，李德全，张建华．冬小麦旗叶旱促衰老过程中氧化伤害与抗氧化系统的响应 [J]．西北植物学报，2000，20（4）：568-576.

[30] 赵丽英，邓西平，山仑．活性氧清除系统对干旱胁迫的响应机制 [J]．西北植物学报，2005，25（2）：413-418.

[31] 张盼盼，冯佰利，王鹏科，等．PEG胁迫下糜子苗期抗旱指标鉴选研究 [J]．中国农业大学学报，2012，17（1）：53-59.

[32] Srivastava S，Srivastava M. Morphological changes and antioxidant activity of Stevia rebaudiana under water stress [J]. American Journal of Plant Sciences，2014，5（22）：3417-3422.

[33] 张智猛，万书波，戴良香，等．花生抗旱性鉴定指标的筛选与评价 [J]．植物生态学报，2011，35（1）：100-109.

[34] 郭数进，李玮瑜，马艳芸，等．山西不同生态型大豆品种苗期耐低温性综合评价 [J]．植物生态学报，2014，38（9）：990-1000.

[35] 田山君，杨世民，孔凡磊，等．西南地区玉米苗期抗旱品种筛选 [J]．草业学报，2014，23（1）：50-57.

甜菜幼苗叶片渗透调节系统及部分激素对干旱胁迫的响应

李国龙[1]，孙亚卿[1]，邵世勤[2]，张永丰[1]

（1. 内蒙古农业大学农学院，呼和浩特　010018；
2. 内蒙古农业大学生命科学学院，呼和浩特　010018）

摘要：以抗旱性不同的甜菜品种HI0466、KWS9454为供试材料，在不同水分处理条件下研究甜

＊　通讯作者：李国龙（1977—　），男，内蒙古乌兰察布市人，教授，研究方向：甜菜栽培生理。

菜渗透调节系统相关生理指标及部分激素对苗期不同程度水分亏缺的响应机制及其与甜菜抗旱性的关系。结果表明，持续水分胁迫下甜菜幼苗叶片可溶性蛋白含量呈现先升高后下降的趋势，吲哚-3-乙酸（简称 IAA）含量、水势持续降低，而可溶性糖、游离脯氨酸、甜菜碱等渗透调节物质及脱落酸（简称 ABA）含量则逐步升高，且抗旱品种升高幅度较大。因此可知，在胁迫加重时抗旱品种甜菜叶片可维持较高的可溶性糖、游离脯氨酸、甜菜碱及 ABA 含量，且品种间差异显著，使得叶片水势维持在相对较低的水平，增强了其保水能力，提高了其抗旱性。主成分分析评价结果表明，胁迫条件下游离脯氨酸含量、甜菜碱含量、细胞水势、ABA 含量均可作为甜菜品种苗期抗旱性鉴定的有效生理指标。

关键词： 甜菜；渗透调节系统；激素；干旱胁迫

干旱是对植物影响较大的逆境生态因子，也是农业可持续发展的一个重要制约因素[1-3]。干旱胁迫使植物细胞分裂，细胞增长被显著抑制，植株生长缓慢；使植物体内活性氧代谢平衡被破坏，大量自由基在细胞内产生，膜质过氧化程度加剧，使膜系统受到损伤甚至损坏，严重时导致细胞组织解体[4-6]。植物对干旱胁迫的响应机制一直是植物生理生态学研究的热点，特别是近年来，随着分子生物学思想和方法的不断渗入，推动该领域的研究与探索步入一个充满活力的新阶段[7]。目前，围绕干旱胁迫下植物表观形态及生理生化应答机制的研究较多[8-12]。然而，植物抗旱性是受多个基因控制的复杂数量性状，涉及细胞渗透调节能力、内源激素调控能力、膜质抗氧化能力、蛋白质抗脱水能力等诸多途径，因此，进一步深入研究植物耐旱性的生理响应机制，明确起关键作用的主要途径，可为下一步有目的地开展抗旱基因组、蛋白组及代谢组研究提供依据。

甜菜（*Beta vulgaris* L.）是我国重要的糖料作物和经济作物之一，其种植区域主要分布在我国东北、西北和华北广大地区，该区域可利用水资源相对匮乏，周期性或难以预期的干旱已成为限制甜菜生产的主要因素[13-14]。除了依赖高效节水的现代化农业灌溉措施来解决这一问题，最大限度地挖掘甜菜自身的抗旱潜力、培育甜菜抗旱新品种是另一条有效途径。而明确不同抗旱性甜菜对干旱的生理响应差异，阐明其抗旱的主要生理途径，明确抗旱相关的重要生理指标，对抗旱甜菜品种的筛选和培育有重要的现实意义。为此，本试验对甜菜幼苗进行不同程度的水分处理，分析不同程度水分亏缺及复水后甜菜幼苗在可溶性糖、可溶性蛋白、脯氨酸、甜菜碱等渗透调节系统及脱落酸、生长素等部分内源激素方面的生理响应，探讨相关生理参数与甜菜抗旱性的关系，以期为进一步研究甜菜对干旱胁迫的响应机制和筛选甜菜耐旱性品种提供参考依据。

1 材料与方法

1.1 材料培养与处理

供试材料为强抗旱品种 HI0466（瑞士先正达公司选育）和弱抗旱性品种 KWS9454（德国 KWS公司选育），品种抗旱性鉴定工作已经得以开展[15]。本试验于 2016 年 4—10 月在内蒙古农业大学甜菜生理研究所进行。采用室内盆栽试验，选取相同规格 60cm×40cm×20cm 的培养箱，每箱装入35kg 试验田表土并伴入适量的缓释肥料。土壤田间持水量、永久萎蔫系数分别为 21%、7.5%，土壤 pH6.8。幼苗培育在人工气候室进行，气候室参数设置为温度 25℃，光—暗周期 14h～10h。每箱留健壮幼苗 30 株，在幼苗生长至 6 张真叶时开始进行胁迫处理。对照每箱浇灌 6.5L 水，使土壤含水量维持在饱和含水量的 75%～80%，每天 06：00 通过称质量法对土壤含水量进行监测；胁迫处理停止浇水，胁迫持续 5d 后复水至对照水平。分别于处理后第 1、3、5 天（分别记作 T1、T2、T3）和复水后第 1、2 天（分别记作 T4、T5）取对照和处理植株长势一致的完全展开的第 3、4 张叶进行相关生理指标的测定。

1.2 测定项目与方法

可溶性糖含量的测定采用蒽酮比色法[16]；游离脯氨酸含量的测定采用茚三酮法[16]；可溶性蛋白质含量的测定采用考马斯亮蓝 G - 250 法[17]；甜菜碱含量的测定采用化学比色法[18]；K^+ 含量的测定采用火焰光度计法[19]；吲哚-3-乙酸（简称 IAA）、脱落酸（简称 ABA）含量的测定采用酶联吸附免疫分析法[18]；叶水势的测定采用压力室法，利用 ZLZ - A 型植物水分测定仪在 09：00 测定[20]。

1.3 数据处理

试验数据采用 Excel2007 和 SPSS13.0 进行分析与处理。其中图表制作采用 Excel2007，而不同处理间差异显著性分析及主成分分析采用 SPSS13.0，图中数据均为 3 次重复的平均值。

2 结果与分析

2.1 水分胁迫下甜菜幼苗叶片渗透调节能力的响应

2.1.1 甜菜幼苗叶片可溶性糖含量对水分胁迫的响应

水分胁迫下植物体内可通过增加细胞原生质浓度来起到抗脱水作用，可溶性糖就属于该类物质的一种。从图 1 可以看出，在正常供水条件下，不同抗旱性甜菜叶片可溶性糖含量变化基本趋于稳定，波动不大，不同抗旱性品种间差异不显著。在胁迫第 1 天时，与对照差异不显著；随着胁迫程度增加，不同抗旱性品种甜菜叶片可溶性糖含量均表现出升高趋势，但是抗旱品种 HI0466 增幅较明显，在胁迫第 3、5 天时，其可溶性糖含量分别较对照提高 1.53、2.97 倍，而弱抗旱品种 KWS9545 分别仅较对照提高了 0.76、1.19 倍，不同抗旱品种间差异显著。复水后 2 个品种叶片可溶性糖含量均呈下降恢复趋势，但在复水 2d 内均未恢复到正常对照水平。

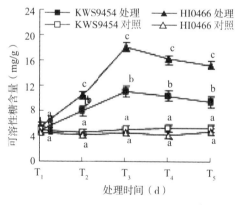

图 1 不同水分条件下甜菜幼苗叶片可溶性糖含量的变化

注：同一时间不同处理间标有不同小写字母表示差异显著（$P<0.05$）。下图同。

2.1.2 甜菜幼苗叶片可溶性蛋白含量对水分胁迫的响应

干旱胁迫下植物常会作出增加蛋白合成量或新合成某些蛋白的适应性调节反应，该类蛋白的产生与植物的干旱胁迫时间、强度及物种的类型、器官相关[21-25]。由图 2 可知，在正常供水条件下，不同抗旱性品种甜菜叶片可溶性蛋白含量变化平稳，不同品种间不存在显著差异。在水分胁迫处理下，不同抗旱性品种可溶性蛋白质含量变化均表现为先升高后降低的趋势。在胁迫前几天，水分胁迫诱导使 2 个供试品种可溶性蛋白含量均明显升高，但抗旱性强的品种 HI0466 可溶性蛋白质含量增幅较大，在胁迫第 3 天时最大值时提高为弱抗旱品种 KWS9554 的 1.15 倍，品种间差异显著；当胁迫持续到第 5 天时，可能由于胁迫程度加剧，2 个品种叶片可溶性蛋白质含量均开始下降，但是不同抗旱性品种下降幅度明显不同，抗旱品种 HI0466 可维持较低的降幅而保持相对较高的可溶性蛋白质含量，而弱抗旱品种 KWS9554 可溶性蛋白质含量迅速下降至较低水平；复水 2d 后可溶性蛋白质含量均可逐步恢复到对照水平。

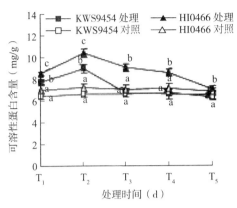

图2　不同水分条件下甜菜幼苗叶片可溶性蛋白含量的变化

2.1.3　甜菜幼苗叶片游离脯氨酸含量对水分胁迫的响应

作为植物体内水溶性最大的氨基酸，脯氨酸一方面可降低细胞渗透势，起到渗透调节作用，另一方面在保护大分子物质稳定性方面有一定作用。大量研究表明，干旱会使植物体内游离脯氨酸大量累积。在本研究中，在正常供水条件下，不同抗旱性甜菜品种叶片脯氨酸含量维持在稳定的低水平状态；在水分胁迫处理下，供试甜菜叶片脯氨酸含量均呈现出逐渐增加的趋势，但增加幅度明显不同，强抗旱品种 HI0466 增幅显著，在胁迫第1、3、5 天时分别提高到弱抗旱材料 KWS9454 的 1.98、1.54、1.90 倍，表现水分胁迫下不同抗旱性品种间脯氨酸含量差异显著；在复水后，供试材料叶片脯氨酸含量开始逐渐降低（图3）。

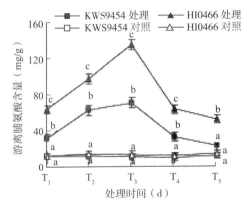

图3　不同水分条件下甜菜幼苗叶片脯氨酸含量的变化

2.1.4　甜菜幼苗叶片甜菜碱含量对水分胁迫的响应

甜菜碱是植物体内另一类理想的亲和性渗透物质，在抗逆中具有渗透调节、稳定生物大分子的作用。由图4可知，在正常供水条件下，不同抗旱性品种甜菜叶片甜菜碱含量（干质量）在 0.5～1.0μmol/g 范围内波动，变化趋势比较稳定。在水分胁迫下，不同品种甜菜碱含量出现不同程度的积累。抗旱品种 HI0466 在胁迫程度较轻时其叶片甜菜碱含量未出现及时响应，以至在胁迫第1天时其叶片甜菜碱含量仍维持在对照水平，但弱抗旱材料 KWS9454 略有升高。随着胁迫的进行，在胁迫第3～5天内，2个供试材料的叶片甜菜碱含量均表现为快速大量累积并达到最大值，但累积幅度差异显著。抗旱材料 HI0466 的增幅明显高于 KWS9454，在胁迫第3、5天时，抗旱材料 HI0466 叶片甜菜碱含量分别提高到 KWS9454 的 1.64、1.41 倍，不同抗旱性品种间差异显著。复水解除胁迫后，不同品种组织内的甜菜碱含量开始缓慢下降，但在复水 2d 后仍保持相对较高的水平，未能在短时间内恢复到对照水平。

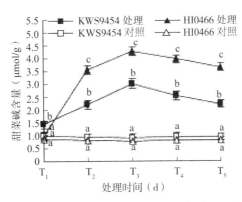

图 4　不同水分条件下甜菜幼苗叶片甜菜碱含量的变化

2.1.5　甜菜幼苗叶片 K⁺ 含量对水分胁迫的响应

作为离子渗透调节物质，K^+ 可通过调节液泡的渗透势来维持细胞膨胀压等生理过程。图 5 表明，在正常供水情况下，叶片 K^+ 含量变化较平缓，品种间无明显差异。在水分胁迫第 1 天时各组别 K^+ 含量无显著变化，基本维持在对对照水平。进一步胁迫条件下，供试 2 个品种叶片 K^+ 含量均开始快速升高，在胁迫第 5 天时 K^+ 含量均达到最高值，但在整个胁迫过程中，不同品种间变化幅度接近，不同抗旱性品种间差异不显著。复水后，各处理 K^+ 含量均快速下降并恢复到对照水平。

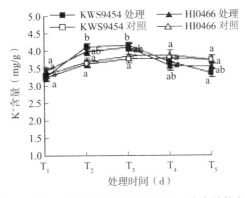

图 5　不同水分条件下甜菜幼苗叶片 K⁺ 含量的变化

2.1.6　甜菜幼苗叶片水势对水分胁迫的响应植物细胞的

水势对干旱等逆境胁迫较为敏感，且植物细胞的渗透调节作用是植物增强抗逆性、适应环境的基础[26]。从图 6 可以看出，不同抗旱性品种在正常水分条件下水势变化稳定，无明显差别；在水分胁迫条件下，2 个甜菜品种水势均呈现下降趋势。在胁迫第 1 天时，不同抗旱性品种下降幅度相近，差异不显著；随着胁迫程度进一步加大，抗旱品种 HI0466 水势下降幅度增加，且 2 个品种间差异显著。这可能与抗旱品种 HI0466 细胞内大量渗透调节物质的快速大量累积有关，使其渗透势维持在较低的水平，在胁迫第 5 天时叶片水势达到最低值。抗旱品种 HI0466 维持较低渗透势可避免细胞内水分的大量流失，提高其保水能力，增强抗旱性。在复水 2d 后，水势均可再次快速上升并接近对照水平。

2.2　水分胁迫下甜菜幼苗叶片内源激素的响应

2.2.1　甜菜幼苗叶片 IAA 含量对水分胁迫的响应

IAA 作为促进植物生长的关键内源激素，主要由植物顶端分生组织和正在生长的叶片来合成，并通过极性的方式运输到其他组织器官，其含量与生长的各组织之间保持一种互动的平衡反馈关系。

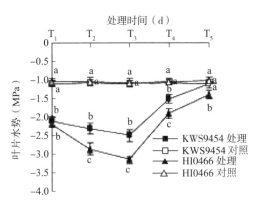

图6 不同水分条件下甜菜幼苗叶片水势变化

由图7可以看出，本研究中在正常水分条件下，不同抗旱性甜菜品种叶片 IAA 含量均维持稳定，且 HI0466 略高于 KWS9454。在水分胁迫下，抗旱材料 HI0466 叶片在胁迫第1天时的 IAA 含量未发生明显变化，而弱抗旱材料 KWS9454 叶片 IAA 含量显著降低。随着胁迫的持续，不同品种叶片 IAA 含量均表现为逐渐降低，在胁迫第5天时均达到最低值，但不同抗旱性品种降低幅度明显不同，弱抗旱材料 KWS9454 降低幅度显著高于抗旱材料 HI0466，在胁迫第3、5天分别较抗旱材料 HI0466 低 20.91%、27.24%，不同抗旱性品种间叶片 IAA 含量差异显著。复水 2d 后不同抗旱性品种甜菜叶片 IAA 含量均有较大幅度的升高，HI0466 基本可恢复到对照水平，但 KWS9454 恢复速度较慢。

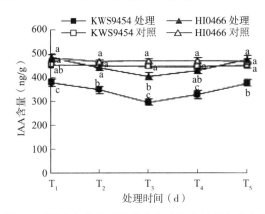

图7 不同水分条件下甜菜幼苗叶片生长素含量变化

2.2.2　甜菜幼苗叶片 ABA 含量对水分胁迫的响应

脱落酸参与植物对多种逆境的响应，诸多研究表明，干旱会诱导植物体内源 ABA 的响应，引发植物的水分亏缺反应，通过调节气孔、调整保卫细胞离子通道、降低钙调素蛋白的转录水平等方面的影响，增加逆境存活机会[27-29]。由图8可以看出，在水分充足的条件下，不同抗旱性甜菜叶片内 ABA 含量稳定。在水分胁迫下，不同抗旱性甜菜叶片的 ABA 含量响应明显不同，其中抗旱品种 HI0466 的响应迅速，在胁迫第1天时，叶片的 ABA 含量就快速升高。在随后的胁迫过程中，供试品种叶片的 ABA 含量均出现不同程度的响应增加，在胁迫第5天时，叶片 ABA 含量均达到最高值，但同样表现出抗旱品种 HI0466 的响应显著，叶片 ABA 含量增加幅度较大，含量较高，在水分胁迫下，不同抗旱性品种间叶片 ABA 含量差异显著。复水 2d 后叶片 ABA 含量均有较大幅度的下降，并与对照水平接近。

2.3　甜菜抗旱性鉴定指标的评价

由于不同指标对抗旱性贡献的权重各异，甜菜不同抗旱性品种在不同水分状况下各单项生理指标的响应不尽相同，且各指标间关系复杂，以单一指标对甜菜抗旱性进行评价结果片面，应对其进行综

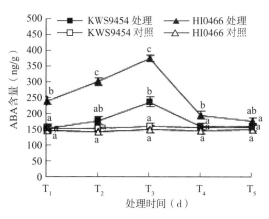

图 8　不同水分条件下甜菜幼苗叶片脱落酸含量的变化

合分析评价。利用 SPSS13.0 软件对 8 项生理指标进行主成分分析，由表 1 可以看出，主成分分析特征值中 2 个成分的累积贡献率达到 76.153%，具有较强的代表性，提取的 2 个主成分基本上代表了 8 个原始指标的绝大部分信息。其中决定第一主成分大小的主要有脯氨酸含量、甜菜碱含量、细胞水势 3 个生理指标，系数分别为 0.960、0.900、−0.908，这 3 个指标属于渗透调节系统；决定第二主成分大小的主要有 ABA 含量，系数为 0.968，该指标属于内源激素调控系统。因此，通过主成分分析表明，在甜菜苗期，脯氨酸含量、甜菜碱含量、细胞水势、ABA 含量均可作为甜菜抗旱性的鉴定指标。

表 1　各生理指标主成分的特征向量贡献率

指标	贡献率相关系数	
	因子 1	因子 2
可溶性糖含量	0.839	0.325
可溶性蛋白含量	0.791	−0.048
脯氨酸含量	0.960*	0.116
甜菜碱含量	0.900*	0.298
K^+ 含量	−0.134	0.494
细胞水势	−0.908*	0.008
IAA 含量	0.631	−0.306
ABA 含量	−0.557	0.968**
特征值	4.613	1.479
贡献率	57.663	18.491
累计贡献率	57.663	76.153

注："*"表示各指标间差异显著（$P<0.05$）；"**"表示各指标间差异极显著（$P<0.01$）。

3　讨论与结论

渗透调节是植物抵御干旱逆境的一种重要方式，也是植物在干旱胁迫下诱导保护性应答的一种重要生理机制[30-31]，目前已有关于多种作物的大量研究报道，出现 2 种不同的观点，一种认为渗透调节参与作物的抗旱，渗透调节能力较高的作物具有较强的抗旱性。如对高粱、小麦、玉米的研究结果表明，抗旱性强的品种其渗透调节能力可在干旱胁迫下维持较高的水平[32-34]。另一种认为渗透调节能力与作物品种抗旱性间不存在显著相关关系，如 Jones 在研究高粱时发现，水分胁迫下不同抗旱性高粱品种的渗透调节能力没有表现出明显差异[35]。本研究对抗旱性差异明显的 2 个典型甜菜品种在苗期不同程度水分胁迫下其渗透调节能力变化的分析表明，甜菜苗期的渗透调节能力与其品种抗旱性强弱间存在相关性，抗旱能力强的甜菜品种其渗透调节能力也相对较强，这与第一种研究的观点一致。同时本试验结果也表明，渗透调节能力在甜菜苗期的作用与胁迫程度有关，在不同胁迫程度下其渗透调节能力表现不同。在胁迫程度较轻时，不同抗旱性甜菜渗透调节能力维持相对平缓的状态，品种间差异不显著。随着胁迫程度的增加，在中度甚至重度胁迫时，抗旱品种的渗透调节才出现显著增强的趋势。这可能由于不同品种的抗旱机制存在差异，导致在响应不同干旱胁迫时其渗透调节能力存在一定的局限性。渗透能力的强弱主要依赖于渗透调节物质的变化。渗透调节物质主要包括可溶性糖、可溶性蛋白、脯氨酸、甜菜碱、K^+、Na^+ 等[36]。近年来国内外诸多学者对小麦、高粱、水稻、鹰嘴豆等许多作物的研究表明，干旱胁迫下细胞内会通过不断累积如脯氨酸、可溶性糖、K^+ 等渗透调节物质的响应，降低细胞渗透势，提高保水能力，维持细胞膨压，从而增强作物对干旱的耐受性，但不同作物在渗透调节物质积累方面存在一定差异[37-40]。从本研究的结果来看，在干旱胁迫下，抗旱能力强的甜菜苗期渗透调节物质的响应主要体现在脯氨酸、甜菜碱和可溶性糖的积累，进而使甜菜细胞渗透势维持在较低水平，有效地提高了保水能力，减少了水分的散失，提高了甜菜对水分胁迫的耐受性。其可能原因在于不同抗旱性甜菜存在不同的等位基因，在水分胁迫下控制上述渗透调节物质的基因存在表达差异，造成其代谢过程和强度不同。

已有研究证实，植物激素对应答水分胁迫起重要的调控作用，对外界胁迫因子的反应极其敏感，在水分胁迫下呈现不同的响应机制[41-42]。在对小麦、大麦、水稻、玉米、豌豆等的研究中发现，干旱胁迫下 ABA、IAA 含量均出现不同程度的响应，但规律不尽一致[43-47]。本研究结果表明，干旱胁迫下抗旱甜菜品种叶片 ABA 含量随胁迫程度的增加而增加，IAA 含量则相反，且水分胁迫程度较大时抗旱品种增幅显著，并在复水后可产生补偿效应。ABA 作为"胁迫激素"，在干旱刺激下在抗旱品种内大量合成并在地上部分累积，可能对促进抗旱品种气孔关闭、减少水分散失起到重要作用。当然，植物激素在生长过程中的调控作用除了表现在其绝对含量外，激素间的相对平衡也非常重要。抗旱性强的品种在水分胁迫下各激素间消长协调平衡能力较好，也可能是它们在胁迫中受抑制较小的另一原因。而有关胁迫条件下各激素间协调平衡的复杂关系及其相关机制，还应进一步研究。

作物的抗旱性是由多个因素交互形成的一种综合性状，不同抗旱生理指标对作物干旱胁迫的响应敏感程度不同[48-49]，因此采用某种单一指标对抗旱性进行评价时结果将会片面单一，应通过综合评价方法对抗旱相关生理指标进行系统评价才更具有实际意义。目前报道的抗旱性综合评价方法主要有主成分分析法、隶属函数法、灰色关联分析法、聚类分析法等[50-52]。本研究通过主成分分析法对 8 个甜菜品种的抗旱指标进行了综合评价，其中在隶属的 2 个主成分中，脯氨酸含量、甜菜碱含量、细胞水势、ABA 含量对干旱胁迫最为敏感，对抗旱性的贡献率也最大，可作为甜菜苗期抗旱性评价的有效参考指标。

参考文献

[1] 黄玉兰，殷奎德，向君亮，等.干旱胁迫下植物生理生化及 DNA 甲基化的研究进展 [J].玉米科学，2016（2）：96-102.

[2] Schindler U，Steidl J，Müller L，et al. Drought risk to agricultural land in Northeast and central Germany [J]. Journal of Plant Nutrition & Soil Science，2007，170（3）：357-362.

[3] 山仑.植物抗旱生理研究与发展半旱地农业 [J].干旱地区农业研究，2007，25（1）：1-5.

[4] Nogués I，Llusià J，Ogaya R，et al. Physiological and antioxidant responses of Quercus ilex to drought in two different seasons [J]. Plant Biosystems，2014，148（2）：268-278.

[5] 邵惠芳，陈征，许嘉阳，等.两种烟草幼苗叶片对不同强度干旱胁迫的生理响应比较 [J].植物生理学报，2016（12）：1861-1871.

［6］ Ma X，Xin Z，Wang Z，et al. Identification and comparative analysis of differentially expressed miRNAs in leaves of two wheat（*Triticum aestivum* L.）genotypes during dehydration stress ［J］. BMC Plant Biology，2015，15（1）：1 - 15.

［7］ Chaves M M，Maroco J P，Pereira J S. Understanding plant responses to drought from genes to the whole plant ［J］. Functional Plant Biology，2003，30（3）：239 - 264.

［8］ 靳军英，张卫华，袁玲. 三种牧草对干旱胁迫的生理响应及抗旱性评价 ［J］. 草业学报，2015，24（10）：157 - 165.

［9］ 任磊，赵夏陆，许靖，等. 4 种茶菊对干旱胁迫的形态和生理响应 ［J］. 生态学报，2015，35（15）：5131 - 5139.

［10］ 郭启芳，吴耀领，王玮. 干旱、高温及共胁迫下不同小麦品种的生理生化响应差异 ［J］. 山东农业科学，2014（11）：32 - 38.

［11］ 张旭东，王智威，韩清芳，等. 玉米早期根系构型及其生理特性对土壤水分的响应 ［J］. 生态学报，2016，36（10）：2969 - 2977.

［12］ 马一泓，王术，于佳禾，等. 水稻生长对干旱胁迫的响应及抗旱性研究进展 ［J］. 种子，2016，35（7）：45 - 49.

［13］ 张木清，陈如凯. 作物抗旱分子生理与遗传改良 ［M］. 北京：科学出版社，2005：22 - 23.

［14］ 李丽芳，罗晓芳，王华芳. 植物抗旱基因工程研究进展 ［J］. 西北林学院学报，2004，19（3）：53 - 57.

［15］ 李国龙，吴海霞，温丽，等. 甜菜苗期抗旱鉴定指标筛选及其综合评价 ［J］. 干旱地区农业研究，2011，29（4）：69 - 74.

［16］ 高俊凤. 植物生理实验指导 ［M］. 北京：高等教育出版社，2006：144 - 148，228 - 230.

［17］ 张宪政，陈凤玉，王荣富. 植物生理学实验技术 ［M］. 沈阳：辽宁农业科学出版社，1994：277 - 280.

［18］ 中国科学院上海植物生理研究所. 现代植物生理学实验指南 ［M］. 北京：科学出版社，1999：303 - 304，283 - 285.

［19］ 鲍士旦. 土壤农化分析 ［M］. 北京：中国农业出版社，2000：270 - 271.

［20］ 史树德，孙亚卿，魏磊. 植物生理学实验指导 ［M］. 北京：中国林业出版社，2011：4 - 8.

［21］ 徐民俊，刘桂茹，杨学举，等. 冬小麦品种干旱诱导蛋白的研究 ［J］. 河北农业大学学报，2002，25（4）：11 - 15.

［22］ 赵天宏，沈秀瑛，杨德光，等. 水分胁迫对玉米小花分化期叶片蛋白质的影响初探 ［J］. 园艺与种苗，1999，19（5）：22 - 25.

［23］ 康俊梅，杨青川，樊奋成. 干旱对苜蓿叶片可溶性蛋白的影响 ［J］. 草地学报，2005，13（3）：199 - 202.

［24］ 魏琴，赖家业，周锦霞，等. 干旱胁迫下麻风树毒蛋白的 Western 杂交分析 ［J］. 北京林业学学报，2004，26（5）：26 - 30.

［25］ 刘娥娥，汪沛洪，郭振飞. 植物的干旱诱导蛋白 ［J］. 植物生理学通讯，2001，37（2）：155 - 160.

［26］ 彭立新，李德全，束怀瑞. 植物在渗透胁迫下的渗透调节作用 ［J］. 天津农业科学，2002，8（1）：40 - 43.

［27］ Folkard A，Mathias N A. Ovary abscisic acid concentration does notinduce kernel abortion in field grown maize subjected to drought ［J］. European Journal of Agronomy，2001，15（2）：119 - 129.

［28］ Li C，Yin C Y，Liu S R. Different responses of two contrasting Populus davidiana populations to exogenous abscisic acid application [J]. Environmental and Experimental Botany, 2004, 51 (3): 237 - 246.

[29] Yin C, Duan B, Wang X, et al. Morphological and physiological responses of two contrasting poplar species to drought stress and exogenous abscisic acid application [J]. Plant Science, 2004, 167 (5): 1091 - 1097.

[30] 王娟, 李德全. 逆境条件下植物体内渗透调节物质的积累与活性氧代谢 [J]. 植物学报, 2001, 18 (4): 459 - 465.

[31] Cabuslay G S, Ito O, Alejar A A. Physiological evaluation of responses of rice (Oryza sativa L.) to water deficit [J]. Plant Science, 2002, 163 (4): 815 - 827.

[32] Flower D J, Rani A U, Peacock J M. Influence of osmotic adjustment on the growth, stomatal conductance and light interception of contrasting sorghum lines in a harsh environment [J]. Functional Plant Biology, 1990, 17 (1): 91 - 105.

[33] 刘桂茹, 陈秀珍, 段文倩. 水分胁迫下小麦叶片渗透调节能力与品种抗旱性的关系 [J]. 河北农业大学学报, 2002, 25 (2): 1 - 3.

[34] 裴二芹, 石云素, 刘丕庆, 等. 干旱胁迫对不同玉米自交系苗期渗透调节的影响 [J]. 植物遗传资源学报, 2010, 11 (1): 40 - 45.

[35] Jones M M. Osmotic adjustment in leaves of sorghum in response to water deficits [J]. Plant Physiology, 1978, 61 (1): 122 - 126.

[36] Chaves M M, Oliveira M M. Mechanisms underlying plant resilience to water deficits: prospects for water - saving agriculture [J]. Journal of Experimental Botany, 2004, 55 (407): 2365 - 2384.

[37] 武玉叶, 李德全. 土壤水分胁迫下小麦叶片渗透调节与光合作用 [J]. 作物学报, 1999. 25 (6): 752 - 758.

[38] 邵艳军, 山仑, 李广敏. 干旱胁迫与复水条件下高粱、玉米苗期渗透调节及抗氧化比较研究 [J]. 中国生态农业学报, 2006, 14 (1): 68 - 70.

[39] 朱维琴, 吴良欢, 陶勤南. 干旱逆境对不同品种水稻生长、渗透调节物质含量及保护酶活性的影响 [J]. 科技通报, 2006, 22 (2): 176 - 181.

[40] Basu P S, Berger J D, Turner N C, et al. Osmotic adjustment of chickpea (Cicer arietinum L.) is not associated with changes in carbohydrate composition or leaf gas exchange under drought [J]. Annals of Applied Biology, 2010, 150 (2): 217 - 225.

[41] Sharp R E, Poroyko V, Hejlek L G, et al. Root growth maintenance during water deficits: physiology to functional genomics [J]. Journal of Experimental Botany, 2004, 55 (407): 2343 - 2351.

[42] Davies P J. The plant hormones: Their nature, occurrence and function [M]. Berlin, Germany: Springer Netherlands, 1995: 1 - 11.

[43] 闫洁, 曹连莆, 张薇, 等. 土壤水分胁迫对大麦籽粒内源激素及灌浆特性的影响 [J]. 石河子大学学报 (自然科学版), 2005, 23 (1): 30 - 38.

[44] 胡秀丽, 杨海荣, 李潮海. ABA 对玉米响应干旱胁迫的调控机制 [J]. 西北植物学报, 2009, 29 (11): 2345 - 2351.

[45] 王玮, 李德全, 杨兴洪, 等. 水分胁迫对不同抗旱性小麦品种芽根生长过程中 IAA、ABA 含量的影响 [J]. 作物学报, 2000, 26 (6): 737 - 742.

[46] 杨建昌, 刘凯, 张慎凤, 等. 水稻减数分裂期颖花中激素对水分胁迫的响应 [J]. 作物学报, 2008, 34 (1): 111 - 118.

[47] 牛俊义，闫志利，林瑞敏，等．干旱胁迫及复水对豌豆叶片内源激素含量的影响 [J]．干旱地区农业研究，2009，27 (6)：154-159．

[48] 蒙秋伊，罗凯，刘鹏飞，等．甘蔗离体抗旱突变体的筛选及生理特性 [J]．江苏农业科学，2017，45 (4)：99-102．

[49] 宋丹华，黄俊华，王丰，等．铃铛刺苗期对持续干旱胁迫的生理响应 [J]．江苏农业科学，2016，45 (5)：292-295．

[50] 张智猛，万书波，戴良香，等．花生抗旱性鉴定指标的筛选与评价 [J]．植物生态学报，2011，35 (1)：100-109．

[51] 郭数进，李玮瑜，马艳芸，等．山西不同生态型大豆品种苗期耐低温性综合评价 [J]．植物生态学报，2014，38 (9)：990-1000．

[52] 田山君，杨世民，孔凡磊，等．西南地区玉米苗期抗旱品种筛选 [J]．草业学报，2014，23 (1)：50-57．

甜菜品种间氮效率差异及其对产质量的影响

郭明[1]，邢旭明[1,2]，杜晨曦[1]，魏磊[1]，伊六喜[1]，史树德[1]，高洁[3]，肖强[4]

(1. 内蒙古农业大学农学院，呼和浩特　010019；2. 内蒙古佰惠生新农业科技股份有限公司，赤峰　024000；3. 林西县农牧局，赤峰　025250；4. 内蒙古自治区农牧业技术推广中心，呼和浩特　010000)

摘要： 研究不同类型甜菜品种氮素吸收利用差异及其与产质量的关系，以期为生产上氮肥精准施用奠定基础。采用大田试验方法，以丰产型（'HI1003'）、标准型（'IM1162'和'SX1511'）和高糖型（'KWS1197'）甜菜品种为试验材料，设置 N_0（0kg/hm^2）、N_{75}（75kg/hm^2）和 N_{225}（225kg/hm^2）施氮处理，测定甜菜不同生育时期干物质量分配、根冠比、氮素积累与分配、氮效率和产质量指标。结果表明：①甜菜生育期氮素吸收利用特征呈单峰曲线变化趋势，在8月9日达到高峰；②8月份块根及糖分增长期，N_0 和 N_{75} 处理下，丰产和高糖型品种地上部干物质分配较标准型品种增加 4.57%～36.77%，标准型品种根冠比变化幅度低于高糖和丰产型品种；③N_{75} 处理下，高糖型品种收获期氮肥利用率最高，较标准型品种'SX1511'和'IM1162'分别增加 58.44% 和 71.26%；N_{225} 处理下，氮肥利用率和产量是丰产型品种最高，其产量较标准型品种'IM1162'和'SX1511'分别增加 10.31% 和 14.06%。块根及糖分增长期是氮素调控产质量的关键时期，在该时期进行氮素调控，在发挥品种氮素吸收利用最大效率同时可实现丰产或高含糖的目标。

关键词： 甜菜；品种类型；氮效率；产量；含糖率

甜菜（*Beta vulgaris* L.）是我国第二大糖料作物，也是内蒙古自治区重要的经济作物之一，发展甜菜生产对区域农牧业经济发展和乡村振兴具有重要意义[1]。近年来甜菜种植过程中氮肥施用常采用一次性基施方法，导致甜菜在块根及糖分增长期以前氮素过量，甜菜地上部贪青徒长，生长中心向

---

* 通讯作者：史树德（1973—　），男，内蒙古呼伦贝尔人，教授，研究方向：植物发育生理。

块根中转移推迟，后期氮素不足，功能叶片早衰，最后造成甜菜产量和含糖率下降[2-3]。因此甜菜生产中应精准施用氮肥，提高甜菜氮肥利用率，同时兼顾碳氮代谢平衡，这对于甜菜高产优质生产至关重要[4-5]。关于甜菜氮效率与产质量关系的研究，周建朝等[6]和韩卓君等[7]分别在桶栽和苗期盆栽试验中发现不同甜菜品种间氮效率差异显著。LAUFER 等[8]和 EBMEYER 等[9]研究表明，糖用甜菜较饲用甜菜有着更高的氮肥利用率，品种间氮效率差异决定产糖量高低。王秋红等[10]研究认为氮高效型甜菜品种具有合理的根冠比和较高的氮转运量。当前甜菜生产中，主推的甜菜品种登记类型主要包括丰产型、高糖型和标准型 3 种，目前针对不同类型甜菜品种间氮素吸收分配规律及其氮效率差异对产质量影响的研究较少。因此，本文在不同施氮处理下，研究不同类型甜菜品种氮效率等生理指标与产质量的关系，以期明确氮素调控对不同类型甜菜品种产量和含糖率的影响，为农业生产中精准施用氮肥奠定理论依据。

1 材料与方法

1.1 试验地概况

试验于 2021—2022 年的 4—10 月在赤峰市林西县甜菜试验基地进行，该地区属中温带大陆性季风气候，土壤质地为砂壤土，前茬作物为荞麦。年均气温 4.3℃，无霜期 110d。试验田基本理化性质如下：碱解氮 90.01mg/kg、有效磷 174.94mg/kg、速效钾 151.2mg/kg、有机质 17.72g/kg、pH 8.06。

1.2 供试品种

从前期品种区域试验中，筛选出 4 个具有代表性的主推甜菜品种，高糖型品种'KWS1197'（德国 KWS 公司），丰产型品种'HI1003'（瑞士先正达公司），标准型品种'IM1162'（荷兰安地公司）和'SX1511'（美国圣德克森公司）。

1.3 试验设计

试验采用两因素裂区设计，主区为 3 种不同施氮处理，分别设置不施氮 N_0（0kg/hm²）、低氮 N_{75}（75kg/hm²）和高氮处理 N_{225}（225kg/hm²）3 个氮肥梯度，副区为 4 个不同类型甜菜品种。株行距为 20cm×55cm，理论株数 90 900 株/hm²，小区面积 24m²（4m×6m），4 次重复。供试氮肥为尿素（含 N 为 46.4%），按照基追比 6：4 施入，追肥于叶丛快速生长初期施入[11]。磷肥和钾肥分别施重过磷酸钙（含 P_2O_5 为 46%）和硫酸钾（含 K_2O 为 52%），各按 300、225kg/hm² 以基肥形式施入。4 月 2 日育苗，5 月 7 日大田移栽，灌水方式为膜下滴灌。

1.4 取样方法及样品处理

分别在 6 月 26 日（苗期）、7 月 18 日（叶丛快速生长中期）、8 月 9 日（块根及糖分增长前期）、8 月 29 日（块根及糖分增长后期）、9 月 19 日（糖分积累期）、10 月 10 日（收获期）进行取样[12]。取样时在每小区随机选取长势均匀一致的 5 株甜菜，做好标记整株装袋带回实验室，清洗后分别称取各器官鲜重。

1.5 测定项目及方法

（1）干物质量：叶片、叶柄和块根各自称取 100g 置于鼓风干燥箱 105℃杀青 30min，75℃烘干至恒重，测定干重[12]。

（2）全氮：将烘干的样品磨碎后，100 目过筛，称取叶片、叶柄和块根干样，用浓 H_2SO_4 - H_2O_2 法消煮制备待测液，通过凯氏自动定氮仪测定样品全氮含量[13]。

（3）测产检糖：甜菜收获期每小区甜菜按照标准 GB/T 10496—2002 对甜菜块根进行修削，测定单位面积产量，用锤度计测定锤度值，含糖率（％）＝锤度值（％）×0.83，产糖量（kg/hm²）＝产量（kg/hm²）×含糖率（％）[12]。

1.6 计算方法

氮素吸收利用效率各参数计算方法：氮素积累量＝氮含量×干物质量；氮素利用效率（NUtE）＝产量/氮素累积量；氮素吸收效率（NUpE）＝氮素累积量/施氮量；氮肥利用率（NUE，％）＝（施氮区氮素积累量－不施氮区氮素积累量)/施氮量×100[14-15]。

1.7 数据处理与分析

采用 Microsoft Excel 2019 进行数据整理，GraphPad Prism 8 作图，SPSS 23.0 进行数据分析，相关性分析采用 Pearson 相关分析。

2 结果与分析

2.1 氮素处理对干物质量分配的影响

不同施氮处理下，甜菜品种间干物质量分配表现为地上部干物质量分配率随生育时期推进逐渐降低，块根干物质分配率随生育时期推进逐渐升高（表1）。随着施氮量的增加，生长中心转移（块根干物质分配率大于50％，即生长中心由地上转入块根）出现推迟。6月26日至7月18日，不同施氮处理及品种间地上部与块根干物质分配无明显规律，此时正是叶丛快速生长阶段，氮素吸收量较低，不同品种干物质分配差异不显著。8月9日至8月29日，块根及糖分增长期，N_0和N_{75}处理，丰产和高糖型品种地上部干物质分配率较标准型品种增加4.57％～36.77％，此时植株叶面积达到最大，功能叶最多，N_0和N_{75}处理生长中心已向块根中转移，而N_{225}处理生长中心仍以地上为主（地上部干物质分配大于50％）。9月19日开始，N_{225}处理下，丰产和高糖型品种地上部干物质分配较标准型品种增加7.83％～27.01％。

表1 甜菜品种间地上部与块根干物质量分配

器官	处理	品种	取样日期/（月/日）					
			6月26日	7月18日	8月9日	8月29日	9月19日	10月10日
地上部	N_0	HI1003	67.58ab	53.52b	44.81b	39.98abc	31.91bc	21.47c
		SX1511	68.10ab	59.88ab	42.69bc	33.15bc	29.74cd	24.18c
		IM1162	67.69ab	57.27ab	42.85bc	35.16bc	31.13bcd	21.10c
		KWS1197	68.89ab	59.87ab	47.84ab	45.34a	35.09abc	27.41bc
		平均值	68.06	57.64	44.55	38.41	31.97	23.54
	N_{75}	HI1003	66.16ab	62.79ab	48.90ab	40.32b	34.56abc	26.14bc
		SX1511	66.05ab	54.02b	45.97b	32.00c	23.83d	21.82c
		IM1162	67.56ab	61.20ab	46.75ab	36.19bc	30.92cd	27.57bc
		KWS1197	67.84ab	58.48ab	51.74a	39.34abc	30.89cd	27.31bc
		平均值	66.9	59.12	48.84	36.96	30.05	25.71
	N_{225}	HI1003	69.13a	66.21a	52.70a	47.46a	40.97a	36.82a
		SX1511	71.99a	64.26a	51.39a	40.32b	35.38abc	34.12ab
		IM1162	68.11ab	62.20ab	48.35a	40.79b	34.50abc	28.99abc
		KWS1197	69.45a	62.56ab	51.89a	46.40a	38.87ab	36.79a
		平均值	69.67	63.81	51.08	43.74	37.43	34.18

（续）

器官	处理	品种	取样日期/（月/日）					
			6月26日	7月18日	8月9日	8月29日	9月19日	10月10日
块根	N_0	HI1003	32.42a	46.48a	55.19ab	60.02abc	68.09bc	78.53a
		SX1511	31.90ab	40.12ab	57.31a	66.85ab	70.26ab	75.82a
		IM1162	32.31a	42.73ab	57.15a	64.84ab	68.87abc	78.90a
		KWS1197	31.11ab	40.13ab	52.16b	54.66c	64.91bcd	72.59ab
		平均值	31.94	42.36	55.45	61.59	68.03	76.46
	N_{75}	HI1003	33.84a	37.21ab	51.10b	59.68bc	65.44bcd	73.86ab
		SX1511	33.95a	45.98a	54.03ab	68.00a	76.17a	78.18a
		IM1162	32.44a	38.80ab	51.25b	63.81ab	69.08ab	72.43ab
		KWS1197	32.16a	41.52ab	48.26c	60.66abc	69.11ab	72.69ab
		平均值	33.1	40.88	51.16	63.04	69.95	74.29
	N_{225}	HI1003	30.87ab	33.79b	47.30c	52.54c	59.03cd	63.18c
		SX1511	28.01b	35.74b	48.61c	59.68bc	64.62bcd	65.88bc
		IM1162	31.89ab	37.80ab	51.65b	59.21bc	65.50bcd	71.01abc
		KWS1197	30.55ab	37.44ab	48.11c	53.60c	61.13cd	63.21c
		平均值	30.33	36.19	48.92	56.26	62.57	65.82

注：同列不同小写字母代表差异显著（$P<0.05$），下同。

2.2 氮素处理对根冠比的影响

根冠比反映甜菜地上部和块根有机物分配与生长动态变化。不同施氮处理下，甜菜品种间根冠比均表现为随生育时期推进逐渐增加，趋势与块根干物质分配基本一致，各品种根冠比从8月9日开始迅速增加，且生长中心由地上部转变为以块根为主（表2）。N_0和N_{75}处理下，8月29日和9月19日，标准型品种根冠比较丰产和高糖品种增加3.24%～68.29%，但标准型品种间、丰产与高糖型品种间根冠比差异不显著。N_{225}处理下，8月29日以后，标准型品种根冠比较丰产和高糖型品种增加9.60%～47.13%；生长中心在8月29日块根及糖分增长后期转向块根，因为高氮处理使叶丛生长过旺，所以生长中心向块根转移推迟。说明氮肥过量促进了叶丛重量增加，降低了根冠比，标准型品种根冠比在块根及糖分增长期后高于丰产型和高糖型，说明标准型品种地上部与块根比例受氮肥影响较小。收获期N_0处理根冠比高于其他处理，因为此时不施氮地上部早衰，导致根冠比增大。

表2 甜菜品种间根冠比

处理	品种	取样日期/（月/日）					
		6/26	7/18	8/9	8/29	9/19	10/10
N_0	HI1003	0.49ab	0.89ab	1.25ab	1.50abc	2.16ab	3.84a
	SX1511	0.47ab	0.68abc	1.35a	2.07a	2.42ab	3.20ab
	IM1162	0.48ab	0.75abc	1.34a	1.86a	2.23ab	3.84a
	KWS1197	0.45ab	0.68abc	1.10ab	1.23bc	1.86ab	2.73abc
	平均值	0.47	0.75	1.26	1.67	2.17	3.40

（续）

处理	品种	取样日期/（月/日）					
		6/26	7/18	8/9	8/29	9/19	10/10
N_{75}	HI1003	0.60a	0.53c	0.97b	1.38bc	2.15ab	2.73abc
	SX1511	0.51a	0.97a	1.19ab	2.02a	2.83a	3.41a
	IM1162	0.55a	0.67abc	1.22ab	2.03a	2.57ab	3.07abc
	KWS1197	0.56a	0.81abc	1.07ab	1.38bc	2.01ab	2.64abc
	平均值	0.56	0.75	1.11	1.70	2.39	2.96
N_{225}	HI1003	0.45ab	0.52c	0.90b	1.12c	1.46b	1.77c
	SX1511	0.40b	0.56bc	0.96b	1.52abc	1.88ab	1.94bc
	IM1162	0.48ab	0.61bc	1.08ab	1.48abc	1.94ab	2.56abc
	KWS1197	0.44ab	0.61bc	0.95b	1.16c	1.58ab	1.74c
	平均值	0.44	0.57	0.97	1.32	1.72	2.00

2.3 不同甜菜品种氮素含量、氮素积累量与氮素分配特征

2.3.1 氮含量变化

随着生育时期的推进，不同施氮处理下，不同甜菜品种地上部和块根氮含量逐渐降低，地上部高于块根氮含量，表明甜菜营养生长生育期氮代谢以叶丛为主（图1）。N_0和N_{75}处理下，丰产型品种'HI1003'地上部氮含量6月26日较高，7月18日至10月10日丰产型品种氮含量逐渐下降，标准型和高糖型品种地上部氮含量逐渐上升；N_{225}处理下，丰产型品种地上部氮含量整体均高于其他品种，说明丰产型品种在高氮处理下，氮素吸收能力更强；除了N_{225}处理下，8月9日和8月29日高糖型品种'KWS1197'块根中氮含量略高于标准型品种'IM1162'，N_{75}和N_{225}处理下，高糖型品种'KWS1197'块根中氮含量全生育期整体低于其他品种，糖分积累期趋势更明显。

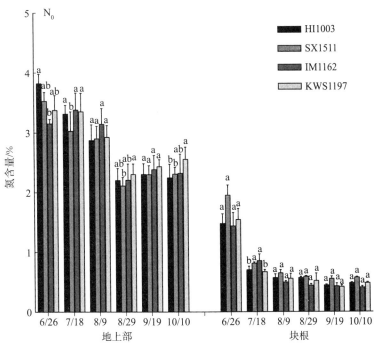

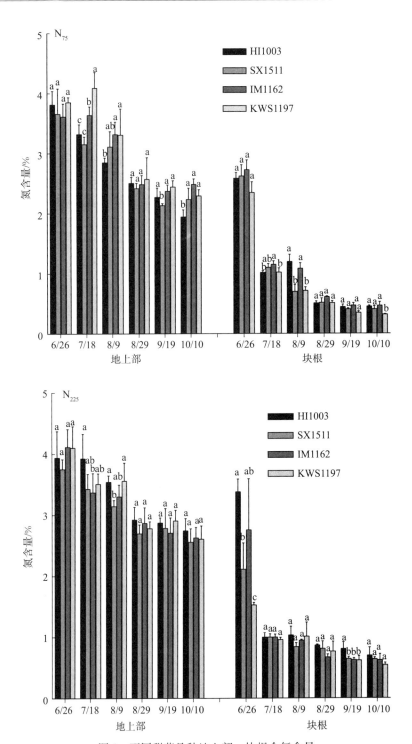

图 1　不同甜菜品种地上部、块根全氮含量

2.3.2　氮素积累量变化

　　甜菜各品种地上部氮素积累量随生育时期推进呈先升高后降低变化趋势。块根氮素积累量随生育时期推进逐渐增加，叶丛和块根氮素积累量随施氮量增加而增加，但总体上氮素积累地上部高于块根（图 2）。N_0 处理下，高糖型品种'KWS1197'在 10 月 10 日地上部和块根氮素积累量高于其他品种，但差异不显著；N_{75} 处理下，标准型品种'IM1162'全生育期地上部和块根氮素积累量高于其他品种；N_{225} 处理下，丰产型和高糖型品种 10 月 10 日地上部和块根氮积累量高于标准型品种，高糖型品种地上部氮素积累量显著高于其他品种（$P<0.05$）。

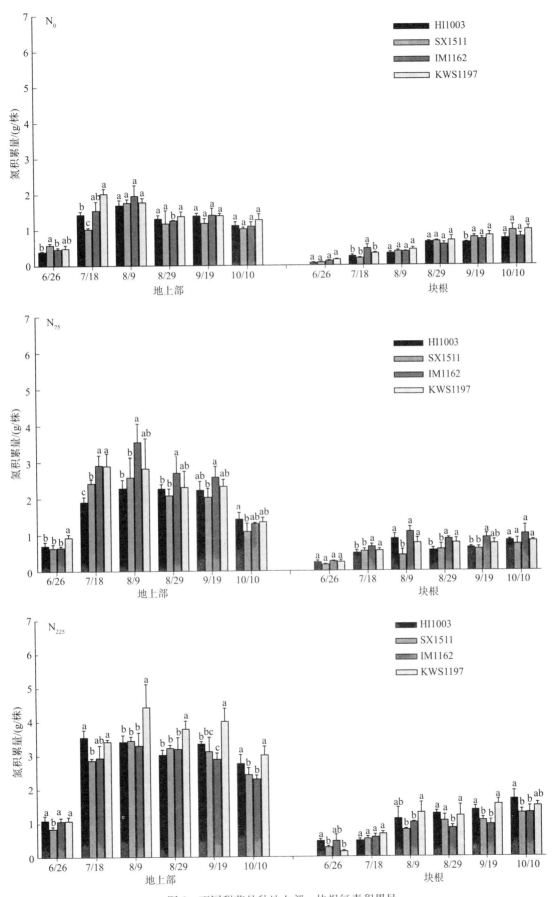

图 2 不同甜菜品种地上部、块根氮素积累量

2.3.3 氮素分配变化

甜菜各品种生育期内，地上部氮素分配率高于块根；地上部氮素分配率随生育时期推进呈降低变化趋势，块根氮素分配率随生育时期推进逐渐增加。6月26日至8月9日，丰产型品种地上部氮素分配高于高糖型品种；N_0处理地上部氮素分配高于N_{75}和N_{225}处理，此时生长中心为地上部，氮素不足时优先分配地上部所致。8月29日至10月10日，丰产型品种地上部氮素分配低于高糖型品种，其中8—9月标准型品种地上部氮素分配率总体上高于丰产型和高糖型，10月收获期则低于高糖型品种，块根中氮素分配生育期整体表现与地上部品间趋势相反，此时N_0处理地上部氮分配低于N_{75}和N_{225}处理（表3），说明适度施氮有利于块根及糖分增长期及以后地上部氮分配增加，有助于功能叶的维持，增加光合产物向块根的输入，减少块根氮素分配率，有助于生产工艺要求的α-氨基氮的降低[16]。

表3　甜菜品种间氮素分配率

器官	处理	品种	取样日期/（月/日）					
			6/26	7/18	8/9	8/29	9/19	10/10
地上部	N_0	HI1003	83.61ab	88.73bc	83.23ab	66.78d	62.86fg	54.88ef
		SX1511	86.39a	83.20bc	81.82abc	67.15d	60.10g	51.38f
		IM1162	76.23bc	78.60e	83.29ab	70.06d	65.86ef	58.06cdef
		KWS1197	74.70cd	85.54ab	80.00abcde	68.38d	68.56de	59.08bcde
		平均值	80.23	84.02	82.09	68.09	64.35	55.85
	N_{75}	HI1003	79.00bc	83.85bc	78.09bcde	74.51bc	75.82ab	62.08abcd
		SX1511	78.24bc	84.71cd	81.97a	78.17ab	77.14a	59.99abcde
		IM1162	70.52d	81.94cd	76.42cdef	75.22b	73.90abc	56.72def
		KWS1197	74.34cd	79.47de	71.98f	80.25a	77.60a	64.37abcd
		平均值	75.53	82.49	77.11	77.04	76.12	60.79
	N_{225}	HI1003	69.90d	88.14a	75.46ef	70.33cd	70.75cd	60.49abcde
		SX1511	75.13cd	84.40bc	81.16abcd	75.22b	74.17abc	65.31ab
		IM1162	70.36d	83.56bc	76.20def	78.95ab	75.22abc	63.97abc
		KWS1197	86.86a	83.41bc	77.36cdef	75.99ab	72.06bcd	66.70a
		平均值	75.56	84.88	77.54	75.12	73.05	64.12
块根	N_0	HI1003	16.39cd	11.27cd	16.77ef	33.22a	37.14ab	45.12ab
		SX1511	13.61d	16.80cd	18.18def	32.85a	39.90a	48.62a
		IM1162	23.77bc	21.40a	16.71ef	29.94a	34.14bc	41.94abcd
		KWS1197	25.30ab	14.46de	20.00bcdef	31.62a	31.44cd	40.92bcde
		平均值	19.77	15.98	17.91	31.91	35.65	44.15
	N_{75}	HI1003	21.00b	16.15cd	21.91bcde	25.49bc	24.18fg	37.92cdef
		SX1511	21.76bc	15.29bc	18.03f	21.83cd	22.86g	40.01bcdef
		IM1162	29.48a	18.06bc	23.58abcd	24.78c	26.10efg	43.28abc
		KWS1197	25.66ab	20.53ab	28.02a	19.75d	22.40g	35.63cdef
		平均值	24.47	17.51	22.89	22.96	23.88	39.21
	N_{225}	HI1003	30.10a	11.86e	24.54ab	29.67ab	29.25de	39.51bcdef
		SX1511	24.87ab	15.60cd	18.84cdef	24.78c	25.83efg	34.69ef
		IM1162	29.64a	16.44cd	23.80abc	21.05cd	24.78efg	36.03def
		KWS1197	13.14d	16.59cd	22.64abcd	24.01cd	27.94def	33.30f
		平均值	24.44	15.12	22.46	24.88	26.95	35.88

2.4 甜菜品种间氮效率参数的差异

甜菜各品种的氮素吸收效率（NUpE）和氮素利用效率（NUtE）随施氮量增加呈现下降趋势，但 6 月 26 日 NUtE 变化幅度不显著。相同施氮处理下，NUtE 随生育时期推进逐渐升高，N_{75} 处理下，8 月 9 日及以后 NUtE 增幅显著，NUpE 随生育时期推进呈先升高后降低变化趋势，最高值出现在 8 月 9 日。N_{75} 处理下各品种在生育期 NUpE 和 NUtE 变化幅度显著高于 N_{225} 处理（$P<0.05$）。在 9 月 19 日糖分积累期以后，甜菜品种间 NUtE 均表现丰产型品种最低，高糖型品种最高，NUpE 在品种间规律不显著（表 4）。

表 4　甜菜品种间氮素吸收利用效率

指标	处理	品种	取样日期/（月/日）					
			6 月 26 日	7 月 18 日	8 月 9 日	8 月 29 日	9 月 19 日	10 月 10 日
NUtE	N_{75}	HI1003	9.94abc	20.00a	23.60b	38.92bc	51.08bc	76.14c
		SX1511	8.27c	16.53b	21.66b	42.59b	55.71b	99.25b
		IM1162	10.86ab	16.09b	21.58b	40.50bc	55.86b	93.92bc
		KWS1197	8.91bc	15.92b	31.16a	49.42a	68.74a	118.12a
		平均值	9.49	17.14	24.5	42.86	57.85	96.86
	N_{225}	HI1003	8.86bc	11.82c	23.52b	34.17cd	36.86d	50.75e
		SX1511	12.01a	15.57b	22.39b	30.57d	39.70cd	53.73e
		IM1162	10.88ab	15.94b	25.08ab	31.46d	39.27cd	57.68de
		KWS1197	8.58c	17.29b	22.94b	31.35d	44.99bcd	61.10d
		平均值	10.08	15.16	23.48	31.89	40.21	55.81
NUpE	N_{75}	HI1003	1.16b	2.92c	3.85bc	3.43b	3.48bc	2.88a
		SX1511	0.99c	3.60b	3.45c	3.24b	3.21c	2.21b
		IM1162	1.12b	4.18a	5.63a	4.35a	4.26a	2.82a
		KWS1197	1.44a	4.19a	4.37b	3.75ab	3.74b	2.64a
		平均值	1.18	3.72	4.33	3.7	3.67	2.64
	N_{225}	HI1003	0.63d	1.63d	1.84e	1.74d	1.91de	1.89bc
		SX1511	0.46f	1.37f	1.72f	1.74d	1.70e	1.51c
		IM1162	0.62d	1.42e	1.75f	1.64d	1.56e	1.46c
		KWS1197	0.50e	1.66d	2.32d	2.03c	2.25d	1.83bc
		平均值	0.55	1.52	1.91	1.78	1.86	1.67

不同甜菜品种氮肥利用率（NUE）随生育时期推进呈单峰曲线变化趋势，在 8 月 9 日达到最高。随施氮量增加甜菜各品种氮肥利用率显著降低（$P<0.05$）（图 3）。N_{75} 处理下，8 月 9 日以前，氮肥利用率表现为标准型（'IM1162'）＞高糖型＞丰产型＞标准型（'SX1511'），8 月 29 日至收获前，氮肥利用率表现为高糖型＞丰产型＞标准型，高糖型品种在收获期较标准型品种 'SX1511' 和 'IM1162' 氮肥利用率分别增加 58.44% 和 71.26%；N_{225} 处理下，氮肥利用率表现为丰产型＞高糖型＞标准型。

2.5 不同甜菜品种间氮效率差异与产质量的关系

各甜菜品种随着施氮量的增加，产量、产糖量随之增加，含糖率呈先增加后降低趋势（表 5）。在 N_0 和 N_{75} 处理下，高糖型品种产量、含糖率和产糖量均高于标准和丰产型品种，N_{75} 处理下，各品

种产量和含糖率较 N_0 处理均有提高，表明适当提高施氮量有利于提高各品种产量和含糖率；N_{225} 处理下，丰产型品种和高糖型品种产量较标准型品种增加 5.15%～14.06%，且丰产型品种产量最高，但含糖率的表现与产量呈相反趋势，该处理下各品种含糖率低于 N_{75} 处理，表明 N_{225} 处理利于提高各品种产量，不利于糖分积累。由于产糖量是含糖率和产量的乘积，所以 N_{225} 处理下，丰产型品种含糖率虽低，但产糖量却高于标准型品种'SX1511'。

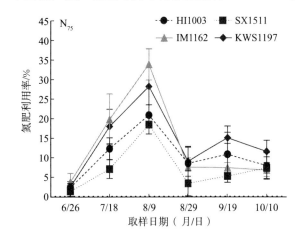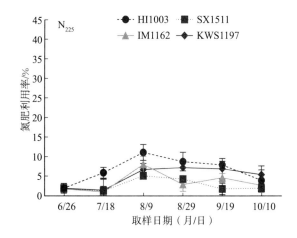

图 3　不同甜菜品种氮肥利用率

表 5　不同施氮水平甜菜产质量

处理	品种	产量/(kg/hm²)	含糖率/%	产糖量/(kg/hm²)
N_0	HI1003	73 469.93d	14.24cd	10 445.45ef
	SX1511	72 788.95d	13.93de	10 148.78f
	IM1162	80 310.66bc	15.08ab	12 021.10abcd
	KWS1197	81 429.85bc	15.29abc	12 235.60bcd
	平均值	76 999.85	14.64	11 212.73
N_{75}	HI1003	79 992.00bcd	14.58bcd	11 470.90cde
	SX1511	77 602.43cd	14.55bcd	11 293.59def
	IM1162	83 249.25bc	15.25ab	12 700.98abc
	KWS1197	87 054.43b	15.71a	13 666.12a
	平均值	81 974.53	15.02	12 282.90
N_{225}	HI1003	88 779.00a	13.34e	11 843.11bcd
	SX1511	77 833.13cd	13.43e	10 361.86ef
	IM1162	80 484.38bcd	14.77bc	11 890.48bcd
	KWS1197	84 625.38b	15.63a	13 235.07ab
	平均值	82 930.47	14.29	11 832.63

　　此外，以试验的 4 个甜菜品种产量、含糖率和产糖量与其对应氮效率整体综合进行相关性分析发现[17-18]，甜菜氮素吸收效率、氮素利用效率和氮肥利用率与产质量存在不同程度的相关性，表现为各施氮处理下，甜菜产量和产糖量在块根及糖分增长后期（8 月 29 日）与氮肥利用率（NUE）显著相关（N_{75}：$R_{产量}=0.659$，$R_{产糖量}=0.646$；N_{225}：$R_{产量}=0.577$，$R_{产糖量}=0.671$，$P<0.05$）；N_{75} 处理下，含糖率与收获期（10 月 10 日）氮素利用效率（NUtE）呈显著正相关（$R=0.830$，$P<0.05$）；N_{225} 处理下，含糖率与收获期（10 月 10 日）氮素吸收效率（NUpE）呈显著负相关（$R=-0.708$，

$P<0.05$)（表6）。甜菜产量在块根及糖分增长后期与氮肥利用率呈显著正相关，此时块根结构即库容量已形成，之后进入糖分积累期，进而产质量高低基础已形成，因而块根及糖分增长期是决定产质量的关键时期。

表6　不同施氮水平下甜菜产质量与氮效率相关性

处理	指标		取样日期/（月/日）					
			6月26日	7月18日	8月9日	8月29日	9月19日	10月10日
N₇₅	产量	氮肥利用率	0.08	0.262	0.541	0.659*	0.269	0.005
		氮素利用效率	−0.075	−0.176	0.454	0.396	0.333	0.459
		氮素吸收效率	0.072	0.25	0.287	0.131	0.226	0.071
	含糖率	氮肥利用率	−0.193	0.44	−0.118	0.255	0.223	0.298
		氮素利用效率	0.055	−0.463	0.445	0.379	0.508	0.830**
		氮素吸收效率	0.511	0.473	0.32	0.488	0.327	0.218
	产糖量	氮肥利用率	−0.031	0.422	0.359	0.646*	0.295	0.126
		氮素利用效率	−0.039	−0.307	0.411	0.463	0.363	0.38
		氮素吸收效率	0.452	0.453	0.339	0.284	0.294	0.135
N₂₂₅	产量	氮肥利用率	0.238	0.482	0.455	0.577*	0.105	0.102
		氮素利用效率	−0.431	−0.414	0.127	0.452	−0.232	0.39
		氮素吸收效率	0.524	0.481	0.193	−0.079	0.36	0.422
	含糖率	氮肥利用率	0.051	−0.085	−0.164	0.043	0.11	0.203
		氮素利用效率	−0.302	0.413	0.225	−0.186	0.443	0.495
		氮素吸收效率	−0.074	0.246	0.51	0.393	0.386	−0.708*
	产糖量	氮肥利用率	0.246	0.393	0.315	0.671*	0.126	0.189
		氮素利用效率	−0.432	−0.029	0.274	0.452	0.166	0.492
		氮素吸收效率	0.344	0.449	0.531	0.228	0.484	0.42

3　讨论

作物不同品种在各生育时期干物质生产能力、氮素积累与分配能力的差异会导致产质量差异[19-25]。马铃薯不同品种氮效率与块茎产质量呈显著正相关[26]，而同样是收获块根的甜菜块根中氮素分配过多则不利于糖分的积累，甚至降低块根含糖率[27-28]。本试验结果表明，施氮影响甜菜干物质分配，随施氮量增加，所有品种生长中心由叶丛向块根转移时间推迟，高氮处理较低氮和不施氮处理生长中心由叶丛转移到块根推迟到块根及糖分增长后期，收获期块根含糖率显著降低，不利于甜菜产质量协同提升。甜菜各品种苗期吸氮量低，干物质分配差异不显著，因此甜菜苗期可根据实际情况减施氮肥。块根及糖分增长期各品种间干物质分配、氮素积累与分配差异显著，是氮素调控关键时期，此时期叶丛光合面积最大，持续时间最长，块根发育足够大可容纳更多光合产物即蔗糖，表现为丰产和高糖型品种各指标高于标准型品种。

本研究发现甜菜氮素吸收利用主要以地上部叶丛为主[27-28]，生育期内各品种在氮素处理下，均表现为叶丛氮素吸收与利用高于块根，但丰产型品种氮素吸收利用能力更强，产量对氮素调控响应敏感，对不同类型品种，氮效率与产质量相关性分析表明，8月份的块根及糖分增长期是氮素调控关键时期。此外，甜菜糖分积累期品种之间叶丛氮素吸收利用仍存在显著差异，丰产型和高糖型品种氮素累积和利用高于标准型品种，表明甜菜糖分积累期叶丛仍需一定量氮素以维持叶丛光合机构运转。

在不同供氮水平下，不同作物品种氮效率差异会影响其产质量[29-32]。本研究表明，在低氮处理下，高糖型甜菜品种'KWS1197'具有较高的氮素利用效率和氮肥利用率，标准型品种'IM1162'和'SX1511'具有较高的氮素利用效率，在高氮处理下，丰产型甜菜品种'HI1003'具有较高的氮肥利用率，这表明，低氮投入下，高糖型和标准型甜菜品种具有较强的土壤氮素利用能力，对土壤的适应能力较强，可以维持较高的产量。在高氮投入下，丰产型甜菜品种具有较高氮肥利用能力，因而可以获得更高的产量和产糖量。

4　结论

甜菜各品种氮素吸收利用呈现苗期低，叶丛快速生长期和块根及糖分增长期最高，糖分积累期又降低的变化特征，但不同类型品种氮素吸收利用在块根及糖分增长期差异显著，表现出明显的品种特性，且与产质量密切相关。针对氮素投入较低的土壤，选择种植具有低氮条件下氮素利用效率较高的甜菜品种'KWS1197'和'IM1162'，可以在较低氮肥投入的前提下维持一定的产量和含糖率，实现节本增效。在氮素投入较高的土壤，可以选择种植高氮条件下氮肥利用率和产量协同提升潜力较大的甜菜品种'HI1003'，因其较高的氮素吸收利用能力可实现更高的产量并兼顾了产糖量。相对其他品种，标准型品种随施氮量的变化各指标变化幅度居中，适合在中等肥力水平的土壤种植，丰产性和含糖比较均衡。

所以针对不同甜菜品种，生产上应进行氮效率指标的筛选试验，根据其与产质量的关系，设定相应的氮肥施用方式和用量，实现精准施肥，提高氮肥利用效率。

◆ **参考文献**

[1] 邹晓蔓，王小慧，陈阜. 1985—2015 年中国甜菜生产时空变化及区域优势分析 [J]. 江西农业大学学报，2022，44（1）：1-11.

[2] 李文晶，张福顺. 甜菜氮肥的合理施用 [J]. 中国糖料，2020，42（1）：50-56.

[3] 郭晓霞，苏文斌，樊福义，等. 施氮量对膜下滴灌甜菜生长速率及氮肥利用效率的影响 [J]. 干旱地区农业研究，2016，34（3）：39-45.

[4] 王娟，白如霄，陈英花，等. 施氮对塔额盆地甜菜干物质与氮素积累及产量品质的影响 [J]. 西北农业学报，2021，30（2）：234-242.

[5] 苏继霞，王开勇，费聪，等. 氮肥运筹对干旱区滴灌甜菜氮素利用及产量的影响 [J]. 干旱地区农业研究，2018，36（1）：72-75.

[6] 周建朝，王孝纯，王秋红，等. 施肥对甜菜氮代谢的效应研究 [J]. 中国糖料，2012，1（4）：1-4.

[7] 韩卓君，崔晶晶，潘恒艳，等. 低氮高效红甜菜形态特征分析 [J]. 中国农学通报，2022，38（13）：20-29.

[8] Laufer D，Nielsen O，Wilting P，et al. Yield and nitrogen use efficiency of fodder and sugar beet (*Beta vulgaris* L.) in contrasting environments of northwestern Europe [J]. European Journal of Agronomy，2016，73（1）：124-132.

[9] Ebmeyer H，Hoffmann C M. Efficiency of nitrogen uptake and utilization in sugar beet genotypes [J]. Field Crops Research，2021，274（1）：1-8.

[10] 王秋红，郭亚宁，胡晓航，等. 不同有机氮效率的甜菜基因型筛选及差异分析 [J]. 植物研究，2017，37（4）：563-571.

[11] 刘莹，史树德. 不同施氮水平下甜菜光合特性比较 [J]. 北方农业学报，2016，44（2）：7-12.

［12］邵金旺，蔡葆，张家骅．甜菜生理学［M］．北京：中国农业出版社，1991：57－59.

［13］鲍士旦．土壤农化分析［M］．北京：中国农业出版社，2000：42－48.

［14］Moll R H，Kamprath E J，JACKSON WA．Analysis and interpretation of factors which contribute to efficiency of nitrogen utilization［J］．Agronomy Journal，1982，4（3）：562－564.

［15］何丹丹，贾立国，秦永林，等．不同马铃薯品种的氮利用效率及其分类研究［J］．作物学报，2019，45（1）：153－159.

［16］Kiymaz S，Ertek A．Yield and quality of sugar beet（Beta vulgaris L.）at different water and nitrogen levels under the climatic conditions of Krsehir，Turkey［J］．Agricultural Water Management，2015，158（1）：156－165.

［17］徐晴，许甫超，董静，等．小麦氮素利用效率的基因型差异及相关特性分析［J］．中国农业科学，2017，50（14）：2647－2657.

［18］李宁，刘彤彤，杨进文，等．不同氮素利用效率型小麦品种的生理差异分析［J］．作物杂志，2022，（5）：87－96.

［19］Wang N，Fu F Z，Wang H R，et al．Effects of irrigation and nitrogen on chlorophyll content，dry matter and nitrogen accumulation in sugar beet（Beta vulgaris L.）［J］．Scientific Reports，2021，11（1）：1－9.

［20］Khaembah E N，Maley S，Gillespie R，et al．Water and nitrogen stress effects on canopy development and biomass allocation in fodder beet（Beta vulgaris L.）［J］．New Zealand Journal of Agricultural Research，2022，65（1）：63－81.

［21］李阳，张杰，白炬，等．山西高产氮高效玉米品种的筛选及其干物质氮素累积与分配［J］．玉米科学，2021，29（1）：154－161.

［22］李强，任云，邹勇，等．低氮胁迫下不同氮效率玉米品种的氮代谢与物质生产差异［J］．西北农业学报，2021，30（5）：672－680.

［23］熊淑萍，吴克远，王小纯，等．不同氮效率基因型小麦根系吸收特性与氮素利用差异的分析［J］．中国农业科学，2016，49（12）：2267－2279.

［24］杨豫龙，赵霞，王帅丽，等．黄淮海中南部玉米氮高效品种筛选及产量性状分析［J］．玉米科学，2022，30（1）：23－32.

［25］常晓，王小博，吴嫚，等．施氮对不同氮效率类型玉米自交系产量、干物质及氮素积累的影响［J］．中国土壤与肥料，2021，1（2）：221－227.

［26］张婷婷，孟丽丽，陈有君，等．不同马铃薯品种的氮效率差异研究［J］．中国土壤与肥料，2021，1（1）：63－69.

［27］Hergert G W．Sugar beet fertilization［J］．Sugar Tech，2010，12（3/4）：256－266.

［28］曲文章，崔杰，高妙贞，等．施氮量对甜菜氮代谢及产量与品质的影响［J］．中国甜菜，1994，1（4）：16－21.

［29］Huang L，Yu J，Yang J，et al．Relationships between yield，quality and nitrogen uptake and utilization of organically grown rice varieties［J］．Pedosphere，2016，26（1）：85－97.

［30］姜瑛，戚秀秀，李祥剑，等．不同小麦品种的氮素利用特性研究［J］．麦类作物学报，2019，39（6）：702－708.

［31］Lehrsch G A，Brown B，Lentz R D，et al．Compost and manure effects on sugarbeet nitrogen uptake，nitrogen recovery，and nitrogen use efficiency［J］．Agronomy Journal，2015，107（3）：1155－1166.

［32］Andrade A B，Guelfi D R，Faquin V，et al．Genotypic variation in nitrogen use － efficiency traits of 28 tobacco genotypes［J］．Agronomy，2020，10（4）：572.

甜菜幼苗响应盐胁迫的生理特征及其自噬现象

万雪，荆文旭，魏磊，邢旭明，史树德

（内蒙古农业大学，呼和浩特 010019）

摘要： 为了明确盐胁迫下甜菜是否存在自噬现象及其与植株耐盐生理特性的关系，以耐盐型甜菜品种 LS2004 和盐敏感型甜菜品种 KWS7125 为试验材料，探究了其在不同盐梯度处理下的自噬发生情况、活性氧含量、渗透调节物质含量及其之间的作用关系。结果表明：在 300mmol/L 盐胁迫条件下，LS2004 品种自噬体数最多，为 KWS7125 品种的 1.22 倍。KWS7125 品种的活性氧含量高于 LS2004 品种，在 200mmol/L 处理下二者的过氧化氢含量达到峰值，分别较其对照增加了 40.06% 及 41.54%。在 300mmol/L 处理下，KWS7125 品种的超氧阴离子含量高于 LS2004 品种，为 LS2004 品种的 1.32 倍，KWS7125 品种的电导率总是高于 LS2004 品种。LS2004 品种的可溶性蛋白含量、脯氨酸含量及可溶性总糖含量均随着盐浓度的升高而呈现先上升后下降的变化规律，但与 KWS7125 品种之间变化规律存在差异。综上可知，盐胁迫可诱导甜菜自噬现象的发生，甜菜幼苗可通过自噬作用、缓解氧化损伤与渗透调节物质含量等综合作用来提高甜菜耐盐能力。

关键词： 甜菜；耐盐性；自噬；活性氧；生理特征

盐胁迫是影响作物产量和品质的非生物胁迫因素之一[1]。耐盐作物在适应性进化过程中通过改变自身的外部形态结构与内部的生理代谢机制，如产生可溶性蛋白、脯氨酸等渗透调节物质以增加对逆境的抵抗力与适应性[2]。近年来有研究表明，植物细胞通过自噬作用可以提高对盐碱和干旱等胁迫的抗逆性或耐逆性[3-4]，植物体内活性氧（Active oxygen，ROS）参与了自噬的发生和调控[5]。

自噬是真核细胞内大分子物质或受损的细胞器由双层膜结构包裹运至液泡内降解并循环利用的过程[6]。近年来对于植物自噬现象的研究逐渐增多，目前已在水稻[7]、谷子[8]、蜀葵[9]、苹果[10]等多种植物体内发现了自噬现象，研究表明高盐、干旱、重金属等非生物胁迫可诱导植物细胞自噬现象的发生，自噬通过调控 ROS 代谢参与植物对非生物胁迫逆境的响应[11-12]。细胞自噬作为植物体内的一条蛋白降解途径，帮助植物清除体内受损的蛋白与细胞器，并且其降解效率远高于泛素/26s 蛋白酶体途径，故在植物的生长发育、衰老及应对生物、非生物胁迫等多方面均发挥着重要作用[13]。甜菜作为我国北方主要糖料作物，具有较强的耐盐性，适合在轻度或中度盐碱地上种植[14]，对当地种植结构调整和区域经济发展具有重要作用[15]，但甜菜在盐胁迫条件下体内是否存在自噬现象，及其与甜菜耐盐性是否相关的研究鲜有报道，为此，本研究以耐盐性不同的甜菜品种为研究对象，在不同盐胁迫梯度下，探究了盐胁迫是否可诱导甜菜自噬现象的发生及其与 ROS 间的响应关系，以及耐盐生理特征差异，旨在为进一步丰富甜菜耐盐机理和筛选盐碱地区耐盐品种提供参考依据。

1 材料和方法

1.1 试验材料

选用甜菜耐盐品种 LS2004 和盐敏感品种 KWS7125 为试验材料进行相关试验。

---

* 通讯作者：史树德（1973— ），男，内蒙古呼伦贝尔人，教授，研究方向：植物发育生理。

1.2 试验设计及测定方法

1.2.1 甜菜幼苗培养及盐胁迫处理

采用盆栽试验，将盛有蛭石的培养钵（直径 10cm）浇透水后每盆播种 9 粒甜菜种子。当子叶出土后立即将幼苗放到光照强度为 $200\mu mol/(m^2 \cdot s)$ 光照培养箱中培养，每天连续光照 14h，昼夜温度分别为 25℃ 和 18℃，相对湿度为 60%～70%。当甜菜幼苗的第 2 对真叶完全展开时分别用含有 NaCl 浓度为 100、200、300mmol/L 的 Hoagland 全营养液浇灌进行盐胁迫处理，以不加 NaCl 的 Hoagland 全营养液为空白对照，每个处理浇灌 100mL，3 次重复，盐处理 7d 后进行相关生理指标测定分析。

1.2.2 测定项目与方法

自噬检测采用单丹磺酰尸胺（monodansylcadaverine，MDC）染色观察[16]，在载玻片上滴一滴 MDC 染液，用刀片小心切取甜菜根尖部位置于 MDC 染液中，盖上盖玻片，避光染色 15min 后取出，用 PBS 缓冲液清洗 3 遍后置于激光共聚焦显微镜（Zeiss，LSM710，激发光为 405nm）下观察；相对电导率采用电导仪法测定[17]；可溶性总糖含量采用蒽酮比色法测定[18]；可溶性蛋白含量采用考马斯亮蓝法测定[19]；脯氨酸含量采用茚三酮显色法测定[20]；过氧化氢（H_2O_2）含量及超氧阴离子（O_2^-）含量利用索莱宝生物科技有限公司试剂盒测定。

1.3 数据处理

采用 Excel 2010 进行数据处理及作图，采用 SPSS 23.0 进行差异显著性分析。

2 结果与分析

2.1 盐胁迫对甜菜自噬现象的诱导

按照盐胁迫处理后的 2 个材料根尖进行 MDC 染色处理后，置于激光共聚焦显微镜下观察，发现两甜菜品种的染色部位均通体呈蓝色，并遍布有不同密度与大小的蓝色荧光亮点，一个荧光亮点即为一个自噬体。

从图 1 及图 2 可看出，随着盐浓度的增强，两品种细胞内荧光亮点增多，同时亮度也加强，表明甜菜有自噬现象的产生，自噬体数量也相应增多，且自噬活性 300mmol/L＞200mmol/L＞100mmol/L＞0，即随着盐胁迫强度增大而增强。在各梯度处理下，LS2004 的自噬体数分别为 KWS7125 的 1.50 倍、1.42 倍、1.57 倍、1.22 倍，通过比较可知，在相同处理下耐盐品种 LS2004 均比盐敏感品种 KWS7125

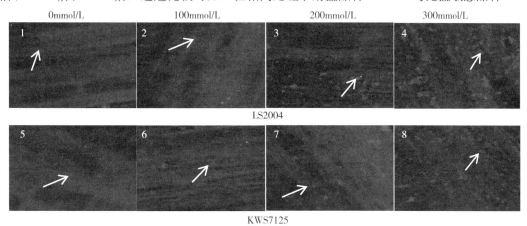

图 1　NaCl 胁迫下甜菜根尖的 MDC 染色观察

注：箭头所示为自噬体。标尺＝1mm。

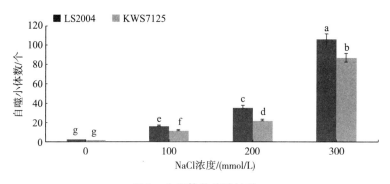

图 2 自噬体数统计结果

注：不同小写字母表示在 0.05 水平的差异显著水平，下同。

产生更多的自噬体；而在 300mmol/L 处理下 LS2004 有大面积亮斑出现，说明虽然两甜菜品种所呈现出的自噬规律相同，但 LS2004 自噬现象对盐分胁迫所表现出的响应强度均强于 KWS7125。综上可知，盐胁迫会诱导甜菜自噬现象的发生，且盐胁迫强度越强自噬活动越强烈；不同品种甜菜表现出不同的响应程度，且耐盐性品种响应程度较强。

2.2 ROS 含量对盐胁迫的响应

2.2.1 叶片 H_2O_2 含量变化与盐胁迫

由图 3 可知，不同盐胁迫处理下，两甜菜品种 H_2O_2 含量的变化趋势一致，即随着盐浓度的升高呈现出先升高后降低的趋势。在 100mmol/L 盐胁迫处理下，LS2004、KWS7125 两甜菜品种 H_2O_2 含量分别较对照增加了 30.81%，36.31%；在 200mmol/L 处理下其含量达到峰值，分别较其对照增加了 40.06%，41.54%；当盐浓度上升到 300mmol/L 时，虽其含量有所降低但仍高于对照水平 8.68%，13.85%。通过比较两品种差异，LS2004 在各处理下 H_2O_2 的含量均高于 KWS7125，但 KWS7125 在各处理下的上升幅度均高于 LS2004。综合以上数据可知，盐胁迫可诱导甜菜叶片内 H_2O_2 的大量积累，并与对照达到差异显著水平（$P < 0.05$）。

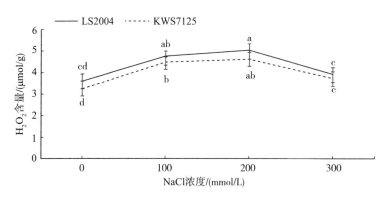

图 3 NaCl 胁迫对甜菜叶片 H_2O_2 含量的影响

2.2.2 叶片 O_2^- 含量变化与盐胁迫

由图 4 可知，在 0～300mmol/L NaCl 甜菜叶片内 O_2^- 的含量随着盐浓度的升高呈现先降低后升高的趋势，且两品种 O_2^- 含量均在 100mmol/L 盐处理下达到最低，并分别显著低于其对照水平 75.00%、52.00%（$P < 0.05$）。再继续增加盐浓度 O_2^- 含量又重新呈上升趋势，在盐浓度上升到 300mmol/L 时，KWS7125 的 O_2^- 含量达到 0.33μmol/g，显著高于其他各处理水平（$P < 0.05$）。品种间比较可知，在各处理下耐盐品种 LS2004 的 O_2^- 含量均低于盐敏感品种 KWS7125，结合 H_2O_2 含量的分析结果推测是由于 KWS7125 的 O_2^- 转化效率较高所致。

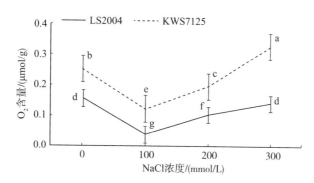

图 4　NaCl 胁迫对甜菜叶片 O_2^- 含量的影响

2.3　盐胁迫下甜菜叶片相对电导率的变化

由图 5 可知，两品种在不同盐胁迫处理下电导率的变化规律均随着盐胁迫强度增强而升高，且各处理之间均表现出显著差异（$P < 0.05$）。但在相同处理下，KWS7125 品种的电导率总是高于 LS2004 品种，且 LS2004 品种在 100、200、300mmol/L NaCl 处理下电导率分别提高了 24.12%，60.96%，82.27%，KWS7125 品种则分别提高了 57.70%，169.75%，232.62%，可见 KWS7125 品种在各处理下的电导率上升幅度均明显大于 LS2004，其电导率对盐胁迫的响应敏感程度高于 LS2004。

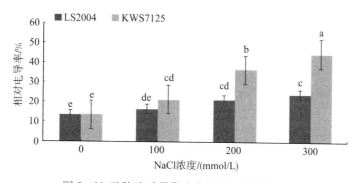

图 5　NaCl 胁迫对甜菜叶片相对电导率的影响

2.4　盐胁迫下甜菜叶片渗透调节物质的变化

2.4.1　可溶性蛋白含量变化

如图 6 所示，随着盐胁迫强度的增强，叶片内可溶性蛋白含量呈现先升高后降低的趋势，但两甜菜品种出现的峰值位点不同，KWS7125 品种的峰值出现在 100mmol/L NaCl，峰值为 8.10mg/g，较对照显著增加了 29.39%（$P < 0.05$）；而 LS2004 品种峰值出现在 200mmol/L，峰值为 8.90mg/g，比对照显著增加了 31.08%（$P < 0.05$）。此外，当处于 300mmol/L NaCl 高浓度盐分水平下，可溶性蛋白含量骤减，LS2004 品种可溶性蛋白含量减少了 30.11%。当甜菜受到盐胁迫时，其体内可溶性蛋白含量会随着盐浓度的升高而逐步积累，但不同品种间其可溶性蛋白积累速度有所差异，且 LS2004 品种的可溶性蛋白在渗透调节作用方面强于 KWS7125 品种。

2.4.2　脯氨酸含量的变化

结果如图 7 所示，随着盐浓度的升高，两品种表现出不同的变化规律。LS2004 品种叶片内脯氨酸含量随着盐浓度的升高呈现先升高后降低的趋势，在 100mmol/L 盐处理下脯氨酸含量最高，峰值为 548.33μg/g，显著高于对照水平（$P < 0.05$），300mmol/L 盐处理下含量最低，仅为 181.08μg/g，且各处理之间差异显著（$P < 0.05$）；而 KWS7125 叶片内脯氨酸含量随着盐浓度的升高一直呈现降低

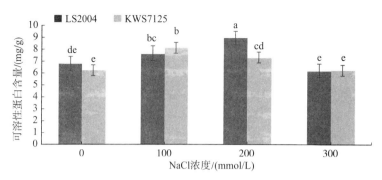

图 6　NaCl 胁迫对甜菜叶片可溶性蛋白含量的影响

趋势，与对照相比分别降低 45.00%、47.42%、54.94%。此外，各个处理下 LS2004 品种的脯氨酸含量均高于 KWS7125 品种。

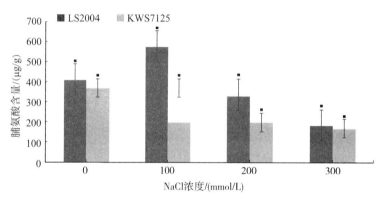

图 7　NaCl 胁迫对甜菜叶片脯氨酸含量的影响

2.4.3　可溶性总糖含量的变化

由图 8 可知，在不同盐浓度胁迫下，品种间甜菜叶片内可溶性总糖含量呈现不同的变化规律，LS2004 可溶性总糖含量随着盐浓度的升高呈现先增加后降低的趋势，最大值出现在 200mmol/L NaCl 处理下，为 13.68mg/g；KWS7125 可溶性总糖含量则随着盐浓度的升高呈现逐渐降低趋势，对照可溶性总糖含量显著高于其他处理（$P<0.05$）。各处理下 LS2004 品种的可溶性总糖含量均高于 KWS7125 品种，间接说明 LS2004 的耐盐性强于 KWS7125。

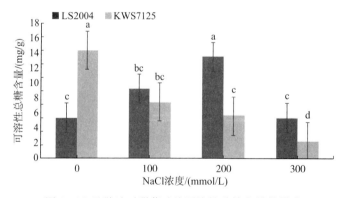

图 8　NaCl 胁迫对甜菜叶片可溶性总糖含量的影响

3　讨论

盐胁迫是制约植株正常生长发育常见的非生物胁迫因素之一[21]，而植物耐盐性与渗透调节、气孔运动、离子毒害和养分分配等诸多生理过程有着密切的联系[22]。低盐胁迫可通过自噬来缓解盐害损伤来减轻细胞受损程度，但在高盐胁迫下自噬过度发生，会引起自噬性细胞死亡，从而抑制甜菜生长。本试验研究结果表明，甜菜在受到盐胁迫后通过改变生理生化代谢，来抵抗与适应逆境，并且随着盐浓度的增加，整体表现为低促高抑的效果，但不同耐盐特性的品种出现的拐点浓度不同。

通过对不同盐浓度处理下的甜菜幼苗进行自噬检测发现，随着盐浓度的增大自噬体增多、自噬作用增强，说明盐胁迫是诱导甜菜细胞自噬现象发生的主要原因，并且耐盐性强的甜菜品种自噬强度更大。随着研究的深入，发现 ROS 作为生物有氧代谢过程中的副产物，除了会对细胞造成氧化损伤外，还可通过靶向上游因子或关键自噬基因来调控自噬的发生[23]。在酵母中首次发现了 ROS 诱导自噬的分子机制的证据，并表明 ATG4 和 ATG8 在此过程中发挥着重要的功能[24]。烟草细胞自噬的发生也被证明是由 ROS 诱导 atg3 和 atg8 蛋白间的相互作用而引起的[25]。在拟南芥 atg 突变体中可观察到过氧化物酶体的聚集及 ROS 的积累，导致 ROS 产生与清除系统的平衡状态被打破[26]。在低盐胁迫下，超氧化物歧化酶（SOD）通过催化 O_2^- 的歧化反应生成 H_2O_2 和 O_2，随后过氧化物酶（POD）和过氧化氢酶（CAT）参与催化反应，将生成的 H_2O_2 分解成 H_2O，以缓解 ROS 系统受到的伤害[27]。而本研究结果也证明随着盐胁迫的增强，盐敏感品种 KWS7125 较耐盐品种 LS2004 产生更多的 ROS，同时 LS2004 的自噬强度明显增强，这揭示了耐盐性不同的品种在受到盐胁迫时，体内分别启动了相应的 ROS 及自噬互作机制[28]。

ROS 还可能作为信号分子参与了渗透调节物质的积累[29-30]，有研究表明 ROS 可抑制细胞内糖的利用，增加细胞内可溶性总糖含量，以帮助植株抵抗逆境的发生[31]。而本研究也表明，随着 ROS 的增多可溶性总糖等渗透调节物质含量随之增加，推测 ROS 与自噬间的作用也可能增加了可溶性蛋白、可溶性总糖等含量，协调应对盐胁迫环境。此外，高浓度盐胁迫下 ROS 积累到一定阈值后，启动膜脂过氧化反应，破坏膜结构的完整性与稳定性，细胞电解质外渗，相对电导率增强[32]。另一方面，随着根部自噬过程的增强，细胞渗透势的提高，植株对水盐吸收得到改善，进而提高植株整体耐盐能力，但品种间耐盐性存在遗传上的差异。

4　结论

本研究发现甜菜在盐胁迫下可诱导甜菜自噬现象的发生，同时细胞自噬参与了植物耐盐防御机制。具体表现为随着盐胁迫强度的增加，自噬体增多、自噬作用增强，即 300mmol/L＞200mmol/L＞100mmol/L＞0；ROS 含量增多，其中 H_2O_2 含量会随着盐浓度的升高呈现先上升后下降的趋势，在 200mmol/L 盐处理下达到最高值，此时 LS2004 品种的 H_2O_2 含量较 KWS7125 品种增加了 8.70%；O_2^- 含量会随着盐浓度的升高呈现先降低后升高的趋势，在 100mmol/L 盐处理下的含量最低，此时 KWS7125 品种的 O_2^- 含量为 LS2004 是 3 倍，致使其膜质过氧化加剧、电导率升高，氧化损伤加重。耐盐品种 LS2004 苗期的自噬作用强于盐敏感品种 KWS7125，而在苗期的 ROS 积累量少于 KWS7125，揭示了甜菜耐盐性的高低与自噬作用存在正向协同效应，与 ROS 积累量效应相反。随着盐胁迫程度的加重，耐盐品种 LS2004 的可溶性蛋白、脯氨酸及可溶性总糖等渗透调节物质含量大量积累，由此推测 ROS 在调控自噬作用的同时，二者还可能协同增强耐盐品种的渗透调节作用。综合以上，可根据不同盐浓度下各项指标变化情况及不同甜菜品种的耐盐极限拐点的差异来选择更适宜的种植品种，同时也可为耐盐性不同的甜菜品种在盐碱地区的栽培及推广应用提供了理论基础和实践基础。

近年来，自噬逐渐成为植物科学领域研究的热点，并且在相关基因鉴定、分子标记与超微结构分析等多方面均取得了突破性的进展。本研究揭示了甜菜耐盐机制中存在自噬与 ROS 调控过程，但由于盐胁迫诱导甜菜细胞自噬的发生与调控机制及其与 ROS 的作用关系是植株体内多条代谢途径共同作用的结果，所以对于其耐盐机理还需进一步在分子水平上进行多组学方面的探索。

◇ 参考文献

［1］王遵亲．中国盐渍土［M］．北京：科学出版社，1993.

［2］Rengasamy P. Soil processes affecting crop production in salt - affected soils ［J］．Functional Plant Biology，2010，37（7）：613 - 620.

［3］黄晓，李发强．细胞自噬在植物细胞程序性死亡中的作用［J］．植物学报，2016，51（6）：859 - 862.

［4］Qi H，Xia F N，Xie L J，Chen Q F，Zhuang X H，Wang Q，Li F Q，Jiang L W，Xie Q，Xiao S. TRAF family proteins regulate autophagy dynamics by modulating AUTOPHAGYPRO-TEIN6 stability in Arabidopsis ［J］．Plant Cell，2017（4）：890 - 911.

［5］马丹颖，季东超，徐勇，等．活性氧调控植物细胞自噬的研究进展［J］．植物学报，2019，54（1）：81 - 92.

［6］Jin M，Liu X，Klionsky D J. SnapShot：selective autophagy ［J］．Cell，2013，152（1 - 2）：368 - 368.

［7］胡方志，杜强，袁利花，等．水稻OsATG12基因的克隆、表达及生物信息学分析［J］．分子植物育种，2019，17（24）：7979 - 7989.

［8］李微微．谷子自噬相关基因SiATG8a调控植物低氮胁迫响应的功能分析［D］．哈尔滨：哈尔滨师范大学，2017.

［9］轩利娟．蜀葵小孢子母细胞中自噬活动的研究［D］．兰州：兰州大学，2017.

［10］孙逊．苹果自噬相关基因MdATG18a在响应不同逆境中的功能分析［D］．杨凌：西北农林科技大学，2018.

［11］Liu Y M，Xiong Y，Bassham D C. Autophagy is required for tolerance of drought and salt stress in plants ［J］．Autophagy，2009，5（7）：954 - 963.

［12］Yang X C，Srivastava R，Howell S H，Bassham D C. Activation of autophagy by unfolded proteins during endoplasmic reticulum stress ［J］．The Plant Journal，2016，85（1）：83 - 95.

［13］刘洋，张静，王秋玲，等．植物细胞自噬研究进展［J］．植物学报，2018，53（1）：5 - 16.

［14］黄春燕，苏文斌，樊福义，等．NaCl胁迫对不同苗龄甜菜生长及生理特性的影响［J］．华北农学报，2019，34（5）：163 - 169.

［15］黄淑兰，刘淑莲，孙辉．从国内甜菜种子市场状况看我国甜菜育种的发展［J］．中国糖料，2006（1）：62 - 64.

［16］王毕．烟草小孢子胚胎发生过程中的自噬研究［D］．武汉：湖北大学，2018.

［17］李合生．植物生理生化试验原理和技术［M］．北京：高等教育出版社，2002：65.

［18］刘丽杰．低温下ABA调控冬小麦糖代谢及抗寒基因表达的研究［D］．哈尔滨：东北农业大学，2013.

［19］Bradford M M. A rapid and sensitive method for the quantitation of microgram quantities of protein utilizing the principle of protein - dye binding ［J］．Anal Biochem，1976，72（1 - 2）：248 - 254.

［20］张翼飞．施氮对甜菜氮素同化与碳代谢的调控机制研究［D］．哈尔滨：东北农业大学，2013.

［21］Allakhverdiev S I，Sakamoto A，Nishiyama Y，Inaba M，Murata N. Ionic and osmotic effects of NaCl - induced inzctivation of photo systems Ⅰ and Ⅱ in Synechococcus sp ［J］．Plant Physiol，2000，123（3）：1047 - 1056.

［22］Yang Y Q，Guo Y. Unraveling salt stress signaling in plants ［J］．Journal of Integrative Plant Biology，2018，60（9）：796 - 804.

［23］Cao J J，Liu C X，Shao S J，et al. Molecular mechanisms of autophagy regulation in plants and their applications in agriculture [J]. Frontiers in Plant Science，2021（11）：618944.

[24] Essick E E，Sam F. Oxidative stress and autophagy in cardiac disease，neurological disorders，aging and cancer [J]. Oxidative Medicine and Cellular Longevity，2010，3（3）：168－177.

[25] Han S J，Wang Y，Zheng X Y，et al. Cytoplastic glyceraldehyde－3－phosphate dehydrogenases interact with ATG3 to negatively regulate autophagy and immunity in nicotiana benthamiana [J]. The Plant Cell，2015，27（4）：1316－1331.

[26] Yamauchi S，Mano S，Oikawa K，et al. Autophagy controls reactive oxygen species homeostasis in guard cells that is essential for stomatal opening [J]. Proceedings of the National Academy of Sciences of the United States of America，2019，116（38）：19187－19192.

[27] 贾茵，向元芬，王琳璐，等. 盐胁迫对小报春上涨及生理特性的影响 [J]. 草业学报，2020，29（10）：119－129.

[28] 徐智敏，何宝燕，李取生，等. 盐分胁迫下两个苋菜品种对镉及主要渗透调节物质累积的差异 [J]. 生态学杂志，2015，34（2）：483－490.

[29] 王伟奇，张蒙，秦肇辰，等. 南瓜耐盐性研究进展 [J]. 中国蔬菜，2020（10）：18－26.

[30] 伍国强，冯瑞军，李善家，等. 盐处理对甜菜生长和渗透调节物质积累的影响 [J]. 草业学报，2017，26（4）：169－177.

[31] 郭书奎，赵可夫. NaCl 胁迫抑制玉米幼苗光合作用的可能机理 [J]. 植物生理学报，2001，27（6）：461－466.

[32] 薛焱，王迎春，王同智. 濒危植物长叶红砂适应盐胁迫的生理生化机制研究 [J]. 西北植物学报，2012，32（1）：136－142.

15 个甜菜品种对盐碱胁迫的生理响应及耐盐碱性评价

黄春燕[1]，苏文斌[1*]，郭晓霞[1]，李智[1]，菅彩媛[1]，
田露[1]，任霄云[1]，宫前恒[1]，樊福义[1]，张强[2]

（1. 内蒙古自治区农牧业科学院特色作物研究所，呼和浩特　010031；
2. 乌兰察布市农牧业科学研究院，乌兰察布　012000）

摘要：以生产中 15 个主推甜菜品种为材料，采用盆栽培养试验，模拟自然土壤条件下，不同程度盐碱胁迫（对照、轻度、中度和重度盐碱土壤）对甜菜幼苗生长及生理指标的影响，以揭示不同耐盐碱型甜菜幼苗的生理响应及筛选耐盐碱型品种。结果表明：（1）与对照相比，随盐碱胁迫程度增加，15 个甜菜品种出苗率及幼苗鲜重、干重和叶绿素含量不同程度的降低，且 MA3001 和 KWS1176 的降低幅度较小；（2）随盐碱胁迫程度增加，15 个甜菜品种幼苗叶片质膜透性和丙二醛含量不同程度地升高，且耐盐型甜菜幼苗的升高幅度较小；（3）随盐碱胁迫程度增加，耐盐碱型甜菜品种 KWS1176 幼苗 SOD 活性呈上升趋势，而 MA3001 降低幅度较小，重度盐碱土壤耐盐型甜菜品种 POD 活性降低幅度较小。研究表明，MA3001 和 KWS1176 为耐盐碱型甜菜品种，可通过加强抗氧化

　＊　通讯作者：黄春燕（1986—　），女，内蒙古呼和浩特人，研究员，研究方向：甜菜栽培生理。

酶活性，有效降低膜脂过氧化程度及叶片质膜透性，进而提高甜菜幼苗耐盐碱能力。

关键词：甜菜；不同程度盐碱土壤；生理响应；耐盐碱型品种

土壤盐碱化是影响植物生长和作物产量最主要的非生物胁迫之一[1]。据估计全球至少1/3的灌溉土地受到土壤盐碱化的影响[2-3]。中国各类盐碱土面积约为 $1 \times 10^6 \ km^{2[4]}$，占全国耕地面积的6.62%，且主要分布在东北、华北及西北内陆地区[5]。前人研究表明土壤盐碱胁迫主要由3种胁迫因子组成：渗透胁迫、离子胁迫以及高pH引起的盐碱胁迫，最终导致植物细胞结构破坏[6]。由于盐碱胁迫不仅破坏植物叶绿体结构，伤害细胞膜，减弱光合能力，同时还会打破植物体内的渗透调节，抑制水分的吸收，造成生理干旱，叶水势下降，导致各种代谢紊乱，并且降低植物生物量[7-8]，为适应盐碱胁迫，植物会发生一系列生理生化响应，如产生渗透调节物质、激活抗氧化酶活性[9-10]。盐碱胁迫对植物的生长发育有着重要的影响，通过研究植物的耐盐碱生理特性和耐盐碱能力，对合理利用耐盐碱种质资源及盐碱土，改善盐碱环境具有重要的现实意义。

甜菜是重要的糖料作物，具有极强的耐盐碱特性，对我国盐碱土的开发和利用有极大的发展潜力[11]。同时，甜菜是重要的耐盐碱植物，可以充分利用盐碱、滩涂等边缘土地资源，缓解我国耕地压力紧张的现象，同时起到生物脱盐的作用[12]。甜菜盐碱特性的研究主要集中于甜菜单盐胁迫、复盐胁迫和外源物质添加对盐胁迫的调节作用等的研究，而关于自然盐碱土壤条件下，甜菜不同品种耐盐差异生理响应的研究未见报道。因此，本试验研究了不同程度盐碱土壤条件下，15个生产中主推甜菜品种的生理响应及其耐盐品种筛选，以期为甜菜耐盐碱科学评价提供理论依据。

1 材料和方法

1.1 材料培养及处理

供试土壤取自内蒙古乌兰察布市凉城县岱海附近不同盐碱地块0～20cm土层，按照盐碱程度不同将土壤划分为四种类型，分别为对照（CK）、轻度盐碱土壤（Light saline - alkali soil，LS）、中度盐碱土壤（Moderate saline - alkali soil，MS）和重度盐碱土壤（Severe saline - alkali soil，SS），具体盐碱情况见表1。

表1 供试土壤盐碱情况

土壤类型	pH	全盐量/ $g \cdot kg^{-1}$	$1/2CO_3^{2-}$/ $mmol \cdot kg^{-1}$	HCO_3^-/ $mmol \cdot kg^{-1}$	$1/2SO_4^{2-}$/ $mmol \cdot kg^{-1}$	Cl^-/ $mmol \cdot kg^{-1}$	$1/2Ca^{2+}$/ $mmol \cdot kg^{-1}$	$1/2Mg^{2+}$/ $mmol \cdot kg^{-1}$	K^+/ $mmol \cdot kg^{-1}$	Na^+/ $mmol \cdot kg^{-1}$
CK	7.84	2.27	0.00	2.95	9.58	7.46	15.02	10.53	0.69	4.47
LS	7.89	2.73	0.00	3.23	12.13	7.48	16.75	14.68	0.99	5.52
MS	8.85	4.08	0.00	3.19	21.41	17.88	21.87	17.98	0.90	18.94
SS	8.89	5.76	0.00	3.24	22.23	40.04	20.60	16.40	1.01	46.39

试验采用盆栽种植，在四种不同程度盐碱土壤中，设置15个生产中主推甜菜品种，分别为KWS1197、KWS1176、KWS2323、KWS9149、BETA5043、BETA5044、BETA379、MA3001、MA079、MA2070、内2499、SR496、H5304、ZM1162和FLORES，每个处理3盆（即每个重复1盆，3个重复）。土壤于装盆前过筛，筛孔直径≤1cm，每200kg土壤加2kg甜菜纸筒育苗苗床专用肥，混匀后每盆装土20kg，每盆播种30粒，于一对真叶小米粒大小时喷施壮苗剂，于苗龄30天进行取样，测定各项指标。

1.2 测定指标及方法

于出苗第10天调查甜菜出苗率。将植株清洗干净后称量鲜重，在105℃杀青30min，60℃烘干至恒重，称量干重。利用 SPAD-502 叶绿素计进行叶绿素含量测定。叶片质膜透性采用 DDS-11A 型电导率仪测定，以相对电导率表示细胞膜相对透性[13]。丙二醛含量利用南京建成生物工程研究所的丙二醛（MDA）测试盒测定。抗氧化酶活性利用南京建成生物工程研究所的植物超氧化物气化酶（SOD）测试盒和过氧化物酶（POD）测试盒测定。

1.3 数据分析

用 Microsoft Excel 2007 进行数据处理与作图，用 SAS 9.0 进行数据统计分析。

2 结果与分析

2.1 盐碱胁迫对甜菜出苗率的影响

由表 2 可见，对照、轻度、中度和重度盐碱土壤条件下，随盐碱化程度增加，15 个甜菜品种出苗率基本表现为下降的趋势，其中 KWS1197、BETA5043、BETA5044、BETA379、内 2499、SR496、H5304 和 ZM1162 处理间差异显著。依出苗率差异由大到小排名前 5 位的品种是 ZM1162、H5304、BETA5044、SR496 和 KWS1197，与对照相比，轻度、中度和重度盐碱土壤条件下，ZM1162 的出苗率分别降低 9.62%、15.39% 和 48.08%，H5304 分别降低 5.26%、8.77% 和 21.05%，BETA5044 分别降低 1.69%、5.08% 和 20.34%，SR496 分别降低 0.00%、3.70% 和 14.81%，KWS1197 分别降低 1.69%、3.39% 和 13.56%。说明品种 ZM1162、H5304、BETA5044、SR496 和 KWS1197 的种子耐盐碱性较差，对盐碱胁迫的耐受程度较低。

表 2 盐碱胁迫对甜菜出苗率的影响

品种	出苗率/%			
	CK	LS	MS	SS
KWS1197	98.33±1.67a	96.67±1.67a	95.00±2.89ab	85.00±5.77b
KWS1176	96.67±3.33a	96.67±3.33a	93.33±4.41a	91.67±3.33a
KWS2323	96.67±3.33a	93.33±3.33a	85.00±12.58a	86.67±3.33a
KWS9149	90.00±2.89a	88.33±6.67a	86.67±6.01a	85.00±5.00a
BETA5043	100.00±0.00a	98.33±1.67a	96.67±1.67a	90.00±2.89b
BETA5044	98.33±1.67a	96.67±3.33a	93.33±4.41a	78.33±4.41b
BETA379	96.67±1.67a	90.00±5.00ab	88.33±1.67ab	85.00±2.89b
MA3001	100.00±0.00a	98.33±1.67a	98.33±1.67a	98.33±1.67a
MA079	86.67±4.41a	80.00±5.00a	80.00±2.89a	80.00±8.66a
MA2070	100.00±0.00a	100.00±0.00a	98.33±1.67a	95.00±5.00a
内 2499	100.00±0.00a	98.33±1.67a	98.33±1.67a	91.67±1.67b
SR496	90.00±2.89a	90.00±5.00a	86.67±3.33ab	76.67±6.01b
H5304	95.00±0.00a	90.00±2.89a	86.67±4.41ab	75.00±5.00b
ZM1162	86.67±8.33a	78.33±1.67a	73.33±3.33a	45.00±5.77b
FLORES	96.67±1.67a	90.00±7.64a	88.33±1.67a	88.33±1.67a

注：不同小写字母表示同一品种不同处理间差异显著（P<0.05）。下同。

2.2 盐碱胁迫对甜菜鲜重和干重的影响

由图 1 可见，对照、轻度、中度和重度盐碱土壤条件下，随盐碱化程度增加，15 个甜菜品种鲜重也表现为下降的变化规律，处理间差异显著。其中鲜重差异由大到小排名前 5 位的是 BETA5044、ZM1162、MA079、KWS9149 和 SR496，与对照相比，轻度、中度和重度盐碱土壤条件下，BETA5044 的鲜重分别降低了 39.87%、61.70% 和 106.30%，ZM1162 分别降低了 21.97%、33.45% 和 89.84%，MA079 分别降低了 21.77%、49.38% 和 81.17%，KWS9149 分别降低了 22.32%、29.35% 和 80.58%，SR496 分别降低了 19.81%、16.58% 和 76.49%；鲜重差异由小到大排名前 5 位的是 MA3001、KWS1176、KWS2323、内 2499 和 BETA379，与对照相比，MA3001 的鲜重分别降低了 6.31%、18.02% 和 55.63%，KWS1176 分别降低了 8.61%、25.35% 和 59.28%，KWS2323 分别降低了 14.83%、68.97% 和 63.11%，内 2499 分别降低了 23.00%、71.68% 和 68.14%，BETA379 分别降低了 16.35%、22.19% 和 16.35%、22.19% 和 68.49%，说明盐碱胁迫对这 5 个品种幼苗的生长抑制作用较小。

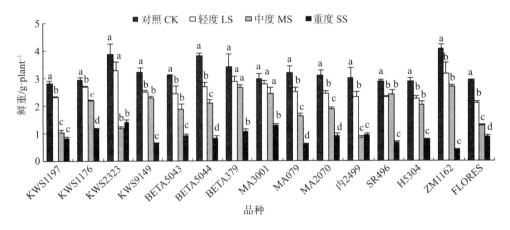

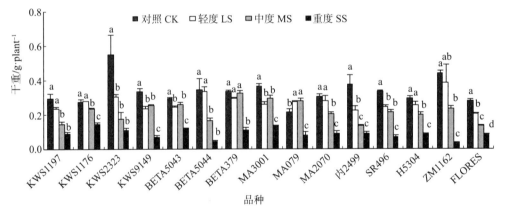

图 1　盐碱胁迫对甜菜鲜重和干重的影响

随盐碱化程度的增加，甜菜幼苗干重变化规律基本与鲜重一致，且处理间差异显著。处理间干重差异由大到小排名前 5 位的是 ZM1162、BETA5044、KWS2323、SR496 和 KWS9149，与对照相比，轻度、中度和重度盐碱土壤条件下，ZM1162 的干重分别降低了 12.12%、46.97% 和 90.91%，BETA5044 分别降低了 3.85%、51.92% 和 86.54%，KWS2323 分别降低了 44.57%、68.67% 和 79.52%，SR496 分别降低了 26.00%、36.00% 和 78.00%，KWS9149 分别降低了 30.00%、24.00% 和 78.00%；干重差异由小到大排名前 5 位的是 KWS1176、BETA5043、MA3001、MA079 和 BETA379，与对照相比，KWS1176 分别降低了 -2.45%、14.62% 和 46.33%，BETA5043 分别降低了 15.90%、11.35% 和 59.09%，MA3001 分别降低了 29.10%、20.01% 和 61.82%，MA079 分别降低了 -28.13%、-31.25% 和 62.50%，BETA379 分别降低了 11.99%、1.99% 和 66.00%。

2.3　盐碱胁迫对甜菜叶绿素含量的影响

由表 3 可见，随盐碱化程度的增加，15 个甜菜品种幼苗叶绿素含量整体表现为下降的趋势，处理间差异显著。其中，叶绿素含量差异由大到小排名前 5 位的是 MA2070、SR496、ZM1162、KWS1197 和 FLORES，与对照相比，轻度、中度和重度盐碱土壤条件下，MA2070 的叶绿素含量分别降低了 16.31%、19.55% 和 25.90%，SR496 分别降低了 10.84%、12.62% 和 25.01%，ZM1162 分别降低了 9.21%、13.72% 和 24.32%，KWS1197 分别降低了 11.32%、11.78% 和 23.72%，FLORES 分别降低了 7.88%、5.66% 和 12.63%，说明盐碱胁迫对这 5 个品种幼苗叶绿素含量的抑制作用较强；叶绿素含量差异由小到大排名前 5 位的是 BETA379、KWS1176、MA079、MA3001 和 KWS9149，与对照相比，BETA379 分别降低了 0.09%、7.76% 和 12.72%，KWS1176 分别降低了 2.86%、6.45% 和 12.83%，MA079 分别降低了 6.65%、7.89% 和 14.03%，MA3001 分别降低了 2.30%、14.37% 和 14.44%，KWS9149 分别降低了 6.27%、12.62% 和 15.13%。

表 3　盐碱胁迫对甜菜叶绿素含量的影响

品种	SPAD值			
	CK	LS	MS	SS
KWS1197	43.00±1.05a	38.13±0.38b	37.93±0.24b	32.80±0.81c
KWS1176	40.80±1.45a	39.63±1.14a	38.17±0.56ab	35.57±1.18b
KWS2323	45.87±0.44a	45.57±0.56a	43.73±1.67ab	38.90±2.82b
KWS9149	45.13±0.43a	42.30±1.26ab	39.43±0.22bc	38.30±0.82c
BETA5043	45.87±1.11a	37.27±0.43b	35.30±1.21b	36.13±0.37b
BETA5044	45.83±0.84a	38.93±2.70b	36.47±1.68b	35.73±1.13b
BETA379	47.67±1.21a	47.63±1.38a	44.33±1.09a	42.20±2.06a
MA3001	45.00±1.75a	43.97±0.81a	38.53±0.73a	38.50±3.96a
MA079	40.17±0.27a	37.50±1.67b	37.00±0.26bc	34.53±0.30c
MA2070	46.20±1.65a	38.67±1.05b	37.17±0.35bc	34.23±1.13c
内2499	41.53±1.42a	38.77±0.50ab	37.43±0.64ab	33.10±3.32b
SR496	43.07±0.90a	38.40±0.78b	37.63±0.60b	32.30±1.74c
H5304	43.93±1.53a	35.83±1.78b	37.17±0.68b	36.83±0.69b
ZM1162	50.30±1.39a	45.67±0.44b	43.40±0.68b	38.07±0.24c
FLORES	40.67±0.15a	37.47±0.20bc	38.37±0.49b	35.53±1.15c

2.4　盐碱胁迫对甜菜叶片质膜透性的影响

由图 2 可见，随盐碱化程度的增加，15 个甜菜品种叶片质膜透性整体表现为上升的趋势，处理间差异显著。其中，叶片质膜透性差异由大到小排名前 5 位的是 FLORES、BETA5044、SR496、BETA5043 和 ZM1162，与对照相比，轻度、中度和重度盐碱土壤条件下，FLORES 的叶片质膜透性分别增加了 55.67%、59.01% 和 105.90%，BETA5044 分别增加了 32.33%、52.87% 和 104.22%，SR496 分别增加了 17.04%、24.75% 和 102.33%，BETA5043 分别增加了 18.40%、34.55% 和 102.00%，ZM1162 分别增加了 28.09%、61.64% 和 98.22%；叶片质膜透性差异由小到大排名前 5 位的是 MA3001、KWS2323、BETA379、KWS1176 和 KWS9149，与对照相比，MA3001 分别增加 3.81%、30.81% 和 31.50%，KWS2323 分别增加 15.06%、19.15% 和 32.05%，BETA379 分别增加 9.25%、39.71% 和 44.80%，KWS1176 分别增加 28.46%、49.39% 和 55.94%，KWS9149 分别

增加 11.66％、23.37％和 61.33％，说明盐碱胁迫增加了甜菜幼苗叶片质膜透性。

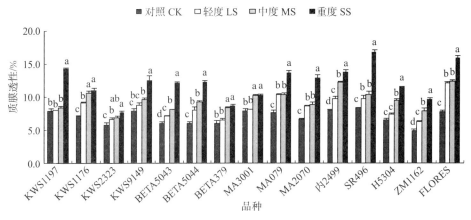

图 2　盐碱胁迫对甜菜叶片质膜透性的影响

2.5　盐碱胁迫对甜菜丙二醛含量的影响

由图 3 可见，随盐碱化程度的增加，15 个甜菜品种丙二醛含量基本表现为上升的趋势，处理间差异显著。其中，丙二醛含量差异由大到小排名前 5 位的是 BETA5043、BETA5044、ZM1162、FLORES 和 SR496，与叶片质膜透性差异品种一致，与对照相比，轻度、中度和重度盐碱土壤条件下，BETA5043 的丙二醛含量分别增加了 96.03％、139.34％和 344.45％，BETA5044 分别增加了 101.88％、198.73％和 327.01％，ZM1162 分别增加了 5.46％、168.58％和 253.63％，FLORES 分别增加了 133.98％、165.12％和 231.19％，SR496 分别增加了 75.26％、165.44％和 225.33％；丙二醛含量差异由小到大排名前 5 位的是 MA2070、MA3001、KWS1176、MA079 和 KWS1197，与对照相比，MA2070 分别增加了 5.46％、50.24％和 32.79％，MA3001 分别增加了 20.78％、27.16％和 58.82％，KWS1176 分别增加了 49.76％、45.50％和 65.51％，MA079 分别增加了 38.05％、59.34％和 73.88％，KWS1197 分别增加了 -9.75％、102.44％和 119.52％，说明丙二醛含量随盐碱胁迫程度的增加而增加。

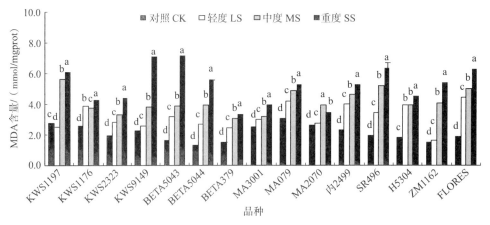

图 3　盐碱胁迫对甜菜丙二醛含量的影响

2.6　盐碱胁迫对甜菜抗氧化酶活性的影响

由图 4 可见，随盐碱化程度的增加，15 个甜菜品种超氧化物歧化酶活性不同品种表现不一，其中 KWS1197、KWS1176、KWS9149、BETA379、MA3001、MA079、内 2499 和 FLORES 的幼苗超氧化物歧化酶活性表现为单峰曲线变化，而 KWS2323、BETA5043、BETA5044、MA2070、SR496、H5304 和 ZM1162 则表现为降低的趋势，处理间差异显著。超氧化物歧化酶活性差异由大到小排名前 5 位的是 SR496、ZM1162、BETA5043、KWS2323 和 H5304，与对照相比，轻度、中度和重度盐碱土壤条件下，SR496 的超氧化物歧化酶活性分别降低了 21.81%、17.28% 和 70.73%，ZM1162 分别降低了 32.97%、48.86% 和 66.90%，BETA5043 分别降低了 57.08%、38.88% 和 66.03%，KWS2323 分别降低了 23.40%、50.26% 和 63.63%，H5304 分别降低了 49.67%、54.50% 和 57.59%；超氧化物歧化酶活性差异由小到大排名前 5 位的是 MA3001、MA079、KWS1197、KWS1176 和内 2499，与对照相比，重度盐碱土壤条件下，MA3001、MA079、KWS1197 和内 2499 的超氧化物歧化酶活性分别降低了 2.03%、3.98%、5.02% 和 23.15%；与对照相比，BE-TA379 和 KWS1176 的幼苗超氧化物歧化酶活性均增加，说明在盐碱胁迫条件下清除自由基的能力较强。

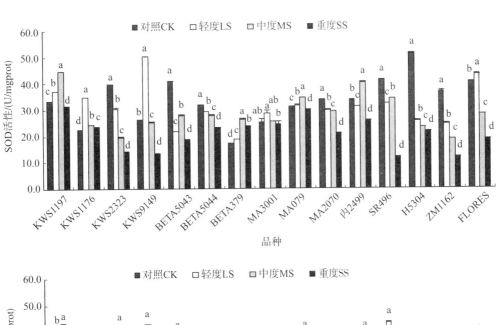

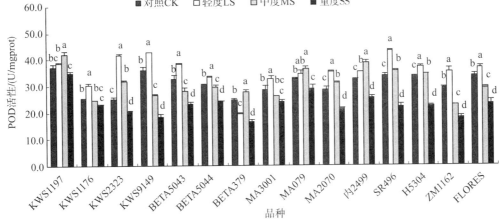

图 4　盐碱胁迫对甜菜抗氧化酶活性的影响

随盐碱化程度的增加，15 个甜菜品种过氧化物酶活性均表现为单峰曲线变化，处理间差异显著。其中，过氧化物酶活性差异由大到小排名前 5 位的是 KWS9149、ZM1162、SR496、H5304 和 BE-TA379，与对照相比，轻度盐碱土壤幼苗过氧化物酶活性基本增强，而重度盐碱土壤幼苗酶活性均降低，5 个品种降低幅度分别为 48.66%、38.18%、33.74%、32.62% 和 32.38%；过氧化物酶活性差异由小到大排名前 5 位的是 KWS1197、KWS1176、MA079、MA3001 和 KWS2323，与对照相比，轻度盐碱土壤幼苗过氧化物酶活性均增强，而重度盐碱土壤幼苗酶活性均降低，5 个品种降低幅度分别为 5.12%、8.28%、11.07%、15.26% 和 17.59%，说明轻度盐碱胁迫激活了幼苗过氧化物酶活性，酶活力增强，自由基清除能力增强，而重度盐碱胁迫抑制了酶活性的增强，清除能力降低，自由基大量积累，破坏细胞结构。

3 讨论与结论

植物能否在盐碱化环境下生长主要取决于其种子萌发和早期幼苗生长的状况[14]。植物生长发育过程中幼苗期是感受土壤盐碱含量变化最敏感的时期，其生长形态指标的变化量是评估盐碱胁迫程度和植物耐盐碱能力的可靠标准[15]。生物量是植物对盐碱胁迫反应的综合体现，也是体现植物耐盐性的直接指标之一[16]。盐碱胁迫对种子萌发和幼苗生长的伤害概括为3个方面：一是渗透胁迫，造成种子吸水进程迟缓，发芽势小，种子萌动慢；二是离子毒害；三是盐分对酶活性的抑制[17]。本研究中，与对照相比，轻度、中度和重度盐碱土壤15个甜菜品种出苗率及幼苗鲜重、干重均不同程度地降低，其中ZM1162和SR496的降低幅度较大，说明对盐碱胁迫较为敏感；而MA3001和KWS1176的出苗率和幼苗鲜干重降低幅度较小，说明这2个品种的耐盐碱性较强。造成这一现象的原因可能是不同品种甜菜的耐盐碱性不同，较高的盐碱胁迫环境下种子不能吸收足够的水分来合成萌发所需的各种酶和结构蛋白，导致出苗率降低[18]，且较高的盐碱胁迫抑制了甜菜幼苗叶片的光合能力，植株生长受到抑制。

叶绿素是植物进行光合作用最重要的光合色素，其含量的多少是反映植物光合能力的重要指标之一[19]。本研究中，与对照相比，轻度、中度和重度盐碱土壤15个甜菜品种的叶绿素含量均降低，其中耐盐碱品种ZM1162和SR496的降低幅度较小，而盐碱敏感型品种的降低幅度较大，这与向日葵[20]、棉花[21]、枸杞[22]等的研究结果一致。可能原因是盐碱胁迫一方面提高了叶片叶绿素酶活性，促进了叶绿素分解；另一方面减少了对活性氧的淬灭，导致细胞内积累较多的氧自由基，加速了叶绿素的分解[23]。

盐碱胁迫导致的氧化胁迫会使细胞膜的透性发生改变，一方面对离子的选择性、流速、运输等产生影响；另一方面也造成了磷和有机物质的外渗，细胞的生命活动受到影响[8,24]。MDA是植物逆境胁迫下产生的主要膜脂过氧化产物，其含量高低直接反映细胞受伤害程度[25]。SOD和POD是植物体内重要的抗氧化酶，清除逆境胁迫产生的活性氧，维持活性氧代谢平衡，保护膜结构，增强植物抗逆境胁迫的能力[15,26]。本研究中，与对照相比，轻度、中度和重度盐碱土壤15个甜菜品种幼苗叶片质膜透性和丙二醛含量均不同程度地升高，且耐盐碱型甜菜幼苗的升高幅度较小；SOD活性不同品种间变化规律差异较大，且耐盐碱型甜菜品种KWS1176幼苗SOD活性呈上升趋势，而MA3001降低幅度较小；POD活性重度盐碱土壤耐盐碱型甜菜品种降低幅度较小，说明耐盐碱型甜菜品种幼苗抗氧化酶可以较好地清除细胞内产生的活性氧代谢物质，保护膜系统的完整性，但重度盐碱胁迫条件下，甜菜体内活性氧的产生速度大于降解速度，导致细胞膜损伤，蛋白质降解，抗氧化酶活性降低，清除活性氧能力下降[27]。

综上所述，MA3001和KWS1176为耐盐碱型甜菜品种，盐碱胁迫土壤甜菜幼苗出苗率、鲜重、干重和叶绿素含量较盐碱敏感型品种降低幅度小，叶片质膜透性和丙二醛含量较盐碱敏感型品种升高幅度小，SOD活性和POD活性较盐碱敏感型品种降低幅度小，从而有利于植株生长，增强植株抗盐碱胁迫的能力。

◈ 参考文献

[1] Perez - Alfocea F，Balibrea M E，Santa C A，et al. Agronomical and physiological characterization of salinity tolerance in a commercial tomato hybrid [J]. Plant and Soil, 1996, 180 (2)：251 - 257.

[2] Zhu J K. Plant soil tolerance [J]. Trends in Plant Science, 2001, 6 (2)：66 - 71.

［3］Munns R，Tester M. Mechanisms of Salinity tolerance［J］. Annual Review of Plant Biology，2008，59：651 - 681.

［4］Ci L，Yang X. Desertification and its control in China［M］. Springer Berlin Heidelberg，2010：325 - 328.

［5］Ashraf M. Biotechnological approach of improving plant salt tolerance using antioxidants as markers［J］. Biotechnology Advances，2009（27）：84 - 93.

［6］戴凌燕. 甜高粱苗期对盐碱胁迫的适应性机制及差异基因表达分析［D］. 沈阳：沈阳农业大学，2012.

［7］王宝山，赵可夫，邹琦. 作物耐盐机理研究进展及提高作物抗盐性的对策［J］. 植物学报，1997，14（S1）：26 - 31.

［8］张金林，李惠茹，郭姝媛，等. 高等植物适应盐逆境研究进展［J］. 草业学报，2015，24（12）：220 - 236.

［9］Trovato M，Mattioli R，Costantino P. Multiple roles of proline in plant stress tolerance and development［J］Rendiconti Lincei，2008，19（4）：325 - 346.

［10］杨婷，孔春燕，杨利云，等. 外源水杨酸对盐胁迫下小桐子幼苗脯氨酸代谢的影响［J］. 西北植物学报，2018，38（6）：080 - 1087.

［11］秦树才，李刚，李实，等. 我国甜菜抗盐资源的鉴定［J］. 中国糖料，2004（4）：43 - 47.

［12］史淑芝，程大友，马凤鸣，等生物质能源作物-能源甜菜的开发利用［J］. 中国农学通报，2007，23（11）：416 - 419.

［13］陈建勋，王晓峰. 植物生理学实验指导［M］. 广州：华南理工大学出版社，2002：156 - 158.

［14］彭云玲，保杰，叶龙山，等. NaCl 胁迫对不同耐盐型玉米自交系萌动种子和幼苗离子稳态的影响［J］. 生态学报，2014，34（24）：7320 - 7328.

［15］周艳，刘慧英，王松，等. 外源 GSH 对盐胁迫下番茄幼苗生长及抗逆生理指标的影响［J］. 西北植物学报，2016，36（3）：515 - 520.

［16］李强，刘雅辉，张国新，等. NaCl 胁迫对碱蓬幼苗生长及生理指标的影响［J］. 河北农业科学，2015，19（1）：18 - 21，98.

［17］孙小芳，郑青松，刘友良. NaCl 胁迫对棉花种子萌发和幼苗生长的伤害［J］. 植物资源与环境学报，2000，9（3）：22 - 25.

［18］韩润燕，陈彦云，周志红，等. NaCl 胁迫对草木樨种子萌发及幼苗生长的影响［J］. 干旱地区农业研究，2014，32（5）：78 - 83.

［19］邵志广. NaCl 处理对竹柳苗光合特性的影响［J］. 安徽农业科学，2014，42（19）：6139 - 6141.

［20］李焕春，赵沛义，吕艳霞，等. 向日葵新品种对 NaCl 胁迫的响应及其耐盐阈值［J］. 土壤通报，2018（6）：1452 - 1457.

［21］辛承松，董合忠，孔祥强，等. 棉花不同类型品种苗期耐盐性差异研究［J］. 中国农学通，2011，27（5）：180 - 185.

［22］张雯莉，刘玉冰，刘立超. 2 种枸杞叶片对混合盐胁迫的生理响应［J］. 西北植物学报，2018，38（4）：706 - 712.

［23］刘伟成，郑春芳，陈琛，等. 花期海蓬子对盐胁迫的生理响应［J］. 生态学报，2013，33（17）：5184 - 5193.

［24］Zhang J L，Shi H Z. Physiological and molecular mechanisms of plant salt tolerance［J］. Photosynthesis Research，2013（115）：1 - 22.

［25］刘庆，董元杰，刘双，等. 外援水杨酸（SA）对 NaCl 胁迫下棉花幼苗生理生化特性的影响

　　　　[J]. 水土保持学报，2014，28（2）：165－168，174.
[26] 常青山，张利霞，杨伟，等. 外源 NO 对 NaCl 胁迫下夏枯草幼苗抗氧化能力及光合特性的影响 [J]. 草业学报，2016，25（7）：121－130.
[27] 刘文瑜，杨发荣，黄杰，等. NaCl 胁迫对藜麦幼苗生长和抗氧化酶活性的影响 [J]. 西北植物学报，2017，37（9）：1797－1804.

NaCl 胁迫对不同苗龄甜菜生长及生理特性的影响

黄春燕，苏文斌，樊福义，郭晓霞，李智，
菅彩媛，田露，任霄云，宫前恒

（内蒙古自治区农牧业科学院特色作物研究所，呼和浩特　010031）

摘要：为了阐明甜菜对盐胁迫的适应性及其生理响应，采用盆栽试验，研究 NaCl 胁迫对不同苗龄甜菜幼苗生长及生理特性的影响。结果表明，同一苗龄甜菜随 NaCl 浓度递增，保苗率在 NaCl 浓度 0.6% 时开始下降，株高逐渐降低，干质量呈单峰曲线变化，低盐胁迫有利于甜菜生物量的增加；叶绿素含量升高，叶片质膜透性和丙二醛含量增加，细胞膜系统受损严重；SOD 活性和 POD 活性升高，抗氧化酶活力增强。依苗龄的推进，不同盐胁迫处理间，甜菜保苗率、株高、干质量、叶绿素含量和叶片质膜透性、丙二醛含量的差异逐渐减小，而 SOD 活性和 POD 活性的差异逐渐增大，甜菜的耐盐能力提高。总体来看，随着 NaCl 浓度的增加，甜菜的 SOD 和 POD 活性增强，叶片质膜透性增加，丙二醛含量升高，甜菜保苗率、株高和干质量降低，叶绿素含量升高，且随着苗龄的推进，对甜菜生长的抑制作用减弱。

关键词：甜菜；苗龄；NaCl 胁迫；生长；生理特性

　　土壤盐渍化是植物在自然界中遭受的非生物胁迫之一，它影响植物的分布、生长和发育[1]。据联合国粮食与农业组织评估，世界上约有 6% 的盐渍土壤，盐胁迫是植物生长的主要限制因子之一。土壤盐分过高影响植物生长的原因有两方面，一是土壤中的盐分降低了植物根系的吸水能力，导致植物体内水分亏缺；二是通过蒸腾作用，过多的盐离子进入植物体内，引起细胞离子毒害[2]。植物体可通过改变自身的形态结构、细胞结构及一系列生理变化来适应盐胁迫[3]，如产生脯氨酸、可溶性糖及可溶性蛋白质等渗透调节物质，以保证植物逆境条件下的正常水分供应[4]。叶绿素是一类与光合作用有关的最重要色素，盐胁迫下叶绿体是最敏感的细胞器之一，适度盐胁迫叶绿素含量升高，高盐胁迫叶绿体片层结构逐渐降解，光合反应效率下降，叶绿素含量下降[5]，叶绿素含量的高低成为衡量植物耐盐性的一个重要指标。盐分能够增加膜的透性，加强膜质过氧化，丙二醛是其产物之一，丙二醛的多少常作为衡量膜损伤程度的指标。超氧化物歧化酶（SOD）和过氧化物酶（POD）是植物体内重要的抗氧化酶，具有清除活性氧自由基、保护膜系统的功能，常被作为判断植物抗逆性强弱的指标[6]。

　　甜菜是藜科甜菜属二年生草本植物，是世界两大糖料作物之一，具有耐旱、耐寒、耐盐碱等特性，是一种适应性广、抗逆性强、经济价值较高的作物[7]。糖是关系到国民经济发展的大事，十多年

---

　　* 通讯作者：黄春燕（1986—　），女，内蒙古呼和浩特人，研究员，研究方向：甜菜栽培生理。

统计分析，全球食糖供需趋势为：丰年略有余，灾年略不足，基本为紧平衡。我国对糖的需求是逐年递增的，由于甘蔗受到立地条件差、机械化程度低和劳动力紧缺的制约，发展空间有限，为甜菜产业发展提供了广阔的空间。甜菜耐盐性强，主要表现为比其他作物有更强的吸收或容纳 Na^+ 和 Cl^- 的能力[8]。尽管甜菜能够耐受一定浓度的盐分，但土壤中含盐量超过一定限度，也不利于甜菜的生长[9]。盐胁迫对甜菜伤害的最初位点便是细胞膜，它影响膜的正常透性及其结合酶类的活性，从而影响细胞膜的正常生理功能，使甜菜正常的生长代谢失调，产质量下降[10-11]。

随着制糖产业整体的提升，甜菜种植面积逐年增加，2017 年播种面积为 8.5 万 hm^2，2018 年已增加至 14.0 万 hm^2，由于种植业结构的调整，盐碱地将为甜菜的产地转移提供巨大的潜力。盐碱地甜菜生产中保苗是首要问题，植物能否在盐渍化环境下生长主要取决于早期幼苗生长的状况[12-13]。因此，针对甜菜苗期是耐盐性敏感期且盐碱地甜菜保苗率低的现象，本研究采用外源施加 NaCl 的盆栽试验，模拟田间盐胁迫环境，研究 NaCl 胁迫对不同苗龄甜菜苗期各项生理生化指标的变化，为进一步明确甜菜的耐盐机理、盐胁迫下甜菜的生理响应及盐碱地甜菜生产提供理论依据。

1 材料和方法

1.1 试验材料

选择甜菜品种 IM1162 为试验材料。供试土壤基本理化性质：有机质 24.10g/kg，全氮 1.12g/kg，全磷 0.58g/kg，全钾 24.63g/kg，碱解氮 110.40mg/kg，有效磷 15.60mg/kg，速效钾 144.86mg/kg，pH7.23，含盐量 0.89%。

1.2 试验设计

试验于 2017 年 4—6 月在内蒙古农牧业科学院温室内进行，播种于同批次、同规格的塑料盆中。土壤为内蒙古农牧业科学院试验地 0~20cm 耕层土壤，装盆前过筛，筛孔直径≤1cm。每 200kg 土壤加 2kg 甜菜纸筒育苗苗床专用肥，混匀后每盆装土 10kg，每盆播种 20 粒，于 1 对真叶小米粒大小时定苗至 10 株。按混合后在土壤中的质量百分比设计，NaCl（分析纯）浓度梯度：0（CK）、0.2%、0.4%、0.6%、0.8%，分别于 1 对真叶（OPL）、2 对真叶（TPL）、3 对真叶（TRPL）和 4 对真叶（FPL）始期（间隔时间 7d）以 2L 溶液形式一次性浇入土壤进行盐胁迫，另每 3 天浇去离子水 1 次，每处理 4 次重复。于第 4 对真叶盐胁迫第 7 天测定所有处理各项指标。

1.3 测定内容与方法

利用保苗株数计算保苗率。株高利用 0.5mm 精度直尺测量最长叶片高度。将植株清洗干净后，在 105℃杀青 30min，60℃烘干至恒质量，称量干质量。利用 SPAD-502 叶绿素仪进行叶绿素含量测定。叶片质膜透性采用相对电导率（REC）法测定[14]。丙二醛（MDA）含量和超氧化物歧化酶（SOD）、过氧化物酶（POD）活性利用南京建成生物工程研究所植物试剂盒测定，分别采用硫代巴比妥酸（TBA）法、WST-1 法和比色法测定。

1.4 数据处理与分析

用 Microsoft Excel 2007 进行数据处理与作图，用 SAS 9.0 进行数据统计分析。

2 结果与分析

2.1 NaCl 胁迫对不同苗龄甜菜保苗率的影响

由表 1 可见，不同苗龄低盐胁迫（CK、0.2%和 0.4%）甜菜保苗率均为 100%，高盐胁迫甜菜保苗率不同程度地下降，处理间差异显著。OPL 胁迫 NaCl 浓度 0.6％和 0.8％显著低于其他处理，二者较 CK 降低 40 百分点。TPL、TRPL 和 FPL 胁迫 NaCl 浓度 0.8％显著低于其他处理，较 CK 分别降低 22.50 百分点，20.00 百分点，15.00 百分点，且随着苗龄的增加，NaCl 浓度 0.8％处理的保苗率增加。

表 1 NaCl 胁迫对甜菜保苗率的影响

NaCl 浓度/％	保苗率/％			
	OPL	TPL	TRPL	FPL
CK	100.00±0.00a	100.00±0.00a	100.00±0.00a	100.00±0.00a
0.2	100.00±0.00a	100.00±0.00a	100.00±0.00a	100.00±0.00a
0.4	100.00±0.00a	100.00±0.00a	100.00±0.00a	100.00±0.00a
0.6	60.00±8.16b	95.00±5.00a	95.00±5.00a	95.00±5.00a
0.8	60.00±8.16b	77.50±2.50b	80.00±8.16b	85.00±5.00b

注：均值±SE，同列数据后不同字母表示不同处理间差异达到 0.05 的显著性水平，下同。

2.2 NaCl 胁迫对不同苗龄甜菜株高的影响

由表 2 可见，随着苗龄的增加，相同 NaCl 浓度甜菜的株高增加；随着 NaCl 浓度的提高，同一苗龄甜菜的株高降低，处理间差异显著。OPL 不同 NaCl 浓度处理甜菜株高均显著低于 CK，NaCl 浓度 0.2％，0.4％，0.6％，0.8％时，较 CK 分别降低 9.75％，34.28％，40.25％，55.75％；TPL 各 NaCl 浓度 0.2％，0.4％，0.6％，0.8％时较 CK 株高分别降低 21.92％，33.02％，33.90％，43.37％；TRPL 各 NaCl 浓度 0.2％，0.4％，0.6％，0.8％时较 CK 株高分别降低 15.50％，27.98％，43.98％，45.09％；FPL 各 NaCl 浓度 0.2％，0.4％，0.6％，0.8％时较 CK 株高分别降低 14.06％，37.46％，60.00％，66.88％。

表 2 NaCl 胁迫对甜菜株高的影响

NaCl 浓度/％	株高/cm			
	OPL	TPL	TRPL	FPL
CK	13.74±0.54a	14.78±0.86a	16.19±0.25a	23.25±0.81a
0.2	12.48±1.10b	11.54±0.68b	13.68±0.48b	19.98±0.30b
0.4	9.03±0.78c	9.90±0.53bc	11.66±0.67c	14.54±0.35c
0.6	8.21±0.79c	9.77±0.07c	9.07±0.26d	9.30±0.47d
0.8	6.08±0.87d	8.37±0.47c	8.89±0.20d	7.70±0.75d

2.3 NaCl 胁迫对不同苗龄甜菜干质量的影响

由表 3 可见，随着盐胁迫苗龄的增加，相同 NaCl 浓度甜菜的干质量增加；随着 NaCl 浓度的提高，同一苗龄甜菜的干质量呈"低—高—低"的变化趋势，处理间差异达显著水平。OPL、TRPL 不同盐胁迫处理甜菜干质量在 NaCl 浓度 0.2％时最大，且与 CK 差异不显著，但显著高于同一苗龄其他盐胁迫处理；TPL、FPL 不同盐胁迫处理甜菜干质量也是 NaCl 浓度 0.2％时最大，且均显著高于同一苗龄其他处理，分别较 CK 提高 25.71％，52.17％。随着苗龄的增加，各处理间干质量表现为差异缩小的变化趋势。

表3   NaCl 胁迫对甜菜干质量的影响

NaCl 浓度/%	干质量/(g/株)			
	OPL	TPL	TRPL	FPL
CK	0.75±0.09a	1.05±0.08b	1.43±0.04a	1.15±0.03b
0.2	0.84±0.02a	1.32±0.04a	1.45±0.05a	1.75±0.14a
0.4	0.53±0.03b	0.72±0.04c	0.98±0.08b	0.82±0.08c
0.6	0.40±0.01bc	0.51±0.05d	0.73±0.11c	0.64±0.04c
0.8	0.25±0.05c	0.44±0.05d	0.49±0.05c	0.68±0.05c

2.4   NaCl 胁迫对不同苗龄甜菜叶绿素含量的影响

由于叶片 SPAD 值与叶绿素含量具有显著相关性[15-16]，因而 SPAD 值常被用来表征植物体叶片叶绿素含量。由图1可见，同一苗龄随着 NaCl 浓度的增加，甜菜叶绿素含量呈逐渐增加的趋势，处理间差异显著。OPL 不同盐胁迫处理叶绿素含量均显著高于 CK，随 NaCl 浓度的增加，NaCl 浓度 0.2%，0.4%，0.6%，0.8%时较 CK 分别提高 21.00%，36.99%，49.58%，54.48%；TPL 不同盐胁迫处理也均显著高于 CK，NaCl 浓度 0.2%，0.4%，0.6%，0.8%时较 CK 分别提高 9.19%，15.30%，21.55%，24.08%；TRPL 不同盐胁迫处理也均显著高于 CK，NaCl 浓度 0.2%，0.4%，0.6%，0.8%时较 CK 分别提高 7.01%，10.72%，16.38%，20.84%；FPL 在 NaCl 浓度 0.6% 和 0.8%处理时显著高于 CK，二者较 CK 分别提高 8.31%，12.37%。

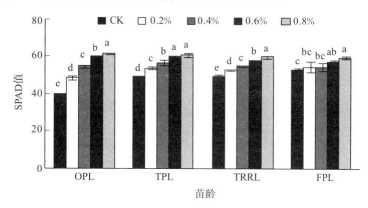

图1   NaCl 胁迫对甜菜叶绿素含量的影响

2.5   NaCl 胁迫对不同苗龄甜菜叶片质膜透性和丙二醛含量的影响

由图2可见，随着盐胁迫苗龄的增加，相同 NaCl 浓度甜菜的叶片质膜透性基本表现为降低的变化规律；同一苗龄随着 NaCl 浓度的增加，甜菜叶片质膜透性表现为增加的变化规律，处理间差异显著。OPL 和 TPL 不同盐胁迫处理叶片质膜透性均显著高于 CK，依 NaCl 浓度递增，OPL 各 NaCl 浓度 0.2%，0.4%，0.6%，0.8%时较 CK 分别提高 15.69%，55.07%，113.84%，197.12%，TPL 分别提高 24.37%，53.89%，75.16%，98.28%；TRPL 和 FPL 在 NaCl 浓度 0.4%、0.6%和 0.8%处理时显著高于 CK，其中 TRPL 较 CK 分别提高 77.62%，95.14%，105.00%，FPL 分别提高 31.47%，47.43%，78.98%。

丙二醛是细胞膜脂过氧化的终产物，其含量的高低是反映膜损伤程度的重要指标。随着盐胁迫和苗龄的增加丙二醛含量变化与叶片质膜透性基本一致，同一苗龄随着 NaCl 浓度的增加丙二醛含量变化也与叶片质膜透性一致（图2）。OPL、TRPL 和 FPL 不同盐胁迫处理丙二醛含量均显著高于 CK，依 NaCl 浓度递增，OPL 各 NaCl 浓度 0.2%，0.4%，0.6%，0.8%时较 CK 分别提高 15.64%，

27.79%，30.48%，95.80%，TRPL 分别提高 22.81%，34.35%，49.27%，65.72%，FPL 分别提高 27.17%，40.33%，47.38%，78.19%；TPLNaCl 浓度 0.4%，0.6%，0.8% 时处理显著高于 CK，较 CK 分别提高 27.15%，34.71%，58.56%，FPL 分别提高 31.47%，47.43%，78.98%。

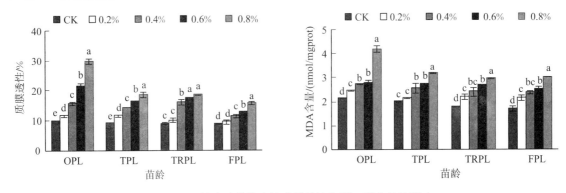

图 2　NaCl 胁迫对甜菜叶片质膜透性和丙二醛含量的影响

2.6　NaCl 胁迫对不同苗龄甜菜超氧化物歧化酶活性和过氧化物酶活性的影响

由图 3 可见，随着 NaCl 浓度的增加，不同苗龄甜菜 SOD 活性变化规律不同。OPL 盐胁迫处理，随 NaCl 浓度增加，SOD 活性呈单峰曲线变化，NaCl 浓度 0.6% 处理 SOD 活性最高，显著高于其他处理，较 CK 提高 43.73%；TPL 和 FPL 随 NaCl 浓度增加 SOD 酶活性呈升高的变化规律，各 NaCl 浓度 0.2%，0.4%，0.6%，0.8% 时处理均显著高于 CK，TPL 较 CK 分别提高 19.51%，29.69%，28.80%，110.51%，FPL 较 CK 分别提高 26.61%，45.96%，86.02%，99.87%；TRPL 随 NaCl 浓度增加，SOD 酶活性也呈升高的变化规律，NaCl 浓度 0.4%、0.6% 和 0.8% 均显著高于 CK，分别较 CK 提高 49.69%，79.94%，96.71%。

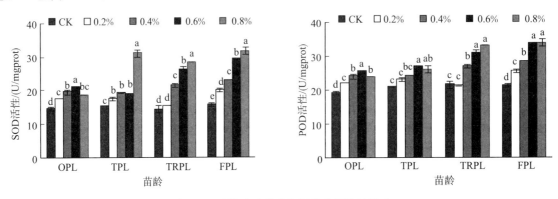

图 3　NaCl 胁迫对甜菜抗氧化酶活性的影响

随 NaCl 浓度增加，甜菜 POD 活性不同苗龄变化规律不同。依 NaCl 浓度递增，POD 活性呈单峰曲线变化，NaCl 浓度 0.6% 处理最高，显著高于 CK、0.2% 和 0.4% 处理，OPL 和 TPL 盐胁迫处理分别较 CK 提高 38.56% 和 29.99%；TRPL 和 FPL 依 NaCl 浓度递增，POD 活性均呈逐渐升高的规律，高盐胁迫（NaCl 浓度 0.6% 和 0.8%）显著高于低盐胁迫和 CK，TRPL 高盐胁迫较 CK 分别提高 42.87%，52.58%，FPL 较 CK 分别提高 58.77%，59.33%。

3　讨论与结论

植物在逆境下会发生一系列的生理生化反应来提高植株抗逆性。已有研究表明，盐胁迫对植物的危害主要通过离子胁迫和渗透胁迫[17-18]。盐胁迫下，土壤水势下降，植物通过增加小分子溶质降低植株水势，发挥渗透保护和渗透适应的作用，从而提高叶片保水能力和根系吸水能力，但随着胁迫程度的增加或时间的持续，其调节能力超过阈值，植物吸水困难，细胞失水，自由基增多，过氧化产物大量积累，激活抗氧化酶系统产生作用[19]。本研究中，TPL、TRPL 和 FPL 盐胁迫，依 NaCl 浓度递增，甜菜 SOD 活性和 POD 活性呈升高的变化规律，说明盐胁迫能够诱导 SOD、POD 活性的升高以保护其细胞自身结构不被破坏。而在 OPL0.8％NaCl 浓度下 SOD 活性降低，OPL 和 TPL0.8％NaCl 浓度下 POD 活性也降低，这说明由于胁迫苗龄小、苗势弱、时间长叶片内氧自由基含量的增加导致膜脂过氧化加剧，酶活力下降，膜脂氧化作用的防御能力降低，从而降低了对细胞的保护作用[20]。

丙二醛是膜脂过氧化产物之一，其含量水平代表膜受损害程度，它又可与细胞膜上的蛋白质、酶等结合，引起蛋白质分子内和分子之间的交联，从而使蛋白失活，破坏了生物膜的结构与功能[21]。叶片质膜透性和丙二醛含量的高低通常能够反映植物细胞膜脂过氧化强弱和细胞质膜破坏程度[22]。膜系统是植物盐害的主要敏感部位，盐胁迫下植物细胞结构和功能受到伤害，表现为质膜透性增大[23]，本研究中，同一苗龄甜菜叶片质膜透性随着 NaCl 浓度的升高而升高，丙二醛含量升高，OPL盐胁迫处理较其他苗龄叶片质膜透性和丙二醛含量上升快，可能是 OPL 时甜菜幼苗耐盐胁迫能力弱，盐离子对幼苗的伤害较大，细胞膜损伤严重，造成丙二醛大量积累。

盐胁迫主要通过影响植株碳同化，进而影响植株的正常生长发育，降低植株生长量和干物质积累量，甚至导致植物死亡[24]。本研究中，NaCl 浓度 0～0.4％甜菜保苗率为 100％，后逐渐降低，说明高盐胁迫影响了甜菜的出苗，在农业生产中保苗率是影响作物产量的重要因素。同一苗龄随着盐胁迫的加重，甜菜的株高逐渐降低，干质量呈单峰曲线变化，至 NaCl 浓度 0.2％最大，说明低盐胁迫有利于甜菜的生长，适度的盐分不但不会抑制植物生长反而会促进其生长和生物量积累[25-26]；而叶绿素含量增加，可能原因是植株体内抗氧化酶活性增强，修复损伤，缓解了对叶绿素的降解及叶绿素合成的抑制作用，造成叶绿素的积累[27-28]。随着盐胁迫苗龄的变大，甜菜干质量、叶绿素含量和叶片质膜透性、丙二醛含量不同盐胁迫处理间的差异逐渐减小，说明随着苗龄的增加，甜菜的耐盐能力增强。

综上所述，NaCl 胁迫诱导甜菜 SOD 活性和 POD 活性的增高，降低了细胞质膜的稳定性，叶片质膜通透性提高，丙二醛含量增加，进而抑制了甜菜保苗率、株高、干质量的提高，叶绿素含量增加，但随着 NaCl 胁迫苗龄的推后，对甜菜生长的抑制作用减弱，而纸筒育苗移栽可以很好地避开早期盐胁迫环境，建议在盐碱地甜菜生产中采用纸筒育苗移栽的种植方式较直播好。

▷ 参考文献

[1] Asish K P，Anath BD. Salt tolerance and salinity effects on plants：a review [J]．Ecotoxicology and Environmental Safety，2005（60）：324 - 349.

[2] 史淑芝，程大友，马凤鸣，等．生物质能源作物-能源甜菜的开发利用 [J]．中国农学通报，2007，23（11）：416 - 419.

[3] Rengasamy P. Soil processes affecting crop production in salt - affected soils [J]．Functional Plant Biology，2010（37）：613 - 620.

[4] Ashraf M. Some important physiological selection criteria for salt tolerance in plants [J]．Flora，2004（199）：361 - 376.

[5] Yuan Y H，Shu S，Li Shu H. Effects of exogenous putrescine on chlorophyll fluorescence imaging and heat dissipation capacity in cucumber（Cucumissativus L.）under salt stress [J]．Journal of Plant Growth Regulation，2014，33（44）：798 - 808.

[6] 陈建波，王全喜，章洁．绿豆芽超氧化物歧化酶在胁迫条件下的活性变化 [J]．上海师范大学学

报（自然科学版），2007，36（1）：49-53.

[7] 黄春燕，苏文斌，张少英，等．施钾量对膜下滴灌甜菜光合性能以及对产量和品质的影响［J］．作物学报，2018，44（10）：1496-1505.

[8] 吴晓雷，田自华，张家骅，等．甜菜抗盐生理研究进展［J］．中国甜菜，1991（2）：46-49.

[9] 李志全．甜菜幼苗的耐盐限度［J］．新疆农业科学，1981（2）：17-19.

[10] 惠菲．盐胁迫下甜菜蛋白质含量测定及特异蛋白的分离与鉴定［D］．哈尔滨：黑龙江大学，2012.

[11] Parida A K，Das A B. Salt tolerance and sality effects on plants：a review［J］．Ecotoxicology and Environment safety，2005，60（3）：324-349.

[12] 彭云玲，保杰，叶龙山，等．NaCl 胁迫对不同耐盐型玉米自交系萌动种子和幼苗离子稳态的影响［J］．生态学报，2014，34（24）：7320-7328.

[13] 刘文瑜，杨发荣，黄杰，等．NaCl 胁迫对藜麦幼苗生长和抗氧化酶活性的影响［J］．西北植物学报，2017，37（9）：1797-1804.

[14] 李合生．植物生理生化试验原理和技术［M］．北京：高等教育出版社，2002：65.

[15] 钟全林，程栋梁，胡松竹，等．刨花楠和华东润楠叶绿素含量分异特征及与净光合速率的关系［J］．应用生态学报，2009，20（2）：271-276.

[17] 刘爱荣，张远兵，钟泽华，等．盐胁迫对彩叶草生长和渗透调节物质积累的影响［J］．草业学报，2013，22（2）：211-218.

[18] Gill SS，Tuteja N. Reactive oxygen species and antioxidant machinery in abiotic stress tolerance in crop plants［J］．Plant Physiology and Biochemistry，2010，48（12）：909-930.

[19] 张冠初，张智猛，慈敦伟，等．干旱和盐胁迫对花生渗透调节和抗氧化酶活性的影响［J］．华北农学报，2018，33（3）：176-181.

[20] 王永慧，陈建平，张培通，等．盐胁迫对不同基因型黄秋葵苗期生长及生理生态特征的影响［J］．华北农学报，2016，31（6）：105-110.

[21] 刘延吉，张珊珊，田晓艳，等．盐胁迫对 NHC 牧草叶片保护酶系统、MDA 含量及膜透性的影响［J］．草原与草坪，2008（2）：30-34.

[22] 单长卷，付远志，彭贝贝．盐胁迫下谷胱甘肽对玉米幼苗根系抗氧化能力的影响［J］．灌溉排水学报，2015，34（10）：56-59.

[23] Zhao F G，Sun C，Liu Y L. Effects of salinity stress on the levels of covalently and noncovalently conjugated polyamines in plasma membrane and tonoplast isolated from barley seedlings［J］．Acta Botanica Sinica，2000，42（9）：920-926.

[24] 王素平，李娟，郭世荣，等．NaCl 胁迫对黄瓜幼苗植株生长和光合特性的影响［J］．西北植物学报，2006，26（3）：455-461.

[25] 郑青松，刘玲，刘友良，等．盐分和水分胁迫对芦荟幼苗渗透调节和渗调物质积累的影响［J］．植物生理与分子生物学学报，2003，29（6）：585-588.

[26] 杨秀艳，张华新，张丽，等．NaCl 胁迫对唐古特白刺幼苗生长及离子吸收、运输与分配的影响．林业科学，2013，49（9）：165-171.

[27] 于玮玮，曹波，龙鸿，等．新疆叶苹果幼苗对盐胁迫的生理响应［J］．华北农学报，2016，31（1）：170-174.

[28] 庞文强，张伟华，黄春燕，等．第 3 对真叶期甜菜幼苗对 NaCl 胁迫的抗逆性研究［J］．北方农业学报，2018，46（2）：16-20.

甜菜叶片 SPAD 值和光合色素的相关性研究

郝学明，王响铃，宋柏权，王孝纯，王秋红，周建朝

（黑龙江大学，哈尔滨 150080）

摘要： 明确甜菜叶片 SPAD 值与光合色素含量的关系，为甜菜氮素营养诊断提供理论基础。通过测定不同甜菜品种苗期叶片 SPAD 值、叶绿素 a、叶绿素 b、叶绿素总含量及类胡萝卜素含量，分析品种间 SPAD 值、叶绿素含量的差异以及 SPAD 值分别与不同光合色素的相关性。结果表明：甜菜叶片叶绿素 a 含量＞叶绿素 b 含量＞类胡萝卜素含量，不同光合色素及 SPAD 值品种间存在差异。叶片 SPAD 值与光合色素呈正相关，其中总叶绿素含量与 SPAD 值的相关性最高，$r=0.776\,6$；叶绿素 a、叶绿素 b 含量与 SPAD 值的相关性次之，而类胡萝卜素与 SPAD 值的相关性最低，$r=0.570\,4$。利用 SPAD 值预测甜菜叶片叶绿素含量，为甜菜生产中快速无损地进行植株营养诊断是可行的。

关键词： 甜菜；SPAD 值；叶绿素含量；类胡萝卜素含量

甜菜（*Beta vulgaris* L.）是黎科甜菜属作物，是世界上仅次于甘蔗的第二大重要的糖料作物[1]。甜菜糖占世界食糖产量的 30% 左右，在世界产糖大国中，中国是美国、日本、埃及、西班牙等少数既产甜菜糖又产甘蔗糖的国家之一[2]。中国甜菜种植主要分布在东北、西北和华北地区，在中国北方农业与制糖业发展和农民增收等方面具有不可代替的作用[3]。甜菜是一种糖料作物，光合作用是甜菜块根产糖量形成的重要影响因素，甜菜块根产量中 90%～95% 的有机质是由光合作用固定并转化的[4]。植物光合利用率主要取决于叶片叶绿素含量的多少，可以通过测定叶片中的叶绿素含量来鉴定其营养状况[5]。因此，测定甜菜叶绿素含量对分析甜菜叶片光合能力、预测甜菜块根产糖具有重要意义。

目前测定叶绿素含量的方法主要有 2 种，一种是化学提取分光光度计比色法，另一种是 SPAD（Soil and Plant Analyzer Development）叶绿素仪法[6]。SPAD-502 叶绿素仪可快速测量植物叶片单位面积叶片当前叶绿素的相对含量，即 SPAD 值[7]。采用叶绿素仪测定叶片的 SPAD 值具有便携、实时和对叶片无损的优点。在棉花[8]、小麦[9-10]、水稻[11-12]、油菜[13] 等作物[14] 及果树[15] 和园林树木[16] 中均有广泛应用。研究表明，叶绿素在植株叶片中的分布会因物种、测定时期、测定位置的不同而异。不同植物及同一植物的不同品种利用 SPAD 值来预测叶片叶绿素含量均存在一定差异，同一植株叶片上的 SPAD 值表现出叶尖部＞叶中部＞叶基部的特点[17-18]。而分析甜菜叶片叶绿素含量与 SPAD 值相关性鲜见报道。

本文利用分光光度计和 SPAD 叶绿素仪测定不同甜菜品种的叶绿素含量，研究甜菜叶片的叶绿素含量和 SPAD 值的相关关系，确定适宜的 SPAD 值测定位置，旨在为 SPAD-502 叶绿素仪测定法计算甜菜叶片的叶绿素含量提供参考。

---

* 通讯作者：郝学明（1993— ），女，河南商丘人，硕士研究生，研究方向：植物生理生态。

1 材料与方法

1.1 试验材料

供试甜菜品种'KWS1197'、'KWS5145'、'KWS0143'源于德国 KWS 公司，'BETA165'源于美国 Beta 公司，4 个品种均为二倍体遗传单粒种。水培用盆为聚乙烯塑料盆（24cm×17cm×16cm），水培化学试剂同常规。

1.2 试验设计

水培试验于 2018 年 4 月 4 日—5 月 16 日在国家糖料改良中心/黑龙江省普通高等学校甜菜遗传育种重点实验室进行。将'KWS1197'、'BETA165'、'KWS5145'、'KWS0143'甜菜种子播种于经过 180℃高温消毒 4.5h 的蛭石中，浇适量去离子水，进行催芽。1 周后（待甜菜子叶完全展开）4 个品种均选择长势一致的幼苗移入 1/4 全量营养液中培养。首先用 1/4 浓度全营养液培养 1 周，然后用 1/2 浓度全营养液培养 5 天，之后全量营养液培养 25 天进行收获，其间营养液每 5 天更换 1 次。光照时间为 7：30—19：30，每天光照 12h，通气 12h。每品种种植 8 盆，每盆 2 株，共 32 盆。随机区组排列设计。

1.3 测定指标和方法

1.3.1 SPAD 值的测定

使用 SPAD-502 型叶绿素计测定最新完全展开叶片的叶尖、叶中和叶基 3 个部位的 SPAD 值，每部位读取 10 个值，每片叶共 30 个值。

1.3.2 光合色素含量的测定

光合色素含量的提取采用乙醇法[19]，在测定 SPAD 值的叶片相应位置，即叶片的叶尖、叶中和叶基 3 个部位分别用直径 10mm 打孔器打孔，取 3 个圆形叶片，用分析天平称重后放于 25mL 试管，用 10mL 95％乙醇避光浸泡 24h，浸泡过程中混匀多次，待叶片完全变白后进行比色。光合色素测定采用分光光度法，利用 UV8000A 紫外分光光度计，用波长 665、649、470nm 分别测量吸光度值，并换算为单位质量叶绿素含量，见公式（1）~（4）。

$$叶绿素 a 含量 = 13.95A665 - 6.88A649 \tag{1}$$

$$叶绿素 b 含量 = 24.96A649 - 7.32A665 \tag{2}$$

$$类胡萝卜素含量 = (1000A470 - 2.05Chl\text{-}a - 114.8Chl\text{-}b)/245 \tag{3}$$

$$叶绿素总含量 = 叶绿素 a 含量 + 叶绿素 b 含量 \tag{4}$$

1.4 数据计算及统计方法

试验数据处理以及部分图表的制作和统计分别利用 Excel2010 软件和 SPSS22.0 制作。

2 结果与分析

2.1 甜菜品种间 SPAD 值差异分析

如图 1 至图 4 所示，4 个甜菜品种 SPAD 值存在差异，'KWS1197'、'BETA165'、'KWS0143'、'KWS5145'叶片平均 SPAD 值，'KWS1197'最大，'KWS5145'最小。在同一品种叶片不同测定位置上，'BETA165' SPAD 值表现出叶基＞叶中＞叶尖的特点，越靠近叶片基部，SPAD 值越大。'KWS0143'则表现出完全相反的特点，即叶尖＞叶中＞叶基，越靠近叶片基部，SPAD 值越小。'KWS1197'、'KWS5145' 2 个品种均是叶中值较小，'KWS1197'叶片不同测定位置 SPAD 值趋于稳定。'BETA165'、'KWS1197'叶基部 SPAD 值最大，'KWS5145'和'KWS0143'则是叶尖 SPAD 值最大。总体比较，甜菜叶片中部的 SPAD 值与平均值最为接近。SPAD 值在甜菜叶片中的分布不仅与测定的位置（叶尖、叶中、叶基）有关，还与测定的甜菜品种有关。

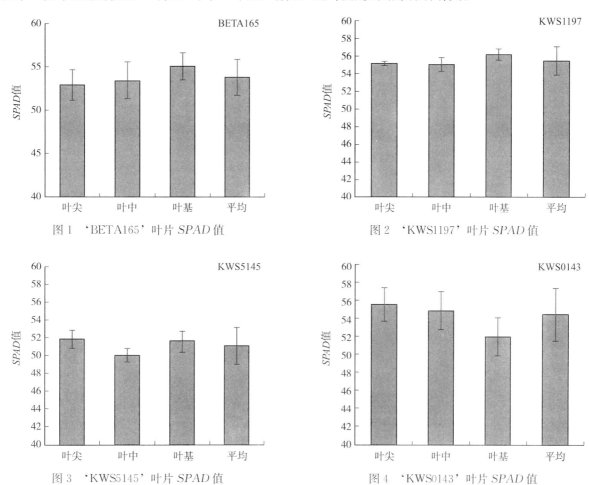

图 1 'BETA165'叶片 SPAD 值

图 2 'KWS1197'叶片 SPAD 值

图 3 'KWS5145'叶片 SPAD 值

图 4 'KWS0143'叶片 SPAD 值

2.2 甜菜品种间叶绿素总含量差异分析

如图 5 至图 9 所示，同一叶片的叶绿素总含量，测量位置不同其含量也有差异。'BETA165'与'KWS5145'趋势一致，均是叶基＞叶中＞叶尖，不同测量位置差异显著。'KWS1197'叶尖、叶中、叶基叶绿素含量差异较小，趋于平稳。'KWS0143'叶尖的叶绿素总含量最多，而越靠近叶基部含量越少，从叶尖到叶基含量从 1.94mg/g 下降到 1.77mg/g。而各品种在叶中的叶绿素含量最接近

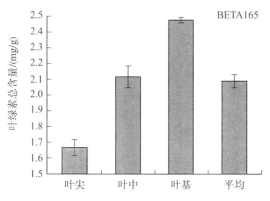

图 5 'BETA165'叶片不同部位叶绿素总含量

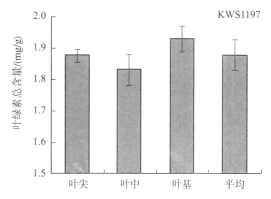

图 6 'KWS1197'叶片不同部位叶绿素总含量

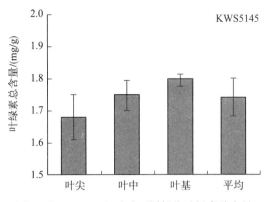

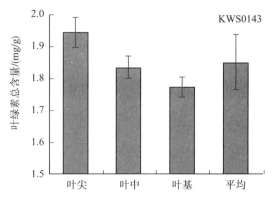

图 7 'KWS5145'叶片不同部位叶绿素总含量　　图 8 'KWS0143'叶片不同部位叶绿素总含量

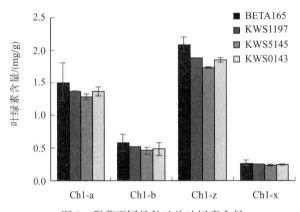

图 9 甜菜不同品种叶片叶绿素含量

均值，具有一定的代表性，这一规律与不同测量位置的 SPAD 值一致。甜菜品种之间叶绿素含量也存在差异。叶片中叶绿素 a 含量、叶绿素 b 含量、叶绿素总含量及类胡萝卜素含量均表现一致的趋势，'BETA165'＞'KWS1197'＞'KWS0143'＞'KWS5145'，这与品种间 SPAD 值的表现趋势类似。在甜菜叶片中，叶绿素 a 含量较高，平均 1.38mg/g，占叶绿素总含量的 73%，其次为叶绿素 b，而叶片中类胡萝卜素含量较低，平均 0.25mg/g。甜菜叶片中叶绿素含量的分布规律与 SPAD 值一致，不仅与测定的位置（叶尖、叶中、叶基）有关，而且与测定的甜菜品种有关。

2.3　甜菜叶片 SPAD 值及叶绿素含量相关性分析

如图 10 所示，甜菜叶片叶绿素 a 含量、叶绿素 b 含量、叶绿素总含量及类胡萝卜含量与 SPAD 值做回归统计分析。甜菜光合色素含量与 SPAD 值呈正向相关。叶片中叶绿素 a 含量、叶绿素 b 含量、叶绿素总含量及类胡萝卜素含量的相关系数分别为 0.720 8、0.776 3、0.776 6、0.570 4。不同品种甜菜叶片中光合色素含量和 SPAD 值均有差异，但是品种之间叶片的 SPAD 值与光合色素含量的变化趋势整体上保持一致。总叶绿素含量与 SPAD 值的相关性最高，$r=0.776\ 6$；叶绿素 a、叶绿素 b 含量与 SPAD 值的相关性次之；类胡萝卜素与 SPAD 值的相关性最低，$r=0.570\ 4$。

3　结论与讨论

采用叶绿素仪测定叶片的 SPAD 值具有便携、实时和对叶片无损的优点。尤其在大田条件下 SPAD-502 叶绿素仪可在无损状况下几秒钟内测量植物叶片单位面积叶片当前叶绿素的相对含量，大大提高了效率。SPAD 值与叶绿素含量相关性研究在其他作物上已有大量报道[20]，但在甜菜叶片

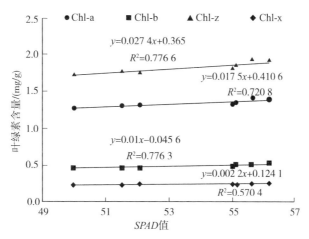

图 10 甜菜 SPAD 值与光合色素含量的相关性

及叶片上适宜的测量部位的研究涉及较少。本试验探讨了甜菜叶片上不同测量部位的 SPAD 值及相应的叶绿素含量，确定了 SPAD 值与叶绿素含量的相关性及适宜的测量部位，以便更加准确快速地反映甜菜叶片的叶绿素含量。在甜菜叶片中，不同品种的 SPAD 值及叶绿素含量在测量位置上存在差异，'BETA165'、'KWS1197' 在叶基部叶绿素含量较高，叶尖较低，而 'KWS5145'、'KWS0143' 在叶尖部叶绿素含量较高，叶基部较低。研究结果表明，甜菜叶片的叶中部最接近平均值，因此，在测定甜菜叶片叶绿素含量与 SPAD 值时，选取叶中部进行测定具有一定的参考意义。陈琴等[15]对牧草的研究发现，叶中部的 SPAD 值更接近平均值，可以作为试验牧草 SPAD 值测定的适宜部位，与本试验结果一致。研究发现甜菜 4～6 片真叶期后最高叶片的叶片尖部可作为甜菜叶片 SPAD 值的最适测定部位[21]。潘义宏等[17]对烟叶的研究发现，采用叶绿素仪来测定叶片最佳部位会因品种而异。叶绿素含量在叶片 3 个部位存在差异可能是植物叶肉组织成熟程度的差异造成的。SPAD 值会受到不同品种、不同测定时间、不同的生长环境等因素的影响[6,22-23]。

笔者使用 SPAD-502 叶绿素仪测定叶绿素的相对含量，分光光度法测定叶绿素绝对含量，通过对甜菜 SPAD 值与叶绿素含量比较发现，叶绿素 a、叶绿素 b、总叶绿素、类胡萝卜素及 SPAD 值在不同甜菜品种间有一定的差异。同时在甜菜叶片中叶绿素 a 含量＞叶绿素 b 含量＞类胡萝卜素含量。这一结果与其他研究结果一致[24]。对叶绿素含量与 SPAD 值进行相关分析发现，SPAD 值与叶绿素含量呈正相关，这一结果与水稻、小麦等作物[25]及绿色蔬菜[26]、果树[27]等的研究结果相似。其中总叶绿素含量 SPAD 值的相关性最高，$r=0.776\ 6$，叶绿素 a、b 含量与 SPAD 值的相关性次之，而类胡萝卜素与 SPAD 值的相关性最低，$r=0.570\ 4$。笔者使用 SPAD-502 叶绿素仪测定叶绿素的相对含量，分光光度法测定叶绿素绝对含量，通过对甜菜 SPAD 值与叶绿素含量比较发现，叶绿素 a、叶绿素 b、总叶绿素、类胡萝卜素及 SPAD 值在不同甜菜品种间有一定的差异。同时在甜菜叶片中叶绿素 a 含量＞叶绿素 b 含量＞类胡萝卜素含量。这一结果与其他研究结果一致[24]。对叶绿素含量与 SPAD 值进行相关分析发现，SPAD 值与叶绿素含量呈正相关，这一结果与水稻、小麦等作物[25]及绿色蔬菜[26]、果树[27]等的研究结果相似。其中总叶绿素含量与 SPAD 值的相关性最高，$r=0.776\ 6$，叶绿素 a、b 含量与 SPAD 值的相关性次之，而类胡萝卜素与 SPAD 值的相关性最低，$r=0.570\ 4$。

综上所述，通过 SPAD 值来预测甜菜叶片叶绿素的绝对含量是可行的，为叶绿素的快速测定提供了便利，但是 SPAD 值会受到多种因素的影响，代表的是叶绿素的相对水平，在实际生产中若是要求植株确切的叶绿素含量，还需用传统的分光光度法。而本试验的甜菜品种较少，若测定不同品系的多个甜菜品种其相关性会更加精确。对于 SPAD 值和不同品种甜菜氮含量、产量、含糖量的关系有待于下一步研究。

参考文献

[1] AbdEl‐Razek A M，Besheit S Y. 3 个不同类型甜菜栽培品种的产量和品质（英文）[J]. 南方农业学报，2011，42（2）：137‐141.

[2] 陈连江. 新世纪我国甜菜生产与科研所面临的任务与挑战 [J]. 中国糖料，2003（4）：47‐51.

[3] 宋柏权，丁川，杨骥，等. 硼素胁迫对甜菜叶片结构及性能的影响 [J]. 中国农学通报，2016，32（15）：64‐67.

[4] 越鹏，李彩凤，陈业婷，等. 氮素水平对甜菜功能叶片光合特性的影响 [J]. 核农学报，2010，24（5）：1080‐1085.

[5] 宋廷宇，程艳，何自涵，等. 菜豆叶片 SPAD 值与叶绿素含量的相关性分析 [J]. 山东农业科学，2017，49（6）：13‐16.

[6] 塔娜，王灏，关周博，等. 甘蓝型油菜 DH 系在不同生态区 SPAD 值的差异分析 [J]. 中国农学通报，2015，31（24）：116‐121.

[7] 王瑞，陈永忠，陈隆升，等. 油茶叶片 SPAD 值与叶绿素含量的相关分析 [J]. 中南林业科技大学学报，2013，33（2）：77‐80.

[8] 屈卫群，王绍华，陈兵林，等. 棉花主茎叶 SPAD 值与氮素营养诊断研究 [J]. 作物学报，2007（6）：1010‐1017.

[9] 董瑞，吕厚波，张保军，等. 叶面喷施氮肥对小麦 SPAD 值及产量的影响 [J]. 麦类作物学报，2015，35（1）：99‐104.

[10] Wang Hui‐fang，Huo Zhi‐guo，Zhou Guang‐sheng，et al. Estimating leaf SPAD values of freeze‐damaged winter wheat using continuous wavelet analysis [J]. Plant Physiology and Biochemistry，2016（98）.

[11] Esfahani M，Ali Abbasi H R，Rabiei B，et al. Improvement of nitrogen management in rice paddy fields using chlorophyll meter（SPAD）[J]. Paddy and Water Environment，2008（6）：181‐188.

[12] Yang H，Yang J P，Lv Y M，et al. SPAD Values and Nitrogen Nutrition Index for the Evaluation of Rice Nitrogen Status [J]. Plant Production Science，2014，17（1）.

[13] 高建芹，浦惠明，张洁夫，等. 甘蓝型油菜叶片 SPAD 值与叶绿素含量及经济产量性状的相关分析 [J]. 农业科学与技术：英文版，2013，14（10）：1421‐1428.

[14] Zheng Hong‐li，Liu Yan‐chun，Qin Yong‐lin，et al. Establishing dynamic thresholds for potato nitrogen status diagnosis with the SPAD chlorophyll meter [J]. Journal of Integrative Agriculture，2015，14（1）.

[15] 潘静，曹兵，万仲武. 两种果树叶片 SPAD 值与叶绿素含量相关性分析 [J]. 北方园艺，2012（5）：9‐12.

[16] 李海云，任秋萍，孙书娥，等. 10 种园林树木叶绿素与 SPAD 值相关性研究 [J]. 林业科技，2009，34（3）：68‐70.

[17] 徐照丽，杨彦明，卢秀萍，等. 不同烤烟品种叶绿素 SPAD 值的变化特征 [J]. 湖南农业大学学报（自然科学版），2010，36（5）：499‐501.

[18] 陈琴，陈莉敏，郑群英，等. 5 种牧草叶片上不同部位的 SPAD 值比较 [J]. 草业科学，2014，31（7）：1318‐1322.

[19] 王爱玉，张春庆，吴承来，等. 玉米叶绿素含量快速测定方法研究 [J]. 玉米科学，2008（2）：97‐100.

[20] 潘义宏，顾毓敏，杨森，等. 不同品种中部烟叶 SPAD 值及其与叶绿素含量的相关性分析 [J].

　　河南农业大学学报，2017，51（2）：156－162，211.

[21] 王秋红，周建朝，王孝纯．采用 SPAD 仪进行甜菜氮素营养诊断技术研究 [J]．中国农学通报，2015，31（36）：92－98.

[22] Markwell J，Osterman J C，Michell J L. Calibration of the Minolta SPAD－502 leaf chlorophyll meter [J]．Photosynthesis Research，1995（46）：467－472.

[23] Darunee Puangbut，Sanun Jogloy，Nimitr Vorasoot. Association of photosynthetic traits with water use efficiency and SPAD chlorophyll meter reading of Jerusalem artichoke under drought conditions [J]．Agricultural Water Management，2017（188）：29－35.

[24] 张文英，王凯华．甘蓝型油菜 SPAD 值与叶绿素含量关系分析 [J]．中国农学通报，2012，28（21）：92－95.

[25] 艾天成，李方敏，周治安，等．作物叶片叶绿素含量与 SPAD 值相关性研究 [J]．湖北农学院学报，2000（1）：6－8.

[26] 乔润雨，刘文锋，刘泽群，等．绿色蔬菜叶片叶绿素含量与 SPAD 值相关性研究 [J]．国土与自然资源研究，2018（1）：80－82.

[27] 潘静．苹果叶片 SPAD 值与叶绿素含量相关性分析 [J]．现代园艺，2017（21）：39－40，160.

甜菜幼苗叶片光合性能、渗透调节及活性氧对高硼胁迫的响应

郝学明[1]，吴贞祯[2]，王响玲[1]，宋柏权[1,2]，周建朝[2]

（1. 黑龙江省寒地生态修复与资源利用重点实验室，哈尔滨　150080；
2. 国家糖料改良中心，哈尔滨　150080）

　　摘要： 为探究甜菜幼苗对硼毒害的响应机制，采用水培试验的方法，研究了不同硼浓度（0.05、0.25、0.50、2.50、5.00mmol·L^{-1} H$_3$BO$_3$）条件下，高硼胁迫对甜菜幼苗叶片光合性能、渗透物质调节及活性氧代谢的影响。结果表明：高硼胁迫影响甜菜幼苗生长发育进程，硼处理第15～20d 时对幼苗影响最大。随着硼浓度的增加，叶绿素 a、叶绿素 b 含量呈下降趋势，与对照相比差异显著，净光合速率与叶绿素含量规律表现一致，叶绿素 a/b 在 0.50mmol·L^{-1} 时达到最大值；果糖及淀粉含量在高硼胁迫下增加，在 2.50mmol·L^{-1} 时与对照相比均差异显著，分别比对照增加了 114.5%、78.2%。蔗糖含量显著下降，与对照相比降低了 31.8%～54.1%；当硼浓度达到 0.50mmol·L^{-1} 时，丙二醛（MDA）、脯氨酸（Pro）含量显著增加。染色观察发现，随着硼浓度的增加，叶片中超氧阴离子与过氧化氢积累也逐渐增加，均在 5.00mmol·L^{-1} 时累积最严重。研究表明，硼毒害使甜菜叶片光合能力下降，阻碍光合产物的运输，细胞内活性氧大量积累，对细胞产生氧化胁迫，进而抑制甜菜植株生长。本试验条件下，硼浓度 0.50mmol·L^{-1} 可以作为甜菜幼苗高硼胁迫的临界值，超过该浓度，植株生长受到显著抑制。

　　关键词： 甜菜；高硼胁迫；光合生理；渗透调节；细胞组织染色

　　＊　通讯作者：郝学明（1993—　），女，河南商丘人，硕士研究生，研究方向：植物生理生态．

硼（B）是维管植物发育所必需的微量元素，对植物细胞膜和细胞壁的结构和功能、碳水化合物代谢和运输、蛋白质和核酸代谢及许多酶的活性等都具有重要作用。然而，硼毒害也是影响世界干旱和半干旱地区作物产量的主要问题[1]。近年来硼矿开采或高含量硼肥的施用导致土壤硼浓度异常升高[2]，从而产生植物硼中毒现象。硼毒害问题已在小麦[3]、大麦[4]、柑橘[5]等作物中出现。叶片是甜菜植株中含硼量最高的部位，硼胁迫会直接影响植株光合作用，从而影响糖分积累，进而影响甜菜的产量和含糖量，因此研究高硼胁迫对甜菜的影响具有现实意义。研究发现硼在植物体内运输主要受蒸腾作用调控，因而硼中毒现象常发生在叶片[6]，出现叶片变小、边缘变黄、叶片坏死等现象，导致光合叶面积下降，叶绿素含量降低，影响光合作用[7-8]；高硼胁迫增加叶片淀粉和可溶性糖含量，影响糖代谢[9]；显著增加叶片中脯氨酸和丙二醛（MDA）含量，降低抗氧化酶活性，从而导致活性氧清除能力减弱，活性氧积累[10]，影响植株正常发育。糖料作物的重要性在欧洲、非洲、澳大利亚等许多国家仅次于小麦[11]。糖除了能直接食用外，还可以作为许多化工、油漆材料及其他工业的原材料，是战略储备物资之一[12]。甜菜（Beta vulgaris L.）为藜科，二年生草本植物，是世界上第二大糖料作物，也是对硼最敏感的作物之一。目前对甜菜受硼毒害的光合及逆境生理代谢响应研究较少。因此，本研究以大田主栽甜菜品种 H004 为材料，研究硼胁迫处理对甜菜苗期叶片光合性能、渗透物质调节及活性氧代谢的影响，以期为甜菜的抗硼毒害机理及高效栽培管理提供理论基础。

1 材料与方法

1.1 试验材料

供试品种为甜菜遗传单粒种 H004；主要药品与试剂：硼酸、95％乙醇、蒽酮、间苯二酚、硝基氮蓝四唑（NBT）、3，3-二氨基联苯胺（DAB）等。

1.2 试验设计

试验于 2018 年 11 月 6 日—12 月 14 日在国家糖料改良中心（哈尔滨）生物培养室进行。试验用盆为聚乙烯培养箱（24cm×17cm×16cm），使用前先用稀盐酸浸泡，然后用蒸馏水冲洗干净，外围粘上黑色贴纸避光。将甜菜种子播种于经过 180℃高温消毒 4.5h 的蛭石中，浇适量蒸馏水，待甜菜子叶完全展开后选择长势一致的幼苗移入装有 1/4 全量营养液的培养箱中培养，同时进行硼处理，每箱定苗 2 株。7d 后使用 1/2 全量营养液培养，营养液每周更换 1 次，最后使用全量营养液。设 5 个硼浓度水平，B1（0.05mmol·L^{-1}）、B2（0.25mmol·L^{-1}）、B3（0.50mmol·L^{-1}）、B4（2.50mmol·L^{-1}）、B5（5.00mmol·L^{-1}）。

通过预试验对甜菜苗期硼浓度进行筛选，发现硼浓度 0.05mmol·L^{-1}时最适宜幼苗生长，高于该浓度幼苗生长受到抑制，因而确定 B1 为对照处理，B2～B5 为高硼胁迫处理。每处理 8 次重复，随机排列。光照强度 300μmol·m^{-2}·s^{-1}，昼夜时间和温度分别为 16、8h 和 28、20℃，每日更换位置确保光照均匀。营养液每日通气 4h，pH 调节至 6.50。

1.3 测定指标与方法

1.3.1 生长指标测定

分别于处理后 10、15、20、25d 取甜菜第 3 片真叶测定株高、叶片数、叶片长度、叶片宽度。株高、叶长、叶宽均用直尺测量。处理后 25d 进行采样，称量鲜质量，将样品在 105℃烘箱中杀青30min 后于 65℃下烘干至恒质量，称量干质量。叶面积使用扫描仪扫描后采用 Image J 图像处理法分析测定；叶色值使用 SPAD-502 仪测定。

1.3.2 光合指标及渗透调节物质测定

均选取植株第 5 片完全伸展叶片进行测定。叶绿素 a 和叶绿素 b 含量采用 95% 乙醇提取，分光光度计测定，二者比值即为叶绿素 a/b；净光合速率（Pn）利用 CI－340 手持式光合作用测量系统（CID，美国）于上午 9：00—11：00 进行测定；可溶性糖与淀粉含量采用蒽酮比色法测定；丙二醛（MDA）含量采用硫代巴比妥酸法测定；游离脯氨酸含量采用酸性茚三酮法测定。

1.3.3 叶片超氧阴离子和过氧化氢组织化学染色

取各处理甜菜幼苗第 5 片真叶，用打孔器（直径 1.5cm）打孔，将叶片原片分别放入 0.1%NBT（50mmol·L^{-1} 磷酸盐缓冲液，pH7.5）和 0.1%DAB 染色液中，避光染色过夜，移除染液，将叶片放入含有 95% 乙醇中，置于 80℃ 水浴锅煮至脱色，清水漂洗数次后，观察积累情况，拍照保存。

1.4 数据计算及统计分析

试验数据采用 Excel2003 和 SPSS23.0 软件进行处理和统计分析及单因素方差分析（One－way ANOVA）和最小显著性差异法（LSD）检验（$P < 0.05$）。采用 Origin 23.0 绘图。

2 结果与分析

2.1 高硼胁迫下不同时期幼苗生长进程

随着生育进程的推进，不同硼浓度处理下植株各生长指标数值均不断升高。处理第 10d，高硼胁迫对甜菜幼苗生长影响较小。处理第 15d，高硼胁迫出现明显抑制作用，植株株高和叶片数在 B4、B5 处理分别下降了 19.3%、17.0% 和 21.7%、26.1%，B2、B3 处理与对照相比差异较小；叶长和叶宽在高硼处理下分别下降了 8.9%～42.9%、17.1%～57.1%，B4 处理降幅最大。处理第 20d，株高与叶片数各处理与对照相比分别下降了 6.5%～26.8%、0～30.0%；叶长与叶宽分别下降了 3.6%～18.1%、12.5%～33.9%。处理第 25d 时，株高和叶片数各处理与对照相比差异较小；叶长、叶宽分别比对照降低了 5.6%～10.9%、7.3%～27%。说明随着甜菜幼苗的生长，各指标受到的抑制作用有减缓趋势。

2.2 高硼胁迫处理第 25d 叶片生长状况

如图 1 所示，甜菜叶面积随着硼浓度的增加而增加，与对照处理相比差异显著，而硼胁迫之间差异不显著。叶色值随着硼浓度的增加逐渐下降，分别比对照处理下降 13.1%、17.6%、23.9%、24.4%。与对照处理相比，高硼胁迫对甜菜叶片生物量有显著抑制作用（$P < 0.05$），并且随着硼浓度的增加，其抑制作用更明显。当硼浓度在 B4 处理时，叶片的鲜质量和干质量均显著下降，表明 B3（0.50mmol·L^{-1}）处理可能是甜菜幼苗高硼胁迫的临界值，超过该浓度，植株生物量积累受到严重抑制。B4、B5 处理的叶色值、干质量、鲜质量无显著差异（$P > 0.05$），说明当硼浓度大于 2.50mmol·L^{-1} 后，高浓度硼胁迫对植株生物量抑制作用有减弱趋势。

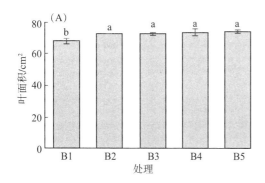
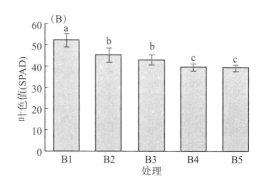

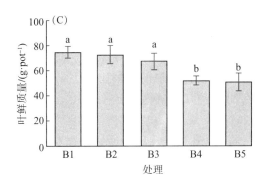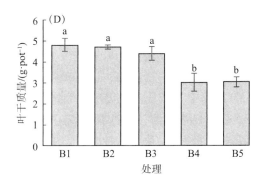

图 1　高硼胁迫处理第 25d 叶片生长状况

2.3　高硼胁迫对甜菜幼苗叶片光合产物的影响

图 2 和图 3 表明，甜菜叶片可溶性糖、淀粉、果糖含量随硼胁迫浓度增加而增加，在 B5 处理下含量最高，分别较对照增加 35.6%、112.5%、137.1%。B2、B3 处理可溶性糖、果糖含量与对照处理差异不显著（$P>0.05$），B5 处理淀粉含量与对照差异显著（$P<0.05$）。蔗糖含量规律相反，随硼胁迫浓度增加而下降，并且高硼处理与对照差异显著，分别较对照下降 31.8%、41.4%、51.0%、54.1%。

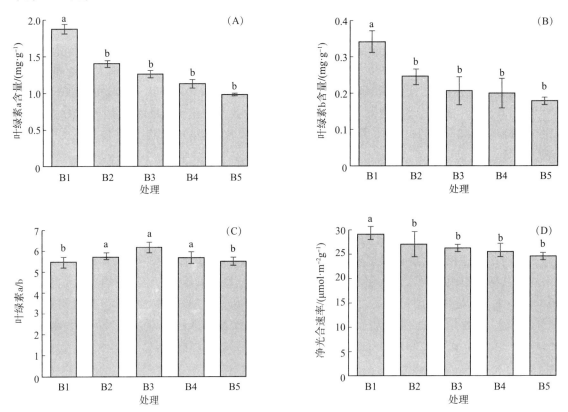

图 2　高硼胁迫对甜菜幼苗叶绿素及净光合速率的影响

2.4　高硼胁迫对甜菜幼苗叶片丙二醛和游离脯氨酸含量的影响

丙二醛是膜脂过氧化最重要的产物之一，其含量的高低常可反映细胞膜脂过氧化的水平。从图 5 可以看出，B2、B3、B4、B5 的丙二醛含量均高于对照，分别增加了 3.4%、12.2%、17.5%、

20.1％。B3 处理丙二醛含量显著高于 B1、B2 处理，说明叶片衰老进程加剧，细胞膜脂过氧化水平升高。B3、B4、B5 处理丙二醛含量无显著差异。从图 4 中可以看出，硼胁迫下甜菜叶片中的脯氨酸含量变化趋势呈单峰曲线，B3 处理脯氨酸含量达到最大值，比对照增加 23.0％。B4、B5 处理脯氨酸含量稍有下降，但仍显著高于对照，分别比对照增加 16.9％、21.3％。

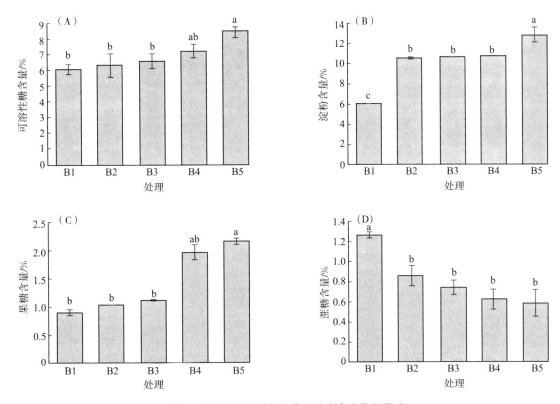

图 3　高硼胁迫对甜菜幼苗叶片光合产物的影响

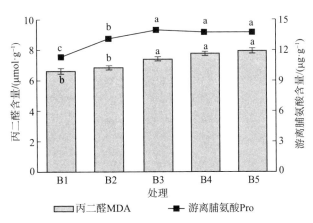

图 4　高硼胁迫下叶片丙二醛和脯氨酸含量

2.5　高硼胁迫对甜菜幼苗叶片活性氧组织染色的影响

逆境胁迫会导致植物大量产生超氧阴离子自由基、过氧化氢和羟基自由基等活性氧分子。通过 NBT 染色方法得到超氧阴离子在不同硼浓度处理下的积累程度。染色结果（图 5）显示，甜菜叶片对照处理染色面积最小，受到的胁迫程度最轻。B3、B4、B5 处蓝色斑点逐渐增多且面积扩大，B5 处理染色面积最大，染色最深，受到的胁迫程度最强。通过 DAB 染色方法得到过氧化氢在不同硼浓度处理下的积累程度。染色结果（图5）显示，随着硼浓度的升高，棕褐色面积逐渐加大，颜色也逐渐加深。表明高硼处理会导致甜菜体内过氧化氢累积。

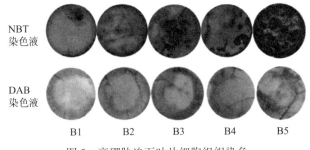

图5　高硼胁迫下叶片细胞组织染色

3　讨论

Wang 等[13]研究表明适量硼浓度能促进植物生长，但硼浓度过量时，植株许多生理过程会受到影响，生长受抑制，并且抑制程度会随着硼浓度的升高而加重[14]。本研究发现甜菜幼苗中毒时首先是老叶叶片会出现颜色变淡、变黄，产生斑点等症状，原因可能是硼在韧皮部不可转移，而在老叶边缘累积了更多的硼。刘术新等[15]研究了18种蔬菜对硼毒害敏感性，发现株高及地上部鲜质量都随硼浓度的升高而降低。本试验结果显示，高硼胁迫对甜菜植株形态及生物量均有显著影响，并且这些指标总体上均随硼浓度的增加呈逐渐下降趋势，这与谭小兵等[16]研究结果一致。另外本研究发现第25d时高硼处理甜菜株高、叶片数以及叶长、叶宽与对照相比差异较小，尤其是株高和叶片数在B2处理下分别比对照增加了0.9%、2.9%，说明硼毒害对植株影响程度与生长发育时间有关，在生长后期影响程度减弱，这可能是因为随着植株的生长，需硼量增大，硼毒害对植株表观生长的影响逐渐降低。叶绿素是植物进行光合作用的重要色素，其含量变化与光合作用密切相关[17]。Huang 等[18]发现，硼毒害会使植株叶绿素含量及光合速率下降，抑制叶片光合性能。本试验中，高硼胁迫下叶绿素 a、叶绿素 b 含量均显著下降，可能是因为高硼胁迫抑制了叶绿素前体的合成从而促使叶绿素分解，或者直接破坏了叶绿体结构，使叶绿素含量降低[7]。叶绿素 a/b 在 5.00mmol·L^{-1} 硼浓度处理时与对照相比差异并不显著，可能是当硼浓度超过一定量时，植株本身会产生适应机制，仍能维持其叶绿体光合作用。此外本试验发现在硼处理前期，叶面积受到的影响较大，与对照相比整体叶片偏小，但随着甜菜植株的生长，处理后期叶面积随着硼浓度的增加而增大，并未受到硼毒害影响。净光合速率与叶绿素含量规律一致，随硼浓度增加呈下降趋势，说明硼毒害使叶片出现黄化现象造成叶绿素含量显著下降，从而导致光合速率降低，抑制光合性能[19-20]。硼能促进碳水化合物的运输，因为合成含氮碱基的尿嘧啶需要硼，而尿嘧啶二磷酸葡萄糖（UDPG）是蔗糖合成的前体，所以硼有利于蔗糖合成和糖的外运。本研究发现高硼胁迫使甜菜叶片可溶性糖、淀粉、果糖含量增加，而蔗糖含量随着硼浓度增加而降低，蔗糖含量下降可能是因为硼元素通过调控蔗糖代谢酶的活性来减慢蔗糖合成速率，而蔗糖含量的下降表示光合产物向外运输减少[21]。南丽丽等[22]研究发现苜蓿叶片中可溶性糖与淀粉含量呈显著负相关，而茎秆中可溶性糖与淀粉含量呈显著正相关，可溶性糖与淀粉含量的相关性因部位而异。而本研究甜菜叶片可溶性糖与淀粉含量均随着硼浓度的增加而增加，说明其相关性还因植物不同而异。Cer‐villa 等[23]研究发现过量硼使叶片中的可溶性糖含量增加，而叶片中可溶性碳水化合物的积累也正是缓解高浓度硼中毒症状的重要因素[24]。细胞膜是保障植物细胞内外物质交换运输的重要结构，硼对细胞膜的稳定性有直接作用[25]。丙二醛含量可反映膜脂过氧化作用的强弱[26]。本研究中随着硼浓度的增加，丙二醛含量随之升高，表明硼毒害能使植株体内丙二醛含量增加，并使质膜系统受到伤害[27]。本研究发现高硼胁迫下甜菜叶片中的脯氨酸含量在 0.50mmol·L^{-1} 处理时达到最大值，之后有下降趋势，说明在逆境条件下，植物会通过合成积累脯氨酸等有机物质来调节细胞内的渗透压，从而稳定细胞中酶分子的活性构象，增强适应环境的能力[28]。通过细胞组织染色的方法直观地发现甜菜叶片超氧阴离子、过氧化氢累积程度随着硼浓度的增加均呈上升趋势。Catav[29]等研究发现，随着有效硼浓度的增加，过氧化氢含量明显上升，同时叶片细胞膜的透性也会增大。过量硼会导致植物体内产生大量活性氧，过多的活性氧会引起膜质的脱脂化和过氧化，破坏生物膜的结构和功能，甚至会造成细胞死亡[30]，从而影响植株正常发育。

4 结论

（1）高硼胁迫显著影响甜菜叶片生长发育，导致叶绿素含量、净光合速率下降，叶片光合能力减弱，进而影响光合产物的运输，造成可溶性糖与淀粉含量增加，而蔗糖含量下降。

（2）随着硼浓度的增加，甜菜叶片丙二醛、脯氨酸含量显著增加，脯氨酸含量在硼浓度 $0.50\text{mmol} \cdot \text{L}^{-1}$ 时达到最大值；叶片中超氧阴离子与过氧化氢积累也逐渐增加，并在硼浓度 $5.00\text{mmol} \cdot \text{L}^{-1}$ 时累积最严重。

（3）本试验条件下，硼浓度为 $0.50\text{mmol} \cdot \text{L}^{-1}$ 可以作为甜菜幼苗高硼胁迫的临界值，超过该浓度，植株生长受到显著抑制。

➤ 参考文献

[1] Rivero M，Angel M，Cristóbal C，et al. Abscisic acid and transpiration rate are involved in the response to boron toxicity in Arabidopsis plants [J]. Physiologia Plantarum，2017，160（1）：21 - 32.

[2] Gunes A，Inal A，Bagci E，et al. Silicon increases boron tolerance and reduces oxidative damage of wheat grown in soil with excess boron [J]. Biologia Plantarum，2007（51）：571 - 574.

[3] Masood S，Saleh L，Witzel K，et al. Determination of oxidative stress in wheat leaves as influenced by boron toxicity and NaCl stress [J]. Plant Physiology and Biochemistry，2012（56）：56 - 61

[4] Schnurbusch T，Hayes J，Hrmova M，et al. Boron toxicity tolerance in barley through reduced expression of the multifunctional aquaporin HvNIP2；1 [J]. Plant Physiology，2010，153（4）：1706 - 1715.

[5] Sang W，Huang Z R，Qi Y P，et al. An investigation of boron - toxicity in leaves of two citrus species differing in boron - tolerance using compara - tive proteomics [J]. Journal of Proteomics，2015（123）：128 - 146.

[6] 刘春光，何小娇. 过量硼对植物的毒害及高硼土壤植物修复研究进展 [J]. 农业环境科学学报，2012，31（2）：230 - 236.

LIU Chun - guang，HE Xiao - jiao. Boron toxicity in plants and phytore - mediation of boron - laden soils [J]. Journal of Agro - Environment Science，2012，31（2）：230 - 236.

[7] 吴秀丽，欧庸彬，原改换，等. 两种杨树对高硼胁迫的生理响应 [J]. 植物生态学报，2015，39（4）：407 - 415.

WU Xiu - li，OU Yong - bin，YUAN Gai - huan，et al. Physiological responses of two poplar species to high boron stress [J]. Chinese Journal of Plant Ecology，2015，39（4）：407 - 415.

[8] 熊博，叶霜，邱霞，等. 硼对黄果柑生理及抗氧化酶活性的影响 [J]. 浙江农业学报，2016，28（7）：1171 - 1176.

XIONG Bo，YE Shuang，QIU Xia，et al. Effect of boron on physiological and antioxidant enzymes activity of Huangguogan [J]. Acta Agriculturae Zhejiangensis，2016，28（7）：1171 - 1176.

[9] 方益华．高硼胁迫对油菜光合作用的影响研究 [J]．植物营养与肥料学报，2001，7（1）：109 - 112.

[10] Hamurcu M，Aşkim H S，İsmail T，et al. Induced antioxidant activity in soybean alleviates oxidative stress under moderate boron toxicity [J]. Plant Growth Regulation，2013，70（3）：217 - 226.

[11] Mekdad A，El - Sherif A. Performance of two sugar beet varieties under fertilization with potassium and foliar spraying with micronutrients [J]. Egyptian Journal Agronomy，2016，38（2）：189 - 207.

[12] 余娟，平秋婷，余构彬，等．我国糖业国际标准化工作困境与展望 [J]．甘蔗糖业，2019（1）：42 - 45.

[13] Wang B L，Shi L，Li Y X. Boron toxicity is alleviated by hydrogen sulfide in cucumber（Cucumis sativus L.）seedlings [J]. Planta，2010，231（6）：1301 - 1309.

[14] Archana P N. Antioxidant responses and water status in Brassica seedlings subjected to boron stress [J]. Acta Physiologiae Plantarum，2012，35（3）：697 - 706.

[15] 刘术新，郑海峰，丁枫华，等．18种蔬菜品种对硼毒害敏感性的研究 [J]．农业环境科学学报，2009，28（10）：2017 - 2022.

[16] 谭小兵，杨焕文，徐照丽，等．高硼植烟土壤对烤烟生长发育的影响及其钾肥调控措施 [J]．南方农业学报，2017，48（10）：1789 - 1794.

[17] 苏明洁，廖源林，叶充，等．镉胁迫下苦楝（Melia azedarach L.）幼苗的生长及生理响应 [J]．农业环境科学学报，2016，35（11）：2086 - 2093.

[18] Huang J H，Cai Z J，Wen S X，et al. Effects of boron toxicity on rootand leaf anatomy in two citrus species differing in boron tolerance [J]. Trees，2014，28（6）：1653 - 1666.

[19] Macho - Rivero M A，Herrera - Rodríguez M B，Brejcha R，et al. Borontoxicity reduces water transport from root to shoot in Arabidopsis plants. Evidence for a reduced transpiration rate and expression of major PIP aquaporin genes [J]. Plant and Cell Physiology，2018，59（4）：836 - 844.

[20] Shah A，Wu X W，Ullah A，et al. Deficiency and toxicity of boron：Alterations in growth，oxidative damage and uptake by citrange orange plants [J]. Ecotoxicology and Environmental Safety，2017，145（6）：575 - 582.

[21] 汪开拓，郑永华．硼处理对杨梅果实采后贮藏期间蔗糖代谢及花色苷合成的影响 [J]．食品与发酵工业，2012，38（9）：179 - 185.

[22] 南丽丽，师尚礼，陈建纲，等．硼锌配施对苜蓿矿质元素和碳水化合物含量的影响 [J]．中国草地学报，2013，35（1）：23 - 28.

[23] Cervilla L M，Blasco B，Rios J J，et al. Oxidative stress and antioxidants in tomato（Solanum lycopersicum）plants subjected to boron toxicity [J]. Annals of Botany，2007，100（4）：747 - 756.

[24] Keles Y，Öncel I，Nilgün Y. Relationship between boron content and antioxidant compounds in citrus leaves taken from fields with different water source [J]. Plant and Soil，2004，265（1/2）：345 - 353.

[25] 吕成群，黄宝灵．低温下硼对巨尾桉叶片膜脂过氧化及体内保护系统的影响 [J]．热带亚热带植物学报，2003，11（3）：217 - 222.

[26] 刘鹏，杨玉爱．钼、硼对大豆叶片膜脂过氧化及体内保护系统的影响 [J]．植物学报，2000，

42 (5)：461-466.

[27] Song W，Huang Z R，Yang L T，et al. Effects of high toxic boron concentration on protein profiles in roots of two citrus species differing in boron - tolerance revealed by a 2 - DE based MS approach [J]. Frontiers in Plant Science，2017 (8)：180.

[28] 覃光球，严重玲，韦莉莉. 秋茄幼苗叶片单宁、可溶性糖和脯氨酸含量对 Cd 胁迫的响应 [J]. 生态学报，2006，26 (10)：3366-3371.

[29] Catav S S，Genc T O，Oktay M K，et al. Effect of boron toxicity on oxidative stress and geno-toxicity in wheat (Triticum aestivum L.) [J]. Bulletin of Environmental Contamination and Toxicology，2018 (100)：502-508.

[30] Ardıc M，Sekmen A H，Turkan I，et al. The effects of boron toxicity on root antioxidant systems of two chickpea (Cicer arietinum L.) cultivars [J]. Plant and Soil，2009，314 (1/2)：99-108.

不同缺硼处理对甜菜苗期叶片生长及光合性能的影响

郝学明，王响玲，吴贞祯，宋柏权，周建朝

(黑龙江大学，哈尔滨　150080)

摘要： 探讨不同缺硼胁迫处理对甜菜叶片生长发育及光合性能的影响，为生产实践提供理论依据。以甜菜品种'H004'为试验材料，采用水培试验方法，设定硼浓度 0 (B1)、0.5 (B2)、5 (B3) μmol/L 为缺硼处理，以硼浓度 50 (B4) μmol/L 为正常硼浓度对照，于胁迫后 21 天对甜菜幼苗叶片形态参数及光合性能进行测定和分析。结果表明：缺硼胁迫对甜菜叶片的生长发育具有显著的抑制作用，且缺硼胁迫程度越高抑制作用越明显。具体表现为：缺硼显著降低了叶片面积、叶片鲜重和干重，增加了叶片厚度、叶色值；使叶片叶绿素 a 和叶绿素 b 分别比对照降低了 22.3%～51.5%、23.3%～42.3%；光合参数在缺硼处理时较对照下降了 0.6%～28.4%。相关分析表明，缺硼胁迫下叶面积与光合色素、光合速率、蒸腾速率、胞间 CO_2 浓度的相关性均达到了极显著水平 ($r < 0.01$)。综上，缺硼胁迫影响了植株叶片形态、抑制了光合色素的形成，降低叶片光合特性，进而阻碍了甜菜幼苗叶片生物量积累，导致叶片的生长发育异常。

关键词： 硼；甜菜；生长参数；光合特性

　　1923 年 Warington 以蚕豆为材料证实了硼是高等植物生长发育所必需的微量元素之一[1]。一般认为，当土壤中的有效硼浓度低于 0.5mg/kg 时，该土壤为缺硼土壤。据调查发现，中国有 $3 \times 10^7 hm^2$ 的耕地遭受缺硼胁迫[2]。通常双子叶植物因具有较大数量的形成层和分生组织，需硼量相对较多，容易缺硼；谷类作物需硼较少，不易缺硼[3]。作物缺硼时叶片会变厚变脆，枝条节间变短，出现木栓化现象[4]。甜菜 (Beta vulgaris L.) 属藜科植物，是中国及世界的主要糖料作物之一。甜菜是需硼较多的作物，也是对硼敏感的作物[5]。黑龙江省是中国甜菜主产区之一，在生产中经常出现因缺硼而抑制甜菜生长的现象，严重时生长点死亡，甚至造成"心腐病"而绝产[6]，因此在甜菜幼苗期

---

　　* 通讯作者：郝学明 (1993—　)，女，河南商丘人，硕士研究生，研究方向：植物生理生态。

确定其叶片胁迫症状，尽早进行调控显得尤其重要。

硼对植物细胞壁和细胞膜的结构与稳定、碳水化合物的运输、蛋白质和核酸的代谢、花粉萌发和花粉管的生长等都有着广泛的影响[7]。缺硼会改变植株的形态特征[8]，比如降低株高、根长等，从而抑制植株的生长[9-10]。关于硼对植物光合作用的影响报道发现缺硼会直接或间接地影响植株光合作用[11]。缺硼影响了光合作用相关酶的活性，从而间接影响光合作用[12-13]。缺硼会降低植株叶面积，导致植株体内叶绿素含量的下降[14]，进而降低光合速率抑制植株生长[15]。叶片是植物进行光合作用的主要器官[16]。有研究发现缺硼会显著降低棉花的光合参数进而影响其光合作用[17]。但目前针对不同缺硼环境下如何影响甜菜幼苗叶片光合作用的研究较少。因此，本研究以生产中主栽甜菜品种为材料，采用营养液培养试验，确定苗期不同缺硼水平处理对叶片的形态特征、光合色素、光合参数的影响，为研究缺硼胁迫影响甜菜光合作用的生理机制提供理论参考。

1 材料与方法

1.1 试验材料、药品与试剂

供试甜菜品种为'H004'，聚乙烯培养箱；主要药品与试剂有：硼酸、95％乙醇等。

1.2 试验方法

试验于2017年11月6号开始，在国家糖料改良中心（哈尔滨）进行。试验用盆为聚乙烯培养箱（24cm×17cm×16cm），把'H004'甜菜种子播种于经过180℃高温消毒4.5h的蛭石中，浇适量蒸馏水，待甜菜子叶完全展开后选择长势一致的幼苗移入营养液中培养，并每盆定苗2株。营养液每7天更换1次，首先是1/4全量营养液进行培养，然后1/2全量营养液培养，最后使用全量营养液。设置4个硼浓度水平，分别是B1（0μmol/L）、B2（0.5μmol/L）、B3（5μmol/L）、B4（50μmol/L），B4为对照处理。每处理4次重复，随机排列且每天交换位置保证光照均匀。培养箱外围粘上黑色贴纸避光。培养箱使用前用蒸馏水冲洗干净。每天共光照12h，通气2h。营养液调节至pH6.50。

1.3 采样与测定方法

处理后21天进行采样，测定叶长、叶宽、叶厚、叶倾角、叶面积等指标，并称量鲜重，将样品在105℃烘箱中杀青30min后于75℃下烘干至恒重，称量干重。

指标测定：均选取植株第5片完全展开真叶进行测定。叶长、叶宽采用直尺测定；叶厚采用数显百分测厚仪测定；叶倾角采用半圆仪直接测定；叶面积使用扫描仪扫描后采用图像处理法分析测定；叶色值采用SPAD-502仪测定；光合色素含量使用95％乙醇提取，采用分光光度计测定；光合参数（净光合速率、蒸腾速率、气孔导度和胞间CO_2浓度）利用CI-340手持式光合作用测量系统（CID，美国），于上午9：00—11：00测定。

1.4 数据计算及统计方法

采用Excel2010对试验数据处理，SPSS22.0进行统计分析，Origin23.0进行绘图。

2 结果与分析

2.1 缺硼胁迫对甜菜幼苗生长特性的影响

甜菜幼苗在不同缺硼胁迫处理21天后的生长状况如图1所示。随着缺硼胁迫的增加，植株生长表现出明显差异。其中，B1处理下植株最小，说明不施硼严重抑制了植株的生长发育。B2与B3处理下植株虽能够正常生长，但是明显低于正常硼处理。如图所示缺硼处理下甜菜叶片会皱缩卷曲，变厚变脆,叶脉凸起,叶色发亮发绿。

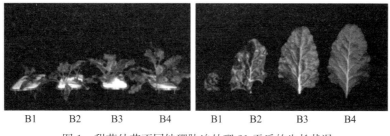

图 1　甜菜幼苗不同缺硼胁迫处理 21 天后的生长状况

　　图 2 表明,随着缺硼程度增加,叶片数逐渐减少,叶长和叶宽分别降低了 5.6%～57.8%、4.8%～51.6%。缺硼处理(B2、B3)使叶片松散展开,叶倾角增加 11.3%～40.6%,B1 处理下叶片严重皱缩变形,叶倾角较小。不同缺硼处理下叶片的鲜重和干重分别下降 0.4%～57.4%、3.3%～66.5%,B1、B2、B3 处理的叶面积相对 CK 分别降低了 17.0%、6.3%、5.1%,均低于正常硼处理。叶厚值在缺硼处理下分别增加了 43.2%、15.4%、4.9%。叶色值分别增加了 3.2%～6.9。

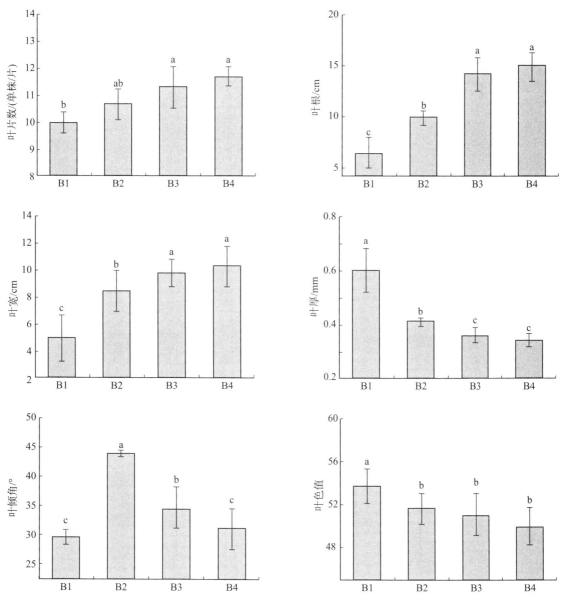

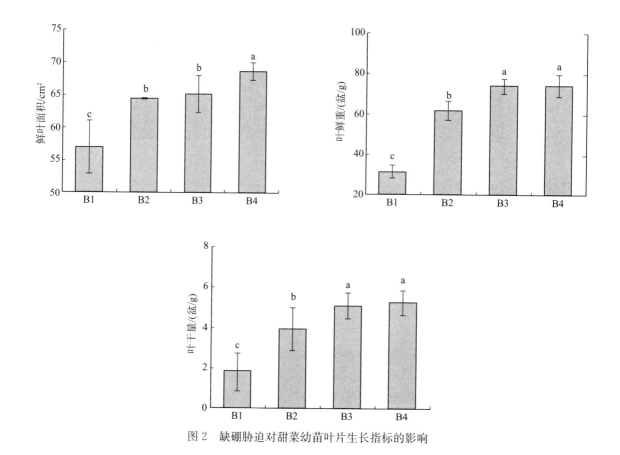

图 2　缺硼胁迫对甜菜幼苗叶片生长指标的影响

2.2　缺硼胁迫对甜菜幼苗叶片光合色素的影响

图 3 表明，不同缺硼处理的甜菜叶片光合色素含量较正常硼处理有明显差异。甜菜叶绿素 a、叶绿素 b、总叶绿素以及类胡萝卜素含量变化的趋势相同。在 B4 处理下，甜菜叶片的光合色素含量均最高，其次是 B2 和 B3 处理。B1 处理时，叶绿素 a、叶绿素 b、总叶绿素以及类胡萝卜素含量分别比正常硼处理降低了 51.5%、42.3%、50.1%、52.2%。说明缺硼胁迫会降低叶片的光合色素含量，从而影响甜菜的光合作用。

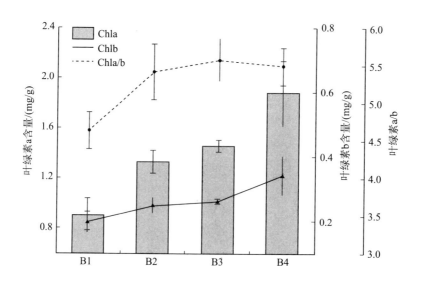

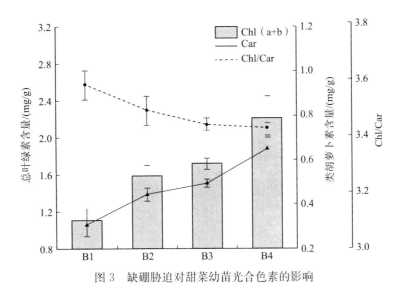

图3 缺硼胁迫对甜菜幼苗光合色素的影响

2.3 缺硼胁迫对甜菜幼苗叶片光合参数的影响

图4表明甜菜叶片净光合速率、蒸腾速率、胞间 CO_2 浓度（C_i）和气孔导度均随硼浓度的增加而升高。与正常硼处理相比，B3 植株净光合速率（P_n）、气孔导度（G_s）、胞间 CO_2 浓度（C_i）和蒸腾速率（T_r）差异较小；随着硼浓度的下降，当硼浓度达到 $0.5\mu mol/L$（B2）时，叶片的 P_n、G_s、C_i 和 T_r 与 B4 相比，分别下降了 12.9%、17.9%、26.2% 和 19.9%；B1 处理时，植株叶片的 P_n、G_s、C_i 和 T_r 下降幅度最大，与 B4 相比，分别下降了 28.4%、27.9%、26.6% 和 25.5%。

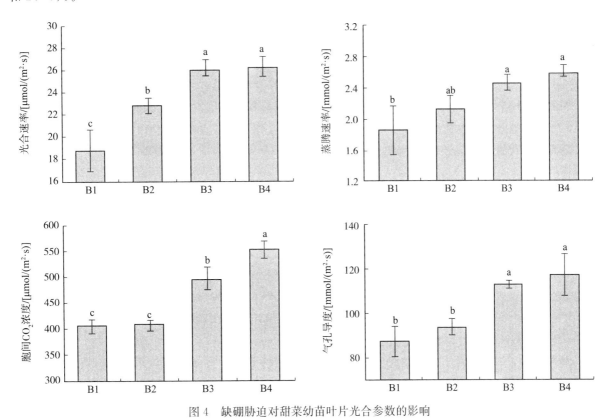

图4 缺硼胁迫对甜菜幼苗叶片光合参数的影响

2.4 甜菜叶面积与其他性状之间的相关性分析

以甜菜叶面积、光合色素以及光合参数等性状指标为变量，进行相关性分析。如表1所示，叶面积与光合色素的相关性均达到极显著水平，与光合速率、蒸腾速率、胞间 CO_2 浓度（C_i）也达到极显著水平（$P<0.01$），相关系数在 0.751~0.879 之间。叶绿素 a、叶绿素 b、类胡萝卜素与光合参数均达到了显著相关水平（$P<0.05$），而三者的相关系数在 0.971~0.999 之间。

表1 叶片不同性状之间的相关性分析

相关系数	叶面积	Chla	Chlb	Chla/b	Car	Pn	Tr	Ci	Gs
叶面积	1								
Chla	0.877**	1							
Chlb	0.814**	0.971**	1						
Chla/b	0.758**	0.658*	0.465	1					
Car	0.879**	0.999**	0.971**	0.658*	1				
Pn	0.751**	0.717**	0.603*	0.775**	0.722**	1			
Tr	0.828**	0.842**	0.809**	0.588*	0.850**	0.884**	1		
Ci	0.836**	0.789**	0.710**	0.721**	0.789**	0.915**	0.854**	1	
Gs	0.549	0.606*	0.644*	0.222	0.618*	0.578*	0.826**	0.431	1

注：** 表示为极显著水平（$P<0.01$）；* 表示为显著水平（$P<0.05$）。

3 结论

缺硼导致甜菜叶片形态发生变化，使叶片光合色素含量、光合参数明显下降，并且下降程度是随着胁迫程度上升的。甜菜叶片叶面积、光合色素与光合参数之间显著相关。研究发现缺硼胁迫抑制甜菜叶片发育及光合作用的主要原因是缺硼导致叶片光合面积下降，减少光合色素含量，降低叶片光合特性，进而阻碍了甜菜幼苗叶片生物量积累，使叶片的生长发育异常。本试验为研究不同缺硼胁迫影响甜菜光合作用的生理机制提供了参考。然而，试验只探讨了不同缺硼处理对甜菜幼苗期叶片形态参数、光合色素以及光合参数的影响，今后还会结合光合产物、叶绿素荧光以及叶片微观结构来进一步揭示缺硼胁迫对甜菜幼苗光合作用的影响。

4 讨论

硼是植株正常生长所必需的微量营养元素，不同植物对硼的需求量以及敏感程度不同[18]。研究发现苗期柑橘正常硼浓度为 $10\mu mol/L$[19]、拟南芥 $30\mu mol/L$[20]。许多研究表明缺硼会抑制植株生长，如西瓜[9]、葡萄[10]、萝卜[16]等，缺硼减少光合面积，降低光合效率，进而减少生物积累量。本试验发现在甜菜幼苗期缺硼降低光合面积，叶片干鲜重明显下降，严重缺硼会使叶片生物量下降50%以上。有研究发现缺硼会使叶色值下降，但是与对照相比并不显著[18]，本试验发现叶色值会随着缺硼胁迫程度的增加而升高，这可能与植株种类、测定条件不同有关。植株株型与光合作用有着密切关系[21]。挺立的叶片比水平伸展的叶片有较高的光合强度，叶丛内光照分布也更均匀。本研究发现缺硼使叶倾角加大，叶片更加松散，这样也不利于甜菜密植与产量的形成。

植株叶片中叶绿素含量的高低是反映植物叶片光合能力大小的一个重要指标[22-23]。Han 等[24]研究表明缺硼胁迫使叶片光合色素含量降低，影响光合效率；而卢晓佩[8]、焦晓燕等[12]研究发现硼对叶片中的叶绿素含量影响不大,但缺硼明显降低了植株的光合效率;还有研究发现缺硼会使叶绿素含量升高[25]。本试验表明随着缺硼胁迫程度的增加,光合色素含量均呈下降趋势,可能是由于碳水化合物积累过多,破坏了叶绿体结构,加速了叶绿素的分解,这与 Han 等[24]的研究结果一致。

许多研究表明,适量的硼对植株的生长和光合能力均具有促进作用,并能有效缓解其他胁迫对植株的伤害[25]。而缺硼使植株叶片光合速率下降,主要是因为缺硼导致光合面积、蒸腾速率、气孔导度下降。在本试验中,当硼浓度为 $50\mu mol/L$ 时,光合速率、气孔导度、蒸腾速率及胞间 CO_2 浓度均达到最大值,这与本研究的光合色素含量规律一致。研究发现硼胁迫明显影响植物体光合作用导致其作用的降低,原因有 2 种,气孔因素和非气孔因素。B1 处理时,C_i 并没有随着 Gs 的降低而明显减小,说明此时光合抑制以非气孔因素为主;B2 处理时,植株光合参数均显著下降,尤其是 Ci 下降了 26.2%,说明此时气孔因素可能是光合速率降低的主要原因。另外研究发现 C_i 与 Gs 的相关性并不显著,而且严重缺硼时其规律也不完全一致,但光合色素含量与光合参数均达到了显著相关水平($P<0.05$),二者之间联系紧密,说明在甜菜叶片中缺硼胁迫抑制光合作用的主要原因可能是硼胁迫会降低叶面积、光合色素含量、使叶片光合作用能力下降、进而影响叶片发育。

▷ 参考文献

[1] Warington K. The effect of boric acid and borax on the broad bean and certain other plants [J]. Ann Bot,1923 (37):629-672.

[2] 黄宗安,苏世闻,史建磊,等. 不同供硼水平对芜菁幼苗叶片光合气体交换、叶绿素荧光和植株生长的影响 [J]. 浙江农业学报,2015,27 (8):1403-1407.

[3] 祁寒,孙光明,李绍鹏,等. 硼在作物生长过程中的研究现状 [J]. 安徽农业科学,2008,36 (16):6649-6650,6652.

[4] 屈红征,王丽萍,吴国良. 植物硼素营养研究进展 [J]. 山西农业大学学报,2001 (2):173-176.

[5] Cooke D A,Scott R K. The Sugar Beet Crop [M]. Springer Netherlands,1993. 孟凡华,刘才,李仲奎. 硼对甜菜生长发育及产量影响 [J]. 土壤肥料,1995 (3):47.

[6] 石磊,徐芳森. 植物硼营养研究的重要进展与展望 [J]. 植物学通报,2007,24 (6):789-798.

[7] 卢晓佩,姜存仓,董肖昌,等. 硼胁迫下不同柑橘砧木叶片物质组成及结构的 FTIR 表征 [J]. 光谱学与光谱分析,2017,37 (5):1380-1385.

[8] 陈晟,施木田,吴宇芬,等. 硼水平对不同类型西瓜生长的影响 [J]. 中国果树,2016 (2):43-47.

[9] 周金忠,潘学军,黄玫,等. 不同供硼水平对野生毛葡萄试管苗生长的影响 [J]. 广东农业科学,2013,40 (4):26-29.

[10] El-Shintinawy F. Structural and functional damage caused by boron deficiency in sunflowe leaves [J]. Photosynthetica,1999,36 (4):565-573.

[11] 焦晓燕,王劲松,武爱莲,等. 缺硼对绿豆叶片光合特性和碳水化合物含量的影响 [J]. 植物营养与肥料学报,2013,19 (3):615-622.

[12] Dell B,Huang L B. Physiological response of plants to low boron [J]. Plant Soil,1997,193 (1):103-120.

[13] 杨兵,张红. 缺硼对黄瓜幼苗生长和光合特性的影响 [J]. 园艺与种苗,2011 (5):88-90.

[14] 柴喜荣,于文杰,杨暹,等. 不同供硼水平对菜心光合作用和品质的影响 [J]. 广东农业科学,2013,40 (12):37-39.

[15] 从心黎. 缺硼对樱桃萝卜形态结构和生理机制影响的研究 [D]. 海口:海南大学,2014.

［16］ Li M，Zhao Z，Zhang Z，et al. Effect of boron deficiency on anatomical structure and chemical composition of petioles and photosynthesis of leaves in cotton (Gossypium hirsutum L.) ［J］. Scientific Reports，2017，7 (1)：4420.

［17］ Sim N I，D Az L Pez L，Gimeno V，et al. Effects of boron excess in nutrient solution on growth，mineral nutrition，and physiological parameters of Jatropha curcas seedlings ［J］. Plant NutrSoil Sci，2013，176 (2)：165－174.

［18］ Wu X W，Lu X P，Muhammad R，et al. Boron deficiency and toxicity altered the subcellular structure and cell wall composition architecture in two citrus rootstocks ［J］. Scientia Horticulturae，2018 (238)：147－154.

［19］ Chen M，Sasmita M，Scott A H，et al. Proteomic analysis of Arabidopsis thaliana leaves in response to acute boron deficiency and toxicity reveals effects on photosynthesis，carbohydrate metabolism，and protein synthesis ［J］. Journal of Plant Physiology，2014，171 (3－4)：235－242.

［20］ 肖万欣，刘晶，史磊，等. 氮密互作对不同株型玉米形态、光合性能及产量的影响 ［J］. 中国农业科学，2017，50 (19)：3690－3701.

［21］ 姚宇洁，姜存仓. 缺铁胁迫柑橘砧木幼苗的光合特性和叶绿体超微结构 ［J］. 植物营养与肥料学报，2017，23 (5)：1345－1351.

［22］ 冯鹏，孙力，申晓慧，等. 不同诱变处理对苜蓿叶绿素含量及光合作用的影响 ［J］. 中国农学通报，2018，34 (23)：122－128.

［23］ Han S，Chen L S，Jiang H X，et al. Boron deficiency decreases growth and photosynthesis，and increases starch and hexoses in leaves of citrus seedlings ［J］. Journal of Plant Physiology，2008，165 (13)：1331－1341.

［24］ Chen M，Mishra S，Heckathorn S A，et al. Proteomic analysis of Arabidopsis thaliana leaves in response to acute boron deficiency and toxicity reveals effects on photosynthesis，carbohydrate metabolism，and protein synthesis ［J］. Journal of Plant Physiology，2014，171 (3－4)：235－242.

［25］ Soheil K，Vahid T，Michelle W. Boron amendment improves water relations and performance of Pistacia vera under salt stress ［J］. Scientia Horticulturae，2018 (241)：252－259.

不同钾钠水平对甜菜幼苗生理特性的影响

吕春华[1,2]，李任任[1,2]，耿贵[1,2]

(1. 黑龙江大学生命科学学院，哈尔滨　150080；
2. 黑龙江大学农作物研究院，哈尔滨　150080)

摘要： 本研究旨在为钾钠元素在甜菜生产中的合理施用提供理论依据。以甜菜品种'ST13092'

＊　通讯作者：耿贵 (1963—　)，男，黑龙江牡丹江人，研究员，研究方向：甜菜耕作与栽培。

为材料，在水培条件下设置 3 个 K^+ 水平（0.03、1.5 和 3mmol/L）和 3 个 Na^+ 水平（0、1.5 和 3mmol/L），同时 K^+ 和 Na^+ 相互作用，共 9 个处理。培养 3 周后测定不同钾钠水平对甜菜幼苗叶片干重、叶面积、水势、相对含水量、叶绿素含量、光合特性、Na^+ 和 K^+ 含量、N、P、有机酸含量的影响。增加 K^+ 供应水平和 Na^+ 供应水平，甜菜幼苗叶片的干重、叶面积、水势、相对含水量、蒸腾速率、气孔导度、净光合速率、胞间 CO_2 浓度均显著增加，而叶绿素 a、叶绿素 b、N、P 及有机酸含量降低；在 K^+ 和 Na^+ 均为 3mmol/L 时，甜菜幼苗叶片的水势、相对含水量、蒸腾速率、气孔导度、净光合速率、胞间 CO_2 浓度以及 Na^+ 和 K^+ 含量达到最大，叶绿素 a、叶绿素 b 含量以及 N、P 含量达到最小。钾、钠及其交互作用不仅直接增加叶片的叶片水势和叶面积、促进光合作用，还可以增加钾钠离子的渗透调节作用，减少了有机渗透调节的作用，进而间接提高光合产物的利用率，促进幼苗生长，调节植株 N、P 含量。

关键词：甜菜；不同钾钠水平；光合特性；Na^+ 和 K^+ 含量；有机酸

钾是植物最需要的阳离子营养元素之一，在植物的生长和代谢中起着重要作用[1-2]，如促进光合作用、调节细胞渗透压、促进蛋白合成、减少对盐碱地土壤中 Na、Fe 等离子的过量吸收，提高植物对盐、低温、干旱等胁迫的抗性[3]。近年来关于作物中钠的研究也已经成为热点[4]，研究发现低浓度的 Na^+ 可以促进植物生长[5]。Na 在大多数高等植物营养中起着独特的作用[6]，尤其是在 C4 植物光合作用中，因此，Na 离子被定义为植物中的功能离子之一[7]。

甜菜（*Beta vulgaris* L.）是中国重要糖料作物之一[8]。在甜菜整个生长发育周期中，对钾的需求较大[9]，但中国甜菜主产区土壤钾含量较低，有效钾利用效率更低[10]。因此寻找合理有效的方法，缓解土壤钾缺乏现象，提高作物产量和品质显得尤为重要[11]。为了缓解土壤中钾缺乏的现状，Marschner 等[12]提出了用钾替代物解决钾资源短缺。Na^+ 在化学性质和结构上与 K^+ 相似，在某种程度上，它可以取代 K^+ 的许多功能[13]。Lancaster 等[14]证明在缺钾条件下施用一定量的钠可增加棉花的干物质积累提高棉花产量。Besford 等[15]指出，低钾胁迫下生长的番茄中施加 Na^+ 可以部分取代了 K^+ 的功能。同时，高浓度的 Na^+ 也会对作物产生毒害，干扰其整个代谢过程[16]。但有报道发现盐胁迫下适当施加钾素可以缓解盐胁迫对海滨锦葵和冬枣的伤害[17-18]。

甜菜属于耐盐性较强的作物，低浓度的钠离子可以一定程度地促进甜菜幼苗的生长，但是目前关于不同钾钠水平的交互作用对甜菜幼苗生长发育的研究还未见报道，本研究首次以甜菜品种'ST13092'为材料，在水培条件下设置 3 个 K^+ 水平（0.03、1.5 和 3mmol/L）和 3 个 Na^+ 水平（0、1.5 和 3mmol/L），同时 K^+ 和 Na^+ 相互作用，共 9 个处理。培养 3 周后测定不同钾钠水平对甜菜幼苗水势、相对含水量、叶绿素含量、光合特性、Na^+ 和 K^+ 含量、总氮、总磷、有机酸含量的影响，以此阐明不同钾钠浓度对甜菜幼苗生理变化的影响，为甜菜生长过程中钾钠元素的合理施用奠定理论基础。

1 材料和方法

1.1 植物材料和培养条件

本试验以甜菜品种'ST13092'为材料，在黑龙江大学光照培养室进行水培试验。甜菜种子经 70%（V/V）乙醇、0.1%（W/W）氯化汞、0.2%（W/W）福美霜灭菌，种在蛭石中，6 天后选择大小均匀的甜菜幼苗，移栽到 1/2 倍 Hoagland 营养液中，光照强度为 $450\mu mol/(m^2 \cdot s)$，连续光照 14h，昼夜温度分别为 25℃ 和 20℃，相对湿度 60%～70%。

试验设置 3 个 K^+ 水平和 3 个 Na^+ 水平，K^+ 浓度分别为 0.03、1.5 和 3mmol/L，Na^+ 浓度分别为 0、1.5 和 3mmol/L，同时 K^+ 和 Na^+ 相互作用，共 9 个处理，每个处理重复 3 次。在培养过程中不断地向营养液中充气，每天测定各处理营养液中 K^+、Na^+ 的含量，以试验设计浓度补充 K^+、

Na$^+$浓度，使处理营养液的 K$^+$、Na$^+$浓度保持相对稳定。每周更换营养液，营养液培养 3 周后测定各项指标。

1.2 测定项目及方法

取甜菜幼苗的第二对真叶用压汁器取其汁液，用 HR-33T 露点水势仪测定叶片水势；收获后，称取甜菜幼苗的鲜重（FW），在 70℃干燥 3 天后称取干重（DW）。

$$相对含水量＝鲜重－干重×100\%\qquad(1)$$

甜菜幼苗的第二对真叶中测量叶面积，采用 WinRHIZO 软件对扫描后叶面积进行分析计算。

取甜菜幼苗的第二对真叶采用丙酮比色法测定叶绿素 a 和叶绿素 b 含量；用 LC4 光合测定仪测定叶片蒸腾速率、气孔导度、净光合速率和细胞间二氧化碳浓度。烘干样品后采用混合酸（HNO$_3$：HClO$_4$＝4：1）消煮法提取 Na$^+$、K$^+$，Na$^+$用原子吸收分光光度计测定，K$^+$用火焰分光光度计测定；采用浓硫酸-混合加速剂（硫酸钾：硫酸铜：硒＝100：10：1）消煮法提取 N、P，总 N 含量用凯氏定氮法测定，总 P 用偏钒酸铵方法进行测定[19]。

称取 1.0g 新鲜甜菜叶片，在预冷研钵中迅速研磨，加入 5mL 色谱级甲醇和 250μL 超纯水研磨，匀浆后注入离心管中，10 000r/min 离心 10min。取上清液于 39℃、−0.095MPa 下旋转蒸发，浓缩液冲洗转入离心管，用环己烷萃取 4 次后去除上层油相，下层水相经 0.45μm 微孔滤膜过滤后进行有机酸测定。

1.3 统计分析

利用 SPSS 软件对所有数据进行随机统计分析，当 $P\leqslant0.05$ 时，将该值视为重复 3 次的±标准误差。

2 结果与分析

2.1 不同处理水平下甜菜幼苗叶片各指标的双因素方差分析

钾、钠双因素方差分析结果（表 1）表明，Na$^+$供应水平和 K$^+$供应水平均显著影响干重、叶面积、水势、相对含水量、叶绿素 a 含量、叶绿素 b 含量、蒸腾速率、气孔导度、光合速率、胞间 CO$_2$浓度；钾钠交互作用对叶片水势影响达显著水平（$P<0.05$），对叶片净光合速率叶面积、相对含水量、叶绿素 a 含量、叶绿素 b 含量、蒸腾速率和胞间 CO$_2$浓度影响达到极显著水平（$P<0.01$），对叶片干重和气孔导度无影响。K$^+$供应水平显著影响甜菜叶片的 Na$^+$、K$^+$、N 含量，对叶片 P 含量无显著影响；Na$^+$供应水平显著影响甜菜叶片的 Na$^+$、N、P 含量，对叶片 K$^+$含量无显著影响；钾钠交互作用对叶片 Na$^+$、N、P 含量影响达极显著水平（$P<0.01$），对 K$^+$含量没有影响。

从钾、钠交互作用差异所占有率分析结果（表 2）可以看出，叶片 P 含量钾钠交互作用差异最大（占 71.492%），高于钾和钠因素的差异。叶绿素 b 含量、叶绿素 a 含量和叶面积的钾钠交互作用差异也较大，分别为 17.685%、16.667%和 10.98%。

表 1 不同钾钠水平下甜菜叶片生理指标的双因素方差分析（F）

指标	K$^+$水平	Na$^+$水平	K$^+$×Na$^+$水平
干重	151.762**	45.055**	0.509^{NS}
叶面积	931.341**	521.596**	81.610**
水势	174.632**	4.459*	3.938*
相对含水量	133.946**	53.674**	9.115**

（续）

指标	K⁺ 水平	Na⁺ 水平	K⁺×Na⁺ 水平
叶绿素 a 含量	114.302**	71.583**	18.536**
叶绿素 b 含量	765.854**	589.567**	145.567**
蒸腾速率	6 881.322**	749.724**	40.544**
气孔导度	592.031**	60.984**	1.333^NS
净光合速率	2 137.165**	177.973**	6.369**
胞间 CO_2 浓度	120 866.626**	13 991.423**	17.337**
Na⁺	41.303**	1 331.889**	12.145**
K⁺	31.954**	1.900^NS	0.861^NS
N	11 058.293**	2 118.027**	611.984**
P	1.93^NS	14.553**	20.406

注：* $P<0.05$ 显著水平；** $P<0.01$ 极显著水平；NS 表示差异不显著。

表 2　不同钾钠水平下甜菜叶片生理指标的贡献率分析

单位：%

指标	K⁺ 水平	Na⁺ 水平	K⁺×Na⁺ 水平
干重	76.68	22.78	0.55
叶面积	57.06	31.96	10.98
水势	93.401	2.385	4.214
相对含水量	65.070	26.075	8.856
叶绿素 a 含量	51.389	31.944	16.667
叶绿素 b 含量	46.624	35.691	17.685
蒸腾速率	89.226	9.719	1.055
气孔导度	90.271	9.250	0.478
净光合速率	91.808	7.645	0.547
胞间 CO_2 浓度	89.602	10.372	0.026
Na⁺	2.956	95.306	1.738
K⁺	89.815	5.341	4.840
N	76.776	14.731	8.492
P	4.762	23.810	71.492

2.2　不同钾钠水平对叶片水势和相对含水量的影响

水势和相对含水量是指示植物水分亏缺或水分状况的直接生理指标。不同钾钠水平的协同作用在一定程度上促进了甜菜幼苗的干重、叶面积、水势和相对含水量。由图 1 可知，在 3 个 Na⁺ 水平下，随 K⁺ 供应水平的增加，甜菜幼苗叶片的干重、叶面积、水势和相对含水量呈现增加趋势，K⁺ 浓度 3mmol/L 时达到最大。在 3 个 K⁺ 水平下，随 Na⁺ 供应水平的增加，甜菜幼苗叶片的干重、叶面积、水势和相对含水量也呈现增加趋势。随 K⁺ 和 Na⁺ 供应水平的增加，甜菜幼苗叶片的干重、叶面积、水势和相对含水量呈现出显著的增加趋势，在 K⁺ 和 Na⁺ 浓度均为 3mmol/L 时达到最大，比 0.03mmol/L K⁺、0mmol/L Na⁺ 处理分别增加了 155.66%、86.47%、23.7% 和 13.79%。通过对钾钠交互作用分析，甜菜幼苗叶片的叶面积、水势和相对含水量的交互作用为负交互作用，其原因可能是钾钠元素对这些指标具有相同的作用。

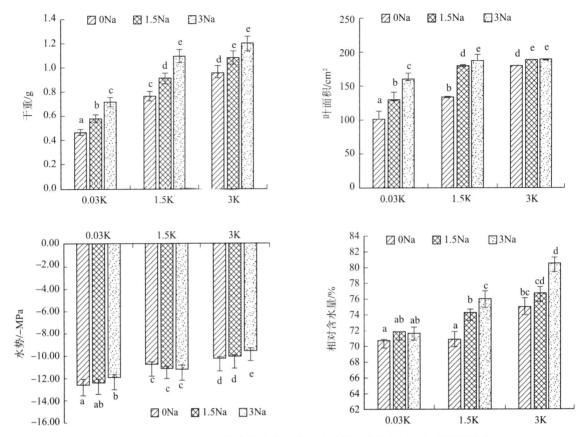

图1　不同钾钠水平对甜菜幼苗叶片干重、叶面积、水势和相对含水量的影响

2.3　不同钾钠水平对叶片光合作用相关参数的影响

叶绿素在植物光合作用光能的吸收和传递中起着重要的作用，高等植物叶绿体中有两种叶绿素：叶绿素 a 和叶绿素 b。由图2a、图2b 可知，在 3 个 Na^+ 水平下，随 K^+ 供应水平的增加，甜菜幼苗叶片的叶绿素 a 和叶绿素 b 含量呈现降低趋势，K^+ 浓度为 3mmol/L 时达到最低。在 3 个 K^+ 水平下，随 Na^+ 供应水平的增加，甜菜幼苗叶片的叶绿素 a 和叶绿素 b 含量也呈现降低趋势，Na^+ 浓度为 3mmol/L 时达到最低。随着 K^+ 和 Na^+ 供应水平的增加，甜菜幼苗叶片的叶绿素 a 和叶绿素 b 含量呈现出显著的降低趋势，在 K^+ 和 Na^+ 浓度均为 3mmol/L 时达到最低，比 0.03mmol/L K^+、0mmol/L Na^+ 处理分别降低了 0.34 和 2.49 倍。通过对钾钠交互作用分析，甜菜幼苗叶片的叶绿素 a 和叶绿素 b 的交互作用为负交互作用。

图2c、图2d、图2e、图2f 是不同钾钠水平对甜菜幼苗叶片蒸腾速率、气孔导度、净光合速率、胞间二氧化碳浓度变化趋势的影响。数据表明，在 3 个 Na^+ 水平下，随着 K^+ 供应水平的增加甜菜幼苗叶片的蒸腾速率、气孔导度、净光合速率和细胞间二氧化碳浓度显著增加，到 K^+ 浓度 3mmol/L 时达最大。另外，在 3 个 K^+ 水平下，甜菜幼苗叶片蒸腾速率、气孔导度、净光合速率和细胞间二氧化碳浓度随 Na^+ 浓度增加而显著增加，且在 Na^+ 浓度为 3mmol/L 时达最大。随着 K^+ 和 Na^+ 供应水平的增加，甜菜幼苗叶片蒸腾速率、气孔导度、净光合速率和细胞间二氧化碳浓度呈现出显著的升高趋势，在 K^+ 和 Na^+ 浓度均为 3mmol/L 时达到最大，比 0.03mmol/L K^+、0mmol/L Na^+ 处理分别增加了 0.49、1.28、1.13 和 0.30 倍。通过钾钠交互作用分析，甜菜幼苗叶片的蒸腾速率、净光合速率和细胞间二氧化碳浓度的交互作用为负交互作用。

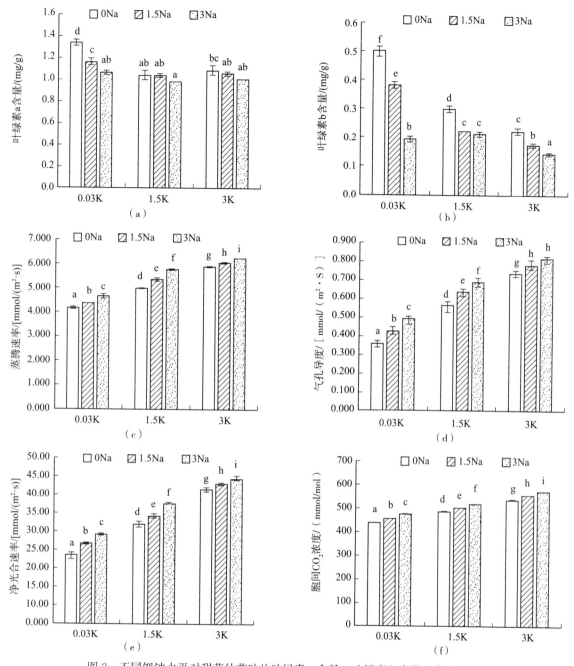

图 2　不同钾钠水平对甜菜幼苗叶片叶绿素 a 含量、叶绿素 b 含量、蒸腾速率、
气孔导度、净光合速率、胞间 CO_2 浓度的影响

2.4　不同钾钠水平对叶片 Na^+、K^+、N、P 含量的影响

不同钾钠水平对甜菜幼苗叶片 Na^+ 含量变化趋势的影响如图 3a 所示，Na^+ 供应水平为 0 时，随 K^+ 供应水平的增加，甜菜幼苗叶片的 Na^+ 含量没有变化；Na^+ 供应水平为 1.5、3mmol/L 时，甜菜幼苗叶片的 Na^+ 含量随 K^+ 供应水平的增加而显著增加，在 K^+ 和 Na^+ 浓度均为 3mmol/L 时达到最大，比 0.03mmol/L K^+、0mmol/L Na^+ 处理增加了 37.3 倍。通过钾钠交互作用分析，甜菜幼苗叶片的 Na^+ 含量的交互作用为正交互作用。

不同钾钠水平对甜菜幼苗叶片 K^+ 含量的变化趋势如图 3b 所示，K^+ 供应水平 0.03mmol/L 时，随 Na^+ 供应水平的增加，甜菜幼苗叶片的 K^+ 含量呈现增加趋势，Na^+ 浓度为 3mmol/L 时最大。K^+

供应水平 1.5mmol/L 和 3mmol/L 时，随 Na$^+$ 供应水平的增加，甜菜幼苗叶片的 K$^+$ 含量变化不显著。随着 K$^+$ 和 Na$^+$ 供应水平的增加，甜菜幼苗叶片的 K$^+$ 含量在 K$^+$ 和 Na$^+$ 浓度均为 3mmol/L 时达到最大，比 0.03mmol/L K$^+$、0mmol/L Na$^+$ 处理增加了 1.51 倍。

图 3c、图 3d 是不同钾钠水平对甜菜幼苗叶片 N、P 含量变化趋势的影响。数据表明，在 3 个 K$^+$ 供应水平下，甜菜幼苗叶片内 N、P 含量随 Na$^+$ 浓度增加变化趋势不明显。随着 K$^+$ 和 Na$^+$ 供应水平的增加，甜菜幼苗叶片内 N、P 含量总体上呈现出显著的降低趋势，在 K$^+$ 和 Na$^+$ 浓度均为 3mmol/L 时达到最低，比 0.03mmol/L K$^+$、0mmol/L Na$^+$ 处理分别降低了 10.52％ 和 6.42％。通过钾钠交互作用分析，甜菜幼苗叶片的 N、P 含量的交互作用为负交互作用。

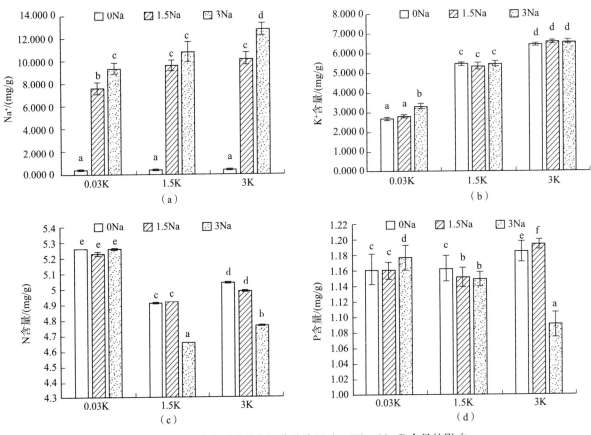

图 3　不同钾钠水平对甜菜幼苗叶片 Na$^+$、K$^+$、N、P 含量的影响

2.5　不同钾钠水平对叶片有机酸含量的影响

有机酸是盐生植物中一类重要的有机化合物，其主要作用是参与渗透调节，主要包括苹果酸、富马酸、丙酮酸、丁二酸和柠檬酸。由表 3 可知，在 3 个 Na$^+$ 水平下，苹果酸、富马酸、丙酮酸、丁二酸和柠檬酸的含量随 K$^+$ 供应水平的增加显著降低，到 K$^+$ 浓度达 3mmol/L 时达最少。在 3 个 K$^+$ 供应水平下，苹果酸、富马酸、丁二酸和柠檬酸的含量随 Na$^+$ 供应水平的增加先降低后增加，丙酮酸含量随 Na$^+$ 供应水平的增加而降低。

表 3　不同钾钠水平对甜菜幼苗苹果酸、富马酸、丙酮酸、丁二酸、柠檬酸含量的影响

K$^+$/(mmol/L)	Na$^+$/(mmol/L)	苹果酸/(μmol/g)	富马酸/(μmol/g)	丙酮酸/(μmol/g)	丁二酸/(μmol/g)	柠檬酸/(μmol/g)
0.03	0	20.374d	0.209f	93.359f	20.648f	10.358d
0.03	1.5	18.193bc	0.171d	87.043f	17.087e	8.061c

（续）

K$^+$/(mmol/L)	Na$^+$/(mmol/L)	苹果酸/(μmol/g)	富马酸/(μmol/g)	丙酮酸/(μmol/g)	丁二酸/(μmol/g)	柠檬酸/(μmol/g)
0.03	3	19.567cd	0.206f	74.928e	23.599g	11.858d
1.5	0	16.593b	0.202f	63.059d	20.327f	5.819b
1.5	1.5	16.641b	0.185e	55.630c	14.299d	3.682a
1.5	3	17.699c	0.145b	48.192b	20.801f	6.095c
3	0	12.962a	0.107a	39.992a	6.965a	5.501bc
3	1.5	13.767a	0.158c	47.601b	11.036c	6.561bc
3	3	14.702a	0.161d	43.685b	8.445b	6.865bc

3 讨论

大量文献表明，施用钠或钾可促进甜菜的生长和产量[20]。植物组织的水势是反映植物体内水分状况最敏感的生理指标，水势越低，吸水能力越强，植物本身缺水的情况也越大[21]。叶片相对含水量在一定程度上反映了叶片的保水能力[22]。本研究中，在不同 K$^+$ 水平下，甜菜幼苗叶片的干重、叶面积、水势和相对含水量随 Na$^+$ 供应水平的增加呈现增加趋势，表明施加 Na$^+$ 会促进植物对水分的吸收和利用，缓解甜菜幼苗缺水的情况。随着 K$^+$ 和 Na$^+$ 供应水平的增加，甜菜幼苗叶片的水势和相对含水量都有所增加，表明钾钠协同作用能够改善甜菜植株的水分状况，维持甜菜幼苗正常生长。叶绿体色素是光合作用吸收、传递和转换光能的主要物质，叶绿素含量与光合作用密切相关。彭春雪和杨云等[23-24]研究表明，叶绿素含量随 Na$^+$ 或 K$^+$ 浓度的增加而降低。本研究中，随着 K$^+$ 和 Na$^+$ 供应水平的增加，甜菜幼苗叶片的叶绿素 a 和叶绿素 b 含量降低，在 K$^+$ 和 Na$^+$ 均为 3mmol/L 时达到最低，可能是由于缺钾时甜菜幼苗光合速率下降，甜菜幼苗为了满足自身生长需要大量合成叶绿素 a 和叶绿素 b，而 K$^+$ 和 Na$^+$ 均为 3mmol/L 时的钾钠协同作用增强叶片光合速率，导致叶绿素含量降低。

蒸腾速率、气孔导度、净光合速率和细胞间二氧化碳浓度是光合作用的主要特性，能够直观地反映植物的生长状况和光合作用能力。Patricia 等[25]研究发现，钾钠的协同供应可以促进桉树的光合能力。本研究中，在 3 个 K$^+$ 水平下，甜菜幼苗叶片的蒸腾速率、气孔导度、净光合速率和细胞间二氧化碳浓度随 Na$^+$ 供应水平的增加呈现增加趋势，随着 K$^+$ 和 Na$^+$ 供应水平的增加，甜菜幼苗叶片的蒸腾速率、气孔导度、净光合速率和细胞间二氧化碳浓度都增加，由此可以猜测，缺钾条件下可能使叶片内部活性氧增多，导致膜脂过氧化，破坏细胞膜的稳定性，而钾钠协同作用可以促进幼苗叶片细胞膜稳定，从而提高叶片的光合速率，进而提高幼苗生物量。

Jennings[4]指出，钠主要积累在植株叶柄和叶片中，以增加水分平衡，使植物看起来更肉质，而钾在幼叶中产生同样程度的肉质。陈国安[26]试验结果表明，棉花在低钾时叶片中的钾含量较低，施加钠后叶片中钠含量增加。郝艳淑等[27]研究表明施钾能显著增加棉花幼苗各部位的钾含量。本研究发现在 3 个 K$^+$ 水平下，甜菜幼苗叶片中的 Na$^+$ 和 K$^+$ 含量随着 Na$^+$ 供应水平的增加呈现增加趋势，随着 K$^+$ 和 Na$^+$ 供应水平的增加，甜菜幼苗叶片的 Na$^+$ 和 K$^+$ 含量在 K$^+$ 和 Na$^+$ 均为 3mmol/L 时达到最大，而在钾钠协同作用下可以提高幼苗叶片对 Na$^+$ 和 K$^+$ 的吸收量，能够有效改善甜菜幼苗体内营养状况，有利于幼苗进行正常的生理代谢，从而提高产量和品质。

N、P 元素是植物生长过程中的重要营养元素，在一定程度上反映了植物养分的积累和生长状况。它们在植物中通常能够保持平衡状态，但随着生长环境的变化，它们的含量也会发生变化。盐胁迫条件会刺激植物吸收磷，导致磷的过量毒性，使植物生长迟缓[28]。在本研究中，甜菜幼苗叶片中 N、P 含量随着 K$^+$ 和 Na$^+$ 供应水平的增加而下降，说明钾钠协同作用能够促进甜菜幼苗生长而降低体内 N、P 含量。

盐胁迫下甜菜幼苗叶片中除富马酸外，丙酮酸、苹果酸、丁二酸、柠檬酸含量均随着盐浓度的升高而明显增加[29]。有机酸是能量代谢的重要中间产物，在植物受到渗透胁迫时可以通过渗透调节来降低胞内水势，保持胞内水分，保证植物的正常生长。在笔者另一篇论文得知：随着 K^+ 和 Na^+ 供应水平的增加，甜菜碱、胆碱、脯氨酸、游离氨基酸等有机渗透调节物质水平降低。因此，可以看出随着 K^+ 和 Na^+ 供应水平的增加，甜菜叶片有机酸、甜菜碱、胆碱、脯氨酸、游离氨基酸等渗透调节物质含量逐渐降低，说明增加钾、钠营养提高体内无机渗透调节物质 K^+ 和 Na^+ 含量，而减少有机渗透调节物质合成。

4　结论

综上所述，钾、钠促进甜菜幼苗生长，不仅表现在钾、钠直接增加叶面积，降低叶片水势和促进光合作用，还表现在通过增加钾、钠离子的渗透调节作用来减少有机渗透调节的作用，进而提高光合产物的利用率，促进幼苗生长。增加钾、钠营养直接影响着植株体内 K^+ 和 Na^+ 含量，也影响着植株 N、P 含量。在叶片水势（$P<0.05$）、叶片净光合速率、叶面积、相对含水量、叶绿素 a 含量、叶绿素 b 含量、蒸腾速率和胞间 CO_2 浓度、叶片 Na^+、叶片 N、叶片 P 含量（$P<0.01$）有显著或极显著的钾钠交互作用。

◇ 参考文献

[1] Hartz T K, Johnstone P R, Francis D M. Processing tomato yield and fruit quality improved with potassium fertigation [J]. Hortscience, 2005, 40 (6): 1862 - 1867.

[2] Grattana S R, Grieveb C M. Salinity - mineral nutrient relations in horticultural crops [J]. Scientia Horticulturae, 1999, 78 (1): 127 - 157.

[3] Cakmak I. The role of potassium in alleviating detrimental effects of abiotic stresses in plants [J]. Journal of Plant Nutrition and Soil Science, 2005, 168 (4): 521 - 530.

[4] Jennings D H. The effects of sodium chloride on higher plants [J]. Biological reviews, 1976, 51 (4): 453 - 486

[5] Takahashi E, Maejima K. Comparative research on sodium as a beneficial element for crop plants [J]. Memoirs of the Faculty of Agriculture of Kinki University, 1998 (31): 57 - 72.

[6] Johnston M, Grof CP, Brownell P F. Effect of Sodium Nutrition on Chlorophyll a/b Ratios in C4 Plants [J]. Australian Journal of Plant Physiology, 1984, 11 (4): 325 - 32.

[7] Subbarao GV, Ito O, Berry W L, et al. Sodium - A Functional Plant Nutrient [J]. Critical Reviews in Plant Sciences, 2003, 22 (5): 391 - 416.

[8] WangY G, Stevanato P, Yu L, et al. The physiological and metabolic changes in sugar beet seedlings under different levels of salt stress [J]. Journal of plant Research, 2017, 130 (6): 1079 - 1093.

[9] VolkerR, Ernest A. Kirkby. Research on potassium in agriculture: needs and prospects [J]. Plant and Soil, 2010 (335): 155 - 180.

[10] Bertsch P M, Thomas GW. Potassium status of temperate region soils [M]. John Wiley & Sons, Ltd, 1985.

[11] ZhangY, Li Q, Zhou X, et al. Effects of Partial Replacement of Potassium by Sodium on Cotton Seedling Development and Yield [J]. Journal of Plant Nutrition, 2015 (29): 1845 - 1854.

[12] Marschner H. Why can sodium replace potassium in plants? in: Potassium in Biochemistry and

Physiology [J]. Colloquium of the International PotashInstitute，1971（8）：50－63.

[13] Glenn E，Pfister R，Brown J. Jed，et al. Na and K accumulation and salt tolerance of Atriplex canescens（Chenopodiaceae）genotypes [J]. American Journal of Botany，1996，83（8）：997－1005.

[14] Lancaster D，Andrews W B，Jones US. Influence of sodium on yield and quality of cotton lint and seed [J]. Soil Science，1953，76（1）：29－40.

[15] Besford RT. Effect of replacing nutrient potassium by sodium on uptake and distribution of sodium in tomato plants [J]. Plant and Soil，1978（50）：399－409.

[16] Amirul Alam M d，Juraimi A S，Rafii MY，et al. Effects of salinity and salinity－induced augmented bioactive compounds in purslane（*Portulaca oleracea* L.）for possible economical use [J]. Food Chemistry，2015，169（169）：439－447.

[17] 董轲，许亚萍，崔冰，等. 盐胁迫下不同钾素水平对海滨锦葵生长和光合作用的影响 [J]. 植物生理学报，2015，51（10）：1649－1657.

[18] 杜振宇，马丙尧，刘方春，等. 盐胁迫下冬枣幼苗对土壤施钾的响应 [J]. 土壤，2015，47（1）：68－73.

[19] 鲁如坤. 土壤农业化学分析方法 [M]. 北京：农业科技出版社，2000：191－192，309－310.

[20] Allison M. F.，Jaggard K. W.，Armstrong M. J. Time of application and chemical form of potassium，phosphorus，magnesium and sodium fertilizers and effects on the growth，yield and quality of sugar beet（*Beta vulgaris* L.）[J]. Journal of Agricultural Science，1994（123）：61－70.

[21] Sharkey T D. Evaluating the role of Rubisco regulation in photosynthesis of C3 plants [J]. Phil. Trans. R. Soc. Lond，1989（323）：435－448.

[22] Leila H，Reza M A. Physio－biochemical and proteome analysis of chickpea in early phases of cold stress [J]. Journal of Plant Physiology，2013（6）：86－97.

[23] 彭春雪，耿贵，於丽华，等. 不同浓度钠对甜菜生长及生理特性的影响 [J]. 植物营养与肥料学报，2014（20）：459－465.

[24] 杨云，於丽华，彭春雪，等. 不同浓度钾素对甜菜幼苗几个生理生化指标的影响 [J]. 中国农学通报，2014，30（3）：139－145.

[25] Laclau P B，Laclau JP，Beri C，et al. Photosynthetic and anatomical responses of Eucalyptus grandis leaves to potassium and sodium supply in a field experiment [J]. Plant, Cell and Environment，2014（37）：70－81.

[26] 陈国安. 钠对棉花生长和钾的吸收与转移的影响 [J]. 土壤，2001，33（3）：138－141.

[27] 郝艳淑，姜存仓，王晓丽，等. 不同棉花基因型钾效率特征及其根系形态的差异 [J]. 作物学报，2012，3（11）：2094－2098.

[28] ZhangY，Li Q，Zhou X，et al. Effects of Partial Replacement of Potassium by Sodium on Cotton Seedling Development and Yield [J]. Journal of Plant Nutrition，2015（29）：1845－1854.

[29] 於丽华. NaCl 胁迫下甜菜的生理响应及其耐盐机理研究 [D]. 沈阳：沈阳农业大学，2015.

盐碱胁迫对甜菜光合物质积累及产量的影响

董心久，沙红，高燕，石洪亮，邝鹏昆，

高卫时，李思忠，张立明，杨洪泽

（新疆农业科学院经济作物研究所，乌鲁木齐　830091）

摘要： 分析盐碱胁迫对甜菜光合物质积累及产量的影响，研究盐碱胁迫对甜菜生长发育影响的过程，为甜菜抗盐碱栽培提供理论依据。采用室外盆栽方法，按照 $NaCl : Na_2SO_4 : Na_2CO_3 : NaHCO_3 = 1 : 9 : 1 : 9$ 比例配制成 $1mol/L$ 的混合盐碱溶液，各处理 Na^+ 浓度分别为 0、0.5％、0.8％及 1.0％，以甜菜品种 HI0135、SD12830 和 MA11-8 为材料，测定盐碱胁迫下甜菜的农艺性状、净光合速率（Pn）、生物量积累及产量。随着盐碱胁迫浓度的增加，HI0135 的相关性状表现为先升高后下降，0～0.5％盐碱胁迫浓度对甜菜生长发育、光合物质生产及产量有促进作用；SD12830 和 MA118 甜菜表现为持续抑制。HI0135 甜菜品种在盐碱胁迫浓度为 0.5％时表现出一定促进作用，对盐碱环境有较强的适应性。

关键词： 甜菜；盐碱胁迫；农艺性状；生物量；产量

土壤盐碱化是影响世界农业生产最主要的非生物胁迫之一，已成为限制农作物生长发育的一个主要因素[1]。并且有逐年加重的趋势，世界约有 20％的耕地出现不同程度的土壤盐渍化[2]。中国盐碱土面积约 $9.9 \times 10^7 hm^2$，而且盐碱化和次生盐碱化每年都在不断加重，给农业生产带来巨大阻碍[3]。根据我国土壤特性和所含盐分特点，将其分为盐土和碱土两大类，盐碱化土壤中的阳离子主要是 Na^+、K^+、Ca^{2+}、Mg^{2+} 等，阴离子主要有 Cl^-、SO_4^{2-}、HCO_3^-、CO_3^{2-} 等，不同地区盐碱地盐分离子的组成差异很大，且 Na_2CO_3 和 $NaHCO_3$ 等碱性盐对植物造成的伤害远大于 $NaCl$ 和 Na_2SO_4 等中性盐，因为碱性盐伤害除离子毒害和渗透胁迫外，还有高 pH 值[4-5]。生长在盐渍化土壤的植物盐胁迫和碱胁迫通常相伴发生。研究混合盐碱胁迫比单一盐或碱胁迫更接近实际，能更好地筛选和培育耐盐碱作物以开发和利用盐碱土资源，对农业生产具有实际意义。

当土壤盐分浓度达到某个阈值时，对作物造成渗透胁迫和营养离子平衡干扰，土壤盐碱化会导致植株体内的离子动态失衡，细胞内活性氧代谢紊乱，降低光合作用和减缓体内能量代谢，抑制作物的生长和发育过程，甚至导致作物的大面积枯萎和减产[6-7]，严重影响农业生产的经济效益。前人研究表明，盐胁迫通过降低土壤水势，减弱植物根系吸水能力，进而降低木质部导水有效性，使叶片气孔部分关闭，减少蒸腾，还会破坏植物叶绿体结构，抑制光合磷酸化过程[8-11]。光合作用是影响植物的重要代谢过程，对植物正常生长具有重要意义，可有效指示植物的抗逆性强弱[12-13]。作物的光合作用过程对土壤盐碱度的反应极其敏感，高盐胁迫会导致植物蛋白质合成过程受阻、叶绿体光合反应位点结构破坏，造成叶片净光合反应速率（Pn）的降低[14-15]；盐碱胁迫下作物受到高 pH、低水势胁迫、渗透胁迫、营养失衡等多重伤害，危害程度远超过中性盐胁迫[16]。

甜菜（*Beta vulgaris* L.）分布于西北、华北和东北等干旱和半干旱地区，这些地区盐碱化的土壤面积相对较大[17]。目前有关植物耐盐碱性的研究多集中在单一的盐或碱胁迫或两者的比较研究，

＊　通讯作者：董心久（1980—　），男，山东临沂人，研究员，研究方向：甜菜栽培与生理。

涉及胁迫生理、表观遗传、离子转运、激素调节、基因表达等方面[18-21]。混合盐碱胁迫研究少见报道[4,22]。有关甜菜在氯化钠胁迫下的耐盐生理研究较多，但对混合盐碱胁迫研究得较少，研究盐碱胁迫对甜菜光合物质积累及产量的影响。

按照 $NaCl：Na_2SO_4：Na_2CO_3：NaHCO_3=1：9：1：9$ 比例混合，研究盐碱胁迫对甜菜光合物质生产及产量的影响，为盐碱地高产栽培和耐盐品种筛选提供参考。

1　材料与方法

1.1　材料

选取一块无盐碱性的土壤挖出，碾碎晒干；有机肥（羊粪）碾碎晒干。按照土壤：有机肥为4：1的比例搅拌均匀作为盆栽土壤。以 HI0135、SD12830 及 MA11-8 甜菜品种为试验材料。

1.2　方法

1.2.1　试验设计

试验于2017年4—10月在新疆农业科学院玛纳斯试验站甜菜基地进行。采用双因素随机区组试验设计，因素一为甜菜品种，分别为 HI0135、SD12830 及 MA11-8，因素二为盐碱胁迫浓度，Na^+ 浓度分别为0、0.5%、0.8%及1.0%。

采用盆栽试验，盆长80cm，宽30cm，高40cm。以 $NaCl$、Na_2SO_4、Na_2CO_3、$NaHCO_3$ 四种盐成分为基础，按照 $NaCl：Na_2SO_4：Na_2CO_3：NaHCO_3=1：9：1：9$ 比例配制成1mol/L的混合盐碱溶液。4月15日播种，播种前按照设置的盐碱胁迫浓度每盆浇4L盐碱溶液。每个处理1盆，每盆30粒种子，重复3次，共计36盆。出苗后1对真叶疏苗，2对真叶定苗，每盆留取长势一致的甜菜植株6株。整个生育期内共浇水16次。10月2日收获。

1.2.2　测定项目

1.2.2.1　农艺性状

至收获期实测各处理甜菜的株高和叶片数，株高采用直尺测量，叶片数采用人工计数。

1.2.2.2　净光合速率（Pn）

于7月23日、8月6日、8月22日测定甜菜叶片净光合速率（Pn），选取形态大小相同，朝向一致的叶片进行测量，每个处理选5株，利用美国 PP systems 公司生产的 CIRAS-3 型光合仪在11：00～13：00时间内的晴朗天气进行测定，控制光合有效辐射（PAR）为 $1\,500\mu mol/(m^2 \cdot s)$，叶室温度为27～30℃。

1.2.2.3　生物量

于7月10日进行甜菜生物量的测定。把清理干净的样本分地上部和地下部进行称重（鲜重），装入信封置于烘箱内，105℃杀青30min，然后温度调至85℃烘干至恒重，测定质量（干重）。

1.2.2.4　盐敏感指数（SSI）和盐耐受指数（STI）

盐敏感指数和耐受指数的计算公式[23]：

$$SSI=[(DW\ Na^+-DW\ control)/DW\ control]\times100$$

$$STI=(DW\ Na^+/DW\ control)\times100$$

式中，$DW\ Na^+$ 表示盐碱处理下根干重，Wcontrol 表示对照根干重。

1.2.2.5　产量

至收获期，计数各处理甜菜收获株数，并测定甜菜根重，计算单位面积（$0.24m^2$）产量，最后换算成 t/hm^2。

3 数据处理

采用 SPSS19.0 进行统计分析，采用 Duncan 新复极差法进行多重比较（$P < 0.05$）；采用 Excel2010 进行图表绘制。

2 结果与分析

2.1 盐碱胁迫对甜菜农艺性状的影响

研究表明，随着盐碱胁迫浓度的增加：HI0135 品种甜菜的株高和叶片数表现为先增加后降低的趋势，在盐碱胁迫浓度为 0～0.5％时对甜菜株高和叶片数有促进作用，当浓度大于 0.5％时开始抑制甜菜的生长发育；SD12830 和 MA11－8 品种甜菜的株高和叶片数表现为持续下降趋势。不同品种间表现为 HI0135 甜菜的株高和叶片数对盐碱胁迫的适应性相对较强，SD12830 品种对盐碱胁迫较为敏感，MA11－8 品种居中（图 1、图 2）。

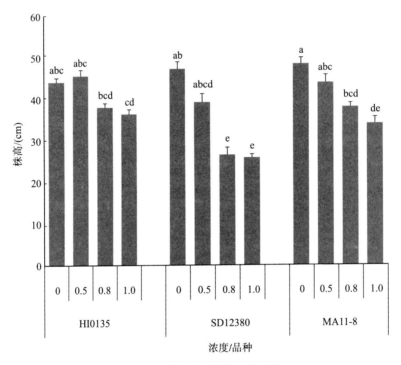

图 1　盐碱胁迫下甜菜株高变化

注：数字后 a.b、c 等不同字母分别表示 $P < 0.05$ 水平下显著性差异。下同。

2.2 盐碱胁迫对甜菜净光合速率（Pn）的影响

研究表明，随着盐碱胁迫浓度的增加：HI0135 品种甜菜的 Pn 表现为先增加后降低的趋势，在盐碱胁迫浓度 0～0.5％时对甜菜 Pn 有促进作用，当浓度大于 0.5％时开始抑制甜菜的光合作用；SD12830 和 MA11－8 品种甜菜的 Pn 表现为持续下降趋势。各甜菜品种均在出苗后 58d 达到峰值。不同品种间表现为 HI0135 甜菜的 Pn 对盐碱胁迫的适应性相对较强，SD12830 品种对盐碱胁迫较为敏感，MA11－8 品种居中（图 3）。

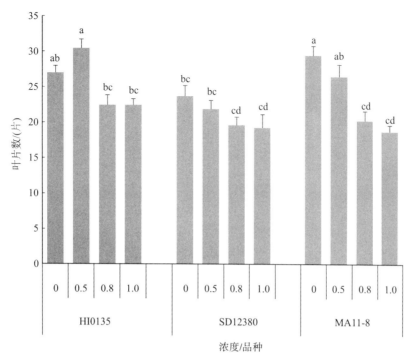

图 2　盐碱胁迫下甜菜叶片数变化

注：数字后 a、b、c 等不同字母分别表示 $P<0.05$ 水平下显著性差异。下同。

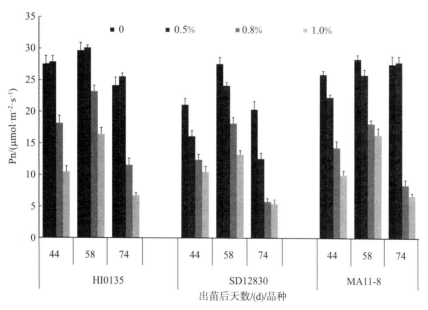

图 3　盐碱胁迫下甜菜 Pn 变化

2.3　盐碱胁迫对甜菜单株光合物质积累的影响

　　研究表明，随着盐碱胁迫浓度的增加：HI0135 品种甜菜的地上鲜重、地下鲜重、地上干重及地下干重均表现为先增加后降低的趋势，在盐碱胁迫浓度 0～0.5％时对甜菜光合物质积累有促进作用，当浓度大于 0.5％时开始抑制甜菜的物质积累；SD12830 和 MA11-8 品种甜菜的地上鲜重、地下鲜重、地上干重及地下干重均表现为持续下降趋势。不同品种间表现为 HI0135 甜菜的光合物质积累量最大，SD12830 品种积累量最小，MA11-品种居中（表 1）。

表1 盐碱胁迫下甜菜单株光合物质积累

品种	浓度/%	地上鲜重/g	地下鲜重/g	地上干重/g	地下干重/g
HI0135	0	18.59ᵃ	2.48ᵃ	1.96ᵃᵇ	0.50ᵃᵇ
	0.5	18.70ᵃ	2.59ᵃ	2.13ᵃ	0.52ᵃ
	0.8	14.00ᵇ	1.40ᵇ	1.47ᵇᶜ	0.30ᵃᵇᶜ
	1.0	8.64ᶜ	1.09ᵇᶜᵈᵉ	1.26ᶜᵈ	0.28ᵇᶜ
SD12380	0	5.89ᶜᵈᵉ	0.63ᵈᵉᶠ	0.90ᶜᵈᵉ	0.16ᶜ
	0.5	4.53ᵈᵉ	0.61ᵈᵉᶠ	0.71ᵈᵉ	0.15ᶜ
	0.8	4.24ᵈᵉ	0.52ᵉᶠ	0.70ᵈᵉ	0.14ᶜ
	1.0	3.00ᵉ	0.34ᶠ	0.51ᵉ	0.11ᶜ
MA11-8	0	8.58ᶜ	1.30 bc	1.05ᶜᵈᵉ	0.30ᵃᵇᶜ
	0.5	7.24ᶜᵈ	1.11ᵇᶜᵈ	0.96ᶜᵈᵉ	0.25ᶜ
	0.8	7.17ᶜᵈ	1.00ᵇᶜᵈᵉ	0.92ᶜᵈᵉ	0.24ᶜ
	1.0	5.47ᶜᵈᵉ	0.79ᶜᵈᵉᶠ	0.75ᵈᵉ	0.21ᶜ

注：数字后 a、b、c 等不同字母分别表示 $P < 0.05$ 水平下显著性差异

2.4 盐碱胁迫对甜菜盐敏感指数和盐耐受指数的影响

研究表明，随着盐碱胁迫浓度的增加：HI0135 品种甜菜的盐敏感指数和盐耐受指数表现为先增加后降低的趋势，在盐碱胁迫浓度为 0～0.5％时促进了甜菜盐敏感指数和盐耐受指数的提高，当浓度大于 0.5％时抑制甜菜盐敏感指数和盐耐受指数；SD12830 和 MA11-8 品种甜菜的盐敏感指数和盐耐受指数表现为持续下降趋势，表现为持续抑制状态。盐碱胁迫浓度为 0～0.5％时，盐敏感指数和盐耐受指数表现为 HI0135＞SD12830＞MA11-8；盐碱胁迫浓度为 0.5％～0.8％时，盐敏感指数和盐耐受指数表现为 SD12830＞MA11-8＞HI0135；盐碱胁迫浓度为 0.8％～1.0％时，盐敏感指数和盐耐受指数表现为 MA11-8＞SD12830＞HI0135（图4、图5）。

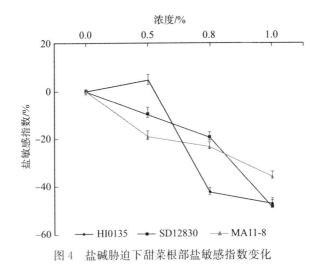

图4 盐碱胁迫下甜菜根部盐敏感指数变化

2.5 盐碱胁迫对甜菜产量的影响

研究表明，随着盐碱胁迫浓度的增加：HI0135 品种甜菜的产量表现为先增加后降低的趋势，在盐碱胁迫浓度为 0～0.5％时对甜菜产量有促进作用，当浓度大于 0.5％时显著抑制甜菜的产量；SD12830 和 MA11-8 品种甜菜的产量表现为持续下降趋势。不同品种间表现为 HI0135 甜菜的产量

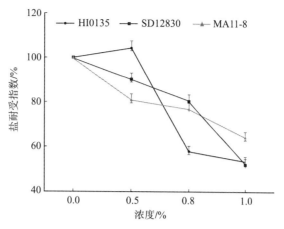

图 5　盐碱胁迫下甜菜根部耐盐指数变化

最大，SD12830 品种产量最小，MA11－8 品种居中（图 6）。

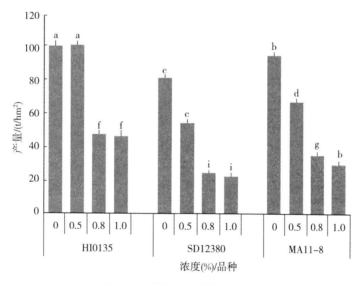

图 6　盐碱胁迫下甜菜产量变化

注：数字后 a、b、c 等不同字母分别表示 $P<0.05$ 水平下显著性差异。

3　讨论

　　盐碱胁迫之所以会影响作物的生长发育，主要由于盐碱胁迫后根的生物量、叶面积及叶片数量均变少，致使植株根系吸收养分能力变差、总光合面积减小，最终造成总的生物量的降低[24]。也有研究认为盐碱胁迫下作物的生长受抑制，一方面是作物在盐碱环境中用于生长的能量被损耗，这种能量损耗是由应用于生长的光合产物转而进行离子的运输和吸收而被消耗所引起的；另一方面是作物膨压的丧失，在盐碱环境下细胞壁大量积累盐分导致细胞膨压下降，进一步引起生长受抑，盐碱胁迫抑制了植株的生长，盐碱浓度越大，抑制作用越强[25]。作物可通过提高抗氧化酶活性、增加干物质积累而表现出较强的耐盐碱能力[26]。植物受盐碱胁迫后，地上部和地下部生长受到抑制，生长速度下降，生物学产量减少[27]研究表明，抗盐碱油用向日葵品种在中度盐碱胁迫下，敏盐碱油用向日葵品种在低度盐碱胁迫下，都能正常生长，地上部和地下部生物量均比对照增加，在高浓度盐碱胁迫下，植物的地上部和地下部生物学产量都显著下降，适当的盐分处理可以促进幼苗的生长[28-29]。试验结果表明，HI0135 上干重及地下干重，在盐碱胁迫浓度为 0～0.5％时对甜菜生长发育及光合物质积累有促进作用，当浓度大于 0.5％时开始抑制甜菜的生长发育及物质积累，且随着浓度的增加，下降的幅度越大；SD12830 和 MA11－8 品种甜菜的生长发育及光合物质积累表现持续下降趋势；品种间表现为 HI0135 甜菜的株高、叶片数、地上鲜重、地下鲜重、地上干重及地下干重对盐碱胁迫的适应性相对较强，SD12830 品种对盐碱胁迫较为敏感，MA11－8 品种居中。

光合作用是植物最重要的生理过程之一，盐碱胁迫条件下，光合功能的强弱直接影响植物的生长发育，是评价植物耐盐碱能力的重要生理指标[24]。前人研究表明，土壤盐碱胁迫主要由 3 种胁迫因子组成：渗透胁迫、离子胁迫以及高 pH 引起的盐碱胁迫，最终导致植物细胞结构破坏[30]长时间高浓度盐碱胁迫会抑制光合电子传递和气孔开度，降低碳同化关键酶活性，致使光合机构发生不可逆伤害，甚至会致使植株死亡[31]。试验结果表明，HI0135 品种甜菜的 Pn 表现在盐碱胁迫浓度为 0～0.5％时有促进作用，当浓度大于 0.5％时开始抑制甜菜的光合作用；SD12830 和 MA11－8 品种甜菜的 P 表现为持续下降趋势；间表现为 HI0135 甜菜的 Pn 对盐碱胁迫的适应性相对较强，SD1283 品种对盐碱胁迫较为敏感，MA11－8 品种居中。

碱胁迫使甜菜块根产量下降，且随着盐碱胁迫程度加大，下降的程度越大[32]。试验结果与前人研究结果不尽一致，HI0135 品种甜菜的产量在盐碱胁迫浓度为 0～0.5％时有促进作用，当浓度大于 0.5％时显著抑制甜菜的产量。HI0135 品种甜菜的盐敏感指数和盐耐受指数在盐碱胁迫浓度为 0％～0.5％时促进了植株物质的吸收，当浓度大于 0.5％时抑制甜菜植株的物质积累；SD12830 和 MA11－8 品种甜菜的盐敏感指数和盐耐受指数表现为持续下降；盐碱胁迫浓度为 0～0.5％时，盐敏感指数和盐耐受指数表现为 HI0135＞SD12830＞MA11－8；盐碱胁迫浓度为 0.5％～0.8％时，盐敏感指数和盐耐受指数表现为 SD12830＞MA11－8＞HI0135；盐碱胁迫浓度为 0.8％～1.0％时，盐敏感指数和盐耐受指数表现为 MA11－8＞SD12830＞HI0135。

4　结论

适度的盐碱胁迫有利于甜菜生长发育和光合物质积累，株高增高，叶片数增加，促进了甜菜地上鲜重、地下鲜重、地上干重及地下干重物质积累；抗盐碱能力不同的甜菜品种对不同浓度的盐碱处理反应不同，HI0135 品种甜菜抗盐碱胁迫能力相对较强，超过一定的盐碱浓度范围（0～0.5％），则会影响甜菜的生长发育、光合物质积累及产量；SD12830 和 MA11－8 品种甜菜对盐碱较敏感。

◆ **参考文献**

[1] Qadir M, Noble A D, Schubert S, et al. Sodicity induced land degradation and its sustainable management: problems and prospects [J]. Land Degradation & Development, 2010, 17 (6): 661-676.

[2] Mahmood T, Iqbal N, Raza H, et al. Growth modulation and ion partitioning in salt stressed sorghum (sorghum bicolorl) by exogenous supply of salicylic acid [J]. Pakistan Journal of Botany, 2010, 42 (5): 3047-3054.

[3] 牛东玲, 王启基. 盐碱地治理研究进展 [J]. 土壤通报, 2002, 33 (6): 449-455.

[4] 范远, 任长忠, 李品芳, 等. 盐碱胁迫下燕麦生长及阳离子吸收特征 [J]. 应用生态学报, 2011, 22 (11): 2875-2882.

[5] 杨春武, 李长有, 尹红娟, 等. 小冰麦 (Triticum Aestivum－Agropyron Intermedium) 对盐胁迫和碱胁迫的生理响应 [J]. 作物学报, 2007, 33 (8): 1255-1261.

[6] 岳健敏, 任琼, 张金池. 植物盐耐机理研究进展 [J]. 林业工程学报, 2015, 29 (5): 9-13.

[7] Chen T, H H, & Murata, N. Glycine betaine protects plants against abiotic stress: mechanisms and bio technological applications [J]. Plant Cell & Environment, 2015, 34 (1):

1-20.

[8] Singh M，Kumar J，Singh S，et al. Roles of osmoprotectants in improving salinity and drought tolerance in plants：a review [J]. Reviews in Environmental Science and Bio/Technology，2015，14 (3)：407-426.

[9] 周洪华，李卫红. 胡杨木质部水分传导对盐胁迫的响应与适应 [J]. 植物生态学报，2015，39 (1)：81-91.

[10] 王素平，郭世荣，李璟，等. 盐胁迫对黄瓜幼苗根系生长和水分利用的影响 [J]. 应用生态学报，2006，17 (10)：1883-1888.

[11] Rahnama A，James RA，Poustini K，et al. Stomatal conductance as a screen for osmotic stress tolerance in durum wheat growing in saline soil [J]. Functional Plant Biology，2010，37 (3)：255-263.

[12] 王玉萍，高会会，刘悦善，等. 高山植物光合机构耐受胁迫的适应机制 [J]. 应用生态学报，2013，24 (7)：2049-2055.

[13] 丁俊祥，邹杰，唐立松，等. 克里雅河流域荒漠绿洲交错带 3 种不同生活型植物的光合特性 [J]. 生态学报，2015，35 (3)：733-741.

[14] 王宇超，王得祥. 盐胁迫对木本滨藜叶绿素合成及净光合速率的影响 [J]. 农业工程学报，2012，28 (10)：151-158.

[15] 马荣，王成，马庆，等. 向日葵芽苗期离子对复合盐胁迫的响应 [J]. 中国生态农业学报，2017，25 (5)：720-729.

[16] 张会慧，张秀丽，李鑫，等. $NaCl$ 和 Na_2CO_3 胁迫对桑树幼苗生长和光合特性的影响 [J]. 应用生态学报，2012，23 (3)：625-631.

[17] 李承业，王燕飞，黄润，等. 我国甜菜抗逆性研究进展 [J]. 中国糖料，2010，32 (1)：56-58.

[18] Wu D，Shen Q，Cai S et al. Ionomic responses and correlations between elements and metabolites under salt stress in wild and cultivated barley [J]. Plant & Cell Physiology，2013，54 (12)：1976-1988.

[19] 颜宏，赵伟，盛艳敏，等. 碱胁迫对羊草和向日葵的影响 [J]. 应用生态学报，2005，16 (8)：1497-1501.

[20] 薛延丰，刘兆普. 不同浓度 $NaCl$ 和 Na_2CO_3 处理对菊芋幼苗光合及叶绿素荧光的影响 [J]. 植物生态学报，2008，32 (1)：161-167.

[21] Gong B，Zhang C，Li X，et al. Identification of nacl and nahco3 stress responsive proteins in tomato roots using itraq-based analysis [J]. Biochemical and Biophysical Research Communications，2014，446 (1)：417-422.

[22] 闫永庆，王文杰，朱虹，等. 混合盐碱胁迫对青山杨渗透调节物质及活性氧代谢的影响 [J]. 应用生态学报，2009，20 (9)：2085-2091.

[23] 王树凤，胡韵雪，孙海菁，等. 盐胁迫对 2 种栎树苗期生长和根系生长发育的影响 [J]. 生态学报，2014，34 (4)：1021-1029.

[24] 王振兴，吕海燕，秦红艳，等. 盐碱胁迫对山葡萄光合特性及生长发育的影响 [J]. 西北植物学报，2017，37 (2)：339-345.

[25] 王波，宋凤斌. 燕麦对盐碱胁迫的反应和适应性 [J]. 生态环境学报，2006，15 (3)：625-629.

[26] 陈展宇，常雨婷，邓川，等. 盐碱生境对甜高粱幼苗抗氧化酶活性和生物量的影响 [J]. 吉林农业大学学报，2017，39 (1)：15-19.

[27] 张俊莲，张国斌，王蒂．向日葵耐盐性比较及耐盐生理指标选择 [J]．中国油料作物学报，2006，28（2）：176-179．

[28] 刘杰，张美丽，张义，等．人工模拟盐、碱环境对向日葵种子萌发及幼苗生长的影响 [J]．作物学报，2008，34（10）：1818-1825．

[29] 郭园，张玉霞，杜晓艳，等．盐碱胁迫对油用向日葵幼苗生长及含水量的影响 [J]．东北农业科学，2016，41（2）：20-24．

[30] 穆永光．盐碱胁迫对紫穗槐生长和生理的影响 [D]．长春：东北师范大学，2016．

[31] Melgar J C，Guidi L，Remorini D，et al. Antioxidant defences and oxidative damage in salt treated olive plants under contrasting sunlight irradiance [J]．Tree Physiology，2009，29（9）：1187-1198．

[32] 刘洋，李彩凤，洪鑫，等．盐碱胁迫对甜菜氮代谢相关酶活性及产量和含糖率的影响 [J]．核农学报，2015，29（2）：397-404．

不同钠离子浓度下甜菜幼苗早期生理变化

王宇光[1]，田烨[2]，耿贵[1]

（1. 黑龙江大学农作物研究院，哈尔滨 150080；

2. 黑龙江大学生命科学学院，哈尔滨 150080）

摘要：甜菜具有高度耐盐性、耐贫瘠、强适应性等种植优点，通常被誉为开发和利用盐碱地的先锋作物。本试验选用甜菜品种 ST13092 进行各项生理指标的检测，通过对甜菜幼苗早期在不同 Na^+ 浓度胁迫下生理代谢变化的研究，进而找出适合甜菜生长的最佳盐度范围，为进一步在甜菜的盐碱地种植方面提供重要的理论基础。研究发现甜菜出苗率会随着钠离子浓度的增加而变低，植株的干鲜重及叶片相对含水量，在 Na^+ 浓度为 25mmol/L 时会明显增高，之后随着 Na^+ 浓度增加而降低；过氧化氢酶（Fungal catalase，CAT）和抗坏血酸过氧化物酶（Ascorbate peroxidase，APX）活性会随着钠离子浓度的增加而升高。这些结果表明低浓度钠离子会对甜菜这种耐盐植物的生长起到促进作用，而高浓度钠离子会抑制甜菜的生长。

关键词：甜菜幼苗；盐胁迫；盐渍土地；生理指标

在干旱条件下和半干旱的区域，由于蒸发强烈，地下水上升，使地下水所含有的盐分留在土壤的表层，又由于较小的降水量，不能淋溶排走土壤表层盐分，致使越来越多的盐分聚集在土壤表面[1]。尤其是一些易溶解的盐分，如 $NaCl$、Na_2SO_4、Na_2CO_3 等，导致了盐渍化土壤的形成[2]。目前我国盐渍化土地还没有准确的数据统计，但关于黄河三角洲区域的一项区域性调查表明，每年有大面积的农耕地因土壤的次生盐渍化而被迫撂荒。我国盐渍化土壤主要分布在地势较低平，径流滞缓、易汇集排水的地段、河流冲积的平原、盆地、湖泊、沼泽等地区，并且盐渍化土地的总面积或者分布范围都是世界上程度最大的[3]。如位于西北地区的河西走廊、银川平原、吐鲁番

＊ 通讯作者：王宇光（1985— ），男，黑龙江省讷河市，研究员，研究方向：甜菜耕作与栽培。

盆地、塔里木盆地、准噶尔盆地、哈密倾斜平原以及青藏高原的柴达木盆地、湟水流域、东北的松嫩平原等。同时，不正确的灌溉措施导致次生盐渍化土壤的形成，使盐渍土面积在不断增多，土壤的盐渍化形势十分严峻，盐渍化给农业的生产、生态环境的进化和经济发展带来了较大影响[4]。

目前仍没有成形的技术体系来解决土壤盐渍化[5]。特别是我国盐碱地和盐渍土面积还在进一步扩大，盐渍化程度不断加剧，同时在不断增长的人口、相对匮乏的土地资源、日益恶化的生态环境形势下，如何实施有效的措施来抑制土壤盐碱化，改良并且利用现有盐碱地，已成为研究中的热点问题[6-8]。培养耐盐农作物品种及改良作物的耐盐特性，已经成为当今农业科学研究的主要课题[9]，也是解决土壤盐渍化的一种重要手段。因此，对植物盐胁迫下生理变化和耐盐植物耐盐机理的研究，为改良和提高植物对盐的抗性及提高农作物的产量起到重要的作用。

甜菜是产糖量仅次于甘蔗的糖料作物，也是21世纪一种新型可作为再生资源的农作物，特别是其在燃料乙醇生产等方面的优势，使其具有良好科研价值和应用前景[10]。甜菜是一种有着较强的抗盐能力的作物，并且低浓度的盐离子对甜菜的生长有促进作用。虽然甜菜具有较强的耐盐特性，但环境中的盐离子浓度过高时，甜菜生长及各项生理指标会受到抑制[11]。甜菜对盐分最敏感的时期为甜菜幼苗的发芽期，这个时期耐盐能力最弱，同时，在高盐环境下，甜菜因为吸收了过多盐分而减少了对营养物质的吸收，并且影响了生理代谢而降低吸收营养物质的量，进而抑制了甜菜的生长[12]。本文对不同盐离子浓度下甜菜生理相应的变化进行分析与研究，为甜菜盐碱地栽培以及耐盐品种选育奠定基础。本研究通过分析不同盐度处理对甜菜幼苗生长及各项生理指标的影响，如分析甜菜幼苗的出芽率、叶片的干鲜重、相对含水量以及各种抗氧化酶活力等生理指标，从而研究甜菜幼苗在不同盐浓度下的生理生化特性变化，进而找出适合甜菜生长的最佳盐度范围，为下一步甜菜在盐碱地种植提供重要的理论基础。

1 材料与方法

1.1 材料

供试甜菜品种：ST13092。主要药品与试剂：三氯乙酸、三氯甲烷、硫酸、氢氧化钠、蒸馏水、蔗糖、磷酸一氢钠、磷酸二氢钠、H_2O_2、KNO、$FeSO_4 \cdot 7H_2O$、KH_2PO_4、$MgSO_4 \cdot 7H_2O$、$NaCl$、K_2HSO_4、TCA、TBA。

1.2 培养方法

将甜菜 ST13092 种子在不同盐浓度下的土壤中进行种植，用氯化钠和硫酸钠按照 1∶1 的比例，配置成含有不同浓度钠离子的混合盐，将盐离子与一定量的土壤混匀保证每千克土壤中钠离子的浓度分别是 0、25、50、100、150、200、250、300mmol/L，然后按照正确的种植方式将甜菜种子进行播种。每个处理样品有 4 个重复。种植完甜菜种子后每 10d 浇入 100mL 营养液。甜菜幼苗培养条件为：光照 14h，黑暗 10h，光照培养温度为 24℃，黑暗培养温度为 20℃，培养箱的湿度达到 70%～75% 之间，培养箱的光照强度为 200Lux。

1.3 试验方法

培养箱中每天定时观察甜菜的出苗情况，做好记录，计算每个处理下出苗植株的棵数与总播种数的比值，记录每天的出苗率。在甜菜播种 20d 后，进行取材，剪取甜菜幼苗的第二对真叶进行低温保存，做好标记以便检测，然后进行各项生理指标的监测，主要包括 APX、CAT 等抗氧化酶的酶活；甜菜叶片的相对含水量、叶片的鲜重以及干重，具体试验步骤参考文献[12]。

2 结果与分析

2.1 盐胁迫下甜菜出苗率分析

不同 Na^+ 浓度条件下，甜菜出苗率统计见表 1。

表 1 不同钠离子浓度下甜菜发苗率情况（平均值±SD）

Na^+ / (mmol/L)	发苗率/%						
	播种 6d	播种 7d	播种 8d	播种 9d	播种 10d	播种 11d	播种 12d
0	75.0±5	92.0±1	100	100	100	100	100
25	50.0±3	90.0±1	100	100	100	100	100
50	10.0±0.5	58.0±1.1	95.0±2.1	100	100	100	100
100	0	8.0+1.2	56.0±3.7	73.2±2.1	89.3±4.3	91.2±2.2	93.2±2.9
150	0	0	15.4±3.2	27.0±3.1	57.0±5.6	59.8±7.2	65.9±7.9
200	0	0	0	17.0±2.6	17.0±2.6	18.9±5.2	18.9±5.2
250	0	0	0	0	0	0	0

当 Na^+ 浓度为 0mmol/L 时，随着播种天数的增长出苗率逐渐提高，第 8 天甜菜的出苗率已达到 100%。在 Na^+ 浓度为 25mmol/L 的条件下，甜菜的出苗率同 0mmol/L 的出苗情况基本相似。Na^+ 浓度为 50mmol/L 时，在播种 6~8d 时，出苗率较低，第 9 天甜菜的出苗率达到 100%。在 Na^+ 浓度为 150 及 200mmol/L 条件下，它们分别在第 8 天和第 9 天开始出苗，出苗率分别为 15.4% 和 17.0%，之后出苗率逐渐增高直到第 12 天出苗率仅为 65.9% 和 18.9%。在 250mmol/L 盐浓度下出苗率始终为 0。Na^+ 会对甜菜的出苗率产生一定的影响，随着 Na^+ 浓度的增加出苗率将会显著降低。此外，200mmol/L Na^+ 浓度下，甜菜幼苗个体生长较小，不能满足生理测定需求。因此，在生理测定的过程中，选取 0 至 150mmol/L Na^+ 的处理下的幼苗作为分析对象。

2.2 叶片鲜重及干重分析

在 Na^+ 浓度为 25mmol/L 时，植株的鲜重明显高于 Na^+ 浓度为 0mmol/L 的植株鲜重（图 1），当 Na^+ 浓度为 50mmol/L 时植株的鲜重开始小于 Na^+ 浓度为 0mmol/L 下的植株鲜重。随着盐浓度的增加，鲜重逐渐降低。盐胁迫下甜菜叶片干重结果（图 2）与鲜重结果较为一致。以上结果表明低浓度的 Na^+ 对甜菜的植株生长具有促进作用，但是高浓度的盐离子会抑制植株的生长。

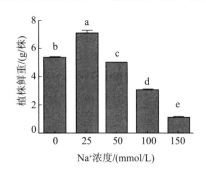

图 1 不同 Na^+ 浓度甜菜鲜重情况

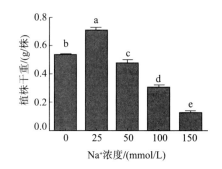

图 2 不同 Na^+ 浓度甜菜干重情况

2.3 叶片相对含水量的测定

在 Na^+ 浓度为 25mmol/L 的生长条件下，甜菜叶片的相对含水量同 0mmol/L 条件下的数值基本相同（图3）。在50及100mmol/L Na⁺浓度下植物体含水量会发生显著下降，因此，在低 Na⁺浓度条件下不会对甜菜叶片的相对含水量产生影响，而随着 Na⁺浓度的不断增加，叶片的相对含水量会显著下降。

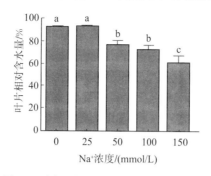

图3　不同 Na⁺浓度甜菜叶片相对含水量

2.4　抗氧化酶活性的测定及分析

过氧化氢酶（CAT）能够将过氧化氢水解为水和氧气，可起到清除活性氧自由基的作用。如图4所示，在 Na⁺浓度为25mmol/L 时，其 CAT 酶活力的大小与0mmol/L 相比没有差异。当 Na⁺浓度超过50mmol/L 时与0mmol/L 相比叶片 CAT 酶活性显著增强。综上所述，Na⁺对甜菜 CAT 酶活性会起到一定的促进作用。

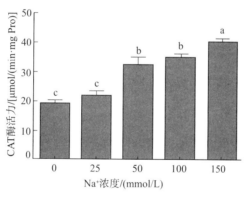

图4　不同 Na⁺浓度 CAT 酶活力

抗坏血酸过氧化物酶（APX）是清除体内超氧阴离子自由基（O_2^-）的重要酶类。在 Na⁺浓度较低的情况下，APX 酶活力没有变化。同0mmol/L Na⁺相比，在50、100、150mmol/L Na⁺条件下，APX 酶活力有一定程度增加。同时，50、100、150mmol/L 图4不同 Na⁺浓度 CAT 酶活力图5不同 Na⁺浓度 APX 酶活力 Na⁺条件下的 APX 酶活性，三者并没有显著差异。

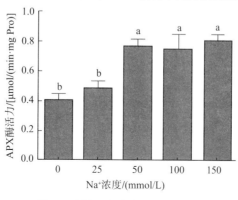

图5　不同 Na⁺浓度 APX 酶活力

3 讨论

通过实验结论可以看出，在不同盐浓度的处理下甜菜的各项生理指标会发生不同程度的变化，如在 25mM Na^+ 浓度处理下叶片的干鲜重及相对含水量会增加，之后随着 Na^+ 浓度增加叶片干鲜重会逐渐降低，这些结果证明低浓度的 Na^+ 会在早期促进甜菜幼苗的生长，这与其他报道较为相似[13]，此外，本研究证明甜菜体内抗氧化酶类 APX 及 CAT 在高浓度 Na^+ 条件下抗氧化活力显著增加，本研究进一步证明了甜菜体内抗氧化酶系统的高效性，可能对于甜菜耐盐特性具有较大贡献。有报道表明甜菜抗氧化系统与还原调控的结合作用，对于提高甜菜抗逆性具有较大影响[14]。

◆ **参考文献**

[1] 郭艳超，王文成，刘同才，等．盐胁迫对甜菜叶片生长及生理指标的影响［J］．河北农业科学，2011，15（2）：11-14.

[2] 金光德，南桂仙．植物盐胁迫响应及耐盐的分子机制［J］．农技服务，2011，28（10）：1448-1449.

[3] 李蔚农，王荣华，王维成，等．NaCl 胁迫对甜菜生长的影响［J］．中国糖料，2007，29（2）：17-19.

[4] 夏金婵，张小莉．植物盐胁迫相关信号传导机制的研究［J］．安徽农业科学，2014（34）：12023-12027.

[5] 赵可夫，李法曾，樊守金，等．中国的盐生植物［J］．植物学报，1999，16（3）：10-16.

[6] 周述波，林伟，萧浪涛．植物激素对植物盐胁迫的调控［J］．琼州大学学报，2005，12（2）：27-30.

[7] 王宝山，赵可夫，邹琦．作物耐盐机理研究进展及提高作物抗盐性的对策［J］．植物学通报，1997（S1）：26-31.

[8] 吴敏，薛立，李燕．植物盐胁迫适应机制研究进展［J］．林业科学，2007，43（8）：111-117.

[9] 惠红霞，许兴，李前荣．NaCl 胁迫对枸杞叶片甜菜碱、叶绿素荧光及叶绿素含量的影响［J］．干旱地区农业研究，2004，22（3）：109-114.

[10] 金明亮，贾海伦．甜菜作为能源作物的优势及其发展前景［J］．中国糖料，2011，33（1）：58-59.

[11] 惠菲，梁启全，於丽华，等．NaCl 和 KCl 胁迫对甜菜幼苗生长的影响［J］．中国糖料，2012，34（3）：30-32.

[12] Wang Y，Stevanato P，Yu L，Zhao H，Sun X，Sun F，Li J，Geng G. The physiological and metabolic changes in sugar beet seedlings under different levels of salt stress ［J］. J Plant Res，2017，130（6）：1079-1093.

[13] Mohammad F，Jaber F，Pegah N. Sugar beet yield response to different levels of saline irrigation water and leaching in an arid region ［J］. Journal of Plant Nutrition，2018，41（5）：654-663.

[14] Hossain MS，ElSayed AI，Moore M，Dietz KJ. Redox and Reactive Oxygen Species Network in Acclimation for Salinity Tolerance in Sugar Beet ［J］. J Exp Bot，2017，68（5）：1283-1298.

低温对甜菜种子发芽及幼苗生长的影响

李任任[1]，耿贵[1,2]，吕春华[1]，刘钰[1]，王宇光[2]，於丽华[2]

(1. 黑龙江大学生命科学学院，哈尔滨 150080；

2. 黑龙江大学农作物研究院，哈尔滨 150080)

摘要：为了解不同低温条件下甜菜（*Beta vulgaris* L.）种子出苗以及出苗后幼苗的生长情况，利用培养箱控温的方法，设置温度从低到高的 6 组处理，分别为−3～11℃、−1～13℃、1～15℃、3～17℃、5～19℃和7～21℃，调查种子出苗情况；出苗后各处理设置同一正常温度下培养，测量幼苗的生长指标，测定保护酶活性、渗透调节物质含量以及植物激素水平等生理指标。温度由低升高的 6 组处理的甜菜出苗率分别为 65.42%、73.75%、82.92%、89.58%、94.58%和96.67%；随着发芽出苗期温度的升高，后期甜菜幼苗的株高、叶长、叶宽和叶面积等生长指标逐渐增加，叶绿素含量也随之逐渐增加；低温出苗下，甜菜幼苗叶片中 MDA 含量较高，叶片细胞膜受损较严重，甜菜幼苗的抗氧化酶活性（如 SOD 和 CAT）以及渗透调节物质含量（如可溶性糖、可溶性蛋白和脯氨酸）逐渐增加；出苗期处理温度与 ABA 含量呈负相关，与 IAA 和 GA 含量呈正相关。持续低温下甜菜出苗率仍然较高，甜菜种子发芽出苗耐低温能力较强；在出苗期进行低温处理，能明显降低甜菜幼苗后期的生长，影响幼苗的生理变化。

关键词：甜菜；低温；种子萌发；保护酶；渗透调节物质；植物激素

低温作为一种主要的胁迫因子，限制了世界许多地区植物的生长和发育，植物幼苗期受到的低温伤害可能影响植物后续的生长发育，进而影响植物的产量和质量。研究发现，玉米幼苗在低温下暴露一定时间，会导致叶片萎黄和坏死，芽和根的生长以及微量营养元素的吸收都会受到限制[1]。水稻生育期的冷害也会导致小穗退化及不育[2]。Pastor 等发现短期低温胁迫能提高植物对低温的耐受性[3]。植物的抗寒性受到多种因素的影响，如何提高植物的耐寒性已成为一个重要的课题。

甜菜（*Beta vulgaris* L.）是藜科甜菜属的二年生草本植物，与甘蔗一起被认为是我国两大糖料作物，供应世界上约 35%的糖[4-5]。适宜种植区大都处于北方寒温带，如黑龙江、内蒙古和新疆等昼夜温差较大的地区[6]。这些地区早春温度低，并时有倒春寒、寒潮等天气事件发生，对甜菜种子萌发期、幼苗期乃至整个生育期的生长状况及产糖量与品质都产生严重的不利影响，是限制世界和我国北方甜菜栽培与种植的主要因素。甜菜作为喜凉作物，能够忍耐一定程度的低温[7]。研究发现，在水分充足的条件下，温度对甜菜种子发芽及生长影响最大，气候积温、土壤积温等都会影响甜菜后期产量和含糖量。通过控制甜菜播种时间、选择合适的播种温度，能够合理调整甜菜播种期，以获得最大的经济效益[8-9]。春季土壤返浆使土壤水分含量增高，在中国北部春季低温干旱地区，可以充分利用这一时期的土壤返浆水，提前播种，增加有效积温，提高田间保苗率[0]。本试验以甜菜品种 H004 为试验材料，从播种、发芽直至两对真叶期幼苗收获，研究低温对甜菜种子发芽及幼苗生长的影响。多年观察发现，早春土层化冻时存在返浆水，此时最低气温为−3℃左右。据此，以−3℃为最低温进行试

---

* 通讯作者：耿贵（1963— ），男，黑龙江牡丹江人，研究员，研究方向：甜菜耕作与栽培。

验设计。一般情况下，室外夜间温度最低，正午温度最高，为了更好地模拟田间环境，培养箱温度也设置为同样的趋势，一天24h之内以±2℃为标准温度梯度，使箱内温度均匀下降至最低，再均匀上升至原始温度。通过设置不同的低温处理，研究低温对甜菜幼苗发芽、生长以及多种生理指标的影响，不仅能够指导甜菜播种，延长甜菜生育期，提高甜菜产量和含糖量，解决实际生产中的问题，还能够完善甜菜的抗寒性生理机制，并为探究其他植物的抗寒机制提供理论参考。

1 材料和方法

1.1 试验时间和地点

试验于2019年6～8月在黑龙江大学甜菜研究所光照培养室进行。

1.2 试验材料和仪器

供试甜菜品种为H004。前期使用LRH－250CL低温培养箱，后期使用HPG－280HX人工气候箱。

1.3 试验方法

1.3.1 试验设计

设置A～F共6组温度处理，每组8次重复。播种：每盆统一先放500g混合均匀的土壤，均匀放入30粒带包衣的种子，再用100g土覆盖。放入低温培养箱里，培养箱温度设置情况如表1所示。从第一粒种子发芽拱土开始，将苗移至光照培养箱给予光照，保持每天光照14h，黑暗（低温）10h，待出苗率到50%时，将幼苗转移到光照培养室。培养期间光照培养室条件为每日光照14h，温度为（25±1）℃，夜间10h，温度为（20±1）℃，相对湿度为60%～70%。培养至21d时收获，测定幼苗的生长量，包括鲜重、干重、株高和叶片表面积等指标；分析幼苗叶片生理生化指标，主要包括叶绿素含量、抗氧化系统、渗透调节系统和植物激素等。

表1 甜菜种子出苗期间低温培养箱温度设置情况

组别	处理温度/℃	温度设置														
		1	2	3	4	5	6	7	8	9	10	11	12	13	14	15
A	−3～11	11	9	7	5	3	1	−1	−3	−1	1	3	5	7	9	11
B	−1～13	13	11	9	7	5	3	1	−1	1	3	5	7	9	11	13
C	1～15	15	13	11	9	7	5	3	1	3	5	7	9	11	13	15
D	3～17	17	15	13	11	9	7	5	3	5	7	9	11	13	15	17
E	5～19	19	17	15	13	11	9	7	5	7	9	11	13	15	17	19
F	7～21	21	19	17	15	13	11	9	7	9	11	13	15	17	19	21

1.3.2 种子出苗情况

从第一株苗起统计每日出苗率，以第12d作为出苗结束时间，出苗结束后计算出苗率、出苗势和出苗指数。出苗率是指出苗终期（前12d内）正常发芽粒数占全部种子数的百分比；出苗势为第一粒种子出苗后5d内出苗数占全部种子数的百分比；出苗指数$= \sum (G_t/D_t)$，G_t为在出苗时段内每日的出苗种子数，D_t为相应的出苗时间[11]。

1.3.3 生长指标测定

甜菜幼苗收获后，从每个处理中随机抽取8株幼苗，用直尺测量以确定株高、叶长等生长指标（单位精确到0.01cm），计算单株平均的生长指标；采用WinRHIZO软件对甜菜幼苗第二对真叶的叶面积进行扫描分析；收获后测定幼苗鲜重，将幼苗在 105℃杀青 0.5h 后，80℃烘干至恒重，用分析天平称重，获得幼苗干重数据。

1.3.4　生理指标测定

将收获的甜菜叶片剪碎，并按每份 0.5g 准确称量，以便后续实验。参考李合生等的方法[12]进行丙二醛（MDA）、超氧化物歧化酶（SOD）和过氧化氢酶（CAT）等相关生理指标的测定，所有指标均 3 次重复。植物激素采用酶联免疫吸附分析法测定（ELISA）。

1.3.5　统计分析

采用 Excel 2019 和 SPSS 20.0 软件进行数据整理和统计分析。数据以（平均数±标准差）表示，$P \leqslant 0.05$ 视为差异显著。

2　实验结果

2.1　不同温度条件对甜菜种子出苗情况的影响

不同处理温度对甜菜种子出苗情况的影响如表 2 所示。可以看出，A 组和 B 组之间、C 组和 D 组之间发芽率不具有显著性差异（$P > 0.05$，下同），D～F 组的出苗率有所升高，但未达到显著水平。A～E 五组处的出苗势逐渐增加，且各组间均具有显著性差异（$P \leqslant 0.05$，下同），但 E 组和 F 组相比差异不显著。B、C、D 三组的出苗指数无显著性差异，其他几组间差异均显著。总体看来，处理温度越高，种子发芽和出苗越好，且在较低温度条件下，甜菜种子仍能萌发和出苗，即甜菜发芽和出苗能够耐受一定的低温。

表 2　不同处理温度对甜菜种子萌发的影响

组别	处理温度/℃	出苗率/%	出苗势/%	出苗指数
A	−3～11	65.42±0.92ᵃ	30.00±0.04ᵃ	17.24±1.88ᵃ
B	−1～13	73.75±1.89ᵃ	44.17±0.04ᵇ	24.16±2.03ᵇ
C	1～15	82.92±2.80ᵇ	54.58±0.06ᶜ	25.13±2.74ᵇ
D	3～17	89.58±1.30ᵇᶜ	65.42±0.08ᵈ	28.60±4.29ᵇ
E	5～19	94.58±1.69ᶜ	89.58±0.19ᵉ	34.50±3.65ᶜ
F	7～21	96.67±0.76ᶜ	95.83±0.03ᵉ	40.50±3.52ᵈ

注：不同小写字母表示在 $P \leqslant 0.05$ 水平有显著差异，±后数值为标准差，下同。

2.2　不同温度对甜菜幼苗各项生长指标的影响

可以看出，随着 A～F 组处理温度的逐渐升高，甜菜幼苗长势越来越好。其中，A 组处理的甜菜幼苗长势最弱，明显小于其他几组，D 组幼苗稍微大于 C 组，而 E 组和 F 组甜菜幼苗长势差异不明显（图 1）。

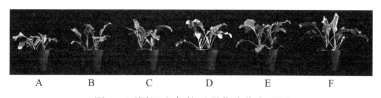

图 1　不同温度条件下甜菜幼苗表型图

表 3 显示了出苗前不同温度处理条件对甜菜幼苗株高、叶长等生长指标的影响，随着温度的逐渐增加，各项生长指标都表现出增加的趋势。A、B、C 三组的株高相互之间无显著性差异，而 D、E、

F 三组的株高相互之间差异均显著。A 组与其他组的叶宽和叶长具有显著性差异，而 C 组和 D 组相比，株高、叶宽以及叶长都差异不显著。D、E、F 三组的叶宽均无显著性差异，E、F 两组的叶长差异也不显著。在鲜重和干重方面，A～F 六组均具有显著性差异。

表 3　不同处理温度对甜菜各项生长指标的影响

组别	株高/cm	叶宽/cm	叶长/cm	鲜重/g	干重/g
A	17.30±0.40^{de}	5.13±0.35^{d}	10.50±0.98^{e}	3.98±0.09^{f}	0.35±0.02^{f}
B	18.73±0.90^{d}	5.93±0.32^{c}	12.13±0.35^{d}	6.03±0.14^{e}	0.53±0.01^{e}
C	19.57±0.40^{cd}	6.43±0.45^{bc}	13.40±0.46^{c}	8.21±0.67^{d}	0.71±0.03^{d}
D	20.03±0.59^{c}	6.87±0.60^{ab}	14.00±0.20^{bc}	9.19±0.30^{c}	0.84±0.10^{c}
E	21.33±0.45^{b}	7.20±0.26^{a}	14.70±0.26^{ab}	10.79±0.29^{b}	1.01±0.02^{b}
F	22.73±0.38^{a}	7.50±0.30^{a}	15.27±0.32^{a}	12.38±0.35^{a}	1.35±0.06^{a}

2.3　不同温度条件对甜菜幼苗叶片表面积和叶绿素含量的影响

研究发现，温度也会影响甜菜幼苗叶片表面积和叶绿素含量，对其测试的结果如图 2 所示。图 2（a）和图 2（b）表明，在叶面积和叶绿素含量中，A～F 六个组之间均具有显著性差异。随着出苗前温度的逐渐升高，叶面积、叶绿素含量都逐渐增加，在 F 组中达到最大。F 处理的叶面积比 A～E 处理分别高出 34.74%、28.55%、20.71%、6.27% 和 2.99%。F 处理的叶绿素含量比 A～E 处理分别高出 30.43%、23.13%、18.94%、12.59% 和 5.96%。

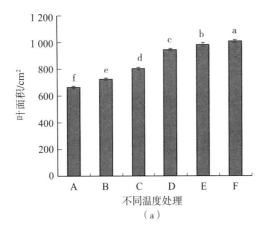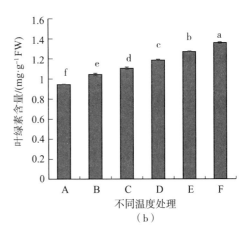

图 2　不同温度条件对甜菜幼苗叶面积（a）和叶绿素含量（b）的影响

2.4　不同温度条件对甜菜幼苗叶片 MDA 含量、SOD 和 CAT 活性的影响

MDA 含量是反映细胞受活性氧伤害程度的重要指标，SOD 和 CAT 是植物细胞内重要的保护酶，图 3 为不同温度条件下甜菜幼苗叶片的 MDA 含量以及 SOD、CAT 活性变化。由图 3（a）可知，随着温度的逐渐增加，各组处理中的 MDA 含量逐渐降低。A～E 五组之间均具有显著性差异，但 E、F 两组之间差异不显著。A～F 组中 SOD、CAT 酶活性与 MDA 含量变化趋势相同，均为随着温度升高，这两种抗氧化酶活性逐渐降低。但 B、C 组及 D、E 组之间的 SOD 酶活性没有显著性差异，而与 F 组相比差异显著，如图 3（b）所示。由图 3（c）可知，A 组的 CAT 活性最高，比其他组分别高出 7.72%、13.58%、16.82%、24.23% 和 27.47%，其中 BC、CD、EF 组之间均无显著性差异。

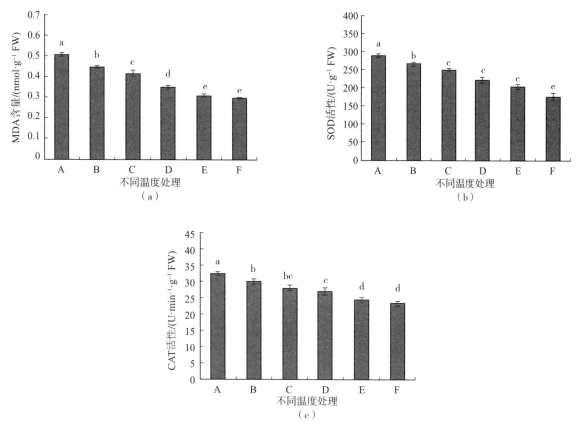

图 3 不同温度条件下甜菜幼苗叶片的 MDA 含量（a）、SOD 酶活性（b）和 CAT 酶活性（c）

2.5 不同低温对甜菜幼苗渗透调节系统的影响

渗透调节物质在植物响应低温等逆境中发挥着重要作用。图 4 为不同温度条件下甜菜幼苗叶片的可溶性糖、可溶性蛋白和脯氨酸含量的变化。由图 4（a）可知，六组处理的可溶性糖均有显著性差异，其中 A 组与 F 组差异最大，A 组比 F 组多出 53.65%；由图 4（b）可以看出，除 E、F 组之间没有显著性差异外，其余组之间均有显著性差异，A 组比 B～F 组可溶性蛋白含量分别高出了 4.98%、11.31%、13.06%、14.30% 和 14.82%；在脯氨酸中，A、B 组之间差异显著，而 C、D 组之间以及 E、F 组之间无显著性差异，如图 4（c）所示。

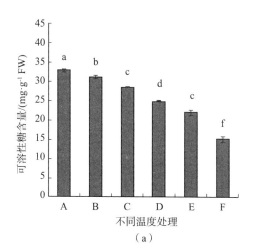

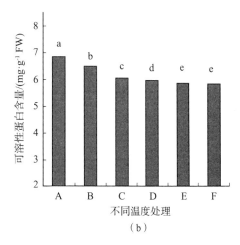

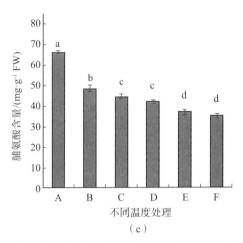

图 4　不同温度条件下甜菜幼苗叶片的可溶性糖（a）、可溶性蛋白（b）和脯氨酸（c）含量

2.6　不同低温处理对甜菜幼苗三种植物激素含量的影响

植物内源激素是植物响应低温基因表达的重要因子。图 5 显示了不同温度条件下甜菜幼苗叶片的 3 种植物激素含量的变化。由图 5（a）可知，A 组的 ABA 含量最高，比 B～F 组分别高出 6.56%、19.56%、27.20%、34.45%和 38.95%，其中 A、B 两组以及 E、F 两组之间不具有显著性差异。B、C 两组之间的 IAA 含量差异不显著，其他组之间差异均显著，如图 5（b）所示。由图 5（c）可以看出，各组的 GA 含量均具有显著性差异。

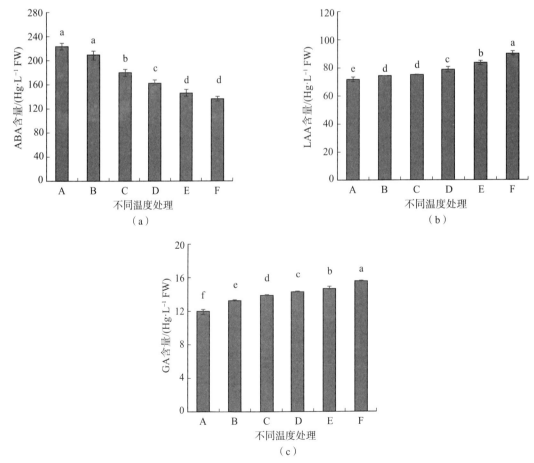

图 5　不同温度条件下甜菜幼苗叶片的 ABA（a）、IAA（b）和 GA（c）含量

3 讨论

低温胁迫是影响种子萌发的重要因素之一[13]，通常用出苗率、出苗势和出苗指数等来评价种子出苗情况。在本试验中，随着温度升高，A~F组出苗率逐渐增加，A组低温条件下出苗率仍达到65.4%，而F组发芽率高达95.00%以上，即−3~11℃的低温已严重抑制A组甜菜种子的发芽和出苗；出苗势是反映种子发芽整齐度的重要指标[14]，A、B、C三组的出苗势均低于60.0%，E、F两组出苗势均大于89.0%，出苗较整齐；通常用出苗指数来评价种子的出苗速率，A组出苗指数最低，显著低于其他几组，而B、C、D三组的出苗速率较为接近，彼此之间无显著性差异，F组出苗指数最高，出苗速度最快。综合出苗率、出苗势和出苗指数三个指标来看，温度越低，对种子总体出苗影响越大。A组温度最低，出苗最弱，B、C、D三组之间出苗较为接近，E、F两组出苗相对较好。与出苗情况相同，低温影响了甜菜幼苗后期的一些生长指标，包括株高、叶宽、叶长、鲜重和干重，随着出苗温度的升高，这些指标都呈逐渐增加的趋势。有研究表明，叶片面积越大，叶绿体数目越多[15]。在本试验中，随着温度的升高，A~F组的叶面积逐渐增大，同时，叶绿素含量也逐渐增多，与前人研究结果一致[16]。

植物经过自然选择和进化，具有多种适应低温的机制，如增强呼吸作用、增加多种渗透调节物质的积累、提高抗氧化系统中多种保护性酶的活性，以及多种耐冷蛋白与基因的协同作用等。这些机制使植物能够在低温情况下完成生长、发育、繁殖等一系列生命活动[17-18]。在不同的温度条件下，植物内部的代谢水平不同。随着温度的逐渐升高，甜菜幼苗叶片中的丙二醛含量逐渐降低，说明细胞膜受损程度有所降低；超氧化物歧化酶和过氧化氢酶活性逐渐降低，即甜菜幼苗叶片受到的胁迫逐渐减小，这些结果证实植物可以通过增加抗氧化酶活性的方式来减少由低温产生的自由基，保护膜系统的稳定[9-20]。Kamata等发现在植物的冷适应过程中，植物主要通过增加可溶性糖（主要是葡萄糖、果糖和蔗糖）的量来提高渗透压浓度[21]，Cary等在甜菜研究中也得到同样的结论[22]。研究发现，IAA和ABA对调控冷胁迫下植物的生长发育具有重要作用[23]，可溶性糖与ABA之间的协同作用可共同提高植物的抗寒性[24]。在本试验较低温度出苗情况下，甜菜幼苗叶片中的渗透调节物质，如可溶性糖、可溶性蛋白和脯氨酸含量，相对于其他高温组含量有所提高，植物激素ABA表现出相同的趋势，这些结果与以往研究结果一致。实际上，甜菜出苗期的温度并不是恒定的，而是快速升高的。在快速升温条件下播种时的最低温条件有待于进一步研究。甜菜整个生育期的有效积温对甜菜的含糖率影响较大，在甜菜幼苗正常生长不受影响的条件下，可以适当地早播种，延长甜菜生育期，提高甜菜单产和含糖率。这为进一步提高和改善甜菜幼苗的耐寒性、提高苗期甜菜存活率，提供一种新的途径和思路。

4 结论

本试验研究了不同温度对甜菜种子发芽、出苗以及后期幼苗生长的影响，试图探明甜菜种子出苗和幼苗叶片对不同温度的响应情况，并研究了几种抗氧化酶活性、渗透调节物质以及植物激素与甜菜耐寒性之间的关系。结果表明，甜菜种子发芽、出苗具有较强的耐低温能力，在持续低温处理条件下仍然能保持较高的出苗率；低温处理影响甜菜种子出苗和后期幼苗各项生长及生理指标，随着温度的升高，种子出苗及生长情况逐渐变好。

❯ 参考文献

[1] MORADTALAB N，WEINMANN M，WALKER F，et al. Silicon improves chilling tolerance during early growth of maize by effects on micronutrient homeostasis and hormonal balances [J].

Frontiers in Plant Science，2018（9）：420－437.
[2] WANG J，LIN X，SUN Q，et al. Evaluation of cold tolerance for Japonica Rice varieties from different country [J]. Advance Journal of Food Science & Technology，2013，5（1）：54－56.
[3] PASTOR V，LUNA E，MAUCH－MANI B，et al. Primed plants do not forget [J]. Environmental & Experimental Botany，2013（94）：46－56.
[4] 耿贵，吕春华，於丽华，等．甜菜组学技术研究进展 [J]. 中国农学通报，2019，35（12）：124－129.
[5] 马春泉，陶鑫，关萍，等．甜菜保卫细胞应答 NaCl 胁迫气孔变化及富集优化 [J]. 黑龙江大学工程学报，2019，10（1）84－90.
[6] 陈艺文，李用财，余凌羿，等．中国三大主产区甜菜糖业发展分析 [J]. 中国糖料，2017，39（4）：74－76，80.
[7] 白阳阳．甜菜幼苗耐寒性生理基础的研究 [D]. 内蒙古：内蒙古农业大学，2017：20－30.
[8] 刘宗文．甜菜生长与气象条件的关系 [J]. 作物学报，1965（3）：211－218.
[9] 王萍，赵宏亮，谭贺，等．播种期温度变化对甜菜出苗天数的影响 [J]. 中国糖料，2014（3）：43－44，52.
[10] 李瑞生．返浆水的成因与利用 [J]. 河北农业科技，1985（2）：14－15.
[11] 李剑，赵准，朱迎树，等．种子成熟度对大麦种子活力的影响 [J]. 新疆农业科学，2019，56（9）：1579－1587.
[12] 李合生，孙群，赵世杰，等．植物生理生化实验原理和技术 [M]. 北京：高等教育出版社，2000.
[13] 吴宇．玉米萌发期和苗期耐冷性遗传基础研究 [D]. 武汉：华中农业大学，2017：21－33.
[14] 朱宗文，吴雪霞，张爱冬，等．低温胁迫对不同基因型茄子种子萌发的影响 [J]. 江西农业学报，2019，31（10）：39－44.
[15] 马英姿，梁文斌，陈建华．经济植物的抗寒性研究进展 [J]. 经济林研究，2005（4）：89－94.
[16] Wu X X，He J，Zhu Z W，et al. Protection of photosynthesis and antioxidative system by 24－epibrassinolide in Solanum melongena under cold stress [J]. Biologia Plantarum，2014，58（1）：185－188.
[17] Zhang H，Dong J，Zhao X，et al. Research progress in membrane lipid metabolism and molecular mechanism in peanut cold tolerance [J]. Frontiers in Plant Science，2019（10）：838－851.
[18] Li X N，Cai J，Liu F L，et al. Wheat plants exposed to winter warming are more susceptible to low temperature stress in the spring [J]. Plant Growth Regulation，2015，77（1）：11－19.
[19] Miura K，Furumoto T. Cold signaling and cold response in plants [J]. International Journal of Molecular Sciences，2013，14（3）：5312－5337.
[20] Mir B A，Mir S A，Khazir J，et al. Cold stress affects antioxidative response and accumulation of medicinally important with anolides in With an iasomnifera（L.）Dunal [J]. Industrial Crops and Products，2015（74）：1008－1016.
[21] Kamata T，Uemura M. Solute accumulation in heat seedlings during cold acclimation：contribution to increased freezing tolerance [J]. Cryoletters，2004，25（5）：311－322.
[22] Cary J W. Factors affecting cold injury of sugar beat seedlings [J]. Agronomy Journal，1976，67（2）：258－262.
[23] Megha S，Basu U，Kav N N V. Regulation of low temperature stress in plants by microRNAs [J]. Plant Cell & Environment，2017（41）：1－15.
[24] Zabotin A I，Barisheva T S，Trofimova O I，et al. Oligosaccharin and ABA synergistically

affect the acquisition of freezing tolerance in winter wheat [J]. Plant Physiology & Biochemistry，2009，47.（9）：854－858.

甜菜萌发-幼苗期不同阶段耐盐能力的研究

於丽华[1]，王宇光[1]，孙菲[2]，杨瑞瑞[3]，王秋红[1]，耿贵[1]

（1. 黑龙江省普通高校甜菜遗传育种重点试验室/黑龙江大学，哈尔滨 150080；
2. 北海道大学，日本札幌市 0600808；3. 黑龙江大学生命科学学院，哈尔滨 150080）

摘要：为明确甜菜萌发-幼苗期不同生长阶段的耐盐能力，采用室内水培的方法，研究不同浓度 NaCl 下，甜菜种子的发芽率、子叶期和第 3 对真叶期甜菜幼苗生长和一些生理指标的变化。结果表明：在萌发期进行 NaCl 胁迫，低、高浓度处理（140、280mmol/L）甜菜种子的发芽率分别为 75%、22%；随着 NaCl 浓度提高，甜菜种子发芽时间逐渐延长，发芽率显著降低。子叶期和 3 对真叶期幼苗均未由于胁迫致死，子叶期幼苗根系、叶片、叶柄以及整株生物量，叶面积及叶绿素含量都较对照明显降低，子叶期细胞膜的伤害率增大；3 对真叶期幼苗只在高浓度 NaCl 处理下生物量、叶面积有所降低。因此，在萌发期进行 NaCl 胁迫，甜菜生长受到胁迫影响最大，子叶期胁迫影响次之，3 对真叶期胁迫影响最小。

关键词：甜菜；耐盐；生长阶段

根据第二次全国土壤普查资料统计，中国盐渍土面积为 $3.47 \times 10^7 \text{hm}^2$（不包括滨海滩涂），土壤盐渍化是影响农作物产量和品质的因素之一。由于土壤盐渍化日益严重，近年来植物耐盐性的研究已成为科研人员研究的一个热点[2-5]。

在植物生长的各个阶段中，耐盐能力具有一定差异[6-9]。龚明等[10]研究发现，种子萌发阶段是对盐胁迫较为敏感的阶段之一；何磊等[11]对高粱的研究发现，低浓度的盐分对种子萌发及芽的生长有一定的促进作用，高浓度盐分对萌发有抑制作用；李海燕等[12]研究也发现，低浓度的盐分能够促进禾草种子萌发；Wang 等[8]研究发现，萌发出苗期是棉花盐敏感时期，随着苗龄增加，其耐盐性随之提高，萌发出苗期为耐盐性鉴定的最佳时期。目前对甜菜不同生长阶段耐盐能力的研究还鲜有报道。

在中、重度的盐碱地上获得较为理想的经济效益，势必要选择耐盐碱较强的作物种植。甜菜是中国主要的两大糖料作物之一，在中国东北、华北及西北地区都有广泛种植。甜菜具有较强的耐盐碱能力，NaCl 浓度在 50mmol/L 左右比较适合其生长；超过 100mmol/L 的高浓度 NaCl 对甜菜的生长有胁迫作用[13]，在种植玉米、大豆等作物无法获得经济效益的土地上种植甜菜仍然能够获得较为理想的产量。因此，对甜菜的耐盐性进行研究具有较大的现实意义。

本研究在甜菜不同生长阶段，即种子萌发期、子叶期、3 对真叶期进行 NaCl 胁迫，对其发芽、生长情况进行分析，探讨不同生长阶段 NaCl 胁迫对甜菜种子萌发、幼苗生长的影响，明确各时期 NaCl 胁迫对甜菜生长发育的影响，以期为指导农业生产提供理论依据。

---

* 通讯作者：於丽华（1978— ），女，辽宁凌海人，助理研究员，研究方向：植物营养与抗性生理。

1 材料与方法

1.1 试验时间、地点

室内试验于 2016 年 3 月在黑龙江大学农学楼光照培养室内进行。

1.2 试验材料

供试甜菜品种为'ST13092'，为单胚包衣种子。

1.3 试验方法

1.3.1 试验设计

本试验共设 3 个 NaCl 浓度处理，分别为 CK（0mmol/L）、低盐处理（140mmol/L）、高盐处理（280mmol/L），4 次重复。

1.3.2 NaCl 胁迫对甜菜种子发芽率的影响

将准确数好、颗粒均匀的 100 粒甜菜种子浸泡 2h，水温为 20℃，再用 20℃流水冲洗 4h，然后在不同浓度的 NaCl 溶液中浸泡 12h，最后将浸泡好的种子整齐地摆放到垫有 5 层纱布发芽盒中，盖上 3 层纱布和密封盖，纱布用同等浓度的 NaCl 溶液浸湿。在 25℃恒温培养箱中催芽，整个过程保持 NaCl 浓度不变的湿润状态。自浸种 3 天开始调查，记录每天种子发芽数量，共调查 14 天。

1.3.3 子叶期 NaCl 胁迫对甜菜生长影响试验

本试验在光照培养室内进行，处理前的幼苗采用蛭石作为基质进行培养，选择颗粒均匀的甜菜种子播种于灭菌的蛭石中，出苗期间注意保持蛭石湿度，室内温度为（25±1）℃。出苗后立即开始光照，子叶完全展开后，选取大小均匀的甜菜幼苗移入 2.5L 培养槽中，采用改良的不含 Na^+ 霍兰营养液水培。每槽 4 穴，每穴 2 株。每周换 1 次营养液。培养条件为每日连续光照 14h，光照强度为（450±50）$\mu mol/(m^2 \cdot s)$，白天温度为（25±1）℃，夜间温度为（20±1）℃，相对湿度为 60%～70%。

甜菜苗移入培养槽后，第 2 天开始 NaCl 处理，为防止幼苗死亡，每天向营养液中加 70mmol/L NaCl，达到试验设计的浓度后，定苗，每穴 1 株，选择长势一致的健壮幼苗，每个处理 4 次重复，其间及时补充蒸馏水，以保证营养液中盐分浓度，同时做好日常管理，做好记录，第 2 对真叶完全展开时取样，对各项指标进行分析测定。

1.3.4 对真叶期 NaCl 胁迫对甜菜生长影响的试验

甜菜幼苗培养与 1.3.3 加入 NaCl 处理前的培养相同。为了保证试验的可比性，这里的甜菜幼苗与子叶期加盐的幼苗一同培养，待第 3 对真叶完全展开后，选择长势一致的幼苗，每穴 1 株，4 次重复，开始加 NaCl，每天加入 70mmol/L，最终达到试验设计的浓度。培养条件及日常管理与 1.3.3 相同，当第 4 对真叶完全展开时收获，进行各项指标的测定。

1.4 测定项目及方法

发芽率是指发芽终期在规定日期内的全部正常发芽籽粒数占供检籽粒数的百分率，测定结果以每百粒籽粒可发芽的粒数表示；干物质积累量的测定：甜菜幼苗收获后，105℃杀青半小时后，80℃烘干至恒重，分析天平称重；胁迫系数[14]＝盐处理干物质重/对照处理的干物质重；叶面积：用扫描仪扫描后，WINRHIZO Reg2003b 软件分析；叶绿素采用李合生的方法[15]；伤害率采用李合生的方法[16]，计算见公式（1）。

$$伤害率＝（处理电导率/煮沸电导率）×100\% \qquad (1)$$

1.5 数据处理

试验数据采用 Excel2007 和 SPSS21.0 软件进行整理和统计分析。

2 结果与分析

2.1 NaCl 胁迫对甜菜发芽率的影响

表 1 为 NaCl 不同浓度下百粒种子培养 3～14 天每天的发芽数及 14 天的发芽率。从表 1 可以看出，发芽的第 3 天，对照处理平均发芽数为 30.5 粒，占总数的 30.5%；而低浓度 NaCl 处理平均发芽数为 3.3 粒，占总数的 3.3%，仅为对照处理的 1/10；此时高浓度 NaCl 处理未开始出芽。随着时间的延长，各处理发芽数开始增多，处理第 7 天，对照处理的发芽率为 84.0%；低浓度 NaCl 处理发芽率为 32.0%，不及对照处理的 1/2；高浓度 NaCl 处理发芽率为 13.8%，为对照处理的 1/6。到发芽结束即 14 天，对照处理的发芽率为 97.5%，基本出全苗，低浓度 NaCl 处理的发芽率为 75.3%，较对照减少 22.2%；高浓度 NaCl 处理为 22.0%，较对照减少 75.5%。对照处理发芽高峰出现在发芽后的第 3～6 天，1 周后，发芽率达到 84%，低浓度 NaCl 处理发芽高峰出现在第 7～9 天，而高浓度 NaCl 处理无明显的出芽高峰，每天的发芽率均低于 5%。低、高浓度 NaCl 处理在萌发期的胁迫系数分别为 77.23%。可见，低、高浓度 NaCl 处理（140、280mmol/L）种子发芽率分别较对照处理降低了 1/4、3/4，NaCl 浓度越高，发芽率降低越大；而且在发芽时间上也有较大影响，低浓度 NaCl 处理的出芽高峰向后推迟了 5 天，而高浓度 NaCl 处理未出现明显出芽高峰。

表 1 NaCl 胁迫下百粒甜菜种子 3～14 天每天发芽数及 14 天的发芽率

NaCl 浓度/ (mmol/L)	发芽数/粒												发芽率/ %
	第 3d	第 4d	第 5d	第 6d	第 74	第 8d	第 9d	第 10d	第 11d	第 12d	第 13d	第 14d	
CK	30.5	15.0	16.3	13.7	8.5	2.8	2.2	2.3	0.7	2.0	2.0	1.5	97.5
140	3.3	4.7	6.3	6.5	11.2	15	14.8	4.5	5.2	2.0	0.3	1.3	75.3
280	0.0	2.3	3.0	3.7	4.8	2.7	1.5	0.8	1.2	1.0	0.3	0.7	22.0

2.2 不同生长阶段进行 NaCl 胁迫对甜菜幼苗干物质积累的影响

2.2.1 子叶期 NaCl 胁迫对甜菜幼苗干物质积累的影响

干物质积累是植物生长状况最直观的表现，表 2 列出了在不同 NaCl 胁迫下各处理中甜菜干物质积累状况。从表 2 中可以看出，甜菜各器官的生物量均随着盐浓度的升高而明显降低，低、高浓度 NaCl 处理的总生物量分别较对照处理降低了 13.2% 和 72.6%，叶片生物量分别降低了 4.9% 和 67.2%，叶柄生物量分别降低了 15.0% 和 80.0%，根生物量分别降低了 28.0% 和 81.6%。从以上的分析可以看出，对于低、高浓度的 NaCl 处理（140、280mmol/L），NaCl 浓度虽然只提高了 1 倍，但是总干物质量降低了 55%；同时从以上各器官生物量降低的程度来看，随着盐浓度的升高，甜菜根系受到的影响最大，叶柄次之，叶片影响相对较小。

表 2 NaCl 胁迫下甜菜幼苗干物质积累

NaCl 浓度	叶片	叶柄	根	总重
CK	0.61±0.035a	0.20±0.017a	0.25±0.041a	1.06±0.076a
140mmol/L	0.58±0.034b	0.17±0.010b	0.18±0.18b	0.92±0.040b
280mmol/L	0.20±0.012c	0.04±0.005 6c	0.046±0.006 2c	0.29±0.018c

2.2.2 3对真叶期NaCl胁迫对甜菜幼苗不同器官干物质积累的影响

甜菜的纸筒育苗通常在其幼苗长至3叶期进行大田移栽，因此选择在幼苗3叶期进行盐胁迫，研究此苗龄甜菜幼苗的耐盐能力具有较大的现实意义。从表3中可以看出，此时期与子叶期进行NaCl胁迫比较来看，140mmol/L处理，除了根系的生物量降低外，其他部分生物量均较对照处理有所升高，其中叶片生物量的升高程度达到显著水平；280mmol/L处理的生物量较对照明显降低，但降低幅度不同，叶片、叶柄、根、总生物量分别降低了11.4%、29.8%、53.3%、33.4%。

从以上数据分析明显看出，在3对真叶期进行NaCl胁迫，低浓度的NaCl处理，总生物量不仅没有降低，反而略有升高；高浓度的NaCl处理，虽然各器官及总的生物量较对照都有所降低，但降低的幅度明显减小。因此，在3对真叶期进行NaCl胁迫，甜菜幼苗能够获得更多的干物质积累。

表3 NaCl胁迫下甜菜幼苗干物质积累

NaCl浓度	叶片	叶柄	根	总重
CK	2.99±0.13b	1.88±0.15a	3.60±0.25a	8.48±0.35a
140mmol/L	3.67±0.19a	1.99±0.14a	3.15±0.21b	8.81±0.37a
280mmol/L	2.65±0.12c	1.32±0.18b	1.68±0.061c	5.65±0.27b

2.2.3 不同生长阶段进行NaCl胁迫对甜菜不同器官的胁迫系数的影响

盐胁迫系数能够更直观地比较出植物受到盐害的程度，胁迫系数越大，说明胁迫程度越低，反之则越高。从2个胁迫时期的比较来看（图1），3对真叶期胁迫在较大程度上降低了盐害程度，低盐处理不仅未发生盐害，反而刺激了甜菜的生长，胁迫系数除根系外都大于1；高盐处理，3对真叶期的胁迫系数较子叶期提高了1倍以上，说明在3对真叶期后进行NaCl胁迫，甜菜幼苗的抗盐能力大大提高，在盐分较高的土壤上，采用纸筒育苗，能够较大程度地提高甜菜产量。

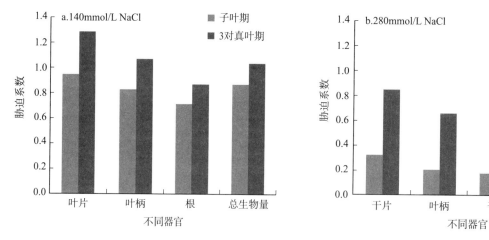

图1 140、280mmol/L NaCl下甜菜幼苗不同阶段的胁迫系数

2.3 不同生长阶段进行NaCl胁迫对甜菜幼苗不同叶位叶片生长的影响

2.3.1 子叶期进行NaCl胁迫对甜菜幼苗不同叶位干物质积累的影响

在植物各器官中叶片是重要的功能器官，因此进一步对不同叶位叶片受到的影响进行了研究（表4）。对于第1对真叶，各处理间干物质积累都存在明显的差异，140mmol/L（低盐胁迫）处理的第1对叶片获得了最大的物质积累量，较对照提高了29.4%，280mmol/L（高盐胁迫）处理的第1对叶片较对照却降低了35.2%。

表 4　NaCl 胁迫下甜菜幼苗不同叶位干物质积累

NaCl 浓度	第 1 对真叶	第 2 对真叶	心叶
CK	0.17±0.018b	0.33±0.028a	0.12±0.033a
140mmol/L	0.22±0.013a	0.25±0.026 8b	0.11±0.010a
280mmol/L	0.11±0.006 6c	0.048±0.011c	0.038±0.003 2b

2 个 NaCl 处理第 2 对真叶的干物质与对照相比，随着盐浓度的升高显著降低，其中 280mmol/L（高盐胁迫）处理降低得更为明显，较对照和 140mmol/L 处理分别降低了 85.5% 和 80.8%；对于心叶而言，在 140mmol/L 处理，其干物质较对照处理未发生明显变化；但在 280mmol/L 处理，其干物质较对照处理明显降低。从以上的分析可以看出，低盐胁迫只有第 2 对叶片生长受到明显抑制，而高盐胁迫第 1、2 对及心叶均受到明显抑制。

2.3.2　3 对真叶期进行 NaCl 胁迫对甜菜幼苗不同叶位干物质积累的影响

由表 5 所示，在 3 对真叶期进行盐胁迫，幼苗第 3 对叶片生长未受到抑制，其生物量都较对照有明显的提高，且低、高浓度的 NaCl 处理幼苗生物量无明显差异；对于幼苗第 4 对真叶，低盐处理明显增加了生物量，高盐处理明显降低生物量，其生物量较对照相比降低了 44.3%。对于幼苗其他新生叶片，低盐处理对其生物量无明显影响，高盐处理明显降低生物量。由此表明，在此时期进行 NaCl 胁迫，低浓度盐处理，各个叶位叶片的生长均未受到抑制，而高浓度盐处理，只有最上部新展开叶片的生长受到明显的抑制。

表 5　NaCl 胁迫下甜菜幼苗不同叶位干物质积累

NaCl 浓度	第 3 对真叶	第 4 对真叶	其他叶片
CK	1.03±0.085b	0.88±0.050b	1.09±0.17a
140mmol/L	1.47±0.13a	1.15±0.065a	1.05±0.14a
280mmol/L	1.38±0.080a	0.49±0.015c	0.78±0.088b

从以上两个时期进行 NaCl 胁迫的比较来看，3 对真叶期进行胁迫对各叶位叶片干物质积累的影响明显低于子叶期进行胁迫。

2.3.3　不同时期进行 NaCl 胁迫对甜菜幼苗不同叶位叶面积的影响

由于收获时心叶未展开，故未测量心叶的叶面积。由表 6 所示，子叶期进行 NaCl 胁迫，各叶位的叶片面积均随着 NaCl 浓度的升高而明显降低，低盐处理第 1、2 对叶片面积分别较对照处理降低了 34.3% 和 27.2%，高盐处理第 1 对、2 对叶片面积分别较对照处理降低了 73.8% 和 87.5%，由此可以看出，低浓度 NaCl 处理第 2 对叶片面积受到盐胁迫影响小于第 1 对叶片受到的影响，而高浓度 NaCl 处理的第 2 对叶片面积受到的影响却高于第 1 对叶片受到的影响。

表 6　NaCl 胁迫下甜菜幼苗不同叶位的叶片面积

NaCl 浓度	子叶期		3 对真叶期	
	第 1 对叶片	第 2 对叶片	第 3 对叶片	第 4 对叶片
CK	55.13±4.36a	92.66±2.97a	146.40±10.49a	150.19±13.37a
140mmol/L	36.19±1.50b	67.43±3.69b	150.00±18.49a	137.89±15.37a
280mmol/L	14.44±0.49c	11.54±0.71c	114.85±20.31b	46.62±10.19b

3 对真叶期进行胁迫，低浓度 NaCl 处理各叶位叶面积较对照未出现明显差异，而高浓度 NaCl 处理第 3、4 对叶片面积较对照处理显著降低，分别降低了 22% 和 69%。可见，此时期进行 NaCl 胁迫，

只有高浓度 NaCl 处理（280mmol/L）各叶位叶面积受到明显的抑制。

综上所述，在子叶期进行 NaCl 胁迫，低、高浓度 NaCl 处理的甜菜幼苗叶面积均受到明显的抑制，而在 3 对真叶期进行盐胁迫，只有高浓度 NaCl 处理各叶位的叶面积受到明显抑制，但抑制作用明显减轻。

2.3.4 不同时期进行 NaCl 胁迫对甜菜不同叶位叶绿素含量的影响

叶绿素是植物光合作用中的重要物质，NaCl 胁迫条件下甜菜幼苗叶绿素的变化情况，见表 7。在子叶期进行胁迫，叶绿素的含量随着 NaCl 浓度的升高而降低，各处理间差异显著。低、高浓度 NaCl 处理的第 1 对真叶叶绿素含量分别较对照降低了 22.0％和 42.0％，第 2 对真叶叶绿素含量分别较对照降低了 26.9％和 49.7％。可见，第 2 对真叶叶绿素受影响程度高于第 1 对真叶的。

表 7　NaCl 胁迫下甜菜幼苗不同叶位的叶片叶绿素含量

NaCl 浓度	子叶期		3 对真叶期	
	第 1 对真叶	第 2 对真叶	第 3 对真叶	第 4 对真叶
CK	0.90±0.024a	1.71±0.19a	1.37±0.091a	1.93±0.065a
140mmol/L	0.73±0.010b	1.25±0.049b	1.05±0.11b	1.63±0.051b
280mmol/L	0.52±0.016c	0.86±0.006 4c	0.96±0.055b	1.51±0.027c

在 3 对真叶期进行胁迫，叶绿素的变化趋势与子叶期的有所不同，第 3 对叶片的低、高浓度的 NaCl 处理叶绿素含量分别较对照降低了 23.4％和 29.9％；第 4 对叶片的低、高盐处理叶绿素含量分别较对照降低了 15.5％和 21.8％，可以看出，第 4 对叶片叶绿素含量受影响程度低于第 3 对叶片。

总之，3 对真叶期 NaCl 胁迫幼苗叶片叶绿素降低程度低于子叶期 NaCl 胁迫；同时，顶端靠近生长点的功能叶片（第 4 对叶片）叶绿素含量受到胁迫的影响降低，更有利于甜菜幼苗的生长。

2.3.5 不同时期进行 NaCl 胁迫对甜菜幼苗不同叶位叶片细胞膜伤害率的影响

在盐胁迫条件下，植物的膜透性势必要发生变化，本研究通过细胞膜伤害率来衡量盐胁迫下细胞膜的伤害程度（见表 8）。从表 8 中明显看出，无论在哪个时期进行 NaCl 胁迫，叶片细胞膜伤害率均随着 NaCl 浓度的升高而显著升高。在子叶期胁迫，高浓度的 NaCl 处理的第 1 对和第 2 对真叶细胞膜伤害率是对照处理的 5.67、5.01 倍；在 3 对真叶期胁迫，高盐处理的第 3 对和第 4 对真叶细胞膜伤害率是对照处理的 4.16、4.09 倍。可见，3 对真叶期进行胁迫的伤害率明显小于子叶期胁迫的伤害率。从不同叶位来看，第 2 对真叶伤害率小于第 1 对的伤害率，第 4 对真叶伤害率小于第 3 对的伤害率，即靠近生长点的叶位上叶片细胞膜伤害相对较小。

3　结论与讨论

3.1　NaCl 胁迫对甜菜种子发芽的影响

种子萌发期被认为是植物生活周期中最重要和最脆弱的阶段[14]，也是植物在盐碱条件下生长发育的前提，决定作物的生长以及产量[5]。一般来说，植物在萌发期和幼苗期的耐盐性最差，其次是生殖期[17]。植物种子在盐胁迫下，由于渗透胁迫及 Na^+ 和 Cl^- 等的毒害作用影响种子的萌发，随着胁迫程度的增加，种子萌发速度和发芽率等相关指标降低[18]。种子萌发与盐的浓度有关，在一定的范围内，低浓度盐能够促进种子萌发；但随着盐浓度升高，种子萌发受到抑制[19]。本研究表明，低、高浓度 NaCl 处理（140、280mmol/L）出芽率明显降低，分别较对照降低了 1/4、3/4，NaCl 浓度越高，发芽率降低越大；而且，NaCl 胁迫推迟了发芽时间，低浓度 NaCl 处理的出芽高峰推迟了 5 天，而高浓度 NaCl 的处理未出现明显的出芽高峰。140、280mmol/L NaCl 处理在萌发期的胁迫系数分别为 77.23％和 22％。

3.2 不同时期进行 NaCl 胁迫对甜菜幼苗生长的影响

盐胁迫影响植物生长，杨少辉等[20]研究发现，盐胁迫降低了植物叶片面积扩展速率，叶片面积减少，势必影响干物质积累。弋良朋等[21]对一些滨海盐生植物（如碱蓬、盐角草等）的研究发现，滨海植物的根系对盐胁迫的敏感程度要高于地上部，因此，在高盐胁迫下，盐生植物的根冠比降低。本研究中，甜菜幼苗在子叶期进行 NaCl 胁迫，无论是低浓度还是高浓度 NaCl 胁迫，各器官及总的生物量都较对照处理明显降低，其中根系受到的影响最大，叶柄次之，叶片最小；在 3 对真叶期进行 NaCl 胁迫，低浓度 NaCl 胁迫除根系的干物质积累较对照降低了 12.5% 外，其余各器官干物质量都有不同程度的升高。因此，在 3 对真叶期进行 NaCl 胁迫，甜菜幼苗能够获得更多的干物质积累，耐盐能力增强。

3.3 不同时期进行 NaCl 胁迫对甜菜不同叶位叶片生长的影响

由于植物本身对环境具有较强的适应能力，当外界环境发生不利于其生长的变化时，植物自身的调节能力开始发挥作用（如有害物质向衰老叶片积累，以确保功能叶片正常生长）。因此，本研究进一步探讨了不同叶位叶片在干物质积累、叶面积、叶绿素、细胞膜伤害程度方面的差异。本研究中，在子叶期进行盐胁迫，低浓度 NaCl 处理第 2 对叶片干物质积累受到明显抑制，而高盐处理第 1、2 对叶和心叶都受到了明显抑制；在 3 对真叶期进行 NaCl 胁迫，低浓度 NaCl 处理，各个叶位叶片的干物质积累均未受到抑制，而高盐处理，只有最上部的第 4 对叶片干物质积累受到明显抑制，说明此时期的耐盐能力明显增强。

在子叶期进行盐胁迫，低、高浓度 NaCl 处理甜菜幼苗的叶面积均受到了明显抑制，而在 3 对真叶期进行盐胁迫，低浓度 NaCl 处理各叶位的叶面积未受到明显的抑制，高浓度 NaCl 处理各叶位叶面积虽受到抑制，但抑制作用明显减轻。在子叶期进行 NaCl 胁迫，第 2 对真叶叶绿素受抑制程度高于第 1 对叶片，在 3 叶期进行 NaCl 胁迫，第 4 对叶片叶绿素含量受抑制程度低于第 3 对叶片。因此，3 对真叶期胁迫对细胞膜的伤害率小于子叶期胁迫，靠近生长点叶片细胞膜伤害相对较小。

目前国内甜菜栽培主要有 2 种方式，即直播和纸筒育苗移栽。直播虽然省时省力，但对于盐碱地来说，由于在萌发期和 1 对真叶期耐盐能力比较弱，能确保甜菜按时出苗，出苗后能保住苗，成为盐碱地甜菜生产的关键；纸筒育苗虽然工序较多，但在延长生育期，保苗等方面有不可替代的优势，目前在东北和华北甜菜主产区纸筒育苗占种植面积的 60% 以上[22]。本研究明确了在 3 对真叶期进行盐胁迫，甜菜幼苗的耐盐能力明显增强。在中重度盐碱地区，种植其他盐敏感的作物，很难获得较好的收益；虽然甜菜本身的具有较强的耐盐能力，但由于诸多因素，直播甜菜保苗比较困难，因此建议在盐碱地区种植甜菜以纸筒育苗移栽为主。

参考文献

[1] 张建锋. 盐碱地生态修复原理与技术 [M]. 北京：中国林业出版社，2008：14-16.
[2] Chen P C，Zhi-Min G U. Regulation of Ion Homeostasis under Salt Stress [J]. Journal of Anhui Agricultural Sciences，2015，6 (5)：441-445.
[3] Ghaffari A，Gharechahi J，Nakhoda B，et al. Physiology and proteome responses of two contrasting rice mutants and their wild type parent under salt stress conditions at the vegetative stage [J]. Journal of Plant Physiology，2014，171 (1)：31-37.
[4] Khan A，Shaheen ZNawaz M. Amelioration of salt stress in wheat (*Triticum aestivum* L.) by foliar application of nitrogen and potassium [J]. Science Technology & Development，2016，18 (3)：256-259.
[5] Xu XY，Fan R，Zheng R，et al. Proteomic analysis of seed germination under salt stress in soybeans [J]. Journal of Zhejiang University-Science B. 2011，12 (7)：507-213.
[6] Ashraf M. Salt tolerance of pigeon pea [*Cajanus cajan* (L.) Millsp.] at three growth stages

[J]. Annals of Applied Biology，2010，124（1）：153 – 164.

[7] Zhang H，Zhang G，Lü X，et al. Salt tolerance during seed germination and early seedling stages of 12 halophytes [J]. Plant and Soil，2015，388（1）：229 – 241.

[8] Wang J，Wang D，Fan W，et al. The characters of salt toleranceat different growth stages in cotton [J]. Acta Ecologica Sinica，2011，16（4）：347 – 352.

[9] Gong M，Liu Y，Ding N，et al. Difference of salt tolerance in Hordeum vulgare at different growth stages [J]. Acta Botanica Boreali – Occidentalia Sinica，1994，10（6）：154 – 158.

[10] 龚明，刘友良. 小麦不同生育期的耐盐性差异 [J]. 西北植物学报，1994，14（1）：1 – 7.

[11] 何磊，陆兆华，管博，等. 盐碱胁迫对甜高粱种子萌发及幼苗生长的影响 [J]. 东北林业大学报，2012，40（3）：67 – 71.

[12] 李海燕，丁雪梅，周婵，等. 盐胁迫对三种盐生禾草种子萌发及其胚生长的影响 [J]. 草地学报，2004，12（1）：45 – 50.

[13] 於丽华，耿贵. 不同浓度 NaCl 对甜菜生长的影响 [J]. 中国糖料，2007（3）：14 – 16.

[14] Rajjou L，Duval M，Gallardo K，et al. Seed germination and vigor [J]. Annual Review of Plant Biology，2012，63（63）：507 – 514.

[15] 李合生. 植物生理生化实验原理和技术 [M]. 北京：高等教育出版社，2000：134 – 137.

[16] 李合生. 植物生理生化实验原理和技术 [M]. 北京：高等教育出版社，2000：261 – 263.

[17] 龚明，刘友良，丁念诚，等. 大麦不同生育期的耐盐性差异 [J]. 西北植物学报，1994（1）：1 – 7.

[18] Rehman S. The effect of sodium chloride on germination and the potassium and calcium contents of Acacia seeds [J]. Seed Science & Technology，1997，25（25）：45 – 57.

[19] 王国霞，张宁，杨玉珍，等. 盐胁迫对红心萝卜种子萌发及幼苗生长的影响 [J]. 西北农业学报，2016，25（5）：744 – 749.

[20] 杨少辉，季静，王罡，等. 盐胁迫对植物影响的研究进展 [J]. 分子植物育种，2006，4（S1）：139 – 142.

[21] 弋良朋，王祖伟. 盐胁迫下 3 种滨海盐生植物的根系生长和分布 [J]. 生态学报，2011，31（5）：1195 – 1202.

[22] 周建朝，王孝纯，王秋红，等. 施肥位置对纸筒育苗移栽甜菜的产质量影响研究 [J]. 农学学报，2014，4（11）：37 – 40.

盐胁迫对甜菜植株显微结构影响的初步研究

於丽华[1]，王宇光[1]，康杰[2]，杨瑞瑞[2]，吕春华[2]，耿贵[1]

（1. 黑龙江省普通高校甜菜遗传育种重点试验室/黑龙江大学，哈尔滨　150080；
2. 黑龙江大学生命科学学院，哈尔滨　150080）

摘要：为了解盐胁迫条件下甜菜植株显微形态结构变化情况，以甜菜‘T510’为研究对象，研

＊　通讯作者：於丽华（1978—　），女，辽宁凌海人，助理研究员，研究方向：植物营养与抗性生理。

究 280mmol/L NaCl 组与空白对照组在叶、叶柄及根的显微结构中的差异。结果表明：盐处理的叶片、茎及根部位的木质部和韧皮部相比空白对照组甜菜的木质部和韧皮部直径变小；盐处理叶片的气孔几乎都关闭，即使开放，开放程度也较小；盐处理的茎的薄壁细胞所占体积增大；盐处理根的表皮细胞壁加厚，并且根的薄壁组织中出现大量通气组织。

关键词：盐胁迫；甜菜；显微结构

甜菜是中国主要的两大糖料作物之一，其耐盐碱能力远高于玉米、大豆、小麦等主要作物。目前，对甜菜耐盐机理的研究主要集中在生长发育、生理生化指标及分子生物学等方面[1-4]，盐胁迫条件下，解剖结构响应方面的研究不够完善。

在盐分含量较高的环境中，植物能生存下来，大多数在形态结构及生理代谢方面等方面有一定的适应能力。近年来对盐胁迫下植物形态结构的研究已有很多。Reinhardt 等[5]研究发现，在盐胁迫下棉花的凯氏带长度增加。朱宇旌等[6]对小花碱茅研究发现，在盐胁迫下茎的角质层、表皮层及机械组织加厚，维管束数目明显增多。洪文君等[7]对竹柳的研究发现根部输导组织细胞不正常。常姜伟等[8]研究发现，高浓度盐胁迫下，辣椒茎皮层细胞拉长变扁，表皮细胞壁加厚，木质部纤维化厚度显著增加。王羽梅等[9]研究发现，苋菜秧苗盐胁迫后，液泡扩大，细胞内淀粉含量增加。但目前对甜菜盐胁迫条件下解剖结构的研究还比较少。

笔者对盐胁迫下甜菜根系、叶柄及叶片显微结构的变化进行分析，旨在进一步明确甜菜显微结构的胁迫效应，初步探索盐胁迫下甜菜各器官结构解剖学的抗逆性特征，为其对生境胁迫的响应提供细胞学证据，从而完善甜菜的耐盐机理。

1 材料与方法

1.1 试验时间、地点

室内试验于 2017 年 10 月在黑龙江大学农学楼光照培养室内进行。

1.2 试验材料

供试甜菜品系为'T510'。

1.3 试验方法

1.3.1 试验设计

试验设 2 个 NaCl 浓度处理，分别为对照（0mmol/L）、处理（280mmol/L），4 次重复。

1.3.2 试验布置

试验在光照培养室内进行，处理前的幼苗采用蛭石作为基质进行培养，选择颗粒均匀的甜菜种子播种于灭菌的蛭石中，出苗期间注意保持蛭石湿度，室内温度为（25±1）℃。出苗后立即开始光照，子叶完全展开后，选取大小均匀的甜菜幼苗移入 2.5L 培养槽中，采用改良的不含 Na+ 霍兰营养液水培。每槽 4 穴，每穴 2 株。每周换 1 次营养液。培养条件为每日连续光照 14h，光照强度为（450±50）μmol/（m² s），白天温度为（25±1）℃，夜间温度为（20±1）℃，相对湿度为 60%～70%。

甜菜苗移入培养槽后，第 2 天开始进行 NaCl 处理。为防止幼苗死亡，每天向营养液中加 70mmol/L NaCl，共加盐 4 天，对照处理为无 NaCl 营养液，3 天后定苗，每穴 1 株，选择长势一致的健壮幼苗，每个处理 4 次重复，其间及时补充蒸馏水，以保证营养液中盐分浓度，同时做好日常管理，做好记录，盐处理 60 天后取样，制作石蜡切片。

1.4 蜡片的制作和观察

分别取对照组和盐处理组的甜菜样品，切成 10mm 大小的组织小块，放入 FAA 固定液中固定后，苏木精染色，经乙醇系列脱水，石蜡包埋后，进行切片（厚8μm）。切片经二甲苯脱蜡，中性树胶封片，在显微镜下观察并摄影。

采用数字扫描显微成像系统德国 Precipoint M 进行扫描观察。

2 结果与分析

2.1 盐胁迫对甜菜根横切结构的影响

根在植物生长中有非常重要的作用。它不仅从土壤中吸收水分和营养物质，而且也参与它们的变化。从图1、图2可以看出，经过 280mmol/L 盐处理甜菜的根的表皮细胞壁较对照组明显增厚，细胞体积小。根是最先感知盐环境的器官，而且根的表皮细胞直接与盐环境接触，厚度大的表皮细胞壁有助于减少水分和盐分的散失，从而降低盐环境对根的内部组织的伤害，提高甜菜的耐盐能力。而空白组厚度较小的表皮细胞有助于甜菜根部对水分和营养物质的吸收，满足甜菜的生长生理需求。从图3、图4可以看出，经过 280mmol/L 盐处理甜菜根的木质部较空白组的木质部的直径小。通气组织是指根的薄壁组织细胞间的间隙。从图5、图6可以看出，280mmol/L 盐处理甜菜根部薄壁组织间存在大量的通气组织，而空白对照的甜菜的薄壁组织细胞之间排列紧密，无通气组织。当盐处理时，根部的合成和分解代谢减弱，有氧呼吸减慢，所需氧减少，需要通过通气组织将多余的氧排除细胞外，避免多余

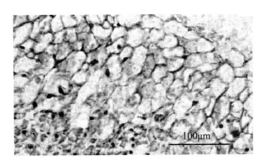
图1 处理组根的表皮细胞壁

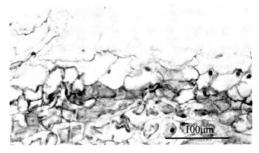
图2 空白组根的表皮细胞壁

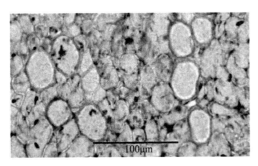
图3 处理组根的木质部

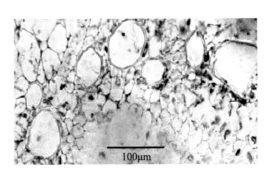
图4 空白组根的木质部

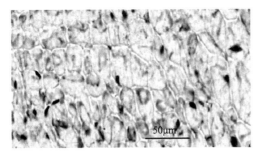
图5 处理组根的薄壁组织图

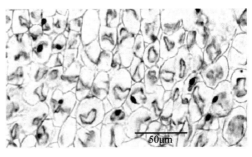
图6 空白组根的薄壁组织

的氧产生氧毒害作用。同时，通气组织的存在加大了氧气的流动，为有氧呼吸弱的细胞提供了充足的氧气，增加了机体细胞对盐环境的抵抗力。说明通气组织是甜菜受到胁迫的一种标志。

2.2 盐胁迫对甜菜叶柄（茎）横切结构的影响

从图7、图8看出，280mmol/L盐处理甜菜的叶柄的木质部和韧皮部也比对照的木质部和韧皮部的直径小。盐处理的维管束鞘比空白对照的维管束鞘面积小。叶柄的薄壁细胞之间也存在大量的通气组织。盐处理条件下，甜菜的生理生化反应低，对有机物、蛋白质和水分等需求减弱。茎的薄壁细胞主要起填充作用，盐处理甜菜叶柄的薄壁细胞面积比空白对照的薄壁细胞面积大是因为盐处理的维管束变小，薄壁细胞填充其所占的空间。同时由于盐处理的维管束变小，所以空白组的甜菜比盐处理的甜菜坚挺有力，不易倒伏和折断。

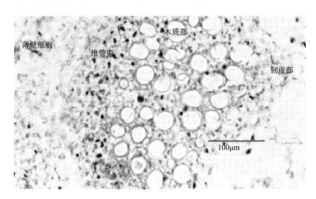

图7　处理组叶柄

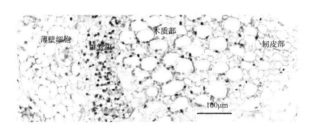

图8　空白组叶柄

2.3 盐胁迫对甜菜叶片纵切结构的影响

从图9、图10可以明显看出，经过盐处理后，甜菜叶片的韧皮部细胞长宽比大，即细胞细而长，同时也发现每个细胞两头比中间稍宽，多数细胞核位于细胞中间较窄的位置，而空白组的韧皮部细胞长宽比小，而且细胞的形状正常。盐处理后的甜菜叶片韧皮部较窄，而对照组的韧皮部较宽。

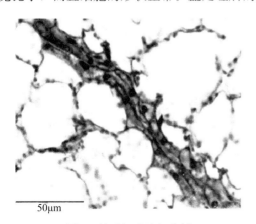

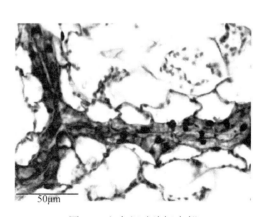

图9　处理组叶片韧皮部　　　　　　　　图10　空白组叶片韧皮部

从图 11、图 12 明显看出，经过 280mmol/L 盐处理的甜菜的木质部比对照组木质部的直径窄，是因为经过盐处理的甜菜的生理活动降低，叶片的光合作用减慢，生产的有机物减少，同时叶片所需的水分减少，导致木质部的传递效率降低，因此有可能导致木质部组织细胞收缩，木质部直径变小，恢复其传递效率，而空白对照组的木质部直径增大是为了提供能够满足植物较强的生理代谢和生长需求的物质成分。

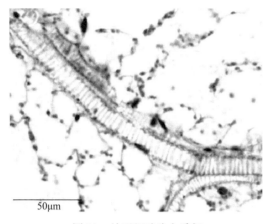

图 11　处理组叶片木质部　　　　　　　　图 12　空白组叶片木质部

叶片气孔由 2 个保卫细胞组成，气孔长宽与气孔活动密切相关，2 个保卫细胞之间距离增加，气孔开度增大，保卫细胞距离缩短，气孔开度变小，当保卫细胞靠近时气孔关闭。从图 13、图 14 比较来看，空白组甜菜的气孔开放程度比 280mmol/L 盐处理甜菜的气孔开放程度大。

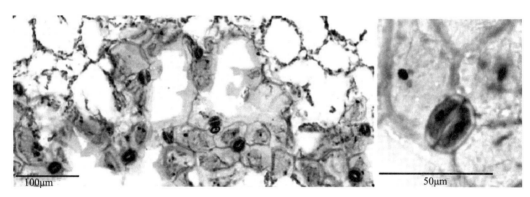

图 13　处理组叶片气孔

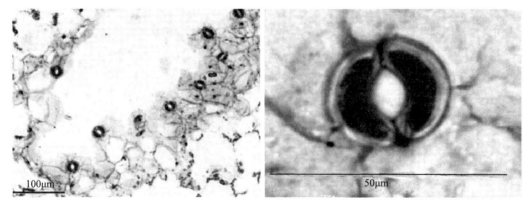

图 14　空白组叶片气孔

3 结论与讨论

植物器官的形态和结构与其生理功能和生长环境密切相关。逆境会影响植物的生长，导致细胞形态和结构发生相应的变化，这是植物对逆境自身调节和适应的结果。

3.1 盐胁迫对甜菜根系横切结构的影响

根是植物最先感知外界环境变化的器官，同时也是最先做出响应的器官。植物根系具有发达的通气组织、表皮层及外皮层[10-11]。在高浓度的盐渍条件下，Katsuhara等[12-13]发现盐胁迫引起大麦根尖细胞中DNA降解和细胞质崩溃。本研究发现在盐胁迫下甜菜根系表皮细胞壁增厚，这与朱宇旌等[14]对碱茅的研究结果一致，在盐胁迫条件下，碱茅根系的表皮细胞壁也有所增厚，碱茅与甜菜同属于耐盐能力较强的植物，由此可以推测根系表皮细胞壁增厚是耐盐植物在盐胁迫下的一种普遍适应形态。同时，研究发现盐胁迫下，甜菜根系薄壁细胞间出现间隙，形成了大量的通气组织，这与段显德等[15]研究发现盐生环境中羊草根系的形态结构类似。曾有报道指出盐分越高，通气组织越多[14]。有学者认为皮层薄壁组织形成大的通气腔，被各种细胞带分隔，一端紧接厚壁组织圆筒之下，另一端位于内皮层之下，根能通过暴露于空气中的任何部分得到氧气[16]，从而提高体内的供氧量。因此盐胁迫下甜菜根系通过表皮细胞壁增厚以及增加通气组织等变化来提高自身的生存能力。

3.2 盐胁迫对甜菜叶柄结构的影响

植物的茎或叶柄是其根系与叶片连接的桥梁，具有非常重要的运输养分和矿物质的功能。长期盐胁迫条件下，植物的茎或叶柄将发生相应变化，如表皮增厚、维管束数目增多[17-19]、水分蒸发减少、疏导能力提高。李广毅等[19]发现，在灰毛滨藜茎的皮层、髓的外围有大量结晶细胞，这种细胞多为植物体内盐分积累后产生的，它可以凝聚体内过剩的盐分，减轻单盐毒害作用，这也是植物对盐碱环境的一种适应方式[20]。本研究发现盐处理甜菜的叶柄比对照叶柄的木质部、韧皮部及维管束鞘的直径小，薄壁细胞面积增大，叶柄中也出现通气组织，这与刘海学等[21]对盐胁迫下向日葵茎结构特征研究结果一致，随着盐胁迫强度的增加，茎薄壁细胞层数明显增多。

3.3 盐胁迫对甜菜叶片结构的影响

在盐胁迫下，植物的叶片为了能够维持光合及蒸腾作用，显微结构势必发生变化，如细胞间隙增大、通气组织发达[22]。不同作物对盐胁迫的响应有所差异，高盐处理下藜叶片导管数量和形成层的层数增加[23]。红树植物、小花鬼针草叶片表皮和叶肉的厚度及细胞间隙会随NaCl处理水平的升高而迅速减小[24]。笔者发现，盐处理后甜菜叶片韧皮部的细胞呈现出细而长的状态，可能是因为细胞渗透势增大，液泡里的水分向外扩散导致细胞变细变长；也有可能是因为甜菜的耐盐机制，机体为了抵抗高浓度的盐环境，降低自身的生理活动，使细胞失水，减缓细胞内的生理生化反应。同时也发现每个细胞两头比中间稍宽，多数细胞核位于细胞中间较窄的位置，此结构可能减慢细胞内的物质交流和信息传递，进一步降低自身的代谢和合成过程。而空白组的韧皮部细胞面积大、液泡体积大，起到很强大的机械支持功能。在试验过程中，能明显看出，经过盐处理的甜菜的叶片和茎部呈萎蔫状态。

植物叶片气孔的分布状况及状态是对外界环境的一个反应[25-27]。叶片表面的气孔是叶片与外界环境进行气体交换的主要通道，对植物生理生化活动起着重要的调节作用[28-30]。吴延朋等[31]研究发现，盐胁迫后拟南芥通过一系列信号传导诱导气孔减小开度，降低水分散失。史婵等[32]研究发现白刺在单盐胁迫下，气孔开度在300mmol/L时最大，随着浓度的升高，叶表面严重皱缩但是气孔仍张开，虽然植物失水，但仍然具有很强的调节自身渗透势的能力。本试验研究发现，280mmol/L盐处理甜菜后，其叶片的气孔开放程度减小，有的甚至关闭，以此来响应环境的胁迫作用。

综上所述，280mmol/L盐处理后，甜菜根的表皮细胞壁加厚，叶柄的薄壁细胞所占体积增大，并且根与叶柄的薄壁组织中均出现大量的通气组织，叶片的气孔处在关闭或者较小程度的开放状态。甜菜是耐盐性较强的糖料作物，目前在盐胁迫下甜菜组织结构方面的研究较少，笔者对甜菜根、叶柄及叶片的显微结构进行了初步探索，研究不够深入，在解剖结构方面未发现甜菜耐盐的专属特性，接下来将对盐胁迫条件下甜菜各部分组织和器官的超微结构做进一步的研究，以此来探索盐胁迫下甜菜在形态解剖学上的适应性。

◇ 参考文献

[1] 於丽华，王宇光，孙菲，等. 甜菜萌发—幼苗期不同阶段耐盐能力的研究 [J]. 中国农学通报，2017，33（19）：22-28.

[2] Yamada N，Promden W，Yamane K，et al. Preferential accumulation of betaine uncoupled to choline monooxygenase in young leaves of sugar beet？Importance of long-distance translocation of betaine under normal and salt-stressed conditions [J]. Journal of Plant Physiology，2009（18）：2058-2070.

[3] Wang Y，Stevanato P，Yu L，et al. The physiological and metabolic changes in sugar beet seedlings under different levels of salt stress [J]. Journal of Plant Research，2017（6）：1079-1093.

[4] Kito K，Tsutsumi K，Rai V，et al. Isolation and functional characterization of 3-phosphoglycerate dehydrogenase involved in salt responses in sugar beet [J]. Protoplasma，2017（6）：2305-2313.

[5] Reinhardt D H，Rost T L. Salinity accelerates endodermal development and induces an exodermis in cotton seedling roots [J]. Environmental & Experimental Botany，1995，35（4）：563-574.

[6] 朱宇旌，张勇，胡自治，等. 小花碱茅茎适应盐胁迫的显微结构研究 [J]. 中国草地学报，2000，23（5）：006-009.

[7] 洪文君，申长青，庄雪影，等. 盐胁迫对竹柳幼苗生理响应及结构解剖的研究 [J]. 热带亚热带植物学报，2017，25（5）：489-496.

[8] 姜伟，崔世茂，李慧霞，等. 盐胁迫对辣椒幼苗根、茎、叶显微结构的影响 [J]. 蔬菜，2017（3）：6-15.

[9] 王羽梅，任安祥，潘春香，等. 长时间盐胁迫对苋菜叶片细胞结构的影响 [J]. 植物生理学报，2004，40（3）：289-292.

[10] 陆静梅，朱俊义，李建东，等. 松嫩平原4种盐生植物根的结构研究 [J]. 生态学报，1998，18（3）：335-336.

[11] 辛华，吕瑞云. 山东滨海盐生植物根结构的比较研究 [J]. 西北农林科技大学学报（自然科学版），2000，28（5）：49-53.

[12] Katsuhara M，Kawasaki T. Salt Stress Induced Nuclear and DNA Degradation in Meristematic Cells of Barley Roots [J]. Plant & Cell Physiology，1996，37（2）：169-173.

[13] Katsuhara M. Apoptosis-Like Cell Death in Barley Roots under Salt Stress [J]. Plant & Cell Physiology，1997，38（9）：545-545.

[14] 朱宇旌，胡自治. 小花碱茅根适应盐胁迫的显微结构研究 [J]. 中国草地学报，2001，23（1）：

37 - 40.

[15] 段显德，季长波，陆静梅. 盐胁迫下羊草的生理适应性及结构适应性研究 [J]. 通化师范学院学报，2003，24（2）：26 - 29.

[16] 姜虎生，张常钟，陆静梅，等. 碱茅抗盐性的研究进展 [J]. 长春师范大学学报，2001（5）：50 - 53.

[17] 王虹，邓彦斌. 新疆10种旱生、盐生植物的解剖学研究 [J]. 新疆大学学报：自然科学版，1998（4）：67 - 73.

[18] 肖雯. 五种盐生植物营养器官显微结构观察 [J]. 甘肃农业大学学报，2002，37（4）：421 - 427.

[19] 李广毅，高国雄. 灰毛滨藜茎解剖结构与抗逆性研究 [J]. 西北林学院学报，1995（1）：16 - 20.

[20] 侯江涛. 盐胁迫下扁桃砧木营养器官细胞结构的研究 [D]. 乌鲁木齐：新疆农业大学，2006.

[21] 刘海学，张卫国，刘海臣，等. NaCl胁迫对向日葵幼苗生长及茎组织解剖结构的影响 [J]. 中国油料作物学报，2012，34（2）：201 - 205.

[22] 刘爱荣，王桂芹，章小华. NaCl处理对空心莲子草营养器官解剖结构的影响 [J]. 广西植物. 2007，27（5）：682 - 686.

[23] 吕秀云，油天钰，赵娟，等. 盐胁迫下藜的形态结构与生理响应 [J]. 植物生理学报，2012，48（5）：477 - 484.

[24] 杨少辉，季静，王罡，等. 盐胁迫对植物影响的研究进展 [J]. 分子植物育种，2006，4（S1）：139 - 142.

[25] Leung J，Giraudat J. Abscisic Acid Signal Transduction [J]. Annual Review of Plant Physiology & Plant Molecular Biology，1998，49（1）：199.

[26] Hetherington A M，Woodward F I. The role of stomata in sensing and driving environmental change [J]. Nature，2003（424）：901 - 908.

[27] 王碧霞，曾永海，王大勇，等. 叶片气孔分布及生理特征对环境胁迫的响应 [J]. 干旱地区农业研究，2010，28（2）：122 - 126.

[28] 左凤月. 盐胁迫对3种白刺生长、生理生化及解剖结构的影响 [D]. 重庆：西南大学，2013.

[29] 王鑫. 盐胁迫下高粱新生叶片结构和光合特性的系统调控研究 [D]. 泰安：山东农业大学，2010.

[30] Ro H M，Kim P G，Lee I B，et al. Photosynthetic characteristics and growth responses of dwarf apple (*Malus domestica* Borkh. cv. Fuji) saplings after 3 years of exposure to elevated atmospheric carbon dioxide concentration and temperature [J]. Trees，2001，15（4）：195 - 203.

[31] 吴延朋，李洪旺，侯丽霞，等. ABC转运体位于H_2S上游参与盐胁迫诱导的拟南芥气孔关闭 [J]. 植物生理学报，2014（4）：401 - 406.

[32] 史婵，杨秀清，闫海冰. 盐胁迫下唐古特白刺叶片的扫描电镜观察 [J]. 山西农业大学学报：自然科学版，2017，37（1）：35 - 39.

14份甜菜品种生长期耐盐性研究

刘华君[1]，王欣怡[2]，白晓山[1]，林明[1]，潘竟海[1]，陈友强[1]，李承业[1]

（1. 新疆农业科学院经济作物研究所，乌鲁木齐　830091；
2. 新疆农业大学农学院，乌鲁木齐　830052）

摘要：以新疆糖区近年广泛种植的14份甜菜品种为试验材料，在总盐含量9.6g/kg的中度盐渍化土壤试验田中，对综合保苗率、叶片质膜透性、叶片功能期、含糖率、产量、收获株数6个指标进行评价，初步得出KWS7125和HI0466两品种的耐盐性较好，更适宜在中度盐渍化土壤上种植。

关键词：甜菜；耐盐性；生理指标

甜菜是耐盐性较强的作物之一，同时是我国的主要糖料作物之一，主要分布于我国西北、东北和华北地区，特别是新疆，近两年甜菜种植面积已经接近全国甜菜种植面积的50%，由于新疆地处内陆腹地，降水量小，蒸发量大，溶解在水中的盐分容易在土壤表层积聚等原因形成大量盐碱地。土壤盐分是影响甜菜生长发育的一种主要环境因子，甜菜植株体内几乎所有的主要生理过程，如光合合成、蛋白质合成、能量和脂肪代谢等，都会受到盐胁迫的影响，严重时导致甜菜植株减产甚至死亡。盐胁迫对甜菜形态最明显的影响是植株矮小化，叶片面积缩小，叶片增厚，生物量减少[1]。在人口增加，耕地减少的压力下，选育并利用耐盐甜菜品种改造盐碱地已成为我国北方甜菜主产区的重要任务。近几年来，耐盐甜菜种质资源以及甜菜耐盐性等在国内外被广泛研究。甜菜特殊的耐盐适应机制以及围绕如何提高甜菜耐盐性等内容长期以来也是植物生理生态学研究的热点问题之一。但不同品种间其耐盐性存在差异。为此本试验选择近两年新疆常用的14份甜菜品种，对其保苗率、叶绿素含量、叶片功能期、叶片质膜透性等生理指标及产量、含糖率等比较分析，目的在于筛选出耐盐性较强的甜菜种质资源，为盐碱耕地的更好利用提供优质的耐盐品种。

1　材料与方法

1.1　参试材料

参试甜菜品种共14份：SD13092、HI0936、KWS7125、ADV0401、ST14091、HI0466、SD13829、KWS2409、BETA218、BETA580、KWS5440、新甜14号、KWS8138、SD12830。由斯特儒博公司和新疆农业科学院经济作物研究所提供。

1.2　试验方法

1.2.1　试验田基本情况

试验地位于新疆奇台县西地镇西地村组，本区昼夜温差大，日照时间长，平均无霜期160d，平均年降水量176mm。试验地前茬作物为玉米，灌溉方式为膜下加压滴灌。

　＊　通讯作者：刘华君（1970—　），男，安徽省涡阳县人，副研究员，研究方向：甜菜高产栽培。

1.2.2 试验设计

试验采用随机区组设计，3次重复，2膜4行种植，行长10m，行距0.5m，株距20cm，小区面积20m²，试验面积840m²。试验区两边各设两膜4行保护区，两头各设10m保护区。机械铺膜，膜宽80cm，膜厚0.008mm，一膜一带（滴灌带），2013年4月18日人工点播，4月19日滴出苗水。

1.2.3 田间管理情况

试验地为秋耕冬灌地，春季适墒耙地，耙地前施磷酸一铵25kg/840m²；出苗后进行第一次中耕，耕深5cm左右，定苗后进行第二次中耕，耕深10cm左右，灌头水前进行第三次中耕，耕深15cm左右；6月上旬开始正常灌溉，每隔10～15d滴水1次，每次滴水15h左右，灌水量40m³左右，前5次灌溉每次随水滴施尿素10kg/840m²，共滴施尿素50kg/840m²，全生长期共滴水9次；7月上旬喷施磷酸二氢钾2次，7月下旬喷施一次三唑酮防治甜菜白粉病。10月18日收获。

1.3 调查内容及方法

1.3.1 土壤成分含量测定

在甜菜种植前进行土壤取样，土壤含盐量调查与分析方法依据鲍士旦的《土壤农化分析》第三版，采用多点混合采样方法采取0～20cm和20～40cm深度的土壤，风干后过筛，经5∶1水土比浸提，采用EDTA滴定法测定钙镁含量，火焰光度法测定钾和钠，CO_3^{2-}和HCO_3^-用双指示剂进行中和滴定，SO_4^{2-}离子用EDTA间接络合滴定法，氯离子用硝酸银滴定法。化验结果见表1，该试验田土壤属于氯化盐-硫酸盐类型，盐化程度属中度盐化。

表1 试验田土壤盐分含量

土层/cm	pH	总盐	CO_3^{2-}	HCO_3^-	Cl^-	SO_4^{2-}	Ca^{2+}	Mg^{2+}	K^+	Na^+
20	7.99	9.8	0.011	0.093	0.068	2.191	3.527	0.012	0.125	0.765
40	8.04	9.4	0.015	0.218	0.068	2.678	4408	0.013	0.125	0.484

注：除pH，单位均为g/kg。

1.3.2 农艺性状及生理生化指标的测定

苗期调查保苗率、叶片功能期、叶片质膜透性。生长后期8月下旬调查叶片功能期。采用DDS-11A型电导仪（中国）测定电导率间接反映不同品种叶片质膜透性[2]。

1.3.3 测产测糖的方法测产

每处理均取2膜中具有代表性的、不缺苗的6.7m²，将甜菜块根全部挖出削净称重，同时记录收获株数，通过折算（折算系数0.85）得出667m²产量。测糖：称重后，选取有代表性的10个块根，用便携式折光仪测定锤度，通过乘以折算系数0.85，折算得出含糖率。

用EXCEL2010整理试验数据、绘制图表；用DPS（V14.0）进行方差分析和多重比较。

2 结果与分析

2.1 不同甜菜品种在盐碱地保苗率上的差异

甜菜保苗率是反映品种苗期耐盐碱的主要性状之一，苗期耐盐性是衡量一个品种是否适合在盐碱地推广种植的重要指标。从图1可以看出，BETA580、新甜14号和KWS2409等品种保苗率较高，均接近90%；反之，SD12830保苗率则只有不到60%，其他品种保苗率在70%～80%之间或高于80%，说明BETA580、新甜14号及KWS2409等品种苗期相对耐盐碱，而SD12830苗期耐盐性则相对较差。方差分析结果显示：14份品种间保苗率差异不显著。

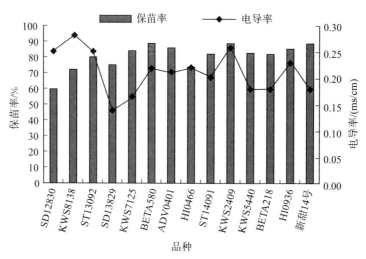

图1　14份甜菜品种在盐碱地的保苗率与电导率

2.2　不同甜菜品种在盐碱地细胞质膜透性上的差异

相对电导率能够表示细胞膜透性的大小，可以反映植物细胞膜在逆境条件下透性的变化和受损伤的程度[3]。膜透性的大小，反映质膜受伤害的程度；数值越大，质膜受到的伤害也就越大。如图1所示，品种 KWS8138、KWS2409 电导率较大，细胞膜受损严重；而品种 SD13829、KWS7125 电导率较小，叶片质膜透性较低；这表明品种 KWS8138、KWS2409 在盐胁迫下细胞膜破坏程度较重，品种 SD13829、KWS7125 在盐胁迫下细胞膜破坏程度较轻。方差分析结果显示，KWS8138、KWS2409 与 SD13829、KWS7125 之间电导率存在显著性差异，其他品种间电导率差异没有达到显著性水平。

2.3　不同甜菜品种在盐碱地叶片功能期上的差异

甜菜块根生长和糖分积累均依赖叶片光合作用，正是因为这些叶片积极地进行光合作用，光合产物供块根膨大和糖分积累，才出现了甜菜的丰产和高糖。通过试验发现不同甜菜品种叶片的功能期也有明显差异，因此决定他们对甜菜块根生长和糖分积累的贡献大小也有所不同。从图2中可以看出，叶片功能期较长的品种有 ST14091、SD13829、ADV0401，其天数分别为 91.96d、91.53d、90.88d；叶片功能期较短的品种有 Beta218、HI0936、新甜 14 号。方差分析结果显示：14 份品种间叶片功能期差异不显著。

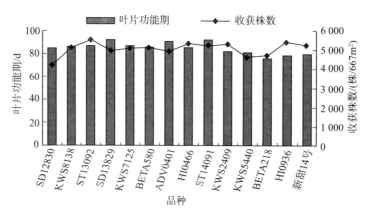

图2　14份甜菜品种在盐碱地的叶片功能期与收获株数

2.4　不同甜菜品种在盐碱地收获株数的差异

甜菜收获株数是反映品种在盐胁迫环境下是否能够正常生长并达到工艺成熟的重要指标，也能够反映品种的耐盐性。从图2可以看出，除了SD12830收获株数低于4 500株/667m² 以外，其他品种收获株数差异不明显。从这个角度分析，参试的14个品种（SD12830除外）耐盐性差异不大。

2.5　不同甜菜品种在盐碱地块根产量上的差异

甜菜块根产量是形成种植效益的重要指标，同时也是衡量一个品种是否耐盐碱的重要指标。从图3可以看出，KWS7125、HI0466、SD12830几个品种产量较高，667m²产量在4 600kg以上，BETA580和BETA218产量较低，667m²产量均在4 000kg以下，其他品种667m²产量在4 000~4 500kg之间，从产量水平可以得出KWS7125、HI0466、SD12830品种耐盐性强，而BETA580和BETA218耐盐性则较差。方差分析显示，KWS7125与BETA580之间产量存在显著性差异，其他品种间差异不显著。

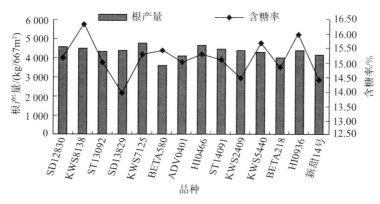

图3　14份甜菜品种在盐碱地的根产量与含糖率

2.6　不同甜菜品种在盐碱地含糖率上的差异

甜菜块根含糖率是衡量一个品种最重要的品质指标。作为制糖原料，优良的甜菜品种首先应具备较高的含糖率，同时较高的蔗糖含量有利于降低土壤盐分对植株的危害。从图3可以看出，参试14个品种含糖率差别较大，KWS8138和HI0936含糖率在16%以上，SD13829含糖率则低于14%，其他品种含糖率在14%~16%之间。从品种含糖率的角度来分析，KWS8138和HI0936耐盐性较强，SD13829、KWS2409、新甜14号耐盐性则相对较弱，其他参试品种耐盐性适中。方差分析结果显示：KWS8138与SD13829、KWS2409、新甜14号、BETA218、ST13092、ADV0401品种之间含糖率存在显著性差异；KWS8138、HI0936与SD13829、KWS2409、新甜14号3个品种之间含糖率存在极显著差异。

3　结论与讨论

在盐碱地种植的甜菜要获得高产高糖最基本的问题是实现齐苗和壮苗。甜菜虽具有耐盐碱、耐贫瘠、适应性强等优点，但不同种质的耐盐程度是不一样的。盐胁迫使植株发育迟缓，根系生长不良，甜菜不同品种具有的耐盐能力有差异。苗期耐盐性是甜菜耐盐性的重要组成部分，对于生产实践来说苗期的耐盐性也尤为重要，保苗率可作为甜菜苗期耐盐性评价指标。在盐胁迫下，经过对14份甜菜品种苗期保苗率的测定，可以看出苗期保苗率在品种间均存在较大差异，说明不同甜菜品种在苗期的耐盐能力具有本质上的差别，这是由遗传本质所决定的。

细胞膜是受逆境胁迫最敏感的部位之一，质膜作为植物细胞与外界环境相互作用的界面层，必然受到环境胁迫的影响，并可能是逆境对植物造成伤害的原初部位。逆境伤害下，往往造成细胞内的物质（尤其是电解质）外渗，引起组织浸泡液的电导率增长。几乎所有的环境胁迫都与膜系统透性升高有关[3]。一般说来，盐胁迫处理后，耐盐品种细胞膜系统遭到破坏程度小，表现在细胞膜透性小、敏感品种细胞膜系统破坏严重，表现为细胞膜透性大[4-5]。电导率的大小能直接反映质膜受伤害的程度：数值越大，质膜受到的伤害也越大[6-7]。肖雯等[8]通过对沙枣（Elaeagnus angustifolia L.）、玫瑰（Rosa rugosa L.）、枸杞（Lycium chinense M.）、黄花菜（Hemerocallis citrine Baroni）等几种盐生植物电导率的研究发现，黄花菜的电导率最低。表明在相似的生境条件下，耐盐植物的细胞膜受到的伤害较小。本试验中，总体来看电导率较低的品种有 SD13829、KWS7125、KWS5440、BETA218 和新甜 14 号。由于甜菜耐盐机理十分复杂，不能仅用以上某一项生理生化指标作为甜菜耐盐性的鉴定评价标准，而应考虑甜菜盐胁迫条件下各指标的综合表现。

经过试验初步筛选出 KWS7125、HI0466 相对比较适宜在盐碱地种植，KWS7125 电导率为 0.16ms/cm、叶片功能期 86.67d、产量 4 824kg/667m²、含糖率 15.3%，综合性状最优；HI0466 电导率为 0.22ms/cm、叶片功能期 85.07d、产量 4 680kg/667m，含糖率 15.3%，综合性状较优。

由于试验仅是 1 年 1 地的结果，而盐渍土类型多，成分复杂，单一的大田试验难以说明问题，综上所述，参试品种的耐盐性生理指标及产质量性状仍有待于进一步试验验证，其耐盐机理有待更深入研究。

◇ 参考文献

[1] 耿贵，周建朝，孙立英，等. 不同盐度对甜菜生长和养分吸收的影响 [J]. 中国甜菜糖业，2000（1）：12-14.

[2] 郝再彬，苍晶，徐仲. 植物生理实验技术 [M]. 哈尔滨：哈尔滨出版社，2002.

[3] 杨玉珍. 植物的 pH、等电点、细胞膜透性与抗氟化物的关系 [J]. 河南农业大学学报，1996，30（4）：89-93.

[4] 侯建华，云锦凤，张东晖. 羊草与灰色赖草及其杂交种的耐盐生理特性比较 [J]. 草业学报，2005，14（1）：73-77.

[5] 刘春华，苏加楷，黄文惠. 禾本科牧草 5 个耐盐生理指标的研究 [J]. 草业学报，1993，2（1）：45-54.

[6] 张晓磊，马凤云，马玉辉，等. 盐胁迫对东方杉生长和生理生化的影响 [J]. 中国农学通报，2010，26（14）：145-148.

[7] 郑丽锦，高志华，贾彦丽，等. NaCl 胁迫对草莓细胞膜稳定性的影响 [J]. 河北农业科学，2010，14（6）：7-9.

[8] 肖雯，贾恢先，蒲陆梅. 几种盐生植物抗盐生理指标的研究 [J]. 西北植物学报，2000，20（5）：818-825.

不同种子活化剂对甜菜种子萌发特性的影响

陈贵华，张少英，朱芳慧，小芳

（内蒙古农业大学农学院，呼和浩特　010019）

摘要： 为保证甜菜种子加工质量、提高甜菜种子萌发力，采用不同浓度的种子活化剂处理甜菜种

　*　通讯作者：陈贵华（1973—　），女，辽宁人，副教授，研究方向：植物生理及生物技术应用研究。

子 BT09，研究不同活化剂对甜菜种子萌发特性的影响。结果表明：一定浓度的 $CuSO_4 \cdot 5H_2O$、KNO_3、$KMnO_4$、$CoSO_4 \cdot 7H_2O$、GA_3 对甜菜种子的萌发具有促进作用，其中 0.05g/L $CuSO_4 \cdot 5H_2O$、0.10g/L KNO_3、2.0g/L $KMnO_4$、0.8g/L $CoSO_4 \cdot 7H_2O$ 和 75mg/L GA_3 处理的效果最好，经方差分析，与清水对照差异均达显著水平。

关键词：甜菜；种子活化剂；萌发特性

甜菜是制糖业的重要原料[1]。目前，我国甜菜种子加工技术滞后，严重影响国内种子的市场占有率，给甜菜生产造成了一定的隐患[2-3]。我国甜菜种子加工技术起步较晚，发展较慢，加强甜菜种子加工技术的研发，是我国甜菜生产及制糖业可持续发展的有效途径。甜菜种子品质是决定甜菜产量和质量的重要因素，保证甜菜种子的质量有利于振兴我国甜菜糖业[4-5]。

化学药剂对作物种子的萌发等特性会产生影响[6-8]。本试验通过研究几种活化剂对甜菜种子萌发特性的影响，确定促进甜菜种子萌发的最佳试剂处理浓度，为研究甜菜种子活化剂配方提供理论依据。

1 材料与方法

1.1 材料

试验材料为抛光处理打磨过的 BT09 甜菜种子（多胚种）。

1.2 试验方法

采用 5 种活化剂处理甜菜种子，浸泡 6h 后捞出用滤纸吸干表面水分，分别放在铺有两层滤纸的透明封闭发芽盒（12cm×12cm×6cm）中，置于恒温（28℃）培养箱中（光照 16h、黑暗 8h）进行培养，以清水处理为对照（CK）。种子活化剂及其处理浓度见表 1，设置 3 次重复，每次重复 100 粒种子。

表 1 不同种子活化剂对甜菜种子的处理浓度

种子活化剂	浓度			
$CuSO_4 \cdot 5H_2O$ (g/L)	0.02	0.05	0.10	0.50
KNO_3 (g/L)	0.02	0.05	0.10	0.50
$KMnO_4$ (g/L)	0.5	1.0	2.0	3.0
$CoSO_4 \cdot 7H_2O$ (g/L)	0.2	0.5	0.8	1.0
GA_3 (mg/L)	1	5	10	20

1.3 测定指标

测定不同处理的甜菜种子发芽率、发芽势、发芽指数和活力指数。发芽率（%）=（10d 内正常发芽种子数/供试种子总数）×100。发芽势（%）=（5d 内正常发芽种子数/供试种子总数）×100。发芽指数（GI）$= \sum(Gt/Dt)$，其中 Gt 为对应的每天发芽种子数，Dt 为发芽日数。活力指数（VI）$= S \times GI$，其中 S 为 t 时间胚根及胚轴总长度。

利用 SPSS 13.0 软件进行数据分析，采用 Excel 进行图表绘制。

2 结果与分析

2.1 CuSO₄·5H₂O 对甜菜种子萌发的影响

表 2 结果显示了不同浓度 $CuSO_4 \cdot 5H_2O$ 溶液对甜菜种子萌发的影响。0.02、0.10 和 0.50g/L 的 $CuSO_4 \cdot 5H_2O$ 溶液均抑制甜菜种子的萌发，发芽率和发芽指数均低于对照，但差异不显著。0.05g/L 的 $CuSO_4 \cdot 5H_2O$ 溶液处理提高了种子发芽率、发芽势和活力指数，经方差分析，与对照相比差异显著。

表 2 $CuSO_4 \cdot 5H_2O$ 对甜菜种子萌发的影响

$CuSO_4 \cdot 5H_2O$ 浓度（g/L）	发芽率（%）	发芽势（%）	发芽指数	活力指数
CK	70.00±2.27	46±2.42	15.83±2.61	86.60±2.56
0.02	68.67±2.21	46±2.13	15.40±2.26	79.60±3.56
0.05	74.67±1.78*	56±3.01*	17.55±2.77	94.18±3.35*
0.10	69.67±1.92	51±2.72	15.73±2.11	88.90±3.12
0.50	67.33±1.71	49±2.33	15.20±3.12	87.00±2.87

注："*"表示在 0.05 水平与 CK 处理差异显著，下同。

2.2 KNO₃ 对甜菜种子萌发的影响

表 3 结果显示，0.02g/L 的 KNO_3 溶液对甜菜种子的发芽率、发芽势和发芽指数没有明显的影响。0.10g/L 的 KNO_3 溶液对甜菜种子的萌发有促进作用，发芽率、发芽势、发芽指数和活力指数的提高与对照相比均达显著水平。

表 3 KNO_3 对甜菜种子萌发的影响

KNO_3 浓度（g/L）	发芽率（%）	发芽势（%）	发芽指数	活力指数
CK	69±1.97	49±2.22	15.83±1.87	86.60±3.17
0.02	72±1.64	56±3.52	16.53±2.14	100.20±2.79*
0.05	75±1.72*	51±2.47	16.43±2.23	89.30±2.87
0.10	87±2.12*	65±2.63*	19.82±1.65*	104.80±3.98*
0.50	72±1.87	50±2.14	16.56±1.79	87.67±3.12

2.3 KMnO₄ 对甜菜种子萌发的影响

由表 4 可以看出，2.0g/L $KMnO_4$ 溶液显著提高甜菜种子的发芽势，其他处理浓度的 $KMnO_4$ 溶液对甜菜种子的发芽率、发芽势和发芽指数均没有显著影响，0.5g/L $KMnO_4$ 对种子的活力有促进作用，能显著提高种子的活力指数。

表 4 $KMnO_4$ 对甜菜种子萌发的影响

$KMnO_4$ 浓度（g/L）	发芽率（%）	发芽势（%）	发芽指数	活力指数
CK	71±3.22	51±3.17	16.12±2.78	87.24±2.76
0.5	72±3.82	54±3.11	17.32±2.48	95.65±3.24*

（续）

KMnO₄浓度（g/L）	发芽率（%）	发芽势（%）	发芽指数	活力指数
1.0	68±3.44	53±3.89	18.13±3.12	91.73±3.76
2.0	65±4.47	59±3.42*	16.32±3.07	91.28±4.03
3.0	75±2.89	57±3.27	15.31±3.23	92.53±3.04

2.4 CoSO₄·7H₂O对甜菜种子萌发的影响

表5结果显示，不同浓度CoSO₄·7H₂O溶液处理均能提高种子的萌发特性，其中0.8g/L的CoSO₄·7H₂O溶液能显著提高甜菜种子的发芽率、发芽势、发芽指数和活力指数。

2.5 GA₃对甜菜种子萌发的影响

表6结果显示，不同浓度GA₃溶液处理均能不同程度地提高甜菜种子的发芽率、发芽指数和活力指数。其中50mg/L的GA₃溶液能显著提高种子的发芽指数和活力指数；75mg/L的GA₃溶液能显著提高发芽率、发芽势和活力指数。

表5 CoSO₄·7H₂O对甜菜种子萌发的影响

CoSO₄·7H₂O浓度（g/L）	发芽率（%）	发芽势（%）	发芽指数	活力指数
CK	69±2.21	52±2.42	15.13±2.33	87.21±2.79
0.2	74±2.63	53±2.35	17.77±2.63	90.97±2.21
0.5	73±2.44	50±2.12	16.87±2.62	90.53±2.43
0.8	80±2.66*	59±2.23*	20.17±2.07*	97.07±2.57*
1.0	74±2.35	53±2.87	18.13±2.78	92.03±2.77

表6 GA₃对甜菜种子萌发的影响

GA₃浓度（mg/L）	发芽率（%）	发芽势（%）	发芽指数	活力指数
CK	69±2.33	53±2.48	16.13±1.47	88.20±2.76
1	73±2.78	53±2.34	17.10±1.35	90.03±2.23
5	72±2.48	52±2.34	17.07±1.27	90.12±2.34
10	69±2.12	54±2.52	16.20±1.33	92.37±2.42
20	73±2.23	51±2.77	17.40±1.64	91.57±2.72
30	74±2.53	50±2.55	17.27±1.44	91.50±2.62
50	74±2.37	54±2.12	19.20±1.21*	97.43±2.32*
75	78±2.56*	61±2.25*	19.70±1.44	109.43±3.76*
100	73±2.31	53±2.67	17.40±1.67	91.00±3.04

3 讨论与结论

农业发达国家优质种子对农业生产的贡献率为60%以上，而我国只有40%左右。种子的质量是农业发展的重要保障[9-10]。国内科研单位和企业对甜菜种子的活化剂配方进行研究，取得了一些成绩，但种子的加工质量与国外相比仍有一定差距[11-13]。甜菜生产用种量大，但种子的发芽率低，使甜菜块根的产量和品质受到严重影响。因此，提高甜菜种子的萌发特性，对我国甜菜产业的发展具有重要意义[14-15]。适当浓度的活化剂处理甜菜种子可促进种子萌发，增强生长势。

本研究中，高浓度的 $CuSO_4 \cdot 5H_2O$ 溶液抑制甜菜种子的萌发，其中 0.05g/L 的 $CuSO_4 \cdot 5H_2O$ 溶液对甜菜种子的发芽率和发芽势具有显著的促进作用；0.10g/L 的 KNO_3 溶液对甜菜种子的萌发有显著的促进作用；低浓度的 $KMnO_4$ 和 $CoSO_4 \cdot 7H_2O$ 均能改善甜菜种子的萌发特性；0.8g/L $CoSO_4 \cdot 7H_2O$ 和 75mg/L GA_3 溶液能显著提高甜菜种子的发芽率、发芽势和活力指数。

◆ 参考文献

[1] 沙红，高燕，高卫时，等. 聚乙二醇对甜菜种子低温萌发的影响 [J]. 中国糖料，2013（3）：40-41，43.

[2] 高有军，王维成，王宏科，等. 甜菜种子加工工艺的研究 I [J]. 中国糖料，2014（3）：32-34.

[3] 王维成，王荣华，高有军，等. 甜菜种子丸粒化加工技术初探 [J]. 中国糖料，2016（5）：46-48.

[4] 卢秉福，张祖立，胡志超. 我国甜菜种子加工技术的现状及发展对策 [J]. 中国糖料，2006（4）：59-61.

[5] 宋柏权，范有君，闫志山，等. 种子引发技术对甜菜纸筒育苗出苗的影响 [J]. 作物杂志，2012（6）：135-138.

[6] 杨文杰，巢思琴. 不同化学药剂对黄秋葵种子的引发效果试验 [J]. 天津农业科学，2016（11）：115-119.

[7] 张静，胡立勇. 农作物种子处理方法研究进展 [J]. 华中农业大学学报，2012（2）：258-264.

[8] 乔军，石瑶，王利英，等. 茄子种子药剂处理试验 [J]. 作物杂志，2014（4）：143-145.

[9] Wongvarodom V，Santipracha W，Santipracha Q，et al. Soybean seed field emergence and germination test for planting under drought condition [J]. Songklanakarin Journal of Science and Technology，2004，26（5）：609-611.

[10] 毛炜光，翁忙玲，吴震，等. 不同处理方法对叶用甜菜种子发芽特性的影响 [J]. 江苏农业科学，2006（3）：116-118.

[11] 沈颖，黄智文，田永红，等. 蔬菜种子处理技术研究进展 [J]. 中国种业，2016（2）：10-13.

[12] 王亚茹，李勇，李晓，等. 不同处理方式对黄冠梨种子打破休眠的影响 [J]. 内蒙古农业大学学报（自然科学版），2016（5）：12-17.

[13] 周绍斌，程显伟，段喜山，等. 甜菜纸筒育苗移栽存在的问题及其改进措施 [J]. 中国糖料，1996（3）：49-50.

[14] 许更宽，陆国军. 北方高寒地区甜菜纸筒育苗栽培技术 [J]. 黑龙江农业科学，2010（3）：136-138.

[15] 陈凤鸣，曾凤玲. 甜菜纸筒育苗出苗不齐的主要因素及对策 [J]. 中国糖料，2011（1）：45-46.

外源激素处理对甜菜农艺性状及产质量的影响

孙鹏，于超，张永丰，张少英

（内蒙古农业大学甜菜生理研究所，呼和浩特 010018）

摘要： 以甜菜丰产型品种"SD13829"和高糖型品种"04BSO2"为材料，研究了喷施 2 - 4D、GA₃、6 - BA、ABA4 种外源激素对甜菜农艺性状及产质量的影响。结果表明，GA₃ 能促进株高的增长，ABA 抑制株高的增长和叶面积的扩大。2 - 4D 能促进叶面积的扩大。6 - BA、2 - 4D 和 GA₃ 能不同程度地提高地上部干物质积累量。在甜菜生育后期喷施 ABA 明显抑制甜菜地上部生长，促进地下部干物质积累；喷施 2 - 4D 会造成地下部干物质减少。在块根增长期喷施 4 种外源激素均能提高块根鲜重，但对两品种含糖率无影响。在糖分积累期喷施 4 种外源激素对单株根重无明显影响，喷施 2 - 4D 降低了两品种的含糖率，喷施 ABA 提高了两品种的含糖率。

关键词： 甜菜；外源激素；农艺性状；产量；含糖率

植物生长调节剂能够有效促进或抑制植物的生长发育。根据植物生长调节剂用量少、效果显著、对环境影响小、应用领域多的特点，在现代农业生产实际中得到了广泛应用，促进了作物产量和质量的提高[1]。甜菜的收获目标主要是地下部块根，以提高块根重量和含糖率为生产目的。近十几年来，甜菜单产不高，总产不稳，特别是块根中蔗糖含量大幅度下降，已成为限制甜菜糖业发展的瓶颈问题。本研究利用两种不同基因型甜菜，在 3 个生育时期分别进行叶面喷施 4 种外源激素，对甜菜形态指标和产质量的影响进行分析，探索甜菜生长过程中激素对其器官生长和物质代谢的影响，阐明化控技术对甜菜产质量影响的生理基础，为提高甜菜产量及含糖率提供调控措施及理论依据。

1 材料与方法

1.1 试验材料

试验以丰产型品种"SD13829"和高糖型品种"04BSO2"为材料。植物生长调节剂为：2 - 4D、GA₃、6 - BA、ABA。

1.2 试验方法

试验设置采用随机区组设计，小区面积 16m²，8 行区。在甜菜叶丛生长期，块根增长期、糖分积累期分别向叶面喷施浓度为 20mg/L 的 4 种激素，以喷施清水为对照，三次重复。喷施后 20 天测定株高、叶面积指数、干物质量、单株根重、含糖率等指标，收获期测定块根重和含糖率。

1.3 数据统计分析

采用 Microsoft Excel、SAS9.0 软件处理试验数据和作图。

---

* 通讯作者：张少英（1962— ），女，内蒙古呼和浩特人，教授，研究方向：甜菜栽培生理。

2 结果与分析

2.1 不同外源激素处理对甜菜株高的影响

从图 1 可以看出，不同外源激素处理对甜菜株高的影响不同。在叶丛快速生长期处理对甜菜株高影响最大，后期处理影响不显著。如在叶丛快速生长期喷施 2-4D 和 GA₃，丰产型品种株高较 CK 分别增加 14.5% 和 16.2%，差异显著，喷施 GA，使高糖型品种株高增加 13.1%，差异显著。糖分积累期 ABA 处理后显著降低了高糖型品种的株高，较 CK 降低 19.3%；并且 ABA 处理后均不同程度降低了两个甜菜品种的株高。6-BA 对株高影响不显著。上述结果表明，2-4D 和 GA₃ 能促进甜菜株高的增长，而 ABA 抑制株高的增长。

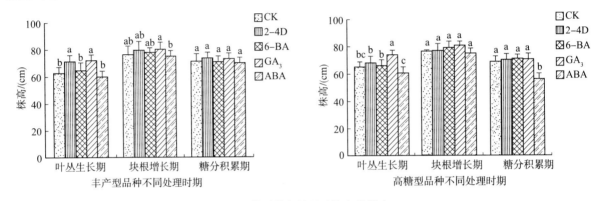

图 1　外源激素处理对株高的影响

2.2 不同外源激素处理对甜菜叶面积的影响

从图 2 可以看出，4 种外源激素处理后，只有 2-4D 显著影响甜菜叶面积指数的变化。在叶丛快速生长期和块根增长期喷施 2-4D 后，丰产型品种叶面积指数较 CK 分别增加 24.2% 和 17.3%，高糖型品种叶面积指数较 CK 分别增加 22.1% 和 19.8%，差异显著。在糖分积累期 ABA 处理后，丰产型品种叶面积指数较 CK 降低 26.7%，差异显著。

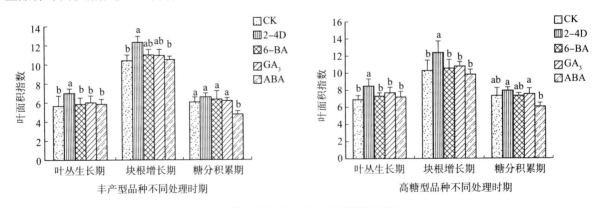

图 2　外源激素处理对叶面积指数的影响

2.3 不同外源激素处理对甜菜植株干物质积累的影响

2.3.1 不同外源激素处理对甜菜地上部干物质量的影响

从图 3 可以看出，在甜菜叶丛快速生长期 2-4D 处理明显提高了地上部干物质积累量，两品种较对照提高 27.7％ 和 30.1％，GA₃ 处理丰产型品种较对照提高 36.8％，差异显著。在块根增长期 2 - 4D 和 6 - BA 处理高糖型品种分别较对照提高 5.5％ 和 10.9％，2 - 4D 处理丰产型品种较对照提高 10.5％，差异显著。在糖分积累期喷施 ABA 降低了两品种地上部干物质积累量，分别比对照降低 37.3％ 和 17.7％，差异显著。

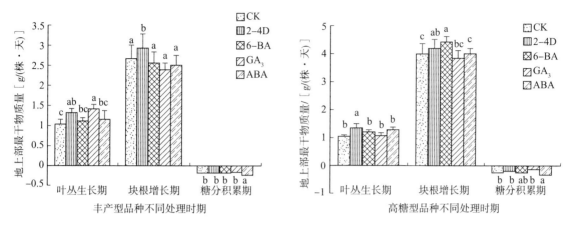

图 3　外源激素处理对地上部干物质量的影响

2.3.2　不同外源激素处理对甜菜块根干物质量的影响

从图 4 可以看出，4 种外源激素处理对两品种叶丛快速生长期块根干物质量无明显影响，差异不显著。在块根增长期 6 - BA 处理，对丰产型品种块根干物质量较对照提高 36.7％，差异显著。在糖分积累期 2 - 4D 处理降低了两品种块根干物质量，分别降低 28％ 和 25.9％，差异显著；ABA 处理显著提高了块根干物质积累量，两品种分别增加 32.3％ 和 22.3％。

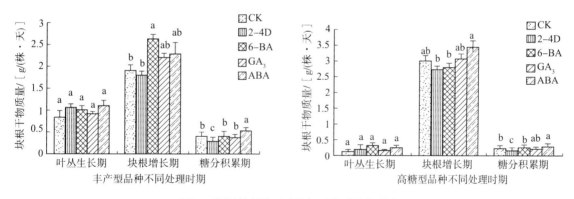

图 4　外源激素处理对块根干物质量的影响

上述结果表明，在甜菜不同生育时期 6 - BA、2 - 4D 和 GA₃ 处理能不同程度提高地上部干物质积累量。在甜菜后期喷施 2 - 4D 会促进茎叶的徒长，造成地下部干物质减少；而喷施 ABA 能明显抑制甜菜地上部生长，促进块根干物质积累。

2.4　不同外源激素处理对甜菜根重和含糖率影响

2.4.1　不同外源激素处理对甜菜块根增长期单株根重和含糖率的影响

从图 5 可以看出，在块根增长期喷施 4 种外源激素均提高了块根鲜重，其中 GA₃ 处理对丰产型品种最为明显，较对照提高了 15.8％，ABA 处理对高糖型最为明显，提高 8.8％。2 - 4D 处理降低了高糖型品种的含糖率，较对照降低 9.2％。其他三种激素对两品种含糖率无明显影响，差异不显著。

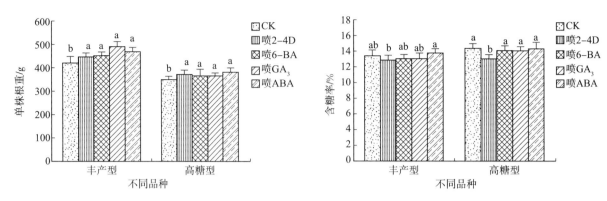

图5 外源激素处理对块根增长期单株根重和含糖率的影响

2.4.2 不同外源激素处理对甜菜糖分积累期单株根重和含糖率的影响

从图6可以看出，在糖分积累期喷施4种外源激素对单株根重无明显影响，差异不显著。喷施2-4D降低了丰产型品种的含糖率，降低了5.6%，差异显著。ABA处理提高了高糖型品种含糖率，提高5.4%，差异显著。上述结果表明，在甜菜生育后期，块根以积累糖分为主，此时外喷激素对根膨大作用不明显，而此时喷施生长素会促进地上部分生长，减少蔗糖等有机物质在块根中的积累。

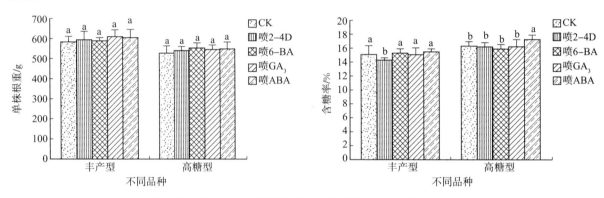

图6 外源激素处理对甜菜糖分积累期单株根重和含糖率的影响

2.4.3 不同外源激素处理对甜菜收获期单株根重和含糖率的影响

从图7可以看出，除2-4D对丰产型品种处理效果不明显外，其他3种激素处理均提高了块根重。喷施2-4D降低了两品种含糖率，分别较对照降低7.8%和5.8%，差异显著。ABA处理提高了丰产型品种的含糖率，较对照提高6.6%，差异显著。

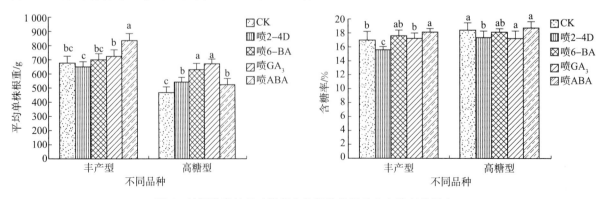

图7 外源激素处理对甜菜收获期单株根重和含糖率的影响

3 结论

3.1 外源激素处理能明显改变甜菜的农艺性状

2-4D 和 GA₃ 能促进株高的增长，而 ABA 抑制株高的增长。2-4D 能促进叶面积的扩大，ABA 抑制叶面积的扩大。6-BA、2-4D 和 CA₃ 处理能提高地上部干物质积累量，在甜菜生育后期喷施 ABA 明显抑制甜菜地上部生长，促进地下部干物质积累；2-4D 会造成地下部干物质减少。

3.2 在不同时期喷施外源激素对不同甜菜品种单株根重和含糖率影响不同

在块根增长期喷施 4 种外源激素均能提高块根鲜重；对含糖率无显著影响。在糖分积累期喷施 4 种外源激素对单株根重无显著影响，喷施 ABA 提高了高糖型品种含糖率，喷施 2-4D 降低了丰产型品种的含糖率。除 2-4D 处理对丰产型品种影响不明显外，其他处理均提高了甜菜收获块根重；2-4D 降低了两品种甜菜收获期含糖率；ABA 处理提高丰产型品种含糖率。

4 讨论

4.1 激素对甜菜生理形态指标的调控作用

李春喜研究结果表明不同生长调节剂可以以不同的方式调节小麦旗叶的衰老，影响小麦产量构成因素水平，其中 6-BA 和 PP333 能够提高单位面积穗数，明显延缓叶片衰老，增加了穗粒数和千粒重；GA₃ 和 NBT 对延缓旗叶衰老有一定作用，但增产效果不明显[2]。吴冬云研究发现灌浆结实期用 GA、6-BA 和 HA 处理两个水稻品种后，水稻旗叶衰老进程明显延缓。邹如清研究表明，在甜菜封垄后喷施植物生长素和叶面宝时甜菜生长加速，10 天后叶丛高度调查分别比对照增高 0.5cm 和 0.4cm；叶片数分别比对照增多 3.3 片和 2.9 片[4]。本研究表明，外源激素处理能明显改变甜菜的株高、叶面积指数、干物质积累量。赤霉素能提高甜菜株高主要是由于促进了叶柄的伸长。2-4D 影响甜菜株高和叶面积主要是通过促进叶片扩大、数目增加。ABA 影响甜菜叶面积和干物质积累主要是抑制叶片生长，改善甜菜生育后期源库关系，促进碳水化合物向块根运转和积累。

4.2 激素对甜菜根重和含糖率的调控作用

王庆美等（2005，2006）研究了 3 个甘薯品种块根内源激素含量变化对块根形成的影响，发现在块根形成及块根膨大中期和高峰期，块根干重与其 DHZR、ABA 和 ZR 含量呈正相关，且达显著或极显著水平[5]。吕英民、张大鹏等研究认为，ABA 可以促进蔗糖和其他同化物进入甜菜、苹果、葡萄和草莓等果实的细胞。ABA 可能在卸载过程中起作用-促进卸载。刘少春（2011）研究了 4 种内源激素与甘蔗糖分积累的关系，结果表明：细胞分裂素、脱落酸与蔗糖积累呈正相关，其中脱落酸与蔗糖积累呈显著相关。生长素、赤霉素活性变化与蔗糖积累呈负相关[7]。洛育 2006 试验筛选出对甜菜产质量提高最有效的植物生长调节物质是 G-ABA，生长调节物质对甜菜产质量的调控，是通过调控氮糖代谢相关酶活性，协调氮糖代谢关系而实现的[8]。本研究表明，ABA 能提高甜菜块根重量和丰产型品种的含糖率，而对高糖型品种的含糖率无影响。ABA 促进糖分在作物库器官中积累的主要机理是[9,10,11,12,13,14]：①通过调节库中酸性磷酸化酶的活性促进了蔗糖的吸收和卸载；②通过调节 ATP 酶的活性，增加 H⁺/蔗糖的共运输，促进同化物向库的运输；③ABA 可防止库组织储藏细胞糖分外渗；④ABA 可启动和促进与成熟相关物质的代谢过程。

本试验中，不同处理对两种不同基因型甜菜的产量、含糖率以及株高、叶面积和干物质积累等的影响都有比较大的差异，这说明植物激素对不同类型品种调控的时序性不同，可能是由于不同品种本身的生理活动以及各种代谢的差异引起的。今后需进一步研究不同品种内源激素变化的差异，从而确定更合理的外源激素使用种类和时间，指导化控技术在甜菜生产中的科学应用。

◇ 参考文献

［1］傅腾腾，朱建强等．植物生长调节剂在作物上的应用研究进展［J］．长江大学学报（自然科学版）2011，10（8）：233－235．

［2］李春喜，尚玉磊，姜丽娜．不同植物生长调节剂对小麦衰老及产量构成的调节效应［J］．西北植物学报，2001（5）．

［3］吴冬云．植物生长调节剂对水稻品质的影响及其机制［D］．广州：华南师范大学，2003．

［4］邹如清．植物生长调节剂应用效果初报［J］．中国甜菜，1994（3）：47－52．

［5］王庆美，张立明，王振林．甘薯内源激素变化与块根形成膨大的关系［J］．中国农业科学，2005，38（12）：2414－2420．

［6］吕英民张大鹏．果实发育过程中糖的积累［J］．植物生理学通讯2000，36（3）：258－265．

［7］刘少春．甘蔗成熟期主要酶系和内源激素变化与蔗糖分品质关系的研究［D］．中国农业科学院，2011．

［8］洛育．生长调节物质对甜菜氮糖代谢相关酶活性及产质量的影响［D］．东北农业大学，2006．

［9］Fraacaron E，Tuberosa R. Effect of abscisic acid on pollen germination and tube growth of maize［J］．Plant Breeding，1993（110）：250－254．

［10］Jones R J，Brenner M L. Distribution of abscisic acid in maize kemel during grain filling［J］．Plant Physiology，1987（83）：905－909．

［11］Cliford P E，Offer C E，Patrick J M. Growth regulators have rapid effects on photosynthetic unloading from seedcoats of Phaseolus vulgaris L［J］．Plant Physiolggy，1986（80）：635－637．

［12］Teitz A，Ludwing M，Dingkuhn M. Effect of abscisic acid on the transport of assimilates in barley［J］．Planta，1981（152）：557－561．

［13］Ackerson R C. Abscisic acid and precocious germination of somatic embryos in soybeans［J］．Joumal of Experimental Botany，1984（35）：414－421．

［14］Davies C，Robimson S P. Sugar accumulation in grape berries［J］．Plant Physiol，1996（111）：275－283．

节水灌溉篇

灌溉制度对膜下滴灌甜菜产量及水分利用效率的影响

王振华[1,2]，杨彬林[1,2]，谢香文[3,4]，王则玉[4]，杨洪泽[5]，董心久[5]

（1. 石河子大学水利建筑工程学院，石河子　832000；2. 石河子大学现代节水灌溉
兵团重点实验室，石河子　832000；3. 中国农业大学水利与土木工程学院，
北京　100083；4. 新疆农业科学院土壤肥料与农业节水研究所，乌鲁木齐
830091；5. 新疆农业科学院经济作物研究所，乌鲁木齐　830091）

摘要：为制定新疆合理的甜菜膜下滴灌制度，设置 3 个灌水次数（8、9 和 10 次）和 2 个灌水定额（45mm 和 60mm）两因素全组合试验，于 2016—2017 年在新疆玛纳斯县农科院甜菜改良中心开展田间试验。结果表明，灌水次数增加时甜菜叶面积指数与产量增加，含糖率降低，对甜菜的水分利用效率、耗水量无明显影响（$P > 0.05$），甜菜叶绿素值随灌水次数与定额增加呈下降趋势；在灌水次数与定额交互作用下，灌水 8 次时由于土壤相对含水率低于 50%，甜菜会减产；当灌水 9 次，灌水定额为 45mm 时，增加 15mm 灌水定额土壤相对含水率达 50% 以上，此时甜菜增产 7.4%～7.7%，糖产量增加 9.4%～9.7%；而继续增加灌水次数时，会导致甜菜含糖率降低而降低糖产量。因此针对新疆膜下滴灌甜菜以 60mm 灌水定额灌水 9 次为宜，可获得甜菜高产量与糖产量，较传统新疆膜下滴灌甜菜制度节水 10%。该研究对指导新疆膜下滴灌甜菜灌溉制度具有一定意义。

关键词：灌溉；作物；土壤水分；甜菜产量；甜菜产糖量；水分利用效率

水资源是农业的保障，当前中国农业用水量占总用水量的 60% 以上[1]，而新疆农业灌溉用水占到总用水量的 95% 左右[2]，如何有效利用水资源是当下研究热点。膜下滴灌既能提高田间水分利用效率，避免深层渗漏，减少棵间蒸发，同时又具备增温保墒作用[3]，在中国西北干旱区特别是新疆农业灌溉上得到广泛应用[4-5]。膜下滴灌与传统灌溉模式相比可减少灌溉用水 50% 以上，显著提高作物水分利用效率[6-7]。甜菜（*Beta vulgaris* L.）属于需水量大的藜科经济作物，灌水量对甜菜产量影响显著[8]，而在膜下滴灌条件下甜菜产量与产糖量均高于沟灌和喷灌[9]。灌溉制度直接影响土壤含水率，对作物产量影响显著[10-12]。目前，国内外学者对甜菜适宜灌溉制度及土壤含水率做了大量研究：Kosobryukhov 等提出适当减少甜菜灌水量可以提高水分利用效率[13]。Fabeiro 等在半干旱气候条件下试验表明甜菜最适宜的需水量为 6 898m³/hm²，同时也能达到较高的产量 117.64t/hm²，水分利用效率提高到 170.55kg/(mm·hm²)[14]。李智通过不同灌水试验表明：甜菜叶面积指数、干物质积累量、净光合速率和气孔导度均随灌水量增加而增加，在耗水量为 545.15mm 时，块根产量达到 8.6×10⁴kg/hm²，水分利用效率为 160.71kg/(mm·hm²)[15]。冯泽洋等通过滴灌甜菜亏缺试验表明：叶丛繁茂期与块根膨大期适宜灌水量为 1 147.78 和 635.54m³/hm²[16]。董心久等试验表明新疆膜下滴灌甜菜适宜灌溉定额为 360m³/667m²[17]。孙乌日娜提出在膜下滴灌条件下甜菜生长所需土壤含水率占田间持水量的 69%，低于此值时可以考虑田间灌溉[18]。李阳阳对甜菜进行亏缺试验，表明在甜菜叶丛快速生长期，0～40cm 土层含水量下降至田间持水量 50% 时应及时补充灌溉；在甜菜块根膨大期，

＊　通讯作者：王振华，河南扶沟人，教授，研究方向：干旱区节水灌溉理论与技术研究。

0～40cm 土层含水量下降至田间持水量的 30％时应补充灌溉；在糖分积累期，0～40cm 土层含水量保持在田间持水量 30％时甜菜产量及含糖量最高[19-21]。Topak 等在不同膜下滴灌方案下证明调亏灌溉可节约 25％的灌水量[22]。以上研究结果显示，不同地区和不同试验条件下，得出适宜甜菜生长灌水量及土壤含水率存在一定差异，多偏重于甜菜产量、适宜灌水量及土壤含水率的研究，缺乏对于膜下滴灌甜菜高糖产量灌溉制度研究。同时，不同灌溉次数与灌水定额对作物生长及土壤水分布影响显著[23-26]，而对甜菜产糖量的影响鲜有报道。新疆是典型干旱区气候，少雨蒸发量大，日照充足，是中国最大的甜菜生产基地，甜菜种植面积在 $8.6 \times 10^4 hm^2$，产糖量占全国的 50％以上[27]。而不同灌水次数及定额对新疆膜下滴灌甜菜耗水规律研究及甜菜高糖产量还有待研究。本文在此基础上，以优化新疆膜下滴灌甜菜灌溉制度提高甜菜糖产量为目标，对不同灌水次数与灌水定额对甜菜生长、糖产量及水分利用效率进行为期 2a 的试验研究，为新疆膜下滴灌甜菜灌溉制度制定提供理论依据。

1 材料与方法

1.1 试验区概况

试验分别于 2016 年 4—10 月和 2017 年 4—10 月在新疆农科院玛纳斯甜菜改良中心试验基地进行。试验区位于新疆维吾尔自治区玛纳斯县城东北方向 5km 处，地理坐标为 86°5′—87°8′E，43°7′—45°20′N。7—9 月平均气温为 21.8℃，有效积温为 2 000℃，无霜期 150～204d，生长期（4—9 月）日照时数为 1 780h，多年平均蒸发量为 1 691mm，2016 年生育期降水量为 182mm，2017 年为 108mm。试验采用甜菜品种为 ST15140。土壤类型为灰漠土，土壤养分状况见表 1。0～30cm 土壤质地良好，30～70cm 土壤质地较黏重。田间持水量均为 36.1％（体积），平均容重均为 $1.42g/cm^3$。

表 1 土壤养分状况

年份	有机质/(mg·kg⁻¹)	碱解氮/(mg·kg⁻¹)	有效磷/(mg·kg⁻¹)	速效钾/(mg·kg⁻¹)	总盐/(mg·kg⁻¹)	pH
2016	27.18	89.0	13.3	356	1.2	7.63
2017	22.8	125.2	69.4	876	1.2	8.40

1.2 试验设计

2a 试验采用膜下滴灌方式，按新疆甜菜基肥与出苗水标准在播种前施 $67.5kg/hm^2$ 氮肥，$112.5kg/hm^2$ 磷肥，$40.5kg/hm^2$ 钾肥，播种后出苗灌水量为 $450m^3/hm^2$，4 月中旬播种，10 月上旬收获。当地推荐灌水定额为 60mm，频率为 10 次，经前期土壤入渗试验及灌水定额公式计算得出 60mm 灌水定额下 $\beta_i=28.89\%$，计算公式如下[28]：

$$1\ 000m=\rho bH(\beta_i-\beta_j)P \tag{1}$$

式中，m 为灌水定额，mm，取 60mm；ρb 为该时段土壤计划湿润层内土壤容重，g/cm^3，取 $1.42g/cm^3$；H 为计划湿润层深度，cm，本试验计划湿润层深度为 90cm；β_i 为目标含水量（田间持水率乘以目标相对含水率），％；β_j 为灌前土壤含水率，％，取 21.72％；P 为土壤湿润比，％，取 65.41％。故本试验灌水定额设 I_1（45mm），I_2（60mm）2 个水平，灌水频率设 F8（8 次）、F9（9 次）、F10（10 次）3 个水平，按不同灌溉定额不同次数灌溉布设 6 个灌水单因素处理，每个处理 3 组重复（表 2）。采用随机区组排列，小区面积 10m×3m，试验区两侧设有 6 膜保护行。种植行距 50cm，株距 20cm，采用一膜两行一管种植模式；采用单翼迷宫式滴灌带，滴头间距 30cm，流量 1.5L/h，灌水量由水表控制。

表 2 试验设计方案

灌水定额/mm	灌水次数	灌溉定额/mm	灌水日期
45	8	360	6-20、7-01、7-11、7-21、8-01、8-11、8-26、9-10
	9	405	6-15、7-01、7-11、7-21、8-01、8-11、8-21、9-1、9-15
	10	450	6-10、6-20、7-01、7-11、7-21、8-01、8-11、8-21、9-5、9-20
60	8	480	6-20、7-01、7-11、7-21、8-01、8-11、8-26、9-10
	9	540	6-15、7-01、7-11、7-21、8-01、8-11、8-21、9-1、9-15
	10	600	6-10、6-20、7-01、7-11、7-21、8-01、8-11、8-21、9-5、9-20

1.3 测定方法

1.3.1 土壤含水率测定

分别在各处理第一次灌水前一天（6月4日、6月14日、6月19日）以及收获前一天（10月10日）用 Trime 水分测试仪分层测定土壤含水率，测试深度90cm，每10cm为1层。各处理在距甜菜种植行0、±0.125m 处垂直种植行方向共布设根探管（图1），为评价灌溉制度对土壤含水率影响，考虑在测定水分前降雨对土壤含水率临时影响，利用以下公式对土壤含水率进行折算。公式（2）用于计算影响区域降雨总质量[29]：

$$G = 10^{-3} F \cdot R \cdot \rho o \tag{2}$$

式中，R 为降雨量，mm；F 为降雨计算区域土壤面积，取 $1m^2$；ρo 为降雨密度，取 $1 \times 10^3 kg/m^3$；G 为计算区域降雨总质量，kg；10^{-3} 为雨量换算系数。

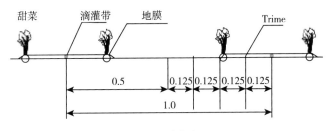

图 1 Trime 埋设位置图
注：单位为 m。

由公式（3）得出土壤体积含水率为[30]

$$\theta_v = \theta g \rho_b \tag{3}$$

式中，θ_v 为土壤体积含水率，%；θg 为土壤质量含水率，%；ρ_b 为土壤容重，为 $1.42g/cm^3$。

土壤质量含水率计算公式采用国家 GB7172—1987 标准，为

$$\theta_g = \frac{m_1 - m_2}{m_1 - m_0} \times 100\% \tag{4}$$

式中，m_0 为烘干空铝盒质量，g；m_1 为烘干前铝盒及土样质量，g；m_2 为烘干后铝盒及土样质量，g。

由公式（5）得出土壤折算质量含水率计算公式为

$$\theta_g' = \frac{\theta_v V \rho_w - G}{V \rho_w + \theta_v V \rho_w} \tag{5}$$

式中，θ_g' 为土壤折算质量含水率，%；ρ_w 为水密度，取 $1 \times 10^3 kg/m^3$；V 为计算区域土壤体积，取 $1m^3$。

将公式（5）带入（3）中得出土壤折算后体积含水率为

$$\theta_c = \frac{\theta_v V \rho_w - G}{V \rho_b + \theta_v V \rho_w} \rho_b \tag{6}$$

式中，θ_c 为土壤折算后体积含水率，%。

土壤相对含水率计算公式为[31]

$$\theta_R = \frac{\theta}{\theta_f} \times 100\% \tag{7}$$

式中，θ_R 为土壤相对含水率，%；θ 为计算时段内土壤平均含水率，%；θ_f 为土壤田间持水率，%。

1.3.2　生长指标测定

2 年的甜菜生长指标均于 7 月 30 日测定，选取小区中行具有代表性 6 棵植株定点观测甜菜株高、叶面积、块根质量。用直尺测量各处理甜菜株高、叶长宽，叶面积指数 $= (\sum ab0.7)/750$（a 为叶长，b 为叶宽），块根质量用电子秤称量（精度 0.05g）。

1.3.3　叶片 SPAD 值测定

采用便携式叶绿素仪每次灌水前测定 SPAD 值，每处理选择同方向同位置的 10 片叶观测，取各处理生育期所测叶绿素值的平均值。

1.3.4　作物耗水量测定

作物生育期间耗水量采用水量平衡法计算，本试验区地下水埋深低于 8m，地下水对作物用水补给忽略不计；滴头灌水强度小于土壤入渗率，无地表径流与深层渗漏，即[32]：

$$ET_c = I + R - Ds \tag{8}$$

式中，ET_c 为作物耗水量，mm；R 为时段内计划土壤有效降雨量（图 2），mm；I 为时段内灌水量，mm；Ds 为 0~90cm 深度土壤储水量变化量，mm。

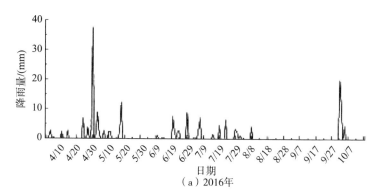

（a）2016年

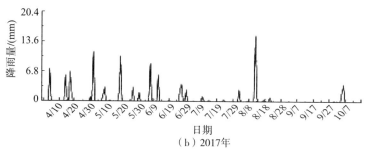

（b）2017年

图 2　甜菜生育期降雨量

1.3.5　产量、含糖率及产糖量测定

甜菜产量于 10 月上旬收获，由小区中间行去除头尾 1.5m 后全部采收称量测产；含糖率采用垂度计测定甜菜的可溶性固形物含量：取样并切取 1/2 甜菜块根，沿块根直立 45°角方向切取 1.0cm 厚、中心条状块根，去除表皮，捣碎成汁，采用锤度计监测不同处理甜菜的可溶性固形物含量，含糖率（%）= 可溶性固形物含量（%）×0.82；糖产量为甜菜产量与含糖率的乘积。

1.3.6　水分利用效率计算

水分利用效率计算公式[33]为

$$WUE = Y/ET_c \tag{9}$$

式中，WUE 为作物水分利用效率，$kg/(mm \cdot hm^2)$；Y 为单位面积产量，kg/hm^2；ET_c 为作物耗水量，mm。

产糖水分利用效率公式[33]为

$$SWUE = S/ET_c \tag{10}$$

式中，$SWUE$ 为作物产糖水分利用效率，$kg/(mm \cdot hm^2)$；S 为单位面积糖产量，kg/hm^2；ET_c 为作物耗水量，mm。

1.4 数据分析

采用 SPSS20.0 和 Excle2013 软件进行数据统计及相关分析，差异显著性分析采用 Duncan 法（极显著 $P<0.01$，显著 $P<0.05$）。

2 结果与分析

2.1 灌溉制度对甜菜形态指标的影响

不同灌水次数与定额处理的甜菜株高、叶面积指数（LAI，leaf area index）、块根质量及灌前土壤含水率与相对含水率见表3。由表3知，2年内，不同灌水次数处理的灌前土壤相对含水率表现为灌水8次小于50%，灌水9次介于50%～60%，灌水10次在60%以上。灌水次数对甜菜株高、LAI、块根质量影响极显著（$P<0.01$），灌水定额对甜菜块根质量影响显著（$P<0.05$）。在2016年，F8水平下不同灌水定额对甜菜LAI影响显著（$P<0.05$），在2017年影响极显著（$P<0.01$）。2年内，灌水定额与次数交互作用对甜菜株高、LAI、块根质量影响极显著（$P<0.01$）。

2年内灌水10次（I_1F_{10} 与 I_2F_{10}）处理的甜菜株高超过70cm，显著高于其他处理（$P<0.05$），灌水8次与9次无明显差异（$P>0.05$）；不同灌水定额水平下灌水次数对甜菜LAI影响显著表现为：$I_1F_{10}>I_1F_9>I_1F_8$，$I_2F_{10}>I_2F_9>I_2F_8$（$P<0.05$），表明灌水次数增加能促进甜菜叶丛生长，而灌水定额对甜菜株高与叶面积指数无明显影响。

I_1 灌水定额下，2016年甜菜块根质量随灌水次数增加呈增大趋势，表现为 $I_1F_{10}>I_1F_9>I_1F_8$，（$P<0.05$）；2017年 I_1F_{10} 的块根质量较 I_1F_9、I_1F_8 分别增加40.01%、78.5%（$P<0.05$），I_1F_8 与 I_1F_9 无明显差异（$P>0.05$）。在 I_2 水平下，2年内 I_2F_{10} 处理块根质量显著高于 I_2F_8、I_2F_9 处理（$P<0.05$），保持在800g以上，I_2F_8 与 I_2F_9 无明显差异（$P>0.05$）。2年数据表明，相同灌水次数下 I_2 水平下甜菜块根质量显著高于 I_1，表现为，$I_2F_8>I_1F_8$，$I_2F_9>I_1F_9$，$I_2F_{10}>I_1F_{10}$，表明灌水定额增加能增加甜菜块根质量。

表3 不同灌溉制度对甜菜形态指标的影响

年份	灌水定额	灌水次数	土壤含水率/%	土壤相对含水率/%	株高/cm	叶面积指数	块根质量/g
2016年	I_1	F_8	16.42±0.54	46.78±3.18	59.55±2.55b	3.06±0.14d	508.89±7.95d
		F_9	19.63±0.42	54.37±5.33	60.63±1.37b	3.85±0.09c	591.27±5.69c
		F_{10}	21.46±0.79	60.43±1.51	70.13±4.53a	5.05±0.11ab	713.36±7.73b
	I_2	F_8	16.6±0.51	45.97±1.47	59.80±5.17b	3.62±0.04c	655.56±5.81bc
		F_9	20.1±0.11	55.65±2.23	63.77±4.63b	4.40±0.1bc	737.78±9.42b
		F_{10}	21.72±0.38	60.15±2.72	72.90±4.16a	5.68±0.14a	851.11±10.81a
2017年	I_1	F_8	16.08±0.24	44.52±5.10	60.95±4.06b	3.96±0.13d	358.55±11.06c
		F_9	21.29±0.51	58.96±1.22	57.37±1.42b	4.52±0.13bc	457.18±10.44c
		F_{10}	23.54±0.84	65.18±4.15	71.08±1.26a	5.84±0.25a	640.43±4.65b

（续）

年份	灌水定额	灌水次数	土壤含水率/%	土壤相对含水率/%	株高/cm	叶面积指数	块根质量/g
2017年	I₂	F₈	16.69±0.67	46.21±2.41	59.88±1.85b	4.31±0.13c	622.33±8.37b
		F₉	21.47±0.36	59.45±1.17	61.78±3.72b	4.70±0.17b	700.15±13.28b
		F₁₀	22.94±0.47	63.53±4.71	71.30±4.83a	5.74±0.08a	894.75±9.44a
F值F value							
2016年	灌水次数				14.59**	17.28**	10.68**
	F₈灌水定额				1.67ns	6.66*	6.71*
	F₉灌水定额				0.18ns	0.28ns	6.33*
	F₁₀灌水定额				1.5ns	0.45ns	7.21*
	定额×次数				12.58**	7.41**	21.56**
2017年	灌水次数				76.87**	14.83**	5.89**
	F₈灌水定额				2.14ns	32.29**	8.22*
	F₉灌水定额				1.953ns	0.24ns	7.08*
	F₁₀灌水定额				1.23ns	0.12ns	15.98*
	定额×次数				36.3**	5.45**	13.74**

注：表中土壤含水率为灌前测定值，测定日期分别为6月4日（F10）、6月14日（F9）、6月19日（F8）；*表示差异显著（$P<0.05$），**表示差异极显著（$P<0.01$）；a、b、c等分别表示$P=0.05$水平下差异显著，下同。

2.2 不同灌溉制度对甜菜叶绿素值的影响

叶绿素含量是衡量植物养分状况、光合能力以及植物生长发育阶段的良好指示器[34]。2年内不同灌溉制度对甜菜SPAD值影响见图3。由图3知，在2年内，SPAD值随灌水次数增加呈降低趋势；不同灌水次数下I₁处理SPAD值显著高于I₂处理（$P<0.05$）。I₁F₈与I₁F₉处理SPAD值显著高于其他处理（$P<0.05$），I₂F₁₀处理显著小于其他处理（$P<0.05$）。表明甜菜SPAD值随灌水定额与次数增加呈降低趋势。

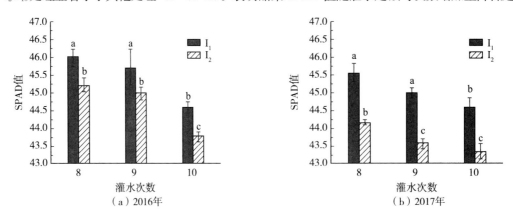

图3 不同灌溉制度对甜菜SPAD值的影响

注：I₁表示45mm灌水定额，I₂表示60mm灌水定额。

2.3 不同灌溉制度对甜菜产量、产糖量的影响

不同灌溉制度对甜菜产量、含糖率、产糖量的影响见表4。由表4知，2年内，灌水次数对甜菜的产量、含糖率影响极显著（$P<0.01$），对产糖量无明显影响（$P>0.05$）；I₁与I₂灌水定额在F₈水平下对甜菜产量影响显著（$P<0.05$），F₉水平下对甜菜产量影响极显著（$P<0.01$），F₁₀水平对

产量无明显影响（$P>0.05$）。I_1 与 I_2 灌水定额在 F_8 水平下对甜菜含糖率无明显影响（$P>0.05$）；在 F_9 水平下甜菜产糖量影响极显著（$P<0.01$）；在 F_{10} 水平下甜菜产糖量无明显影响（$P>0.05$）。2年内，灌水定额与灌水次数交互作用对甜菜产量、含糖率、产糖量影响极显著（$P<0.01$）。

于收获前测定土壤含水率折算后知，2a 内 F_8 处理的土壤相对含水率降至 50% 以下；F_{10} 的土壤相对含水率保持在 50%～60% 之间；F_9 的土壤相对含水率在 I_1 灌水定额下分别降至 46.13%、49.63%，在 I_2 灌水定额下分别降至 53.12%、52.58%。

2年内在 I_1 水平下，I_1F_{10} 处理的甜菜产量显著高于 I_1F_8 与 I_1F_9（$P<0.05$），2016 年 I_1F_8 与 I_1F_9 无明显差异（$P>0.05$），2017 年 I_1F_8 与 I_1F_9 差异显著（$P<0.05$）。在 I_2 水平下，2年内 I_2F_{10} 与 I_2F_9 无明显差异（$P>0.05$），显著高于 I_2F_8 处理（$P<0.05$）；I_2F_8 与 I_1F_8 无明显差异（$P>0.05$，除 2016 年）I_2F_9 产量较 I_1F_9 增加 7.7%、7.4%（$P<0.05$），I_1F_{10} 与 I_2F_{10} 处理的甜菜产量无明显差异（$P>0.05$）。2a 内，I_1 水平下甜菜含糖率随灌水次数增加呈显著减小趋势，表现为：$I_1F_8>I_1F_9>I_1F_{10}$。在 I_2 水平下，2016 年甜菜含糖率表现为：$I_2F_8>I_2F_9>I_2F_{10}$（$P<0.05$）；2017 年 I_2F_8 与 I_2F_9 无明显差异（$P>0.05$），I_2F_{10} 处理的甜菜含糖率显著小于其他处理（$P<0.05$）。2年内不同灌水定额水平下甜菜含糖率无明显差异（$P>0.05$）。在 I_1 水平下，2年内 F_9 的产糖量显著小于 F_8（$P<0.05$），F_8 与 F_{10} 无明显差异（$P>0.05$）。在 I_2 水平下，2016 年 F_8 与 F_9 糖产量显著高于 F_{10}（$P<0.05$），F_8 与 F_9 无明显差异（$P>0.05$），I_2F_9 的甜菜产糖量达到 $1.92\times10^4 kg/hm^2$；在 2017 年 I_2F_9 的甜菜产糖量达到 $1.97\times10^4 kg/hm^2$，较 I_2F_8 与 I_2F_{10} 增加 6.48%（$P<0.05$），I_2F_8 与 I_2F_{10} 无明显差异（$P>0.05$）。2年内不同灌水定额下，I_2F_9、I_1F_9 分别增加糖产量 9.7%、9.4%（$P<0.05$），I_1F_8 与 I_2F_8、I_1F_{10} 与 I_2F_{10} 无明显差异（$P>0.05$）。总体看来，灌水 9 次时增加 15mm 灌水定额能显著提高甜菜产量与糖产量；而灌水次数增加会导致甜菜含糖率降低，灌水定额增加对含糖率无明显影响。

表 4　不同灌溉制度对甜菜产量、含糖率及产糖量的影响

年份	灌水定额	灌水次数	土壤含水率/%	土壤相对含水率/%	产量/(10^4kg·hm^{-2})	含糖率/%	产糖量/(10^4kg·hm^{-2})
2016 年	I_1	F_8	15.71±0.66	47.74±1.65	11.28±0.15d	16.39±1.48a	1.85±0.1b
		F_9	16.56±072	46.13±212	11.27±006d	15.58±151b	1.75±006c
		F_{10}	18.43±0.36	51.46±2.23	11.87±0.06b	15.14±1.49c	1.80±0.06bc
	I_2	F_8	16.47±0.82	46.74±2.94	11.47±0.04c	16.58±0.97a	1.90±0.08ab
		F_9	19.18±0.17	53.12±3.62	12.14±0.14a	15.85±1.09b	1.92±0.05a
		F_{10}	20.36±0.35	56.36±3.44	11.98±0.11ab	15.34±1.14c	1.84±0.09b
2017 年	I_1	F_8	15.89±0.21	44.82±1.63	10.72±0.18d	17.38±1.15a	1.86±0.05b
		F_9	17.81±0.12	49.63±1.27	11.01±0.05c	16.32±1.26b	1.80±0.04c
		F_{10}	19.5±0.28	54.77±1.74	11.96±0.06a	15.68±1.01c	1.88±0.03b
	I_2	F_8	17.7±0.85	49.45±3.13	10.92±0.07cd	16.98±1.41ab	1.85±0.07bc
		F_9	18.79±0.76	52.58±1.39	11.83±0.1ab	16.69±1.05ab	1.97±0.04a
		F_{10}	20.02±0.26	55.71±2.31	12.07±0.04a	15.32±1.37c	1.85±0.03bc
				F 值			
	灌水次数				31.27**	19.45**	1.11ns
	F_8 灌水定额				8.2*	1.01ns	4.33ns
2016 年	F_9 灌水定额				121.56**	3.37ns	115.17**
	F_{10} 灌水定额				1.34ns	0.84ns	1.46ns
	定额×次数				71.04**	8.25**	13.84**

（续）

年份	灌水定额	灌水次数	土壤含水率/%	土壤相对含水率/%	产量/(10^4kg·hm^{-2})	含糖率/%	产糖量/(10^4kg·hm^{-2})
		灌水次数			3.68*	21.51**	0.2ns
	F_8灌水定额				2.89*	2.14ns	0.63ns
2017年	F_9灌水定额				57.74**	5.11ns	40.34**
	F_{10}灌水定额				1.98ns	0.003ns	0.073ns
	定额×次数				47.98**	13.85**	12.51**

注：表中土壤含水率为收获前测定值，测定日期为10月10日

2.4 不同灌溉制度对甜菜耗水量、水分利用效率的影响

不同灌溉制度对甜菜耗水量（ET_c，evapotranspiration）、水分利用效率（WUE，wateruseefficiency）、产糖水分利用效率（$SWUE$，sugarwateruseefficiency）的影响见表5。分析表5，ET_c随灌溉定额增加呈增大趋势，WUE随灌溉定额增加呈减小趋势。2年内，灌水次数对甜菜ET_c、WUE无明显影响（$P>0.05$），灌水定额对ET_c、WUE、$SWUE$有极显著影响（$P<0.01$）；2016年灌水次数增加对$SWUE$影响显著（$P<0.05$），在2017年无明显影响（$P>0.05$）；在2年内灌水次数与灌水定额交互作用对甜菜ET_c、WUE、$SWUE$影响极显著（$P<0.01$）。

表5 不同灌溉制度对甜菜耗水量、水分利用效率及产糖水分利用效率的影响

灌水定额	灌水次数	2016年			2017年		
		耗水量	水分利用效率(kg·mm^{-1}·hm^{-2})	产糖水分利用效率(kg·mm^{-1}·hm^{-2})	耗水量(mm)	水分利用效率(kg·mm^{-1}·hm^{-2})	产糖水分利用效率(kg·mm^{-1}·hm^{-2})
	F_8	514.05±32.74d	219.4±9.18a	35.2±2.71a	475.56±32.61d	222.5±5.94a	39.6±1.61a
I_1	F_9	547.57±18.44d	205.8±7.41a	32.2±1.78b	485.32±47.51d	226.8±6.18a	37.1±2.13a
	F_{10}	604.07±36.04c	199.5±6.77a	29.8±0.44c	551.14±46.11c	217.1±6.41a	34.1±2.94b
	F_8	626.58±21.88c	183.1±11.02b	30.3±2.15c	588.31±25.32b	185.6±4.08b	31.4±1.91b
I_2	F_9	654.80±38.36b	185.4±5.78b	29.3±1.16c	602.53±42.72b	196.3±3.78b	32.7±3.68b
	F_{10}	721.13±28.11a	166.12±8.51c	25.5±3.72d	669.45±49.36a	180.3±6.82b	27.6±1.27c
F值							
灌水次数		1.53ns	2.61ns	7.63*	2.24ns	0.55ns	3.2ns
F_8灌水定额		35.44**	753.88**	73.5**	25.88**	268.06**	25.47**
F_9灌水定额		78.68**	384.34**	133.06**	221.25**	339.15**	77.13**
F_{10}灌水定额		56.74**	1 268.03**	206.84**	35.46**	1 101.51**	24.64**
定额·次数		25.63**	78.15**	101.84**	42.18**	15.24**	24.46**

2年内，I_2的甜菜ET_c明显大于I_1处理（$P<0.05$）。在I_1水平下，F_8与F_9的ET_c无明显差异（$P>0.05$），F10处理的ET_c显著大于其他处理（$P<0.05$）。在I_2处理下，2016年甜菜ET_c随灌水次数增加呈明显增大趋势，表现为$I_2F_{10}>I_2F_9>I_2F_8$（$P<0.05$），2017年I_2F_8与I_2F_9无明显差异（$P>0.05$），I_2F_{10}处理的ET_c为669.45mm，显著大于其他处理（$P<0.05$）。

水分利用效率是指作物消耗单位水量生产出的同化量。由表 5 知，在 2 年内 I_1 灌水定额下各处理无明显差异（$P>0.05$）；在 I_2 水平下，2016 年 F_8 与 F_9 处理的 WUE 显著大于 F_{10}（$P<0.05$），F_8 与 F_9 无明显差异（$P>0.05$），2017 年无明显差异（$P>0.05$）。在 2a 内 I_1 处理的 WUE 显著大于 I_2（$P<0.05$），表明灌溉水定额增加会减小 WUE。

产糖水分利用效率是评价甜菜产糖能力的指标。I_1 水平下，在 2016 年随灌水次数增加 SWUE 呈显著下降趋势（$P<0.05$）；2017 年 F_8 与 F_9 处理的 SWUE 无明显差异（$P>0.05$），F_{10} 处理 SWUE 较 F_8、F9 减小 5.5、3kg/（mm·hm²），在 I_2 水平下，2 年内 F_8 与 F_9 无明显差异，F_{10} 处理显著小于 F8、F9（$P<0.05$）。2 年内相同灌水次数下 I_2 处理的甜菜 SWUE 明显小于 I_1（$P<0.05$），表明灌水定额增加同时也会减小 SWUE。

总之，ETc 随灌溉定额增大呈增大趋势，灌水次数对甜菜 WUE 无明显影响，灌水定额增加会明显降低 WUE 与 SWUE。灌水 10 次会明显降低 SWUE。

3　讨论

前人通过新疆膜下滴灌甜菜方法测得甜菜株高介于 $50\sim60cm$，LAI 均在 4.0 以上[35]。本次试验 F_8 与 F_9 处理的甜菜株高与前人相似，F_{10} 处理的甜菜株高均在 70cm 以上。作物对土壤含水率反应较为敏感[36-37]，土壤含水率是前期制约甜菜生长重要因素，本试验灌水前 1d 测得 F_8、F_9、F_{10} 土壤相对含水率分别位于 50% 以下、$50\%\sim60\%$、60% 以上，2 年试验表明灌水次数对甜菜株高、LAI 影响极显著，这与 Radin 等提出灌水频率对棉花植株生殖生长期影响显著的结论相吻合[38]，说明灌水次数对前期土壤含水率及甜菜生长起决定性作用；陈凯丽等通过小麦滴灌试验表明 52.5mm 与 60mm 灌水定额对冬小麦生长与产量无明显影响[39]，本次研究表明在 2 年 F_9、F_{10} 水平下灌水定额对甜菜株高、LAI 无明显影响，这与陈凯丽呈相同规律，但 F_8 水平下灌溉定额对甜菜 LAI 影响显著，说明灌水 8 次时土壤含水率位于 50% 以下时，甜菜生长受到影响，应该增加灌水定额。

王唯逍等研究表明适度减少灌水量有利于水稻叶片叶绿素形成[40]，李智等通过试验表明过多水分供应不会增加叶绿素含量[41]。而本次试验说明甜菜叶绿素随灌水定额与次数增加呈下降趋势，与王唯逍等结果相似。

Doorenbos 等研究表明土壤相对含水率保持在 $50\%\sim60\%$ 时甜菜可获得高产[42]。Tognetti 等研究表明当缺水程度达到田间持水量 50% 时，甜菜减产 25%[43]。樊福义等通过膜下滴灌甜菜试验表明灌水 8 次时产量最高为 $9.07\times10^4kg/hm^2$[44]。本次试验表明灌水 8 次时产量较低，与樊福义结论不同，因为樊福义试验年降雨量为 350mm，为丰雨年，而灌水次数增加能提高甜菜产量，这与灌水次数增加能增加作物产量[45-47]结论吻合，土壤含水率介于 $51\%\sim56\%$ 产量较高，这与 Doorenbos 等[42]研究结果吻合。李智试验表明甜菜产量随甜菜 LAI 与土壤含水率增加而增加，含糖率与土壤含水率呈负相关[15,41]。本次试验 I_2F_9 处理获得双高产，2 年内产糖量较 I_2F_{10} 分别增加 4.3%、6.5%，I_2F_9 的甜菜 LAI 小于与 I_1F_{10}、I_2F_{10}，但同时获得高产，说明土壤含水率是影响甜菜 LAI 与产量的根本原因，当土壤相对含水率达 50% 以上时获得高产；土壤含水率对含糖率的影响主要体现在灌水次数上，随灌水次数增加而降低。

Yildirim 在安卡拉对甜菜进行充分灌溉后测得甜菜耗水量为 865mm[48]；Barbanti 等对甜菜进行亏缺与充分灌溉处理后得出甜菜耗水量在 $567\sim1262mm$[49]；Katerji 等在黏土与壤土上充分灌溉后测得甜菜耗水量在 $731\sim836mm$[50]。本次试验在 2 年不同灌溉制度下测得甜菜耗水量在 $475\sim721mm$，耗水量随灌溉定额增加而增大，2 年内 I_2F_{10} 处理耗水量分别为 669、721mm，与前人结果相似。孙乌日娜通过试验表明甜菜 ETc 随灌水量增加而增大，WUE 随灌水量增加而减小[18]。本次试验表明 I_2 灌水定额的 WUE 明显低于 I_1 处理，与前人结果相符，但灌水次数对 ETc、WUE

无明显影响。李智研究表明甜菜产量与耗水量成正比[41]，本次试验与李智结论相符，而 WUE 与 ETc 成反比，证明 WU 随甜菜产量增加而呈减小趋势。甜菜属于经济作物，应在保证高产量与产糖量前提下提高 WUE 与 SWUE，因此以 60mm 灌水定额灌水 9 次为更适宜新疆膜下滴灌甜菜制度，此外，新疆传统膜下滴灌甜菜灌溉定额为 600mm，该灌溉制度相比传统灌溉模式可节水 10%。

4 结论

（1）在新疆膜下滴灌甜菜制度下，灌水次数增加能增加甜菜叶面积指数、产量，但会降低含糖率与产糖水分利用效率，对甜菜的耗水量、水分利用效率无显著影响（$P>0.05$）；基于 45mm 灌水定额增加 15mm 灌水定额会增加甜菜产量、耗水量、降低水分利用效率与产糖水分利用效率，对含糖率与叶面积指数无明显影响。甜菜 SPAD 值随灌水次数与定额增加呈下降趋势。

（2）甜菜产量增加会导致水分利用效率降低，甜菜属经济作物，从经济高产及新疆典型干旱区地域特征角度分析，灌水 9 次土壤相对含水率低于 50% 时，增加 15mm 灌水定额 2a 的糖产量分别为 1.92×10^4 和 1.97×10^4 kg/hm²，能增加糖产量 9.4%～9.7%，产量与灌水 10 次无明显差异（$P>0.05$），但对含糖率无明显影响（$P>0.05$），因此灌水 9 次，60mm 灌水定额更适应新疆膜下滴灌甜菜制度。

◆ 参考文献

[1] 金巍，刘双双，张可，等．农业生产效率对农业用水量的影响［J］．自然资源学报，2018，33（8）：1326-1339.

[2] 谢文宝，陈彤，刘国勇．新疆农业水资源利用与经济增长脱钩关系及效应分解［J］．节水灌溉，2018（4）：69-72，77.

[3] 李明思，郑旭荣，贾宏伟，等．棉花膜下滴灌灌溉制度试验研究［J］．中国农村水利水电，2001（11）：13-15.

[4] 刘新永，田长彦．棉花膜下滴灌盐分动态及平衡研究［J］．水土保持学报，2005，19（6）：82-85.

[5] 张伟，吕新，李鲁华，等．新疆棉田膜下滴灌盐分运移规律［J］．农业工程学报，2008，24（8）：15-19.

[6] 王昱，赵廷红，李波，等．西北内陆干旱地区农户采用节水灌溉技术意愿影响因素分析［J］．节水灌溉，2012（11）：50-54

[7] 王敏，王海霞，韩清芳，等．不同材料覆盖的土壤水温效应及对玉米生长的影响［J］．作物学报，2011，37（7）：1249-258.

[8] Hassanli A M，Ahmadirad S，Beecham S. Evaluation of the influence of irrigation method sand water quality on sugar beet yield and water use efficiency［J］．Agric. Water Manage，2011，97（2）：357-362.

[9] 冶军，陈军，朱新在．不同灌溉方式对新疆甜菜生长发育的影响［J］．现代农业科技，2009（7）：15-16.

[10] 赵长星，马东辉，王月福，等．施氮量和花后土壤含水量对小麦旗叶衰老及粒重的影响［J］．应用生态学报，2008（11）：2388-2393.

[11] 马东辉，赵长星，王月福，等．施氮量和花后土壤含水量对小麦旗叶光合特性和产量的影响［J］．生态学报，2008（10）：4896-4901.

[12] 侯玉虹，尹光华，刘作新，等．土壤含水量对玉米出苗率及苗期生长的影响［J］．安徽农学通

报，2007（1）：70－73.

[13] Kosobryulchov A A，Bil K Y，Nishio J N. Sugar beet photosyn thesis under conditions of increasing water defcciency in soil and protective effects of a low molecular weight alcohol [J]. Applied Bio chemistry and Microbiology，2004，40（1）：668－674.

[14] Fabeiro C，Martind S O F，Lopez R，et al. Production and quality of the sugar beet (*Beta vulgaris* L.) cultivatedunder controlled deficit irrigation conditions in a semi－arid climate [J]. Agricultural Water Management，2003，62（3）：215－227.

[15] 李智. 膜下滴灌条件下甜菜水分代谢特点的研究 [D]. 呼和浩特：内蒙古农业大学，2015

[16] 冯泽洋，李国龙，李智，等. 调亏灌溉对滴灌甜菜生长和产量的影响 [J]. 灌溉排水学报，2017，36（11）：7－12.

[17] 董心久，杨洪泽，高卫时，等. 灌水量对滴灌甜菜生长发育及产质量的影响 [J]. 中国糖料，2013（4）：37－38，41.

[18] 孙乌日娜. 膜下滴灌甜菜水分利用效率的研究 [D]. 呼和浩特：内蒙古农业大学，2013.

[19] 李阳阳，费聪，崔静，等. 滴灌甜菜对糖分积累期水分亏缺的生理响应 [J]. 中国生态农业学报，2017，25（3）：373－380.

[20] 李阳阳，费聪，崔静，等. 滴灌甜菜对块根膨大期水分亏缺的补偿性响应 [J]. 作物学报，2016，42（11）：1727－1732.

[21] 李阳阳，耿青云，费聪，等. 滴灌甜菜叶丛生长期对干旱胁迫的生理响应 [J]. 应用生态学报，2016，27（1）：201－206.

[22] Topak R，SuHeri S，Acar B. Effect of different drip irrigation regimes on sugar beet (*Beta vulgaris* L.) yield, quality and water use efficiency in Middle Anatolian，Turkey [J]. Irrigation Science，2011，29（1）：79－89.

[23] 董平国，王增丽，温广贵，等. 不同灌溉制度对制种玉米产量和阶段耗水量的影响 [J]. 排灌机械工程学报，2014，32（9）：822－828.

[24] 王振华，杨培岭，郑旭荣，等. 新疆现行灌溉制度下膜下滴灌棉田土壤盐分分布变化 [J]. 农业机械学报，2014，45（8）：149－159.

[25] 王峰，孙景生，刘祖贵，等. 不同灌溉制度对棉田盐分分布与脱盐效果的影响 [J]. 农业机械学报，2013，44（12）：120－127.

[26] Collins W. Remote sensing of crop type and maturity [J]. Photogrammetric Engineering and emote Sensing，1978，44（1）：43－55.

[27] 刘升廷，王燕飞，高卫时，等. 对我国甜菜种业发展的思考 [J]. 中国糖料，2017，39（2）：71－74.

[28] 李明思，康绍忠，孙海燕. 点源滴灌滴头流量与湿润体关系研究 [J]. 农业工程学报，2006，22（4）：32－35.

[29] 张国辉，江行久. 利用土壤含水量资料估算区域降水渗透量 [J]. 东北水利水电，2005（8）：53－54.

[30] 龚元石，廖超子，李保国. 土壤含水量和容重的空间变异及其分形特征 [J]. 土壤学报，1998，35（1）：10－15.

[31] 柴红敏，蔡焕杰，王健，等. 亏缺灌溉试验中土壤水分胁迫水平设置新指标 [J]. 中国农村水利水电，2009（6）：14－17.

[32] James L G. Principles of farm irrigation system design [J]. CabInternational Wallingford UkPp，1988，12（4）：279－291.

[33] He J. Best Management Practice Development with the Ceres－Maize Model for Sweet Corn

Production in North Florida ［D］. Florida：University of Florida，2008.

［34］ 宫兆宁，赵雅莉，赵文吉，等 . 基于光谱指数的植物叶片叶绿素含量的估算模型 ［J］. 生态学报，2014，34 （20）：5736 - 5745.

［35］ 胡华兵 . 新疆甜菜高产高效种植技术研究 ［D］. 石河子：石河子大学，2014.

［36］ 郑国保，张源沛，孔德杰，等 . 不同灌水次数对日光温室番茄土壤水分动态变化规律的影响 ［J］. 中国农学通报，2011，27 （22）：192 - 196.

［37］ 霍东亮，孔维萍 . 调亏灌溉对作物土壤含水量及生长特性的影响 ［J］. 农业科技与信息，2017 （22）：73 - 74.

［38］ Radin J W，Mauney J R，Kerridge P C，et al，Water uptake by cotton roots during fruit filling Inrelation to irrigation frequency ［J］. Crop Sci. ，1989 （4）：1000 - 1005.

［39］ 陈凯丽，赵经华，马亮，等 . 不同灌水定额对北疆小麦生长和产量的影响 ［J］. 节水灌溉，2016 （5）：19 - 22.

［40］ 王唯逍，刘小军，朱艳，等 . 不同土壤水分处理对水稻光合特性及产量的影响 ［J］. 生态学报，2012，32 （22）：7053 - 7060.

［41］ 李智，李国龙，刘蒙，等 . 膜下滴灌条件下甜菜水分代谢特点的研究 ［J］. 节水灌溉，2015 （9）：52 - 56.

［43］ TognettiR，PalladinoM，MinnocciA，et al. The response of sugarbeet todripandlow - pressure sprinkler irrigationin SouthernItaly ［J］. Agricultural Water Management，2003，60 （2）：135 - 155.

［44］ 樊福义，苏文斌，宫前恒，等 . 高寒干旱区膜下滴灌甜菜灌溉制度的研究 ［J］. 中国糖料，2017，39 （6）：37 - 39，42.

［45］ 朱文新，孙继颖，高聚林，等 . 深松和灌水次数对春玉米耗水特性及产量的影响 ［J］. 玉米科学，2016，24 （5）：75 - 82.

［46］ 王伟 . 不同灌水次数下施氮量对优质春小麦产量与品质的影响 ［D］. 乌鲁木齐：新疆农业大学，2013.

［47］ 李云，李金霞，李瑞奇，等 . 灌水次数和施磷量对冬小麦养分积累量和产量的影响 ［J］. 麦类作物学报，2010，30 （6）：1097 - 1103.

［48］ Yildirim O. Sugar Beet Yields Response to Surface Drip and Subsurface Irrigation Methods ［D］. Wikipedia：University of Ankara，1990.

［49］ Barbanti L，Monti A，Venturi G. Nitrogen dynamics and fertilizer use efficiency in leaves of different ages of sugar beet （Beta vulgaris） at variable water regimes ［J］. Ann Appl Bio. ，2010，150 （2）：197 - 205.

［50］ Katerji N，Mastrorilli M. The effect of soil texture on the water use efficiency of irrigated crops：results of a multiyear experiment carried out in the Mediterranean region ［J］. Euro J Agron，2009，30 （2）：95 - 100.

高寒干旱区膜下滴灌甜菜灌溉制度的研究

樊福义，苏文斌，宫前恒，黄春燕，郭晓霞，任霄云，李智

（内蒙古农牧业科学院特色作物研究所，呼和浩特市　010031）

摘要： 通过对高寒干旱区膜下滴灌甜菜灌溉制度的试验研究，摸索出在生育期有效降雨量为 350mm，属于正常年，膜下滴灌综合效果最好的是生育期灌四水的处理，灌溉定额 120m³/667m²，灌水时间为 4 月 20 日，6 月 20 日，7 月 25 日，8 月 30 日，其次是灌三水的处理。

关键词： 甜菜；膜下滴灌；产糖量；水分利用率

　　甜菜属于二年生的草本植物，生育期需水量较多，而内蒙古甜菜主要种植在高寒干旱地区，水资源严重缺乏，加之灌水不科学、灌溉技术落后和农民节水意识淡薄，造成水资源浪费严重，灌溉水利用效率低于 40％。膜下滴灌技术是利用直径约 10mm 毛管将水通过管道上的滴头或孔口输送到作物根部进行局部灌溉的一种技术，研究表明滴灌可以使水的利用率提高到 90％以上，所以把膜下滴灌技术用到甜菜种植上是解决干旱地区水资源不足的有效途径。

　　本课题经过多年的研究，通过对内蒙古高寒干旱地区膜下滴灌甜菜最适灌水量、灌水时间和生育期需水规律的研究，旨在明确高寒干旱地区甜菜生育期的需水规律，为甜菜大田生产提供指导。

1　材料与方法

1.1　试验材料

　　供试甜菜品种：KWS7156 丸粒种子。

1.2　试验设计

　　试验设 A、B、C、D、E、F、G、H 八个处理，灌溉量、灌溉次数、灌溉时间见表 1。4 次重复，随机排列，试验区面积 45m²。

表 1　灌溉表

处理	灌溉量 m³/666.7m²	滴灌次数	每次滴灌量 m³/666.7m²	滴灌时间				
A	30m³	1	30m³	4.20				
B	60m³	2	30m³	4.20	7.20			
C	90m³	3	30m³	4.20	7.10	9.10		
D	120m³	4	30m³	4.20	6.20	7.25	8.30	
E	150m³	5	30m³	4.20	6.20	7.20	8.20	9.20

　　＊　通讯作者：樊福义（1962—　），男，内蒙古包头人，研究员，研究方向：甜菜栽培学。

（续）

处理	灌溉量 m³/666.7m²	滴灌次数	每次滴灌量 m³/666.7m²	滴灌时间
F	180m³	6	30m³	4.20　6.10　7.5　7.30　8.15　9.10
G	210m³	7	30m³	4.20　6.20　7.05　7.20　8.05　8.30　9.15
H	240m³	8	30m³	4.20　6.20　7.10　7.30　8.10　8.20　8.30　9.10

1.3　试验时间地点和条件

1.3.1　试验地概况

试验时间是 2015 年 4 月 20 日至 10 月初，地点在内蒙古自治区农牧业科学院试验田，位于呼和浩特市南郊，东经 111°41′，北纬 40°49′，海拔 1 063 米。试验地处于土默川平原，属于大陆性半干旱气候。特点是：光照充沛，降雨较少，蒸发剧烈。冬季漫长而严寒，夏季短促而炎热，年、日温差大，春秋两季气温变化剧烈，冬春风大，常遭寒潮侵袭。雨热同季，有效积温较高。土壤类型属于中壤土，土壤肥力中等。地下水埋深 8m。

1.3.2　气候条件状况

在整个甜菜生育期，从 5 月初到 9 月底日照时数为 1 600 小时，有效降雨量 350mm，属于正常年份，≥5℃有效积温 2 900℃。

1.3.3　土壤基本情况测定

播种前对试验地 0～40cm 土壤测定，平均容重为 1.44g/cm³，质地为中壤土。0～40cm 土壤养分测定结果：含有机质 21.5g/kg，PH 7.77，全氮 1.35g/kg，全磷 1.01g/kg，全钾 24.5g/kg，碱解氮 94.8mg/kg，有效磷 8.72mg/kg，速效钾 241mg/kg。

1.4　试验方法及测定项目

试验地播种日期在 4 月 20 日，人工点种，每穴 3 粒。播种前埋滴灌管和铺膜，播后 4 月 25 日膜下滴灌出苗水每亩 30m³，此后各次滴灌量均按每亩 30m³ 执行。5 月 4 日出苗，5 月 10 日锄草围苗，5 月 20 日定苗。甜菜生育期内适时进行防虫、防病等管理，除滴灌水时间、次数不同其他均一致。试验在 10 月 12 日收获并测产验糖。

叶面积指数采用打孔称重法测定。

耗水量就是指有效降雨和灌溉之和，WUE（水分利用率）是产量与耗水量的比值，IWUE（灌溉水分利用效率）是产量与灌水量的比值，单位：kg/（666.7m²·m³）。

2　试验结果与分析

2.1　膜下不同滴灌量对甜菜叶面积指数的影响

由图 1 可知，在整个生育期甜菜叶面积指数整体呈先增加后降低再增加的变化趋势，不仅是甜菜老叶衰老枯黄所致，主要由于 8 月份甜菜褐斑病的发生，造成大量叶片死亡，之后再生长新的叶片造成的，导致甜菜叶面积指数在 7 月份各处理间的差异最大。以 7 月 10 日为例，甜菜叶面积指数不同处理间总体表现为 F＞H＞G＞E＞D＞B＞C＞A，依次较 A 处理增加了 47.52%、34.99%、33.24%、19.39%、15.07%、9.62%、7.00%。甜菜叶面积指数总体变化趋势与甜菜叶片鲜干重变化趋势一致，不同滴灌量处理间，总体随着滴灌量的增加叶面积指数呈增加的变化趋势，在灌水量较低水平时由于水分不足，甜菜生长相对缓慢，造成叶面积指数较低，不同处理间以 F 处理最高，A 处理最低。

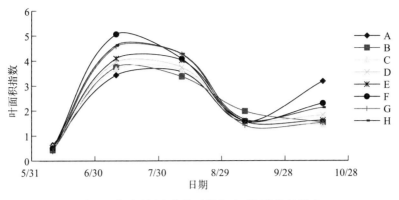

图 1　膜下不同滴灌量对甜菜叶面积指数的影响

2.2　甜菜不同灌水处理对土壤含水量的影响

2015 年甜菜生育期降雨量为 350mm，所以灌水对土壤含水量影响较大，从表 2 中可以看出，不同灌水处理在整个生育期土壤含水量的变化范围为 8%～20%，与往年相比，土壤含水量明显降低。从图 2 中可以看出，甜菜不同灌水处理受灌水次数的影响较明显，土壤含水量随着灌水次数的增加而增加，灌水次数越多，土壤含水量越高，灌水次数多的处理明显高于灌水次数少的处理。

表 2　甜菜不同灌水处理在生育期土壤含水量变化表

处理	4月20日	6月22日	7月5日	7月6日	7月13日	7月21日	8月5日	8月14日	8月21日	8月30日	9月7日	9月11日	9月21日
A	13.16	13.14	12.21	12.28	8.58	10.25	9.62	8.25	8.16	8.28	8.75	9.04	7.92
B	13.06	10.34	9.67	9.75	8.98	11.83	10.80	9.96	9.15	8.57	9.75	9.27	8.64
C	13.51	12.01	11.69	11.47	13.35	13.22	11.95	10.71	10.45	10.14	11.49	14.20	12.37
D	16.83	12.47	11.83	11.93	10.92	11.17	14.60	11.60	11.18	13.40	13.10	13.32	10.89
E	12.87	19.75	14.57	14.49	13.96	19.07	15.53	14.21	17.60	15.50	15.66	16.22	18.56
F	16.26	13.56	11.28	14.36	13.87	14.51	14.53	11.44	14.52	11.83	13.25	19.01	14.32
G	18.37	14.86	11.30	16.01	12.94	17.62	18.25	12.59	11.92	14.77	16.08	16.35	15.37
H	14.13	13.83	12.21	11.75	16.46	16.36	15.44	15.84	17.88	16.07	17.13	18.38	15.76

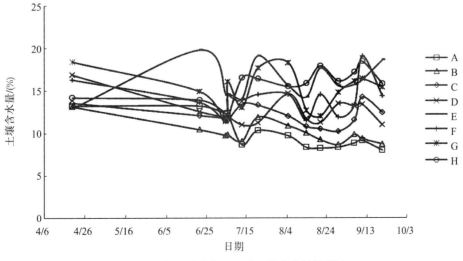

图 2　甜菜不同灌水处理对土壤含水量的影响

2.3 甜菜各生育期需水量及占全生育期需水量的比率

从表 3 可以看出：甜菜各生育期需水量今年最佳处理是 D 处理，苗期需水量为 59.34m³/666.7m²，占全生育期需水量的 23.98％。叶丛繁茂期需水量为 70.67m³/666.7m²，占全生育期需水量的 28.56％。块根糖分增长期需水量为 47.17m³/666.7m²，占全生育期需水量的 19.06％。糖分积累期需水量为 70.28m³/666.7m²，占全生育期需水量的 28.40％（表 4）。2015 年由于降雨量偏少，且分布不均，所以四个时期的需水量相差不是很大。

表 3　甜菜各生育期需水量

单位：m³

处理	苗期 19/4 - 10/6	叶丛繁茂期 11/6 - 31/7	块根糖分增长期 1/8 - 31/8	糖分积累期 1/9 - 8/10	全生育期 19/4 - 8/10
A	36.19	40.75	17.96	58.79	153.69
B	50.55	49.55	22.70	56.48	179.28
C	44.03	52.35	20.43	75.00	191.81
D	59.34	70.67	47.17	70.28	247.45
E	40.77	104.54	40.95	70.54	256.80
F	80.49	76.81	55.22	73.60	286.13
G	54.81	93.93	89.31	83.72	321.77
H	37.66	103.41	97.43	88.53	327.02

表 4　甜菜各生育期需水量及占全生育期需水量的比率

处理	苗期 19/4 - 10/6	叶丛繁茂期 11/6 - 31/7	块根糖分增长期 1/8 - 31/8	糖分积累期 1/9 - 8/10	全生育期 19/4 - 8/10
A	23.55％	26.51％	11.69％	38.25％	153.69
B	28.20％	27.64％	12.66％	31.50％	179.28
C	22.96％	27.29％	10.65％	39.10％	191.81
D	23.98％	28.56％	19.06％	28.40％	247.45
E	15.88％	40.71％	15.95％	27.47％	256.80
F	28.13％	26.84％	19.30％	25.72％	286.13
G	17.03％	29.19％	27.76％	26.02％	321.77
H	11.52％	31.62％	29.79％	27.07％	327.02

2.4 不同水分处理对甜菜产量，含糖率，产糖量，WUE 和 IWUE 的影响

不同的灌水处理通过方差分析表 5 得出：随着灌水次数的增加，块根产量呈增加趋势。处理 H（灌水 8 次，灌水量为 240m³/666.7m²、每次灌水 30m³/666.7m²、灌水时间为 4 月 20 日、6 月 20 日、7 月 10 日、7 月 30 日、8 月 10 日、8 月 20 日、8 月 30 日、9 月 10 日）与其他处理差异达显著水平，与处理 A、B、C、D、E、F 相比较差异达极显著水平；与处理 G 达显著水平。相比较处理 A（生育期灌 1 次水，灌水定额 30m³/666.7m²，灌水时间为 4 月 20 日）产量最低。

表 5　方差分析结果表

处理	均值	5％显著水平	1％极显著水平
H	6 045.5	a	A
G	5 919.75	b	AB

（续）

处理	均值	5%显著水平	1%极显著水平
F	5 884.25	b	B
E	5 876.25	b	B
D	5 866.75	b	B
C	5 119.00	c	C
B	4 314.75	d	D
A	3 630.75	e	E

含糖率结果经新复极差分析见表 6 得出：处理 A（灌水 1 次，灌水量为 30m³/666.7m²，灌水时间为 4 月 20 日）与其他处理相比较差异达极显著水平；处理 B（灌水 2 次，灌水量为 60m³/666.7m²，每次灌水 30m³/666.7m²，灌水时间为 4 月 20 日，7 月 20 日）与处理 C 相比较差异达显著水平；与其他处理相比较差异达极显著水平；处理 C（灌水 3 次，灌水量为 60m³/666.7m²，每次灌水 30m³/666.7m²，灌水时间为 4 月 20 日，7 月 10 日，9 月 10 日）与处理 D（灌水 4 次，灌水量为 120m³/666.7m²，每次灌水 30m³/666.7m²，灌水时间为 4 月 20 日、6 月 20 日、7 月 25 日、8 月 30 日）相比较差异不显著，与处理 E、F、G、H 处理相比较差异达极显著水平；处理 D（灌水 4 次，灌水量为 120m³/666.7m²，每次灌水 30m³/666.7m²，灌水时间为 4 月 20 日、6 月 20 日、7 月 25 日、8 月 30 日）与其他处理相比较差异达极显著水平。

表 6   方差分析结果表

处理	均值	5%显著水平	1%极显著水平
A	18.94	a	A
B	17.37	b	B
C	16.81	c	BC
D	16.32	c	C
E	14.58	d	D
F	14.14	d	DE
G	13.56	e	E
H	12.71	f	F

产糖量结果经新复极差分析见表 7 得出：D 处理（灌水 4 次，灌水量为 120m³/666.7m²、每次灌水 30m³/666.7m²、灌水时间为 4 月 20 日、6 月 20 日、7 月 25 日、8 月 30 日）与其他处理相比较差异达极显著水平。处理 C（灌水 3 次，灌水量为 90m³/666.7m²、每次 30m³/666.7m²、灌水时间为 4 月 20 日、7 月 10 日、9 月 10 日）与处理 E、F 相比较差异不显著；与处理 G、H、B、A 相比较差异达极显著水平。

表 7   方差分析结果表

处理	均值	5%显著水平	1%极显著水平
D	957.56	a	A
C	860.31	b	B
E	858.99	b	B
F	832.08	bc	BC
G	802.61	c	CD

（续）

处理	均值	5%显著水平	1%极显著水平
H	768.19	d	DE
B	749.58	d	E
A	687.74	e	F

从表8可以得出：不同水分处理随着灌水量的增加，甜菜耗水量也随着增加；随着灌水量的增加，甜菜产量增加，产糖量呈先增加后降低的趋势，产糖量最高的为D处理；含糖率随灌水量的增加而降低；水分利用效率和灌溉水分利用效率也随灌水量的增加而降低。

表8 不同水分处理对甜菜产量，含糖率，产糖量，WUE 和 IWUE 的影响

处理	灌水量/ m³	需水量/ m³	含糖率/ %	产量/ (kg/666.7m²)	产糖量/ (kg/666.7m²)	WUE/ (kg/666.7m²·m⁻³)	IWUE/ (kg/666.7m²·m⁻³)
A	30	153.69	18.94	3 630.75	687.70	23.62	121.03
B	60	179.28	17.37	4 314.75	749.58	24.07	71.91
C	90	191.81	16.83	5 119.00	860.31	26.69	56.88
D	120	247.45	16.32	5 866.75	957.56	23.71	48.89
E	150	256.80	14.58	5 876.25	858.99	22.88	39.18
F	180	286.13	14.14	5 884.25	832.08	20.56	32.69
G	210	321.77	13.56	5 919.75	802.61	18.40	28.19
H	240	327.02	12.71	6 045.50	768.19	18.49	25.19

2.5 需水量和产量、含糖率的关系

从图3中可以看出，甜菜不同水分处理需水量与产量呈二次曲线关系，随着灌水量的增加，甜菜产量呈增长的趋势，灌水量适中的D处理产量为5 866.75kg/666.7m²，需水量为247.45m³；不同水分处理需水量与含糖率呈线性关系，随着灌水量的增加，含糖率呈下降趋势。

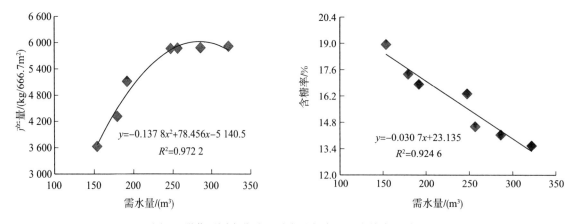

图3 甜菜不同水分处理需水量与产量和含糖率的关系

2.6 甜菜灌溉制度的经济效益分析

从表9中看出，随着灌水量的增加产量也增加，总产值是逐渐增加，生产成本也是增加的；产糖量、净收益是先增加后减少；含糖率是逐渐减少。综合分析：灌水少产质量好，净收益高。灌四水的

D 处理效果最好。

表 9　甜菜各处理经济效益分析

处理	灌水次数	灌水量/ (m^3/666.7m^2)	产量/ (kg/666.7m^2)	含糖率/%	产糖量/ (kg/666.7m^2)	总产值/ (元/666.7m^2)	生产成本/ (元/666.7m^2)	净收益/ (元/666.7m^2)
A	1	30	3 630.75	18.94	687.70	1 924.3	933	991.3
B	2	60	4 314.75	17.37	749.58	2 286.8	963	1 323.8
C	3	90	5 119.00	16.83	860.31	2 713.1	993	1 720.1
D	4	120	5 866.75	16.32	957.56	3 109.4	1 023	2 086.4
E	5	150	5 876.25	14.58	858.99	3 114.4	1 053	2 061.4
F	6	180	5 884.25	14.14	832.08	3 118.7	1 083	2 035.7
G	7	210	5 915.75	13.56	802.61	3 135.3	1 113	2 022.3
H	8	240	6 045.50	12.71	768.19	3 204.1	1 143	2 061.1

注：甜菜单价 0.53 元/kg，灌 1 次水水费及人工费 30 元/666.7m^2，生产成本包括种子、化肥、农药、人工、灌溉等 933 元/666.7m^2。

　　当水源不能充分满足灌溉要求时，不能按甜菜的需水要求进行充分的灌溉，这就要求在甜菜最需水的时期灌溉，要按每立方米水的生产率最大或大面积上总产量最高为原则。

　　计算干旱年各处理的水的生产率（1m^3 水生产的产量、kg/m^3）和边际产量（每增加 1m^3 水相对增加的产量、kg/m^3）。见表 10，可以看出干旱年以灌 1 次水的 A 处理的生产率最大，而灌四水 D 处理的边际产量最大，即灌 1 次水的 A 处理每 m^3 水能生产甜菜 121.03kg。灌四水 D 处理每增加 1m^3 水能增加 24.84kg 甜菜，即干旱年甜菜应灌四次水，水的经济效益最大。

表 10　灌溉水的生产率

处理	产量/(kg/m^2)	灌水量/(m^3/666.7m^2)	水生产率/(kg/m^3)	边际产量/(kg/m^3)
A	3 630.75	30	121.03	—
B	4 314.75	60	71.91	22.8
C	5 119	90	56.88	24.80
D	5 866.75	120	48.89	24.84
E	5 876.25	150	39.18	18.75
F	5 884.25	180	32.69	15.0
G	5 915.75	210	28.19	12.7
H	6 045.5	240	25.19	11.5

3　讨论与结论

　　在甜菜整个生育期，有效降雨量 350mm 与常年相同。甜菜生育期土壤含水量和植株需水量随灌水量的增加而增加，以较优处理 D 为例，在苗期、叶丛繁茂期、块根糖分增长期和糖分积累期需水量分别占全生育期需水量的 23.98%、28.56%、19.06% 和 28.40%。

　　从甜菜块根产量看：H 处理（灌水 8 次，灌水量为 240m^3/666.7m^2、每次灌水 30m^3/666.7m^2、灌水时间为 4 月 20 日、6 月 20 日、7 月 10 日、7 月 30 日、8 月 10 日、8 月 20 日、8 月 30 日、9 月 10 日）产量最高，达到 6 045.50kg/666.7m^2，高于其他处理。

　　从甜菜块根含糖率结果看：A 处理（灌水 1 次，灌水量为 30m^3/666.7m^2，灌水时间为 4 月 20 日）含糖率最高，平均达到 18.94%，高于其他处理。

从块根产糖量看：D 处理（灌水 4 次，灌水量为 $30m^3/666.7m^2$，灌水时间为 4 月 20 日、6 月 20 日、7 月 25 日、8 月 30 日）优于其他处理。产糖量达 $957.56kg/666.7m^2$。

从水分生产率和净收益看：A 处理（灌水 1 次，灌水量为 $30m^3/666.7m^2$，灌水时间为 4 月 20 日）的水分生产率最高；D 处理（灌水 4 次，灌水量为 $30m^3/666.7m^2$，灌水时间为 4 月 20 日、6 月 20 日、7 月 25 日、8 月 30 日）净收益最高。

甜菜需水量与产量和含糖率密切相关，各处理随着灌水量的增加，产量呈增加的趋势，而含糖率、水分利用效率和灌溉水分利用效率呈降低的趋势，产糖量呈先增加后降低的趋势。

综合考虑甜菜产量、含糖率和产糖量以及需水量和净收益分析得出灌 4 次水的 D 处理不仅产糖量和净收益最高，而且需水量适中、水分利用效率也较高。

◇ 参考文献

[1] 李毅，王文焰，王全九. 论膜下滴灌技术在干旱-半干旱地区节水抑盐灌溉中的应用 [J]. 灌溉排水，2001，20（2）：42 - 46.

[2] 李援农，孙志武，冯东玲，等. 膜下滴灌技术研究 [J]. 西北农林科技大学学报，2001，29（4）：89 - 92.

[3] 徐志刚，徐慧丽. 膜下滴灌技术在大田灌区的应用 [J]. 新疆农业科技，2011（6）：42.

[4] 马富裕，严以绥. 棉花膜下滴灌技术理论与实践 [M]. 乌鲁木齐：新疆大学出版社，2002.

[5] Jianhua Zheng，Guanhua Huang，Dongdong Jia. Responses of drip irrigated tomato（*Solanum lycopersicum L.*）yield，quality and water productivity to various soil matric potential thresholds in an arid region of Northwest China [J]. Agricultural Water Management，2013（129）：181 - 193.

[6] 朱士江，孙爱华，杜平，等. 不同节水灌溉模式对水稻分蘖、株高及产量的影响 [J]. 节水灌溉，2013（12）：16 - 19.

[7] 刘广明，杨劲松，张秀勇，等. 节水灌溉条件下水稻需水规律及水分利用效率研究 [J]. 灌溉排水学报，2005，24（6）：49 - 52.

甜菜膜下滴灌高产优质农艺栽培措施的研究

苏文斌，黄春燕，樊福义，郭晓霞，宫前恒，任霄云

（内蒙古农牧业科学院特色作物研究所，呼和浩特　010031）

摘要： 采用五因素五水平二次正交旋转组合设计试验方法，对膜下滴灌甜菜主要栽培措施密度与生物有机肥、N、P_2O_5、K_2O 以及对甜菜产量和产糖量间的量化关系系统研究。通过对建立产量和产糖量数学模型的优化与解析，明确了影响甜菜产量和产糖量的关键因子及实现膜下滴灌甜菜高产优质高效优化栽培的综合农艺措施。试验结果表明：五个因素影响甜菜产量大小顺序是：氮肥＞生物有机肥＞磷肥＞钾肥＞密度；五个因素对产糖量影响大小顺序是：生物有机肥＞氮肥＞密度＞磷肥＞钾

＊　通讯作者：苏文斌（1964—　），男，内蒙古呼和浩特人，研究员，研究方向：甜菜栽培与生理研究。

肥，实现甜菜块根产量在 4 000～4 500kg/667m² 的最优农艺组合是：密度 5 000 株/667m²，生物有机肥 33.0kg/667m²，氮肥 9.4kg/667m²，磷肥 11.30kg/667m²，钾肥 6.2kg/667m²；甜菜产糖量大于 650kg/667m² 的最优农艺组合是：密度 5 350 株/667m²，生物有机肥 36.0kg/667m²，氮肥 9.5kg/667m²，磷肥 11.5kg/667m²，钾肥 6.3kg/667m²。

关键词：甜菜；膜下滴灌；优化栽培；数学模型；产糖量

甜菜是我国第二大糖料作物[1-2]，华北甜菜主产区随着种植业结构的调整，甜菜主产区从光热水资源条件好的地区，逐步向水资源短缺干旱、冷凉的地区转移。甜菜采用膜下滴灌栽培措施不仅节水显著，并且提高了水分和肥料的利用率[3]，甜菜膜下滴灌将会逐步成为华北甜菜产区的一种主要栽培模式，对影响膜下滴灌主要因素采用二次正交旋转组合设计[4-6]，通过数学模型的建立和统计分析，可寻求影响甜菜产量和产糖量主次因子最优组合方案，对科学指导华北主产区膜下滴灌甜菜生产具有现实意义。

1 材料和方法

1.1 试验地点及基本情况

试验在内蒙古自治区农牧业科学院试验地（呼和浩特）进行，土质为壤土，含有机质 26.376g/kg，pH 8.15，全氮 1.011 4g/kg，全磷 0.69g/kg，全钾 28.56g/kg，碱解氮 101.31mg/kg，有效磷 16.5mg/kg，速效钾 159.9mg/kg，pH 8.2。

1.2 试验设计与实施

试验（1/2 实施），研究因素设密度（X1）、生物有机肥（X2）、N（X3）、P₂O₅（X4）和、K₂O（X5）5 个决策变量，各因素设 5 个水平，共 36 个处理组合。以甜菜产量和产糖量为目标函数进行分析。各因素设计水平经无量纲线性代换后相应设计编码见表 1，五因素五水平二次正交旋转组合设计见表 2。

表 1 试验因素水平编码表

试验因素		单位	变化间距	水平编码（r=2）				
				−2	−1	0	1	2
X1	密度	株/667m²	1 000	3 000	4 000	5 000	6 000	7 000
X2	生物有机肥	kg/667m²	15	0	15	30	45	60
X3	N	kg/667m²	4	0	4	8	12	16
X4	P₂O₅	kg/667m²	5	0	5	10	15	20
X5	K₂O	kg/667m²	3	0	3	6	9	12

试验用肥料为：氮肥为尿素（含 N46%），磷肥为重过磷酸钙（含 46%），钾肥为硫酸钾（含 K₂O50%）和生物有机肥（含有机质 50%）。

试验使用甜菜品种为 KWS7156，在内蒙古农牧业科学院试验地进行，种植方式为膜下滴灌甜菜，2012 年于 4 月上旬育苗、5 月上旬移栽，2013—2014 年于 4 月中下旬进行直播播种，肥料以基肥方式一次性施入土壤 20cm 左右。试验以小区方式进行。以随机区组排列，不设重复，共 36 个试验小区。每处理小区面积 34m²＝6.8m×5m，每小区 10 膜 20 行，小区在播种后通过滴灌方式进行灌溉，一次保全苗，全生育期以土壤含水量能满足甜菜的生长发育为准，适时适量进行田间滴灌。生育期内甜菜中耕除草、病虫害防治等田间管理工作统一进行，试验于 10 月上旬收获计产，并进行检糖。

表 2　五因素五水平二次正交旋转组合设计表

处理	X1	X2	X3	X4	X5	密度 （株/667m²）	生物有机肥 （kg/667m²）	N （kg/667m²）	P₂O₅ （kg/667m²）	K₂O （kg/667m²）
1	1	1	1	1	1	6 000	45	12	15	9
2	1	1	1	−1	−1	6 000	45	12	5	3
3	1	1	−1	1	−1	6 000	45	4	15	3
4	1	1	−1	−1	1	6 000	45	4	5	9
5	1	−1	1	1	−1	6 000	15	12	15	3
6	1	−1	1	−1	1	6 000	15	12	5	9
7	1	−1	−1	1	1	6 000	15	4	15	9
8	1	−1	−1	−1	−1	6 000	15	4	5	3
9	−1	1	1	1	−1	4 000	45	12	15	3
10	−1	1	1	−1	1	4 000	45	12	5	9
11	−1	1	−1	1	1	4 000	45	4	15	9
12	−1	1	−1	−1	−1	4 000	45	4	5	3
13	−1	−1	1	1	1	4 000	15	12	15	9
14	−1	−1	1	−1	−1	4 000	15	12	5	3
15	−1	−1	−1	1	−1	4 000	15	4	15	3
16	−1	−1	−1	−1	1	4 000	15	4	5	9
17	−2	0	0	0	0	3 000	30	8	10	6
18	2	0	0	0	0	7 000	30	8	10	6
19	0	−2	0	0	0	5 000	0	8	10	6
20	0	2	0	0	0	5 000	60	8	10	6
21	0	0	−2	0	0	5 000	30	0	10	6
22	0	0	2	0	0	5 000	30	16	10	6
23	0	0	0	−2	0	5 000	30	8	0	6
24	0	0	0	2	0	5 000	30	8	20	6
25	0	0	0	0	−2	5 000	30	8	10	0
26	0	0	0	0	2	5 000	30	8	10	12
27	0	0	0	0	0	5 000	30	8	10	6
28	0	0	0	0	0	5 000	30	8	10	6
29	0	0	0	0	0	5 000	30	8	10	6
30	0	0	0	0	0	5 000	30	8	10	6
31	0	0	0	0	0	5 000	30	8	10	6
32	0	0	0	0	0	5 000	30	8	10	6
33	0	0	0	0	0	5 000	30	8	10	6
34	0	0	0	0	0	5 000	30	8	10	6
35	0	0	0	0	0	5 000	30	8	10	6
36	0	0	0	0	0	5 000	30	8	10	6

2 试验结果与统计分析

2.1 产量及产糖量

2012—2014 年三年试验结果（产量、产糖量）见表 3。

表 3 甜菜三年平均产量和产糖量表

处理	产量（kg/667m²）	产糖量（kg/667m²）	处理	产量（kg/667m²）	产糖量（kg/667m²）
1	4 854.0	752.4	19	4 573.0	690.5
2	4 643.0	724.3	20	4 997.0	789.5
3	4 632.0	741.1	21	4 564.0	689.2
4	4 443.0	706.4	22	4 860.0	738.7
5	4 728.0	747.0	23	4 510.0	685.5
6	4 590.0	720.6	24	4 697.0	709.2
7	4 616.0	733.9	25	4 553.0	683.0
8	4 274.0	671.0	26	5 001.0	765.2
9	4 696.0	723.2	27	5 046.0	787.2
10	4 598.0	712.7	28	4 882.0	771.4
11	4 564.0	684.6	29	4 959.0	783.5
12	4 512.0	667.8	30	4 845.0	775.2
13	4 654.0	698.1	31	4 706.0	743.5
14	4 510.0	667.5	32	5 070.0	790.9
15	4 345.0	651.8	33	4 903.0	774.7
16	4 209.0	648.2	34	4 930.0	783.9
17	4 629.0	726.8	35	4 912.0	771.2
18	4 727.0	723.2	36	5 017.0	787.7

注：本表为 2012—2014 年三年数据平均值。

2.2 回归数学模型的建立及检验

对表 3 甜菜产量及产糖量结果经 DPS v6.55 数据分析，分别得出五个因素的五元二次回归数学模型方程，即：

甜菜产量 $Y = 4\,938.43 + 37.00X_1 + 77.67X_2 + 94.58X_3 + 70.17X_4 + 45.17X_5 - 79.40X_1^2 - 52.65X_2^2 - 70.90X_3^2 - 98.02X_4^2 - 54.65X_5^2 - 18.00X_1X_2 + 1.38X_1X_3 + 28.13X_1X_4 + 16.50X_1X_5 - 24.88X_2X_3 - 13.13X_2X_4 - 14.75X_2X_5 - 8.00X_3X_4 + 3.12X_3X_5 + 24.13X_4X_5$

甜菜产糖量 $Y = 777.22 + 13.98X_1 + 15.52X_2 + 14.17X_3 + 10.88X_4 + 9.48X_5 - 13.43X_1^2 - 9.68X_2^2 - 16.19X_3^2 - 20.34X_4^2 - 13.66X_5^2 - 4.44X_1X_2 - 3.58X_1X_3 + 5.66X_1X_4 - 0.21X_1X_5 - 0.98X_2X_3 - 2.09X_2X_4 - 3.99X_2X_5 - 1.40X_3X_4 - 1.23X_3X_5 - 3.21X_4X_5$

对以上两个数学模型方程进行显著性检验：

F_1 拟合自由度 6，误差自由度 9

$F_{0.05} = 3.373\,7$，$F_{0.01} = 5.801\,7$

F_2 剩余自由度 15，回归自由度 20

$F_{0.05} = 2.203$，$F_{0.01} = 3.088$

得出：Y 产量函数方程式为

$F1(6, 9)=1.818<F0.05=3.373\ 7, <F0.01=5.801\ 7$

$F2(15, 20)=4.855>F0.05=2.203, F0.01=3.088$

得出：Y 产糖量函数方程式为

$F1(6, 9)=4.875>F0.05=3.373\ 7, <F0.01=5.801\ 7$

$F2(15, 20)=6.057>F0.05=2.203, F0.01=3.088$；

检验表明，两个五元二次回归数学模型拟合较好，并达显著水平。（失拟不显著，回归显著）。

又对两数学模型经 $\alpha=0.10$ 显著水平剔除不显著项后，简化后的回归方程：

甜菜产量 $Y=4\ 938.43+77.67X2+94.58X3+70.17X4+45.17X5-79.40X1^2-52.65X2^2-70.90X3^2-98.02X4^2-54.65X5^2$

甜菜产糖量 $Y=777.22+13.98X1+15.52X2+14.17X3+10.88X4+9.48X5-13.43X1^2-9.68X2^2-16.19X3^2-20.34X4^2-13.66X5^2$

2.3 数学模型分析及其寻优

2.3.1 产量函数模型

2.3.1.1 主因素分析

经无量纲线性编码代换后，偏回归系数已经标准化，其值的大小可以反映各变量（Xi）对产量的影响程度[7]，从方程式中一次项系数绝对值大小直观看，五个因素影响甜菜产量大小顺序是：氮肥＞生物有机肥＞磷肥＞钾肥＞密度。

2.3.1.2 单因素效应分析

对产量模型采用"降维法"求得单因素对产量的效应[8-10]，将其中 4 个变量固定"0"时，可得出个单因素效应的子模型如下：

$Y1=4\ 938.43+37.00X1-79.40X1^2$；

$Y2=4\ 938.43+77.67X2-52.65X2^2$；

$Y3=4\ 938.43+94.58X3-70.90X3^2$；

$Y4=4\ 938.43+70.17X4-98.02X4^2$；

$Y5=4\ 938.43+45.17X5-54.65X5^2$。

采用上述单因素子模型，可分别将各个因素不同水平编码值代入式中，获得不同水平上甜菜产量值。

由于试验得出回归方程式中因素间交互项的偏回归系数，未达显著水平，不作分析。

2.3.1.3 产量数学模型的寻优

根据新建立的产量数学模型，在 $-2\leqslant Xi\leqslant2$（$i=1, 2, 3, 4, 5$）的范围内设步长为 1，进行模拟计算，寻求不同产量下的最优组合方案，对全部试验的（$5^5=3\ 125$）个组合运算[11]，得到本试验甜菜最高理论产量 $4\ 987.14kg/667m^2$，其农艺组合是 $X1=0, X2=1, X3=1, X4=0, X5=0$。考虑在生产实践中，产量受各因素影响明显，提出了甜菜产量 4 000kg 以上的寻优组合方案，该组合方案在 3 125 个组合胡总出现的频率为 74.9%，共有 2 340 个，最优措施密度为（X1）5 000 株/667m²、有机生物肥（X2）32.56kg/667m²、N 肥（X3）8.9kg/667m²、P_2O_5 11kg/667m² 和 K_2O 6.37kg/667m²。各因素变化状况如表 4。

表 4 产量大于 4 000kg/667m² 寻优方案及频率

水平	X1	频率	X2	频率	X3	频率	X4	频率	X5	频率
-2	378	0.161 5	303	0.129 5	246	0.105 1	239	0.102 1	353	0.150 9
-1	519	0.221 8	464	0.198 3	477	0.203 8	502	0.214 5	479	0.204 7

（续）

水平	X1	频率	X2	频率	X3	频率	X4	频率	X5	频率
0	546	0.233 3	527	0.225 2	549	0.234 6	576	0.246 2	524	0.223 9
1	519	0.221 8	542	0.231 6	557	0.238 0	559	0.238 9	518	0.221 4
2	378	0.161 5	504	0.215 4	511	0.218 4	464	0.198 3	466	0.199 1
合计	2 340	1	2 340	1	2 340	1	2 340	1	2 340	1
加权均数	0.000 0		0.205 0		0.261 0		0.217 0		0.113 0	
标准误	0.027 0		0.027 0		0.027 0		0.026 0		0.028 0	
95%的分布区间	−0.053～0.053		0.151～0.259		0.208～0.313		0.165～0.268		0.059～0.168	
农艺措施取值范围	4 947～5 053		32.30～33.9		8.83～9.25		10.83～11.34		6.18～6.50	
最优措施	5 000		32.56		8.9		11		6.37	

从表 5 各因素单因子效应水平取值变动中看出，各因素有共同趋势，从−2～2 的增减变动表明，欲达到较高产量变量取值应在 0～1 之间。

表5　单因子效应分析（其他因素为"0"时）

水平	X1	X2	X3	X4	X5
−2.0	4 620.8	4 572.5	4 465.7	4 406.0	4 629.5
−1.5	4 759.8	4 703.5	4 637.0	4 612.6	4 747.7
−1.0	4 859.0	4 808.1	4 773.0	4 770.2	4 838.6
−0.5	4 918.6	4 886.4	4 873.4	4 878.8	4 902.2
0.0	4 938.4	4 938.4	4 938.4	4 938.4	4 938.4
0.5	4 918.6	4 964.1	4 968.0	4 949.0	4 947.4
1.0	4 859.0	4 963.5	4 962.1	4 910.6	4 929.0
1.5	4 759.8	4 936.5	4 920.8	4 823.1	4 883.2
2.0	4 620.8	4 883.2	4 844.0	4 686.7	4 810.2

2.3.2 甜菜产糖量函数模型

2.3.2.1 主因素效应分析

经过无量纲线性编码代换后，偏回归系数已经标准化，其值大小反映出各变量对产糖量的影响程度，从方程式中一次项系数直观看，五个因素对产糖量影响大小顺序是：生物有机肥＞氮肥＞密度＞磷肥＞钾肥。

2.3.2.2 单因素效应分析

对产糖量数学模型，采用"降维法"，求得单因素对产糖量的效应，将其中 4 个变量因素固定为"0"时，可得出各个单因素效应的子模型如下：

Y_1 产糖量 $= Y = 777.22 + 13.98X_1 - 13.43X_1^2$；

Y_2 产糖量 $= Y = 777.22 + 15.52X_2 - 9.68X_2^2$；

Y_3 产糖量 $= Y = 777.22 + 14.17X_3 - 16.19X_3^2$；

Y_4 产糖量 $= Y = 777.22 + 10.88X_4 - 20.34X_4^2$；

Y_5 产糖量 $= Y = 777.22 + 9.48X_5 - 13.66X_5^2$。

利用上述单因素子模型，将各因素的不同水平编码值代入式中，可获得不同水平下的产糖量数值。

由于试验得出的回归方程中因素之间交互项的偏回归系数达到显著水平，不进行分析。

2.3.2.3 产糖量数学模型的寻优

利用建立产糖量数学模型，在$-2{\leqslant}X_i{\leqslant}2$（$i=1$，2，3，4，5）的范围内设步长为1，进行模拟计算，寻求不同产糖量下的最优组合方案，对全部试验的（$5^5=3\ 125$）个组合运算，得到本试验甜菜最高理论产糖量783.61kg/667m²，其农艺组合是$X1=1$，$X2=1$，$X3=0$，$X4=0$，$X5=0$。考虑到这一值，为试验理论值，在生产实践上，影响甜菜产糖量的因素变化大，经寻优计算，产糖量大于650kg/667m²以上组合有1 293，全部3 125组合中出现频率为41.4%，最优措施密度为（X1）5 352株/667m²、有机生物肥（X2）36.34kg/667m²、N肥（X3）9.45kg/667m²、$P_2O_3$11.5kg/667m²和K_2O6.73kg/667m²。产糖量大于650kg/667m²组合各因素变化如表6。

表6 产糖量大于650kg/667m²寻优方案及频率

水平	X1	频率	X2	频率	X3	频率	X4	频率	X5	频率
-2	82	0.063 5	84	0.065 0	58	0.044 9	35	0.027 1	101	0.078 2
-1	249	0.192 7	234	0.181 1	257	0.198 9	286	0.221 4	274	0.212 1
0	351	0.271 7	324	0.250 8	373	0.288 7	412	0.318 9	353	0.273 2
1	353	0.273 2	352	0.272 4	366	0.283 3	375	0.290 2	338	0.261 6
2	257	0.198 9	298	0.230 7	238	0.184 2	184	0.142 4	226	0.174 9
合计	1 293	1	1 293	1	1 293	1	1 293	1	1 293	1
加权均数	0.351 0		0.423 0		0.363 0		0.300 0		0.243 0	
标准误	0.033 0		0.034 0		0.031 0		0.029 0		0.033 0	
95%的分布区间	0.287…0.416		0.357…0.488		0.302…0.424		0.242…0.357		0.178…0.308	
农艺措施取值范围	5 287-5 416		35.35-37.32		9.2-9.7		11.21-11.80		6.53-6.92	
最优措施	5 352		36.34		9.45		11.5		6.73	

从表7各因素单因子效应水平取值变动中看，各个因素有相同趋势，从$-2\sim2$水平增减变化表明，获较高产糖量，因素取值为$0\sim1$水平。

表7 单因子效应分析（其他因素为"0"时）

水平	X1	X2	X3	X4	X5
-2.0	695.5	707.5	684.1	674.1	703.6
-1.5	726.0	732.2	719.5	715.1	732.3
-1.0	749.8	752.0	746.9	746.0	754.1
-0.5	766.9	767.0	766.1	766.7	769.1
0.0	777.2	777.2	777.2	777.2	777.2
0.5	780.9	782.6	780.3	777.6	778.5
1.0	777.8	783.1	775.2	767.8	773.0
1.5	768.0	778.7	762.0	747.8	760.7
2.0	751.5	769.5	740.8	717.6	741.6

3 结论

利用五元二次回归正交旋转组合设计方法，进行连续3年（2012—2014年）甜菜产量及产糖量综合农艺措施的试验研究，建立了两个二次回归函数方程式，经检验达显著性水平。

3.1 影响因素排序

五个因素影响甜菜产量大小顺序是：氮肥＞生物有机肥＞磷肥＞钾肥＞密度；五个因素对产糖量影响大小顺序是：生物有机肥＞氮肥＞密度＞磷肥＞钾肥。

3.2 理论最高产量及产糖量

利用两个函数方程式，计算分析得出，甜菜理论最高产量 4 987.0kg/667m² 的农艺组合取值是 $X1=0$，$X2=1$，$X3=1$，$X4=0$，$X5=0$；甜菜最高产糖量 783.6kg/667m² 的农艺组合取值是 $X1=1$，$X2=1$，$X3=0$，$X4=0$，$X5=0$。

3.3 试验校正结果

利用函数方程得出的产量，产糖量理论值是在特定实验环境条件下取得的，而生产实践中影响因素多变，理论值常难以得到。利用函数方程寻优分析，取得甜菜块根产量在 4 000～4 500kg/667m² 的最优农艺组合是：密度 5 000 株/667m²，生物有机肥 33.0kg/667m²，氮肥 9.4kg/667m²，磷肥 11.30kg/667m²，钾肥 6.2kg/667m²；甜菜产糖量大于 650kg/667m² 的最优农艺组合是：密度 5 350 株/667m²，生物有机肥 36.0kg/667m²，氮肥 9.5kg/667m²，磷肥 11.5kg/667m²，钾肥 6.3kg/667m²。寻优结果表明，甜菜采用膜下滴灌栽培技术，优化的农艺组合措施实施能够保证甜菜取得较高产量和产糖量。

参考文献

[1] 李琬，许显滨，赵宏亮，等．不同时期播种对甜菜糖锤度及产量的影响 [J]．作物杂志，2014 (5)：89－91，92.

[2] 韩秉进，杨骥，陈渊，等．甜菜新品种引进试验研究 [J]．农业系统科学与综合研究，2011 (1)：110－113.

[3] 樊福义，苏文斌，宫前恒，等．高寒干旱区甜菜膜下滴灌灌溉制度的研究 [J]．内蒙古农业科技，2013 (5)：44－45.

[4] 徐云，马光平．水稻旱秧配套栽培措施的初步研究 [J]．云南农业科技，1997 (3)：16－17.

[5] 施伏芝，苏泽胜．协优 57 正交栽培试验研究 [J]．安徽农业科学，1999，27 (3)：433－434.

[6] 赵仁亭，冯辉，苏万林，等．水稻品种与栽植密度正交试验报告 [J]．垦殖与稻作，2001 (2)：16－17.

[7] 刘克礼，高聚林，张永平，等．内蒙古西部平原灌区春小麦综合栽培措施与产量关系模型的研究 [J]．麦类作物学报，2003，23 (3)：90－96.

[8] 金柯，汪德水．水肥耦合效应研究Ⅱ：不同 N、P、水配合对旱地冬小麦产量的影响 [J]．植物营养与肥料学报，1999，5 (1)：8－13.

[9] 孟兆江，刘安能，吴海卿，等．黄淮豫东平原冬小麦节水高产水肥耦合数学模型研究 [J]，农业工程学报，1998，14 (1)：86－90.

[10] 黄安霞，覃嘉明，秦洪波，等．广西旱地玉米不同密度和施肥措施对玉米产量的影响 [J]．广东农业科学，2014 (4)：19－22.

[11] 原小燕，符明联，李根泽，等．杂交油菜云油杂 10 号高产栽培因子的优化 [J]．中国油料作物学报，2012，34 (4)：390－395.

不同膜下滴灌定额对土壤水热效应及甜菜产质量的影响

郭晓霞，田露，苏文斌，樊福义，黄春燕，

任霄云，宫前恒，李智，菅彩媛

（内蒙古自治区农牧业科学院特色作物研究所，呼和浩特　010031）

摘要：探究内蒙古半干旱区膜下滴灌甜菜土壤水热高效利用与甜菜提质增效的协同效应，为内蒙古半干旱区甜菜高产高效栽培提供理论依据。通过设置 8 个不同滴灌定额和滴灌频次（A 处理滴灌定额 450m³/hm²、滴灌 1 次；B 处理滴灌定额 900m³/hm²、滴灌 2 次；C 处理滴灌定额 1 350m³/hm²、滴灌 3 次；D 处理滴灌定额 1 800m³/hm²、滴灌 4 次；E 处理滴灌定额 2 250m³/hm²、滴灌 5 次；F 处理滴灌定额 2 700m³/hm²、滴灌 6 次；G 处理滴灌定额 3 150m³/hm²、滴灌 7 次；H 处理滴灌定额 3 600m³/hm²、滴灌 8 次）动态监测甜菜全生育时期土壤水分和温度，分析了膜上、膜侧土壤水热变化，结合甜菜产质量研究膜下不同滴灌定额的水热效应。各处理出苗稳定后 72h 内土壤温度从 17：00 到次日的 11：00 表现为膜上＞膜侧；再从 12：00 到 18：00 表现为膜侧＞膜上，膜上和膜侧最大土壤温差点分别在 6：00－7：00 和 14：00－15：00；3 年内土壤有效积温变化规律与日平均土壤含水率变化规律相反，即随土壤积温增加，含水率逐渐降低。以甜菜块根及糖分增长期为例，B 处理、C 处理、D 处理、E 处理、F 处理、G 处理、H 处理膜上日平均土壤含水率分别较 A 处理提高 6.96%、11.73%、－1.01%、11.76%、5.19%、22.14%、13.62%，2016 年 B、C、D、E、F、G、H 处理膜上土壤有效积温分别较 A 处理提高了 5.61℃、29.11℃、－23.10℃、42.68℃、－10.85℃、－4.46℃、－22.79℃；甜菜全生育期内随滴灌定额的增加，产量增加，含糖率降低，产糖量呈先增后降的趋势，以 2016 年为例，B 处理、C 处理、D 处理、E 处理、F 处理、G 处理、H 处理分别较 A 处理产量提高 4.73%、13.82%、26.38%、29.33%、31.48%、27.43%、25.78%，产糖量提高 5.90%、10.61%、18.07%、20.01%、15.73%、9.78%、4.14%。在甜菜生长关键期进行适宜的滴灌可有效地提高土壤水热效应，最佳滴灌定额为 1 800～2 250m³/hm²，滴灌次数为 4～5 次，促进滴灌条件下甜菜产质量水平提升。

关键词：甜菜；滴灌频次；滴灌量；水热效应；产质量

内蒙古是我国重要的商品粮、油、糖生产基地，人均耕地 0.34hm²，居全国之首[1]。内蒙古甜菜种植面积由 2010 年的 2.6 万 hm² 增加至 2018 年的 12.7 万 hm² 左右，制糖企业由 2017 年的 7 家糖厂增加至 2018 年的 14 家糖厂，甜菜糖产量由全国第三跃升为第一[2]。甜菜是喜水作物，其营养生长旺盛，耗水量大，水是影响甜菜产量和含糖率的主要因子，在干旱区如何合理地灌溉，提高用水效率，促使甜菜向着高产、优质、高效、节水的方向发展显得尤为重要[3]。地膜覆盖可以增加土壤温度，减少棵间蒸发，提高生产性耗水比例[4]。

膜下滴灌在提高水分利用率的同时，可实现高产优质高效[5]，在水质、灌溉方法及土壤条件一定的情况下，土壤的水、热状况主要受灌溉的影响，土壤水、热运移多同时发生，且二者相互影响[6-10]。Buckley 等[11]研究表明，土壤的水、热状况影响作物的生长发育及产量，适宜的温度和土壤

---

* 通讯作者：郭晓霞（1983—　），女，内蒙古通辽市人，研究员，研究方向：甜菜栽培与耕作。

水分是作物生长发育良好的必要条件。甜菜生长过程本身需要一定量的水分补给，才能达到相应的产量水平；而土壤水分过多则会降低甜菜含糖率，特别是生育后期土壤水分对含糖的影响尤为明显。前人关于甜菜灌溉指标的研究，多数偏重于目标产量下提高灌溉水利用效率[12-13]，以及在甜菜需水关键期进行调亏灌溉[14]，同时在滴灌条件下肥料利用的调控研究较多[15-17]，关于膜下滴灌灌溉量的研究也只有在控制同样灌水次数下的不同灌溉量上有所报道[18]，对于膜下滴灌甜菜对水分亏缺响应研究也有报道[19-20]，但对不同灌溉定额对土壤水热效应与甜菜产量和品质形成的研究较少。为了在甜菜产量和含糖间达到最佳土壤水分状态，本研究通过不同滴灌定额及滴灌频次的设计，明确其对土壤水热动态以及甜菜产质量形成的影响，揭示土壤水热动态与甜菜产量和品质形成的相关关系，以期筛选出适合该地区甜菜生长发育的膜下滴灌技术措施，对内蒙古甜菜栽培有重要的理论意义及科学实践价值。

1　材料与方法

1.1　试验区概况

试验于2014—2016年在内蒙古农牧业科学院院内的试验田进行，位于内蒙古呼和浩特市，地处土默川平原，属大陆性半干旱气候。光照充沛，降水较少，蒸发剧烈。冬季漫长而严寒，夏季短促而炎热，春秋两季气温变化剧烈，冬春风大，常遭寒潮侵袭。年平均气温2.0～6.7℃，最冷月气温－12.7～－16.1℃，最热月平均气温17.0～22.9℃；无霜期113～134d；年均日照时间1 600h；年平均降水量为335.2～534.6mm，且主要集中在7—8月。试验区土壤类型属壤土，地下水埋深8m，土壤养分状况见表1。试验区2014—2016年降雨量见图1，不同年际间月降雨量整体呈先增加后降低的变化趋势，以5月份最低，月降雨量在40mm或20mm以下，春旱严重，甜菜出苗难、保苗难的问题凸显。以6月和7月降雨量和降雨次数最多，年降雨量总体表现为2016年>2014年>2015年，2016年和2014年分别较2015年降雨量增加了22.73%和28.64%，但总体降雨量均不高，不能满足甜菜正常生长所需水分条件。试验地土壤养分状况见表1。

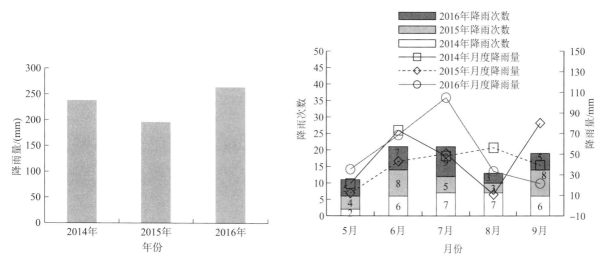

图1　2014—2016年甜菜生育时期试验地降雨

表1　试验地土壤养分状况

土壤类型	有机质量/(g·kg⁻¹)	全氮量/(g·kg⁻¹)	全磷量/(g·kg⁻¹)	碱解氮量/(mg·kg⁻¹)	有效磷量/(mg·kg⁻¹)	速效钾量/(mg·kg⁻¹)	pH
壤土	26.38	1.01	0.69	101.31	16.5	159.90	8.15

1.2　试验设计

试验设置不同滴灌定额和滴灌频次，每次灌水定额为 450m³/hm²，滴灌次数分别为 1 次、2 次、3 次、4 次、5 次、6 次、7 次和 8 次，记为 A、B、C、D、E、F、G、H 处理。采取随机区组设计，4 次重复，共 32 个小区。试验设置小区堰埂，小区面积 7m×5m＝35m²。2014—2016 年，每年均是 4 月 25 日播种，供试品种为：KWS7156，甜菜种植行距 50cm，株距 25cm。具体试验设计见表 2。

表 2　试验设计

处理	滴灌定额/(m³·hm⁻²)	滴灌次数	每次灌水定额/(m³·hm⁻²)	滴灌时间							
A	450	1	450	0.420							
B	900	2	450	0.420	0.720						
C	1 350	3	450	0.420	0.710	0.910					
D	1 800	4	450	0.420	0.620	0.725	0.830				
E	2 250	5	450	0.420	0.620	0.720	0.820	0.920			
F	2 700	6	450	0.420	0.610	0.705	0.730	0.815	0.910		
G	3 150	7	450	0.420	0.620	0.705	0.720	0.805	0.830	0.915	
H	3 600	8	450	0.420	0.620	0.710	0.730	0.810	0.820	0.830	0.910

1.3　指标测定及计算方法

（1）土壤体积含水率和土壤温度

利用 HOBO 小气象站定位监测甜菜全生育期内膜上和膜侧的土壤体积含水率和土壤温度。监测从出苗时开始到收获后结束，每 1h 测定 1 次，数据采集仪自动记录。探针埋设在滴头下方，最窄边向上垂直插入土壤，埋设深度为 25cm。

（2）土壤有效积温

其计算式[21]为：

$$AT = \sum (T_{mean} - T_{base}),\tag{1}$$

式中：AT 为土壤有效积温（℃）；T_{mean} 为日平均土壤温度；T_{base} 为甜菜基础有效温度，其值为 10℃。当 $T_{mean} < T_{base}$ 时土壤有效积温记为 0℃。

（3）土壤贮水量、田间耗水量

土壤贮水量＝土壤体积含水率（%）×土层厚度（cm）×10/100，单位为 mm。甜菜的耗水量用水量平衡法估算，计算式为：

$$ET_c = I + P \pm \Delta S - R - D,\tag{2}$$

式中，ET_c 为作物腾发量即耗水量（mm）；I 为灌水量（mm）；P 为降水量（mm）；ΔS 为 0～100cm 土层贮水量的变化（mm）；R 为地表径流量（mm）；D 为深层渗漏量（mm）。在本试验中，由于在滴灌条件下不产生地表径流，而且设计的单次灌水量较小，不足以形成深层渗漏，所以 R 和 D 忽略不计。

（4）含糖率、产量、产糖量

甜菜收获时，每个小区随机取 15 株甜菜块根，采用日本产 Atago Refractometer PAL－1 数字手持折射仪测定块根糖锤度，折算其含糖率。含糖率＝PAL－1 测定的锤度×80%。

甜菜收获时，每个小区选取 10m² 测定块根产量。产糖量＝产量×含糖率。

（5）水分利用效率［WUE，kg/(mm·hm²)］

计算式为：

$$WUE = Y / ET_c,\tag{3}$$

式中，Y 表示作物产量，ET_c 表示耗水量。

（6）积温生产效率 $[kg/(hm^2 \cdot \text{℃})]^{[22]}$（$TUE$）

计算式为：

$$TUE = Y/T, \tag{4}$$

式中，Y 表示单位面积作物产量；T 表示生育期有效积温。

1.4 数据处理与分析

采用 Excel2016 进行数据计算、处理，并作图，采用 SAS9.0 软件进行显著性及相关性分析。

2 结果与分析

2.1 滴灌定额对甜菜生育时期土壤有效积温的影响

图 2 为甜菜生育时期土壤有效积温变化结果。由图 2 可知，随生育时期的推进，3 年内各处理间土壤有效积温均呈先下降后升高再下降的变化趋势，且在生育中期各处理间差异较大，膜上与膜侧土壤有效积温大小差异不大，温度变化规律不同。以块根及糖分增长期为例，2014 年 B 处理、C 处理、D 处理、E 处理、F 处理、G 处理、H 处理膜上土壤有效积温分别较 A 处理提高了 1.00、57.94、2.27、22.96、−10.59、−23.05、−39.06℃，2015 年提高了 0.57、20.19、−10.70、77.58、−19.54、−53.73、−94.75℃，2016 年提高了 5.61、29.11、−23.10、42.68、−10.85、−4.46、−22.79℃，不同处理间土壤有效积温以 E 处理、C 处理、B 处理较高，可见灌水量越大有效积温越低，且不同灌水量对土壤有效积温的影响程度不同。由于灌水量对有效积温的影响与气温有关，低温时，灌水量越大，有效积温越高，较大的灌水量能有效地控制地温的变幅，从而使得作物可以在适宜的温度环境生长发育。不同年际土壤有效积温整体表现为 2015 年>2014 年>2016 年。

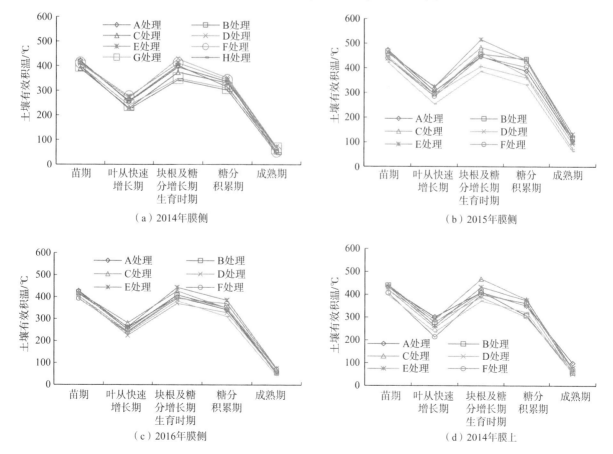

（a）2014年膜侧　　　　　　　　　　（b）2015年膜侧

（c）2016年膜侧　　　　　　　　　　（d）2014年膜上

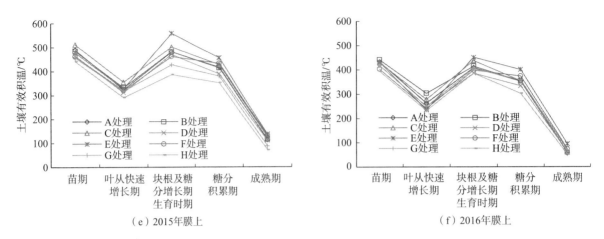

（e）2015年膜上 　　　　（f）2016年膜上

图2　2014—2016年全生育期土壤有效积温变化

2.2　滴灌定额对甜菜出苗稳定后连续72h土壤温度日变化的影响

图3为甜菜出苗稳定后连续72h土壤温度日变化的结果。2014—2016年，三年出苗稳定后联系72h土壤温度日变化规律一致，以2016年为例进行分析，2016年4月25日播种，5月5日出苗稳定。由图3可知，不同处理间膜上和膜侧耕层连续72h内土壤温度变化规律一致，膜上和膜侧土壤温度随时间的推移呈现不同的变化规律，从前一日的17：00到次日的11：00，土壤温度为膜上＞膜侧；从12：00到18：00土壤温度为膜侧＞膜上，规律性循环变化。膜上和膜侧土壤温度的谷点和峰点分别在6：00—7：00和14：00—15：00，前后温差分别相差0.67～2.59℃和0.10～2.45℃。以第一个24小时为例，7：00，A处理、B处理、C处理、D处理、E处理、F处理、G处理、H处理土壤温度膜上较膜侧分别提高了0.76、0.74、1.03、0.67、1.51、0.45、0.98℃、−0.43℃。14：00，A处理、B处理、C处理、D处理、E处理、F处理、G处理、H处理土壤温度膜侧较膜上分别提高了0.83、0.74、1.19、0.95、1.8、−0.12、1.77、−0.19℃。由此可见，覆膜土壤温度在高温时有降温作用，在低温时有升温作用，说明覆膜能够较长时间保持甜菜生长所需温度。在苗期由于各处理间灌溉水平一致，所以处理间土壤温度变化不大。

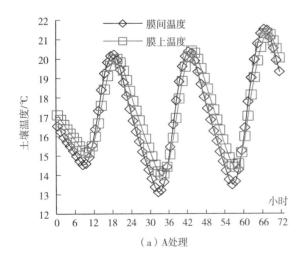

（a）A处理

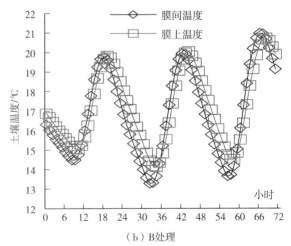

（b）B处理

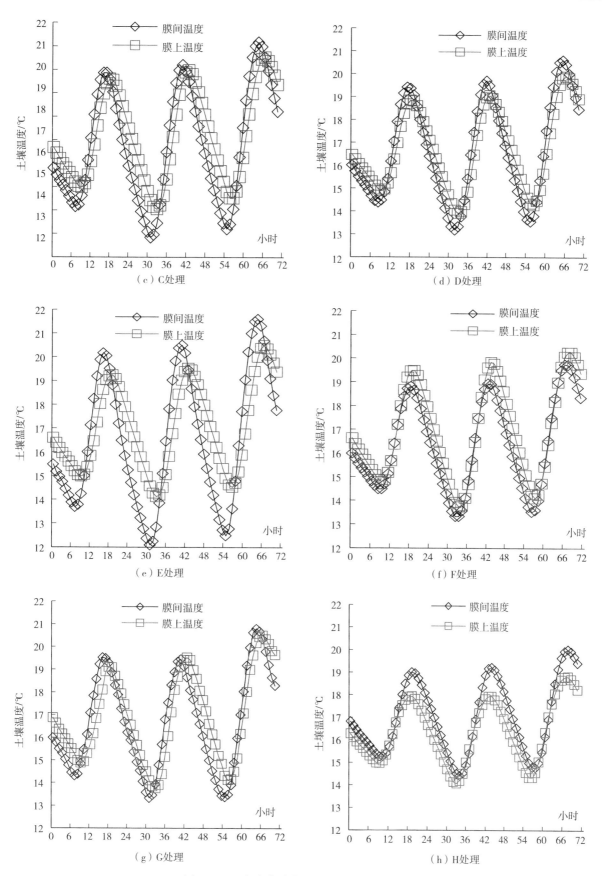

图3 2016年出苗稳定后72h内土壤温度变化

2.3 滴灌定额对甜菜生育时期日平均土壤含水率的影响

图 4 为甜菜生育时期日平均土壤含水率的变化结果。由图 4 可知，甜菜全生育期日平均土壤体积含水率总体呈先降低后波动变化趋势，且膜上高于膜侧，尤其在生育前期，覆膜具有很好的保水作用，膜上土壤体积含水率明显高于膜侧，只有在滴灌时膜上与膜侧土壤含水率相差不大。在 4 月 20 日各处理进行一次滴灌，且在苗期的甜菜生长所需水分不多，有蓄水保墒作用，因此在苗期土壤体积含水率相对较高。之后随着甜菜生育时期的推进，结合各处理不同滴灌定额以及甜菜的荫庇作用，土

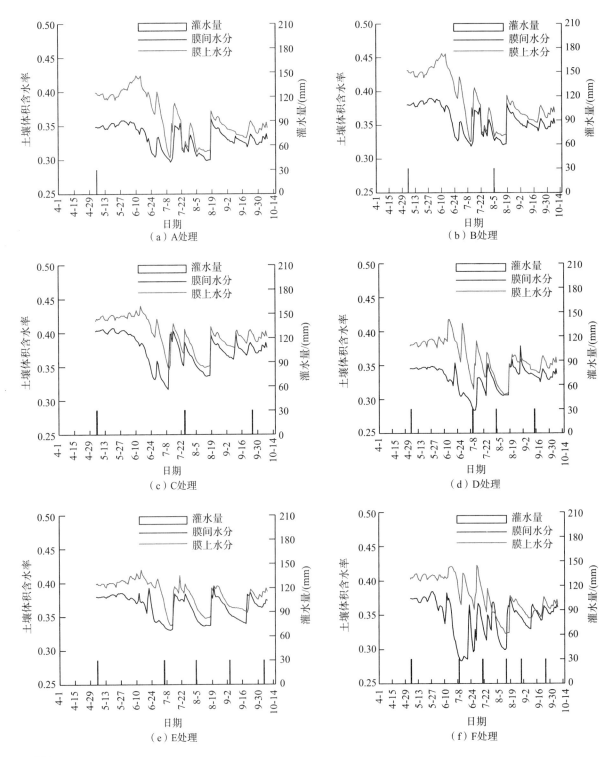

（a）A处理　　　　　　　　　　　　　（b）B处理

（c）C处理　　　　　　　　　　　　　（d）D处理

（e）E处理　　　　　　　　　　　　　（f）F处理

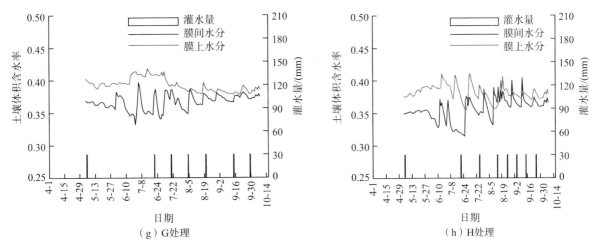

图 4 2016 年全生育期日平均土壤含水率变化

壤含水率呈现波动变化趋势。7 月 10 日后甜菜进入叶丛快速生长期，B 处理、C 处理、D 处理、E 处理、F 处理、G 处理、H 处理膜上含水率分别较 A 处理日平均土壤含水率提高 7.20％、13.81％、5.50％、11.82％、20.27％、33.99％、17.01％；8 月 10 日为甜菜块根及糖分增长期，B 处理、C 处理、D 处理、E 处理、F 处理、G 处理、H 处理膜上含水率分别较 A 处理日平均土壤含水率提高 6.96％、11.73％、−1.01％、11.76％、5.19％、22.14％、13.62％。

2.4 滴灌定额对甜菜土壤贮水量的影响

图 5 为甜菜全生育时期 0～20cm 土层土壤贮水量的变化结果。由图 5 可知，2014—2016 年，随滴灌定额和滴灌频次的增加，膜上和膜侧 20cm 土层全生育期土壤贮水量总体呈增加趋势，土壤贮水量全生育期内变化幅度降低，在全生育期内各处理均为膜上明显高于膜侧处理。不同年际间 2015 年的土壤贮水量最低，2014 年和 2016 年相差不大。

2.5 土壤有效积温与 0～20cm 土壤贮水量相关性

图 6 为土壤有效积温与 0～20cm 土层土壤贮水量相关性结果。由图 6 可知，通过对土壤有效积温与 0～20cm 土壤贮水量之间的相关性分析可知，膜上和膜侧土壤有效积温与土壤贮水量均存在相关性，总体表现为随着贮水量的增加土壤有效积温呈降低的变化趋势，相关系数分别为 $R＝0.746\ 7$ 和 $R＝0.703\ 1$。

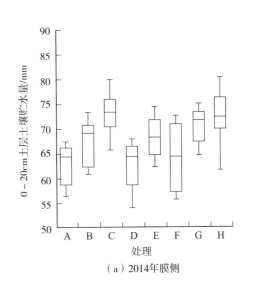

（a）2014年膜侧

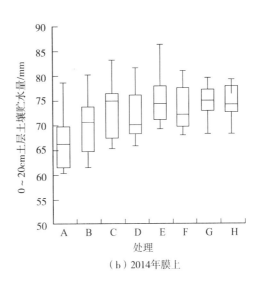

（b）2014年膜上

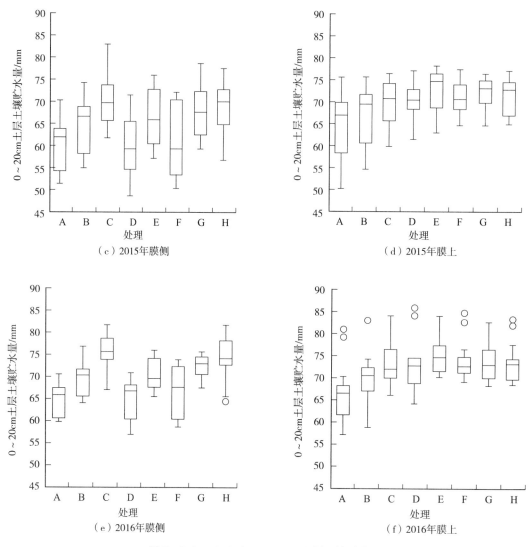

图5 2014—2016年0～20cm土层土壤贮水量

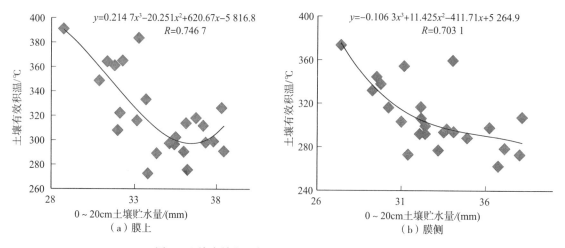

图6 土壤有效积温与0～20cm土壤贮水量相关性

2.6 滴灌定额对甜菜产质量水平及水热利用率的影响

表 2 为甜菜产质量水平及水热利用率变化结果。由表 2 可知，随滴灌定额和滴灌频次的增加，3 年内甜菜产量呈逐渐增加趋势，当滴灌量达到一定程度时略有降低；2014 年 B 处理、C 处理、D 处理、E 处理、F 处理、G 处理、H 处理产量分别较 A 处理提高了 4.98%、19.49%、31.00%、35.43%、37.51%、34.43%、30.13%；2015 年提高了 8.87%、26.13%、35.04%、41.55%、43.05%、42.11%、33.93%；2016 年提高了 4.73%、13.82%、26.38%、29.33%、31.48%、27.43%、25.78%，处理间总体以 E 处理、F 处理产量水平较高，且二者无显著差异性，各处理与 A 处理间产量均达到显著（$P<0.05$）或极显著（$P<0.01$）水平。

表 2　膜下不同滴灌定额下甜菜产质量水平及水热利用率的变化

年份	处理	产量/（kg·hm^{-2}）	含糖率/%	产糖量/（kg·hm^{-2}）	耗水量/mm	水分利用效率/（kg·mm^{-1}·hm^{-2}）	积温生产率/（kg·hm^{-2}·℃$^{-1}$）	总产值/（元·hm^{-2}）	成本/（元·hm^{-2}）	净收益/（元·hm^{-2}）
2014	A	53 314.6Ff	17.73Aa	10 341.0Dc	374.74Ff	142.27Ab	33.52De	28 256.8	13 995	14 261.75
	B	55 968.1Ee	17.50Aa	10 478.1Dc	391.81Ff	142.84Aab	37.56Cd	29 663.1	14 445	15 218.07
	C	63 706.5Dd	16.65Bb	10 608.1CDc	437.14Ee	145.74Aa	39.03Cd	33 764.5	14 895	18 869.46
	D	69 840.0Cc	16.48Bb	1 182.8ABab	524.09Dd	133.26Bc	47.14Bc	37 015.2	15 345	21 670.20
	E	72 203.7ABab	15.89Cc	11 476.0Aa	569.70Cc	126.74Cd	48.46ABbc	38 268.0	15 795	22 472.97
	F	73 311.3Aa	15.77Dd	11 436.9Aa	586.01BCc	125.10Cd	50.49Aa	38 855.0	16 245	22 609.98
	G	71 670.2ABCb	15.32Ee	10 978.0BCb	608.46Bb	117.79De	48.95ABab	37 985.2	16 695	21 290.22
	H	69 375.7Cc	14.99Ff	10 402.3Dc	647.72Aa	107.11Ef	47.92Bbc	36 769.1	17 145	19 624.11
2015	A	48 501.0Ee	17.30Aa	9 431.0Ee	314.86Dd	154.04Bb	26.63Ee	25 705.5	13 995	11 710.53
	B	52 804.1Dd	17.07ABab	9 694.3DEd	330.83Dd	159.61Aa	28.93Dd	27 986.2	14 445	13 541.15
	C	61 176.2Cc	16.83Bb	10 298.3Cc	381.29Cc	160.45Aa	33.65Cc	32 423.4	14 895	17 528.39
	D	65 497.6Bb	16.35Cc	10 709.4Aa	469.54Bb	139.49Cc	37.57Bb	34 713.7	15 345	19 368.70
	E	68 654.6Aa	15.66Dd	10 752.1Aa	541.19Aa	126.86De	38.48ABab	36 386.9	15 795	20 591.94
	F	69 379.8Aa	14.51Ee	10 069.7Cc	535.50Aa	129.56Dd	38.43ABab	36 771.3	16 245	20 526.27
	G	68 926.2Aa	14.57Ee	10 042.6CDc	539.61Aa	127.73Dde	39.71Aa	36 530.9	16 695	19 835.89
	H	64 957.3Bb	13.76Ff	8 937.9Ff	557.51Aa	116.51Ef	39.63Aa	34 427.3	17 145	17 282.34
2016	A	54 335.0Ff	16.67Aa	9 088.7Ee	450.66Ee	120.57Bb	35.94Bc	29 884.3	13 995	15 889.25
	B	56 903.5Ee	16.34Bb	9 625.3Dd	470.86Ee	120.85Bb	36.35Bbc	31 296.9	14 445	16 851.90
	C	61 846.6Dd	15.82Cc	10 053.4Cc	511.66Dd	120.88Bb	39.69Bb	34 015.6	14 895	19 120.60
	D	68 668.7BCbc	15.63CDd	10 731.0ABab 731.0ABab	567.48Cc	121.01Bb	47.55Aa	37 767.8	15 345	22 422.76
	E	70 219.7ABab	15.53Dd	10 907.7Aa	552.55Cc	127.08Aa	46.50Aa	38 620.8	15 795	22 825.84
	F	71 440.6Aa	14.72Ee	10 518.3Bb	633.37Bb	112.80Cc	48.15Aa	39 292.3	16 245	23 047.33
	G	69 239.3Bbc	14.41Ff	9 977.7Cc	696.51Aa	99.41Dd	46.34Aa	38 081.6	16 695	21 386.59
	H	68 344.6Cc	13.85Gg	9 465.3Dd	712.84Aa	95.88Ee	46.76Aa	37 589.5	17 145	20 444.53

注：不同大（小）写字母表示不同处理之间差异在 0.01（0.05）。

甜菜含糖率随滴灌定额的增加逐渐降低，2014 年 B 处理、C 处理、D 处理、E 处理、F 处理、G 处理、H 处理含糖率分别较 A 降低了 0.23 度、1.08 度、1.25 度、1.84 度、1.97 度、2.42 度、

2.74 度；2015 年降低了 0.24 度、0.47 度、0.95 度、1.64 度、2.79 度、2.73 度、3.54 度；2016 年降低了 0.33 度、0.85 度、1.04 度、1.13 度、1.94 度、2.26 度、2.82 度，处理间随滴灌定额和滴灌频次的增加，甜菜含糖率呈下降趋势，且降低幅度增加，说明水分对甜菜产质量有双重影响，要兼顾产量和含糖率的总体变化。处理间以 A 处理的含糖率最高，C 处理、D 处理、E 处理、F 处理、G 处理、H 处理与 A 处理达到差异显著（$P<0.05$）或极显著（$P<0.01$）水平。

甜菜产糖量为产量和含糖率的综合反应，随滴灌定额和滴灌频次的增加呈先增加后降低的变化趋势。2014 年 B 处理、C 处理、D 处理、E 处理、F 处理、G 处理、H 处理产糖量分别较 A 处理提高了 1.33%、2.58%、8.14%、10.98%、10.60%、6.16%、0.59%；2015 年提高了 2.79%、9.20%、13.56%、14.01%、6.77%、6.49%、−5.23%；2016 年提高了 5.90%、10.61%、18.07%、20.01%、15.73%、9.78%、4.14%，各处理间总体以 D 处理、E 处理产糖量较高，且二者差异性不显著。由此可见，滴灌定额对甜菜的产质量水平均有较大程度的影响，最终影响甜菜的产糖量。

随滴灌定额的增加，甜菜的耗水量明显增加，水分利用效率呈先增加后降低的趋势，以 C 处理较高，积温生产率呈逐渐增大趋势，以 F 处理较高。随滴灌定额和滴灌频次的增加，甜菜净收益呈先增加后降低的变化趋势，以 E 处理、F 处理的经济效益最高，3 年内均值分别为 21 963.58、2 061.19 元/hm²。综合甜菜产质量水平和本着节约水资源的角度分析，内蒙古甜菜的生产目标是稳糖增产，要求含糖率要保证在 16% 左右，本研究的最佳灌溉量为 1 800～2 250m³/hm²。

3 讨论

膜下滴灌可以抑蒸保墒[21-23]，改善土壤水热状况、增产保肥、降低地表蒸发、提高水肥利用率、增加土壤微生物活性等提升农业系统生产力的作用[24-25]。内蒙古春季风大干旱，给甜菜的出苗和苗期生长带来很大困难，甜菜出苗难、保苗难的问题凸显，3 年内年降雨量均不高，以 5 月份最低，月降雨量在 20～40mm 或 20mm 以下，远不能满足甜菜生长所需的水分条件，因此开展了膜下不同滴灌定额甜菜产质量对土壤水热效应的响应研究，以期明确该区域适宜甜菜出苗及生长的需水量及需水时间。因此在不同滴灌定额条件下，明确了随滴灌频次的增加，年际间膜上和膜侧 20cm 土层全生育期土壤贮水量总体呈增加趋势，土壤贮水量变化幅度降低，土壤含水率相对稳定，在全生育期内各处理均为膜上明显高于膜侧处理。是由于覆膜能够抑制土壤水分蒸发，在土壤水分蒸发过程中，通过膜的作用，将蒸发的水分重新返回地面，因此土壤水分总体表现为膜上高于膜侧处理。

研究表明，甜菜种子发芽出苗过程，在土壤水分得到满足的情况下，其速度主要取决于温度状况[26]，进而影响到甜菜的产量以及含糖率。气温积温、土壤积温是影响甜菜出苗、产量及含糖的重要环境因子[27-32]。因此在不同滴灌定额条件下，明确了苗期耕层连续 72h 内土壤温度日变化，从前一日的 17：00 到次日的 11：00，土壤温度为膜上＞膜侧，是由于在此期间土壤是在逐渐散失热量的过程，而覆膜处理能够阻止热量散失，而表现为膜上＞膜侧；在 6：00 时土壤温度最低，是因为经过一整夜的热量散失，此时地面积温最低，地面吸收的太阳辐射能量向大气中散失到最大亏空值；从 12：00 到 18：00 土壤温度为膜侧＞膜上，是由于在此期间土壤是在接受太阳辐射，为吸收热量的过程，覆膜延缓了土壤接收热能，而表现为膜侧＞膜上；在 15：00 时土壤温度最高是由于在土壤吸收热能，土壤温度逐渐回升，但最大值并未出现于太阳辐射最强的 12：00，是由于虽然 12：00 之后，太阳辐射逐渐减弱，但此时地面还在吸收能量，在 15：00 左右地面向大气中的辐射与太阳向地面辐射的能量相等时，土壤温度才达最大值。此结论对于各个试验的覆膜处理具有普遍性，灌水量和灌水方式等试验处理可能影响温度变化的幅度，不能改变试验的规律；由于各地气候不同，可能影响温度变化的时间节点，不能改变试验规律，此结论形成的主要原因是覆膜作用和热量的散失与太阳辐射作用。

4 结论

（1）通过对出苗稳定后耕层连续 72h 内土壤温度日变化分析可知，17：00—次日 11：00，土壤温度表现为膜上＞膜侧；12：00—18：00 土壤温度表现为膜侧＞膜上，规律性循环变化。最低土壤温度在 6：00，最高土壤温度在 15：00。

（2）随滴灌定额和滴灌频次的增加，年际间膜上和膜侧 20cm 土层全生育期土壤贮水量总体呈增加趋势，土壤贮水量变化幅度降低，土壤含水率相对稳定，在全生育期内各处理均为膜上明显高于膜侧处理。

（3）随滴灌定额和滴灌频次的增加，土壤贮水量增加，降低了土壤温度、有效积温和水分利用效率，提高了土壤耗水量和积温生产率。

（4）随滴灌定额和滴灌频次的增加，提高了甜菜产量，但明显降低了其含糖率。因此综合产质量水平及节水的原则，提出甜菜最佳滴灌频次在滴灌 4～5 次，滴灌定额为 1 800～2 250m³/hm² 的条件下为最佳滴灌水平。

◇ 参考文献

[1] 金阿丽．基于 GIS 的内蒙古旱灾综合评价与分区研究 [D]．呼和浩特：内蒙古师范大学，2010．

[2] 中国糖业协会．中国糖业协会简报 [Z]．2018（312）．

[3] 侯振安，刘日明，朱继正，等．不同灌水量对甜菜生长及糖分积累影响的研究 [J]．中国甜菜糖业，1999（6）：2-6．

[4] Gan Yantai, Siddique K H M, Turner N C, et al. Chapter seven - ridge - furrow mulching systems：An innovative technique for boosting crop productivity in semiarid rain - fed environ-ments [J]. Advances in Agronomy, 2013（118）：429-476.

[5] 孙贯芳，屈忠义，杜斌，等．不同灌溉制度下河套灌区玉米膜下滴灌水热盐运移规律 [J]．农业工程学报，2017，33（12）：144-152．

[6] 史文娟，沈冰，汪志荣，等．蒸发条件下浅层地下水埋深夹砂层土壤水盐运移特性研究 [J]．农业工程学报，2005，21（9）：23-26．

[7] 高红贝，邵明安．温度对土壤水分运动基本参数的影响 [J]．水科学进展，2011，22（4）：484-494．

[8] Shi W J, Xing X G, Zhang Z H, et al. Groundwater evaporation from saline soil under plastic mulch with different percentage of open area [J]. Journal of Food Agriculture and Environment, 2013, 11（2）：1268-1271.

[9] 张治，田富强，钟瑞森，等．新疆膜下滴灌棉田生育期地温变化规律 [J]．农业工程学报，2011，27（1）：44-51．

[10] Wu C L, Chau K W, Huang J S. Modelling coupled water and heat transport in a soil - mulch - plant - atmosphere continuum（SMPAC）system [J]. Applied Mathematical Modelling, 2007, 31（2）：152-169.

[11] 窦超银，孟维忠，佟威，等．风沙土玉米地下滴灌技术田间应用试验研究 [J]．灌溉排水学报，2018，37（8）：46-50．

[12] Fabeiro C, Olalla F M D S, et al. Production and quality of the sugarbeet（*Beta vulgaris* L.）cultivated under controlled deflect irrigation conditions in a semiarid climate [J]. Agricultural Water Management，2003，62（3）：215-227.

[13] 董心久，杨洪泽，高卫时，等．灌水量对滴灌甜菜生长发育及产质量的影响 [J]．中国糖料，2013（4）：37–38，41．

[14] 冯泽洋，李国龙，李智，等．调亏灌溉对滴灌甜菜生长和产量的影响 [J]．灌溉排水学报，2017，36（11）：7–12．

[15] 黄春燕，苏文斌，张少英，等．施钾量对膜下滴灌甜菜光合性能以及对产量和品质的影响 [J]．作物学报，2018，44（10）：1496–1505．

[16] 董心久，杨洪泽，周建朝，等．不同灌溉量下氮肥施用时期对甜菜光合物质生产及产量的补偿作用 [J]．新疆农业科学，2018，55（4）：635–646．

[17] 苏继霞，王开勇，费聪，等．氮肥运筹对干旱区滴灌甜菜氮素利用及产量的影响 [J]．干旱地区农业研究，2018，36（1）：72–75．

[18] 李阳阳，费聪，崔静，等．滴灌甜菜对糖分积累期水分亏缺的生理响应 [J]．中国生态农业学报，2017，25（3）：373–380．

[19] 李阳阳，耿青云，费聪，等．滴灌甜菜叶丛生长期对干旱胁迫的生理响应 [J]．应用生态学报，2016，27（1）：201–206．

[20] 李儒，崔荣美，贾志宽，等．不同沟垄覆盖方式对冬小麦土壤水分及水分利用效率的影响 [J]．中国农业科学，2011，44（16）：3312–3322．

[21] 陈凯丽，赵经华，黄红建，等．不同滴灌灌水定额对小麦的耗水特性和产量的影响 [J]．灌溉排水学报，2017，36（3）：65–68，84．

[22] Ghosh P K，Dayal D，Bandyopadhyay K K，et al. Evaluation of straw and polythene mulch for enhancing productivity of irrigated summer groundnut [J]．Field Crops Research，2006，99（2/3）：76–86．

[23] 齐智娟，冯浩，张体彬，等．覆膜耕作方式对河套灌区土壤水热效应及玉米产量的影响 [J]．农业工程学报，2016，32（20）：108–113．

[24] 宜丽宏，王丽，张孟妮，等．不同灌溉方式对冬小麦生长发育及水分利用效率的影响 [J]．灌溉排水学报，2017，36（10）：14–19．

[25] 李文珍，齐志明，桂东伟，等．不同滴灌灌溉制度对绿洲棉田土壤水热分布及产量的影响 [J]．灌溉排水学报，2019，38（4）：11–16．

[26] 刘宗文．甜菜生长与气象条件的关系 [J]．作物学报，1965，4（3）：211–218．

[27] 赵宏亮，夏天舒，谭贺，等．黑龙江省甜菜播种期环境因子对甜菜出苗时间的影响 [J]．西北农林科技大学学报（自然科学版），2013（12）：74–79．

[28] 赵宏亮，夏天舒，谭贺，等．不同播期甜菜产量及含糖率与气象因子的灰色关联分析 [J]．江苏农业科学，2012，40（9）：100–101．

[29] Morillo‐Velarde R. Water Management in Sugar Beet [J]．Sugar Tech，2010，12（3–4）：299–304．

[30] 戴婷婷，张展羽，邵光成，等．膜下滴灌技术及其发展趋势分析 [J]．节水灌溉，2007（2）：43–44，47．

[31] 陈彦云，万新伏，王登科，等．半干旱区甜菜灌水的研究 [J]．中国糖料，1995（6）：12–14．

[32] 侯振安，刘日明，冶军，等．不同施氮量对甜菜的产质量效应研究 [J]．中国糖料，2000（5）：24–26．

膜下滴灌条件下高产甜菜灌溉的生理指标

李智[1,2]，李国龙[1]，张永丰[1]，于超[1]，苏文斌[2]，樊福义[2]，张少英[1]

(1. 内蒙古农业大学甜菜生理研究所，呼和浩特 010018；

2. 内蒙古农牧业科学院特色作物研究所，呼和浩特 010031)

摘要：甜菜是我国重要的糖料作物，其生物产量高，需水量大，合理灌溉是节约用水、提高产量的有效措施之一。本试验连续两年研究了内蒙古半干旱地区膜下滴灌条件下，不同灌水量甜菜块根产量与叶面积指数、净光合速率、蒸腾速率、叶水势、土壤含水量和耗水量之间的关系，以及不同灌水量对甜菜产量和水分利用效率的影响。结果表明，高产甜菜的叶面积指数在叶丛快速生长期大于7.37，在块根糖分增长期和糖分积累期分别为 6.08～6.51 和 4.19～5.57，在叶丛快速生长期、块根糖分增长期和糖分积累期叶水势分别为 $-0.09 \sim -0.22$MPa、$-0.18 \sim -0.39$Mpa 和 $-0.26 \sim -0.48$MPa，净光合速率分别为 $21.28 \sim 28.23 \mu$mol m^{-2} s^{-1}、$21.90 \sim 28.75 \mu$mol m^{-2} s^{-1} 和 $22.06 \sim 26.58 \mu$mol m^{-2} s^{-1}，蒸腾速率在叶丛快速生长期和块根糖分增长期分别为 $9.36 \sim 10.21$mmol m^{-2} s^{-1} 和 $6.37 \sim 7.73$mmol m^{-2} s^{-1}，在糖分积累期大于 4.69mmol m^{-2} s^{-1}，耗水量分别为 140.15～312.78mm、44.93～200.45mm 和 56.32～113.06mm。甜菜产量、产糖量、水分利用效率均高的合理灌溉量，在丰雨年份（生育期降雨量＞500mm）为 1 350m^3 hm^{-2}，在少雨年份（生育期降雨量＜300mm）为 1 800m^3 hm^{-2}，为甜菜节水灌溉提供了理论依据和生理指标。

关键词：膜下滴灌；甜菜；生理指标；产量；含糖率

甜菜是我国北方重要的糖料作物，主要种植在西北、华北和东北地区。我国北方地区大部分位于干旱或半干旱地区，水资源缺乏[1]，水分是制约甜菜产量的最主要因素[2]。膜下滴灌对提高作物水分利用效率效果显著[3-4]，目前已广泛应用于棉花[5-7]、玉米[8-10]、小麦[11]、马铃薯[12]、甜菜[13-17]等多种作物。与常规灌溉相比，膜下滴灌可以节水 50%左右，节肥 20%，节药 10%，作物产量可以增加 10%～20%，综合经济效益增加 40%以上。当前，膜下滴灌甜菜种植面积逐年增加，单产也有增长的趋势，但其总产波动较大[18-19]，其中一个重要原因就是甜菜生育期需要充足的水分来维持生长，供水不足使甜菜产量显著降低[20-21]。提高产量是农民增效的根本，高产甜菜是指甜菜块根产量达到 75 000kg hm^{-2}以上。本试验在膜下滴灌条件下，研究不同灌水处理甜菜产量和生理指标的关系，旨在于提出膜下滴灌条件下高产甜菜合理灌溉的生理指标，为甜菜合理节水灌溉提供理论依据。

1 材料与方法

1.1 试验地概况

内蒙古农牧业科学院试验地（40°48′N，111°42′E，海拔 1 051.5m）土壤为黏壤土，肥力中上等，0～30cm 耕层土壤理化性质见表 1，甜菜生育期降雨量见图 1。2013 年生育期降雨量为 502.4mm，2014 年生育期降雨量为 306.7mm。

---

* 通讯作者：李智（1988— ），男，内蒙古鄂尔多斯人，副研究员，研究方向：甜菜栽培生理。

表1　土壤养分状况

年份	全氮/ (g·kg⁻¹)	速效氮/ (mg·kg⁻¹)	有效磷/ (mg·kg⁻¹)	速效钾/ (mg·kg⁻¹)	有机质/ （%）	pH
2013	1.18	161.80	23.02	179.20	1.96	8.49
2014	1.20	139.50	47.54	163.25	2.31	7.70

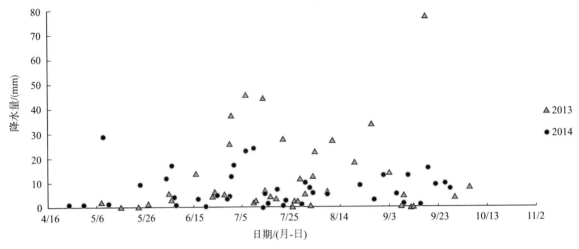

图1　降水量分布图

1.2　试验材料及设计

供试品种 KWS7156，是德国 KWS 公司单粒杂交种。试验设 5 个灌水处理（表 2），采用膜下滴灌种植模式，一膜两行，两行中间铺一根滴灌带，灌溉时间和灌水量见表 2，灌水量用水表控制，每个处理 3 次重复，共计 15 个小区，采用随机区组排列，小区面积 7m×4m，宽行距 60cm，窄行距 40cm，株距 25cm，理论株数 80 000 株 hm⁻²，试验小区周围设有保护行。

表2　不同灌水处理灌水量

处理	苗期/(mm/dd)	叶丛快速生长期/(mm/dd)	块根糖分增长期/(mm/dd)	糖分积累期/(mm/dd)	总灌水量/(m³ hm⁻²)
2013 年	4/28	6/26 - 7/20	8/13	9/9	
2014 年	4/23	6/19 - 7/16	8/9	9/10	
W1	450	450	450	450	2 250
W2	450	450	450		1 800
W3	450	450			1 350
W4	450	450			900
W5	450				450

1.3　叶面积指数测定

在甜菜各生育时期，从每小区随机选取 5 株，采用打孔称重法测定叶面积指数。

1.4　光合生理指标测定

在甜菜各生育时期，晴天上午 9：00—11：00，从每小区随机选取 5 株，用 LI - 6400 光合仪测定倒三叶同一部位的光合速率（P_n，$\mu mol \cdot m^{-2} \cdot s^{-1}$）和蒸腾速率（$T_r$，$mmol \cdot m^{-2} \cdot s^{-1}$）。

1.5 叶水势和土壤含水量测定

在甜菜各生育时期，从每小区随机取 5 株上的倒三叶，用保鲜膜包好，带回实验室用 3005 型压力室测定叶水势。采用时域反射仪（TDR）测定土壤含水量，测定土壤深度为 80cm，每隔 10 天测定一次，降雨或灌水前后加测一次，测定分地膜内外，每隔 20cm 分别测土壤体积含水量，最后取其平均值。

1.6 甜菜耗水量和水分利用效率计算

$$ET = I + P \pm \Delta W + R - D$$

式中，ET 为甜菜各生育时期耗水量（mm）；I 为甜菜各生育时期灌水量（mm）；P 为甜菜各生育时期降雨量（mm）；ΔW 为时段初与时段末的土壤贮水量变化（mm）；R 为地表径流量；D 为深层渗漏量。试验期间未发生地表径流，深层渗漏量较小，所以 R 和 D 可以忽略不计。

$$土壤贮水量（W，mm）= 土壤体积含水量（\%）\times 土层厚度（mm）$$
$$WUE = Y/ET_0$$

式中，WUE 为水分利用效率，单位为 $kg\ hm^{-2}\ mm^{-1}$，Y 为甜菜块根产量（$kg\ hm^{-2}$），ET_0 为甜菜生育期总耗水量（mm）。

1.7 数据分析

采用 Excel 2010 和 SAS9.0 软件统计分析试验数据。

2 结果与分析

2.1 叶面积指数与产量的关系

甜菜是以块根为收获器官的经济作物，其叶面积指数是衡量植株地上部分生长状况和源库平衡的重要指标，从图 2 可以看出，甜菜产量随叶面积指数的增加而增加。当叶面积指数在叶丛快速生长期大于 7.37，在块根糖分增长期和糖分积累期分别为 $6.08 \sim 6.51$、$4.19 \sim 5.57$ 时，可使产量达到 $71\ 000 \sim 95\ 000 kg \cdot hm^{-2}$。

2.2 净光合速率和蒸腾速率与产量的关系

从图 3 可以看出，净光合速率随供水量的增加而增加，块根产量随净光合速率的增加而增加，甜菜生育前期，净光合速率越大，积累光合产物越多，块根产量越高。当净光合速率在叶丛快速生长期、块根糖分增长期和糖分积累期分别为 $21.28 \sim 28.23 \mu mol \cdot m^{-2} \cdot s^{-1}$、$21.90 \sim 28.75 \mu mol \cdot m^{-2} \cdot s^{-1}$

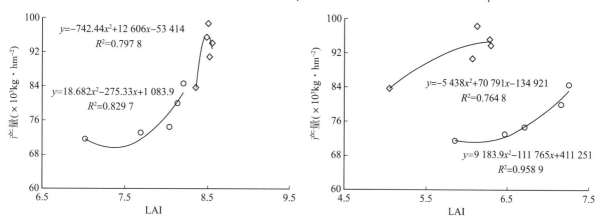

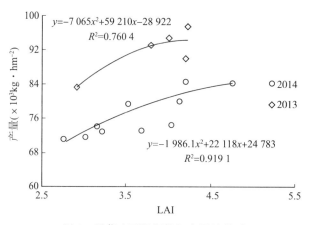

图 2　甜菜叶面积指数与产量的关系

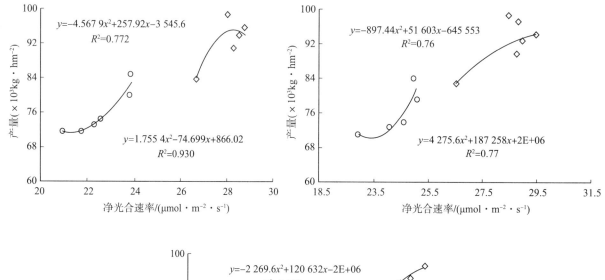

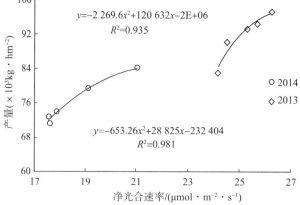

图 3　甜菜净光合速率与产量的关系

和 22.06～26.58μmol·m^{-2}·s^{-1}时，有利于甜菜产量的提高。蒸腾速率与植物对水分的消耗密切相关。从图 4 可以看出，甜菜块根产量随蒸腾速率的适当增加而增加，植株供给的水分越多，蒸腾速率越高，产量也相应地提高；甜菜生育后期，蒸腾速率与产量呈显著正相关；蒸腾速率在叶丛快速生长期和块根糖分增长期分别为 9.36～10.21mmol·m^{-2}·s^{-1} 和 6.37～7.73mmol·m^{-2}·s^{-1}，在糖分积累期大于 4.69mmol·m^{-2}·s^{-1}。

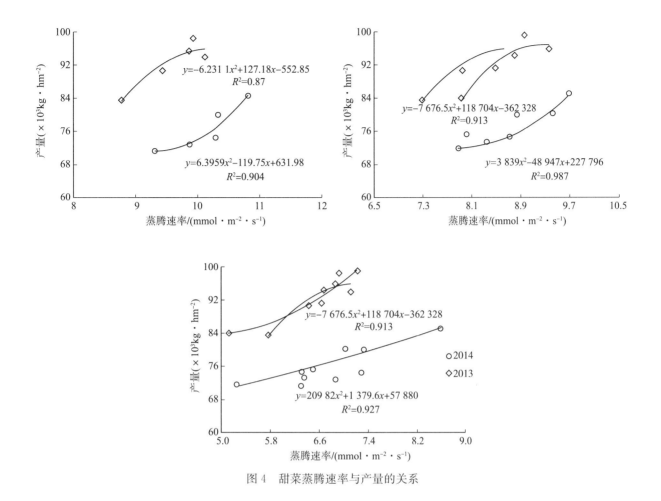

图 4　甜菜蒸腾速率与产量的关系

2.3　叶水势与产量的关系

植株叶水势反映植物组织中水分运移状况，可作为合理灌溉的生理指标。从图 5 可以看出，甜菜叶水势随供水量的增加而增加，块根产量随叶水势的增加而增加，叶丛快速生长期，叶片生长旺盛，叶水势值较高；甜菜生育后期，随着叶片衰老，叶水势值也较低，在叶丛快速生长期、块根糖分增长期和糖分积累期，叶水势分别为 $-0.09\sim-0.22$MPa、$-0.18\sim-0.39$Mpa 和 $-0.26\sim-0.48$MPa，是甜菜高产的水分代谢基础。

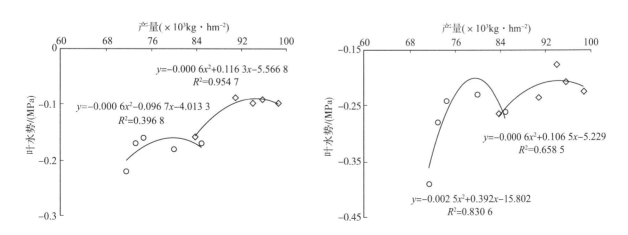

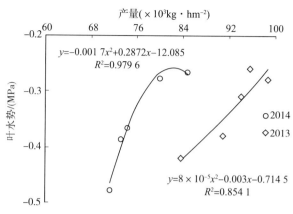

图5　甜菜叶水势与产量的关系

2.4　土壤含水量和耗水量与产量的关系

土壤含水量可以直接反映甜菜生长供水状况，从图6可以看出，块根产量随土壤含水量的增加而增加，土壤含水量超过26%时，块根产量下降。在叶丛快速生长期和块根糖分增长期，土壤含水量分别为12.06%～25.69%和17.40%～25.91%，糖分积累期低于25.97%。耗水量指甜菜生育期消耗的水分，包括土壤蒸发、植物蒸腾和代谢等消耗的所有水分。从图7可以看出，甜菜耗水量随供水量的增加而增加，块根产量随耗水量的增加而增加，叶丛快速生长期、块根糖分增长期耗水较多，占生育期总耗水量的42%～49%和20%～25%，糖分积累期耗水量相对减少，占生育期总耗水量的12%～18%；当叶丛快速生长期、块根糖分增长期和糖分积累期耗水量分别为140.15～312.78mm、44.93～200.45mm和56.32～113.06mm时，块根可达高产水平。

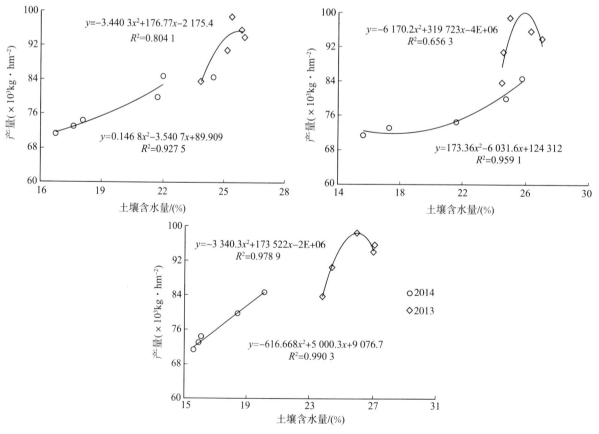

图6　土壤含水量与甜菜产量的关系

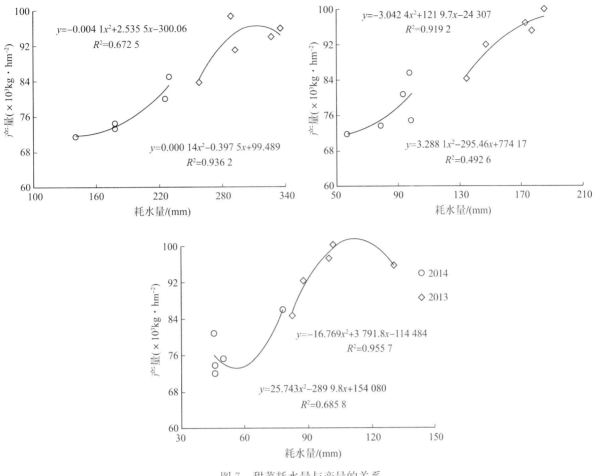

图 7　甜菜耗水量与产量的关系

2.5　不同灌水处理对甜菜产质量和水分利用效率的影响

从表 3 可以看出,甜菜不同灌水处理块根产量随灌水量的增加而增加,2013 年处理 W1、W2、W3 和处理 W4 与处理 W5 块根产量存在显著差异（P＜0.05）,分别比处理 W5 高 12.27％、14.13％、17.79％和 8.53％；2014 年处理 W1 和处理 W2 与处理 W5 存在显著差异（P＜0.05）,分别比处理 W5 高 18.73％和 11.87％。

表 3　不同灌水处理对甜菜产量、含糖率和产糖量的影响

处理	产量/(kg·hm⁻²)		含糖率/(%)		产糖量/(kg·hm⁻²)	
	2013 年	2014 年	2013 年	2014 年	2013 年	2014 年
W1	94 058±2 432ab	84 900±3 312a	14.10±0.57ab	14.76±0.35c	13 266±343a	12 528±489a
W2	95 616±3 146ab	79 995±3 478b	14.13±0.10ab	15.05±0.25bc	13 510±444a	12 042±524ab
W3	98 681±2 023a	74 511±1 115c	13.68±0.56b	15.69±0.41ab	13 496±277a	11 688±175b
W4	90 920±3 291b	73 174±699c	14.61±0.13a	15.84±0.35a	13 280±481a	11 588±111b
W5	83 775±1 554c	71 504±1 978c	14.86±0.61a	15.99±0.61a	12 445±231b	11 436±316b

注：标示不同小写字母的值差异达到显著水平（P＜0.05）。

含糖率随灌水量的增加而降低,2013 年处理 W5 含糖率比处理 W3 高 1.18 度,差异显著（P＜0.05）；2014 年处理 W5 分别比处理 W1 和处理 W2 高 1.23 度和 0.94 度,差异显著（P＜0.05）。

产糖量随灌水量的增加而增加,2013 年处理 W1、W2、W3 和处理 W4 分别比处理 W5 高

6.60％、8.56％、8.45％和6.71％，差异显著（$P<0.05$）；2014年处理W1与处理W5差异显著（$P<0.05$），比处理W5高9.55％。

两年试验表明，甜菜块根产量和产糖量随灌水量的增加而增加，但含糖率随灌水量的增加而减少。在生育期降雨量为502.4mm的年份，处理W3产量和产糖量都较高；在生育期降雨量为306.7mm的年份，处理W2不仅产量较高，而且产糖量也较高。

从表4可以看出，甜菜耗水量随降雨量和灌水量的增加而增加，两年试验表明，在内蒙古半干旱地区，甜菜生育期平均耗水量在455～616mm之间；水分利用效率随灌水量的增加而减小，2013年处理W3与处理W1和处理W2之间存在显著差异（$P<0.05$）；2014年处理W2与处理W5之间存在显著差异（$P<0.05$）。甜菜耗水量受生育期降雨量的影响比较大，而水分利用效率与耗水量密切相关，2013年灌水量小于W3，水分利用效率较高，2014年灌水量大于W5，水分利用效率均下降。

表4　不同灌水处理对甜菜耗水量和WUE的影响

处理	耗水量（mm）		水分利用效率（$kg \cdot mm^{-1} \cdot hm^{-2}$）	
	2013年	2014年	2013年	2014年
W1	724.84	506.25	$129.76\pm3.36c$	$167.70\pm6.54c$
W2	673.20	465.96	$142.03\pm4.67b$	$171.68\pm7.46bc$
W3	652.44	437.86	$151.25\pm3.10a$	$170.17\pm2.55c$
W4	607.92	404.46	$149.56\pm5.41a$	$180.92\pm1.73b$
W5	551.56	358.39	$151.89\pm2.82a$	$199.52\pm5.52a$

注：标示不同小写字母的值差异达到显著水平（$P<0.05$）。

3　讨论

水分供应量直接影响着土壤含水量、作物水分代谢和光合性能，进而影响作物的产量。膜下滴灌可以大幅度减少农田用水，节约水资源。戴婷婷等[22]研究表明，膜下滴灌用水量仅仅是喷灌的1/2，是不覆膜滴灌的70％。研究表明，黑花生[23]耗水量随供水量的增加而增加，水稻[24]产量随供水量适当地增加而增加，马铃薯[25]水分利用效率随供水量的增加而减少，甜菜[26]供水量过多会影响甜菜含糖率，适当减少灌水量不仅可以提高甜菜含糖率，而且可以提高水分利用效率。张娜等[27]研究表明，冬小麦叶片光合速率和蒸腾速率均随滴灌量的增加而增大；A. Monti[28]和A. A. Kosobryukhov等[29]研究表明，水分胁迫使甜菜叶片光合速率下降，适当减少灌水量，甜菜净光合速率和蒸腾速率值反而较高。

本试验中，2013年生育期降雨量502.4mm，是丰雨年份，2014年生育期降雨量306.7mm，属少雨年份。由于降雨量不同，相同水分处理的甜菜叶片净光合速率在整个生育期2013年显著高于2014年，但在甜菜生育前期和后期，净光合速率分别为$28.23\mu mol \cdot m^{-2} \cdot s^{-1}$和$26.58\mu mol \cdot m^{-2} \cdot s^{-1}$时，甜菜产量达到最大值，说明不是净光合速率越大，产量越高，二者关系密切。而叶片蒸腾速率两年结果相差不大，说明降雨量增加，叶片蒸腾速率不会增加，只是提高了土壤含水量和土壤蒸发量，从而使甜菜耗水量增加。

4　结论

高产甜菜生育期水分高效利用的生理指标，即在叶丛快速生长期、块根糖分增长期和糖分积累期叶水势分别为-0.09～-0.22MPa、-0.18～-0.39Mpa和-0.26～-0.48MPa，净光合速率分别为 21.28～28.23μmol·m^{-2}·s^{-1}、21.90～28.75μmol·m^{-2}·s^{-1}和 22.06～26.58μmol·m^{-2}·s^{-1}，蒸腾速率在叶丛快速生长期和块根糖分增长期分别为 9.36～10.21mmol·m^{-2}·s^{-1}和 6.37～7.73mmol·m^{-2}·s^{-1}，在糖分积累期大于 4.69mmol·m^{-2}·s^{-1}。这些指标为指导甜菜生产合理灌溉提供了科学依据。

参考文献

[1] 王瑗，盛连喜，李科，等．中国水资源现状分析与可持续发展对策研究 [J]．水资源与水工程学报，2008，19 (3)：10 - 14.

[2] 王昱，赵廷红，李波，等．西北内陆干旱地区农户采用节水灌溉技术意愿影响因素分析 [J]．节水灌溉，2012 (11)：50 - 54.

[3] 王敏，王海霞，韩清芳，等．不同材料覆盖的土壤水温效应及对玉米生长的影响 [J]．作物学报，2011 (37)：1249 - 1258.

[4] 胡晓棠，李明思，马富裕．膜下滴灌棉花的土壤干旱诊断指标与灌水决策 [J]．农业工程学报，2002，18 (1)：49 - 53.

[5] 张超，占东霞，张亚黎，等．膜下滴灌对棉花生育后期叶片与苞叶光合特性的影响 [J]．作物学报，2015 (41)：100 - 108.

[6] Luo H H，Zhang Y L，Zhang W F. Effects of water stress and re - watering on photosynthesis, root activity, and yield of cotton with drip irrigation under mulch [J]. Photosynthetica，2016 (54)：65 - 73

[7] 占东霞，张超，张亚黎，等．膜下滴灌水分亏缺下棉花开花后非叶绿色器官光合特性及其对产量的贡献 [J]．作物学报，2015 (41)：1880 - 1887.

[8] El - Hendawy S E，Kotab M A，Al - Suhaibani N A，Schmidhalter U. Optimal coupling combinations between the irrigation rate and glycinebetaine levels for improving yield and water use efficiency of drip - irrigated maize grown under arid conditions [J]. Agric Water Manag，2014 (140)：69 - 78.

[9] van Donk S J，Petersen J L，Davison D R. Effect of amount and timing of subsurface drip irrigation on corn yield [J]. Irrig Sci，2013 (31)：599 - 609.

[10] 姬景红，李玉影，刘双全，等．覆膜滴灌对玉米光合特性、物质积累及水分利用效率的影响 [J]．玉米科学，2015，23 (1)：128 - 133.

[11] 程裕伟，马富裕，冯治磊，等．滴灌条件下春小麦耗水规律研究 [J]．干旱地区农业研究，2012，30 (2)：112 - 117.

[12] 秦军红，陈有君，周长艳，等．膜下滴灌灌溉频率对马铃薯生长、产量及水分利用率的影响 [J]．中国生态农业学报，2013，21 (7)：824 - 830.

[13] 李智，李国龙，刘蒙，等．膜下滴灌条件下甜菜水分代谢特点的研究 [J]．节水灌溉，2015 (9)：52 - 56.

[14] Kiymaz S，Ertek A. Water use and yield of sugar beet (*Beta vulgaris L.*) under drip irrigation at different water regimes [J]. Agric Water Manag，2015 (158)：225 - 234.

[15] Hassanli A M，Ahmadirad S，Beecham S. Evaluation of the influence of irrigation methods and water quality on sugar beet yield and water use efficiency [J]. Agric Water Manag，2010，97：357 - 362.

[16] Topak R，Süheri R，Acar B. Comparison of energy of irrigation regimes in sugar beet production in a semi - arid region [J]. Energy，2010 (35)：5464 - 5471.

[17] Sahin U，Ors S，Kiziloglu S M，Kuslu Y. Evaluation of water use and yield responses of drip -

irrigated sugar beet with different irrigation techniques [J]. Agric Res，2014（74）：302 - 310.

[18] 陈连江，陈丽. 我国甜菜产业现状及发展对策 [J]. 中国糖料，2010（4）：62 - 68.

[19] 高宝军，韩卫平，祁勇，等. 内蒙古甜菜生产优势分析 [J]. 中国糖料，2013（4）：53 - 59.

[20] Pidgeon J D，Werker A R，Jaggard K W，Richter G M，Lister D H，Jones P D. Climatic impact on the productivity of sugar beet in Europe，1961 - 1 995. *Agric Forest Meteorol*，2001 （109）：27 - 37.

[21] Romano A，Sorgona A，Lupini A，Araniti F，Stevanato P，Cacco G，Abenavoli M R. Morpho- physiological responses of sugar beet（*Beta vulgaris* L.）genotypes to drought stress [J]. Acta Physiol Plant，2013（35）：853 - 865.

[22] 戴婷婷，张展羽，邵光成. 膜下滴灌技术及其发展趋势分析 [J]. 节水灌溉，2007（2）：43 - 44.

[23] 夏桂敏，褚凤英，陈俊秀，等. 膜下滴灌条件下不同水分处理对黑花生产量及水分利用效率的影响 [J]. 沈阳农业大学学报，2014，45（6）：11 - 14.

[24] 张荣萍，马均，王贺正，等. 不同灌水方式对水稻结实期一些生理性状和产量的影响 [J]. 作物学报，2008（34）：486 - 495.

[25] 王玉明，张子义，樊明寿. 马铃薯膜下滴灌节水及生产效率的初步研究 [J]. 中国马铃薯，2009，23（3）：148 - 151.

[26] Topak R，Süheri S，Acar B. Effect of different drip irrigation regimes on sugar beet（*Beta vulgaris* L.）yield，quality and water use efficiency in Middle Anatolian，Turkey [J]. Irrig Sci，2011，29（1）：79 - 89.

[27] 张娜，张永强，李大平，等. 滴灌量对冬小麦光合特性及干物质积累过程的影响 [J]. 麦类作物学报，2014（34）：795 - 801.

[28] Monti A，Brugnoli E，Scartazza A，et al. The effect of transient and continuous drought on yield，photosynthesis and carbon isotope discrimination in sugar beet（*Beta vulgaris* L.）[J]. Exp Bot，2006（57）：1253 - 1262.

[29] Kosobryukhov A A，Bil' K Y，Nishio J N. Sugar beet photosynthesis under conditions of increasing water deficiency in soil and protective effects of a lowmolecular weight alcohol [J]. Appl Biochem Microbiol，2004（40）：668 - 674.

膜下滴灌水氮供应对甜菜氮素同化和利用的影响

李智[1,2]，李国龙[1]，孙亚卿[1]，苏文斌[2]，樊福义[2]，张少英[1]

（1. 内蒙古农业大学甜菜生理研究所，呼和浩特　010018；
2. 内蒙古自治区农牧业科学院特色作物研究所，呼和浩特　010031）

摘要： 甜菜（*Beta vulgaris* L.）是我国北方重要的糖料作物，其根部是榨糖的原料。水肥科学

---

*　通讯作者：李智（1988— ），男，内蒙古鄂尔多斯人，副研究员，研究方向：甜菜栽培生理。

管理是作物栽培中重要的农艺措施，在甜菜生产中氮肥施用量普遍偏高，造成甜菜生长源库关系失调，产量和含糖率下降。为此，本试验于 2016—2017 年在内蒙古乌兰察布市凉城县研究了水氮耦合条件下，不同水氮供应对甜菜氮素吸收、积累、分配、氮同化酶活性、氮肥利用效率和产质量的影响，为甜菜生产水氮科学管理提供生理基础和理论依据。结果表明：膜下滴灌条件下，甜菜氮吸收量和叶片硝酸还原酶（NR）、谷氨酰胺合成酶（GS）活性均随施氮量和灌水量的增加而增加；叶丛快速生长期叶片 NR 和 GS 活性最高，块根及糖分增长期块根中 GS 活性最高，与不同器官生长速率相一致；随施氮量的增加，氮素吸收利用率、氮素偏生产力、氮素生理利用率和氮素农学利用率均减小。甜菜生育期灌水 1 350～1 427m³·hm⁻²，配合施氮量 150～179.22kg·hm⁻²，有利于甜菜产质量增加，同时水氮利用效率也提高。

关键词：甜菜；水氮耦合；氮同化；氮素利用效率；产质量

甜菜（*Beta vulgaris* L.）是我国北方重要的经济作物，近些年，华北地区甜菜种植面积逐渐扩大，已成为我国甜菜第一大产区，甜菜制糖业也成为当地的支柱性产业。曹禹等（2016）研究表明，氮磷钾中氮肥对甜菜产量贡献率最大，施氮增产的主要原因是氮素能改善光合性能，提高作物光合效率。合理施氮有利于提高甜菜产质量（Gary，2010），但施氮过量，造成叶丛徒长，根冠比下降，反而降低甜菜产量和含糖率。灌水可以提高作物对氮素的吸收和利用，进而提高作物产量（刘明等，2018；Wang 等，2019；Zhang 等，2019；Pavel 等，2018）。生产实践中，农民为了增加产量，大量施用氮肥，造成甜菜产质量下降。如新疆由于氮肥施用量过多，导致甜菜含糖率由 17.88% 下降至 14.56% 左右（费聪等 2015）。总体而言，作物种植中，以水济肥，以肥调水，水肥协调高效利用是节本增效的重要措施。科学灌溉与合理的氮素运筹，有利于甜菜块根及糖分增长期生长中心的转移，还能延缓植株后期脱肥，从而促进甜菜产质量的提高。因此，本研究通过在水氮耦合条件下，研究不同灌水量和施氮量条件下，甜菜氮素吸收、氮同化和利用效率的规律，旨在为甜菜获得高产高糖提供水氮合理管理的生理基础及技术参数。

1 材料与方法

1.1 试验地概况

于 2016—2017 年在内蒙古乌兰察布市凉城县六苏木镇进行试验，该地位于东经 112°27′，北纬 40°26′，气候属温带半干旱大陆性季风气候，年日照时数为 3 026h，有效积温 2 500℃，无霜期一般为 125d 左右，年降水量 350～450mm。2016 和 2017 年甜菜生育期有效降雨量分别为 211.6mm 和 215.2mm。

试验地点：试验地分别在凉城县六苏木镇南大路村（2016）和凉城县六苏木镇脑包村（2017），两地相距 6.8km。土壤养分见表 1。

表 1 土壤养分

年份	全氮含量/ (g·kg⁻¹)	全磷含量/ (g·kg⁻¹)	全钾含量/ (g·kg⁻¹)	碱解氮含量/ (mg·kg⁻¹)	有效磷含量/ (mg·kg⁻¹)	速效钾含量/ (mg·kg⁻¹)	有机质/ (g·kg⁻¹)	pH
2016	0.51	0.28	12.36	86.63	9.90	109.59	11.26	8.30
2017	0.31	0.60	17.63	51.77	6.17	93.01	8.21	8.35

1.2 试验材料

供试品种：'瑞士先正达 HI1003'

1.3 试验设计

2016 年试验采用二次饱和 D^- 最优设计（表 2），设灌水和施氮两个因素，四个水平，共 6 个处理，采用完全随机排列，另设空白对照，小区长 6m，宽 4m，每个处理六次重复，共 42 个小区；2017 年是在 2016 年试验的基础上进一步细化试验，在最小灌水量和施氮量不变、缩小最大灌水量和施氮量，增加灌水量和施氮量的梯度，采用裂区设计，灌水量和施氮量各四个水平（表 3），共 16 个处理，另设空白对照（甜菜生育期灌水三次，不施氮肥），小区长 6m，宽 5m，每个处理四次重复，共 68 个小区，采用完全随机排列。两年试验行距 50cm，株距 23cm，理论株数 87 000 株·hm^{-2}。播前土壤养分见表 1，试验种植方式采用膜下滴灌纸筒育苗移栽，一膜两行，2 行中间铺一根滴灌带，灌水量用水表控制，两年分别在 5 月 20 日和 5 月 15 日进行大田人工移栽，氮肥用尿素（含氮量百分之四十六）、磷肥用重过磷酸钙（含五氧化二磷百分之四十六）和钾肥用硫酸钾（含氧化钾百分之五十），肥料以基肥的形式一次性施入大田，根据测土配方计算得出，2016 年施磷肥（P_2O_5）180kg·hm^{-2}，钾肥（K_2O）75kg·hm^{-2}，灌水间隔为 20d，每次灌水 450m^3·hm^{-2}。其中，灌水的上限和下限值分别为 2 700m^3·hm^{-2}、450m^3·hm^{-2}，施氮肥的上限和下限值分别为 315kg·hm^{-2}、75kg·hm^{-2}。甜菜收获时间是 9 月 30 日。2017 年施磷肥（P_2O_5）108kg·hm^{-2}，钾肥（K_2O）90kg·hm^{-2}，灌水间隔为 30d，每次灌水 450m^3·hm^{-2}。在 9 月 29 日收获甜菜。

表 2　试验设计（2016 年）

处理	编码值		实际值	
	灌水量	施氮量	灌水量/m^3·hm^{-2}	施氮量/kg·hm^{-2}
W1N1	−1	−1	450.00	75.00
W4N1	1	−1	2 700.00	75.00
W1N4	−1	1	450.00	315.00
W2N2	−0.131 5	−0.131 5	1 427.10	179.25
W4N3	1	0.394 4	2 700.00	242.40
W3N4	0.394 4	1	2 018.70	315.00

表 3　裂区设计（2017 年）

因素	水平			
灌水量/m^3·hm^{-2}	450	900	1 350	1 800
施氮量/kg·hm^{-2}	75	150	225	300

1.4 测定指标及方法

1.4.1 酶活性的测定

（1）硝酸还原酶（Nitrate reductase，NR）活性的测定：参照史树德（2011）的方法略有改进。

（2）谷氨酰胺合成酶（Glutamine Synthetase，GS）活性的测定：参照邹琦（2003）的方法略改进。

1.4.2 植株中氮含量测定

参照方金豹等（2011）的标准 NY/T 2017—2011《植物中氮、磷、钾的测定》。

1.4.3 氮素利用效率的计算

氮素偏生产力（kg·kg^{-1}）＝施氮区块根产量/施氮量；

氮素农学利用率（kg·kg^{-1}）＝（施氮区块根产量−空白区块根产量）/施氮量；

氮素吸收利用率（%）＝（施氮区植株氮积累量−不施氮区植株氮积累量）/施氮量×100；

氮素生理利用率（kg·kg⁻¹）＝（施氮区块根产量－不施氮区块根产量）/（施氮区植株氮积累量－不施氮区植株氮积累量）。

1.5 数据统计

采用 SAS 9.0 进行方差分析，GraphPad Prism 5 进行作图。

2 实验结果

2.1 水氮耦合对甜菜氮素吸收和分配的影响

从图 1 和图 2 中可以看出，水氮耦合各处理甜菜叶丛（包括叶片、叶柄和青头）氮积累量在苗期差异不显著；在叶丛快速生长期，叶丛氮积累量达到最大值，且氮积累量随灌水量和施氮量的增加而增加，同一施氮水平，水分供应的 W3 和 W4 水平叶丛氮积累量差异不显著；同一灌溉水平，氮素供应的 N3 和 N4 水平叶丛氮积累量差异不显著，表明水氮耦合条件下，在甜菜生长需水需肥量最大的时期，灌水量和施氮量超过 W3 和 N3 水平，叶丛吸氮量不再增加。在块根及糖分增长期，甜菜叶丛氮积累量随着施氮量的增加而增加，随着灌水量的增加呈下降趋势。在糖分积累期，由于前期水氮供应增加，叶丛徒长，导致下部叶片早衰，叶丛含氮量下降。以 W3N2 和 W3N1 两个处理比较，每增加 1.50g·m⁻² 纯氮，甜菜叶丛氮积累量下降 8.52mg·株⁻¹。

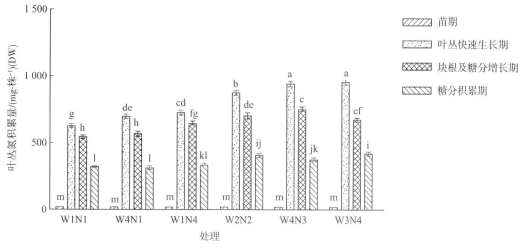

图 1 水氮耦合对甜菜叶丛氮积累量的影响（2016 年）

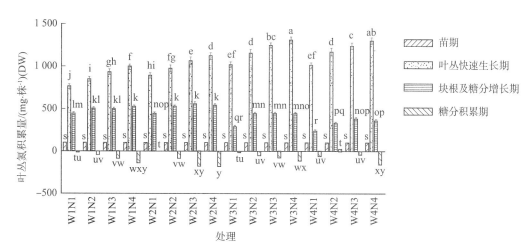

图 2 水氮耦合对甜菜叶丛氮积累量的影响（2017 年）

从图3和图4可以看出，块根中氮积累量在叶丛快速生长期和块根及糖分增长期随施氮量和灌水量的增加呈逐渐增加的趋势，在块根及糖分增长期达到最大值。在糖分积累期，块根中氮积累量随施氮量和灌水量的增加呈降低的趋势，同一灌溉水平，N2水平块根中氮积累量最高，表明施氮量在N2水平即可满足块根生长。两年块根中氮积累量规律一致。

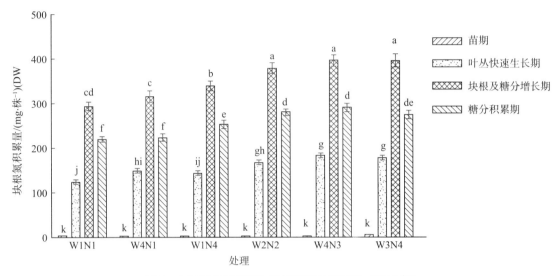

图3　水氮耦合对甜菜块根氮积累量的影响（2016年）

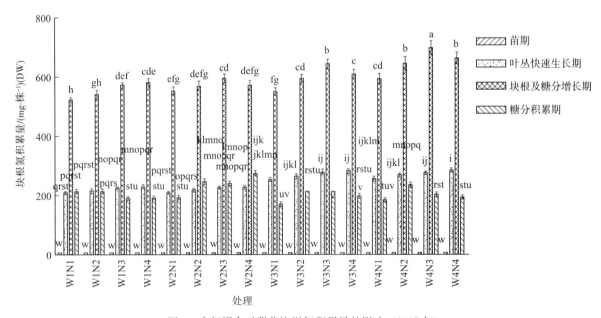

图4　水氮耦合对甜菜块根氮积累量的影响（2017年）

从表4中可以看出，不同生育时期叶丛氮积累量占生育期总氮积累量的比例由高到低依次是：叶丛快速生长期＞块根及糖分增长期＞糖分积累期＞苗期，而块根中氮积累量占生育期总氮积累量的比例由高到低依次是：块根及糖分增长期＞叶丛快速生长期和糖分积累期＞苗期，甜菜生育前期积累的氮素主要分配给叶丛为主，生育后期以分配给块根为主，从而达到源-库协调。不同水氮耦合供应使氮在甜菜地上部和地下部的分配比例不同，产质量最高的处理W2N2（2016年）和W3N2（2017年）叶丛和块根中氮积累量占生育期总氮积累量的比例在苗期和叶丛快速生长期适当提高，在块根及糖分增长期和糖分积累期适当减少，有利于产质量增加。

表4 水氮耦合处理甜菜生育期叶丛和块根中氮积累分配率

年份	处理	不同生育时期叶丛氮积累量占生育期总氮积累量的比例（%）				不同生育时期块根氮积累量占生育期总氮积累量的比例（%）			
		苗期	叶丛快速生长期	块根及糖分增长期	糖分积累期	苗期	叶丛快速生长期	块根及糖分增长期	糖分积累期
2016	W1N1	1.31	41.38	36.04	21.27	0.46	19.29	45.93	34.32
	W4N1	1.24	43.61	35.62	19.53	0.42	21.58	45.69	32.31
	W1N4	1.16	42.05	37.29	19.49	0.42	19.42	45.96	34.21
	W2N2	0.99	43.68	35.02	20.31	0.37	20.17	45.67	33.79
	W4N3	0.97	45.24	35.86	17.93	0.37	20.91	45.45	33.28
	W3N4	0.98	46.22	32.44	20.36	0.37	20.83	46.52	32.28
2017	W1N1	5.72	43.64	25.49	25.15	0.74	21.88	54.71	22.66
	W1N2	5.35	44.26	26.32	24.06	0.76	21.97	55.26	22.01
	W1N3	5.26	47.75	25.67	21.32	0.77	22.55	57.29	19.39
	W1N4	5.13	49.07	26.15	19.66	0.72	22.83	57.72	18.72
	W2N1	5.77	51.34	21.41	21.48	0.72	21.93	57.05	20.30
	W2N2	5.02	47.50	25.70	21.78	0.67	20.97	54.56	23.80
	W2N3	4.92	50.42	26.51	18.16	0.72	21.23	55.72	22.33
	W2N4	4.87	52.58	25.48	17.07	0.71	20.95	52.71	25.63
	W3N1	5.94	60.13	17.14	16.79	0.72	25.84	56.14	17.30
	W3N2	4.91	55.79	20.82	18.48	0.69	24.77	55.63	18.91
	W3N3	4.86	58.61	20.12	16.41	0.72	25.57	58.93	14.79
	W3N4	4.90	61.86	19.39	13.86	0.70	25.67	55.25	18.37
	W4N1	6.52	65.40	15.48	12.61	0.68	24.61	57.02	17.69
	W4N2	5.23	59.55	16.93	18.30	0.62	23.21	55.75	20.41
	W4N3	5.00	60.13	18.34	16.53	0.66	23.21	58.64	17.50
	W4N4	5.19	65.93	18.29	10.59	0.65	24.76	57.62	16.97

2.2 水氮耦合对甜菜氮同化的影响

硝酸还原酶（NR）是一种氧化还原酶，催化硝酸盐还原成亚硝酸盐，是氮素同化的限速酶，其活性高低代表着氮素同化能力的高低。从图5中可以看出，甜菜叶片中NR活性在甜菜生育期呈先升高后降低的趋势，在叶丛快速生长期达到最大值。在各生育时期，同一施氮水平，NR活性随灌水量的增加而增加；同一灌水条件下，NR活性也随施氮量的增加而增加，且灌溉水平增加，不同施氮处理之间差异显著增加；在块根及糖分增长期和糖分积累期，NR活性与叶丛快速生长期规律一致，处理W3N2和W3N3叶片中NR活性要高于其他处理。

从图6中可以看出，甜菜生育期叶片中谷氨酰胺合成酶（GS）活性呈先增加后降低的趋势，在块根及糖分增长期达到最大值，高峰期出现比NR活性要晚一个时期。在叶丛快速生长期，叶片GS活性随灌水量和施氮量的增加而增加，但N3和N4水平之间差异不显著；块根及糖分增长期，叶片GS活性随灌水量和施氮量的增加呈增加趋势，但处理W3N2、W3N3、W3N4之间差异不显著；糖分积累期，水氮耦合处理在N2、N3和N4水平之间差异不显著。说明适当增加施氮量可以增加叶片GS活性，N2水平GS活性已经达到最大值，再增加施氮量不会提高叶片GS活性。

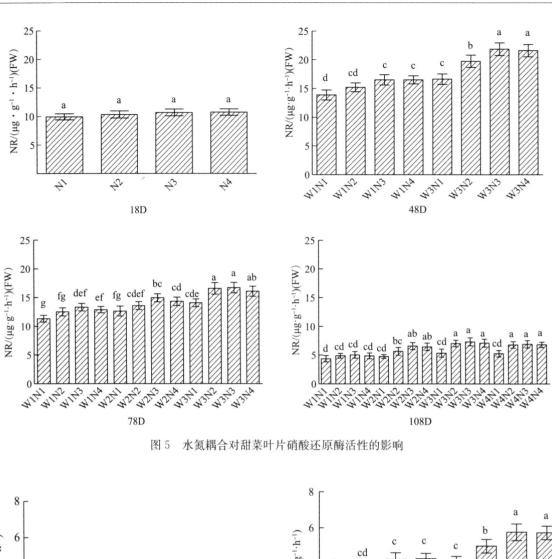

图 5　水氮耦合对甜菜叶片硝酸还原酶活性的影响

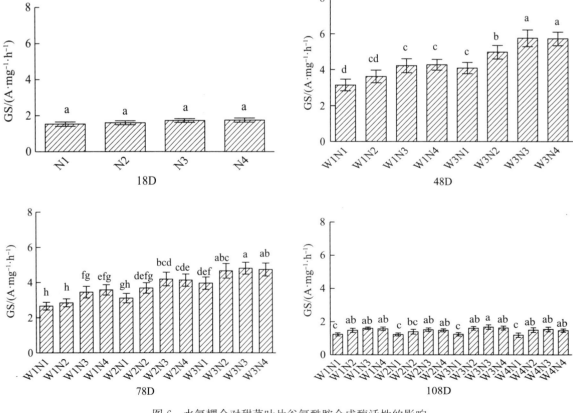

图 6　水氮耦合对甜菜叶片谷氨酰胺合成酶活性的影响

从图 7 看出，块根中 GS 活性在甜菜生育期呈先增加后降低的趋势，在块根及糖分增长期达到最大值，且块根中 GS 活性要低于叶片中 GS 活性，不同水氮组合处理块根中 GS 活性与叶片中的规律表现一致。

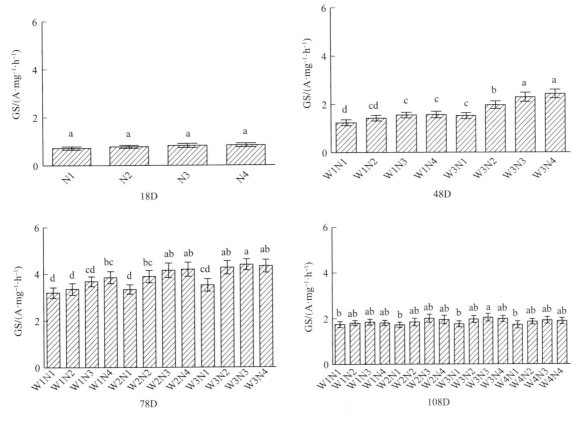

图 7 水氮耦合对甜菜块根谷氨酰胺合成酶的影响

2.3 水氮耦合对甜菜氮素利用效率的影响

表 5 是两年的水氮耦合处理甜菜产质量情况。2016 年处理 W2N2 产质量水平最高。2017 年处理 W3N2 产质量水平最高。

表 5 水氮耦合对甜菜产质量的影响

年份	处理	产量/kg·hm^{-2}	含糖率/%	产糖量/kg·hm^{-2}
2016	W1N1	64 257.52±2 078.05[bA]	15.91±0.11[aA]	10 222.99±267.22[abAB]
	W4N1	68 446.80±2 247.13[aA]	15.35±0.13[abAB]	10 508.72±417.5[aAB]
	W1N4	65 779.02±1 969.94[abA]	15.59±0.07[aAB]	10 254.61±355.19[abAB]
	W2N2	68 119.77±632.15[aA]	15.88±0.60[aA]	10 818.88±474.93[aA]
	W4N3	66 669.66±2 068.85[abA]	15.41±0.44[abAB]	10 266.68±93.21[abAB]
	W3N4	65 310.11±2 075.41[abA]	14.90±0.23[bB]	9 735.89±461.22[bB]
2017	W1N1	59 930.72±1 153[bcdeABC]	16.69±0.28[aA]	10 002.63±265[abcdAB]
	W1N2	59 213.19±1 188[cdeBC]	16.67±0.32[aA]	9 872.98±319[bcdeAB]
	W1N3	60 855.31±2 168[abcdABC]	16.54±0.24[aA]	10 064.30±421[abcAB]
	W1N4	57 569.07±1 342[eC]	16.45±0.33[abA]	9 467.32±218[cdeCD]

（续）

年份	处理	产量/kg·hm^{-2}	含糖率/%	产糖量/kg·hm^{-2}
	W2N1	60 880.15±2 201[abcdABC]	16.55±0.36[aA]	10 075.27±330[abAB]
	W2N2	60 626.12±1 058[abcdABC]	16.54±0.33[aA]	10 024.68±122[abcdAB]
	W2N3	61 901.87±908[abcAB]	16.15±0.15[abcdABC]	9 996.47±59[abcdAB]
	W2N4	59 599.45±683[bcdeABC]	15.96±0.21[bcdeABC]	9 509.57±114[defBCD]
	W3N1	62 461.57±1 791[abAB]	16.16±0.13[abcdABC]	10 091.57±221[abAB]
	W3N2	63 419.84±1 694[aA]	16.13±0.10[abcdABC]	10 229.46±295[aA]
2017	W3N3	61 912.38±721[abcAB]	15.60±0.38[deBC]	9 659.23±277[bcdeABCD]
	W3N4	59 046.80±1 202[cdeBC]	15.44±0.39[eC]	9 120.84±416[fCD]
	W4N1	60 520.09±991[bcdBC]	16.14±0.55[abcdABC]	9 762.33±192[abcdeABC]
	W4N2	60 016.92±1 162[bcdeBC]	16.23±0.12[abcAB]	9 738.11±149[abcdeABCD]
	W4N3	60 885.17±2 225[abcdABC]	15.68±0.13[cdeBC]	9 547.95±400[cdefABCD]
	W4N4	58 647.01±1 849[deBC]	15.47±0.35[eBC]	9 066.73±119[fD]

注：不同小写和大写字母分别表示差异达到显著（$P<0.05$）或极显著水平（$P<0.01$）。

叶丛快速生长期是甜菜生长最旺盛的时期，这一时期甜菜生长最快、氮素吸收、硝酸盐还原和氮素同化酶活性最高，因此，对叶丛和块根中含氮量、酶活性、生长指标与含糖率和单株根重做了相关性分析（表6）。结果表明：水氮耦合处理甜菜叶丛和块根中含氮量与酶活性呈极显著正相关关系，与叶面积指数和干物质积累呈显著正相关关系，与含糖率呈极显著负相关关系，与单株根重呈显著正相关关系，单株根重与叶面积指数呈显著正相关，与干物质积累量呈极显著正相关关系，而含糖率与叶面积指数和干物质积累量呈显著负相关。

表6　甜菜不同器官含氮量、酶活性与含糖率和单株根重的相关性

	叶丛含氮量	块根含氮量	NR	GS（叶）	GS（根）	叶面积指数	干物质积累量	含糖率	单株根重
叶丛含氮量	1	—	—	—	—	—	—	—	—
块根含氮量	0.977**	1	—	—	—	—	—	—	—
NR	0.984**	0.962**	1	—	—	—	—	—	—
GS（叶）	0.985**	0.944**	0.993**	1	—	—	—	—	—
GS（根）	0.974**	0.941**	0.988**	0.983**	1	—	—	—	—
叶面积指数	0.831*	0.761*	0.800*	0.830*	0.777*	1	—	—	—
干物质积累量	0.779*	0.742*	0.711*	0.731*	0.680	0.957**	1	—	—
含糖率	−0.989**	−0.950**	−0.961**	−0.975**	−0.957**	−0.801*	−0.743*	1	—
单株根重	0.767*	0.801*	0.713*	0.687	0.660	0.789*	0.894**	−0.704	1

注："*"和"**"分别表示相关性达到显著（$P<0.05$）或极显著水平（$P<0.01$）。

从表7中可以看出，甜菜水氮耦合处理W3N1氮素吸收利用率、氮素生理利用率、氮素偏生产力和氮素农学利用率均高于其他处理，处理W3N2氮素利用率高于同一施氮水平其他处理，灌水量适当提高可增加甜菜氮素吸收利用率。氮素吸收利用率随施氮量的增加呈降低的趋势。2016年试验结果与2017年一致。

表 7　水氮耦合对甜菜氮素利用率的影响

年份	处理	施氮量/ (kg·hm⁻²)	氮素吸收利用率/ (%)	氮素生理利用率/ (kg·kg⁻¹)	氮素偏生产力/ (kg·kg⁻¹)	氮素农学利用率/ (kg·kg⁻¹)
2016	W1N1	75	53.19ᵇAB	181.91ᵇB	856.77ᵇB	96.77ᵇB
	W4N1	75	68.68ᵃA	222.24ᵃA	912.62ᵃA	152.62ᵃA
	W1N4	315	21.35ᵈD	130.57ᶜC	208.82ᵉE	27.87ᵈD
	W2N2	179	55.44ᵇAB	111.91ᶜᵈCD	380.09ᶜC	62.05ᶜC
	W4N3	242	45.47ᵇᵇᵇC	87.76ᵈᵉDE	275.12ᵈD	39.90ᵈD
	W3N4	315	33.82ᶜCD	78.00ᵈE	207.33ᵉE	26.38ᵈD
2017	W1N1	75	53.58ᵇᶜᵈBCD	184.92ᵃAB	799.08ᵇB	99.09ᶜB
	W1N2	150	36.66ᵉᶠᵍGH	122.09ᶜᵈCD	394.75ᵈC	44.76ᶠᵍDE
	W1N3	225	28.77ᵍʰHI	129.06ᶜC	270.47ᵈD	37.14ᵍEF
	W1N4	300	24.37ʰI	69.34ᵇG	191.90ᶠE	16.90ʰG
	W2N1	75	61.21ᵃᵇABC	182.54ᵃᵇAB	811.74ᵇAB	111.75ᵇB
	W2N2	150	49.05ᶜᵈDEF	110.46ᵈᵉDE	404.17ᶜᵈC	54.18ᵈD
	W2N3	225	38.90ᵉᶠCGH	107.42ᵈᵉCDE	275.12ᶜᵈD	41.79ᶠᵍDE
	W2N4	300	30.61ᶠᵍʰGHI	77.30ᵍʰFG	198.66ᶠE	23.67ʰFG
	W3N1	75	68.27ᵃA	194.56ᵃA	832.82ᵃA	132.83ᵃA
	W3N2	150	55.59ᵇᶜᵈBCD	130.97ᶜC	422.80ᶜC	72.81ᵈC
	W3N3	225	41.72ᵈᵉEFG	100.26ᵉᶠDEF	275.17ᶜᵈD	41.84ᶠᵍDE
	W3N4	300	32.73ᶠᵍʰGHI	66.68ᵇG	196.82ᶠE	21.83ʰG
	W4N1	75	64.08ᵃAB	166.89ᵇB	806.93ᵇAB	106.95ᵇᶜB
	W4N2	150	51.92ᶜCDE	96.51ᵉᶠEF	400.11ᵈC	50.12ᵉᶠDE
	W4N3	225	41.52ᵈᵉEFG	89.75ᶠᵍEFG	270.60ᶜᵈD	37.27ᵍEF
	W4N4	300	31.14ᶠᵍʰGHI	65.80ᵇG	195.49ᶠE	20.49ᵇG

氮素生理利用率与氮素吸收利用率规律相同，随着施氮量的增加呈降低的趋势。从表 7 中可以看出，同一灌溉水平，氮素偏生产力随施氮量的增加而降低，水氮耦合处理 W3N1 和 W3N2 分别优于其他不同灌水处理，氮素农学利用率与氮素偏生产力规律一致。两年试验结果一致。

3　讨论

氮素是植物生长的重要营养元素，主要以 NO_3^- 和 NH_4^+ 的形式被植物吸收利用。NO_3^- 需要在硝酸还原酶和亚硝酸还原酶作用下，还原成 NH_4^+ 后被植物利用，95% 以上的 NH_4^+ 需要通过 GS/谷氨酸合成酶（Glutamate Synthetase，GOGAT）途径同化（莫良玉等 2001）。NR 和 GS 在氮同化中起关键作用（谷岩等 2013）。NR 是氮代谢中的关键酶，也是限速酶。李曼等（2017）研究表明，高氮使干旱胁迫的黄瓜（*Cucumis sativus* L.）叶片 NR 活性显著提高，于海彬等（1993）研究表明，甜菜叶片 NR 活性与施氮量密切相关，随施氮量增加而提高。但 NR 活性受气候条件、地上部生长状况和根系吸收能力影响较大。本研究结果表明，硝酸还原酶随施氮量和灌水量的增加而增加，甜菜叶片中 NR 活性在叶丛快速生长期达到最高值，在糖分积累期迅速下降。GS/GOGAT 途径的主要作用是同化光呼吸产生的 NH_4^+ 和硝酸盐还原的 NH_4^+，GS 是这个途径的多功能酶，参与多个调节过程。对冬小麦（*Triticum aestivum* L.）（王月福等 2002）研究表明，提高 GS 活性，可以促进氨基酸合成和转化。张翼飞（2013）研究表明，甜菜叶片和块根中 GS 活性随施氮量的增加而增加，但施氮过量使块根中 GS 活性降低，且甜菜生育前期叶片 GS 活性高于生育后期，本研究结果表明甜菜叶片 GS 活性与硝酸还原酶活性规律一致，而块根中 GS 活性在块根及糖分增长期达到最大值。不同作物氮素利用效率也不同（武姣娜等 2018），研究表明，覆膜春玉米（Zea mays L.）施氮量从 0～250kg·hm^{-2}，可以促进氮素吸收，春玉米产量也提高，但施氮量从 250～400kg·hm^{-2} 时，氮素吸收和产质量差异不显著（王泽林等 2019）。汪俊玉等（2018）研究表明，与不施氮相比施氮显著增加了番茄（Lycopersicon esculentum Mill.）产量，但施氮过量反而降低了番茄产量。可见，作物施氮也要适量。程明瀚等[18]研究表明，水氮耦合条件下青椒适宜施氮量是 120kg·hm^{-2}，施氮过量造成土壤中过分残留从而抑制根系对水分的吸收和利用。赵庆鑫等（2019）研究表明，在适量施氮条件下，甘薯（Dioscorea esculenta（L.）Burkill）获得高产的关键是促进地上部氮元素向块根中转运，提高收获期在块根中的分配率。本研究表明，水氮耦合显著提高甜菜对氮素吸收，不同水氮组合处理甜菜叶丛含氮量在叶丛快速生长期达到最大值，且随着灌水量和施氮量的增加而增加，过量施氮反而不利于氮素吸收，块根中含氮量在块根及糖分增长期达到最高峰，说明甜菜氮代谢在叶丛快速生长期和块根及糖分增长期处于主导地位。叶丛氮吸收量在糖分积累期随施氮量的增加而降低，是因为甜菜生育前期施氮和灌水较多的处理地上部生物量大，后期由于光和营养的影响，致使下部叶片衰老枯死，叶丛生物量减少幅度较大，导致叶丛氮吸收量减少较多。叶丛和块根中氮积累量占生育期总氮积累量的比例在苗期和叶丛快速生长期适当提高，在块根及糖分增长期和糖分积累期适当减少时，可以促进甜菜生长、防止后期早衰，而且甜菜产质量最高。

刘明等（2018）研究表明，不同水氮栽培模式下，增加施氮量可以提高玉米产量，而氮素利用效率随着施氮量的增加呈先增加后减少的趋势。陆晓松等（2019）研究表明，随着施氮量增加，小麦产量增大、氮肥利用率减小；当施氮量超过 200kg·hm^{-2} 时，小麦产量增大趋势减弱，甚至产量降低。吕伟生等（2018）研究表明，施氮量超过 180kg·hm^{-2} 时，早稻（Oryza sativa L.）氮肥偏生产力、吸收利用率、生理利用率及农学利用率均随施氮量的增加而不断降低。李强等（2008）研究表明，在新疆地区施氮量达到 180kg·hm^{-2} 时，甜菜产糖量最高。本研究表明，甜菜氮素利用率随施氮量增加而减小，同一施氮水平，灌水量在 1 350～1 427m^3·hm^{-2}，氮素利用率要高于其他灌溉水平，说明灌水促进了植株对氮素的利用，但灌水过量，反而使甜菜氮素利用率降低；施氮量在 150～179.22kg·hm^{-2} 时，甜菜产质量最高。因此，膜下滴灌条件下，水氮耦合有利于甜菜对氮素的吸收、同化和利用，促进节水减肥。

◇ 参考文献

[1] 曹禹，孙娜，孙桂荣等．氮·磷·钾肥对伊犁地区甜菜产量的影响［J］．安徽农业科学，2016，44（31）：137-139.

[2] 程明瀚，郝仲勇，杨胜利，等．膜下滴灌条件下温室青椒的水氮耦合效应［J］．灌溉排水学报，2018，37（11）：50-56.

[3] 方金豹，庞荣丽，郭玲玲，等．植物中氮、磷、钾的测定［S］．中华人民共和国农业部，NY/T 2017-2011.

[4] 费聪，耿青云，李阳阳，等．氮肥运筹对露播滴灌甜菜产量和块根糖质量分数的影响［J］．西北农业学报，2015，24（11）：101-106.

[5] 谷岩，胡文河，徐百军，等．氮素营养水平对膜下滴灌玉米穗位叶光合及氮代谢酶活性的影响［J］．生态学报，2013，33（23）：7399-7407.

[6] 李曼，董彦红，崔青青，等．CO$_2$ 浓度加倍下水氮耦合对黄瓜叶片碳氮代谢及其关键酶活性的影响［J］．植物生理学报，2007，53（9）：1717-1727.

[7] 李强，章建新，甘玉柱．施氮对高产甜菜干物质积累分配及产量和品质的影响［J］．干旱地区农业研究，2008，26（5）：55-59.

[8] 刘明，张忠学，郑恩楠，等．不同水氮管理模式下玉米光合特征和水氮利用效率试验研究［J］．灌溉排水学报，2018，37（12）：27-34.

[9] 陆晓松，于东升，徐志超，等 . 土壤肥力质量与施氮量对小麦氮肥利用效率的综合定量关系研究 [J]. 土壤学报，2019，56（2）：1-7.

[10] 吕伟生，曾勇军，石庆华，等 . 合理氮肥运筹提高双季机插稻产量及氮肥利用率 [J]. 水土保持学报，2018，32（6）：259-268.

[11] 莫良玉，吴良欢，陶勤南 . 高等植物 GS/GOGAT 循环研究进展 [J]. 植物营养与肥料学报，2001，7（2）：223-231.

[12] 史树德 . 植物生理学实验指导 [M]. 北京：中国林业出版社 .2011.

[13] 汪俊玉，刘东阳，宋霄君，等 . 滴灌水肥一体化条件下番茄氮肥适宜用量探讨 [J]. 中国土壤与肥料，2018（6）：98-103.

[14] Wang HD，Li J，Cheng MH，et al. Optimal drip fertigation management improves yield，quality，water and nitrogen use efficiency of greenhouse cucumber [J]. Scientia Horticulturae，2019，243：357-366.

[15] 王月福，于振文，李尚霞，等 . 氮素营养水平对冬小麦氮代谢关键酶活性变化和籽粒蛋白质含量的影响 [J]. 作物学报，2002，28（6）：743-748.

[16] 王泽林，白炬，李阳，等 . 氮肥施用和地膜覆盖对旱作春玉米氮素吸收及分配的影响 [J]. 植物营养与肥料学报，2019，25（1）74-84.

[17] 武姣娜，魏晓东，李霞等 . 植物氮素利用效率的研究进展 [J]. 植物生理学报，2018，54（9）：1401-1408.

[18] 于海彬，蔡葆，孙国琴，等 . 甜菜硝酸还原酶活性研究 [J]. 中国甜菜，1993（3）：18-23.

[19] Zhang X，Meng FQ，Li H，et al. Optimized fertigation maintains high yield and mitigates N_2O and NO emissions in an intensified wheat - maize cropping system [J]. Agricultural Water Management，2019（211）：26-36.

[20] 张翼飞 . 施氮对甜菜氮素同化与碳代谢的调控机制研究 [D]. 黑龙江哈尔滨：东北农业大学，2013.

[21] 赵庆鑫，江燕，史春余，等 . 氮钾互作对甘薯氮钾元素吸收、分配和利用的影响及与块根产量的关系 [J]. 植物生理学报，2017，53（5）：889-895.

[22] 邹琦 . 植物生理学实验指导 [M]. 北京：中国农业出版社，2003.

不同保水栽培方式和硼素对甜菜产质量效应研究

宋柏权，王响玲，郝学明，董一帆，王秋红，王孝纯，周建朝

（黑龙江大学生命科学学院黑龙江省寒地生态修复与
资源利用重点实验室/黑龙江省普通高等学校甜菜遗传育种重点实验室/
黑龙江省甜菜工程技术研究中心，哈尔滨　150080）

摘要：明确保水栽培方式与硼素2个因素对甜菜叶片光合性能及产量品质的影响，探讨栽培方式

＊　通讯作者：宋柏权（1979—　），男，黑龙江绥棱人，副研究员，研究方向：现代施肥技术与农田生态。

和硼素对甜菜产质量的影响规律，以期为甜菜抗旱高产高糖栽培提供理论依据。试验于2016年进行，通过不同栽培水分处理和中后期叶片硼素施用处理，对甜菜叶片 SPAD 值、产量以及品质进行测定，并对 SPAD 值与产量品质的相关性进行统计分析。结果表明，与对照相比 JF（垄上覆膜和垄沟覆秸秆）保水处理能够显著提升产糖量；施硼能提升大田甜菜的含糖率、产量和产糖率，JG＋B（垄沟铺秸秆＋叶面喷施硼酸）提升含糖率和产量效果最佳，JF＋B（垄上覆膜和垄沟覆秸秆＋叶面喷施硼酸）提高甜菜的产糖量效果最佳；施硼可提高甜菜叶片 SPAD 值，且 SPAD 值与甜菜含糖率存在最大的灰色关联度，两者具有紧密关系。综合分析得出，该生态条件下 JF 可作为抗旱节水的栽培模式，施硼增强了叶片光合能力、提高了产量和含糖率，建议在生产中施硼与秸秆覆膜（JF＋B）结合进行。

关键词：甜菜；保水栽培；硼；SPAD 值；块根产量

甜菜是世界第二大制糖原料，与甘蔗等统称为糖料作物，其产糖总量约占世界食糖总产量的20%，中国甜菜糖产量占国内食糖总产量的10%[1-2]。在中国，甜菜种植区主要分布于黑龙江、新疆、内蒙古3个甜菜产区，总种植面积达全国的86%，总产量占全国甜菜总产近90%[3-4]。甜菜种植土壤中很多为半干旱地区，极大地限制了中国甜菜产量，影响到糖料产业的健康发展[5-7]。对于充分利用土壤有限水分及高效利用自然降雨，科研工作者对节水栽培进行了很多研究，如利用大垄双行、垄沟种植等调节田间局部小气候以保持土壤温度和水分[8-9]，利用覆膜栽培充分利用无效和微效的自然降水来提高作物产量等报道已有较多[10-11]，但在甜菜生产中如何利用集雨措施或保水栽培来提高块根产量及含糖报道尚鲜见报道。

甜菜是耗肥量大、需要营养种类较多的作物，不仅所需氮、磷、钾3种营养元素是普通作物的2~3倍[12-14]，且必需多种微量元素，如硼、锌等，特别是甜菜对硼素缺乏较为敏感，缺硼常会引起甜菜生理性病害心腐病的发生，导致块根的腐烂和产量、含糖的下降，严重影响甜菜的产糖量[15-17]。因此，在干旱半干旱产区探索甜菜高效利用有限的自然降雨资源的栽培方式，并配施微量元素硼肥来提高甜菜的产量和品质，对于指导甜菜抗旱高糖栽培生产具有现实意义。

1 材料与方法

1.1 试验地概况

试验地位于哈尔滨市哈尔滨工业大学（126°68′E，45°77′N）试验田。试验田 1—10 月月平均温度为 8.19℃，平均月降雨量为 54.43mL，播期土壤较干旱，生育期水分和温度具体分布如图 1 所示。试验地 0~20cm 土壤基本养分含量为速效氮 118.24mg/kg，有效磷 37.41mg/kg，速效钾 89.22mg/kg，有效硼 0.43mg/kg，pH6.56。

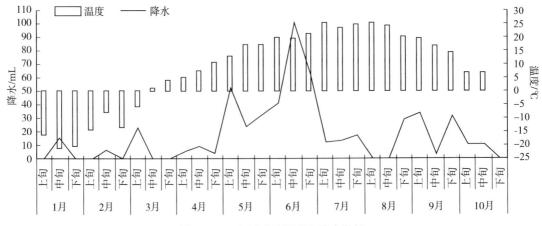

图 1 2016 年试验地温度和降水数据

1.2 试验材料与设计

采用甜菜遗传单粒种 H003 为试验材料。试验于 2016 年 5 月 14 日—9 月 30 日在哈尔滨工业大学试验地田间进行。试验地地势较高、播种期土壤相对干旱。人工穴播，株距 20cm，1 对真叶间苗、2 对真叶定苗。栽培方式处理通过常规垄作（CK）、垄上覆膜（FM）、垄沟覆秸秆（JG）和垄上覆膜＋垄沟覆秸秆（JF）4 种方式进行。地膜为白色农用地膜，秸秆为 5～8cm 长的玉米秸秆。于 7 月 20 日、8 月 14 日、9 月 12 日分别在不同水分处理基础上对甜菜叶片进行了喷施 0.5％硼酸处理，即为 CK＋B、FM＋B、JG＋B、JF＋B4 个硼素处理（表 1）。

表 1 试验处理实施表

处理	具体内容和方法
CK	常规垄作处理，垄宽 65cm
FM	CK 基础上，作垄台上覆 1 层常规白色农用地膜，地膜两侧埋于垄沟下 5cm
JG	CK 基础上，在垄沟内铺满 5～10cm 长玉米秸秆 1 层
JF	CK 基础上，结合了上述垄上覆膜和垄沟覆秸秆 2 个方法
CK＋B	CK 处理基础上于 7 月 20 日、8 月 14 日、9 月 12 日各进行叶面喷施 0.5％硼酸 1 次
FM＋B	FM 处理基础上于 7 月 20 日、8 月 14 日、9 月 12 日各进行叶面喷施 0.5％硼酸 1 次
JG＋B	JG 处理基础上于 7 月 20 日、8 月 14 日、9 月 12 日各进行叶面喷施 0.5％硼酸 1 次
JF＋B	JF 处理基础上于 7 月 20 日、8 月 14 日、9 月 12 日各进行叶面喷施 0.5％硼酸 1 次

1.3 测定指标与方法

于叶丛块根增长期测定甜菜倒数第 1 片、倒数第 3 片、倒数第 5 片叶片 SPAD 值，收获期测定块根产量和工艺品质。SPAD 值采用日本产 SPAD502 仪（Chlorophyll Meter Model SPAD‐502）测定。于 9 月 30 日在每小区测定有代表性植株的数量和块根重量进而折合单位产量，沿块根纵向呈 45°削切 3cm 厚块根于保鲜膜中保存，冷冻、制成糊状，测定甜菜品质 K、Na、α‐N 及 POL 含量。

1.4 数据处理与统计方法

试验数据处理以及部分图表的制作和统计分别利用 Excel2010 软件和 SPSS22.0 制作。

2 结果与分析

2.1 栽培方式与硼素处理对甜菜叶片 SPAD 的影响

将同一处理不同部位的 SPAD 值求平均，并做出图 2。整体上看，与 CK 相比 JG、FM 均提高了 SPAD 含量。CK＋B、JF＋B、JG＋B、FM＋B4 个施硼处理比 CK、JF、JG 和 FM 未施硼处理的 SPAD 值高。由此可知，在 CK、JG、JF 和 FM 水分处理条件下施硼能提高植物叶片的 SPAD 值。如图 3～图 5 所示，整体上看，不同部位叶片施硼后 SPAD 值都明显上升，以倒 5 叶片表现最明显。

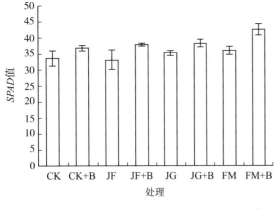

图 2　各处理 3 个叶位叶片平均 *SPAD* 值

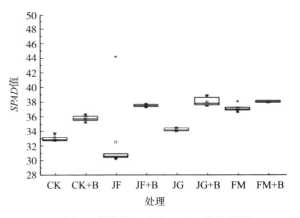

图 3　倒数第 1 叶片 *SPAD* 值箱线图

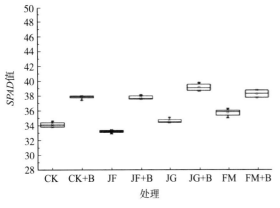

图 4　倒数第 3 叶片 *SPAD* 值箱线图

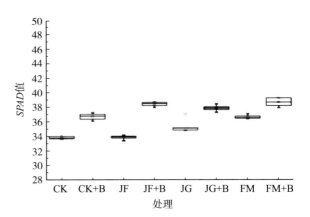

图 5　倒数第 5 叶片 *SPAD* 值箱线图

2.2　栽培方式与硼素处理对甜菜产质量的影响

由图 6 可知，与 CK 相比，FM 和 JF 保水处理均提高了产量；CK＋B 比 CK、JF＋B 比 JF、FM＋B 比 FM 产量提高了 1.66%～12.02%，说明施硼后甜菜块根产量都相对得到了提高，其中 JF＋B 处理甜菜块根产量最大，该处理是提升甜菜块根产量最好的处理方法。由图 7 可知，JG＋B 处理含糖率提升最大，是提高甜菜含糖率的最佳栽培方法。从图 8 可以得出，CK＋B 比 CK、JF＋B 比 JF、JG＋B 比 JG、FM＋B 比 FM 产糖分别增加 0.60、0.60、0.15、0.30t/hm²，产糖提高 2.92～12.17 个百分点。综合分析，JF＋B 处理方式为提高甜菜产糖量的最佳栽培方式。

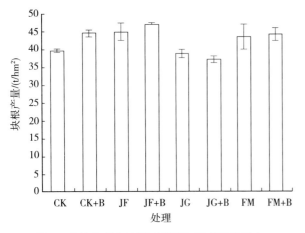

图 6　栽培方式和施硼对甜菜块根产量的影响

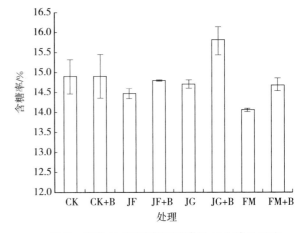

图 7　栽培方式和施硼对甜菜块根含糖的影响

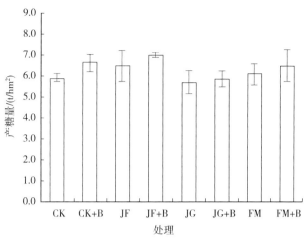

图 8　栽培方式和施硼对甜菜块根产糖的影响

2.3　SPAD 值与甜菜块根品质、产量和产糖的关系

将不同处理的 SPAD 值与甜菜 4 项品质和产量等做灰色关联分析。从表 2 可得，施硼后 POL 与 SPAD 值的相关系数均较高；K 含量未施硼处理与 SPAD 值的相关系数较高。由表 3 可知，SPAD 值与 POL、K、Na、α-N 的灰色相关度分别为 0.76、0.74、0.63、0.57，与产量、产糖的相关度均为 0.65。相关度从大到小排序为 POL＞K＞块根产量＝生物糖含＞Na＞α-N。通过相关性分析可以知道，SPAD 值与甜菜含糖率存在极大的关联性。

表 2　不同处理组合的 *SPAD* 值与块根品质和产量产糖的灰色关联系数

处理	POL	K	Na	α-N	块根产量	生物糖产量
CK	0.60	0.97	0.70	0.74	0.85	0.82
CK＋B	0.91	0.76	0.92	0.51	0.73	0.70
JF	0.64	1.00	0.36	0.35	0.49	0.52
JF＋B	0.94	0.45	0.54	0.62	0.63	0.63
JG	0.78	0.96	0.89	0.51	0.83	0.81
JG＋B	0.92	0.79	0.44	0.91	0.50	0.62
FM	0.35	0.37	0.71	0.48	0.42	0.37
FM＋B	0.94	0.64	0.44	0.49	0.74	0.76

表 3　*SPAD* 值分别与块根品质和产量产糖的灰色关联度

项目	POL	K	块根产量	生物糖含量	Na	α-N
关联度	0.76	0.74	0.65	0.65	0.63	0.57
排序	1	2	3	3	4	5

3　结论

JG、FM 保水栽培方式提高了 SPAD 含量；施硼能提高各栽培方式的叶片 SPAD 值，以倒 5 叶片表现最明显。FM 和 JF 保水处理提高了块根产量，施硼能提高各栽培处理产量 1.66%～12.02%、提高产糖 2.92～12.17 个百分点，JF＋B 处理组合为提高甜菜产糖量的最佳栽培方式。

灰色关联度分析表明，叶片 SPAD 值与甜菜含糖率存在极大关联性；关联度排序为 POL＞K＞

块根产量＝生物糖含量＞Na＞α－N。

综上可得，施硼能改善植株生长参数，提升甜菜产量和产糖。JF保水栽培方式具有更佳提升产糖潜力。秸秆加覆膜与施硼（JF＋B）的综合运用是在甜菜抗旱保水栽培种植中比较理想的栽培方案。

4 讨论

据统计，21世纪末旱地面积将增加23％，其中78％在发展中国家[18]。中国甜菜种植主要集中在东北、西北、华北地区，该地区干旱半干旱面积较大。垄沟秸秆覆盖和覆膜栽培是高效节水的作物栽培技术，其既能够充分利用秸秆资源又能保证作物丰产的水分需求。本研究表明，与CK相比FM和JF保水栽培方式提高了块根产量，这与罗来超等[19-21]的研究结果相似。施硼提高各栽培处理产量为1.66％～12.02％，提高含糖率和产糖，JF＋B处理组合为提高甜菜产糖量的最佳栽培方式，这可能与保水栽培方式提高了甜菜水分利用效率有关，进而增加了产量等，该结论与陈燕[22]的研究结果相似。研究表明，JG、JF和FM不同栽培方式下施硼能提高植物叶片的SPAD值，其中秸秆（JG）水分处理在施硼后提升最大。研究利用了灰色系统理论中关联度分析方法使系统中各因子的作用得到合理的评估，突破了单一概率统计分析方法的局限性，弥补了常规分析方法的不足[23]。通过对甜菜叶片SPAD值与甜菜4项品质、甜菜产糖产量等进行灰色关联度分析，得出甜菜叶片SPAD值与含糖率存在最大的灰色关联度，两者具有紧密关系，说明在此栽培环境及栽培方式下施用硼肥极其重要。本研究得出秸秆加覆膜和施硼（JF＋B）处理产糖量最高。因此，建议该栽培方法在旱地甜菜栽培中优先使用。在以后的研究中将明确覆膜、覆秸秆等措施对土壤温度、水分及微生物等影响，进一步阐明不同栽培方式对土壤环境和甜菜产量品质影响的机理。

参考文献

[1] 张翼飞，张晓旭，刘洋，等．中国甜菜产业发展趋势［J］．黑龙江农业科学，2013（8）：156-160.

[2] 倪洪涛，杨靖媛，侯玉刚，等．甜菜抗旱性评价体系及抗旱育种研究进展［J］．中国糖料，2010（2）：64-68.

[3] 王燕飞，李翠芳，李承业，等．我国甜菜栽培模式研究进展［J］．中国糖料，2011（1）：55-57.

[4] 王亚平，李世光，赵金庆，等．入世后中国甜菜糖产业现状及其应对［J］．新疆农垦经济，2013（11）：13-17.

[5] 肖继兵，孙占祥，蒋春光，等．辽西半干旱区垄膜沟种方式对春玉米水分利用和产量的影响［J］．中国农业科学，2014（10）：1917-1928.

[6] 温和．黑龙江省村域农业生态系统碳平衡及低碳农业对策研究［D］．哈尔滨：东北农业大学，2011.

[7] 于敦爽．黑龙江省西北部甜菜配方施肥的研究［D］．哈尔滨：东北农业大学，2012.

[8] 王守国．甜菜大垄双行覆膜栽培的效应及方法［J］．中国糖料，1996（4）：34-35.

[9] Li F R，Zhao S L，Geballe G T．Water use patterns and agronomic performance for some cropping systemswith and without fallow crops in a semi-arid environment of northwest China［J］．Agriculture Ecosystems&Environment，2000，79（2）：129-142.

[10] Ramakrishna A，Tam H M，Wani S P，et al．Effect of mulch on soil temperature，moisture，weed in festation and yield of ground nutin northern Vietnam［J］．Field Crops Research，2006，95（2-3）：115-125.

[11] Romic D，Romic M，Borosic J，et al．Mulching decreases nitrate leaching in bell pepper（CapsicumannuumL.）cultivation［J］．Agricultural Water Management，2003，60（2）：87-97.

[12] 韩艳芬．甜菜块根中营养成分与根重和含糖率关系的初步研究［D］．呼和浩特：内蒙古农业大

学，2007.

[13] 于海彬，周芹，刘娜，等. 氮营养对甜菜 K⁺ 含量 K⁺ 选择吸收的影响 [J]. 中国糖料，1998 (2)：21-24.

[14] 周建朝，韩晓日，奚红光. 磷营养水平对不同基因型甜菜根磷酸酶活性的效应 [J]. 植物营养与肥料学报，2006 (2)：22-33.

[15] 周建朝，刘晔，耿贵，等. 锌对甜菜产质量及生理效应研究 [J]. 中国甜菜糖业，1994 (6)：1-5.

[16] 岳林旭，李燕，赵志英，等. 喷硼对单胚采种甜菜增产增收的影响 [J]. 中国糖料，2016，38 (1)：53-54.

[17] 周建朝，王孝纯，胡伟，等. 中国甜菜产质量主要养分限制因子研究 [J]. 中国农学通报，2015，31 (1)：76-82.

[18] Huang J P，Yu H P，Guan X D，et al. Accelerated dry land expansion under climate change [J]. Nat Clim Change，2016 (6)：166-171.

[19] 李吾强. 不同覆盖处理对小麦、玉米生理生态效应的研究 [D]. 杨凌：西北农林科技大学，2008.

[20] 司贤宗，张翔，毛家伟，等. 起垄覆盖秸秆对花生生长发育及养分利用的影响 [J]. 山西农业科学，2016 (9)：1287-1290.

[21] 罗来超，王朝辉，惠晓丽，等. 覆膜栽培对旱地小麦籽粒产量及硫含量的影响 [J]. 作物学报，2018，38 (1)：1-13.

[22] 陈燕. 不同甜菜品种对某些矿质元素吸收性能的研究 [D]. 呼和浩特：内蒙古农业大学，2008.

[23] 陈彦云，曹君迈. 甜菜抗（耐）丛根病杂交组合品种的灰色关联度分析 [J]. 中国甜菜糖业，2001 (4)：38-40.

不同灌溉量下氮肥施用时期对甜菜光合物质生产及产量的补偿作用

董心久¹，杨洪泽¹，周建朝²，高卫时¹，
张立明¹，李思忠¹，石洪亮¹，刘军¹

(1. 新疆农业科学院经济作物研究所，乌鲁木齐　830091；
2. 黑龙江大学，哈尔滨　150080)

摘要：研究不同灌溉定额下氮肥施用时期对甜菜生理指标、灌溉水生产率、氮肥农学利用率及肥偏生产力的影响，为甜菜水肥高效利用提供理论依据。试验采用裂区试验设计，主区为 2 个灌溉定额，副区为 5 个氮肥施用时期（纯 N 总量一致 120kg/hm²）。同一氮肥施用时期，随着灌溉量的减少甜菜 Pn、Er、茎叶干重、根干重、总干重、单根重、产量、产糖量（除 N4 处理）及氮肥偏生产力均呈下降趋势，甜菜含糖率、产量增产率、灌溉水生产力及氮肥农学利用效率均有提高；同一灌溉量，随着氮肥施用时期的后移各项测定指标先增后减，N4 处理补偿指数最优，灌溉定额 4 650m³/hm² 比 5 850m³/hm² 甜菜各项指标补偿指数提高-1.6%～27.5%。在北疆甜菜产区合理的水氮管理

---

* 通讯作者：董心久（1980—　　），男，山东临沂人，研究员，研究方向：甜菜栽培与生理。

模式为：灌溉定额 4 650m³/hm²，氮肥基施 1/2，7 月中旬追施 1/2。

关键词：甜菜；灌溉量；氮肥施用时期；光合物质生产；产量

甜菜是重要的糖料作物，主要种植于我国西北、华北和东北的干旱与半干旱地区。甜菜生物产量高，生育期耗水量大，农业生产中对灌溉水的需求非常大，而这些地区年降雨量少且分布不均，尤其是西北地区，水资源紧缺已成为新疆绿洲区制约甜菜产量形成的主要因素之一。氮是植物所需要的大量营养元素之一，对作物长势、产量和品质具有重要意义[1]，同时氮素也是肥料三要素之首，是对甜菜产量和块根糖分积累影响最为敏感的营养元素[2-3]。针对节水灌溉需求，在减少灌溉量的基础上，是否可以通过某种方式来缓解因灌溉水不足对作物生长发育的影响已成为科研上重要的研究内容。因此，本试验在不同灌溉量下研究氮肥施用时期对甜菜光合物质生产及产量的影响，以期揭示氮肥对甜菜产量的补偿作用，为干旱地区甜菜水肥高效管理技术提供科学理论依据。研究表明，施氮量为180kg/hm²甜菜块根产量达到最大，施氮量为120kg/hm²产糖量表现最优，而后随施氮量增加而逐渐下降[4]。蔡柏岩等[5]研究认为，当施氮量为120kg/hm²时，根冠比最为合理；施氮量再增加，根重增长幅度减少，表明适量施氮可提高叶丛与块根生长的协调性。也说明氮素水平调控对产量及含糖率有重要影响，适量施氮能增加产量，但过量施氮会对品质造成不利影响[6]。邵金旺等[7]研究认为甜菜对氮素的吸收强度从苗期到叶丛快速生长期逐渐增大，8 月上、中旬左右的吸收强度最大，之后逐渐降低。"氮肥后移"是当前大部分作物进一步提高产量的新途径[8-10]，然而也有研究表明，糖分积累期再投入氮肥会导致叶丛徒长，降低甜菜产量和品质[11]。甜菜的耐旱性虽与C4植物能相提并论[12]，但供水不足是制约作物生长的主要原因[13]。大田试验研究水氮耦合交互作用能缓解缺水对作物造成的不利影响[14]。同时也有研究认为适度水分亏缺不造成减产且能提升块根品质、节本增效[12,15]。目前在甜菜上关于水氮耦合效应、水分胁迫及复水、调亏灌溉、氮肥水平等[2,3,5,13-20]方面研究较多，在不同灌溉量下研究氮肥不同施用时期对甜菜产量形成的补偿效应方面还未见报道。明确新疆北疆地区甜菜灌溉及氮肥施用时期对甜菜光合物质生产及产量的影响，确定适宜北疆甜菜的灌溉量和氮肥施用时期，达到精准灌溉、施肥，提高水肥利用率，节本增效的目标。

1 材料与方法

1.1 试验区概况

试验于 2017 年 4 月下旬—10 月中旬在新疆农业科学院玛纳斯甜菜试验基地进行，供试土壤养分状况如表 1，试验区 7—10 月环境因素变化见图 1。

表 1 土壤基础理化性质

土层深度（cm）	pH	全氮（g/kg）	全磷（g/kg）	全钾（g/kg）	有机质（g/kg）	速效氮（mg/kg）	有效磷（mg/kg）	速效钾（mg/kg）
0~20	8.55	1.17	1.00	21.50	21.92	76.70	10.10	542.00

1.2 试验方案

采用裂区试验设计，主区为总灌溉量 4 650m³/hm² 和 5 850m³/hm²，副区为 5 个氮肥施用时期（纯 N 总量一致 120kg/hm²），分别为 N1（生育期内不施肥）、N2（播种前全部施入）、N3（播种前施入一半，6 月中旬追施一半）、N4（播种前施入一半，7 月中旬追施一半）、N5（播种前施入一半，8 月下旬追施一半）。供试甜菜品种为 ST14991。于 4 月 24 日机械覆膜，人工打孔播种，1 膜 2 行，滴灌毛管铺在 2 行中间，行距 50cm，株距 18cm，理论株数为 11.12 万株/hm²，长 10m，宽 2m，小区（2 膜）面积 20m²，重复 3 次，重复间距 1m，占地面积为 660m²。根据甜菜生育期需水肥情况，

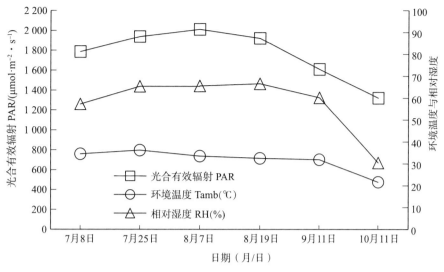

图 1　试验区 7—10 月环境因素变化

本试验共分 10 次滴灌，每次灌水量由水表控制，如表 2。施用的肥料为尿素（N 46%）、三料磷肥（P_2O_5 46%）和硫酸钾（K_2O 51%）。基肥：尿素施用总量的 50%，三料磷肥施用 105kg/hm²，硫酸钾施用 120kg/hm²；追肥：全部施用尿素（总量的 50%），如表 3。

表 2　灌溉方案

灌溉量（m³/hm²）	灌溉日期（月/日）（M/D）									
	4/25	6/21	7/4	7/16	7/26	8/5	8/15	8/31	9/13	9/23
4 650	525	600	450	450	450	450	450	450	450	375
5 850	525	600	600	600	600	600	600	600	600	525

表 3　施肥方案

氮肥施用时期	施肥日期（月/日）（M/D）；肥料种类及施用量（kg/hm²）					
	4/24			6/21	7/16	8/31
	N	P_2O_5	K_2O	N	N	N
N1	0	105	120			
N2	120	105	120			
N3	60	105	120	60		
N4	60	105	120		60	
N5	60	105	120			60

1.3　测定项目与方法

1.3.1　土壤基础养分

在播种施肥前，采用对角线法取 0~20cm 土样 5 个点，混合风干后，测定有机质、pH、全 N、全 P、全 K、速效 N、速效 P、速效 K。

1.3.2　净光合速率（Pn）和蒸腾速率（Er）

于 7 月 8 日、7 月 25 日、8 月 7 日、8 月 19 日、9 月 11 日、10 月 11 日测定甜菜叶片净光合速率（Pn）和蒸腾速率（Er），利用英国 Hansatech 公司生产的 CIRAS - 3 型光合仪在 11：00—13：00 时间内的晴朗天气进行测定。

1.3.3 产量和含糖率

每小区取中间2行，测定产量和含糖率。测产按5m²面积计算块根数量和重量，计算收获株数和产量。含糖率采用锤度计测定，每小区选取10株有代表性的块根进行测定锤度，含糖率（%）＝可溶性固形物含量（%）×0.83。

1.3.4 计算公式

灌溉水生产力（kg/m³）＝块根产量/总灌溉量

氮肥偏生产力（kg/kg）＝施氮区产量/施氮量

氮肥农学利用率（kg/kg）＝（施氮区产量－不施氮区产量）/施氮量

补偿指数（C_i）指各指标在经过处理后与对照相比的恢复程度，可反映甜菜补偿效应的大小。计算公式为：

$$C_i = (X_r - X_{CK})/X_{CK}$$

式中：X_r为处理后指标实测值；X_{CK}为对照相应指标实测值。若C_i为正值则存在补偿现象，若C_i为负值则说明某项指标在处理后不存在补偿现象[21]。

1.4 统计分析

采用Excel2010、SPSS19.0进行统计分析，数据进行两因素方差分析采用General Linear Model - Univariate Proce - Dure，采用Duncan新复极差法进行多重比较（$P<0.05$）

2 研究结果

2.1 不同灌溉量下氮肥施用时期对甜菜光合特性的影响

2.1.1 不同灌溉量下氮肥施用时期对甜菜净光合速率（Pn）的影响

由图2可知，同一氮肥施用时期，随着灌溉量的增加Pn呈增加趋势，灌溉量5 850m³/hm²较4 650m³/hm²的Pn平均提高了6.4%。同一灌溉量，随着氮肥施用时期的后移，Pn呈先增加后降低的趋势，N4处理的Pn最大，在甜菜出苗后88d达到峰值。在4 650m³/hm²灌溉量下N2、N3、N4、N5处理的Pn较N1提高了21.4%、26.8%、32.0%、8.2%；在5 850m³/hm²灌溉量下N2、N3、N4、N5处理的Pn较N1提高了14.5%、20.8%、27.8%、2.6%。2种灌溉量下各氮肥施用时期补偿指数均以N4最优，4 650m³/hm²较5 850m³/hm²灌溉量下N4处理的甜菜Pn峰值时补偿指数及生育期内Pn平均补偿指数分别提高了15.3%、15.9%（表4）。

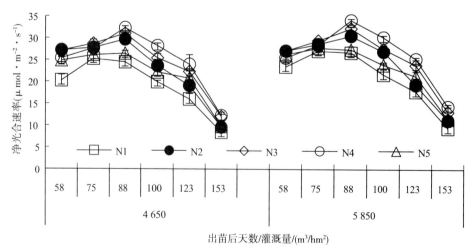

图2 不同处理对甜菜净光合速率的影响

表4 不同处理甜菜 Pn 峰值时补偿指数和生育期内平均补偿指数的比较

灌溉量（m³/hm²）	氮肥施用时期	Pn 峰值时补偿指数	生育期内 Pn 平均补偿指数
	N2	0.21	0.20
4 650	N3	0.27	0.31
	N4	0.32	0.34
	N5	0.08	0.15
	N2	0.14	0.15
5 850	N3	0.21	0.24
	N4	0.28	0.29
	N5	0.03	0.12

2.1.2 不同灌溉量下氮肥施用时期对甜菜蒸腾速率（Er）的影响

由图3可知，蒸腾速率 Er 与 Pn 表现趋势一致，同一氮肥施用时期，随着灌溉量的增加 Er 呈增加趋势，灌溉量 5 850m³/hm² 较 4 650m³/hm² 的 Er 平均提高了 9.1%。同一灌溉量，随着氮肥施用时间的后移，Er 呈先增加后降低的趋势，N4 处理的 Er 最大，在出苗后 88d 达到峰值。在 4 650m³/hm² 灌溉量下 N2、N3、N4、N5 处理的 Er 较 N1 提高了 51.6%、62.4%、71.3%、21.2%；在 5 850m³/hm² 灌溉量下 N2、N3、N4、N5 处理的 Er 较 N1 提高了 53.3%、64.0%、72.2%、22.2%。4 650m³/hm² 灌溉量下氮肥施用时期较 5 850m³/hm² 灌溉量下氮肥施用时期 Er 的提高程度均低，说明 4 650m³/hm² 灌溉量在一定程度上降低了甜菜的蒸腾作用，4 650m³/hm² 较 5 850m³/hm² 灌溉量下 N4 处理的 Er 降低了 1.3%。

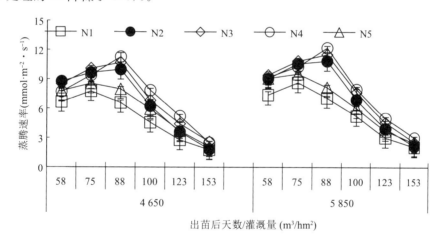

图3 不同处理对甜菜蒸腾速率的影响

2.2 不同灌溉量下氮肥施用时期对甜菜光合物质积累的影响

灌溉量对甜菜茎叶干重达到极显著性差异（$P<0.01$），对总干重达到显著性差异（$P<0.05$），对甜菜根干重无显著性差异；氮肥施用时期对甜菜茎叶干重和总干重均达到极显著性差异（$P<0.01$），对甜菜根干重无显著性差异；灌溉量与氮肥施用时期对甜菜茎叶干重、根干重及总干重均无显著性差异。如表5所示，同一氮肥施用时期，随着灌溉量的增加甜菜茎叶干重、根干重及总干重均呈增加趋势，4 650m³/hm² 较 5 850m³/hm² 灌溉量下平均下降了 9.7%、5.6%、6.9%。2 种灌溉量下随着氮肥施用时期的后移茎叶干重、根干重及总干重均表现为 N4＞N3＞N2＞N5＞N1。4 650m³/hm² 灌溉量下 N2、N3、N4、N5 处理甜菜的茎叶干重较 N1 处理分别提高了 13.9%、21.2%、27.6%、7.3%，根干重较 N1 处理分别提高了 17.3%、21.9%、27.1%、3.7%，总干重较 N1 处理

分别提高了 16.3%、21.7%、27.3%、4.8%。5 850m³/hm²灌溉量下 N2、N3、N4、N5 处理甜菜的茎叶干重较 N1 处理分别提高了 13.4%、17.5%、21.7%、7.8%，根干重较 N1 处理分别提高了 13.9%、16.5%、21.7%、5.1%，总干重较 N1 处理分别提高了 13.8%、16.8%、21.7%、6.0%。2 种灌溉量下各氮肥施用时期补偿指数均以 N4 最优，4 650m³/hm² 较 5 850m³/hm² 灌溉量下 N4 处理的甜菜茎叶干重、根干重及总干重补偿指数分别提高了 27.5%、25.2% 及 26.0%（表6）。

表5 甜菜光合物质积累的比较

灌溉（m³/hm²）	氮肥施用时期	茎叶干重 SLDW	根干重（g/株）	总干重（g/株）
4 650	N1	70.9d	165.3b	236.2d
	N2	80.7bcd	193.9ab	274.6abcd
	N3	85.9abc	201.4ab	287.4abc
	N4	90.5ab	210.1ab	300.6ab
	N5	76.1cd	171.4ab	247.5cd
5 850	N1	79.8bcd	179.1ab	259.0bcd
	N2	90.5ab	204.0ab	294.6abc
	N3	93.8a	208.6ab	302.5ab
	N4	97.1a	217.9a	315.1a
	N5	86.1abc	188.3ab	274.4abcd
F 值				
灌溉		13.5**	1.4	4.6*
氮肥施用时期		7.6**	2.6	5.7**
灌溉×氮肥施用时期		0.1	0.1	0.1

注：* 和 ** 分别表示 $P<0.05$、$P<0.01$ 水平显著；同列数值后不同字母表示处理间差异显著（$P<0.05$）

表6 甜菜光合物质积累补偿指数的比较

灌溉量（m³/hm²）	氮肥施用时期	茎叶干重	块根干重	总干重
4 650	N2	0.14	0.17	0.16
	N3	0.21	0.22	0.22
	N4	0.28	0.27	0.27
	N5	0.07	0.04	0.05
5 850	N2	0.13	0.14	0.14
	N3	0.18	0.16	0.17
	N4	0.22	0.22	0.22
	N5	0.08	0.05	0.06

2.3 不同灌溉量下氮肥施用时期对甜菜产量及构成因素的影响

灌溉量对甜菜含糖率达到极显著性差异（$P<0.01$），对甜菜收获株数、单根重、产量、产糖量、产量增产率及产糖量增产率均无显著性差异；氮肥施用时期对甜菜单根重、产量、含糖率及产糖量均达到极显著性差异（$P<0.01$），对甜菜收获株数、产量增产率及产糖量增产率无显著性差异；灌溉量与氮肥施用时期对甜菜收获株数、单根重、产量、含糖率、产糖量、产量增产率及产糖量增产率均无显著性差异。

如表7所示，同一氮肥施用时期，4 650m³/hm² 较 5 850m³/hm² 灌溉量下甜菜单根重、产量及产糖量平均下降了 4.1％、3.7％、0.4％，甜菜含糖率、产量增产率及产糖量增产率平均增加了 3.3％、23.1％、18.4％。2 种灌溉量下随着氮肥施用时期的后移，单根重、产量、含糖率、产糖量及产量增产率均表现为 N4＞N3＞N2＞N5＞N1。4 650m³/hm² 灌溉量下 N2、N3、N4、N5 处理甜菜的单根重较 N1 处理增加了 11.4％、13.1％、16.2％、4.4％，产量较 N1 处理分别提高了 14.7％、16.5％、18.7％、6.1％，含糖率较 N1 处理分别提高了 4.8％、4.9％、8.6％、3.5％，产糖量较 N1 处理分别提高了 19.1％、20.9％、25.9％、9.7％。5 850m³/hm² 灌溉量下 N2、N3、N4、N5 处理甜菜的单根重较 N1 处理增加了 11.0％、12.1％、14.1％、4.8％，产量较 N1 处理分别提高了 13.9％、14.3％、15.7％、6.1％，含糖率较 N1 处理分别提高了 3.5％、5.9％、7.6％、3.0％，产糖量较 N1 处理分别提高了 17.0％、19.2％、22.0％、8.9％。2 种灌溉量下各氮肥施用时期补偿指数均以 N4 最优，4 650m³/hm² 较 5 850m³/hm² 灌溉量下 N4 处理的甜菜单根重、产量、含糖率及产糖量补偿指数分别提高了 18.2％、23.2％、14.4％及 24.2％（表 8）。

表 7　甜菜产量及产量构成因素的比较

灌溉/(m³·hm⁻²)	氮肥施用时期	收获株数/(株·hm⁻²)	单根重/g	产量/(kg·hm⁻²)	含糖率/%	产糖量/(kg·hm⁻²)	产量增产率/%
	N1	102 005a	812c	83 097c	15.3bc	12 640d	
	N2	106 205a	917ab	97 365abc	16.0ab	15 621abc	18.9a
4 650	N3	106 672a	935ab	99 538ab	16.1ab	15 978abc	20.7a
	N4	105 538a	969a	102 205ab	16.7a	17 069a	24.6a
	N5	104 205a	850bc	88 484bc	15.8b	14 004cd	8.3a
	N1	102 671a	852bc	87 484bc	14.8c	12 991d	
	N2	106 005a	958a	101 645ab	15.4bc	15 647abc	16.4a
5 850	N3	105 338a	970a	102 125ab	15.8b	16 083ab	16.9a
	N4	104 672a	991a	103 818a	16.1ab	16 657a	18.9a
	N5	104 005a	895abc	93 177abc	15.3bc	14 262bcd	6.7a
				F 值			
灌溉量		0.03	3.20	1.51	10.30**	0.03	0.27
氮肥施用时期		0.41	7.15**	5.54**	7.46**	13.65**	0.90
灌溉×氮肥施用时期		0.02	0.04	0.04	0.20	0.11	0.02

注：* 和 ** 分别表示 $P<0.01$、$P<0.05$ 水平显著；同列数值后不同字母表示处理间差异显著（$P<0.05$）

表 8　甜菜产量及产量构成因素补偿指数的比较

灌溉量/(m³·hm⁻²)	氮肥施用时期	单根重	产量	含糖率	产糖量
	N2	0.13	0.17	0.04	0.24
4 650	N3	0.15	0.20	0.06	0.26
	N4	0.19	0.23	0.09	0.35
	N5	0.05	0.06	0.04	0.11
	N2	0.12	0.16	0.04	0.20
5 850	N3	0.14	0.17	0.06	0.24
	N4	0.16	0.19	0.08	0.28
	N5	0.05	0.07	0.03	0.10

2.4　不同灌溉量下氮肥施用时期对甜菜灌溉水生产力及氮肥利用率的影响

灌溉量对甜菜灌溉水生产力达到极显著性差异（$P<0.01$），对甜菜氮肥农学利用率与氮肥偏生

产力无显著性影响；氮肥施用时期对甜菜灌溉水生产力达到极显著性差异（$P<0.01$），对甜菜氮肥农学利用率与氮肥偏生产力无显著性影响；灌溉量和氮肥施用时期对甜菜氮肥农学利用率、氮肥偏生产力及灌溉水生产力无显著性影响。如表9所示，同一氮肥施用时期，与5 850m³/hm²灌溉量相比，4 650m³/hm²灌溉量下甜菜灌溉水生产力、氮肥农学利用率及氮肥偏生产力平均提高了0.7%、7.1%及−4.4%。同一灌溉量，随着氮肥施用时间的后移，氮肥农学利用率、氮肥偏生产力及灌溉水生产力均呈先增后降的趋势，表现为N4>N3>N2>N5>N1。2种灌溉量下各氮肥施用时期补偿指数均以N4最优，4 650m³/hm²较5 850m³/hm²灌溉量下N4处理的甜菜灌溉水生产力、氮肥农学利用率及氮肥偏生产力补偿指数分别提高了23.2%、17.0%及−1.6%（表10）。

表9　甜菜灌溉水生产力及氮肥利用率的比较

灌溉/(m³·hm⁻²)	氮肥施用时期	灌溉水生产率/(kg·m⁻³)	氮肥农学利用率	氮肥偏生产力
	N1	17.9de		
	N2	20.9abc	118.8a	811.1ab
4 650	N3	21.4ab	137.0a	829.0ab
	N4	22.0a	159.2a	851.1ab
	N5	19.0bcd	44.8a	737.5b
	N1	15.0e		
	N2	17.4cde	118.0a	847.4ab
5 850	N3	17.5bcde	122.0a	851.5ab
	N4	17.7bcde	136.1a	865.7a
	N5	15.9de	47.4a	776.4ab
F 值				
F value				
灌溉 Irrigation		19.88**	0.04	1.10
氮肥施用时期 APNF		5.62**	1.07	2.89
灌溉×氮肥施用时期 Irrigation×APNF		0.15	0.02	0.05

注：* 和 ** 分别表示 $P<0.01$、$P<0.05$ 水平显著；同列数值后不同字母表示处理间差异显著（$P<0.05$）

表10　甜菜灌溉水生产力及氮肥利用率补偿指数的比较

灌溉量/(m³·hm⁻²)	氮肥施用时期	灌溉水生产率/(kg·m⁻³)	氮肥农学利用率	氮肥偏生产力
	N2	0.17	1.19	8.11
4 650	N3	0.20	1.37	8.29
	N4	0.23	1.59	8.52
	N5	0.06	0.45	7.37
	N2	0.16	1.18	8.47
5 850	N3	0.17	1.22	8.51
	N4	0.19	1.36	8.65
	N5	0.07	0.47	7.76

3　讨论

甜菜是直根系作物，根系发达。同时，甜菜叶面的角质层较厚，维管束和栅栏组织发达，具有忍受一定程度干旱胁迫的生理基础。根据水分亏缺程度，植物通常表现出超补偿、近等量补偿、适当恢复以及无恢复 4 种状况[22]，这在不同作物和作物不同生长阶段各异，主要与作物生理特性有关[23]。王密侠等[24]在苗期进行调亏灌溉复水后植株光合作用会出现补偿效应。同时也有研究表明，中度亏缺的净光合速率具有补偿效应，使光合和蒸腾的比值最高，达到在不牺牲光合作用的前提下降低蒸腾速率，从而提高水分利用率。本试验结果表明，甜菜的 Pn 和 Er 均随着氮肥施用时期的后移均表现为 N4＞N3＞N2＞N5＞N0；4 650m³/hm²下的各氮肥施用时期甜菜的 Pn 和 Er 均低于 5 850m³/hm²，但补偿指数均高于 5 850m³/hm²，说明低灌溉量影响了甜菜的光合能力，通过不同时期的氮肥施入，致使这种光合能力与高灌溉量相比差异不显著，表现出近等量补偿效应。

Bertr 等[25]研究认为块根膨大期控水后块根含糖量产生正补偿效应，而干物质生长不产生补偿效应，这可能是植物对干旱的一种生存对策，土壤水分降低会转变植物体内碳分配的格局，使碳水化物更多地流向根部，少量流向叶片，有利于植物从土壤中获取更多的水分。不同程度缺水均可降低甜菜产量与含糖量，当缺水程度达到田间持水量的 50% 时，甜菜减产 25%[26]。然而也有研究表明，在甜菜叶丛快速生长期，当土壤含水量下降至田间持水量的 50% 时应及时进行补充灌溉，促使叶片产生补偿效应，从而降低干旱胁迫对甜菜产量和含糖量的影响；在甜菜块根膨大期，当土壤含水量下降至田间持水量的 30% 时及时补充灌溉，不但不影响甜菜生长，还有利于增加块根含糖量；在糖分积累期，土壤含水量下降至田间持水量的 30% 时进行补充灌溉，在一定程度上补偿水分亏缺对甜菜产生的负面影响，实现干旱区滴灌甜菜节水高产优质的目的[27-29]。本试验条件与前人研究不同，表现出的补偿效应也不尽相同；与高灌溉量相比，甜菜低灌溉量下的茎叶干重、根干重、总干重、单根重、产量、产糖量均低，含糖率与产量增产率均高，其补偿指数显著提高，缩小了与高灌溉量的差距，表现出近等量补偿作用；通过光合物质生产补偿能力的提高，大大增加了甜菜的干物质积累程度，为产量的形成奠定了基础。

Topak 等[15]研究表明，甜菜在不同灌溉方案下，调亏灌溉可节约 25% 的灌水量，净收益仅下降 6.1%。在作物生长发育的某些阶段进行适度的控水处理，可以调节作物的生长进程和同化物质向不同组织器官的分配比例，在不影响作物产量的条件下提高水分利用率[30]。本试验结果表明，低灌溉量节水 20.5%，产量仅下降 1.6%；灌溉水生产力显著提高，同时甜菜品质大幅度提升。本试验结果表现出低灌溉量与氮肥施用时期存在补偿作用，但仅为田间的一些基础指标测定，在甜菜耗水特性、根系生长发育及活性等方面还有待于进一步明确，揭示这种补偿作用的生理机制等。

4 结论

2 种灌溉量下均已 N4 处理表现最优；4 650m³/hm²与 5 850m³/hm²灌溉量下 N4 处理相比，虽然甜菜的 Pn、干物质积累、单根重、产量、产糖量及氮肥偏生产力下降了，但是甜菜的产量增产率、氮肥农学利用率及灌溉水生产力显著提高；说明 4 650m³/hm²灌溉量下各氮肥施用时期处理对甜菜 Pn、单根重、产量、产糖量产生了补偿作用，这种补偿作用随着氮肥施用时期的后移先增加后下降，N4 处理补偿作用最为显著，表现在甜菜 Pn 峰值时补偿指数和生育期内 Pn 平均补偿指数分别提高了 15.3%、15.9%，甜菜茎叶干重、根干重及总干重补偿指数分别提高了 27.5%、25.2% 及 26.0%，甜菜单根重、产量、含糖率及产糖量补偿指数分别提高了 18.2%、23.2%、14.4% 及 24.2%，甜菜灌溉生产力、氮肥农学利用率及氮肥偏生产力补偿指数分别提高了 23.2%、17.0% 及 -1.6%。因此，在玛纳斯自然生态条件下，从农业用水紧缺的现实考虑，灌溉量为 4 650m³/hm²，氮肥施用时期为 7 月中旬对甜菜生长发育及产量构成因素等影响不显著，且有利于提高甜菜品质，节水 20.5%。

◇ 参考文献

[1] Yanai R D，Lucash M S，Sollins P. Book Review of，Principles of terrestrial ecosystem ecology [M]. Environmental Science and Management Faculty Publications and Presentations，2003.

[2] 林凤，王维成，樊华，等. 水氮互作对膜下滴灌甜菜产质量的影响 [J]. 石河子大学学报（自然科学版），2013，31（4）：418-424.

[3] 武俊英，张永丰，张少英，等. 水肥耦合对地膜甜菜产量和品质的影响 [J]. 灌溉排水学报，2016，35（4）：87-91.

[4] 于雪，黄嘉鑫，王玉波，等. 氮肥对甜菜叶片叶绿素荧光动力学参数的影响 [J]. 核农学报，2014，28（10）：1918-1923.

[5] Abd Elrazek A M，Atta Y I，Hassan A F. Effect of different levels of irrigation and nitrogen fertilizer on sugar beet yield，quality and some water relations in East Delta region [J]. Journal of Southern Agriculture，2011，42（8）：916-922.

[6] 越鹏，李彩凤，陈业婷，等. 氮素水平对甜菜功能叶片光合特性的影响 [J]. 核农学报，2010，24（5）：1080-1085.

[7] 邵金旺，汪锦邦，张家骅. 甜菜生育代谢的一般规律与其块根增长和糖分累积的关系 [J]. 中国农业科学，1979，12（1）：35-42.

[8] 吴宏亚，汪尊杰，张伯桥，等. 氮肥追施比例对弱筋小麦扬麦15籽粒产量及品质的影响 [J]. 麦类作物学报，2015，35（2）：258-262.

[9] 何昌芳，李鹏，邰红建，等. 配方施肥及氮肥后移对单季稻氮素累积和利用率的影响 [J]. 中国农业大学学报，2015，20（1）：144-149.

[10] 宁运旺，马洪波，张辉，等. 甘薯源库关系建立、发展和平衡对氮肥用量的响应 [J]. 作物学报，2015，41（3）：432-439.

[11] 侯振安，刘日明，冶军，等. 不同施氮量对甜菜的产质量效应研究 [J]. 中国糖料，2000（4）：36-39.

[12] Morillo - Velarde R. Water management in sugar beet [J]. Sugar Tech，2010，12（3-4）：299-304.

[13] Belder P，Bouman B A M，Spiertz J H J，et al. Crop performance，nitrogen and water use in flooded and aerobic rice [J]. Plant and Soil，2010，273（1-2）：167-182.

[14] Monreal J A，Jiménez E T，Remesal E，et al. Proline content of sugar beet storage roots：Response to water deficit and nitrogen fertilization at field conditions [J]. Environmental and Experimental Botany，2007，60（2）：257-267.

[15] Topak R，Süheri S，Acar B. Effect of different drip irrigation regimes on sugar beet (*Beta vulgaris*，L.) yield，quality and water use efficiency in Middle Anatolian，Turkey [J]. Irrigation Science，2011，29（1）：79-89.

[16] 韩凯虹，刘玉华，张继宗，等. 水分对甜菜光合及叶绿素荧光特性的影响 [J]. 农业资源与环境学报，2015，32（5）：463-470.

[17] 李国龙，孙亚卿，张少英，等. 水分胁迫对甜菜幼苗光合作用的影响 [J]. 内蒙古农业大学学报（自然科学版），2012，33（1）：68-72.

[18] 韩凯虹，张继宗，王伟婧，等. 水分胁迫及复水对华北寒旱区甜菜生长及品质的影响 [J]. 灌溉排水学报，2015，34（4）：61-66.

[19] 冯泽洋，李国龙，李智，等. 调亏灌溉对滴灌甜菜生长和产量的影响 [J]. 灌溉排水学报，2017，36（11）：7-12.

[20] 董心久，杨洪泽，高卫时，等．灌水量对滴灌甜菜生长发育及产质量的影响 [J]．中国糖料，2013 (4)：37-38.

[21] 王丁，杨雪，韩鸿鹏，等．干旱胁迫及复水对刺槐苗水分运输过程的影响 [J]．南京林业大学学报（自然科学版），2015，39 (1)：67-72.

[22] 周磊，甘毅，欧晓彬，等．作物缺水补偿节水的分子生理机制研究进展 [J]．中国生态农业学报，2011，19 (1)：217-225.

[23] 郭相平，康绍忠．玉米调亏灌溉的后效性 [J]．农业工程学报，2000，16 (4)：58-60.

[24] 王密侠，康绍忠，蔡焕杰，等．调亏对玉米生态特性及产量的影响 [J]．西北农业大学学报，2000，28 (1)：31-36.

[25] Bertr，Muller，Gibon Y．Water deficits uncouple growth from photosynthesis, increase C content，and modify the relationships between C and growth in sink organs [J]．Journal of Experimental Botany，2011，62 (6)：1715-1729.

[26] Tognetti R，Palladino M，Minnocci A，et al．The response of sugar beet to drip and low-pressure sprinkler irrigation in southern Italy [J]．Agricultural Water Management，2003，60 (2)：135-155.

[27] 李阳阳，费聪，崔静，等．滴灌甜菜对糖分积累期水分亏缺的生理响应 [J]．中国生态农业学报，2017，25 (3)：373-380.

[28] 李阳阳，费聪，崔静，等．滴灌甜菜对块根膨大期水分亏缺的补偿性响应 [J]．作物学报，2016，42 (11)：1727-1732.

[29] 李阳阳，耿青云，费聪，等．滴灌甜菜叶丛生长期对干旱胁迫的生理响应 [J]．应用生态学报，2016，27 (1)：201-206.

[30] Zhang X，You M，Wang X．Effects of water deficits on winter wheat yield during its different development stage [J]．Acta Agriculturae Boreali-Sinica，1998，14 (2)：79-83.

滴灌带型配置与覆膜方式对新疆甜菜产量形成特性的影响

林明[1,2,3]，阿不都卡地尔·库尔班[2]，陈友强[2]，刘华君[2]，
潘竟海[2]，周远航[3]，孙振才[1]，王志敏[1]

（1. 中国农业大学农学院，北京 100193；2. 新疆农业科学院经济作物研究所，
乌鲁木齐 830091；3. 新疆农业科学院玛纳斯农业试验站，新疆玛纳斯 832299）

摘要： 为探究滴灌带配置与覆膜方式对甜菜产量的影响，在新疆农业科学院安宁渠试验基地，以甜菜品种'Beta379'为试验材料，采取裂区设计，主区为 2 种滴灌带配置，分别为双行单管（D1）和双行双管（D2），副区为 4 种覆膜方式，分别为裸地（M1）、黑膜（M2）、单层白膜（M3）和双层白膜（M4），考察甜菜功能叶（倒四叶）面积（LA）动态变化、生物量积累与分配、块根产量和产糖量等性状，并分析主要性状间的相关性。结果表明，双管滴灌配置相较于单管滴灌配置使倒四叶面

* 通讯作者：林明（1982）男，甘肃省武威市人，副研究员，研究方向：甜菜、籽瓜育种与栽培研究。

积增加8.77%，使甜菜提前10d进入叶丛快速生长期（t1），叶丛快速生长结束期（t2）延迟12d，从而使该阶段快速生长特征值（GT）增加11.24%，根冠比增加8.53%，单根重、含糖率、产量和产糖量分别增加30.46%、1.10%、31.47%和32.76%，产量和产糖量的灌溉水分利用效率分别增加31.47%和32.84%。双白膜配置处理（M4）相较于裸地（M1）增加倒四叶绿色面积10.49%，且增加甜菜快速生长特征值（GT）7.55%，并显著增加根冠比18.52%（$P < 0.05$）。因此，在新疆甜菜种植区，采用双管＋双白膜滴灌模式能有效增加甜菜产量和灌溉水分利用效率。

关键词：甜菜；滴灌配置；覆膜方式；产量；水分利用

  甜菜是我国重要的糖料作物之一，甜菜糖的产量约占我国食用糖总产量的10%～20%[1]。新疆是我国最大的甜菜产区，种植面积超过全国甜菜总面积的40%，产糖量占全国甜菜糖总产量50%以上[2]。随着甜菜新品种、地膜覆盖、滴灌节水等技术的引进和推广应用[3-4]，新疆甜菜生产得到极大发展，使甜菜单产水平大幅度提高，较全国平均水平高出50%左右。

  膜下滴灌技术是覆膜种植技术和滴灌技术的结合。地膜覆盖是有效蓄水保墒、改善上层土壤水热状况和提高作物产量的重要技术措施[5-11]，覆膜方式和膜色对地膜覆盖的增产效果有着一定的影响。在单、双膜的效果方面，高卫时等[12]研究发现，单膜和双膜覆盖甜菜的块根产量和含糖率较不覆膜甜菜均有不同程度增加，但覆膜较不覆膜增加了甜菜的青头比例。在膜的颜色方面，徐康乐等[13]研究发现，相较于透明膜覆盖，黑膜覆盖的马铃薯植株茎粗及经济产量较高。与白色地膜相比，黑色地膜覆盖不仅有增温、保墒效果，且由于其透光率较低，高温季节有一定的降温效应，使得作物免遭高温危害[14]，在番茄和马铃薯等作物上得到了较好的应用[15-16]。但在甜菜上，不同类型地膜的应用效果还不清楚。膜下滴灌的管带配置有一膜单管和一膜双管等不同方式，李高华等[17]研究表明不同滴灌配置方式影响棉花生物学产量及其在各器官中的分配，优化滴灌配置对棉花高产优质具有重要意义。采用膜下滴灌，如何合理地配置滴灌带型和覆膜方式，提高用水效率，促使甜菜向着高产、优质、高效、节水的方向协同发展显得尤为重要[18-20]。目前，新疆甜菜主产区滴灌的覆盖率已近100%，但生产上滴灌方式和覆膜模式多种多样，效果不一。

  以往研究大多侧重于覆膜或滴灌单因素的增产效果，对于不同滴灌带配置与覆膜方式相结合的节水增产效应综合评价研究鲜见报道。本研究通过田间试验，考察不同滴灌带配置和覆膜方式互作处理下甜菜产量、I灌溉水利用效率（WUE）以及经济效益等指标，旨在探明滴灌带配置与覆膜方式对甜菜产量及产糖量形成的影响，以期为新疆滴灌甜菜选择适合的覆盖和滴灌带配置模式及规范化管理提供科学依据和指导。

1 材料和方法

1.1 试验材料

  试验所用甜菜品种为美国Beta公司生产的E型丸衣化单胚种'Beta379'；滴灌带为新疆天业节水灌溉股份有限公司生产的迷宫式滴灌带；地膜为新疆维吾尔自治区昌吉市新昌塑地膜厂生产的规格为80cm×0.01mm的白膜和黑膜。

1.2 试验区自然条件

  试验于2018—2019年在新疆农业科学院安宁渠试验场（43°77′N，87°17′E）开展。当地年平均气温5～7℃，冬季平均气温－11.9℃，极端最低气温－30℃，最大冻土层79cm，年降水量150～200mm，蒸发量1 600～2 200mm，属于干旱半干旱荒漠气候带农业区。

  试验地土壤类型为灰漠土，质地为沙壤，前茬作物为玉米。土壤基础理化性质如下：速效氮66.9mg/kg，有效磷11.1mg/kg，速效钾205mg/kg。

1.3 试验设计

试验采取裂区区组试验，设置主区为 2 种滴灌带配置分别为：一膜双行单管（D₁），一膜双行双管（D₂），副区为 4 种覆盖方式分别为：裸地（M₁），黑膜（M₂），单白膜（M₃），双白膜（M₄）。试验小区长为 8m，宽为 4m，行距为 50cm，株距为 18cm，3 次重复，随机排列，于 4 月 25 日播种。滴灌和施肥量见表 1，其他田间管理同当地高产田。

表 1　本研究滴灌施肥分配表

项目	时间（月-日）											总量
	04-26	06-15	06-25	07-05	07-15	07-25	08-05	08-15	08-25	09-05	09-20	
滴灌量/(m³·hm⁻²)	600	600	450	450	600	600	450	450	450	600	450	5 700
施肥量/(kg·hm⁻²)	0	75	75	75	75	75	0	0	0	0	0	375

1.4 测定项目与方法

甜菜倒四叶面积：分别在苗期、叶丛快速生长期、块根膨大期和糖分积累期 4 个时期，对各小区选取 5 个代表性植株测倒 4 叶面积，用 CI-202 叶面积仪（美国 CID 生物科学有限公司，美国）进行测定。

植株干物质积累量：分别在苗期、叶丛快速生长期、块根膨大期和糖分积累期 4 个时期，对每处理选取长势一致的甜菜 5 株，带回实验室将植株分为叶片、茎和根，分别装袋置于 105℃烘箱中杀青 30min，80℃烘至恒重，电子天平称重（精准度为 0.01）。

糖分测定：在收获期选取 5 株的代表性块根用 PAL-1 手持糖度计（日本爱宕科学仪器有限公司）进行糖锤度测定，取平均值。

产量测定：收获前在各重复小区取 10m² 样方，调查测定甜菜收获株数和单根重，取平均值。

灌溉水利用效率：在不同水平上计算灌溉水利用效率，计算公式为：

$$经济产量的灌溉水利用效率（IWUE）=Y/I$$

$$产糖量的灌溉水利用效率（IWUE_{产糖量}）=Y_S/I$$

$$干物质产量的灌溉水利用效率（IWUE_{干物质}）=Y_{PDMA}/I$$

式中：Y 为块根产量，kg/hm²；Y_S 为块根产糖量（kg/hm²）；Y_{PDMA} 为干物质积累量（kg/hm²）；I 为实际灌水量（m³/hm²）。

根冠比：地下部分与地上部分干重的比值。

1.5 数据分析与方法

采用 Excel 2010 进行数据初步分析和表格制作，用 SPSS17.0（美国 IBM 公司）进行多因素方差分析，并采用新复极差多重比较法（Duncan）进行差异显著性检验（$P<0.05$）。

2 结果与分析

2.1 滴灌带配置与覆膜方式对甜菜功能叶面积的影响

由图 1 可知，各处理的甜菜倒 4 叶面积随出苗天数的增加均呈现先增后降的趋势，块根膨大期出现最大值。不同滴灌带配置处理之间比较，双行双管（D₂）下各处理比双行单管（D₁）下各处理在 4 个生长时期倒 4 叶（L4）面积均有增加，苗期（SS）增加 10.01%；叶丛快速生长期（FGPOLC）增加 6.80%，块根膨大期（TES）增加 8.00%，糖分积累期（SAP）增加 10.45%。在 2 种滴灌带配置下，不同覆膜方式间比较，块根膨大期倒 4 叶面积由高到低均表现为 $M_4 > M_3 > M_2 > M_1$；至糖分积累期，M_1 与 M_2 和 M_3 处理间叶面积差异不显著（$P > 0.05$），与 M_4 处理差异显著（$P < 0.05$），M_4 比 M_1 增加 10.49%。综上，D_2M_4 有助于甜菜功能叶面积的增加和维持，从而有效促进甜菜有机质的积累。D_1M_1 的甜菜生育后期倒 4 叶面积最小。

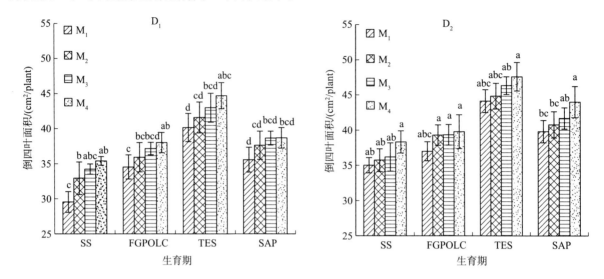

图 1 不同覆膜方式下滴灌带配置（D_1）与（D_2）对甜菜倒四叶（L4）面积的影响

注：SS，苗期；FGPOLC，叶丛快速生长期；TES，块根膨大期；SAP，糖分积累期。下同。

2.2 滴灌带配置与覆膜方式对甜菜干物质积累特性的影响

由表 2 可知，不同处理甜菜单株干物质积累过程动态均符合 Logistic 生长模型曲线，$R^2 > 0.96$。不同滴灌带配置比较，D_2 处理进入叶丛快速生长期（t_1）比 D_1 处理提前 10.0d，到达叶丛快速生长结束期（t_2）比 D_1 延迟 12.0d，且此时期快速生长特征值（GT）比 D_1 增加 11.24%。2 种滴灌带配置下不同覆膜方式比较，快速生长特征值（GT）由高到低均表现为 $M_4 > M_3 > M_2 > M_1$，在 D_1 处理下，M_4、M_3 和 M_2 分别比 M_1 增加 13.76%、6.52% 和 4.28%，在 D_2 处理下，M_4、M_3 和 M_2 分别比 M_1 增加 23.28%、15.16% 和 7.26%。在不同组合处理间，D_2M_4 处理比 D_1M_4 处理增加 14.81%，即 D_2M_4 组合是叶丛快速生长期获得最高快速生长特征值（GT）的最佳组合。

表 2 滴灌带配置与覆膜方式对甜菜单株干物质积累特性的影响

处理		公式	t_1	t_2	t_0	Δt	V_m/(g/d)	GT	R^2
D_1	M_1	$y = 269.48/(1+e^{(2.65-0.027t)})$	49	146	97	97	1.84	178.48	0.980 9
	M_2	$y = 282.49/(1+e^{(2.59-0.028t)})$	46	140	93	94	1.98	186.12	0.995 6
	M_3	$y = 288.45/(1+e^{(2.31-0.027t)})$	37	135	86	98	1.94	190.12	0.977 3
	M_4	$y = 307.81/(1+e^{(2.67-0.028t)})$	48	142	95	94	2.16	203.04	0.974 8
D_2	M_1	$y = 287.27/(1+e^{(2.08-0.023t)})$	34	149	92	116	1.63	189.08	0.995 9
	M_2	$y = 309.34/(1+e^{(2.04-0.023t)})$	32	148	90	116	1.75	203.00	0.984 9
	M_3	$y = 330.38/(1+e^{(2.13-0.023t)})$	35	149	92	114	1.91	217.74	0.966 7
	M_4	$y = 355.54/(1+e^{(2.12-0.021t)})$	38	165	101	126	1.85	233.1	0.992 7

注：y，甜菜干物质积累量；t，甜菜出苗后的天数，d；t_0，最大生长速率出现时间；t_1，进入叶丛快速生长期时间拐点；t_2，结束叶丛快速生长期时间拐点；Δt，叶丛快速生长持续时间；V_m，单株最大生长速率；GT，快速生长特征值。下同。

2.3 滴灌带配置与覆膜方式对甜菜干物质根冠比的影响

由表3可知，甜菜干物质的根冠比随出苗天数的增加呈现增加趋势，至糖分积累期达到峰值。不同滴灌带配置间比较，D_2 处理比 D_1 处理根冠比增加 8.53%。不同覆膜方式间比较，在 D_1 和 D_2 配置下根冠比由大到小均表现为 $M_4 > M_3 > M_2 > M_1$，D_1 配置下 M_4、M_3 和 M_2 分别比 M_1 增 9.81%、8.72% 和 6.27%，差异达到显著水平（$P<0.05$）。D_2 配置下 M_4 处理比 M_1 处理根冠比增加 8.82%，差异也达到显著水平（$P<0.05$）。

表3 滴灌带配置与覆膜方式对甜菜单株干物质根冠比例（T/R）的影响

处理		生育期			
		SS	FGPOLC	TES	SAP
D_1	M_1	0.93±0.01ab	1.21±0.02a	2.86±0.09d	3.67±0.05d
	M_2	0.93±0.01ab	1.16±0.08ab	3.03±0.07c	3.90±0.06c
	M_3	0.93±0.04ab	1.15±0.04ab	3.18±0.11ab	3.99±0.06bc
	M_4	0.96±0.01a	1.09±0.02bc	3.12±0.07bc	4.03±0.11bc
D_2	M_1	0.93±0.06ab	1.21±0.03a	3.08±0.07bc	4.08±0.06bc
	M_2	0.89±0.01bc	1.19±0.10ab	3.14±0.02abc	4.20±0.13b
	M_3	0.92±0.02ab	1.10±0.03bc	3.20±0.06ab	4.20±0.14b
	M_4	0.85±0.02c	1.03±0.03c	3.26±0.04a	4.44±0.19a
F	滴灌带配置（D）	12.054**	0.976ns	18.730**	56.845**
	覆膜方式（M）	1.260ns	9.340**	13.281**	11.378**
	滴灌带配置×覆膜方式（D×M）	5.178*	1.087ns	2.010ns	1.297ns

注：* 表示差异显著（$P<0.05$）；** 表示差异极显著（$P<0.01$）a、b、c、d 表示 $P<0.05$ 水平下差异显著性。下同。

2.4 滴灌带配置与不同覆膜方式对甜菜产量及其构成因素的影响

由表4可知，不同滴灌带配置间比较，D_2 配置处理单根重、含糖率、产量和产糖量比 D_1 处理分别增加 30.46%、1.10%、31.47% 和 32.76%。不同覆膜方式间比较，在 2 种滴灌带配置下单根重、含糖率、产量和产糖量由高到低均表现为 $M_4 > M_3 > M_2 > M_1$。其中单根重、产量和产糖量在 M_4 与 M_1 处理间的差异显著（$P<0.05$）；在 D_1 配置下，M_4 处理单根重、产量和产糖量分别比 M_1 处理增加 23.81%、24.49% 和 34.11%；在 D_2 配置下，M_4 处理单根重、产量和产糖量分别比 M_1 增加 19.82%、19.81% 和 21.99%，D_2M_4 处理单根重、产量和产糖量与 D_1M_4 处理相比分别增加 27.88%、28.80%、27.97%。因此，D_2M_4 处理最有利于产量和产糖量的形成。

表4 滴灌带配置与覆膜方式对甜菜产量及其构成因素的影响

处理		收获株数/10^4株	单根重/kg	含糖率/%	产量/（10^4kg/hm²）	收获指数/%	产糖量/（10^3kg/hm²）
D_1	M_1	8.95a	0.84f	14.44c	7.52e	78.57d	10.86e
	M_2	8.95a	0.86ef	15.05b	7.67e	79.58c	11.54de
	M_3	9.05a	0.97def	15.49ab	8.74de	79.98c	13.54cd
	M_4	9.05a	1.04cde	15.55a	9.41cd	80.11bc	14.62bc

（续）

	处理	收获株数/ 10⁴株	单根重/kg	含糖率/%	产量/ (10⁴kg/hm²)	收获指数/%	产糖量/ (10³kg/hm²)
D₂	M₁	9.10a	1.11bcd	15.16ab	10.12bcd	80.31bc	15.35bc
	M₂	9.00a	1.16abc	15.27ab	10.46bc	80.75b	15.97bc
	M₃	9.05a	1.24ab	15.33ab	11.24ab	80.76b	17.26ab
	M₄	9.15a	1.33a	15.44ab	12.12a	81.59a	18.71a
F	滴灌带配置（D）	0.158ⁿˢ	48.47**	2.587ⁿˢ	50.437**	63.920**	48.417**
	覆膜方式（M）	0.185ⁿˢ	5.284*	8.905**	5.778**	13.086**	7.261**
	滴灌带配置×覆膜方式（D×M）	0.079ⁿˢ	0.025ⁿˢ	3.857*	0.043ⁿˢ	1.662ⁿˢ	0.101ⁿˢ

2.5 滴灌带配置与覆膜方式对甜菜灌溉水利用率的影响

由表5可知，不同滴灌带配置间比较，D_2配置的群体干物质积累量和干物质的灌溉水利用效率分别比D_1配置处理增加7.62%和7.43%。不同覆膜方式间比较，D_1、D_2配置下干物质积累量及其灌溉水利用效率由高到低均表现为$M_4 > M_3 > M_2 > M_1$，D_1配置下，M_4干物质积累量及其灌溉水利用效率分别比M_1处理增加12.99%和13.02%，差异显著（$P < 0.05$），D_2配置下，M_4与M_1处理差异不显著（$P > 0.05$），其D_2M_4处理比D_1M_4处理分别增加8.21%、8.20%。从甜菜产量水平和产糖量水平的灌溉水利用效率看，D_2比D_1分别增加31.47%和32.84%；不同覆膜方式间比较，D_1和D_2配置下灌溉水利用效率由高到低均表现为$M_4 > M_3 > M_2 > M_1$；D_1配置下，M_4比M_1处理分别增加24.43%和33.66%（$P < 0.05$），D_2配置下，M_4处理比M_1处理分别增加19.74%和21.83%（$P < 0.05$），其D_2M_4处理比D_1M_4处理分别增加28.84%、28.08%。

表5 滴灌带配置与不同覆膜方式对甜菜灌溉水分利用效率（IWUE）的影响

	处理	群体干物质积累量/ (10³kg/hm²)	IWUE干物质/ (kg/m³)	IWUE产量/ (kg/m³)	IWUE产糖量/ (kg/m³)
D₁	M₁	30.91±1.68c	4.29±0.23c	10.45±1.08e	1.51±0.14e
	M₂	32.22±2.07bc	4.48±0.29bc	10.65±0.56e	1.60±0.08de
	M₃	34.31±0.41abc	4.77±0.06abc	12.13±0.35de	1.88±0.08cd
	M₄	35.10±3.18ab	4.88±0.44ab	13.07±1.14ab	2.03±0.20bc
D₂	M₁	34.23±2.22abc	4.75±0.31abc	14.05±1.14abc	2.13±0.20bc
	M₂	34.86±2.61ab	4.84±0.36ab	14.53±1.98ab	2.22±0.29bc
	M₃	35.96±1.10ab	4.99±0.15ab	15.61±1.90ab	2.40±0.34ab
	M₄	37.98±0.80a	5.28±0.11a	16.84±0.99a	2.60±0.16a
F	滴灌带配置（D）	10.635**	50.437**	48.419**	10.109**
	覆膜方式（M）	4.756*	5.778**	7.261**	4.763**
	滴灌带配置×覆膜方式（D×M）	0.195ⁿˢ	0.430ⁿˢ	0.101ⁿˢ	0.223ⁿˢ

2.6 甜菜植株干物质积累指标与产量构成因素相关性分析

由表6可知，在甜菜植株干物质积累指标间，甜菜倒4叶面积（L4）与快速生长特征值（GT）、根冠比（T/R）、地上部物质积累量（APDM）、地下部物质积累量（UPDM）呈极显著正相关（$P < 0.01$），与叶丛快速生长持续时间（Δt）呈显著正相关（$P < 0.05$）。GT与APDM、UPDM均呈极显著正相关（$P < 0.01$），与叶丛快速生长持续时间（Δt）和T/R呈显著正相关（$P < 0.05$）。T/R与

APDM 呈显著正相关（$P<0.05$）、与 UPDM 呈极显著正相关（$P<0.01$）。在甜菜产量构成因素间，单根重（RW）与产量（Y）、产糖量（SY）呈极显著正相关（$P<0.01$），与含糖率（SC）呈显著正相关（$P<0.05$）。在甜菜植株干物质积累指标与甜菜产量构成因素间，L4、Δt、GT、APDM、UPDM 与 RW、Y、SY 均呈极显著正相关（$P<0.01$），T/R 与 SC、SY 呈极显著正相关（$P<0.01$），与 RW、Y 呈显著正相关（$P<0.05$）。

表 6 甜菜植株干物质积累指标与产量因素相关性分析

指标 Index	L4	Δt	GT	T/R	APDM	UPDM	RW	SC	Y	SY
L4	1									
ΔT	0.771*	1								
GT	0.941**	0.711*	1							
T/R	0.889**	0.581	0.819*	1						
APDM	0.904**	0.684	0.967**	0.730*	1					
UPDM	0.959**	0.696	0.976**	0.884**	0.965**	1				
RW	0.971**	0.891**	0.911**	0.814*	0.885**	0.919**	1			
SC	0.735*	0.262	0.61	0.903**	0.502	0.687	0.588	1		
Y	0.970**	0.893**	0.907**	0.813*	0.882**	0.916**	1.000**	0.588	1	
SY	0.985**	0.860**	0.915**	0.855**	0.880**	0.931**	0.996**	0.655	0.996**	1

注：L4，倒四叶面积；Δt，叶丛快速生长持续时间；T/R，根冠比；APDM，地上部物质积累量；UPDM，地下部物质积累量；RW，单根重；Y，产量；SC，含糖率；SY，产糖量。* 表示差异显著（$P<0.05$）；** 表示差异极显著（$P<0.01$）。

3 讨论

作物产量的形成与干物质积累过程密切相关，一般干物质积累速率越大，产量越高[21]。作物生产过程中干物质积累的动态变化是揭示作物产量形成和掌握高产群体调控指标的重要内容。作物根系是吸收土壤养分和水分的重要器官[22]。不同的栽培措施对作物根系的生长和分布、地上部生长及产量形成的影响不同[23]。樊廷录等[24]和蔡昆争等[25]研究发现，在旱作地区，地膜覆盖显著提高作物的根系干重，增加根系总根长与比根长，促进根系的生长和发育，从而增大作物产量构成因子[26]，且能减少土壤水蒸发散失[27]，从而具有提高深层水分的利用效率的作用[28]。在本研究中，双膜处理与无膜、单膜、黑膜处理相比能有效增加甜菜快速生长特征值（GT）；双膜与无膜方式相比能显著（$P<0.05$）增加甜菜根冠比，增加生育后期甜菜地下部干物质积累和单根重，使产量及产糖量显著增加。这说明双膜覆盖能有效促进封垄前甜菜地上部的生长，为后期产糖量的积累提供了充足的"源"，从而提升了源—库性能的协调性。

作物灌溉水利用效率是反映灌溉农田作物水分生产能力的重要指标[29-31]。滴灌是近年发展起来的新型麦田节水灌溉方式，在滴灌方式下不同滴灌带配置影响作物水分利用及产量形成[32]。本研究中双管滴灌配置处理与单管滴灌配置处理相比，增加了快速生长特征值（GT）、根冠比、含糖率、产量和产糖量，双管配置通过影响根部水分分布，提升了灌溉水分利用效率，是发挥滴灌节水潜力、提高甜菜产量和质量的有效配套技术。

本研究探讨了不同滴灌带型配置与覆盖方式对滴灌甜菜相关农艺性状、产量、质量及水分利用效率的影响。但试验仅在设定的灌水量和特定的土壤条件下进行，不同灌水量和土壤性质也会影响滴灌甜菜土壤水分迁移和分布，进而影响甜菜生长和养分吸收，因此，还需进一步开展不同灌水量和土壤质地下滴灌甜菜带型配置和覆盖方式的优化研究。

4 结论

在新疆甜菜产区膜下滴灌栽培条件下，双管配置相对于单管配置、双白膜覆膜方式相对于其他类型覆膜方式，在块根膨大期至糖分积累期能显著（$P<0.05$）增加功能叶面积和干物质积累量，提高向根系的分配，特别是提升生育期后期地下部干物质的积累量和单根重，从而增加产量和产糖量，进而显著增加（$P<0.05$）灌溉水利用效率。将一膜双管和双白膜覆盖相结合，显著提高产量和灌溉水利用效率，是滴灌栽培最佳配套模式。

◇ 参考文献

[1] 陈艺文，等.中国三大主产区甜菜糖业发展分析[J].中国糖料，2017，39（4）：74-76，80.

[2] 陈连江，陈丽.我国甜菜产业现状及发展对策[J].中国糖料，2010（4）：62-68.

[3] 马富裕，李俊华，李明思，杨建荣.棉花膜下滴灌增产机理及主要配套技术研究[J].石河子大学学报（自然科学版），1999（S1）：43-48.

[4] 张国强，等.滴灌量对新疆高产春玉米产量和水分利用效率的影响研究[J].玉米科学，2015，23（4）：117-123.

[5] 王玉明，张子义，樊明寿.马铃薯膜下滴灌节水及生产效率的初步研究[J].中国马铃薯，2009，23（3）：148-151.

[6] Wang F X，Wu X X，Shock C C.Effects of drip irrigation regimes on potato tuber yield and quality under plastic mulch in arid Northwestern China[J].Field Crops Research，2011，122（1）：78-84.

[7] 韩娟，等.半湿润偏旱区沟垄覆盖种植对冬小麦产量及水分利用效率的影响[J].作物学报，2014，40（1）：101-109.

[8] 陈辉林，等.不同栽培模式对渭北旱塬区冬小麦生长期间土壤水分、温度及产量的影响[J].生态学报，2010，30（9）：2424-2433.

[9] 张德奇，等.旱区地膜覆盖技术的研究进展及发展前景[J].干旱地区农业研究，2005（1）：208-213.

[10] 宋秋华，等.覆膜对春小麦农田微生物数量和土壤养分的影响[J].生态学报，2002（12）：2125-2132.

[11] 宁松瑞，等.新疆典型膜下滴灌棉花种植模式的用水效率与效益[J].农业工程学报，2013，29（22）：90-99.

[12] 高卫时，等.不同覆膜栽培方式对甜菜相关性状的影响[J].中国糖料，2014（3）：14-16.

[13] 徐康乐，等.不同地膜覆盖对春季马铃薯生长及产量的影响[J].中国蔬菜，2004（4）：19-21.

[14] 张琴.不同颜色地膜覆盖对玉米土壤水热状况及产量的影响[J].节水灌溉，2017（4）：57-61.

[15] Miles C，Wallace R，Wszelaki A.Deterioration of potentially biodegradable alternatives to black plastic mulch in three tomato production regions[J].Hort Science，2012，47（9）：1270-1277.

[16] 周丽娜，等.不同颜色地膜覆盖对马铃薯生长发育的影响[J].河北农业科学，2012，16（9）：18-21.

[17] 李高华，林性粹.不同滴灌带配置方式对棉花生长发育及产量的影响[J].新疆农垦科技，

2009，32（3）：49-50.

[18] Kiymaz Sultan，tErtek Ahme. Water use and yield of sugar beet（*Beta vulgaris* L. ）under drip irrigation at different water regimes [J]. Agricultural Water Management，2015（158）：225-234.

[19] 王增丽，等. 膜下滴灌不同灌溉定额对土壤水盐分布和春玉米产量的影响 [J]. 中国农业科学，2016，49（12）：2345-2354.

[20] 侯振安，刘日明，朱继正，李春雷. 不同灌水量对甜菜生长及糖分积累影响的研究 [J]. 中国甜菜糖业，1999（6）：2-6.

[21] 赵颖娜，等. 不同流量对滴灌土壤湿润体特征的影响 [J]. 干旱地区农业研究，2010，28（4）：30-35.

[22] 米国华，等. 玉米氮高效品种的生物学特性 [J]. 植物营养与肥料学报，2007，13（1）：155-159.

[23] Herrera J M，Büchi L，Wendling M，Pellet D，Rubio G. Root decomposition at high and low N supply throughout a crop rotation [J]. *European Journal of Agronomy*，2017（84）：105-112.

[24] 樊廷录，王勇，崔明九. 旱地地膜小麦研究成效和加快发展的必要性及建议 [J]. 干旱地区农业研究，1997（1）：30-35.

[25] 蔡昆争，骆世明，方祥. 水稻覆膜旱作对根叶性状、土壤养分和土壤微生物活性的影响 [J]. 生态学报，2006，26（6）：1903-1911.

[26] 李兆君，等. 不同施肥条件下覆膜对玉米干物质积累及吸磷量的影响 [J]. 植物营养与肥料学报，2011，17（3）：571-577.

[27] Jia S N，Paul W Ungerb. Soil water accumulation under different precipitation，potential evaporation，and straw mulch conditions [J]. *Soil Science Society of America Journal*，2001，65（2）：442-448.

[28] Li F M，Guo A H，Hong W. Effects of clear plastic film mulch on yield of spring wheat [J]. Field Crops Research，1999，63（1）：79-86.

[29] Zhang Y Q，Wang J D，Gong S H. Effects of film mulching on evapotranspiration，yield and water use efficiency of a maize field with drip irrigation in northeastern China [J]. Agricultural Water Management，2018（205）：90-99.

[30] Bu L D，Zhu L，Liu Jian L，Luo S S，Chen X P. Source-sink capacity responsible for higher maize yield with removal of plastic film [J]. Agronomy Journal，2013，105（3）：591-598.

[31] 路海东，等. 覆黑地膜对旱作玉米根区土壤温湿度和光合特性的影响 [J]. 农业工程学报，2017，33（5）：129-135.

[32] 雷钧杰. 新疆滴灌小麦带型配置及水氮供给对产量品质形成的影响 [D]. 北京：中国农业大学，2017.

覆膜方式与灌水量对滴灌甜菜叶丛生长及光合特性的影响

林明[1,2]，鲁伟丹[2]，陈友强[2]，刘华君[2]，潘竞海[2]，

阿不都卡地尔·库尔班[2]，周远航[3]，王志敏[1]

（1. 中国农业大学农学院，北京 100193；2. 新疆农业科学院经济作物研究所，
新疆乌鲁木齐 830091；3. 新疆农业科学院玛纳斯农业试验站，新疆玛纳斯 832299）

摘要： 为探究覆膜方式与灌水量对叶丛生长期甜菜生长发育的影响，在新疆农业科学院安宁渠试验基地，以甜菜品种 'Beta379' 为试验材料，采取裂区设计，主区为 3 种覆膜方式，分别为不覆膜（N）、覆单膜（T）、覆双膜（D）；副区为 3 种不同灌水量，分别为 5 700m^3·hm^{-2}（W1）、4 200m^3·hm^{-2}（W2）、2 700m^3·hm^{-2}（W3），测定叶丛期甜菜功能叶（倒四叶）叶面积、根围、丛高、叶片数等生长指标以及生物量积累与分配、光合特性。结果表明，不同覆膜方式以及不同灌水量均显著影响甜菜生长发育、光合特性以及干物质积累，其中双膜覆盖下 4 500m^3·hm^{-2}处理与双膜 5 700m^3·hm^{-2}、单膜 5 700m^3·hm^{-2}均不存在显著差异，但较其他处理在叶面积、根围、丛高以及单根质量方面平均高出 12.65%、12.96%、3.93%以及 9.93%，同时提高甜菜光合作用从而显著增加了甜菜干物质积累量，其中茎叶干物质量平均增加 15.84%、块根干物质量显著增加 14.72%，为甜菜高产奠定了良好的基础。

关键词： 甜菜；覆膜方式；灌水量；光合特性；生长；滴灌

甜菜是最主要的糖料作物之一，甜菜糖约占世界糖产量的 2/5，是制糖工业主要原料之一，在我国的种植面积较大[1-3]。甜菜根系发达，生长周期较长，全生育期耗水量大，水分成为了制约甜菜产量形成的重要因素之一[4-5]，而大规模种植甜菜的甜菜产区大部分位于干旱或半干旱地区，年降雨量较少且分布不均匀，水资源较为匮乏。因此需要通过科学合理的节水灌溉技术使有限的水资源得到合理利用，从而使干旱或半干旱地区甜菜种植形成节水高效、优质高产的栽培模式。

前人对于不同覆膜方式或不同灌水量对作物生长发育的影响颇有研究：李智等[6]研究发现膜下滴灌条件下甜菜叶面积指数同样随灌水量的减少而降低，且水分不仅影响作物的丛高、叶面积指数等生长指标，同时还会影响作物的光合生理指标，如净光合速率、蒸腾速率、气孔导度等。李升东等[7]研究表明随着灌水量的增加，小麦旗叶光合速率、气孔导度和胞间 CO_2 浓度也增加；蒸腾速率与供水量呈显著正相关；蒸腾速率、净光合速率和水分利用效率之间相关关系同样达到显著水平。在一定范围内，灌水量越高，甜菜生长越旺盛，光合速率越高。缺水会造成甜菜群体光合作用受到抑制，光合能力减弱，净光合强度降低[8-10]。董心久等[11]提出膜下滴灌甜菜灌水量控制在 5 400m^3·hm^{-2}左右，既利于甜菜产量的形成和糖分积累，又可以提高水分利用率，改善土壤水热状况、增加土壤微生物活性等，起到提升农业系统生产力的作用。另外，覆膜可以改善光照条件、抑制杂草生长，有效提高作物保苗率，缩短作物的生育期[12-14]，从而使作物产量提高。因此地膜覆盖是干旱半干旱地区作物高产的关键栽培技术措施之一。吴常顺等[15]研究结果表明，覆膜处理与不覆膜处理相比，甜菜含糖率和产量均明显增加，显著提高了经济效益。高卫时等[16]研究提出单膜和双膜覆盖处理下甜菜的块根

---

* 通讯作者：林明（1982），男，甘肃省武威市人，副研究员，研究方向：甜菜、籽瓜育种与栽培研究。

产量和含糖率较不覆膜甜菜均有不同程度增加，其中双膜覆盖比单膜覆盖温度波动幅度更小，更有利于作物的生长。以往研究大多侧重于单因素的不同覆膜方式或不同灌水量造成的影响，对于不同覆膜方式与不同灌水量相结合对甜菜生长影响的研究鲜有报道，因此本研究旨在探讨不同覆膜方式与不同灌水量共同作用对甜菜生长可能造成的影响，以期探寻出最适宜干旱半干旱地区甜菜节水灌溉的方式。

根的初生皮层脱落至叶丛增长量达到最高值时，称为叶丛快速生长期。此期为出苗后 35～70d，是甜菜水分敏感期。叶丛生长期不仅是甜菜的水分敏感期还是甜菜需水量较大的时期且叶丛生长期是甜菜叶片数增多、丛高增长的重要时期，而叶片是光合作用的主要器官，对产量的贡献较大；叶丛的生长对甜菜产量和糖分积累也有重要的作用；叶丛生长期甜菜生长状态可以直观说明不同覆膜方式及灌水量对甜菜生长造成的影响[17-20]。因此，本研究侧重于探讨覆膜方式与灌水量互作对甜菜水分敏感期叶丛生长期生长发育及光合特性的影响，以此为干旱半干旱地区甜菜节水灌溉提供理论依据。

1 材料与方法

1.1 试验材料

试验所用甜菜品种为美国 Beta 公司生产的 E 型丸衣化单胚种 'Beta379'；滴灌带为新疆天业节水灌溉股份有限公司生产的迷宫式滴灌带；地膜为新疆维吾尔自治区昌吉市新昌塑地膜厂生产，规格为 80cm×0.01mm。

1.2 试验区自然条件

试验于 2020 年在新疆农业科学院安宁渠试验场（43°77′N，87°17′E）开展。当地年平均气温 5～7℃，冬季平均气温−11.9℃，极端最低气温−30℃，最大冻土层 79cm，年降水量 150～200mm，蒸发量 1 600～2 200mm，属于干旱半干旱荒漠气候带农业区。

试验地土壤类型为灰漠土，质地为沙壤，前茬作物为玉米。土壤基础理化性质如下：速效氮 66.9mg·kg^{-1}，有效磷 11.1mg·kg^{-1}，速效钾 205mg·kg^{-1}。

1.3 试验设计

本试验为双因素试验，设不覆膜（N）、覆单膜（T）、覆双膜（D）3 种覆膜方式（M），双管配置，灌水量以全生育期灌水量 5 700m³·hm^{-2}（W1）为最高处理，然后再分别设置 4 200m³·hm^{-2}（W2）、2 700m³·hm^{-2}（W3）两个灌水量处理（W），每个处理 3 次重复，共 9 个处理，随机区组排列。小区面积为 2m×10m＝20m²，一膜双行双管配置；行距为 50cm，株距为 18cm。各处理采用水表控制灌溉量，表 1 为叶丛期灌水时间及灌水量表。甜菜种植时间为 2020 年 4 月 28 日—2020 年 10 月 2 日；甜菜营养生长周期分为苗期、叶丛生长期、块根增长期、糖分积累期 4 个时期。表 2 为甜菜生育时期划分表。试验所用化肥为：尿素（N46%）、磷酸一铵（N≥12%，P₂O₅≥61%）、硫酸钾（K₂O≥50%）N 其余间苗、定苗、中耕等田间管理措施参照当地大田常规管理方法，各处理保持一致。

表 1 叶丛期灌水时间及灌水量表/(m³·hm^{-2})

处理	灌水时间（m−d）				
	6−12	6−22	7−02	7−12	7−22
W1	570	570	570	570	570
W2	420	420	420	420	420
W3	270	270	270	270	270

表 2 甜菜生育时期划分表

生育期	特征	时间段（m—d—m—d）
苗期	从出苗到根初生皮层脱落	05-05—06-10
叶丛快速生长期	根的初生皮层脱落至叶丛增长量达到最高值时	06-11—07-26
块根膨大期	叶丛增长量达到最高值至块根基本停止生长	07-27—8-27
糖分积累期	块根基本停止生长至收获	08-28—10-02

1.4 测定指标与方法

甜菜倒四叶面积：在叶丛快速生长期，对各小区选取 5 个代表性植株测倒 4 叶面积，用 CI-202 叶面积仪（CID 生物科学有限公司，美国）进行测定。

植株干物质积累量：在叶丛快速生长期，对每处理选取长势一致的甜菜 5 株，带回实验室将植株分为叶片、茎和根，称重并用软尺测量甜菜根围，分别装袋置于 105℃烘箱中杀青 30min，80℃烘至恒重，电子天平称重（精准度为 0.001，美乐 MTS300D）。

光合特性：在甜菜叶丛生长期，于晴朗无云的一天（6 月 15 日），在 10：00-12：00 之间，各处理选取 3 株长势一致的植株，每株选取倒四叶叶片用 CIRAS-3 便携式光合仪（PP systems，美国）在田间活体测定各处理甜菜叶片的净光合速率（P_n）、蒸腾速率（T_r）、气孔导度（Gs）和胞间 CO_2 浓度（C_i）。

其他生长指标：叶丛快速生长期，对每处理选取长势一致的甜菜 5 株，每隔 1d 数甜菜叶片数，同时用直尺测量甜菜叶丛高度。

2 结果与分析

2.1 不同覆膜方式与灌水量对甜菜生长的影响

由表 3 可以看出，不同覆膜方式与灌水量均对甜菜生长存在显著影响；甜菜各项生长指标均随灌水量的增加而增加，且覆膜处理同样较不覆膜处理显著提高甜菜各项生长指标。在相同覆膜方式下，根围、单根质量、叶面积均随灌水量的减少呈降低趋势，其中 W3 处理根围、单根质量、叶面积分别平均较 W1 处理显著降低 18.18%、22.66%、15.12%（$P<0.05$）；较 W2 处理显著降低 11.06%、15.13%、7.6%（$P<0.05$）；相同灌水量处理下，甜菜根围、单根质量、叶面积均表现为 D＞T＞N；不覆膜处理下，根围、单根质量、叶面积平均分别较覆单膜处理显著降低 7.72%、10.46%、11.78%（$P<0.05$）；覆双膜处理较单膜处理显著增加 3.13%、6.22%、8.71%（$P<0.05$）；覆双膜处理较不覆膜处理根围、单根质量、叶面积平均分别增加 11.08%、17.33%、21.52%，存在显著性差异（$P<0.05$）。不同覆膜方式与不同灌水量互作对甜菜生长影响不显著（$P>0.05$）。

表 3 不同覆膜方式与灌水量对甜菜生长的影响

覆膜方式	灌水量	根围/cm	单根质量/(g·株⁻¹)	叶面积/(cm²·株⁻¹)
N	W1	24.11±1.71b	257.11±13.87abcd	283.73±8.54cde
	W2	22.33±1.00c	236.33±8.01cd	263.06±10.44ef
	W3	19.78±1.09d	185.56±28.35e	244.88±2.82f
T	W1	25.78±0.67a	267.78±8.39abc	322.36±14.60ab
	W2	23.88±0.64b	253.33±26.19abcd	291.05±12.83cd
	W3	21.67±0.58c	228.89±9.18d	271.52±22.52de

(续)

覆膜方式	灌水量	根围/cm	单根质量/(g·株⁻¹)	叶面积/(cm²·株⁻¹)
D	W1	25.89±0.51a	283.33±8.82a	335.14±10.55a
	W2	25.00±0.67ab	268.89±16.78ab	325.69±22.12a
	W3	22.67±1.32c	244.44±11.24bcd	301.22±7.05bc
F 值 F value				
覆膜（M）		74.947**	13.239**	4.844*
灌水（W）		30.728**	21.809**	9.508*
覆膜×灌水 M×W		0.702ns	1.132ns	0.072ns

注：*表示差异显著（$P<0.05$）；**表示差异极显著（$P<0.01$）；ns 表示没有显著性差异。小写字母表示在 $P<0.05$ 水平下差异显著。

2.2 不同覆膜方式与灌水量对甜菜丛高、叶片数的影响

图 1 为叶丛生长期甜菜丛高生长动态图，由图 1 与表 4 可以看出叶丛生长期初期各处理间不存在显著性差异，后期灌水量与覆膜均显著影响甜菜丛高。其中 NW2 与 NW3 处理生长缓慢，后期显著低于 DW1 与 DW2 处理（$P<0.05$），DW1、DW2 与 TW1、TW2 间不存在显著性差异（$P>0.05$）。不同覆膜方式间比较，甜菜丛高整体表现为 N 处理显著低于 D 处理（$P<0.05$），而 D 处理与 T 处理间不存在显著性差异（$P>0.05$），其中 D 处理与 T 处理平均分别较 N 处理显著增加 7.56% 与 4.22%（$P<0.05$）；不同灌水量间比较，甜菜丛高整体表现为：W1 处理与 W2 处理间不存在显著性差异（$P>0.05$），但均显著高于 W3 处理（$P<0.05$）；W1 处理与 W2 处理平均分别较 W3 处理显著增加 7.27% 与 3.95%（$P<0.05$）。

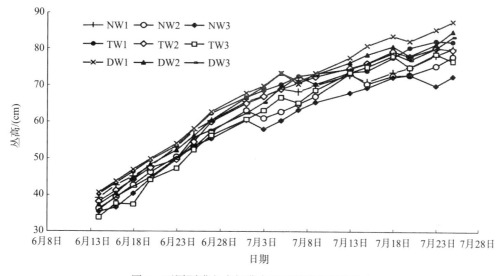

图 1 不同覆膜方式与灌水量对甜菜丛高的影响

由图 2 与表 4 可以看出，灌水量显著影响甜菜叶片数，灌水量较高时，甜菜叶片数增长迅速，反之增长缓慢且枯萎脱落甜菜叶的数量增加。覆膜方式对甜菜叶片数的影响不存在显著差异（$P>0.05$），覆膜与灌水量的交互作用同样对甜菜叶片数影响较小（$P>0.05$）。在叶丛生长期前期，各处理间甜菜叶片数不存在显著性差异，后期表现为 DW3、TW3、NW2、NW3 处理显著低于 DW1 与 TW1 处理（$P<0.05$），其余处理间并不存在显著性差异（$P>0.05$）。在叶丛生长期后期（7 月 13 日至 7 月 23 日）D 处理与 T 处理分别平均较 N 处理平均显著增加 6.19% 与 3.87%（$P<0.05$）；W1 处理与 W2 处理分别较 W3 处理显著增加 7.94% 与 5.00%（$P<0.05$）。

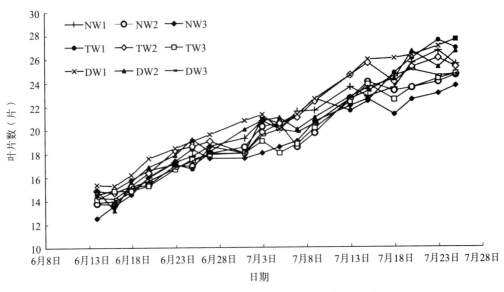

图 2　不同覆膜方式与灌水量对甜菜叶片数的影响

表 4　不同覆膜方式与灌水量对甜菜丛高、叶片数的影响

	处理	丛高	叶片数
	覆膜	9.441*	1.926ns
F	灌水	17.751**	5.742ns
	覆膜 * 灌水	0.008ns	0.728ns

注：* 表示差异显著（$P<0.05$）；** 表示差异极显著（$P<0.01$）；ns 表示没有显著性差异。

2.3　不同覆膜方式与灌水量对甜菜光合特性的影响

由表 5 可以看出，不同覆膜方式显著影响甜菜胞间 CO_2 浓度、气孔导度、净光合速率以及蒸腾速率；其中覆双膜处理可以有效减少田间土壤水分蒸发，为甜菜光合作用提供良好的土壤环境，双膜（D）处理气孔导度、净光合速率以及蒸腾速率分别较不覆膜（N）处理平均显著增加 65.66%、16.26%、64.83%（$P<0.05$）。不覆膜（N）处理下甜菜胞间二氧化碳浓度较覆双膜处理平均显著高 18.34%（$P<0.05$）。不同灌水量同样对甜菜光合作用造成显著影响；W1 处理下甜菜气孔导度、净光合速率以及蒸腾速率平均分别较 W2 处理增加 3.53%、12.73%、12.83%；W1 处理下甜菜气孔导度、净光合速率以及蒸腾速率分别较 W3 处理增加 6.56%、27.39%、26.38%。而 W1 处理胞间 CO_2 浓度分别较 W2 与 W3 处理显著降低 8.72%、20.54%（$P<0.05$）。

表 5　不同覆膜方式与灌水量对甜菜光合特性的影响

	处理	CO_2 浓度 $\mu mol\ CO_2 \cdot m^{-2} \cdot s^{-1}$	气孔导度 $\mu mol\ H_2O \cdot m^{-2} \cdot s^{-1}$	净光合速率 $\mu mol\ CO_2 \cdot m^{-2} \cdot s^{-1}$	蒸腾速率 $\mu mol\ H_2O \cdot m^{-2} \cdot s^{-1}$
	W1	236.33±14.19ab	224.67±7.09c	23.8±1.15bcd	1.73±0.11d
N	W2	244.33±9.07b	214.67±8.33c	21.37±0.57ef	1.32±0.24e
	W3	278.67±16.07a	190.67±5.69c	17.97±1.79g	1.13±0.36e
	W1	204.67±8.96c	322.33±27.65ab	25.40±1.45b	2.22±0.14abc
T	W2	235.00±8.72ab	315.67±12.9ab	23.03±0.61cde	2.01±0.03cd
	W3	249.00±23.07b	297.33±10.97b	20.93±0.81f	1.89±0.05cd

（续）

处理		CO_2 浓度 $\mu mol\ CO_2 \cdot m^{-2} \cdot s^{-1}$	气孔导度 $\mu mol\ H_2O \cdot m^{-2} \cdot s^{-1}$	净光合速率 $\mu mol\ CO_2 \cdot m^{-2} \cdot s^{-1}$	蒸腾速率 $\mu mol\ H_2O \cdot m^{-2} \cdot s^{-1}$
D	W1	193.67±21.22c	351.33±40.00a	28.73±0.93a	2.47±0.19a
	W2	210.67±12.34bc	337.33±19.66ab	24.73±0.67bc	2.36±0.01ab
	W3	237.33±6.43ab	355.00±31.19a	22.27±0.45def	2.06±0.01bcd
F	覆膜（M）	16.845**	99.486**	37.550**	67.758**
	灌水（W）	20.546**	1.661ns	6.543**	15.621**
	覆膜×灌水（M×W）	0.559ns	0.985ns	1.111ns	0.904ns

注：＊表示差异显著（$P<0.05$）；＊＊表示差异极显著（$P<0.01$）；ns 表示没有显著性差异。小写字母表示在 $P<0.05$ 水平下差异显著。

2.4 不同覆膜方式与灌水量对甜菜干物质积累的影响

由图 3 与表 6 可以看出，不同覆膜方式与灌水量均显著影响甜菜干物质积累，不覆膜处理下，W3 灌水量甜菜干物质积累显著低于 W1 与 W2 处理，各灌水量间干物质积累表现为：W1＞W2＞W3；覆单膜处理下，W1 处理 W2 处理间不存在显著性差异（$P>0.05$），但均显著高于 W3 处理（$P<0.05$），W1 处理根、茎叶干物质平均分别较 W3 处理高出 16.27％与 14.95％。双膜处理中，W1 处理与 W2 处理同样不存在显著性差异（$P>0.05$），分别较 W3 处理甜菜块根干物质积累显著高出 9.69％与 8.47％（$P<0.05$）。在同一灌水量处理下，D 处理甜菜干物质积累略高于 T 处理，不存在显著性差异（$P>0.05$），但均显著高于 N 处理（$P<0.05$）；N 处理根干物质平均较 T 处理与 D 处理降低 13.98％与 18.49％，D 处理根干物质较 T 处理增加 3.96％；N 处理茎叶干物质平均较 T 处理与 D 处理降低 16.23％与 21.17％。不同覆膜方式与不同灌水量互作对甜菜根干物质积累不存在显著影响（$P>0.05$），但显著影响茎叶干物质积累（$P<0.05$）。

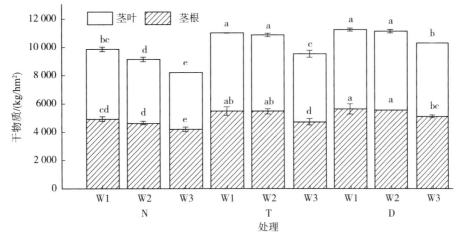

图 3 不同种植方式对甜菜干物质积累的影响

表 6 不同种植方式对甜菜干物质积累的影响

处理		根	茎叶
F	覆膜	40.901**	128.509**
	灌水	26.237**	68.177**
	覆膜×灌水	0.874ns	3.104*

注：＊表示差异显著（$P<0.05$）；＊＊表示差异极显著（$P<0.01$）；ns 表示没有显著性差异。小写字母表示在 $P<0.05$ 水平下差异显著。

2.5 甜菜生长、光合特性与干物质积累的相关性分析

由表7可以看出，甜菜生长发育指标、光合特性指标以及干物质积累间存在显著的相关性。丛高与叶片数间存在显著正相关关系（$P<0.05$），根围与单根质量、根干物质、叶面积、净光合速率、蒸腾速率呈极显著正相关关系（$P<0.01$），单根质量、叶面积、净光合速率、蒸腾速率以及根茎干物质之间同样存在极显著正相关关系；而胞间二氧化碳浓度与其他光合指标以及生长发育指标均呈负相关关系，且除与丛高和叶片数之间差异不显著外，与其余指标间均呈极显著负相关关系。气孔导度与蒸腾速率以及根茎干物质之间均呈极显著正相关关系（$P<0.01$）；叶片蒸腾速率与根茎干物质间同样存在极显著正相关关系（$P<0.01$）。

表7 甜菜生长、光合特性与干物质积累的相关性分析

指标	丛高	叶片数	根围	单根质量	叶面积	胞间CO_2浓度	气孔导度	净光合速率	蒸腾速率	根干物质	茎干物质
丛高	1										
叶片数	0.703*	1									
根围	0.359	0.453	1								
单根质量	0.323	0.366	0.970**	1							
叶面积	0.067	0.087	0.917**	0.907**	1						
胞间CO_2浓度	−0.181	−0.272	−0.967**	−0.957**	−0.961**	1					
气孔导度	−0.166	−0.324	0.637	0.694*	0.843**	−0.732*	1				
净光合速率	0.253	0.383	0.954**	0.953**	0.919**	−0.969**	0.661	1			
蒸腾速率	0.129	−0.039	0.838**	0.862**	0.953**	−0.890**	0.927**	0.851**	1		
根干物质	0.197	0.194	0.925**	0.922**	0.945**	−0.920**	0.841**	0.881**	0.936**	1	
茎叶干物质	0.213	0.154	0.918**	0.932**	0.948**	−0.919**	0.867**	0.879**	0.957**	0.994**	1

注：* 表示差异显著（$P<0.05$）；** 表示差异极显著（$P<0.01$）。

3 讨论

3.1 不同覆膜方式与灌水量对甜菜生长的影响

本研究发现，不同覆膜方式与不同灌水量均显著影响甜菜叶面积，不同覆膜方式与不同灌水量的交互作用对其不存在显著影响。叶片是光合作用的主要器官，对产量贡献较大；叶丛的生长对甜菜产量和糖分积累也有重要的作用。本研究发现，覆膜与灌水均显著影响甜菜丛高、叶面积、单根质量以及根围，其中双膜5 700$m^3 \cdot hm^{-2}$灌水处理、双膜4 200$m^3 \cdot hm^{-2}$灌水处理以及单膜5 700$m^3 \cdot hm^{-2}$灌水处理显著优于其他处理。梁哲军、Zhou等[21-22]研究表明，玉米丛高和叶面积指数随灌水量的增加而增加。韩凯虹[23]研究发现灌水量的减少会明显抑制甜菜的丛高、叶片数、叶面积及根粗的生长，这与本研究结果基本一致。高卫时等[16]研究提出不同覆膜处理间植株叶片数无显著性差异，且表明影响甜菜叶片数的因素多为甜菜品种本身；在本试验中，单膜和双膜覆盖叶丛高度之间无显著性差异，但显著高于不覆膜处理，双膜5 700$m^3 \cdot hm^{-2}$灌水处理与双膜4 200$m^3 \cdot hm^{-2}$灌水处理叶片数显著高于不覆膜2 700$m^3 \cdot hm^{-2}$灌水处理，这可能是由于不覆膜2 700$m^3 \cdot hm^{-2}$灌水处理难以满足甜菜生长所需要的水分，叶片萎蔫脱落造成的。

3.2 不同覆膜方式与灌水量对甜菜光合特性的影响

水分不仅影响作物的生长指标如丛高、叶面积指数等，而且影响作物的光合指标如净光合速

率、蒸腾速率和气孔导度等[24]。甜菜营养生长主要靠光合作用制造有机营养物质，在本研究中，双膜处理较单膜处理与不覆膜处理显著增加甜菜净光合速率、蒸腾速率、气孔导度，原因或许是因为双膜处理可以抑制田间水分的无效蒸发，提高土壤含水量和水分利用率，为甜菜光合提供良好的土壤环境。叶片水分是影响气孔导度的主要原因[25]，双膜处理以及 5 700m³·hm⁻²灌水处理均可增加叶片水分，因此气孔导度显著高于其他处理，Franks 等[26]研究发现，蒸腾速率和气孔导度的下降可认为是植物为避免过度失水所进行的自我调节，这与本研究中不覆膜处理以及 2 700m³·hm⁻²灌水处理蒸腾速率和气孔导度显著低于其他处理的研究结果基本一致。张娜等[27]研究表明，冬小麦叶片光合速率、气孔导度和蒸腾速率均随滴灌量的增加而增加，而胞间二氧化碳浓度随滴灌量增加而减小，这与本研究结果基本一致。而 Lin 等[28]研究提出：作物遭遇水分胁迫时气孔关闭会导致胞间 CO_2 浓度降低，最终造成植物的净光合速率下降；因此胞间 CO_2 浓度的高低并不是简单地随灌水量增加而增加或减少的趋势，胞间 CO_2 浓度的高低还取决于不同作物品种与具体灌水量。

3.3 不同覆膜方式与灌水量对甜菜干物质积累的影响

甜菜干物质积累是决定甜菜产量的重要因素，而甜菜的干物质积累与分配受到土壤水分条件的影响，较好的水分条件有利于甜菜的干物质积累，增加甜菜的生物产量[29]。因此充足的灌水量可以显著提高甜菜干物质积累，不同覆膜方式以及不同灌水量均对甜菜干物质积累存在显著性影响，不同灌水量与不同覆膜方式的交互作用对甜菜块根干物质积累不存在显著性影响，但显著影响甜菜茎叶干物质积累。在本研究中，覆单膜 5 700m³·hm⁻²灌水处理、4 200m³·hm⁻²灌水处理以及覆双膜 5 700m³·hm⁻²灌水处理、4 200m³·hm⁻²灌水处理间不存在显著性差异但均较其他处理显著增加甜菜干物质积累，其中双膜 4 200m³·hm⁻²灌水处理、单膜 4 200m³·hm⁻²灌水处理与单膜 5 700m³·hm⁻²灌水处理、双膜 5 700m³·hm⁻²灌水处理在甜菜干物质积累方面不存在显著性差异，而覆单膜处理根干物质积累较双膜根干物质积累略有降低，但不存在显著性差异。

4 结论

灌水与覆膜均显著影响甜菜生长发育、光合特性以及干物质积累，在相同覆膜方式下，5 700m³·hm⁻²灌水处理以及 4 200m³·hm⁻²灌水处理显著优于 2 700m³·hm⁻²灌水处理；覆双膜处理较其他处理可以有效减少田间水分蒸发，为甜菜生长发育提供良好的土壤环境。其中双膜 4 200m³/hm²灌水处理与双膜 5 700m³·hm⁻²灌水处理、单膜 5 700m³·hm⁻²灌水处理在甜菜生长发育、光合特性以及干物质积累方面不存在显著差异，但均显著优于其他覆膜与灌水处理；双膜 4 200m³·hm⁻²灌水处理在甜菜叶面积、根围、丛高以及单根质量方面分别较其他覆膜与灌水处理平均高出 12.65%、12.96%、3.93%以及 9.93%，因此双膜 4 200m³·hm⁻²灌水处理可以在减少灌水的前提下，保证甜菜正常生长发育，达到甜菜节水稳产甚至增产的目的，为甜菜高产优质高效节水奠定了良好的基础。

参考文献
[1] 张永霞.我国北方地区甜菜糖业发展研究 [D]. 呼和浩特：内蒙古农业大学，2003.
[2] 蔡葆，张文彬.中国甜菜糖业发展的策略 [J]. 中国甜菜糖业，2008 (4)：24-29.
[3] 王燕飞，李翠芳，李承业，等.我国甜菜栽培模式研究进展 [J]. 中国糖料，2011 (1)：55-57.
[4] 解鑫.水氮运筹对双膜覆盖滴灌甜菜产量和含糖率的影响 [D]. 石河子：石河子大学，2017.
[5] 李智，李国龙，刘蒙，等.膜下滴灌条件下甜菜水分代谢特点的研究 [J]. 节水灌溉，2015

（9）：52-56.

[6] 李智. 膜下滴灌条件下甜菜水分代谢特点的研究 [D]. 呼和浩特：内蒙古农业大学，2015.

[7] 李升东，王法宏，司纪升，等. 节水灌溉对小麦旗叶主要光合参数和水分利用效率的影响 [J]. 干旱地区农业研究，2011，29（4）：19-22，28.

[8] 谭念童，林琪，姜雯，等. 限量灌溉对旱地小麦旗叶光合特性日变化和产量的影响 [J]. 中国生态农业学报，2011，19（4）：805-811.

[9] 杨晓亚. 灌水时期和灌水量对小麦产量形成和水分利用特性的影响 [D]. 泰安：山东农业大学，2008.

[10] 罗永忠，成自勇. 水分胁迫对紫花苜蓿叶水势、蒸腾速率和气孔导度的影响 [J]. 草地学报，2011，19（2）：215-221.

[11] 董心久，杨洪泽，周建朝，等. 不同灌溉量下氮肥施用时期对甜菜光合物质生产及产量的补偿作用 [J]. 新疆农业科学，2018，55（4）：635-646.

[12] 赵东霞，牛俊义，闫志利等. 不同地表覆盖方式油菜花后干物质积累与分配规律研究 [J]. 干旱地区农业研究，2012，30（3）：31-36.

[13] 樊华，Koibakov S. M.，帕尼古丽，Nurabayev Daulen，等. 地膜覆盖对滴灌甜菜生育进程及产量的影响 [J]. 新疆农业科学，2014，51（4）：633-638.

[14] J. N-Ortiz，J，M. Tarjuelo，J. A. de Juan. Effects of two types of sprinklers and height in the irrigation of sugar beet with a centre pivot [J]. Agricultural Research，2012，10（1）：251-263.

[15] 吴常顺，李淑清，安传友，等. 宁安地区甜菜大垄双行覆膜栽培技术的可行性分析 [J]. 中国糖料，2007（3）：34-47.

[16] 高卫时，董心久，杨洪泽，等. 不同覆膜栽培方式对甜菜相关性状的影响 [J]. 中国糖料，2014（3）：14-16.

[17] Wang N，Fu F，Wang H，Wang P，He S，Shao H，Ni Z，Zhang X. Effects of irrigation and nitrogen on chlorophyll content，dry matter and nitrogen accumulation in sugar beet (*Beta vulgaris* L.) [J]. Sci Rep. 2021，11（1）：16651.

[18] 李阳阳. 调亏灌溉下滴灌甜菜补偿效应研究 [D]. 石河子：石河子大学，2020.

[19] 刘宁宁. 叶丛期调亏灌溉对滴灌甜菜源库特征的影响 [D]. 石河子：石河子大学，2020.

[20] 周红亮，张丽娟，刘宁宁，等. 调亏灌溉下氮肥管理对滴灌甜菜产量及水氮利用的影响 [J]. 干旱地区农业研究，2020，183（6）：159-166.

[21] 梁哲军，齐宏立，王玉香，等. 不同滴灌定额对玉米光合性能及水分利用效率的影响 [J]. 中国农学通报，2014，30（36）：74-78.

[22] Zhou L，Feng H. Plastic film mulching stimulates brace root emergence and soil nutrient absorption of maize in an arid environment [J]. J Sci Food Agric. 2020 Jan 30；100（2）：540-550.

[23] 韩凯虹. 水分胁迫及复水对甜菜生长发育及光合特性的影响 [D]. 保定：河北农业大学，2015.

[24] 武东霞. 两种土壤类型下种植方式及补水对甜菜产量与质量的影响 [D]. 保定：河北农业大学，2014.

[25] 高丽，杨劼，刘瑞香. 不同土壤水分条件下中国沙棘雌雄株光合作用，蒸腾作用及水分利用效率特征 [J]. 生态学报，2009，29（11）：6025-6034.

[26] Franks PJ，Drake P L，Froend R H. Anisohydric but isohydrodynamic：Seasonally constant plant water potential gradient explained by a stomatal control mechanism incorporating variable

plant hydraulic conductance [J]. Plant，Cell and Environment，2007（30）：19 - 30.

[27] 张娜，张永强，徐文修，等 . 滴灌量对冬小麦光合特性及干物质积累过程的影响 [J]. 麦类作物学报，2014，34（6）795 - 801.

[28] Zhifang Lin，Changlian Peng，Zijian Sun，Guizhu Lin. Science in China Series；Effect of light intensity on partitioning of photosynthetic electron transport to photorespiration in four subtropical forest plants [J]. Life Sciences，2000（4）.

[29] 朱文美 . 灌水量和种植密度互作对冬小麦产量及水分利用效率的影响 [D]. 泰安：山东农业大学，2018.

土壤肥料篇

微生态制剂对重茬甜菜根腐病防控及
产质量水平提升的影响

郭晓霞[1]，田露[1]，樊福义[1]，黄春燕[1]，任霄云[1]，
宫前恒[1]，李智[1]，菅彩媛[1]，张丽霞[2]，苏文斌[1]

(1. 内蒙古农牧业科学院特色作物研究所，呼和浩特　010031；
2. 中农绿康生物技术有限公司，北京　102100)

摘要： 为了揭示不同重茬年限下微生态制剂对病害的防治效果及产质量提升水平，明确适宜内蒙古重茬田微生态制剂的最佳施用量，2015—2017 年，在内蒙古自治区农牧业科学院开展了微生态制剂不同施用量（0kg/hm²、30kg/hm²、60kg/hm²、90kg/hm²、120kg/hm²）对不同重茬年限甜菜根腐病防治和产质量提升的研究。结果表明，随重茬年限的增加，重茬年限负效应逐渐增加，造成微生态制剂的防效逐年降低，甜菜的发病率、死株率呈大幅度增加，产质量水平显著降低，年际间以重茬 3 年的提高效果最佳，处理间以施用量为 90kg/hm² 和 120kg/hm² 2 个处理较好。以重茬 3 年为例，施用量 30kg/hm²、60kg/hm²、90kg/hm²、120kg/hm² 甜菜死株率降低了 7.76%、17.15%、23.18% 和 32.38%；发病率降低了 16.97%、41.84%、45.75% 和 56.09%；产量提高了 10.12%、12.51%、18.12% 和 19.19%；产糖量提高了 11.14%、15.45%、23.74% 和 25.98%，且各处理间基本达到了显著性差异水平（$P<0.05$）。因此甜菜根腐病的发病率与产质量水平呈极显著负相关关系，说明根腐病是重茬甜菜的主要障碍因子，开展对重茬甜菜根腐病防控研究，对内蒙古甜菜产业持续、稳定发展具有重要意义。

关键词： 微生态制剂；重茬；甜菜；根腐病；产质量

内蒙古是我国甜菜主要产区之一，其种植面积由 2010 年 40 余万亩增加至 2018 年 190 万亩左右，制糖企业由 2017 年 7 家增至 2018 年 14 家，甜菜产糖量由全国第三上升为第一。目前，由于制糖企业的集中分布，导致原料紧张，甜菜产量不能满足生产需要，造成内蒙古甜菜大面积重茬种植。随着甜菜重茬种植年限的增加，造成土壤质量退化，病虫草危害加重，甜菜产量、含糖率降低，尤其是根腐病发生严重[1-3]。甜菜根腐病病原菌和有害菌随着重茬年限逐年增加[4]，造成根腐病逐年加重，直接影响甜菜产质量水平，成为内蒙古重茬甜菜种植的最大障碍因素，威胁着内蒙古甜菜产业持续稳定发展。国内外关于根腐病发病因素已有许多研究，研究表明与发病关系最密切的是年份、地区、重茬年限及前茬，与发病有一定关系的是土质、品种及杂草等[5]。因此着重开展了不同重茬年限甜菜根腐病发病情况和产质量变化规律研究，为将迎来的大趋势重茬甜菜种植提供有力的技术支持。目前，通过生物效应克服重茬障碍已成为当前的研究热点[6]，其原理是通过生物防治或施用有益微生物、拮抗微生物[7-9]等措施，在植物根际形成优势菌群能抑制病原菌的生长和侵染，控制病害发生[10,11]，改善土壤理化性质[12,13]。微生态制剂是指用于动物和植物生理性细菌治疗的活菌制剂[7]，现关于微生态制剂应用于畜牧业、医学等领域的研究取得了良好的进展[14-16]，其在作物中研究报道较少，主要集中于小麦、玉米等作物，内容多集中于作物光合、产量形成上[17-19]，在甜菜上应用微生态制剂仅见

＊　通讯作者：郭晓霞（1983—　），女，内蒙古通辽人，研究员，研究方向：甜菜栽培与耕作。

于苗床喷施研究[20]，在大田生产中应用研究鲜有报道。本研究通过在不同重茬年限土壤中施用不同量微生态制剂，对甜菜产质量及病害发生动态规律进行系统研究，旨在揭示不同重茬年限下微生态制剂对病害的防治效果及产质量提升水平，明确适宜内蒙古重茬田微生态制剂的最佳施用量，为我区甜菜重茬障碍问题提出有效的解决途径，确保甜菜产业持续稳定发展。

1 材料与方法

1.1 试验材料

微生态制剂由中农绿康生物技术有限公司提供，该制剂由芽孢杆菌与木霉菌复配而成，剂型为粉剂，有效活菌数 5.0 亿个/克。

2015 年试验开始前，对 4 种微生态制剂进行大田施用预试验，采用平板计数法测定施用后土壤中芽孢杆菌数量变化趋势。由表 1 可知，微生态制剂 1 号、2 号、3 号和 4 号施用 5d 后，土壤中芽孢杆菌数量分别比对照高 66.67%、301.67%、200% 和 116.67%；施用后 30d，微生态制剂 1 号、2 号、3 号和 4 号芽孢杆菌数量分别比施用 5d 后高 520%、796.27%、322.22% 和 207.69%，说明在短时间内，微生态制剂能迅速增殖，形成优势菌群，从而达到抑制有害菌和病原菌的生长或侵染，且以微生态制剂 2 号在研究区域效果最为明显，因此选取微生态制剂 2 号进行试验研究。

表 1 微生态制剂施用后芽孢杆菌数量

×10⁴个

处理	施用 5 天后	施用 30 天后
微生态制剂 1 号	100	620
微生态制剂 2 号	241	2 160
微生态制剂 3 号	180	760
微生态制剂 4 号	130	400
对照	60	54

1.2 试验设计

试验于 2015—2017 年在内蒙古农牧业科学院试验地进行，试验地基础理化性质见表 2。2015 年试验地为重茬第 3 年、2016 年为重茬第 4 年、2017 年为重茬第 5 年。

试验分别设微生态制剂使用量为 0kg/hm²、30kg/hm²、60kg/hm²、90kg/hm² 和 120kg/hm²，分别用 B0、B2、B4、B6 和 B8 表示，共 5 个处理，采取随机区组设计，重复 4 次，小区面积 6m×10m＝60m²。供试甜菜品种为 IM1162，采用滴灌模式，随播种一次性施入甜菜专用肥 50kg/亩，行距 50cm，株距 25cm，全生育期滴灌 4 次，滴灌量为 30m³/亩·次。

表 2 试验地土壤养分状况

土壤	项目						
	有机质 （g·kg⁻¹）	全氮 （g·kg⁻¹）	全磷 （g·kg⁻¹）	碱解氮 （mg·kg⁻¹）	有效磷 （mg·kg⁻¹）	速效钾 （mg·kg⁻¹）	pH
壤土	26.38	1.01	0.69	101.31	16.5	159.90	8.15

1.3 测定指标及方法

1.3.1 出苗率

待甜菜子叶完全展开时统计幼苗出苗情况，自出苗开始，每天在每个小区统计出苗情况，待出苗稳定后，计算出苗率。

1.3.2 发病率

甜菜收获时，按照小区统计发病株数，计算发病率。发病率＝发病株数/供试植株总数×100％。

1.3.3 死株率

甜菜收获时，按照小区统计存活株数，计算死株率。死株率＝（出苗株数－存活株数）/出苗株数×100％

1.3.4 含糖率

甜菜收获时，每个小区随机取 15 株甜菜块根，采用日本产 Atago Refractometer PAL‐1 数字手持折射仪测定块根锤度，折算其含糖率。含糖率＝PAL‐1 测定的锤度×80％。

1.3.5 产量

甜菜收获时，每个小区选取 10m² 测定块根产量。

1.3.6 产糖量

产糖量＝产量×含糖率。

1.4 数据分析

采用 Ecxel 2010 进行数据计算、处理和作图，采用 SAS 9.0 软件进行显著性及相关性分析。

2 结果与分析

2.1 微生态制剂对不同重茬年限甜菜出苗率的影响

由图 1 可知，3 年内随微生态制剂施用量的增加，有利于提高甜菜出苗率，B2、B4、B6 和 B8 分别较 B0 处理重茬 3 年提高了 0.5％、2.43％、2.18％和 3.00％；重茬 4 年提高了 1.36％、2.31％、1.63％和 3.07％；重茬 5 年提高了 1.09％、2.62％、3.01％和 3.73％，不同处理间总体为 B0、B2 与 B4、B6、B8 间达到了差异显著性水平（$P<0.05$），B8 与 B0 均达到极显著水平（$P<0.01$）。不同年际间，随着重茬年限的增加甜菜出苗率总体呈下降趋势，为重茬 3 年＞重茬 4 年＞重茬 5 年，但下降幅度不明显，出苗率均在 90％以上，可见微生态制剂施用对保证重茬甜菜出苗具有重要作用。

2.2 微生态制剂对不同重茬年限甜菜死株率的影响

由图 2 可知，3 年内随微生态制剂施用量的增加，可明显降低甜菜死株率，B2、B4、B6 和 B8 分别较 B0 处理在重茬 3 年下降低了 7.76％、17.15％、23.18％和 32.38％；重茬 4 年降低了 21.43％、

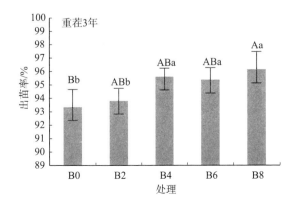

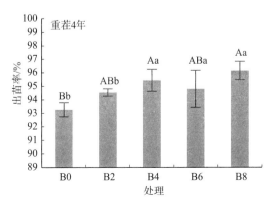

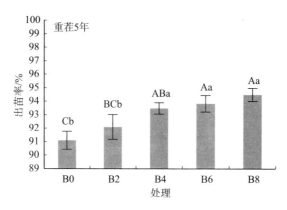

图1 微生态制剂对不同重茬年限甜菜出苗率的影响

注：图中不同大（小）字母表示处理间差异达1%（5%）显著水平，下同。

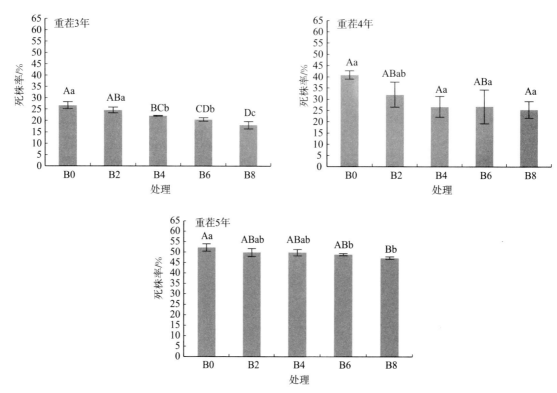

图2 微生态制剂对不同重茬年限甜菜死株率的影响

34.67%、34.44%和37.61%；重茬5年降低了4.46%、4.55%、6.20%和9.43%。不同年际间，随着重茬年限的增加甜菜死株率呈显著上升趋势，为重茬5年＞重茬4年＞重茬3年，且随重茬年限的增加，各处理的显著性分析结果不同，重茬3年B0与B4、B6、B8达到了差异极显著水平（P＜0.01），重茬4年和重茬5年处理间的显著性水平基本不显著。说明微生态制剂对甜菜死株率的防效随着重茬年限的增加呈下降趋势，在重茬年限逐渐增加的情况下，重茬年限是导致甜菜死株率逐渐加大的主导因素。

2.3 微生态制剂对不同重茬年限甜菜根腐病发病率的影响

由图3可知，3年内随微生态制剂施用量的增加，可有效降低甜菜发病率，B2、B4、B6和B8分别较B0处理在重茬3年下降低了16.97%、41.84%、45.75%和56.09%；重茬4年降低了22.26%、35.02%、30.39%和37.96%；重茬5年降低了5.32%、8.32%、11.24%和12.33%，不同处理间B0与B2、B4、B8间基本为差异极显著水平（P＜0.01）。不同年际间，随着重茬年限的增加，甜菜根腐病发病率呈极显著上升趋势，为重茬 5 年＞重茬 4 年＞重茬 3 年，且随重茬年限的增加，微生态制剂对甜菜根腐病发病率的防效呈下降趋势，重茬年限在根腐病发生中占主导因素。

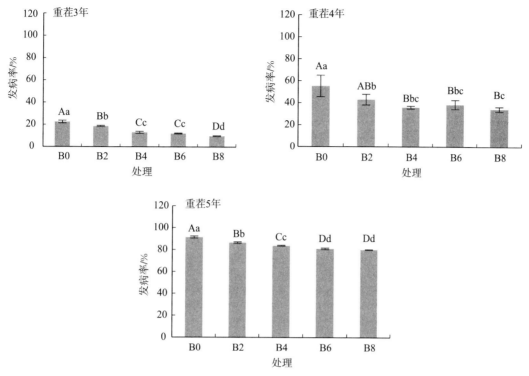

图 3　微生态制剂对不同重茬年限甜菜根腐病发病率的影响

2.4　微生态制剂与重茬年限双因素对甜菜出苗率、死株率、发病率的影响

由表 3 可知，通过微生态制剂与重茬年限双因素对甜菜出苗率、死株率和发病率的显著性分析，明确了双因素对甜菜的出苗率、死株率和发病率均存在极显著关系（$P < 0.01$），双因素互作对其不显著是由于一个因素是正效应，另一个因素为负效应，同时也说明微生态制剂可有效改善重茬年限所带来的甜菜发病率高等系列问题，为解决重茬障碍问题提出了有效的解决方案。

表 3　微生态制剂与重茬年限双因素效应分析

指标	变异来源	变异度	平方和	均方	F 值	显著水平
出苗率	区组	2	1.731	0.865 5	1.2	0.317
	重茬年限	2	34.613 4	17.306 7	23.94	<0.0 001
	微制生态剂	4	51.575	12.893 8	17.84	<0.0 001
	重茬年限 & 微生态制剂	8	2.596 5	0.324 6	0.45	0.880 8
死株率	区组	2	5.008 8	2.504 4	0.25	0.779 3
	重茬年限	4	5 861.745 4	2 930.872 7	294.46	<0.0 001
	微生态制剂	2	504.940 7	126.235 1	12.68	<0.0 001
	重茬年限 & 微生态制剂	8	160.222	20.027 7	2.01	0.082
发病率	区组	2	5.962 9	2.984 7	0.29	0.75
	重茬年限	4	36 711.641	18 355.820 2	1 789.31	<0.0 001
	微生态制剂	2	1 275.688 2	318.922	31.09	<0.0 001
	重茬年限 & 微生态制剂	8	145.557 2	18.194 65	1.71	0.125 1

2.5 微生态制剂对不同重茬年限甜菜产质量及经济效益的影响

由表4可知，重茬3年、重茬4年和重茬5年条件下，随微生态制剂施用量的增加，可明显提高甜菜的产量、含糖率和产糖量，处理间以B6和B8较好。甜菜产量B2、B4、B6和B8分别较B0处理重茬3年下提高了10.12%、12.51%、18.12%和19.19%；重茬4年年提高了6.87%、9.95%、10.65%和12.35%；重茬5年提高了1.42%、6.48%、8.76%和8.09%；甜菜含糖率B2、B4、B6和B8分别较B0处理重茬3年提高了0.94%、2.61%、4.75%和5.70%；重茬4年提高了6.47%、14.12%、17.22%和18.61%；重茬5年提高了8.64%、8.84%、16.37%和19.83%；产糖量B2、B4、B6和B8分别较B0处理重茬3年提高了11.14%、15.45%、23.74%和25.98%；重茬4年提高了13.78%、25.45%、29.68%和33.24%；重茬5年提高了10.18%、15.46%、26.56%和29.51%。不同处理间B0与B2、B4、B6、B8甜菜产质量基本达到显著（$P<0.05$）或极显著（$P<0.01$）差异。不同年际间，随着重茬年限的增加，甜菜产量、含糖率和产糖量均显著降低，重茬3年＞重茬4年＞重茬5年，且随重茬年限的增加，各处理较对照产量提高幅度明显降低，说明微生态制剂对重茬甜菜产量的提升水平呈下降趋势，重茬年限在影响因素中占主导作用。甜菜的净收益呈逐年下降趋势，在重茬5年的条件下，已经没有效益了。

表4 微生态制剂对重茬甜菜产质量及经济效益的影响

年份	处理	产量（kg/hm²）	含糖率（%）	产糖量（kg/hm²）	总产值（元/hm²）	成本（元/hm²）	净收益（元/hm²）
	B0	52 405.18Cd	15.75Ee	8 253.28De	27 774.75	15 345	12 429.75
	B2	57 706.01Bc	15.90Dd	9 173.07Cd	30 584.19	15 945	14 639.19
2015	B4	58 963.32Bb	16.16Cc	9 528.06Bc	31 250.56	16 545	14 705.56
	B6	61 901.17Aa	16.50Bb	10 212.20Ab	32 807.62	17 145	15 662.62
	B8	62 459.75Aa	16.65Aa	10 397.56Aa	33 103.67	17 745	15 358.67
	B0	36 107.89Cd	12.68Dd	4 579.32Dd	19 859.34	15 345	4 514.34
	B2	38 589.96Bc	13.5Cc	5 210.40Cc	21 224.48	15 945	5 279.48
2016	B4	39 700.61Ab	14.47Bb	5 744.95Bb	21 835.34	16 545	5 290.34
	B6	39 954.41Aab	14.86ABab	5 938.41ABab	21 974.93	17 145	4 829.93
	B8	40 568.99Aa	15.04Aa	6 101.42Aa	22 312.95	17 745	4 567.95
	B0	15 871.39Bc	8.84Dd	1 402.30Dd	8 729.27	15 345	−6 615.73
	B2	16 096.58Bc	9.60Cc	1 545.04Cc	8 853.12	15 945	−7 091.88
2017	B4	16 900.55Ab	9.58Cc	1 619.08Bb	9 295.30	16 545	−7 249.70
	B6	17 261.60Aa	10.28Bb	1 774.79Aa	9 493.88	17 145	−7 651.12
	B8	17 154.65Aa	10.59Aa	1 816.08Aa	9 435.05	17 745	−8 309.95

注：同列数据后不同大（小）字母表示处理间差异达1%（5%）显著水平。

2.6 甜菜根腐病及出苗率与甜菜产质量的相关性分析

由图4可知，通过对重茬3年、重茬4年和重茬5年的甜菜根腐病和出苗率与产质量的相关分析，结果表明甜菜的出苗率与产量、产糖量相关性不大，这是由于现在甜菜种子发芽率均较高，出苗水平已经不是影响甜菜产量的一个因素。甜菜的死株率和根腐病的发病率与甜菜的产量和产糖量均达到了极显著的相关关系（$P<0.01$），特别是发病率与其相关性非常高。出苗率与甜菜产量和产糖量的关系式分别为：$y=6\,196.9x-545\,839$，$R^2=0.314\,9$、$y=1\,189.6x-106\,542$，$R^2=0.326\,5$；死株率与甜菜产量和产糖量的关系式分别为：$y=-1\,315.6x+83\,025$，$R^2=0.872\,7$、$y=-248.41x+$

14 034，$R^2=0.875\ 5$；发病率与甜菜产量和产糖量的关系式分别为：$y=-583.21x+65\ 560$，$R^2=0.967\ 6$；$y=-109.72x+10\ 717$，$R^2=0.963\ 6$。说明甜菜根腐病发病率直接影响重茬甜菜产质量水平的高低，已成为重茬甜菜的主要障碍问题。

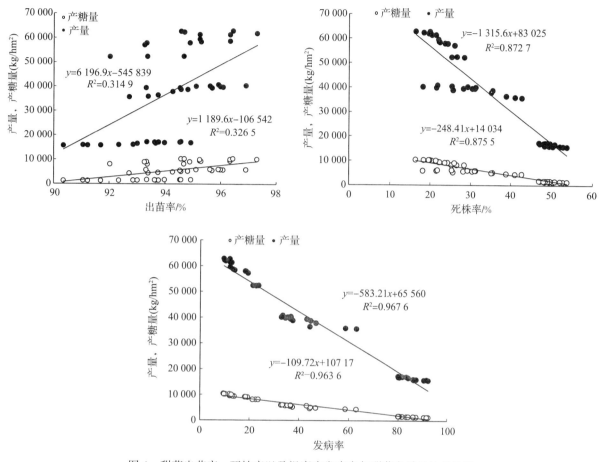

图 4　甜菜出苗率、死株率以及根腐病发病率与甜菜产质量的相关性

3　讨论

内蒙古甜菜生产和加工能力大幅度提高，为满足当前生产需求，原料区呈现大面积重茬种植，造成甜菜病害逐年加重，产质量水平大幅度下降，针对该问题，开展了微生态制剂对重茬甜菜根腐病的防控及甜菜产质量水平提升的研究。Lang 等[21]研究证明连作条件下微生物群落结构变化与土传病害发生存在直接关系，土传病害发生的根本原因是土壤微生物区系和多样性失调，导致土壤中病原菌激增[22]。调控土壤微生物环境是有效防控土壤病害的重要途径之一[23]。王光飞等[24]认为土壤中细菌、真菌和放线菌数量的增加有利于营造健康的土壤微生物区系，形成利于植物生长而不利于病原菌生长的健康土壤环境。微生态制剂施用后能够在短时间内形成优势菌群，抑制有害菌的滋生，从而有效降低重茬甜菜的病虫害问题。本研究表明，施用微生态制剂和重茬年限对甜菜出苗、死株率和发病率均存在单因素极显著影响，随微生态制剂施用量的增加，有利于提高甜菜出苗率，不同年际间，甜菜出苗率总体为重茬 3 年＞重茬 4 年＞重茬 5 年，但下降幅度不明显，出苗率均在 90％以上，说明各处理甜菜的出苗率均较高，后期甜菜的死株与前期出苗无关。甜菜的死株率主要是由根腐病造成，3 年内随微生态制剂施用量的增加，甜菜死株率和根腐病发病率明显降低，说明微生态制剂有一定防效，但微生态制剂对重茬 3 年地块甜菜的根腐病有很好的防治效果，重茬 5 年甜菜根腐病发病非常严重，

到收获期甜菜的健康株数远远小于发病株数，可见随着重茬年限的增加，微生态制剂防效逐渐降低，这是由于甜菜根腐病为土传病害，土壤中病原菌数量会随着重茬年限增加而增加的幅度加大，造成病害占主导因素，这说明微生态制剂改善甜菜根腐病发生情况需在一定重茬年限内。

随着重茬年限的增加，微生态制剂同一施用量下甜菜产量、含糖率和产糖量均显著降低，且各处理较对照产量提高幅度明显降低，重茬 3 年产量提高 10.12%～19.19%，重茬 4 年提高 6.87%～12.35%，重茬 5 年提高 1.42%～8.09%，说明微生态制剂对重茬甜菜产量的提升水平呈下降趋势，重茬年限在影响因素中占主导作用。通过对重茬 3 年、重茬 4 年和重茬 5 年甜菜出苗率和根腐病发病率与其产质量的相关分析，明确甜菜的出苗率与其产量、产糖量的相关性不大，甜菜的死株率和根腐病的发病率与其达到了极显著的相关关系（$P<0.01$），说明甜菜根腐病发病率直接影响重茬甜菜产质量水平的高低，甜菜死株率也主要是由于重茬多年后根腐病导致的，可见甜菜根腐病为重茬甜菜的主要障碍因子。

4 结论

随重茬年限的增加，甜菜的发病率、死株率呈大幅度增加，造成产质量水平显著降低。不同年限内，随微生态制剂施用量的增加，可明显提高甜菜的出苗率，显著降低甜菜的死苗率和根腐病发病率，提高甜菜的产质量水平，但微生态制剂施用效果随着重茬年限的增加呈降低趋势，重茬的负效应逐年上升，致使根腐病发生严重，甜菜产质量水平下降明显，因此在重茬 3 年时施用微生态制剂可以达到较好的种植效益，重茬 5 年施用微生态制剂，虽可起到一定效果，但由于甜菜产质量水平均较低，种植效益较差。

◆ 参考文献

[1] 林柏森，张福顺，吴玉梅．重茬对甜菜品质的影响研究［J］．中国农学通报，2016，32（6）：81-85．

[2] 赵思蜂，李国英，李晖，等．新疆甜菜根腐病发生规律及其防治［J］．中国糖料，2002（3）：22-26．

[3] 闫志山，杨骥，张玉霜，等．甜菜不同轮作年限对产质量及耕层土壤微生物数量的影响［J］．中国糖料，2005（2）：25-27．

[4] 刘振平，刘杰贤．甜菜根腐病研究进展［J］．中国甜菜糖业，1992（2）：37-44．

[5] Song H K，Ahn J K，Ahmad A．Identification of allelochemicals in rice root exudates at various phenological phases and their influence on barnyard grass［J］．Allelopathy Journal，2004，13（2）：173-188．

[6] Li X G，Ding C F，Hua K，et al．Soil sickness of peanuts is attributable to modifications in soil microbes induced by peanut root exudates rather than to direct allelopathy［J］．Soil Biology and Biochemistry，2014（78）：149-159．

[7] 秦生巨．微生物生态制剂的概念及种类［J］．水产科技情报，2008，35（1）：33-35．

[8] 罗静静，刘小龙，李克梅，等．几种微生物菌剂对连作棉田枯黄萎病的防病效应［J］．西北农业学报，2015，24（7）：136-143．

[9] 陶笑，杨兴国，袁建玉，等．杀菌剂和生物菌剂防治设施番茄连作障碍田间药效试验［J］．上海农业科技，2012（1）：126，139．

[10] 葛洪滨，刘宗发，徐宝庆，等．不同土壤消毒剂对连作花生的病害及产量的影响［J］．江西农业学报，2013，25（2）：37-39．

[11] 张淑香，高子勤，刘海玲．连作障碍与根际微生态研究：Ⅲ．土壤酚酸物质及其生物学效应．应用生态学报，2000（11）：741-744．

[12] 吕宁，周光海，陈云，等．滴施生物药剂对棉花生长、黄萎病防治及土壤微生物数量的影响

[J]. 西北农业学报，2018，27（7）：1056-1064.

[13] 李俊，姜昕，李力，等. 微生物肥料的发展与土壤生物肥力的维持 [J]. 中国土壤与肥料，2006（4）：1-5.

[14] 李国鹏，陈耀强. 反刍动物用微生态制剂对西杂肉牛育肥效果的影响 [J]. 中国牛业科学，2017，43（5）：25-27.

[15] 金三俊，董佳琦，任红立，等. 复合微生态制剂对断奶仔猪生长性能、血清生化和免疫指标及粪便中挥发性脂肪酸含量的影响 [J]. 动物营养学报，2017，29（12）：4477-4484.

[16] ESTIENNE M J，HARTSOCK T G. Effects of antibiotics and probiotics on suckling pig and weaned pig performance [J]. International Journal of Applied Research in Veterinary Medicine，2005，3（4）：303-308.

[17] 蔡金兰，秦乃群，郝迎春，等. 微生态制剂对小麦产量的影响试验研究 [J]. 乡村科技，2017（33）：54-55.

[18] 刘忠梅. 防治小麦纹枯病微生态制剂菌株的作用机理研究 [M]. 北京：中国农业大学，2004.

[19] 曹丽，张其坤，张正茂，等. 甜玉米应用"丰本效速"微生态制剂的效果 [J]. 耕作与栽培，2006（6）：20-21.

[20] 宋柏权，曲嫣红，王孝纯，等. 微生态制剂对重茬甜菜生长及块根产量品质的影响 [J]. 中国农学通报，2018，34（32）：39-42.

[21] Jiaojiao Lang，Jiang Hu，Wei Ran，et al. Control of cotton Verticillium wilt and fungal diversity of rhizosphere soils by bio-organic fertilizer [J]. Biology and Fertility of Soils，2012，48（2）：191-203.

[22] Lixuan Ren. Intercropping with aerobic rice suppressed Fusarium wilt in watermelon [J]. Soil Biology&Biochemistry，2008，40（3）：834-844.

[23] 李成江，李大肥，周桂凤，等. 不同种类生物炭对植烟土壤微生物及根茎病害发生的影响 [J]，作物学报，2019，45（2）：289-296.

[24] 王光飞，马艳，郭德杰，等. 秸秆生物炭对辣椒疫病的防控效果及机理研究 [J]. 土壤，2015，47（5）：1107-1114.

施氮量对膜下滴灌甜菜生长速率及氮肥利用效率的影响

郭晓霞[1]，苏文斌[1]，樊福义[1]，黄春燕[1]，任霄云[1]，王玉芬[2]，闫文芝[3]

（1. 内蒙古农牧业科学院特色作物研究所，呼和浩特　010031；2. 内蒙古大学生命科学学院，呼和浩特　010021；3. 巴彦淖尔市农牧业科学院，巴彦淖尔　015000）

摘要：为探明内蒙古冷凉干旱区不同施氮水平对膜下滴灌甜菜生长速率和氮素分配、转移及利用效率的影响，并进一步筛选出适宜该地区膜下滴灌甜菜的最佳施氮量。本文通过两年田间试验，分析了不同施氮水平对甜菜全生育期干物质积累、不同器官氮素积累量以及氮素增长速率和产量构成因素

　　* 通讯作者：郭晓霞（1983—　），女，内蒙古通辽人，研究员，研究方向：甜菜栽培与耕作。

的动态变化规律，揭示了不同施氮水平下甜菜的氮肥利用效率、产量及含糖率的差异效应。通过田间定位试验，采用单因素随机区组设计，重复 4 次。结果表明，甜菜各农艺性状随施氮量的增大呈先增加后降低的变化趋势，其中以 50、100kg·hm^{-2} 和 150kg·hm^{-2} 处理效果较好。甜菜含糖率随氮肥用量的增加而降低，且无底肥施氮量为 0kg·hm^{-2} 较在磷钾肥基础上施氮量为 0、50、100、150kg·hm^{-2} 和 200kg·hm^{-2} 处理甜菜含糖率分别增加了 3.20%、3.63%、8.30%、13.07% 和 12.24%。甜菜氮素积累量随施氮水平的增加及生育时期的推进均呈增加趋势；随施氮量的增加氮肥吸收利用率呈先增加后降低的变化规律，氮肥农学利用率、氮肥生理利用率和氮肥偏生产力则呈降低趋势。综合甜菜农艺性状、产量、含糖量及氮肥利用率的分析可知，该地区膜下滴灌甜菜的最佳施氮量为 100kg·hm^{-2}。

关键词：施氮水平；膜下滴灌；甜菜；氮肥利用率；含糖率；产量

  膜下滴灌技术可有效地提高土壤温度，抑制棵间蒸发和减少土壤深层渗漏，可减少水分消耗，节水达 40%~50%，增产 20%~30%[1-3]。内蒙古是我国甜菜种植的主产区之一，其种植区域大都分布在干旱冷凉区，由于水资源短缺、春寒春旱等气候条件的影响，造成甜菜产量低而不稳、含糖率低等问题。而膜下滴灌技术的节水、保墒、增温等优势恰好解决了甜菜种植区的系列难题，为干旱冷凉区发展高效甜菜栽培开辟了一条新路，其技术应用前景广阔。

  国内外大量研究表明，氮肥的施用为增加作物产量做出了巨大贡献[4]，然而施用氮肥造成水体富营养化日趋严重[5]，大气氮沉降量持续升高[6]，过量施用氮肥不仅降低氮肥利用率而且加剧了环境污染[7]，还出现了病虫害发生加剧、甜菜品质降低等一系列问题。氮肥当季利用率低是我国农业生产中存在的主要问题，也是近年来我国学者特别关注的问题。在实际生产中，氮肥施用量一直呈增长趋势[8]。部分研究表明，氮肥施用可以培肥地力[9-11]，提高产量[12-14]，但也有研究表明，氮肥施用到一定程度，产量不再增加甚至有减产趋势，主要是由于氮肥施用过多造成作物贪青晚熟从而导致减产。研究表明，在减少施氮量的情况下小麦[15-17]和玉米[18]有增产增收现象。甜菜对氮肥的需求是不可或缺的，但施用量过多或过少都存在明显负效应，氮营养条件对甜菜的生理过程和产量有很大影响，当氮肥施用量单方面增加时可相应地提高其产量，而氮不足时可明显降低其产量。由于甜菜属无限生长型作物，氮肥过量施用会造成茎叶明显徒长，影响养分向块根转移造成减产；同时施氮量增加也明显降低甜菜含糖率和品质[19]。因此，为了甜菜的高产、优质、高效栽培，筛选出适合该地区膜下滴灌的适宜氮肥施量，是该技术长足发展的前提。

  针对内蒙古冷凉干旱区的气候特点，本文研究膜下滴灌条件下不同施氮量对甜菜生长发育和产量品质的影响，旨在筛选出符合本地区膜下滴灌甜菜生产的施氮模式，并进一步实现甜菜的优质、高产、高效栽培，提高肥料利用效率，减少资源浪费，为甜菜旱地栽培的可持续发展提供一定的技术支持。

1　材料与方法

1.1　试验材料

  试验设在内蒙古农牧业科学院院内试验田，供试甜菜品种：kws7156，供试土壤为壤土。试验地土壤养分状况见表 1。

表 1　试验地土壤养分状况

土壤	土壤养分						pH
	有机质/ (g·kg^{-1})	全氮/ (g·kg^{-1})	全磷/ (g·kg^{-1})	碱解氮/ (mg·kg^{-1})	速效磷/ (mg·kg^{-1})	速效钾/ (mg·kg^{-1})	
壤土	26.38	1.01	0.69	101.31	16.5	159.90	8.15

1.2 试验设计

试验在 P_2O_5 为 300kg·hm^{-2}（P300），K_2O 为 50kg·hm^{-2}（K_5O_2）的底肥基础上，设置 5 个施氮水平，氮素处理分别为 0、50、100、150、200kg·hm^{-2}，依次以 N1、N2、N3、N4、N5 表示，N0 为无底肥处理（施氮量为 0kg·hm^{-2}），试验共 6 个处理。采取随机区组设计，重复 4 次。试验小区面积为 30m^2，行距 50cm，株距 25cm。供试肥料中氮肥为尿素（含 N46%），磷肥为重过磷酸钙（含 $P_2O_5$46%），钾肥为硫酸钾（含 K_2O50%），所有肥料以基肥的形式一次性施入。膜下滴灌采用 0.008mm（厚）×70cm（宽）聚乙烯地膜，配置模式为"一膜一管双行"，覆膜前将毛管放在两行中间，滴距为 25cm 滴管带，滴管带有滴水孔的一面必须朝上。膜边覆土厚度 3～5cm，在膜上每隔 2m 放置一小土堆压膜，防止大风刮走或刮破地膜。

1.3 测定指标与方法

1.3.1 氮含量测定

植株样品以叶片、茎秆、块根分器官取样，于烘箱中 105℃ 杀青后，降温至 75℃ 烘干，称重，粉碎后留样。采用凯氏定氮法测定植株全氮含量。样品分别于甜菜的苗期（6 月 5 日）、叶丛快速生长期（7 月 4 日）、块根及糖分增长期（8 月 9 日）、糖分积累期（9 月 6 日）和收获期（10 月 9 日）进行采样测定。

1.3.2 测产与检糖

甜菜成熟期从每个小区随机取 40 株甜菜作为考种材料，测定单位面积产量、锤度和含糖率，并计算产糖量。

1.3.3 计算方法

产糖量（kg·hm^{-2}）＝产量×含糖率

氮肥农学利用率（kg·kg^{-1}）＝（施氮区产量－不施氮区产量）/施氮量

氮肥吸收利用率（%）＝（施氮区地上部分吸氮量－不施氮区地上部吸氮量）/施氮量×100%

氮肥生理利用率（kg·kg^{-1}）＝（施氮区产量－不施氮区产量）/（施氮区地上部吸氮量－不施氮区地上部吸氮量）

氮肥偏生产力（kg·kg^{-1}）＝施氮区产量/施氮量。

2 结果与分析

2.1 施氮水平对膜下滴灌甜菜生长进程的影响

由表 2 可知，不同施氮水平对膜下滴灌甜菜生长动态趋势的影响基本一致，甜菜株高、叶鲜重、茎鲜重和叶面积指数均随生育时期的推进呈先增加后降低的变化趋势，主要是由于甜菜这种作物比较特殊，到生育后期老叶逐渐变黄枯萎脱落，尤其褐斑病发生时，促进脱落速度和数量，导致后期甜菜株高和生物量均有下降趋势。不同处理间甜菜茎叶鲜重及叶面积指数大小顺序为 N3＞N4＞N2＞N5＞N0＞N1，且各处理间基本达显著差异（$P < 0.05$）。在生育后期（9 月 6 日），N3、N4、N2、N5 和 N0 分别较 N1 甜菜的叶鲜重增加了 57.80%、45.88%、31.19%、42.66% 和 11.47%；茎鲜重增加 43.20%、21.69%、14.16%、5.52% 和 4.78%；叶面积指数增加了 69.43%、47.16%、56.77%、37.99% 和 1.75%。而甜菜叶片随老叶的枯萎，新叶不断长出，到生育中后期一直保持在 20～30 片之间，且处理间的差异性逐渐减小。甜菜块根鲜重在生育期内一直呈增加趋势，不同处理间为 N3＞N4＞N2＞N5＞N0＞N1，其鲜重依次较 N1 处理增加了 18.91%、10.08%、17.01%、7.81% 和 2.56%，且各处理间基本达差异显著性水平（$P < 0.05$）。各性状指标在两个无氮处理中为 N0＞N1，可能是由于 N0 在无底肥的情况下 N、P、K 肥比例适宜，而 N1 尽管增加了 P、K 含

量，但由于缺氮呈现木桶效应而影响其生长，且养分离子比例失衡容易造成植株的拮抗作用，影响其生长。

表 2　施氮水平对膜下滴灌甜菜生长进程的影响

日期 (m-d)	处理	形态指标					
		株高/ cm	叶片数	叶鲜重/ (kg·hm^{-2})	茎鲜重/ (kg·hm^{-2})	根鲜重/ (kg·hm^{-2})	叶面积指数
06-05	N0	36.20ed	12.60c	8 622.00d	4 062.75e	3 031.50d	1.68c
	N1	34.75d	12.30d	7 812.75e	3 969.00e	2 322.00e	1.35d
	N2	39.71ab	12.80b	9 718.50c	6 343.50b	3 606.00b	1.84b
	N3	39.78a	13.20a	10 968.75a	6 681.00a	4 044.00a	2.19a
	N4	38.33abc	13.20a	10 062.75b	5 893.50c	3 537.75b	1.73c
	N5	37.00bcd	12.70bc	9 031.50cd	4 968.75d	3 275.25c	1.71c
07-04	N0	71.50c	18.20b	31 074.75d	43 218.75e	32 006.25d	5.08c
	N1	69.55c	18.40b	27 150.00e	40 293.75f	29 796.75e	4.87c
	N2	75.10b	20.50a	32 718.75d	49 719.00d	34 162.50c	5.77b
	N3	80.80a	19.75b	36 468.75c	54 725.25c	39 294.00a	5.94ab
	N4	81.50a	20.50a	40 250.25b	56 612.25b	36 768.75b	6.34a
	N5	75.58ab	21.20a	43 050.00a	65 256.00a	34 247.25c	5.75b
08-09	N0	66.44bc	23.33ab	19 333.50c	43 291.50d	89 133.00ab	4.56c
	N1	64.22c	22.89b	16 250.25d	38 958.00e	85 191.75b	4.13c
	N2	68.89bc	21.89b	20 375.25b	45 000.00cd	89 829.00a	6.13a
	N3	71.67a	23.89a	22 374.75a	52 625.25b	91 308.00a	5.60b
	N4	69.11b	24.00a	20 667.00b	58 125.00a	88 992.00ab	5.50b
	N5	66.56bc	23.67a	19 958.25bc	48 000.00bc	87 658.50b	5.18b
09-06	N0	60.11c	23.11ab	10 125.00e	23 750.25d	91 958.25e	2.33e
	N1	60.56bc	22.89abc	9 083.25f	22 666.50e	89 667.00d	2.29e
	N2	62.22bc	22.67bc	11 916.75d	25 875.00c	104 916.75a	3.59b
	N3	66.33a	24.00a	14 333.25b	32 458.50a	106 625.25a	3.88a
	N4	62.67b	23.22ab	13 250.25b	27 583.50b	98 708.25b	3.37c
	N5	61.89bc	22.00c	12 958.50c	23 916.75d	96 666.75b	3.16d

注：同列数据后不同字母表示处理间差异达 5% 显著水平。

2.2　不同施氮量对膜下滴灌甜菜产量的影响

由图 1 可知，不同施氮量对膜下滴灌甜菜块根干鲜重产量均有显著影响。由块根全生育期内干重的变化趋势可知，随施氮量的增加块根干重较对照均有不同程度的增加，总体表现为 N3＞N4＞N2＞N5＞N0＞N1。10 月 9 日甜菜块根干重在 N1、N2、N3、N4 和 N5 处理中分别较 N0 提高了－4.29%、8.46%、23.17%、14.00% 和 4.09%。且随块根的生长发育，处理间的差异更加明显，基本达到了显著性差异水平（P＜0.05）。经产量测定结果可知，不同处理间甜菜产量总体表现为随施氮量的增加呈先增加后降低的变化趋势，不同处理间表现为 N3＞N4＞N2＞N5＞N0＞N1，且 N3 处理显著高于其他处理，分别较 N0、N1、N2、N4、N5 增加了 10.25%、11.87%、5.87%、4.39% 和 13.32%，处理间基本达显著性差异水平（P＜0.05）。

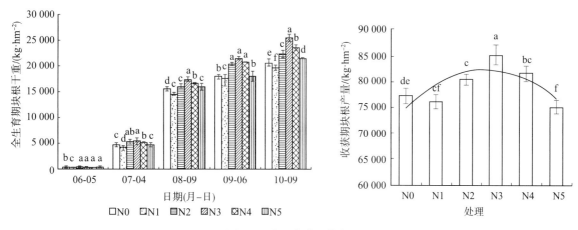

图 1　施氮量对膜下滴灌甜菜产量的影响

2.3　施氮量对膜下滴灌甜菜糖分的影响

由图 2 可知，施氮量对膜下滴灌甜菜的含糖率和产糖量均存在不同变化规律，随施氮量的增加甜菜含糖率呈下降趋势，且 N0 较 N1、N2、N3、N4 和 N5 甜菜含糖率分别增加了 3.20%、3.63%、8.30%、13.07%和 12.24%。甜菜产糖量由于受产量和含糖率两个因素的影响，结合二者对膜下滴灌甜菜共同作用的结果，在不同处理间总体表现为 N3＞N0＞N1＞N2＞N4＞N5，且以 N3 处理显著（P＜0.05）高于其他处理，其中 N3 分别较 N0、N1、N2、N4 和 N5 甜菜产糖量增加 0.70%、1.30%、3.92%、14.25%和 15.47%。可见在该地区不同施氮量对膜下滴灌甜菜产糖量的影响整体以 N3 处理最佳。

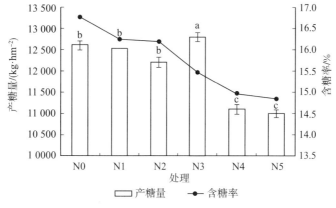

图 2　施氮量对膜下滴灌甜菜含糖率和产糖量的影响

2.4　施氮量对膜下滴灌甜菜干重动态分配及块根氮素增长速率的影响

由图 3 可知，施氮量对膜下滴灌甜菜干重动态分布存在明显差异，不同生育阶段甜菜各器官的生长速度和生物量均存在较大差异。在 6 月 5 日甜菜生长发育前期，生物量主要集中在叶片上，且生长速度较快。随生育进程的推进，甜菜茎叶生长逐渐达到旺盛阶段，且干重比例较大，明显高于根的干重。然而到生育后期主要利用茎叶进行光合作用而促进根的生长发育，且在后期根的生长速度很快，明显超过茎叶的干重，且与茎叶干重的比例差异明显，直到成熟期块根的干重一直呈增加的变化趋势，且与茎叶的比例逐渐增大。随着甜菜各器官生长变化，甜菜氮素增长速率在不同处理间均表现为随生育时期的推进氮素单位含量均呈增加趋势，且增长较快，在 8 月 9 日以后达到高峰，在不同处理间总体表现为 N3＞N4＞N2＞N5＞N1＞N0，到后期有缓慢下降的变化趋势，主要是由于甜菜后期茎叶变黄，老叶枯萎，氮损失增加，造成氮素增长速率呈下降趋势。在 10 月 9 日氮素增长速率 N3、N4、N2、N5 和 N1 较 N0 分别增加了 28.77％、19.18％、13.39％、8.82％、4.55％。

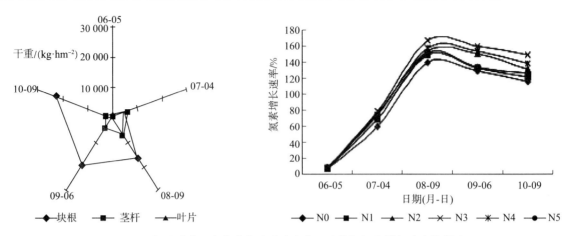

图 3　施氮量对膜下滴灌甜菜干重动态分配及块根氮素增长速率的影响

2.5　施氮水平对膜下滴灌甜菜氮素积累量的影响

由表 3 可知，不同施氮水平对膜下滴灌甜菜全株及各器官的氮素积累均存在显著性差异，总体表现为随施氮量的增加甜菜各器官及全株氮素积累量均呈增加的趋势，即 N5＞N4＞N3＞N2＞N1＞N0。随出苗天数的增加，甜菜全株及各器官氮素积累量均呈先增加后降低的变化趋势，且全株和茎叶的最大值在出苗后的 105d，主要受茎叶损失的影响；块根的最大值在出苗后的 135d。在出苗后 170d 左右为甜菜的收获期，N5、N4、N3、N2 和 N1 分别较 N0 甜菜全株氮素积累量增加了 79.40％、70.91％、56.15％、40.24％ 和 23.83％；叶片氮素积累量增加了 103.20％、92.96％、75.05％、37.53％ 和 22.17％；茎秆氮素积累量增加了 63.41％、59.35％、58.13％、33.74％ 和 23.58％；块根氮素积累量增加了 71.03％、62.22％、45.31％、43.57％ 和 24.80％。在甜菜生育前期由于叶片生长旺盛，相应的氮素积累量主要集中在叶片上，后期由于茎秆和块根都相继达到快速生

表 3　施氮水平对甜菜氮素积累的影响

单位：kg·hm⁻²

器官	处理	出苗后天数/d				
		45	70	105	135	170
全株	N0	58.80f	173.40f	303.60e	259.05e	236.70e
	N1	64.20e	228.75e	299.00d	341.25d	293.10d
	N2	88.80d	284.25d	447.45c	365.85c	331.95c
	N3	98.70c	309.00c	529.35b	395.40b	369.60b
	N4	109.20b	346.80b	589.65a	437.55a	405.55a
	N5	118.50a	413.55a	627.30a	447.15a	424.65a
叶片	N0	51.90d	98.40e	160.95e	80.40f	70.35f
	N1	55.35d	128.40d	219.30d	91.65e	85.95e
	N2	77.25c	161.85c	225.30d	109.65d	96.75d
	N3	84.75b	175.50c	244.05c	134.55c	123.15c
	N4	89.25b	208.35b	292.05b	168.30b	135.75b
	N5	96.75a	262.50a	311.70a	173.10a	142.95a

（续）

器官	处理	出苗后天数/d				
		45	70	105	135	170
茎秆	N0	3.60f	48.90f	63.75d	44.55e	36.90e
	N1	4.35e	63.30e	71.55e	56.10d	45.60d
	N2	6.15d	71.85d	78.90b	56.55d	49.35c
	N3	8.10c	82.20c	99.30a	59.70c	58.35b
	N4	12.75b	84.30b	99.75a	63.90b	58.80b
	N5	13.65a	90.30a	100.80a	64.35a	0.30a
块根	N0	2.30f	26.10d	78.90f	134.10d	129.45e
	N1	4.50e	37.05c	108.15e	193.50c	161.55d
	N2	5.40d	50.55b	143.25d	199.65bc	185.85c
	N3	5.85c	51.30b	186.00c	201.15ab	188.10c
	N4	7.20b	54.15a	197.85b	205.35a	210.00b
	N5	8.10a	60.75a	214.80a	209.70a	221.40a

长期，在吸收氮素的同时，茎叶中的氮素也逐渐转移到甜菜块根中，使块根中氮素含量明显增多。但在后期甜菜的氮素积累呈降低的变化趋势，主要是由于甜菜的茎叶损失造成大量氮素流失，以及甜菜本身氮素的分解、转化和转移造成的。

2.6 施氮水平对膜下滴灌甜菜氮肥利用率的影响

由表 4 可知，不同施氮量对膜下滴灌甜菜的氮肥利用率均有较大影响，氮肥农学利用率、氮肥生理利用率和氮肥偏生产力总体表现为随施氮量的增加呈下降趋势，处理间均达差异显著性（$P<0.05$）水平。随施氮量的增加膜下滴灌甜菜的氮肥吸收利用率呈先增加后降低的趋势，各处理间基本达到了显著差异水平（$P<0.05$），在 N3 水平下氮肥吸收利用率最高，分别较 N2、N4、N5 的氮肥吸收利用率提高了 29.91%、30.91%、205.17%。

表 4 施氮水平对膜下滴灌甜菜氮肥利用率的影响

处理	氮肥利用率			
	氮肥农学利用率/ （kg·kg⁻¹）	氮肥吸收利用率/ %	氮肥生理利用率/ （kg·kg⁻¹）	氮肥偏生产力/ （kg·kg⁻¹）
N1	—	—	—	—
N2	134.09a	48.18b	278.31a	1 605.28a
N3	114.13b	62.59a	182.35b	849.73b
N4	52.28c	47.81b	109.35c	542.67c
N5	7.12d	20.51c	34.71d	374.91d

3 讨论与结论

氮肥是甜菜生长必需的营养元素，也是土壤中含量较低而需求量最多的营养元素，确定合理施氮量是施肥的关键[20]。近年来，为追求高产而过量施用氮肥，导致氮肥利用率降低，造成的氮素污染对生态环境和人类健康的危害日趋严重[21]。题为"Fer‐tilizedtodeath"的文章指出[22]，如不重视过量施用氮肥所带来的一系列问题，其后果不堪设想。

筛选甜菜生长发育的适宜施氮量的研究中，尽量减少氮肥的施用量，有效地控制农田氮素带来的环境污染已成为农业生产中迫切需要解决的问题[23]。在本试验中，不同施氮量对膜下滴灌甜菜块根干鲜重产量及各农艺性状均有显著影响，总体以 N2、N3 和 N4 处理对甜菜的生长发育效果较好，尤其以 N3 处理最佳，在两个无氮处理中 N0＞N1，可能是由于 N0 在无底肥的情况下 N、P、K 肥比例适宜，而 N1 尽管增加了 P、K 含量，但由于缺氮呈现木桶效应而影响其生长，且养分离子失衡容易造成植株的拮抗作用，影响其生长。甜菜随施氮量增加其生长量总体呈先增加后降低的变化趋势，可见增加氮素能不同程度提高甜菜生长发育进程，但过量增加氮肥特别是对甜菜这种叶片生长繁茂的作物来说，更容易造成徒长，影响其养分向块根转移而降低产量。同时氮素对甜菜含糖率有直接影响，能明显降低其含糖率和品质，其中甜菜含糖率 N0 较 N1、N2、N3、N4 和 N5 分别增加了 3.20%、3.63%、8.30%、13.07% 和 12.24%。因此应根据甜菜生长发育、糖分积累规律和氮肥吸收利用等综合特性，充分发挥根系的潜力，提高土壤养分的生物有效性，实现养分供需的时空一致性，将根层土壤养分调控在既能满足作物高产需求，又不至于过量造成环境污染的范围内。从全生育期看，甜菜株高、叶鲜重、茎鲜重和叶面积指数均表现为随生育进程的推进呈先增加后降低的变化趋势。理论上应呈增加趋势，后期降低的主要原因是在 8 月份甜菜大面积发生褐斑病，导致叶片枯黄脱落，从而明显降低甜菜各产量构成因素的生长量。同时甜菜茎叶鲜重降低的另一个原因是甜菜本身茎叶生长到一定时期就会脱落，导致鲜重降低。甜菜属无限生长型植物，一季中叶片至少有 $60\sim70$ 片·株$^{-1}$，而生长在植物体上的最多保持在 $20\sim30$ 片·株$^{-1}$，枯叶很难回收，尽管回收也不完全，因此后期呈降低的变化。

氮肥是农民使用最多的肥料，农民对氮肥施用量缺乏合理、科学的判断。本文从甜菜块根氮素积累速率、各生育阶段甜菜不同器官及全株氮素累积量及氮肥利用率等不同指标、不同角度进行综合分析，阐明了氮肥对甜菜生长发育及养分供应的必要性，揭示了氮肥在甜菜中的吸收、转移、利用规律，为冷凉干旱区优质高效的膜下滴灌甜菜提供理论依据和技术支持。

◇ 参考文献

[1] 郑重，马富裕，慕自新，等. 水肥因素对膜下滴灌棉花产量和棉株群体冠层结构的影响研究 [J]. 干旱地区农业研究，2001，19（2）：42-47.

[2] 胡晓棠，李明思. 膜下滴灌对棉花根际土壤环境的影响研究 [J]. 中国生态农业学报，2003，11（3）：121-123.

[3] 陈碧华，郜庆炉，杨和连，等. 华北地区日光温室番茄膜下滴灌水肥耦合技术研究 [J]. 干旱地区农业研究，2008，26（5）：80-83.

[4] Erisman J W, Galloway J N, Sutton M S, et al. How a century of ammonia synthesis changed the world [J]. Nat. Geoscience, 2008 (1)：636-639.

[5] 中华人民共和国环境保护部. 中国环境状况公报 [R/OL]. 2012.

[6] Liu X J, Zhang Y, Han W X, et al. Enhanced nitrogen deposition over China [J]. Nature, 2013, 494 (10)：459-462.

[7] 冯洋，陈海飞，胡孝明，等 . 高、中、低产田水稻适宜施氮量和氮肥利用率的研究 [J]. 植物营养与肥料学报，2014，20（1）：7-16.

[8] 蔡祖聪，颜晓元，朱兆良 . 立足于解决高投入条件下的氮污染问题 [J]. 植物营养与肥料学报，2014，20（1）：1-6.

[9] Peng S B，Buresh R J，Huang J L，et al. Strategies for overco - ming low agronomic nitrogen use efficiency in irrigated rice systems in China [J]. Field Crop Res，2006，96（1）：37-47.

[10] 向圣兰，刘敏，陆敏，等 . 不同施氮水平对水稻产量、吸氮量及土壤肥力的影响 [J]. 安徽农业科学，2008，36（19）：8178-8179.

[11] Asai H，Samson B K，Stephan H M，et al. Biochar amendment techniques for upland rice production in Northern Laos：Soil physical properties，leaf SPAD and grain yield [J]. Field Crops Research，2009（111）：81-84.

[12] 贺帆，黄见良，崔克辉，等 . 实时实地氮肥管理对水稻产量和稻米品质的影响 [J]. 中国农业科学，2007，40（1）：123-132.

[13] 韩宝吉，曾祥明，卓光毅，等 . 氮肥施用措施对湖北中稻产量、品质和氮肥利用影响的研究 [J]. 中国农业科学，2011，44（4）：842-850.

[14] 曾祥明，韩宝吉，徐芳森，等 . 不同基础地力土壤优化施肥对水稻产量和氮肥利用率的影响 [J]. 中国农业科学，2012，45（14）：2886-2894.

[15] Chen X P，Cui Z L，Vitousek P K，et al. Integrated soil - cropsystem management for food security [J]. Proceedings of the National Academy of Sciences. USA，2011，108（16）：6399-6404.

[16] Ju X T，Xing G X，Chen X P，et al. Reducing environmental risk by improving N management in intensive Chinese agricultural systems [J]. Proceedings of the National Academy of Sciences . USA，2009，106（9）：3041-3046.

[17] Cui Z L，Chen X P，Miao Y X，et al. On farm evaluation of the improved soil N minbased nitrogen management for summer maize in North China Plain [J]. Agron J，2008，100（3）：517-525.

[18] Zhang F S，Cui Z L，Fan M S，et al. Integrated soil - crop system management：reducing environmental risk while increasing crop productivity and improving nutrient use efficiency in China [J]. Journal of Environmental Quality，2011（40）：1051-1057.

[19] 章建新，李强，薛丽华，等 . 氮肥施用量对高产甜菜纤维根系分布及活力的影响 [J]. 植物营养与肥料学报，2009，15（4）：904-909.

[20] 高祥照，马文奇，杜森 . 我国施肥中存在问题的分析 [J]. 土壤通报，2001，32（6）：255-261.

[21] 韩宝文，王激清，李春杰 . 氮肥用量和耕作方式对春玉米产量、氮肥利用率及经济效益的影响 [J]. 中国土壤与肥料，2011（2）：28-33.

[22] Nohrstedt N. Fertilized to death [J]. Nature，2003（425）：894-895.

[23] 隽英华，孙文涛，韩晓日，等 . 春玉米土壤矿质氮累积及酶活性对施氮的响应 [J]. 植物营养与肥料学报，2014，20（6）：1368-1377.

化肥减施下生物有机肥对甜菜生长发育及产质量的影响

张强[1]，郭晓霞[2]，田露[2]，翟泰宇[3]，黄春燕[2]，

樊福义[2]，李智[2]，张鹏[1]，苏文斌[2]

（1. 乌兰察布市农牧业科学研究院，内蒙古集宁　012000；
2. 内蒙古自治区农牧业科学院特色作物研究所，呼和浩特　010031；
3. 包头市城乡统筹一体化促进中心，内蒙古包头　014000）

摘要：为了筛选内蒙古地区甜菜减施化肥下配施生物有机肥的最佳用量，以常规施甜菜专用化肥（900kg/hm²）为对照（L0），在化肥施用量为450kg/hm²条件下，设置5个生物有机肥施用量处理L1（1500kg/hm²）、L2（3 000kg/hm²）、L3（4 500kg/hm²）、L4（6 000kg/hm²）、L5（7 500kg/hm²），分析了生物有机肥对甜菜生长发育及产质量的影响。结果表明，在减施化肥下配施生物有机肥能够不同程度促进甜菜生长发育，改善根冠比，提高产量。综合分析生长发育、产量、产糖量形成表明，以减施化肥条件下配施6 000kg/hm²生物有机肥（L4）表现较优，能够实现甜菜全生育期株高增加13.19%～24.28%、叶面积指数增加32.29%～63.25%、茎叶和根干物质积累量分别增加24.61%～49.91%和36.22%～65.49%、根产量提高16.01%、产糖量提高10.65%。因此，内蒙古地区甜菜生产中，施用450kg/hm²甜菜专用化肥＋6 000kg/hm²生物有机肥是一种具有较好增产稳糖效果的施肥方式。

关键词：甜菜；减施化肥；生物有机肥；生长发育；产质量

0　引言

甜菜是我国重要的糖料作物，在我国主要有东北、华北及西北三大产区[1]，其中华北地区已成为我国甜菜种植面积最大的区域，2018年和2019年的甜菜种植面积分别达到了14.07万hm²和13.67万hm²[2]，内蒙古是华北甜菜的主要产区，其2018年和2019年的种植面积达到了12.67万hm²和13.07万hm²[3]。随着甜菜在内蒙古地区种植面积的不断扩大，甜菜生产中的施肥问题也不断凸显，由于甜菜生长中需肥量较大，施肥是保证甜菜高产高糖的必要条件，种植户为了获得较高的单产，逐年增加化肥施用量，化肥的大量施用又造成了甜菜含糖率降低、品质下降，同时易造成土壤板结、土壤肥力及其物理性质下降、环境污染等问题[4]，因此寻求内蒙古地区甜菜生产高效施肥方式将成为解决甜菜化肥施用过量问题的直接途径。

生物有机肥是指特定功能微生物与腐熟的有机物料复合而成的一类兼具微生物肥料和有机肥效应的肥料，可以被认为是具有生物活性的有机肥，其具有增强土壤肥力、改善土壤结构[5]、增强作物抗逆性[6]、提高作物产量和改善作物品质[7]等作用，研究表明施用生物有机肥及有机无机肥合理配施能够有效降低作物生产中化肥施用量，提高肥料利用效率[8-9]，提高作物对养分的吸收和利用率[10-12]。因此，化肥减施下，有机肥替代部分化肥对维持土壤肥力，改善作物产量、品质具有重要意义。近年来生物有机肥替代化肥已广泛被应用于农业生产，其在不同作物、不同生态区域的应用已成为研究热

---

* 通讯作者：张强（1963—　），男，内蒙古乌兰察布人，高级农艺师，研究方向：作物栽培学。

点，国内外有机肥替代化肥对土壤性质、作物生长发育、作物产量品质以及肥料利用率的影响研究较多。但最佳有机肥替代化肥比例在不同地区、不同作物上的研究结果并不一致[13-15]，截至当前生物有机肥在茄科作物[16]、水稻[17]等作物的研究应用上较多，在甜菜上有微生物菌剂提高甜菜产质量及抗病性的报道[18-20]，未见将生物有机肥作为底肥替代部分化肥在甜菜栽培中的研究报道。本研究旨在化肥减施下设置生物有机肥不同用量，探讨其作为底肥施用后对甜菜生长发育及产质量水平的影响，为内蒙古地区甜菜稳产稳糖提供一种新的施肥策略，指导该区域甜菜生产。

1 材料与方法

1.1 试验材料

试验用甜菜品种为'IM1162'。试验用甜菜专用化肥总养分≥40%，N：P：K＝12：18：15。试验用生物有机肥为生物菌剂与有机肥按照配比（1：250）进行复配而成，生物菌剂主要是由芽孢杆菌、木酶菌属复合而成，其有效活菌含量为≥5.0亿个/g，有机肥为腐熟羊粪，其有机质含量≥40%，$N+P_2O_5+K_2O \geqslant 9\%$。

1.2 试验地概况

试验位于内蒙古乌兰察布市察右前旗平地泉镇（40.923 2°N，113.119 6°E），属中温带大陆性季风气候，冬季寒冷干燥，风多雨少，昼夜温差大，年均气温为4.5℃，最高气温为39.7℃，最低气温－34.4℃；年降水量376.1mm，多集中在7月至8月上旬；年均无霜期131d；土壤类型为栗钙土，土壤有机质含量18.21g/kg、全氮含量0.71g/kg、土壤全磷含量0.46g/kg、全钾含量16.31g/kg、碱解氮含量111.07mg/kg、速效磷含量9.23mg/kg、速效钾含量153.01mg/kg，pH8.4。

1.3 试验设计

试验设置6个处理，以常规施肥（900kg/hm² 甜菜专用化肥）为对照（L0）、设置5个化肥减量配施生物有机肥处理，其中甜菜专用化肥施用量均为450kg/hm²，配施不同用量生物有机肥，其用量分别为L1（1 500kg/hm²）、L2（3 000kg/hm²）、L3（4 500kg/hm²）、L4（6 000kg/hm²）、L5（7 500kg/hm²）。采用随机区组设计，重复3次，24个小区，小区面积10m×6m＝60m²。甜菜采用纸筒育苗移栽栽培模式，种植行距50cm，株距25cm，理论株数80 000株/hm²。甜菜专用化肥和生物有机肥均以基肥的形式一次性施入大田，灌溉采用滴灌的方式，田间管理方式与大田生产一致。

1.4 测定指标与方法

1.4.1 株高、叶面积指数、植株干重和根冠比测定

在甜菜苗期、叶丛快速增长期、块根及糖分增长期、糖分积累期、收获期进行测定。每个小区取样3个点，每个点分别取3株甜菜，用卷尺测量最长叶片的高度，植株株高；叶面积指数的测定采用圆孔取样称重法，具体方法为：以叶片基部第一个侧脉发出点作为叶片和叶柄的分界处，选每个样本有代表性的大、中、小叶片各10片，用直径4cm的环刀在叶片尖端中脉三分之一处钻孔取样，称鲜重，计算得到叶面积指数；将甜菜植株分为茎叶、根2个部分，在105℃杀青30min，60℃烘干至恒重，称重测定干重；根冠比＝地下部干重/地上部干重。

1.4.2 含糖率、产量和产糖量

甜菜收获时，每个小区随机取15株块根，采用日本产AtagoRefractometerPAL-1数字手持折射仪测定块根锤度，折算其含糖率，含糖率＝PAL-1测定的锤度×80%；每个小区选取10m²测定块根产量，计算产糖量。

1.5 数据分析

采用 Excel 2016 进行数据计算、处理和作图，采用 SPASS25.0 软件进行显著性分析。

2 结果与分析

2.1 生物有机肥对甜菜株高的影响

由表 1 可知，随着生育时期的推进，各处理甜菜株高整体呈现先增加后在收获期降低的趋势，在糖分积累期各处理株高达到最大值；除叶丛快速生长期处理 L5 株高低于处理 L2、L3，其余各生育时期甜菜株高表现为 L4>L5>L3>L2>L1>L0，可见减施化肥配施生物有机肥的 5 个处理均能不同程度地促进甜菜生长，增加株高。与 L0 相比，L1、L2、L3、L4 和 L5 在全生育期株高增加幅度分别为 0.74%~4.42%、2.22%~8.17%、6.83%~20.75%、13.19%~24.28% 和 5.96%~17.95%，分析不同生育时期各处理差异显著性可知，与 L0 相比，苗期仅有 L4 可显著（$P<0.05$）增加甜菜株高，其余 4 个时期处理 L3、L4 和 L5 可以显著（$P<0.05$）增加甜菜株高，且除苗期外，L4 在其余 4 个时期与 L3 和 L5 之间差异显著（$P<0.05$），L3 和 L5 之间除叶丛快速增长期外，其余时期均不显著（$P<0.05$）。综上所述，减施化肥配施生物有机肥以 L4（6 000kg/hm²）表现较优。

表 1　生物有机肥对甜菜株高的影响

单位：cm

处理	苗期	叶丛快速生长期	块根及糖分增长期	糖分积累期	收获期
L0	16.1±1.24b	45.3±0.89e	58.5±1.60d	67.5±1.14C	44.5±1.61c
L1	16.3±1.14b	47.3±1.28de	60.5±1.21cd	68.0±0.87c	45.3±1.21c
L2	16.8±0.36ab	49.0±1.23d	62.1±1.85c	69.010.82c	46.0±0.70bc
L3	17.2±0.45ab	54.7±0.76c	67.3±1.10b	72.5±0.96b	47.8±1.35b
L4	18.4±1.42a	56.3±0.76a	71.5±0.87a	76.4±1.02a	54.4±0.85a
L5	17.9±0.74ab	48.0±1.61b	69.0+1.30b	74.2±1.48b	48.5±1.31b

注：表中同一列不同小写字母代表 0.05 水平差异显著，下表同。

2.2 生物有机肥对甜菜叶面积指数的影响

由图 1 可知，随着生育时期的推进，各处理甜菜叶面积指数呈现先升高后降低的趋势，在块根及糖分增长期各处理叶面积指数均达到最大值。除苗期外，各处理各生育时期甜菜叶面积指数表现为处理 L4>L5>L3>L2>L1>L0，苗期表现为 L5>L4>L3>L2>L1>L0，可见减施化肥下配施生物有机肥的 5 个处理均能不同程度地促进甜菜生长，提高叶面积指数，与 L0 相比，L1、L2、L3、L4 和 L5 在全生育时期叶面积指数提高幅度分别为 3.28%~25.80%、12.30%~37.10%、13.11%~42.76%、32.29%~63.25% 和 28.33%~56.18%。同时，各处理在块根及糖分增长期达到最大值后，叶面积指数下降，各处理下降幅度表现为 L4>L3>L2>L5>L0>L1。可见化肥减量后配合适宜生物有机肥施用，能够较好保持地上部和地下部"源—库"平衡，促进"源"向"库"转化，减施化肥配施生物有机肥以 L4（6 000kg/hm²）表现较优。

2.3 生物有机肥对甜菜干物质积累量的影响

由图 2 可知，随着生育时期的推进，甜菜茎叶干物质积累量呈现先增加后下降的趋势，到糖分积累期达到最大；甜菜根干物质积累量则呈现不断增加的趋势。不同生育时期，甜菜茎叶干物质积累量在处理间整体表现为 L4>L5>L3>L2>L1>L0，根干物质积累量则表现为 L4>L3>L5>L2>L1>

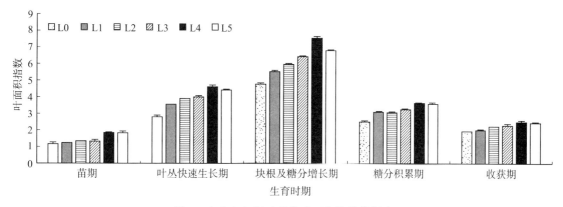

图1 生物有机肥对甜菜叶面积指数的影响

L0。可见，减施化肥配施生物有机肥的 5 个处理均能不同程度促进甜菜干物质积累，与 L0 相比，L1、L2、L3、L4、L5 在全生育时期茎叶干物质积累量和根干物质积累量提高幅度分别为 4.07%～14.43% 和 4.72%～21.60%、8.61%～22.22% 和 10.23%～32.45%、18.96%～27.11% 和 18.89%～40.70%、24.61%～49.91% 和 36.22%～65.49%、21.00%～32.09% 和 24.20%～34.21%。可见化肥减量后配合适宜生物有机肥施用，能够较好促进甜菜茎叶和根干物质积累，为产量增加奠定基础，其中减施化肥配施生物有机肥以 L4（6 000kg/hm²）表现较优。

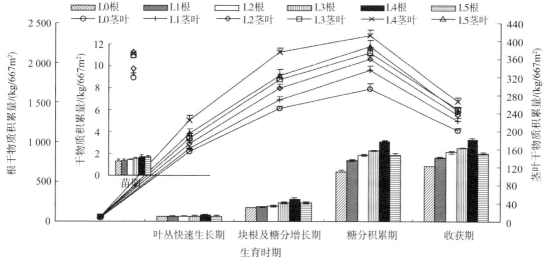

图2 生物有机肥对甜菜干物质积累的影响

2.4 生物有机肥对甜菜根冠比的影响

根冠比是衡量植株源库关系的重要指标，尤其甜菜是以块根为收获器官的经济作物，合理的根冠比有利于甜菜获得高产高糖。由表2可知，随着生育时期的推进，不同处理甜菜根冠比均呈现逐渐增加的趋势，在块根及糖分增长期之后，根冠比增加幅度增大。分析不同生育时期各处理根冠比显著性可知，在甜菜生长前期，以地上部生长为主，苗期、叶丛快速增长期，根冠比处理间规律不明显，且均差异不显著；进入块根及糖分增长期，减施化肥配施生物有机肥的 5 个处理根冠比均高于 L0，但仅有 L3、L4 和 L5 三个处理与 L0 之间差异显著；至糖分积累期和收获期，各处理根冠比均表现为 L4＞L3＞L2＞L1＞L5＞L0，除 L5 之外，其余各处理与 L0 之间均表现差异显著，糖分积累期 L4 显著高于 L1 和 L2，但与 L3 之间差异不显著，收获期 L4 与 L1、L2 和 L3 之间均差异显著，但 L1、L2 和 L3 之间差异均不显著。以收获期为例，L1、L2、L3、L4 和 L5 较 L0 根冠比分别提高 6.74%、

8.21％、9.09％、13.78％、2.64％，L4 较 L1、L2、L3 和 L5 分别提高了 6.59％、5.15％、4.30％和 10.86％。可见，减施化肥下配施生物有机肥能够改善甜菜根冠分配，促进地上部向地下转移，进而促进产量形成，减施化肥配施生物有机肥以 L4（6 000kg/hm²）表现较优。

表 2　生物有机肥对甜菜根冠比的影响

处理	苗期	叶丛快速生长期	块根及糖分增长期	糖分积累期	收获期
L0	0.14±0.04a	0.36±0.01a	0.67±0.01c	2.16±0.04d	3.41±0.08c
L1	0.14±0.02a	0.38±0.01a	0.68±0.01bc	2.30±0.02c	3.64±0.09b
L2	0.14±0.02a	0.37±0.01a	0.68±0.04bc	2.3410.04bc	3.69±0.06b
L3	0.14±0.02a	0.39±0.04a	0.76±0.03a	2.39±0.07ab	3.72±0.06b
L4	0.16±0.02a	0.38±0.01a	0.77±0.01a	2.44±0.04a	3.88±0.08a
L5	0.15±0.01a	0.36±0.01a	0.72±0.05ab	2.17±0.06d	3.50±0.09c

2.5　生物有机肥对甜菜块根产质量的影响

由图 3 可知，不同处理甜菜根产量表现为 L4＞L5＞L3＞L2＞L1＞L0；含糖率表现为随着生物有机肥施用量的增大呈现降低趋势，含糖率处理间表现为 L0＞L1＞L3＞L2＞L4＞L5；产糖量表现为 L4＞L3＞L2＞L1＞L0＞L5。分析根产量、含糖率、产糖量处理间显著性可知，除处理 L1 外，其余 4 个减施化肥配施生物有机肥处理均可显著提高甜菜根产量；含糖率则表现为除处理 L1 外，其余 4 个减施化肥配施生物有机肥处理均显著低于 L0；产糖量则仅有 L4 显著高于 L0，其他处理与 L0 之间差异不显著，同时 L4 产糖量显著高于其他生物有机肥处理。甜菜产质量是由产量和含糖率共同决定，综上所述，减施化肥配施生物有机肥仅有 L4（6 000kg/hm²）处理能够实现产质量平衡，其中根产量较 L0 提高 16.01％、产糖量提高 10.65％。

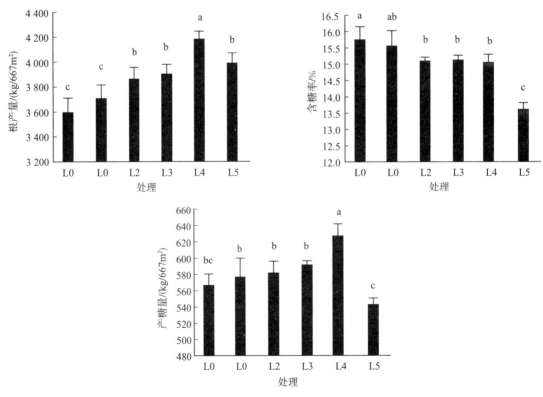

图 3　生物有机肥对甜菜块根产质量的影响

3 讨论与结论

生物有机肥在菌种繁殖、肥力发挥作用的同时，因其含有许多功能微生物，在施入土壤后，会产生大量的代谢产物，代谢产物使土壤结构变松散而得到改善[21-22]，同时其能够促进土壤养分的转化利用，为作物提供良好的生长条件。部分关于生物有机肥与化肥配施的研究均表明生物有机肥能够替代部分化肥促进作物生长及产量形成，其中何东霞等[23]研究表明生物有机肥部分替代化肥显著促进韭菜生长、提高其产量，改善品质，提高氮磷肥利用率，促进土壤养分平衡；王家宝等[24]研究表明化肥减量基础上施用生物有机肥，油菜产量较单施化肥可提高31.2%。甜菜株高、叶面积指数、干物质积累量、根冠比是反映甜菜生长群体状况的重要指标，部分研究表明适当增加株高、提高叶面积指数和增加干物质积累量，有利于甜菜产量的提高[25]，本研究表明减施化肥下配施生物有机肥能够不同程度地提高甜菜株高、叶面积指数、干物质积累量，其中以使用量6 000kg/hm²表现较优，这与前人研究结果一致。

生物有机肥为微生物制剂与有机肥复配而成，大量研究表明其在实现产量增加和改善农作物品质上具有较好效果，左烨[26]研究表明，生物有机肥可提高辣椒产量和品质，杨文莉等[27]研究表明适宜用量的生物有机肥能够改善葡萄品质，但过量地施用反而会对葡萄的品质起到负面作用。甜菜产量和品质是综合评价甜菜生产优劣的指标，一味追求产量的提高而过度施用化肥，直接会导致甜菜含糖率的下降，合理的肥料施用才能实现甜菜高产高糖。本研究结果表明甜菜含糖率在减施化肥的基础上随着生物有机肥施肥量的增加不断降低，而根产量较常规施化肥处理均有所提高，但综合考虑甜菜产糖量，可以发现仅有适宜用量（6 000kg/hm²）较常规施化肥可以显著提高甜菜产糖量，过少的施用量（1 500kg/hm²、3 000kg/hm²、4 500kg/hm²）对甜菜产糖量影响不显著，过多的施用量（7 500kg/hm²）则起到了负面作用，降低了甜菜产糖量，这与前人研究结果基本一致。

在综合考虑甜菜高产优质和可持续发展的基础上，化肥减施条件下如何实现甜菜生产优质高效是当前生产面临的主要问题，本研究结果表明在减施化肥下配施生物有机肥能够不同程度促进甜菜生长发育，改善根冠比，提高产量，综合分析生长发育、根产量和产糖量形成，以减施化肥配施6 000kg/hm²生物有机肥（L4）表现较优，甜菜全生育时期株高增加13.19%～24.28%，叶面积指数增加32.29%～63.25%，茎叶和根干物质积累量分别增加24.61%～49.91%和36.22%～65.49%，根产量提高16.01%，产糖量提高10.65%。

❯ 参考文献

[1] 陈艺文，李用财，余凌翔，等．中国三大主产区甜菜糖业发展分析［J］．中国糖料，2017，39（4）：74-76.

[2] 李智，樊福义，郭晓霞，等．减量施肥下甜菜产量及经济效益分析［J］．北方农业学报，2020，48（4）：60-66.

[3] 周艳丽，李晓威，刘娜，等．内蒙古甜菜制糖产业发展探析［J］．中国糖料，2020，42（2）：59-64.

[4] 李文晶，张福顺．甜菜氮肥的合理施用［J］．中国糖料，2020，42（1）：50-56.

[5] 张瑞福，颜春荣，张楠，等．微生物肥料研究及其在耕地质量提升中的应用前景［J］．中国农业科技导报，2013，15（5）：8-16.

[6] 李俊，姜昕，李力，等．微生物肥料的发展与土壤生物肥力的维持［J］．中国土壤与肥料，2006（4）：1-5.

[7] 李鹏程，苏学德，王晶晶，等．腐殖酸肥与菌肥配施对果园土壤性质及葡萄产量、品质的影响

[J]. 中国土壤与肥料，2018（1）：121-126.

[8] 边巴卓玛，马瑞萍，卓玛. 不同施氮量下生物菌肥对西藏荞麦生长和土壤养分的影响 [J]. 中国农学通报，2019，35（32）：79-83.

[9] 阎世江，柴文臣，王生武. 生物菌肥与化肥配施对青椒生长、产量及果实品质的影响 [J]. 土壤通报，2020，51（1）：159-163.

[10] 许仁良，王建峰，张国良，等. 秸秆、有机肥及氮肥配合使用对水稻土微生物和有机质含量的影响 [J]. 生态学报，2010，30（13）：3584-3590.

[11] 侯红乾，刘秀梅，刘光荣，等. 有机无机肥配施比例对红壤稻田水稻产量和土壤肥力的影响 [J]. 中国农业科学，2011，44（3）：516-523.

[12] 谢军，赵亚南，陈轩敬，等. 有机肥氮替代化肥氮提高玉米产量和氮素吸收利用效率 [J]. 中国农业科学，2016，49（20）：3934-3943.

[13] 陈香碧，胡亚军，秦红灵，等. 稻作系统有机肥替代部分化肥的土壤氮循环特征及增产机制 [J]. 应用生态学报，2020，31（3）：1033-1042.

[14] 申长卫，袁敬平，李新华，等. 有机肥氮替代20%化肥氮提高豫北冬小麦氮肥利用率和土壤肥力 [J]. 植物营养与肥料学报，2020，26（8）：1395-1406.

[15] 李燕青，温延臣，林治安，等. 不同有机肥与化肥配施对氮素利用率和土壤肥力的影响 [J]. 植物营养与肥料学报，2019，25（10）：1669-1678.

[16] 刘莉，刘静. 基于种植结构调整视角的化肥减施对策研究 [J]. 中国农业资源与区划，2019，40（1）：17-25.

[17] 陆海飞，郑金伟，余喜初，等. 长期无机有机肥配施对红壤性水稻土微生物群落多样性及酶活性的影响 [J]. 植物营养与肥料学报，2015，21（3）：632-643.

[18] 曲嫣红，宋柏权，王孝纯，等. 农业微生态制剂对垄作甜菜块根产量及品质的影响 [J]. 中国糖料，2018，40（6）：47-49.

[19] 王孝纯，宋柏权，刘晓刚，等. 微生物菌剂对甜菜产量及含糖的影响研究 [J]. 中国糖料，2018，40（6）：55-57.

[20] 王震铄，庄路博，蔚越，等. 微生态制剂对甜菜根际细菌群落的影响及甜菜根腐病的防治效果研究 [C]. 泰安：中国植物病理学会2017年学术年会，2017.

[21] 关菁，史利平. 复合微生物肥和生物有机肥对不同土壤改良作用的机理探究 [J]. 现代农业，2016（1）：28-29.

[22] 缑晶毅，索升州，姚丹，等. 微生物肥料研究进展及其在农业生产中的应用 [J]. 安徽农业科学，2019，47（11）：13-17.

[23] 何东霞，颉建明，何志学，等. 生物有机肥部分替代化肥对韭菜生长生理及肥料利用率的影响 [J]. 西北农业学报，2020，29（6）：958-967.

[24] 王家宝，孙义祥，李虹颖，等. 生物有机肥用量和部分替代化肥对油菜产量的影响 [J]. 安徽农业科学，2020，48（15）：173-175.

[25] 黄春燕，苏文斌，张少英，等. 施钾量对膜下滴灌甜菜光合性能以及对产量和品质的影响 [J]. 作物学报，2018，44（10）：1496-1505.

[26] 左烨. 不同生物菌肥对大棚辣椒产量及品质的影响 [J]. 农业科技与信息，2016（7）：84-86.

[27] 杨文莉，白洁洁，杨泽康，等. 生物菌肥施肥量对'美乐'葡萄光合及果实品质的影响 [J]. 中外葡萄与葡萄酒，2019（4）：6-13.

减量施肥下甜菜产质量及经济效益分析

李智[1]，樊福义[1]，郭晓霞[1]，黄春燕[1]，任霄云[1]，

宫前恒[1]，菅彩媛[1]，田露[1]，张强[2]，苏文斌[1]

（1. 内蒙古自治区农牧业科学院特色作物研究所，呼和浩特　010031；

2. 乌兰察布市农牧业科学研究院，内蒙古集宁　012000）

摘要： 为苗床施用微生态制剂后甜菜减少化肥施用量提供理论依据。在内蒙古乌兰察布市半干旱地区研究了减少化肥施用量对甜菜株高、叶面积指数、根冠比、单株干物质量和产质量的影响，并进行经济效益分析。不同处理甜菜株高、叶面积指数和单株干物质量随施肥量的减少而降低，植株根冠比随施肥量的减少呈先降低后增加的趋势；甜菜产量随施肥量的减少呈逐渐降低的趋势，含糖率随施肥量的减少呈逐渐增加的趋势。在内蒙古半干旱地区，甜菜纸筒育苗施苗床微生态制剂 $30kg/hm^2$，配合专用肥 $750kg/hm^2$，甜菜不仅产质量最高，而且经济效益也最高，与常规施肥相比，施肥量减少了 16.7%。

关键词： 甜菜；微生态制剂；减量施肥；产质量；经济效益

　　生产中施肥过量的现象比较普遍，据统计 2013 年我国氮肥用量达到 2 390 万 t[1]。面对作物生产中施肥过量的问题，如何减少施肥量，提高肥料利用率是近些年研究的焦点[2-6]。甜菜是我国北方重要的制糖原料，华北地区已成为甜菜种植面积最大的区域，2018 年和 2019 年华北地区甜菜种植面积分别达到 14.07 万 hm^2 和 13.67 万 hm^2。随着甜菜种植面积不断扩大，生产中各种各样的问题也接踵而来，尤其肥料施用量逐年增加，造成甜菜产质量不断下降[7-8]。费聪等[9]研究表明，新疆由于肥料施用过量，导致甜菜含糖率由 17.88% 下降至 14.56% 左右。不同生态区域甜菜氮、磷和钾肥的最适用量也不同，李文等[10]研究表明，甜菜获得最高产量和产糖量，每 666.7m^2 需施纯 N 14.90kg、P_2O_5 14.54kg、K_2O 15.09kg。张梅等[11]研究表明，施氮在 120～160kg/hm^2 有利于甜菜碳水化合物同化、转化及积累代谢。黄春燕等[12]研究表明，内蒙古膜下滴灌甜菜种植区域的钾肥推荐量为 180kg/hm^2。闫斌杰等[13]研究表明，甜菜施用莱姆佳专用肥 1 125kg/hm^2，比常规施肥增产、增糖，纯效益增加 2 443.5 元/hm^2。在保证甜菜产质量的前提下，如何减少肥料施用量，提高肥料利用效率，是甜菜生产中亟须解决的难题。

　　纸筒育苗是干旱冷凉地区甜菜保苗的一种重要措施，而苗床配施微生态制剂可以促进甜菜根系的生长、培育壮苗，有利于大田中植株更好地利用土壤中养分，提高肥料的利用效率。因此，本研究通过苗床施用微生态制剂，研究减少化肥施用量对甜菜生长指标及产质量的影响，旨在为苗床施用微生态制剂，减少化肥施用量提供理论依据。

1　材料和方法

1.1　试验材料

　　采用甜菜品种 IM1162。

---

* 通讯作者：李智（1988—　），男，内蒙古鄂尔多斯市人，副研究员，研究方向：甜菜栽培生理。

1.2 试验地概况

试验在乌兰察布市农牧业科学研究院试验地进行，气候属北温带蒙古高原大陆性气候，风多雨少，昼夜温差大，年均气温为4.4℃，年均降水量384mm，且多集中在7月至8月上旬，无霜期120d左右。土壤类型属砂壤土，土壤养分状况见表1。

表1 土壤养分状况

年份	全氮含量/(g/kg)	全磷含量/(g/kg)	全钾含量/(g/kg)	碱解氮含量/(mg/kg)	有效磷含量/(mg/kg)	速效钾含量/(mg/kg)	有机质/(g/kg)	pH
2018	0.65	0.58	18.63	100.21	10.35	169.59	25.70	8.42
2019	0.71	0.46	16.31	111.07	9.23	153.01	18.21	8.45

1.3 试验设计

大田移栽每公顷需要60册纸筒育苗，在甜菜纸筒育苗时，每60册统一施苗床微生态制剂30kg，大田试验设5个减肥处理，施甜菜专用肥（总养分≥40%，N：P：K＝12：18：15）分别为J5（750kg/hm²）、J4（600kg/hm²）、J3（450kg/hm²）、J2（300kg/hm²）和J1（0kg/hm²），以常规施肥（900kg/hm²）为对照（CK），4次重复，共24个小区，随机排列，小区长10m，宽6m，小区面积60m²，种植行距50cm，株距25cm，理论株数80 000株/hm²。采用纸筒育苗移栽栽培模式，甜菜专用肥料以基肥的形式一次性施入大田，灌溉采用滴灌的方式，田间管理方式与大田生产一致。

1.4 测定指标

1.4.1 生长指标的测定

在甜菜叶丛快速生长期、块根及糖分增长期、糖分积累期和收获期，每个小区分别取5株甜菜，用卷尺测量植株株高；取大、中、小共10片叶，采用打孔称重法测定叶面积指数；用电子秤分别称量植株叶片、叶柄、青头和块根重量，并留500g鲜样，带回实验室用烘箱105℃杀青，80℃恒温烘干，称量单株干物质量。

1.4.2 甜菜产质量的测定

甜菜收获时，块根采用一刀切的方法，用锤度计测定锤度值。

产糖量/(kg/hm²)＝产量（kg/hm²）×含糖率（%）；含糖率/%＝锤度值×0.8

1.5 数据分析

采用SAS 9.0进行统计分析，采用Microsoft Excel 2007软件进行数据处理并作图。

2 结果与分析

2.1 减量施肥对甜菜生长指标的影响

由图1可知，2年试验结果一致，甜菜生育期株高呈先增加后降低的趋势，在块根及糖分增长期株高达到最大值。在叶丛快速生长期和块根及糖分增长期，甜菜株高随施肥量的减少呈降低的趋势，2019年处理J5、J4、J3、J2和J1株高分别比CK低1.60、2.10、4.10、7.30、14.30cm；在糖分积累期和收获期，株高随施肥量的减少呈先升高后降低的趋势。说明适当减少施肥量，反而有利于甜菜后期株高的增加。

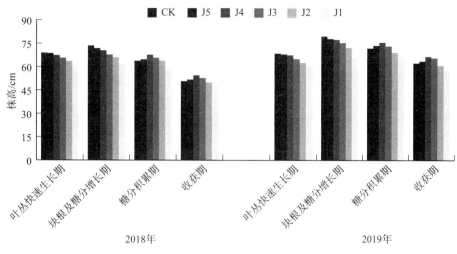

图 1　减量施肥对甜菜株高的影响

由图 2 可知，甜菜生育期叶面积指数呈先增加后降低的趋势，在块根及糖分增长期达到最大值，且 2018 年不同减肥处理在这一时期差异明显，主要原因可能是当年这一时期降雨量较多。减量施肥叶面积指数随施肥量的减少呈逐渐降低的趋势，在糖分积累期和收获期叶面积指数随施肥量的减少叶面积指数降低幅度增加，有利于保持地上部和地下部"源-库"平衡。

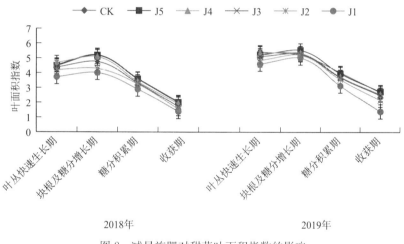

图 2　减量施肥对甜菜叶面积指数的影响

由图 3 可知，甜菜生育期根冠比呈逐渐升高的趋势，在块根及糖分增长期根冠比显著增加，这一时期，植株由地上部生长为主逐渐转移到以地下部块根增长及糖分积累为主。2019 年在叶丛快速生长期处理 J1、J2、J3、J4 和 J5 分别比 CK 根冠比增加 0.03、0.04、0.05、0.09 和 0.14，但在糖分积累期和收获期，根冠比随施肥量的减少呈先降低后增加的趋势，合理的根冠比有利于甜菜获得高产、高糖。

由图 4 可知，甜菜单株干物质量在整个生育期呈逐渐增加的趋势。2019 年在叶丛快速生长期处理 J1、J2、J3、J4、J5 和 CK 单株干物质增加量占收获期单株干物质量的 30.17%、32.27%、25.27%、28.02%、28.10% 和 31.45%；在块根及糖分增长期处理 J1、J2、J3、J4、J5 和 CK 单株干物质增加量占收获期单株干物质量的 19.99%、19.51%、25.45%、24.55%、29.55% 和 24.10%；在糖分积累期处理 J1、J2、J3、J4、J5 和 CK 单株干物质增加量占收获期单株干物质量的 20.92%、19.79%、20.33%、18.03%、12.97% 和 14.09%。处理 J5 与 CK 相比，单株干物质量不仅没有减少，甚至有增加的趋势。在块根及糖分增长期处理 J5 单株干物质量显著高于 CK，在其他时期与 CK

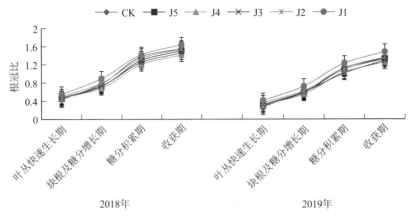

图 3 减量施肥对甜菜根冠比的影响

差异不大。表明施甜菜专用肥 750kg/hm² 已经满足甜菜生长需求。

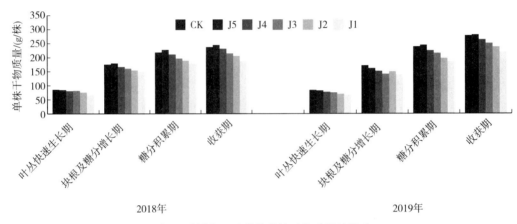

图 4 减量施肥对甜菜单株干物质量的影响

2.2 减量施肥对甜菜产质量的影响

由表 2 可知，2019 年与常规施肥（CK）相比，处理 J1、J2 和 J3 产量显著低于 CK，分别比对照产量减少 9.58%、6.41% 和 4.28%，而处理 J5 与 CK 差异不显著，表明甜菜专用肥减量到 450kg/hm² 或者更少，显著影响甜菜产量。含糖率随施肥量的减少呈逐渐升高的趋势，处理 J1、J2 和 J3 含糖率显著高于 CK，分别比 CK 含糖率提高 0.55、0.34 和 0.22 度。处理 J1 和 J2 产糖量显著低于 CK，分别比 CK 产糖量低 6.64% 和 4.55%，但处理 J5 与 CK 差异不显著，表明甜菜专用肥减量到 750kg/hm² 不仅不会减少产糖量，甚至有利于增加产糖量，2018 年与 2019 年试验结果一致。

表 2 2018—2019 年减量施肥对甜菜产质量的影响

年份	处理	产量/（kg/hm²）	含糖率/%	产糖量/（kg/hm²）
	J1	60 680.33b	16.34a	9 917.59ab
	J2	61 013.83b	16.10ab	9 824.85b
2018	J3	64 482.23ab	15.90bc	10 253.28ab
	J4	62 631.30ab	16.06b	10 059.42ab
	J5	66 283.13a	15.86bc	10 509.85a
	CK	66 516.58a	15.70c	10 445.76ab

（续）

年份	处理	产量/(kg/hm²)	含糖率/%	产糖量/(kg/hm²)
	J1	64 918.94c	17.45a	11 331.24b
	J2	67 197.16bc	17.24b	11 584.79b
2019	J3	68 728.68b	17.12bc	11 768.64ab
	J4	69 512.91ab	17.04cd	11 843.45ab
	J5	72 049.34a	16.97cd	12 224.37a
	CK	71 799.88a	16.90d	12 136.57a

2.3 减量施肥对甜菜经济效益的影响

由表3可知，除去甜菜专用肥费用，其他生产成本合计16 500元/hm²，2年减量施肥纯收入都增加的只有处理J5，2018年比对照收入增加1.72%，2019年比对照收入增加2.81%，除2018年处理J3收入略有增加，其他减肥处理收入都降低。说明与常规施肥相比，甜菜专用肥施用量减少150kg/hm²，甜菜经济效益不仅不会降低，反而提高了经济效益。

表3 甜菜经济效益分析

年份	处理	甜菜专用肥价格/(元/hm²)	产值/(元/hm²)	纯收入/(元/hm²)	增加收入/(元/hm²)	增加收入所占百分比（%）
	J1	0	32 160.57	15 660.57	−663.21	−4.06
	J2	810	32 337.33	15 027.33	−1 296.45	−7.94
2018	J3	1 215	34 175.58	16 460.58	136.80	0.84
	J4	1 620	33 194.59	15 074.59	−1 249.19	−7.65
	J5	2 025	35 130.06	16 605.06	281.28	1.72
	CK	2 430	35 253.78	16 323.78	0	
	J1	0	34 407.04	17 907.04	−1 216.90	−6.36
	J2	810	35 614.50	18 304.50	−819.44	−4.28
2019	J3	1 215	36 426.20	18 711.20	−412.74	−2.16
	J4	1 620	36 841.84	18 721.84	−402.10	−2.10
	J5	2 025	38 186.15	19 661.15	537.21	2.81
	CK	2 430	38 053.94	19 123.94	0	

注：甜菜专用肥按2 700元/t；甜菜收购价按530元/t；其他生产成本按16 500元/hm²计算。

3 讨论

甜菜微生态制剂是根据植物微生态学理论，选用防病促生芽孢杆菌、木霉菌等甜菜专用高效菌株，运用现代微生物发酵技术加工制备而成的微生态制剂。主要通过菌株在甜菜根表、根际和体内定植、繁殖和转移，充分发挥菌株微生态调控功能，改良土壤的作用效果。李荣发等[11]研究表明，枯草芽孢杆菌与肥料配施能显著增加夏玉米的干物质积累量和产量，促进肥料的吸收利用。课题组研究表明，纸筒育苗苗床微生态制剂30kg/hm²甜菜产质量最高，本研究在此基础上，研究了减量施用甜菜专用肥对甜菜产质量的影响。田立双等[15]研究表明，高量施肥与减量施肥相比，N、P、K分别高出57.5%、61.9%和451.1%，但两年玉米产量高量施肥仅比减量施肥增加了2.7%和0.5%，说明适当减少施肥量不会对玉米产量产生显著影响。李焕春等[16]研究表明，在河套灌区滴灌条件下，氮肥施用量减少12%～24%，玉米在不减产的前提下肥料利用率也较高。张露萍等[17]研究表明，与常规施肥相比，施肥量减少20%棉花产量不会显著下降，但地表径流中养分含量显著降低。合理施肥，有利于作物产质量的提高[18]。

株高、叶面积指数和单株干物质量是反映植株群体状况的重要指标，适当增加株高、叶面积指数和单株干物质量，有利于甜菜产质量的提高[12]。有研究表明，叶面积指数在叶丛快速生长期大于7.37，在块根及糖分增长期和糖分积累期分别为6.08～6.51和4.19～5.57时，甜菜可达到高产高糖[19]。本研究表明，甜菜株高、叶面积指数和单株干物质量随施肥量的减少而降低，但适当减少施肥量，甜菜生育后期仍可保持较高的株高、叶面积指数和单株干物质量。单株干物质量与植株的产量直接相关，在块根及糖分增长期，处理J5单株干物质增加量显著高于常规施肥。根冠比是衡量甜菜地上部和地下部"源-库"关系的重要指标，合理的根冠比有利于甜菜获得较高产质量。张馨月等研究表明，施氮显著促进玉米苗期植株生长与氮素吸收，降低根冠比。甜菜是以收获块根为主的，生育前期适当减少根冠比，生育后期增加根冠比，有利于获得高产、高糖。本研究表明，甜菜根冠比随施肥量的减少呈先降低后增加的趋势。

经济效益分析表明，与常规施肥相比，减少甜菜专用肥150kg/hm²，两年甜菜纯收入分别增加了1.72%（2018年）和2.81%（2019年）。说明施肥不是越多越好，要科学施肥，才能增加甜菜产质量，从而获得较高的经济效益，并且在防控面源污染方面具有重要意义。

4　结论

在内蒙古乌兰察布市半干旱地区，甜菜纸筒育苗施苗床微生态制剂30kg/hm²，配合专用肥750kg/hm²，甜菜不仅产质量最高，而且经济效益也最高，与常规施肥相比，施肥量减少了16.7%。

◇ 参考文献

[1] Hao L，Kelin H，William D B，et al. An integrated soil－crop system model for water and nitrogen management in North China [J]. Scientific Reports，2016，6 (1)：25755－25774.

[2] 陈静蕊，秦文婧，王少先，等. 化肥减量配合紫云英还田对双季稻产量及氮肥利用率的影响 [J]. 水土保持学报，2019，33 (6)：280－287.

[3] 冯军，石超，LINNA CHOLIDAH，等. 不同覆盖类型下减量施肥对油菜产量及水肥利用效率影响 [J]. 农业工程学报，2019，35 (15)：85－93.

[4] 张鹏，范家慧，程宁宁，等. 水肥一体化减量施肥对芒果产量、品质及肥耗的影响 [J]. 中国土壤与肥料，2019 (2)：114－118.

[5] 赵伟，杨圆圆，刘梦龙，等. 减量施肥对越夏番茄产量、品质及土壤养分的影响 [J]. 西北农业学报，2018，27 (9)：1335－1342.

[6] 位高生，胡承孝，谭启玲，等. 氮磷减量施肥对琯溪蜜柚果实产量和品质的影响 [J]. 植物营养与肥料学报，2018，24 (2)：471－478.

[7] 苏文斌，樊福义，郭晓霞，等. 华北区甜菜生产布局、存在的问题、发展趋势及对策建议 [J]. 中国糖料，2016，38 (6)：66－70.

[8] Gary W H. Sugarbeet fertilization [J]. Sugar Tech，2010，12 (3)：256－266.

[9] 费聪，耿青云，李阳阳，等. 氮肥运筹对露播滴灌甜菜产量和块根糖质量分数的影响 [J]. 西北农业学报，2015，24 (11)：101－106.

[10] 李文，王鑫，刘迎春，等. 东北西部半干旱区甜菜高产高效栽培数学模型 [J]. 中国糖料，2010 (4)：9－12.

[11] 张梅，宋柏权，杨骥，等．氮素对甜菜碳代谢产物的影响［J］．中国农学通报，2016，32（3）：66－70.

[12] 黄春燕，苏文斌，张少英，等．施钾量对膜下滴灌甜菜光合性能以及对产量和品质的影响［J］．作物学报，2018，44（10）：1496－1505.

[13] 闫斌杰，何新春，赵丽梅，等．甜菜稳产提糖栽培技术研究与应用［J］．中国糖料，2019，41（1）：41－46.

[14] 李荣发，刘鹏，董树亭，等．肥料配施枯草芽孢杆菌对夏玉米产量及养分利用的影响［J］．植物营养与肥料学报，2019，25（9）：1607－1614.

[15] 田立双，杨恒山，毕文波，等．不同施肥模式对春玉米养分吸收与利用的影响［J］．玉米科学，2014，22（4）：120－125.

[16] 李焕春，赵娜，莎娜，等．滴灌条件下减量施肥对玉米产量及肥料利用率的影响［J］．北方农业学报，2017，45（6）：39－43.

[17] 张露萍，朱建强，吴启侠，等．花铃期减量施肥对棉田径流养分流失的影响［J］．灌溉排水学报，2017，36（10）：51－55.

[18] Sultan K，Ahmet E. Yield and quality of sugar beet（*Beta vulgaris* L.）at different water and nitrogen levels under the climatic conditions of Kirsehir，Turkey［J］．Agricultural Water Management，2015（158）：156－165.

[19] 李智，李国龙，张永丰，等．膜下滴灌条件下高产甜菜灌溉的生理指标［J］．作物学报，2017，43（11）：1724－1730.

施钾量对膜下滴灌甜菜光合性能以及
对产量和品质的影响

黄春燕[1,2]，苏文斌[2]，张少英[1]，樊福义[2]，
郭晓霞[2]，李智[1,2]，营彩缓[2]，任雷云[2]，宫前恒[2]

（1. 内蒙古农业大学农学院，呼和浩特　010019；
2. 内蒙古自治区农牧业科学院特色作物研究所，呼和浩特　010031）

摘要：膜下滴灌技术被广泛应用于内蒙古冷凉干旱地区的甜菜生产中。为探明施钾量对膜下滴灌甜菜光合生理特性和产质量的影响及其适宜的钾肥用量，于2014—2015年在内蒙古凉城县设置 K_2O 0、90、180、270和360kg·hm^{-2} 5个施肥处理进行了研究。结果表明，钾素能够提高甜菜的光合性能，如促进株高、叶面积指数、净光合速率的增加；施钾肥180、270和360kg·hm^{-2} 显著提高了叶丛快速生长期甜菜的净光合速率，影响净光合速率的最主要因素是RuBpcase活性，其次是气孔导度，净光合速率与甜菜产量呈极显著正相关。适宜的钾肥用量有利于块根、叶柄和叶片干重的增加及产量增加，但施钾过量，块根干物质分配比例下降，含糖率下降，块根干物质分配比例与甜菜含糖率呈显著正相关。施钾量270kg·hm^{-2} 时产量最高，90kg·hm^{-2} 时含糖率最高，当施钾量大于180kg·hm^{-2} 时，块根中

＊　通讯作者：黄春燕（1986－　），女，内蒙古呼和浩特市人，研究员，研究方向：甜菜栽培生理。

K^+、Na^+含量增加，大于270kg·hm^{-2}时，块根中氨基酸含量增加，施钾量180kg·hm^{-2}时产糖量最高。综合考虑施钾量对膜下滴灌甜菜产量和品质的影响，内蒙古甜菜种植优势区域的钾肥推荐施用量为180kg·hm^{-2}。

关键词：施钾量；膜下滴灌；甜菜；光合性能；产量和品质

我国干旱半干旱地区面积约占全国土地总面积的52.5%，从20世纪90年代初开始，滴灌技术在我国大面积推广应用，并在此基础上通过长期实践形成了独特的膜下滴灌技术[1]，该技术较常规灌溉可节约用水50%左右[2]，该技术直达根层的水分供应特点及覆膜的增温作用在节水增产方面表现出非常好的效果。近年来随着农业供给侧结构性调整，内蒙古甜菜种植优势区域从光、热、水资源较好的地区，逐步向干旱、冷凉的地区转移[3]，膜下滴灌技术被广泛应用于甜菜生产。

甜菜是藜科甜菜属二年生草本植物，是世界两大糖料作物之一，具有耐旱、耐寒、耐盐碱等特性，是一种适应性广、抗逆性强、经济价值较高的作物。甜菜主要以块根收获为主，每形成1吨甜菜块根，需吸收氮素、磷素和钾素的比例是$(2.5\sim3.5):1:(3.5\sim4.5)$[4-5]，可见，甜菜是需钾素较多的作物。长期以来受土壤"缺氮、少磷、富钾"观念的影响，形成了不施或少施钾肥的习惯，而钾肥施用不足，必然会影响甜菜的产量和品质[6]。随着种植甜菜比较效益的提高，甜菜产量稳步提高，甜菜生产中施钾量逐渐增加，部分地区甚至出现了甜菜钾肥施用过量的现象，因此，在甜菜生产中如何合理施用钾肥成为当前急需解决的问题。

膜下滴灌技术应用于甜菜生产以来，大量研究主要围绕灌水方式[7]、灌水量及灌溉频次[8-9]、水氮互作等展开，而关于膜下滴灌甜菜钾肥合理施用的理论基础研究相对较少，甚至没有，因此，阐明膜下滴灌条件下钾素与甜菜光合生理、干物质积累和产质量形成的关系，可为甜菜钾肥精准管理提供理论依据。本研究以解决膜下滴灌甜菜钾肥合理施用问题为切入点，实现甜菜高产优质为目标，进行钾素对膜下滴灌甜菜产质量的影响及其光合生理基础研究，丰富甜菜钾素营养生理理论，并为合理施肥提供理论依据和技术参数。

1 材料与方法

1.1 试验设计

2014—2015年在内蒙古乌兰察布市凉城县三苏木杜家村进行试验，该地处东经112°28′、北纬40°29′，属于我国北方阴山丘陵冷凉干旱区，年平均气温5℃，无霜期平均120d，日平均气温0℃以上持续时间193d左右，年平均日照时数3 026h，有效积温2 600℃，年平均降水量392.37mm，年平均蒸发量1 938mm。土壤类型为栗钙土，土壤质地为沙壤土，肥力中低等，前茬作物为玉米，试验地0～30cm土壤基础肥力见表1。

表1 试验地土壤基础肥力

年份	有机质/(g kg^{-1})	全氮/(g kg^{-1})	全磷/(g kg^{-1})	全钾/(g kg^{-1})	碱解氮/(mg kg^{-1})	有效磷/(mg kg^{-1})	速效钾/(mg kg^{-1})	pH
2014	9.88	0.49	0.82	19.68	64.82	13.9	103.7	8.13
2015	15.73	0.64	0.82	24.12	73.28	9.05	122.16	8.10

供试品种为单粒种HI0474。采用单因素随机区组试验设计，在施N 105kg·hm^{-2}和P_2O_5 135kg·hm^{-2}的基础上，施K_2O 0、90、180、270和360kg·hm^{-2}，分别以K0、K90、K180、K270和K360表示，共5个处理，4次重复。所有肥料均为基肥。种植方式为甜菜膜下滴灌纸筒育苗移栽。小区面积5m根8m＝40m^2，行距50cm，株距27cm，10行区。于4月15日育苗，5月25日移栽，其他管理按甜菜高产田进行。

肥料为尿素（N 46%）、重过磷酸钙（P_2O_5 46%）和硫酸钾（K_2O 50%）。采用幅宽 100cm 和厚度 0.008mm 的聚乙烯吹塑农用地膜，滴灌带内径 16mm，滴头间距 20～21cm、滴头流量 $0.2Lh^{-1}$。

1.2 测定项目与方法

除产质量以外的其他指标，分别于块根分化形成期（6 月 15 日）、叶丛快速生长期（7 月 15 日）、块根及糖分增长期（8 月 15 日）和糖分积累期（9 月 15 日）进行取样，每处理每重复取 5 株植株样品。

1.2.1 株高的测定

测量最长叶片高度。

1.2.2 叶面积指数的测定

以叶片基部第一个侧脉发出点作为叶片和叶柄的分界处，选每个样本有代表性的大、中、小叶片各 10 片，用直径 4cm 的环刀在叶片尖端中脉三分之一处钻孔取样，并称鲜重计算之。

1.2.3 叶片气体交换参数的测定

早上 9：00‐11：00 用 Li‐6400 便携式光合系统（Li‐Cor 公司，USA）测定甜菜倒六叶的净光合速率（Pn）、气孔导度（Gs）、蒸腾速率（Tr）和胞间 CO_2 浓度（Ci）。采用红蓝光源叶室（LED），设 LED 光量子为 $1\,500\mu mol \cdot m^{-2} \cdot s^{-1}$。

1.2.4 RuBpCase 活性的测定

参照张蜀秋[10]的分光度法测定，以每分钟固定的 CO_2 微摩尔（$\mu \cdot mol \cdot g^{-1}min^{-1}$）表示酶活力。

1.2.5 干重的测定

将植株分为块根、叶柄和叶片 3 个部分，在 105℃杀青 30min，60℃烘干至恒重，称重。

1.2.6 产质量的测定

于 10 月 11 日收获每处理每重复 4 行测产，利用德国维尼玛公司的甜菜品质分析仪进行块根含糖率、氨基酸、K^+ 和 Na^+ 含量的测定。产糖量（$kg \cdot hm^{-2}$）＝产量（$kg \cdot hm^{-2}$）根含糖率（%）。

1.3 数据分析

用 Microsoft Excel 2007 和 SAS 9.0 统计分析数据与作图。

2 结果与分析

2.1 施钾量对甜菜株高的影响

株高反映作物的长势，与作物光合作用及干物质积累有着密切的关系。由表 2 可见，株高于 2014 年块根分化形成期各处理间差异不显著，叶丛快速生长期 K270 显著高于 K0，块根及糖分增长期 K270 显著高于其他处理，糖分积累期 K180 和 K270 显著高于其他处理；2015 年块根分化形成期 K90 和 K270 显著高于 K0，叶丛快速生长期 K270 显著高于 K0 和 K90，块根及糖分增长期 K270 显著高于 K0，糖分积累期 K90、K180 和 K270 显著高于 K0。说明钾素促进了甜菜株高的增加，但过量施钾肥株高不增加。

表 2 施钾量对甜菜株高的影响

处理	2014 年				2015 年			
	块根分化形成期	叶丛快速生长期	块根及糖分增长期	糖分积累期	块根分化形成期	叶丛快速生长期	块根及糖分增长期	糖分积累期
K0	19.4±0.5a	40.9±1.0b	43.8±0.6d	45.9±0.9c	27.6±0.8b	43.0±1.0c	48.1±1.8b	49.1±1.2b
K90	19.7±0.4a	43.5±0.7ab	46.6±0.9c	48.5±0.5b	29.4±0.4a	43.6±0.9bc	51.6±1.6ab	53.2±0.8a

（续）

处理	2014 年				2015 年			
	块根分化形成期	叶丛快速生长期	块根及糖分增长期	糖分积累期	块根分化形成期	叶丛快速生长期	块根及糖分增长期	糖分积累期
K180	20.3±0.3a	43.9±1.3ab	50.3±0.9b	51.0±0.9a	28.9±0.6ab	46.3±1.1ab	52.1±1.6ab	54.2+1.4a
K270	20.6±0.8a	44.0±1.0a	52.1±0.8a	53.1±0.8a	30.5±0.2a	47.1±0.9a	55.4±1.7a	56.2±1.3a
K360	19.4±0.6a	41.1±0.9ab	46.8±1.0bc	47.3±0.9c	28.9±0.7ab	45.0±0.7abc	52.6±0.9ab	52.0±1.8ab

注：数据为平均值±标准误，同列数据后不同小写字母表示该数据差异达 0.05 显著水平。

2.2 施钾量对甜菜叶面积指数的影响

由表 3 可见，2014 年块根分化形成期处理间叶面积指数差异不显著，叶丛快速生长期至块根及糖分增长期 K270 和 K360 均显著高于 K0、K90 和 K180，糖分积累期 K270 显著高于其他处理；2015 年块根分化形成期 K270 显著高于 K0，叶丛快速生长期至糖分积累期 K270 和 K360 均显著高于 K0、K90 和 K180。说明适宜的施钾量有利于甜菜获得高的叶面积指数。

表 3 施钾量对甜菜叶面积指数的影响

处理	2014 年				2015 年			
	块根分化形成期	叶丛快速生长期	块根及糖分增长期	糖分积累期	块根分化形成期	叶丛快速生长期	块根及糖分增长期	糖分积累期
K0	0.43±0.01a	1.59±0.03b	2.52±0.09c	2.09±0.02c	0.56±0.01b	2.09±0.09b	2.61±0.13b	2.08±0.14c
K90	0.48±0.02a	1.68±0.05b	2.58±0.06c	2.18±0.06bc	0.66±0.01ab	2.21±0.04b	2.65±0.07b	2.43±0.20bc
K180	0.47±0.03a	1.73±0.09b	2.75±0.12c	2.27±0.07b	0.70±0.02ab	2.30±0.04b	2.88±0.06b	2.56±0.10b
K270	0.49±0.01a	2.24±0.15a	3.55±0.10a	2.61±0.08a	0.76±0.02a	2.53±0.06a	3.49±0.17a	3.13±0.10a
K360	0.45±0.01a	2.10±0.09a	3.25±0.11b	2.31±0.04b	0.70±0.02ab	2.58±0.10a	3.38±0.09a	3.15±0.13a

2.3 施钾量对甜菜叶片气体交换参数的影响

从图 1 可以看出，2014 年块根分化形成期叶片净光合速率，各施钾处理均显著高于 K0，分别较 K0 提高 12.96%、29.50%、24.59% 和 18.78%；叶丛快速生长期净光合速率最高，钾素对净光合速率影响也最大，K180、K270 和 K360 显著高于 K0 和 K90，分别较 K0 提高 19.72%、23.21% 和 21.45%；块根及糖分增长期 K180、K270 和 K360 显著高于 K0，分别提高 5.87%、15.04% 和 10.59%；糖分积累期 K180、K270 和 K360 显著高于 K0，分别提高 8.19%、13.58% 和 11.21%。2015 年块根分化形成期、叶丛快速生长期和糖分积累期与 2014 年表现一致，块根及糖分增长期略有不同，各施钾处理均显著高于 K0，分别较 K0 提高 6.92%、13.82%、18.22% 和 12.96%。说明施钾肥能促进甜菜净光合速率的提高，但并未随着施钾量的增加而持续升高。

随生育进程，甜菜气孔导度呈单峰曲线变化，在叶丛快速生长期最大。随着施钾量的增加，2014 年块根分化形成期 K90 和 K180 显著高于 K0、K270 和 K360，分别较 K0 提高 36.38% 和 31.72%；叶丛快速生长期各施钾处理均显著高于 K0，分别提高 22.91%、26.83%、72.04% 和 50.52%；块根及糖分增长期 K270 显著高于 K0，提高 18.89%；糖分积累期 K270 和 K360 显著高于 K0，分别提高 58.75% 和 52.18%。2015 年与 2014 年结果一致，说明钾促进气孔张开，但生育前期不需要太高的供应量，生育中后期较高的供应量可增加气孔开度（图 1）。

2014 年甜菜蒸腾速率各生育期处理间差异显著，其中，块根分化形成期各施钾处理均显著高于

K0，分别提高 39.60％、25.31％、22.21％和 15.30％；叶丛快速生长期 K90、K180 和 K270 均显著高于 K0 和 K360，分别较 K0 提高 20.34％、16.92％和 10.69％；块根及糖分增长期各施钾处理均显著高于 K0，分别提高 22.35％、24.89％、46.26％和 32.95％；糖分积累期 K270 和 K360 显著高于 K0、K90 和 K180，分别较 K0 提高 34.44％和 26.48％。2015 年与 2014 年块根及糖分增长期略有不同，其他生育期一致，施钾量对气孔开度的影响与蒸腾速率基本相同，增加气孔开度的同时也增加了蒸腾速率（图 1）。

　　胞间 CO_2 浓度的影响因素主要有外界 CO_2 浓度、气孔导度和叶肉光合强度。随生育进程甜菜胞间 CO_2 浓度呈逐渐上升的变化趋势。依施钾量递增，各生育期表现为"低—高—低"的变化规律，2 年表现基本一致，以 2014 年为例，块根分化形成期各施钾处理均显著高于 K0，分别提高 28.84％、19.77％、12.96％和 8.75％；叶丛快速生长期 K180 显著高于 K0，提高 13.30％；块根及糖分增长期 K180 显著高于其他处理，较 K0 提高 7.80％；糖分积累期处理间差异不显著，说明钾素可以影响甜菜胞间 CO2 浓度，且生育后期作用不明显（图 1）。

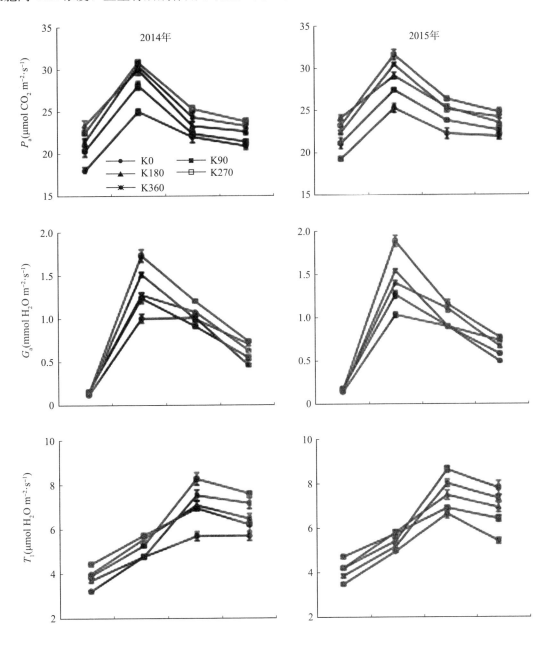

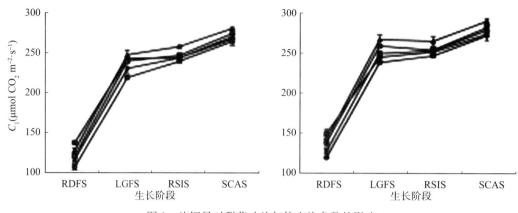

图 1　施钾量对甜菜叶片气体交换参数的影响

2.4　施钾量对甜菜 RuBpcase 活性的影响

从图 2 可知，施钾量对甜菜 RuBpCase 活性的影响不同年份表现一致，2014 年全生育期各施钾处理甜菜 RuBpCase 活性均显著高于 K0，块根分化形成期各处理依次提高 17.45%、54.70%、41.85% 和 31.66%，叶丛快速生长期提高 7.71%、23.81%、39.72% 和 29.85%，块根及糖分增长期提高 10.46%、23.86%、46.21% 和 35.20%，糖分积累期提高 23.03%、29.23%、45.48% 和 32.56%；生育期 RuBpCase 活性平均值与施钾量呈显著正相关，相关系数为 0.886，说明钾素能增强甜菜叶片的 RuBpCase 活性，提高叶片光合速率。

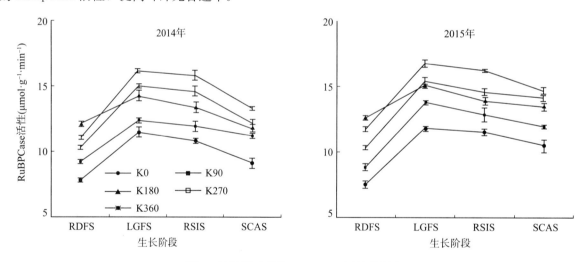

图 2　施钾量对甜菜 RuBPCase 活性的影响

2.5　甜菜净光合速率与气孔导度、蒸腾速率、胞间 CO_2 浓度、RuBpcase 活性的相关性分析

由表 4 可见，甜菜净光合速率与气孔导度在叶丛快速生长期和糖分积累期均呈极显著正相关，在块根及糖分增长期呈显著正相关；与蒸腾速率在块根及糖分增长期和糖分积累期均呈极显著正相关，与胞间 CO_2 浓度在叶丛快速生长期和糖分积累期均呈显著正相关，与 RuBpCase 活性在全生育期均呈极显著正相关，说明甜菜净光合速率与气孔导度、蒸腾速率、胞间 CO_2 浓度和 RuBpCase 活性密切相关，不同钾肥条件下，对甜菜净光合速率影响最大的因素是 RuBpCase 活性，其次是气孔导度。

表 4　甜菜 Pn 与 Gs、Tr、Ci 和 RuBPCase 活性的相关系数

生育时期	气孔导度 G_s	蒸腾速率 T_r	胞间 CO_2 浓度 C_i	RuBPCase 活性
RDFS	0.752	0.720	0.759	0.995**
LGFS	0.960**	0.627	0.858*	0.993**
RSIS	0.868*	0.993**	0.610	0.997**
SCAS	0.995**	0.983**	0.828*	0.984**

2.6　施钾量对甜菜干物质积累与分配的影响

干物质的积累是产量的基础，通过施钾肥来增加干物质的积累，将有利于作物产量的提高。由图 3 可知，适宜的施钾量有利于甜菜块根干重达到最大值，如 2014 年，块根分化形成期 K180 显著高于 K270 和 K360，与 K0 差异不显著；叶丛快速生长期 K270 显著高于其他处理；块根及糖分增长期 K270 显著高于 K0 和 K360；糖分积累期 K270 显著高于 K0 和 K90；2015 年呈类似趋势，说明钾素供应促进了甜菜块根干重的积累，但过量施用钾肥生育前期块根干重反而低于不施钾肥。

随着施钾量的增加，甜菜叶柄干重和叶片干重自叶丛快速生长期至糖分积累期呈逐渐增加的趋势，以叶片为例，2014 年叶丛快速生长期 K180、K270 和 K360 显著高于 K0，分别较 K0 提高 18.95%、16.87% 和 19.68%；块根及糖分增长期 K180、K270 和 K360 显著高于 K0 和 K90，分别较 K0 提高 22.74%、26.11% 和 26.37%；糖分积累期 K270 和 K360 显著高于 K0、K90 和 K180，分别较 K0 提高 20.41% 和 23.28%。2015 年叶丛快速生长期 K270 和 K360 显著高于 K0、K90 和 K180，分别较 K0 提高 21.79% 和 24.51%；块根及糖分增长期也是 K270 和 K360 显著高于 K0、K90 和 K180，分别较 K0 提高 17.34% 和 19.73%；糖分积累期 K360 显著高于其他处理，较 K0 提高 24.81%（图 3）。说明施钾肥促进了甜菜叶柄和叶片的干物质积累，随着施钾量的增加，地上部干物质积累量增加。

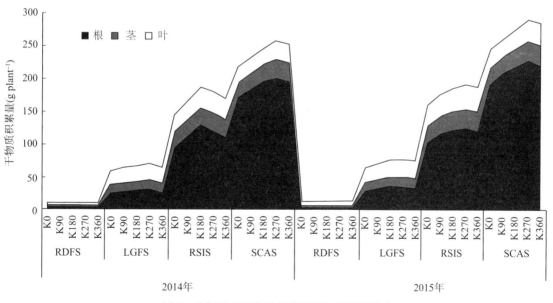

图 3　施钾量对甜菜干物质积累与分配的影响

依施钾量递增，块根干物质分配比例整体呈"低—高—低"的变化规律，不同年份不同处理间差异较大。2014 年块根分化形成期 K90 最高，显著高于 K270 和 K360，说明生育前期较低的施钾量促进了干物质向块根的分配；叶丛快速生长期 K360 显著高于其他处理，块根及糖分增长期 K180 显著高于 K0 和 K360，糖分积累期 K90 和 K180 显著高于 K270 和 K360。2015 年块根分化形成期 K90 和 K180 显著高于 K360，叶丛快速生长期 K180 显著高于 K0、K270 和 K360，块根及糖分增长期各处

理间差异不显著，糖分积累期 K90 显著高于 K270 和 K360（图3）。叶柄和叶片基本与块根干物质分配比例相反，说明中等的施钾量有利于甜菜块根干物质分配比例的提高，施钾过量块根干物质分配比例反而下降，不利于光合产物向收获器官的运输与分配，不利于甜菜产质量的提高。

2.7 施钾量对甜菜产量和品质的影响

与 K0 相比，施钾处理对 2 年甜菜产量均有显著提高，各施钾处理 2014 年分别较 K0 增产 7.98%、13.10%、16.98% 和 14.75%；2015 年增产 7.95%、14.28%、19.20% 和 15.67%（表5）。2015 年各处的产量要高于 2014 年相同处理的产量，这可能与年际间田间管理水平、土壤条件和气候差异等有关。

含糖率是衡量甜菜加工品质的主要指标，而 K^+ 含量、Na^+ 含量和-氨基酸含量直接影响甜菜加工出糖率。由表5可知，2014 年、2015 年 K90 和 K180 处理的甜菜含糖率均显著高于 K0、K270 和 K360，说明低钾素供应量甜菜含糖率最高，过量施钾反而下降。依施钾量递增，K^+ 含量呈逐渐升高的趋势，每增加 1kg 钾肥可增加块根含钾量 0.30 $\mu mol \cdot g^{-1}$ FW。K180 处理的 Na^+ 含量显著高于 K270 和 K360。氨基酸含量与 K^+ 含量的变化趋势基本一致，2 年 K360 处理显著高于 K0、K90 和 K180。

部分指标与产量和品质指标的相关性分析表明，甜菜产量与净光合速率的相关性极显著；含糖率与块根干物质分配比例的相关性显著；K^+ 含量与叶面积指数的相关性极显著，与叶柄干重和叶片干重的相关性均显著；氨基酸含量与地上部生长特性的相关性均显著（表5）。说明甜菜产质量性能与光合生理特性密切相关。

表5 施钾量对甜菜产量和品质的影响

年份	处理	产量/ （kg hm^{-2}）	含糖率/ %	K^+含量/ （$\mu mol\ g^{-1}$ FW）	Na^+含量/ （$\mu mol\ g^{-1}$ FW）	α-氨基酸含量/ （$\mu mol\ g^{-1}$ FW）
2014	K0	58 536.43±642.15d	16.50±0.15b	36.28±0.59a	4.50±0.13d	9.98±0.21c
	K90	63 205.16±765.08c	17.43±0.10a	36.68±0.34a	6.48±0.28c	10.38±0.17c
	K180	66 201.89±254.42b	17.26±0.08a	38.43±0.52a	9.93±0.37a	10.73±0.39c
	K270	68 475.90±730.50a	16.53±0.18b	39.10±0.27a	8.98±0.19b	15.30±0.11b
	K360	67 167.40±688.93ab	15.90±0.27c	39.65±0.40a	5.78±0.28c	16.20±0.37a
2015	K0	65 182.51±875.45d	16.02±0.15b	39.18±0.30b	6.70±0.31c	14.95±0.30b
	K90	70 363.43±582.09c	16.96±0.10a	39.30±0.44b	7.30±0.09abc	15.20±0.15b
	K180	74 490.63±641.28b	16.83±0.21a	39.38±0.503	7.80±0.36a	15.48±0.49b
	K270	77 698.13±1 005.27a	15.95±0.07b	40.25±0.23b	7.53±0.26ab	17.53±0.25a
	K360	75 395.81±894.22b	15.65±0.08b	42.85±0.37a	6.83±0.24bc	18.13±0.34a

注：数据为平均值±标准误；同列数据后不同小写字母表示差异 0.05 显著水平。

综合考虑甜菜产量和含糖率，K180 产糖量最大，2014 年为 11 423.46kg·hm^{-2}，2015 年为 12 533.12kg·hm^{-2}。与 K0 相比，2014 年各施钾处理产糖量分别提高 14.09%、18.31%、17.25% 和 10.52%，2015 年分别提高 14.28%、20.01%、18.68% 和 13.09%。K180 和 K270 甜菜产糖量显著高于其他处理，说明适宜的施钾量有利于甜菜产糖量的提高，但过量施钾，产糖量不增反降，还造成钾肥资源的浪费。

3 讨论

光合作用是产量形成的基础，产量的提高是通过改善作物的光合生理特性来实现的[11-12]。钾素不仅可以活化植物体内酶活性，提高光合速率[13]，还能有效调节植物气孔运动[14]，影响其干物质积累[15]以及光合产物的分配等[16]。叶片是光合作用的主要器官，气孔导度、蒸腾速率、胞间 CO_2 浓度和 RuBpcase 活性是影响作物净光合速率的主要生理指标。本研究中，适量增施钾肥可显著提高膜下滴灌甜菜的气孔导度和 RuBpcase 活性，提高净光合速率和产量，净光合速率与甜菜产量呈极显著正相关。但施钾肥 $360kg \cdot hm^{-2}$ 的条件下，可能由于对植株造成离子胁迫和渗透胁迫，且不同营养元素吸收不平衡，使块根分化形成期甜菜生长较慢，蒸腾速率、胞间 CO_2 浓度、RuBpcase 活性和净光合速率显著低于施钾肥 $180kg \cdot hm^{-2}$ 处理，块根干重降低，块根干物质分配比例显著低于施钾肥 $90kg \cdot hm^{-2}$ 处理，尽管生育中后期与施钾肥 $180kg \cdot hm^{-2}$ 处理和 $270kg \cdot hm^{-2}$ 处理之间差异不显著，但块根干物质积累量仍处于较低水平，产量下降。适量供钾可提高叶片可溶性碳水化合物的装载效率和块根可溶性碳水化合物的卸载效率，促进碳水化合物由叶片向块根的运输，提高块根干物质分配比例[17]及含糖率，块根干物质分配比例与甜菜含糖率呈显著正相关。

钾素参与植物体内的多种生理生化活动，对作物的产量和品质具有明显的调控作用[18-19]。甜菜是需钾量较多的作物，在农业生产中，根据地域和作物类型给出适宜的施钾肥建议是极其重要的，为了精确作物产量预测，有必要就不同地区、不同作物做出供钾量与产量响应曲线。目前，有关此类参考曲线的研究在内蒙古甜菜种植优势区相对缺乏，本研究经拟合分别得出施钾量与 2 年产量之间的一元二次回归方程：2014 年 $y = -0.111\ 8x^2 + 65.281x + 58\ 400$（$R^2 = 0.990\ 9^{**}$）；2015 年 $y = -0.140\ 1x^2 + 81.278x + 64\ 804$（$R^2 = 0.976\ 3^{**}$），表明甜菜产量与施钾量呈极显著二次曲线关系。关于非膜下、非滴灌条件下，施钾量对甜菜产质量的影响研究较少，其中丁伟等[20]、曲扬等[21]对直播甜菜的研究表明，甜菜产量在施钾肥 $200kg \cdot hm^{-2}$ 时最高，与施钾量呈显著的线性回归关系。

含糖率是衡量甜菜品质的最重要指标[22]，对含糖率的研究表明，施钾肥 $90kg \cdot hm^{-2}$ 时甜菜含糖率最高，再增施钾肥含糖率显著下降。甜菜块根中的灰分元素（Na^+ 和 K^+）是降低甜菜加工品质的重要因素，其含量的提高直接导致块根中蔗糖随糖蜜流失量的增加，而降低加工出糖率。氨基酸，亦称为"有害氮"，即可溶性含氮化合物，其含量越高，甜菜出糖率越低，块根中 $10 \sim 20$ 份的蔗糖将因 1 份有害氮的存在而形成糖蜜流失。本研究中，Na^+ 含量在施钾量 $180kg \cdot hm^{-2}$ 时最大，K^+ 含量和氨基酸含量随着施钾量的增加呈逐渐升高的趋势，至 $360kg \cdot hm^{-2}$ 时最大，表明钾素促进了作物对氮素的吸收和利用，有利于氨基酸的合成[23-24]，要兼顾甜菜产量和品质不宜追求过量的钾肥施用。甜菜生产中，由于盲目追求利益最大化，以获取最大化产量为目标，而忽略了品质，肥料配比不科学，越来越多的农田出现了含糖率下降的现象。产糖量取决于甜菜产量和含糖率，本试验条件下，甜菜产糖量以施钾量 $180kg \cdot hm^{-2}$ 时最大。

4 结论

施钾肥能改善膜下滴灌甜菜与光合产能、物质积累有关的生物学特征，如促进株高、叶面积指数、净光合速率和干重的增长。钾素影响甜菜净光合速率的主要生育时期是叶丛快速生长期，不同钾肥水平下，影响净光合速率的最大因素是 RuBpcase 活性，其次是气孔导度。适宜的钾肥施用量提高了块根、叶柄和叶片的干重，产量增加，但施钾过量显著抑制了光合产物向块根的运输，块根干物质分配比例下降，含糖率下降。对于提高甜菜的产质量，内蒙古甜菜种植优势区域的钾肥推荐施用量为 $180kg \cdot hm^{-2}$。

◇ 参考文献

[1] 屈冬玉，谢开云，金黎平，等．中国马铃薯产业发展与食物安全 [J]．中国农业科学，2005（38）：358-362．

[2] 李智，李国龙，张永丰，等．膜下滴灌条件下高产甜菜灌溉的生理指标 [J]．作物学报，2017（43）：1724-1730．

［3］苏文斌，黄春燕，樊福义，等．甜菜膜下滴灌高产优质农艺栽培措施的研究［J］．中国糖料，2016，38（1）：15－18.

［4］郁金旺，察谋，张家弊．甜菜生理学．北京：农业出版社，1991：162-194.

［5］曲扬．钾对甜菜主要营养的影响［J］．中国甜菜糖业，2006（2）：5－12.

［6］黄春燕，张少英，苏文斌，等．施钾量对高产甜菜光合特性、干物质积累和产量的影响［J］．东北师范大学学报（自然科学版），2016，48（3）：120-125.

［7］Hassanli A M，Ahmadirad S，Beecham S. Evaluation of the in-fluence of irrigation methods and water quality on sugar beet yield and water use efficiency［J］．Agric water Manage，2010，97：357-362.

［8］Kiymaz S，Ertek A. Water use and yield of sugar beet (*Beta vulgaris* L.) under drip irrigation at different water regimes［J］．Agric water Manage，2015（158）：225-234.

［9］李智，李国龙，刘蒙，等．膜下滴灌条件下甜菜水分代谢特点的研究［J］．节水灌溉，2015（9）：52-56.

［10］张蜀秋植物生理学实验技术教程．北京：科学出版社，2011：93-95.

［11］李建明，潘铜华，王玲慧，等．水肥耦合对番茄光合、产量及水分利用效率的影响［J］．农业工程学报，2014，30（10）：82-90.

［12］王瑞霞，同长生，张秀英，等．春季低温对小麦产量和光合特性的影响［J］．作物学报，2018（44）：288-296.

［13］Han Q. Height-related decreases in mesophyll conductance，leaf photosynthesis and compensating adjustments associated with leaf nitrogen concentrations in pinus densiflora［J］．Tree physiol，2011（31）：976-984.

［14］Lebaudy A，vavasseur A，Hosy E，et al. plant adaptation to fluctuating environment and biomass production are strongly dependent on guard cell potassium channels［J］．Proc Natl Acad sci USA，2008（105）：5271-5276.

［15］汪顺义，李欢，刘庆，等．施钾对甘薯根系生长和产量的影响及其生理机制［J］．作物学报，2017（43）：1057-1066.

［16］陈凤真．钾对黄瓜根系保护酶和光合特性的影响［J］．西北农林科技大学学报（自然科学版），2015，4（7）：127-132.

［17］柳洪鹃，史春余，柴沙沙，等．不同时期施钾对甘薯光合产物运转动力的调控［J］．植物营养与肥料学报，2015（21）：171-180.

［18］Epstein E，Bloom A J. Mineral Nutrition of plants：principles and perspective［M］．sunderland，Us：sinauer Associates，2005：33-38.

［19］赵平，林克惠．钾肥对农作物品质的影响［J］．云南农业大学学报，2011，16（1）：56-59.

［20］丁伟，曲文章．不同施钾水平与甜菜产质量关系的研究［J］．中国糖料，2002（3）：17-18.

［21］曲扬，丁伟，曲文章．钾对甜菜干物质积累分配及产量的影响［J］．中国甜菜糖业，2008（3）：4-8.

［22］Muhammad U M，Muhammad Z，sagheer A，et al. sugar beet yield and industrial sugar contents improved by potassium fertilization under scarce and adequate moisture conditions［J］．J Integr Agric，2016（15）：2620-2626.

［23］张文元，牛德童，郭晓敏，等．施钾水平对油茶养分积累和产油量的影响［J］．植物营养与肥料学报，2016（22）：863-868.

［24］郭明明，赵广才，郭文善，等．追氮时期和施钾量对小麦氮素吸收运转的调控［J］．植物营养与肥料学报，2016（22）：590-597.

施钾量对高产甜菜光合特性、
干物质积累和产量的影响

黄春燕[1,2]，张少英[1]，苏文斌[2]，樊福义[2]，
郭晓霞[2]，任霄云[2]，宫前恒[2]

(1. 内蒙古农业大学农学院，呼和浩特　010019；
2. 内蒙古自治区农牧业科学院特色作物研究所，呼和浩特　010031)

摘要： 以甜菜品种 KWS7156 为材料，通过不同施钾水平的大田试验，研究施钾量对高产甜菜光合特性、干物质积累及产量的调控效应。结果表明，施用钾肥可显著提高甜菜的株高和叶面积指数，全生育期甜菜叶片可溶性糖含量呈先升高后降低的趋势；钾肥促进了甜菜叶片的净光合速率，从块根分化形成期至收获期施钾量 $90kg \cdot hm^{-2}$、$180kg \cdot hm^{-2}$、$270kg \cdot hm^{-2}$ 和 $360kg \cdot hm^{-2}$ 的平均净光合速率较 0 分别提高 $1.4\mu molCO_2 m^{-2} \cdot s^{-1}$、$3.2\mu molCO_2 m^{-2} \cdot s^{-1}$、$3.8\mu molCO_2 m^{-2} \cdot s^{-1}$ 和 $1.2\mu molCO_2 m^{-2} \cdot s^{-1}$。全生育期所有处理甜菜植株干重表现为施钾量 $270kg/hm^2 > 360kg/hm^2 > 180kg/hm^2 > 90kg/hm^2 > 0kg/hm^2$；甜菜根冠比从块根分化形成期的 0.2 上升至收获期的 3.9～4.3，至糖分积累期开始，施钾量 $360kg/hm^2$ 根冠比显著低于 90、180 和 $270kg \cdot hm^{-2}$。产量与施钾量的回归分析得出一元二次肥料效应方程 $y = -0.111x^2 + 59.02x + 79\,877$（$R^2 = 0.976$），施钾肥 $265.9kg \cdot hm^{-2}$ 甜菜产量可达到最大。

关键词： 甜菜；株高；叶面积指数；可溶性糖含量；净光合速率；植株干重；产量

　　钾是植物生长发育必需的大量营养元素之一，在植物生长、代谢、酶活性和渗透调节中发挥着重要作用。随着我国农业生产中有机肥施用的减少，氮、磷肥投入增多，以及高产优质新品种的推广，作物从土壤中带走的钾量逐渐增加，土壤钾素处于不断耗竭状态，缺钾土壤面积不断扩大。据统计，中国约有 70%～80% 的耕地养分不足，缺钾耕地占 60% 左右，农田土壤速效钾年降幅 0.58～3.32mg·kg^{-1}[1]。我国土壤钾含量已由南低北高、东低西高，转变为由南方缺乏到北方缺乏，由经济作物缺乏到粮食作物缺乏，由高产田缺乏到中低产田缺乏[2]。同时，由于钾肥价格较高，农民在农业生产中形成了"偏施氮、磷肥，不施或少施钾肥"的习惯[3]，农田土壤中养分比例不平衡，造成肥料利用率低、资源浪费的现象，因此，进行钾肥适宜用量研究，对实现作物优质高效生产、维持土壤钾离子平衡及实现农业可持续发展具有重要意义[4-6]。

　　甜菜是藜科甜菜属作物，在我国有 100 余年的种植历史[7]，它是一种高产经济作物，具有较高的增产潜力，是中国重要的糖料作物之一，以甜菜作为制糖原料生产的食糖约占全球食糖总产量的 1/4[7-8]。钾素可促进甜菜株高和叶片的生长[9]，适宜的施钾量可以促进甜菜产量和含糖率的提高[10-12]。曲阳等[13]、车万芹等[14] 和宋海红[15] 等分别研究表明，施钾量 $200kg \cdot hm^{-2}$ 产量达最大 $29\,700kg \cdot hm^{-2}$、施用生物钾肥和颗粒磷钾肥产量达最大 45 450 和 $41\,700kg \cdot hm^{-2}$、施钾量 $180kg \cdot hm^{-2}$ 产量达最大 $35\,658kg \cdot hm^{-2}$，随施钾量增加甜菜净光合速率增加[13]。由于品种特性、栽培水平、病虫草害防治效果等的改进，近年来不断出现甜菜 $80\,000kg \cdot hm^{-2}$ 以上高产的报道[16-18]，

---

　　* 通讯作者：黄春燕（1986—　），女，内蒙古呼和浩特人，研究员，研究方向：甜菜栽培与生理。

但关于施钾量对高产甜菜生长发育和生理特性的影响尚未见报道。本试验研究施钾量对高产甜菜产量、干物质积累及生理特性的影响，旨在明确钾肥用量对高产甜菜的效应，为指导施肥提供科学依据。

1 材料与方法

1.1 试验设计

试验于 2013 年在呼和浩特市内蒙古农牧业科学院试验地进行，前茬作物为小麦，土壤质地为壤土，肥力中等，试验地 0～30cm 土壤基础肥力见表 1。试验品种为 KWS 7156，种植方式为甜菜膜下滴灌直播栽培。试验设 5 个施钾量处理，分别为 K_2O 0kg·hm^{-2}、90kg·hm^{-2}、180kg·hm^{-2}、270kg·hm^{-2} 和 360kg·hm^{-2}，以 K0、K1、K2、K3 和 K4 表示；钾肥用硫酸钾（K_2O 50%），按基肥一次性施入土壤。在整地时，施入尿素和过磷酸钙作基肥，含 N 75kg/hm^{-2} 和 P_2O_5 90kg·hm^{-2}。小区面积 $34m^2$，10 行区，行长 6.8m，每处理 4 次重复，随机区组设计；行距 50cm，株距 25cm，保苗密度 75 000 株/hm^{-2}。于 4 月 20 日播种，5 月 1 日出苗，由于生育期降水能满足甜菜生长需要，全生育期仅灌 1 次保苗水。其他管理措施参照当地高产地块管理措施。

表 1 2013 年供试土壤基础养分状况

土壤深度/cm	有机质/(g·kg^{-1})	全氮/(g·kg^{-1})	全磷/(g·kg^{-1})	全钾/(g·kg^{-1})	碱解氮/(mg·kg^{-1})	有效磷/(mg·kg^{-1})	速效钾/(mg·kg^{-1})	pH
0～30	26.38	1.01	0.69	28.56	101.3	16.5	159.9	8.15

1.2 测定项目与方法

全生育期共取样 5 次，分别于 2013 年 6 月 1 日、7 月 1 日、8 月 1 日、9 月 1 日、10 月 8 日取样，分别代表块根分化形成期、叶丛快速生长期、块根及糖分增长期、糖分积累期和收获期[19]。每处理每重复选择生长一致的 5 株甜菜作为调查对象，实测株高和叶面积，计算出叶面积指数（LAI），植株分为块根、叶柄和叶片三部分，于 105℃杀青 30min，70℃烘干至恒重、称重，计算植株干物质积累量。可溶性糖含量测定：取上述每种处理每次重复的甜菜叶片混合样品，参照文献［20］的方法进行测定。

应用美国 LI-COR 公司生产的 LI-6400 光合测定仪，在晴天上午 9：00～11：00 测定甜菜各生育时期（倒六叶）的净光合速率（Pn）。

于 10 月 8 日每处理每重复收获 4 行测定产量，块根切削方法按 GB/T 10496—2018 规定执行。甜菜产量均高于高产水平 80 000kg·hm^{-2}。

试验数据用 Excel 2007 整理与作图，用 SPSS 17.0 进行统计分析。

2 结果与分析

2.1 施钾量对高产甜菜株高的影响

株高是从叶柄基部到整株甜菜顶端叶片最高处的距离[21]。由表 2 看出，施钾量对甜菜平均株高有较大的影响，叶丛快速增长期至收获期表现为 K3＞K4＞K2＞K1＞K0；K3 在四个生育时期分别达到 69.1cm、78.7cm、70.3cm 和 65.1cm，叶丛快速生长期和块根及糖分增长期 K3 均显著高于 K0、K1，与 K2、K4 处理间差异不显著；糖分积累期 K2、K3、K4 显著高于 K0；收获期 K3 显著高于其他处理。本研究中，适宜的施钾量有利于甜菜株高增加。

表 2 施钾量对甜菜株高的影响（cm）

处理	块根分化形成期	叶丛快速生长期	块根及糖分增长期	糖分积累期	收获期
K0	24.6a	62.8b	71.2b	64.1b	55.8b
K1	24.7a	64.4b	72.6b	66.2ab	56.9b
K2	24.8a	65.3ab	76.5ab	68.6a	58.3b
K3	25.9a	69.1a	78.7a	70.3a	65.1a
K4	26.2a	66.8ab	77.1ab	68.8a	59.6b

注：同列数据后不同字母代表处理间差异显著（$P<0.05$），下同。

2.2 施钾量对高产甜菜叶面积指数的影响

从表 3 可以看出，随着生育期的进行，甜菜叶面积指数呈先升高后降低的趋势。叶丛快速增长期至收获期施钾量对甜菜叶面积指数的影响较为一致，表现为 K3＞K4＞K2＞K1＞K0；其中，K2、K3、K4 均显著高于 K0，叶丛快速生长期、收获期 K1 也显著高于 K0，表明施钾促进了甜菜叶面积指数的提高。K0、K1、K2、K4 的叶面积指数，在叶丛快速增长期分别为 K3 的 80.9%、88.7%、93.6%、97.1%，至收获期分别下降为 60.4%、71.7%、81.5%、87.5%，表明施钾对生育中后期甜菜叶面积指数的影响基本一致，且处理间差异逐渐增加，可能原因是施钾量过少或过多均不利于新叶的生长，以及加快了老叶的枯萎脱落。

表 3 施钾量对甜菜叶面积指数的影响

处理	块根分化形成期	叶丛快速生长期	块根及糖分增长期	糖分积累期	收获期
K0	1.0a	4.1c	5.2d	4.0c	2.8d
K1	1.0a	4.5b	5.7cd	4.6bc	3.3c
K2	1.1a	4.7ab	6.3bc	4.9b	3.8b
K3	1.1a	5.0a	7.1a	5.8a	4.6a
K4	1.1a	4.9ab	6.5ab	5.1ab	4.1a

2.3 施钾量对高产甜菜叶片可溶性糖含量的影响

从表 4 可以看出，生育期甜菜叶片可溶性糖含量呈低-高-低变化趋势，至块根及糖分增长期达到最大值，后下降，表明随着生育前期叶片光合能力的不断提高，光合产物大量积累，因此作为中间产物的可溶性糖含量也相应增加，而随着甜菜生长中心的转移，生育后期叶片中合成的碳水化合物大量运往块根中，用于块根根重的增加和含糖率的提高，叶片中可溶性糖含量相应减少，这与前人研究结果基本一致[22-23]。生育期施钾处理可溶性糖含量不同程度地高于不施钾肥处理，方差分析表明，K1、K2、K3、K4 均显著高于 K0（除块根分化形成期和糖分积累期 K1 外）。

表 4 施钾量对甜菜叶片可溶性糖含量的影响（mg/g）

处理	块根分化形成期	叶丛快速生长期	块根及糖分增长期	糖分积累期	收获期
K0	41.9c	45.9b	58.8c	53.5c	48.5c
K1	49.7bc	55.1a	84.2b	60.9c	60.2b
K2	54.9ab	58.4a	89.7ab	71.2b	63.3b
K3	62.4a	59.5a	100.2a	82.5a	79.3a
K4	54.1ab	57.2a	86.3ab	73.5ab	65.9b

2.4 施钾量对高产甜菜叶片净光合速率的影响

光合作用是作物干物质积累和产量形成的基础，提高叶片净光合速率是甜菜高产的重要途径之一。表5看出，全生育期甜菜净光合速率呈低-高-低变化，块根及糖分增长期＞糖分积累期＞叶丛快速生长期＞块根分化形成期、收获期。钾肥对甜菜叶片净光合速率有明显的促进作用，从块根分化形成期至收获期K1、K2、K3、K4的平均净光合速率较K0分别提高1.4μmolCO$_2$ m^{-2}·s^{-1}、3.2μmolCO$_2$ m^{-2}·s^{-1}、3.8μmolCO$_2$ m^{-2}·s^{-1}、1.2μmolCO$_2$ m^{-2}·s^{-1}，其中，K3较K0净光合速率提高最多，从块根分化形成期至收获期分别提高2.7μmolCO$_2$ m^{-2}·s^{-1}、4.1μmolCO$_2$ m^{-2}·s^{-1}、4.3μmolCO$_2$ m^{-2}·s^{-1}、4.3μmolCO$_2$ m^{-2}·s^{-1}、3.3μmolCO$_2$ m^{-2}·s^{-1}，表明适宜的施钾量有利于甜菜净光合速率提高。

表5 施钾量对甜菜净光合速率的影响（μmolCO$_2$ m^{-2}·s^{-1}）

处理	块根分化形成期	叶丛快速生长期	块根及糖分增长期	糖分积累期	收获期
K0	11.3b	18.1b	21.4c	20.1a	11.3d
K1	12.0b	19.2b	22.7bc	21.5ab	13.3b
K2	13.4b	22.5a	24.7ab	23.2ab	14.2a
K3	14.0a	22.3a	25.7a	24.4a	14.6a
K4	12.9b	21.2b	21.2c	20.5a	12.2c

2.5 施钾量对高产甜菜植株干重的影响

表6看出，随着甜菜的生长，所有处理甜菜植株干重均呈增加的趋势。生育期甜菜植株干重基本表现为K3＞K4＞K2＞K1＞K0；叶丛快速生长期K3显著高于K0，块根及糖分增长期、糖分积累期K1、K2、K3、K4均显著高于K0，收获期K2、K3、K4显著高于K0，表明钾肥促进了甜菜植株干物质的积累，本研究中，K3处理甜菜植株干重最大。甜菜根冠比从块根分化形成期的0.2上升至收获期的3.9～4.3，表明随着甜菜的生长，植株干物质分配给块根的比例增加，而叶柄＋叶片的比例逐渐减少。至糖分积累期开始，K4根冠比显著低于K1、K2和K3，表明适宜的施钾量促进了生育中后期甜菜光合产物的转运，而过量施钾反而抑制了叶片营养物质向块根的转运。

表6 施钾量对甜菜植株干重的影响

项目	处理	块根分化形成期	叶丛快速生长期	块根及糖分增长期	糖分积累期	收获期
植株干重（kg·hm^{-2}）	K0	916.5a	7 020.6b	16 150.1d	19 966.8c	23 309.7c
	K1	943.4a	7 416.0ab	17 314.9c	21 937.9b	25 077.2bc
	K2	953.9a	7 608.0ab	18 156.4bc	23 266.8ab	26 748.6ab
	K3	984.3a	7 987.4a	19 290.4a	24 091.8a	28 347.8a
	K4	972.6a	7 823.9ab	19 024.2ab	23 324.3ab	26 695.2ab
根冠比	K0	0.2a	0.8a	2.4a	3.1ab	4.2ab
	K1	0.2a	0.8a	2.4a	3.2a	4.3a
	K2	0.2a	0.8a	2.4a	3.2a	4.3a
	K3	0.2a	0.8a	2.5a	3.2a	4.4a
	K4	0.2a	0.7a	2.3a	2.9b	3.9b

2.6　施钾量对高产甜菜产量的影响

K0、K1、K2、K3、K4 产量分别为 80 151.7kg·hm^{-2}、83 793.1kg·hm^{-2}、86 712.6kg·hm^{-2}、88 393.1kg·hm^{-2} 和 86 321.8kg·hm^{-2}，施钾处理较 K0 分别增产 4.5%、8.2%、10.3% 和 7.7%（图 1）。随着施钾量的增加，产量呈先升高后下降的趋势，除 K2 与 K4 之间差异不显著外，其他处理间差异均显著。这表明，适宜的施钾量有利于甜菜产量增加，过多施钾一方面抑制了产量进一步提高，另一方面造成钾肥资源的浪费。

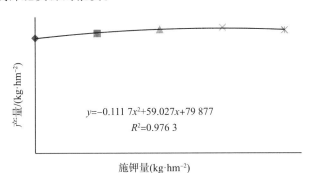

$$y = -0.111\ 7x^2 + 59.027x + 79\ 877$$
$$R^2 = 0.976\ 3$$

图 1　施钾量对甜菜产量的影响

指数回归分析、线性回归分析、对数回归分析、多项式回归分析、幂回归分析、移动平均回归分析，通常用于进行作物产量和施肥量关系的趋势预测[24]。本研究中，选择拟合度最高的多项式回归分析[25]，进行甜菜产量与施钾量的拟合，得出一元二次肥料效应方程 $y = -0.111x^2 + 59.02x + 79\ 877$（$R^2 = 0.976$）（图 1），表明产量与施肥量之间高度相关；利用方程计算得出最大产量施肥量是 265.9kg·hm^{-2}，最大产量是 87 722.41kg·hm^{-2}。

3　讨论

株高反映了作物的长势，其高低与作物光合生产以及干物质积累有着极为密切的关系[26]，本研究中，在块根及糖分增长期株高达到最大值，此时叶面积指数也最大，这一时期是自甜菜封垄至单株叶面积达到最大到开始下降的时期，是叶片生理代谢活动最旺盛时期[27]。研究表明，施钾显著促进了甜菜株高和叶面积指数的增加，而叶片是光合作用的主要器官，高的叶面积指数有利于充分利用光能进行物质合成[26]，随着甜菜的生长，各处理间叶面积指数差异逐渐增加，对干物质积累的影响也逐渐增加。

本研究中，所有处理叶片可溶性糖含量均呈先升高后降低的趋势[22-23]，且施钾处理可溶性糖含量不同程度地高于不施钾处理，表明钾肥可提高甜菜叶片可溶性糖含量，有利于叶片光合能力的增强和光合作用的持续稳定，为块根发育提供了"源"的支撑，同时促进了光合产物向块根的转运，即增强了"库"的活力和"流"的通畅，提高了块根的"库"的强度，促进光合产物由叶片向产品器官的运输，提高干物质在产品器官中的分配比例，这与前人对玉米[28]、小麦[29]、瓜尔豆[30]和甘薯[31]等作物的研究结果基本一致。

Fathy 等[32]、El-Kholy 等[33]和曲阳等[34]研究表明，施钾肥促进了甜菜的叶光合速率和光合产物从叶到块根的运输，本研究中，适宜的施钾量使甜菜的平均净光合速率最高，植株干重最大。随着甜菜的生长，块根的干物质分配比例逐渐升高，为产量的形成奠定了物质基础，而叶片和叶柄的干物质分配比例则逐渐降低，同时，生育后期 K4 处理的根冠比较其他施肥处理低，表明施钾过多反而降低了光合产物向块根的转运。

合理施肥是实现作物高产的主要措施之一，前人已进行较多施钾量对作物产量影响的研究[35-37]，结果表明，钾肥对作物高产有重要作用，但钾肥用量需在适宜范围内才能充分发挥作物最大生产潜力[25]。在本试验条件下，所有处理产量均高于 80 000kg·hm^{-2}，实现了甜菜的高产目标，利用一元二次肥料效应方程得出，施钾量 265.9kg·hm^{-2} 为达到最大理论产量。

4 结论

全生育期甜菜株高、叶面积指数、可溶性糖含量和净光合速率均在块根及糖分增长期达到最大值，不同处理间变化幅度分别在 71.2～78.7cm、5.2～7.1、58.8～100.2mg·g^{-1} 和 21.4～25.78μmol CO$_2$ m^{-2}·s^{-1}。钾肥对甜菜的生长发育影响非常显著，适宜的施钾量促进了植株干重和块根干物质分配比例的增加，为产量的提高提供了物质基础，最适宜甜菜生长的钾肥施用量是265.9kg·hm^{-2}。

◆ **参考文献**

[1] 谢建昌，周健民. 我国土壤钾素研究和钾肥使用的进展 [J]. 土壤，1999 (5)：244-254.

[2] 高祥照，马文奇，崔勇，等. 我国耕地土壤养分变化与肥料投入状况 [J]. 植物营养与肥料学报，2000，6 (4)：363-369.

[3] 王意琼，刘会玲，王艳群. 钾对不同基因型玉米生长、体内钾循环和分配的影响 [J]. 植物营养与肥料学报，2013，19 (4)：773-780.

[4] 谭金芳，洪坚平，赵会杰，等. 不同施钾量对旱作冬小麦产量、品质和生理特性的影响 [J]. 植物营养与肥料学报，2008，14 (3)：456-462.

[5] 张福锁，王激清，张卫峰，等. 中国主要粮食作物肥料利用率现状与提高途径 [J] 土壤学报，2008，45 (5)：915-924.

[6] 张水清，黄绍敏，聂胜委，等. 长期定位施肥对夏玉米钾素吸收及土壤钾素动态变化的影响 [J]. 植物营养与肥料学报，2014，20 (1)：56-63.

[7] 张宇航，朱国民，拱云生，等. 非糖用甜菜的种类及利用价值 [J]. 中国甜菜糖业，2006 (4)：21-22.

[8] 陈连江，陈丽. 我国甜菜产业现状及发展对策 [J]. 中国糖料，2010 (4)：62-68.

[9] 李玉影. 甜菜需钾特性及钾肥效应 [J]. 中国糖料，1999 (1)：21-24.

[10] 丁伟，曲文章. 不同施钾水平与甜菜产质量关系的研究 [J]. 中国糖料，2002 (3)：17-18.

[11] 宋海宏，张文成，贲洪东，等. 双城市甜菜钾肥肥效的研究 [J]. 黑龙江农业科学，1997 (4)：47-48.

[12] 王继志. 甜菜对氮、磷、钾的吸收和需要 [J]. 甜菜糖业，1979 (3)：10-24.

[13] 曲扬，丁伟，曲文章. 钾对甜菜干物质积累分配及产量的影响 [J]. 中国甜菜糖业，2008 (3)：4-8.

[14] 车万芹，于洪泳，孙桂华，等. 甜菜施用生物钾肥试验简报 [J]. 中国糖料，2002 (2)：36-37.

[15] 宋海洪，贲洪东，薛鸿雁. 甜菜钾肥肥效试验 [J]. 中国糖料，2002 (2)：34-35.

[16] 樊福义，苏文斌，宫前恒，等. 高寒干旱区甜菜膜下滴灌灌溉制度的研究 [J]. 内蒙古农业科技，2013 (5)：44-45.

[17] 陈惠瑜，王维成，胡华兵，等. 德国斯特儒博公司甜菜新品种（品系）引种试验初报 [J]. 新疆农业科技，2013 (5)：11-12.

[18] 袁生荣，贾志平，张玉霞，等. 河套地区甜菜新品种生产试验 [J]. 内蒙古农业科技，2012

(6)：32 - 33.

[19] 邵科，李国龙，邵世勤，等. 甜菜（*Beta vulgaris* L.）生长阶段植株中铜素含量变化与其吸收性能特点的研究 [J]. 东北师大学报（自然科学版），2013，45（4）：124 - 129.

[20] 覃鹏，孔治有，刘叶菊. 人工加速老化处理对小麦种子生理生化特性的影响 [J]. 麦类作物学报，2010（4）：656 - 659.

[21] 彭春雪，耿贵，於丽华，等. 不同浓度钠对甜菜生长及生理特性的影响 [J]. 植物营养与肥料学报，2014，20（2）：459 - 465.

[22] 赫磊. 甜菜根中蔗糖积累的生理基础研究 [D]. 哈尔滨：东北农业大学，2009：24 - 25.

[23] 周海燕. 甜菜高产高糖源-库关系的研究 [D]. 呼和浩特：内蒙古农业大学，2008：43 - 44.

[24] Cerrato M E，Blackmer A M. Comparison of models for describing corn yield response to nitrogen fertilizer [J]. Agronomy Journal，1990（82）：138 - 143.

[25] 侯迷红，范富，宋桂云，等. 钾肥用量对甜荞麦产量和钾素利用效率的影响 [J]. 植物营养与肥料学报 2013，19（2）：340 - 346.

[26] 刘高洁，逄焕成，李玉义. 长期施肥对潮土夏玉米生长发育和光合特性的影响 [J] 植物营养与肥料学报，2010，16（5）：1094 - 1099.

[27] 邵金旺，蔡葆，张家骅. 甜菜生理学 [M]. 北京：农业出版社，1991：191 - 193.

[28] Vyn T J，Ball B J，Maier D，et al. High oil corn yield and quality responses to f fertilizer potassium versus exchangeable potassium on variable soils [J]. Better Crops，2002，86（4）：16 -21.

[29] 马新明，王小纯，丁军. 钾肥对砂姜黑土不同粒型冬小麦穗粒发育及生理特性的影响 [J]. 中国农业科学，2000，33（3）：67 - 72.

[30] 胡春梅，王秀峰，季俊杰. 钾对瓜尔豆光合及胚乳中糖类含量的影响 [J]. 植物营养与肥料学报，2006，12（6）：858 - 863.

[31] Bourke R M. Influence of nitrogen and potassium fertilizer on growth of sweet potato in Papua New Guinea [J]. Field Crops Research，1985（12）：363 - 75.

[32] Fathy M F，Abdel - Motagally，Kamal K A. Response of Sugar Beet Plants to Nitrogen and Potassium Fertilization in Sandy Calcareous Soil [J]. International Journal of Agriculture & Biology，2009，11（6）：695 - 700.

[33] El - Kholy M H，Abdelhamind M T，Selim E H H. Effect of soil salinity，nitrogen fertilization levels and potassium fertilization forms on growth，yield and quality of sugar beet crop in East-northern Delta of Egypt [J]. Journal of Agriculture Science. Mansoura University，2006（31）：4049 - 4063.

[34] 曲扬，丁伟，曲文章. 钾对甜菜光合作用的影响 [J]. 中国甜菜糖业，2007（4）：14.

[35] 王宜伦，苗玉红，谭金芳，等. 不同施钾量对砂质潮土冬小麦产量、钾效率及土壤钾素平衡的影响 [J]. 土壤通报，2010，41（1）：160 - 163.

[36] 杨波，任万军，杨文钰，等. 不同种植方式下钾肥用量对水稻钾素吸收利用及产量的影响 [J]. 杂交水稻，2008，23（5）：60 - 64.

[37] 李银水，鲁剑巍，廖星，等. 钾肥用量对油菜产量及钾素利用效率的影响 [J]. 中国油料作物学报，2011，33（2）：152 - 156.

施氮量和密度互作对全覆膜旱作甜菜光合
特性和块根产量的影响

闫威，李国龙，李智，曹阳，张少英

（内蒙古农业大学甜菜生理研究所，010018，呼和浩特）

摘要： 全覆膜具有增温、保墒和压草的作用，是干旱区农作物种植的有效措施。为探索旱作甜菜在全覆膜条件下的适宜施氮量和种植密度，采用二因素裂区试验设计，研究施氮量和密度不同组合处理对全覆膜旱作甜菜光合特性的影响，为旱作甜菜高产栽培提供依据和参考。研究结果表明，全覆膜条件下施氮水平和密度对旱作甜菜光合特性影响的互作效应显著；适宜的施氮量和密度配置有利于甜菜 SPAD 值、叶面积指数、净光合速率（Pn）、单株干物质积累量、根冠比以及块根产量的提高，SPAD 值、叶面积指数、Pn、单株干物质积累量均与产量呈正相关。在甜菜块根糖分增长期，SPAD 值和叶面积指数分别维持在 53.8 和 4.5 时，旱作甜菜产量最大；通过二项式回归分析建立密度和施氮量与产量的回归方程，得出全覆膜旱作甜菜高产适宜的种植密度为 9.35 万株/hm²，施氮量为 128.8kg/hm²。

关键词： 旱作；甜菜；全覆膜；氮素密度互作；光合特性；产量

甜菜是我国重要的糖料作物之一，具有耐旱、耐寒、耐盐碱的特性，主要栽培于内蒙古、新疆和黑龙江等北方地区。近年来，内蒙古甜菜种植面积大幅增加，而干旱是内蒙古地区甜菜高产的瓶颈[1-3]。全覆膜栽培技术是旱作农业重要的栽培措施，已广泛应用于旱作玉米[4-5]、冬小麦[6]、马铃薯[7]、棉花[8]等作物。覆膜能优化作物部分生长形态指标，并获得高产[9-14]。施氮量和密度是影响作物产量形成的两个重要因素[15-18]。邹序安等[19]、张建军等[20]及梁锦秀等[21]研究表明，在全覆膜条件下合理的施氮量有利于作物产量的增加。合理的密度有利于旱作马铃薯产量的提高[21]。闫慧颖等[22]和师日鹏等[23]研究表明，全覆膜条件下肥料和密度与作物的产量呈正相关。

对旱作甜菜高产栽培管理措施已有一些研究，包括播前准备、播种技术、合理密植与施肥、地表覆盖及田间管理等措施[24-25]。但是，对于在旱作条件下，通过全覆膜来提高甜菜产量的研究未见报道。因此，本试验采用氮肥和密度二因素裂区试验设计，比较不同处理对甜菜光合性能的影响，探索全膜条件下旱作甜菜高产栽培适宜的种植密度及施氮量。

1　材料与方法

1.1　试验地条件及供试材料

试验地在内蒙古凉城县旱作区（北纬 40°29′—40°32′，东经 112°28′—112°30′，海拔 1 731.5m）进行。整个生育期无灌溉条件，2017 年甜菜生育期降雨量为 239.4mm。试验地前茬为黍子，土壤为沙质土。0～20cm 耕层土壤 pH 为 8.73，有机质含量 12.16g/kg，全氮含量 0.625g/kg，全磷含量 0.58g/kg，全钾含量 17.79g/kg，速效氮含量 57.97mg/kg，有效磷含量 5.38mg/kg，速效钾含量

---

* 通讯作者：张少英（1962— ），女，内蒙古呼和浩特人，教授，研究方向：甜菜栽培生理。

164.2mg/kg。供试甜菜品种为 KWS8138，供试肥料为尿素（N 含量 46%）和甜菜专用肥（N：P_2O_5：K_2O＝4.8：7.2：6.0）。

1.2 试验设计

试验于 2017 年进行。试验采用裂区设计（表1）。主区设 3 个施氮量处理，分别为纯氮 60、120、180kg/hm²，分别用 N1、N2、N3 表示；副区设 3 个密度处理，分别为 7.7 万、9.1 万、10.6 万株·hm⁻²，分别用 D1、D2、D3 表示，共 9 个处理。每种处理 6 次重复，其中 3 个重复用于取样，3 个重复用于测产。小区面积 20m²（4m×5m）。施甜菜专用肥 600kg/hm²（N：P_2O_5：K_2O＝4.8：7.2：6.0），施氮量不足的处理（N2、N3）用尿素补足，每个小区磷、钾肥施用量一致，分别为 0.22、0.18kg。肥料以基肥的形式在纸筒甜菜移栽前一次性施入土壤，田间管理同当地种植习惯。

表 1　甜菜密度和施氮量的裂区设计

处理	行距/cm	株距/cm	种植密度/（万株·hm⁻²）	施氮量
D1N1	50	26	7.7	60
D2N1	50	22	9.1	60
D3N1	50	18	10.6	60
D1N2	50	26	7.7	120
D2N2	50	22	9.1	120
D3N2	50	18	10.6	120
D1N3	50	26	7.7	180
D2N3	50	22	9.1	180
D3N3	50	18	10.6	180

1.3 指标测定与方法

在甜菜苗期（6 月 4 日）、叶丛快速生长期（7 月 4 日）、块根糖分增长期（8 月 4 日）和糖分积累期（9 月 4 日）4 个生育时期进行形态指标和光合指标测定，每次取样 5 株测定，于 10 月 4 日进行测产。

用美国 LI-COR 公司生产的 LI-6400 光合仪测定净光合速率（Pn）。用 SPAD-502 叶绿素仪测定甜菜倒 3 叶的 SPAD 值。按块根切削标准 GB/T 10496—2018 的规定测产[26]。

1.4 数据处理与分析

采用 Excel 2010 进行数据处理，采用 SPSS 25.0 统计软件进行数据统计及方差分析。应用 DesignExpert 软件计算理论最高产量。

2 结果与分析

2.1 施氮量、密度互作对全覆膜旱作甜菜叶面积指数的影响

叶面积指数（LAI）代表作物群体光合场所的大小。由表 2 可以看出，在甜菜生长各生育时期不同施氮量、密度组合处理间 LAI 差异显著（P<0.05）。后 3 个生育时期氮肥密度互作效应极显著（P<0.01）。在甜菜后 3 个生育时期，当施氮量较小时（N1～N2），氮量、密度之间为正交互效应，表现为协同促进；其中在块根糖分增长期，处理 D3N3 的 LAI 最大，达到 5.05，在相同密度条件下 N3 比 N1 增长 0.21～1.41，在相同施氮量条件下 D3 比 D1 增长－0.10～1.10。由此可见，在块根糖分

增长期高氮、高密度处理总体上有利于甜菜 LAI 的增大。由表 2 可以看出，在甜菜叶丛快速生长期、块根糖分增长期施氮量和密度对 LAI 的影响均较大。

表 2　施氮量和密度对全覆膜旱作甜菜叶面积指数的影响

处理	苗期	叶丛快速生长期	块根糖分增长期	糖分积累期
D1N1	0.17eD	1.51dE	3.74deC	3.48cdD
D2N1	0.24cdBCD	1.53dDE	3.87deC	3.52cCD
D3N1	0.29bcBC	1.62cC	3.64eC	3.40dDE
D1N2	0.22deCD	1.63cC	3.86deC	3.69abAB
D2N2	0.27bcdBC	1.74bB	4.51cB	3.77aA
D3N2	0.31bBC	1.97aA	4.95abA	3.28eE
D1N3	0.29bcBC	1.45eE	3.95dC	3.64bBC
D2N3	0.33bB	1.61cCD	4.78bAB	3.66bAB
D3N3	0.45aA	1.78bB	5.05aA	3.15fF
F 值 F-valueD	38.77**	132.47**	74.54**	148.28**
N	18.65**	330.10**	363.97**	9.97*
D×N	1.61	11.90**	22.26**	18.94**

注：同列数据后不同大（小）字母表示处理间差异达 1%（5%）显著性水平，下同。

2.2　施氮量、密度互作对全覆膜旱作甜菜 SPAD 值的影响

SPAD 值反映叶片叶绿素的相对含量，受光强和氮素影响较大，是分析植物光合能力和氮素营养的重要指标。由表 3 可以看出，除 D1N2 处理外，不同生育期氮、密处理的 SPAD 值差异显著（$P<0.05$），不同处理的 SPAD 值在 41.5～58.5。对甜菜全生育期的 SPAD 值进行方差分析，结果表明：整个生育时期除了高氮处理外，其他处理均达到极显著水平（$P<0.01$），且氮肥和密度互作效应极显著（$P<0.01$），处理 D1N2 的 SPAD 值最高。当施氮量大于 N2 时，氮、密之间为负交互作用，表现为拮抗作用，即在该施氮水平下，密度处于 D1～D3 水平时，甜菜处于施氮缓效或者无效状态。在本试验条件下，密度 7.7 万株/hm²、施氮量 120kg/hm²，有利于提高甜菜叶片的 SPAD 值。

表 3　施氮量和密度对全覆膜旱作甜菜 SPAD 值的影响

处理	苗期	叶丛快速生长期	块根糖分增长期	糖分积累期
D1N1	56.6bB	52.5cC	53.6bB	46.3cBC
D2N1	52.8dC	48.1eE	52.4cCD	45.3deCD
D3N1	46.8gE	42.8hH	47.9fF	41.5gF
D1N2	58.5aA	55.9aA	55.1aA	48.3aA
D2N2	55.5cB	53.8bB	53.8bB	47.2bAB
D3N2	51.7eC	50.7dD	52.7cBC	45.4dCD
D1N3	55.5cB	46.7fF	52.4cCD	45.5dCD
D2N3	52.0deC	44.8gG	51.4dD	44.5eDE
D3N3	49.4fD	45.1gG	50.0eE	43.5fE
F 值 F-valueD	486.64**	513.03**	140.08**	117.81**
N	157.63**	309.11**	159.70**	1 107.88**
D×N	12.82**	100.32**	17.59**	10.09**

2.3 施氮量、密度互作对全覆膜旱作甜菜 Pn 的影响

光合速率表示植物体内合成物质能力的大小，甜菜块根 90%~95% 的干物质都是通过光合作用转化而来，光合速率的提高是甜菜获得高产的基础。

由表 4 可知，在甜菜生育期内不同处理 Pn 差异显著（$P<0.05$），在甜菜生育后期氮肥密度互作效应极显著（$P<0.01$）。除苗期外，其他生育时期，当施氮量为 N1 和 N2 水平时，氮、密之间为正交互作用，当施氮量大于 N2 水平、密度为 D1~D3 水平时，甜菜处于施氮缓效或低效状态，即在该施氮条件下，不利于甜菜 Pn 的提高。在块根糖分增长期，D1N2 处理的 Pn 最大，在相同密度条件下 N2 比 N1 增长 1.3~2.2μmol/(m^2·s)，在相同施氮量下 D1 比 D3 增长 2.5~4.8μmol/(m^2·s)。表 4 可知，后 3 个生育时期两因素对旱作甜菜 Pn 影响顺序分别为密度＞施氮量、密度＞施氮量、施氮量＞密度。

表 4　施氮量和密度对全覆膜旱作甜菜 Pn 的影响

处理	苗期	叶丛快速生长期	块根糖分增长期	糖分积累期
D1N1	27.5bB	21.6aAB	22.0bcBC	21.4cC
D2N1	24.1cdDE	19.3cC	21.3dCD	20.4dD
D3N1	22.3eE	17.8dD	19.3fE	19.6efDE
D1N2	29.4aA	21.9aA	24.0aA	24.6aA
D2N2	26.7bBC	20.6bBC	22.6bB	22.8bB
D3N2	25.0cCD	19.4cC	21.5cdC	20.1deD
D1N3	26.7bBC	17.9dD	22.7bB	21.6cC
D2N3	24.6cdD	16.6eDE	20.4eD	18.9fE
D3N3	23.7Dde	16.2eE	17.9gF	17.7gF
F 值 F - valueD	82.30**	61.47**	179.01**	188.93**
N	44.59**	43.77**	62.39**	413.16**
D×N	1.87	3.40*	9.75**	13.69**

2.4 施氮量、密度互作对全覆膜旱作甜菜单株干物质积累与分配的影响

由表 5 可以看出，在甜菜的各生育时期，不同施氮量和密度组合处理单株干物质积累差异达极显著水平（$P<0.01$），后 3 个生育时期氮肥密度互作效应极显著（$P<0.01$）。当施氮量较大时（N2~N3），氮、密之间为负交互效应。在糖分积累期，相同密度条件下 N2 比 N1 增长 16.99~36.94g，在相同施氮量条件下 D3 比 D1 降低 35.78~53.78g，说明低密度和适量的氮肥有利于甜菜单株干物质的积累。由表 5 可知，甜菜除苗期外 3 个生育时期两因素对全覆膜旱作甜菜干物质积累量影响的顺序分别为施氮量＞密度、施氮量＞密度、密度＞施氮量。根冠比（T/R）表示地上部与地下部器官物质分配的结果。

表 5　施氮量和密度对全覆膜旱作甜菜单株干物质积累量的影响

处理	苗期	叶丛快速生长期	块根糖分增长期	糖分积累期
D1N1	0.94deD	40.76deCDE	153.55cC	239.19cC
D2N1	0.73fE	39.50fgEF	132.24fF	221.92eD
D3N1	0.64gE	38.88gF	114.69hH	185.41gF
D1N2	1.27bB	43.04bB	165.63bB	258.13bB

（续）

处理	苗期	叶丛快速生长期	块根糖分增长期	糖分积累期
D2N2	0.97dCD	45.33aA	155.61cC	238.91cC
D3N2	0.86eD	41.50cdCD	138.02eE	222.35eD
D1N3	1.41aA	44.67aA	173.93aA	274.20aA
D2N3	1.08cC	42.10bcBC	147.19dD	236.44dD
D3N3	0.91deD	40.33efDEF	118.73gG	202.73fE
F 值 F - valueD	170.54**	52.33**	1 428.61**	4 316.36**
N	142.24**	110.45**	2 025.21**	554.58**
D×N	3.17	17.49**	58.81**	472.02**

由表 6 可以看出，氮肥密度互作效应达显著（$P<0.05$）或极显著（$P<0.01$）水平。在甜菜各生育期，施氮量相同时，根冠比随密度的增大逐渐降低。相同密度条件下，根冠比随施氮量的增加呈先升高后降低的趋势，因为施氮量过多，会造成叶丛徒长，致使根冠比降低；当施氮量大于 N2 水平时，氮、密互作与甜菜根冠比为负交互作用，表现为拮抗作用。由表 6 可以看出，除苗期外 3 个生育时期两因素对全覆膜旱作甜菜影响均为施氮量＞密度。

表 6 施氮量和密度对全覆膜旱作甜菜根冠比（干重）的影响

处理	苗期	叶丛快速生长期	块根糖分增长期	糖分积累期
D1N1	0.121cB	0.480bcBC	1.289bB	1.504eE
D2N1	0.112dC	0.458deCDE	1.189dD	1.425fF
D3N1	0.107eD	0.443efDE	1.160eDE	1.367gG
D1N2	0.131aA	0.508aA	1.396aA	1.894aA
D2N2	0.124bB	0.490bAB	1.235cC	1.744bB
D3N2	0.111dC	0.466cdCD	1.195dD	1.688cC
D1N3	0.112dC	0.494abAB	1.188dD	1.764bB
D2N3	0.101fE	0.441fE	1.156eDE	1.587dD
D3N3	0.093gF	0.419gF	1.126fE	1.452fEF
F 值 F - valueD	334.76**	78.44**	164.85**	234.51**
N	787.94**	124.95**	236.04**	555.28**
D×N	7.64**	5.40*	17.76**	13.14**

2.5 施氮量和密度互作对全覆膜旱作甜菜块根产量的影响

由图 1 可以看出，相同施氮量处理，产量随密度的增加而先增加后降低，9.1 万株/hm² 比 7.7 万株/hm² 处理增产 8.7%～11.8%，其中，D3N1、D3N2、D3N3 分别比 D2N1、D2N2、D2N3 降低 3.2%、11.6%、7.3%。在相同密度条件下，N2 处理的产量均大于其他处理，增产幅度为 8.10%～23.02%，其中，9.1 万株/hm² 时的 N2 处理产量最高，与 D1N2、D3N2 相比分别增产 19.27% 和 11.59%。

通过二项式回归分析建立密度（$X1$）、施氮量（$X2$）与产量（Y）之间的回归方程：$Y = 60\,536.8 + 57\,090.7X_1 + 592.4X_2 - 3\,053.4X_{12} - 2.3X_{22} - 1.8X_1X_2$，$R^2 = 0.860$。对上述方程进行 F

检验，$F=110.241$，理论产量与方程预测值相关性显著，$R=0.927^*$，表明氮肥、密度与产量之间回归关系显著[27-28]。对各项回归系数进行显著性检验，各 t 值结果：X_1 为 11.43，X_{12} 为 10.23，$X_1 X_2$ 为 3.12。旱作甜菜产量与密度、施氮量的方程中一次项均为正值，二次项均为负值。当施氮量较小时（N1 和 N2），氮、密之间为正交互效应，表现为协同促进作用；当施氮量恒定时，在一定范围内增加密度能有效增加作物产量，甜菜处于施氮高效状态。当施氮量大于 N2 水平、种植密度处于D1～D3 水平时，甜菜处于施氮缓效或无效状态。其中施氮量为 120kg/hm²、密度为 9.1 万株/hm²时，甜菜产量达到最大值；施氮量大于 120kg/hm² 时，氮、密之间呈现负交互效应，可能是由于施氮量过高对作物产生毒害作用[29]。利用软件 DesignExpert，根据二项式回归方程求出最高产量达70 000kg/hm² 时，种植密度为 9.35 万株/hm²，施氮量为 128.8kg/hm²。

2.6 施氮量和密度与全覆膜旱作甜菜光合指标及其与产量的相关性

对全覆膜旱作甜菜施氮量、密度与其光合指标进行相关性分析，结果表明密度与叶面积指数呈极显著正相关关系；施氮量与叶面积指数和单株干物质积累量呈极显著的正相关关系（表7），表明不同施氮量和密度对全覆膜旱作甜菜的群体结构影响极大。

表 7 全覆膜旱作甜菜施氮量（N2）和密度（D2）与光合指标和
物质积累与分配的相关性（块根糖分增长期）

处理	指数	SPAD 值	Pn	单株干物质积累量	根冠比	产量
密度	0.935**	−0.995**	−0.990**	−0.996**	−0.954**	0.629*
施氮量	0.893**	0.324	0.361	0.667**	0.532*	0.678*

注："*"和"**"分别表示相关性达显著（$P<0.05$）和极显著（$P<0.01$）水平。下同

对甜菜光合特性和产量进行相关性分析（表8），结果表明 LAI 与产量呈极显著正相关关系；SPAD 值和 Pn 与根冠比呈极显著正相关；根冠比与单株干物质积累量呈极显著正相关；表明群体结构对全覆膜旱作甜菜的产量影响最大。

表 8 甜菜块根糖分增长期光合特性与产量相关性

指标	叶面积指数	SPAD 值	Pn	单株干物质积累量	根冠比	产量
叶面积指数	1					
SPAD 值	−0.018	1				
Pn	−0.231	0.940**	1			
单株干物质积累量	−0.057	0.729*	0.779*	1		
根冠比		0.875**	0.912**	0.823**	1	
产量	0.729**	0.292	0.186	0.091	0.318	1

3 讨论

氮肥和密度作为重要的栽培因素，与全覆膜作物的光合特性及产量有着紧密的联系。杜永成[30]和范文婷[31]研究表明，甜菜 LAI 随施氮量的增加呈逐步递增的趋势，适宜的施氮量有利于甜菜干物质的积累，从而促进产量的提高。白晓山[32]指出，随着种植密度的增加，甜菜 LAI 呈逐渐升高的趋势。本研究结果表明，全覆膜条件下氮素供应和密度对旱作甜菜的光合特性有显著影响，且互作效应显著；在甜菜后 3 个生育时期，甜菜 LAI 和块根产量与氮、密互作效应极显著，当施氮量较小时

（N1 和 N2），氮肥、密度之间为正交互效应，表现为协同促进作用，当施氮量恒定时，在一定范围内增加密度能有效增加 LAI 和甜菜产量，甜菜处于施氮高效状态，即高密度配合适量的施氮量有利于甜菜群体结构的形成以及块根产量的提高。从"源库"理论来看，地上部同化器官生长较为旺盛，为地下部块根的生长奠定了强大的"源"基础，提高作物群体光合生产能力即为增"源"，作物 LAI 的增加有利于"源"的积累，为后期作为"库"的块根快速生长提供保障，使甜菜块根干物质在适宜的条件下获得大幅度的增长，增加"源"的供应能力是高产的必要条件。本研究表明，在同一密度水平下，施氮量增加有利于甜菜地上部"源"的积累，即地上部呈增加趋势；此外，施氮量增加还有利于根冠比（地上部/地下部）增加，因此在增"源"的同时，作为"库"的块根也在迅速地生长，这样源库的变化规律有利于甜菜高产的形成。

4 结论

本试验条件下，全生育期甜菜的 LAI、SPAD 值及 Pn 在块根糖分增长期达到最大值，不同处理间的变化幅度分别在 $3.64\sim5.05$、$47.9\sim55.1$、$17.9\sim24.0\mu mol/(m^2 \cdot s)$，其中高密度适宜的施氮量有利于甜菜 LAI 的提高，低密度和适量的氮肥有利于 SPAD 值及 Pn 的提高。全覆膜旱作甜菜高产适宜的种植密度为 9.35 万株/hm^2，施氮量为 128.8kg/hm^2。

参考文献

[1] 刘蒙. 旱作甜菜密度与施肥优化栽培技术研究 [D]. 呼和浩特：内蒙古农业大学，2015.

[2] 李阳阳，费聪，崔静，等. 滴灌甜菜对糖分积累期水分亏缺的生理响应 [J]. 中国生态农业学报，2017，25（3）：373-380.

[3] 王瑗，盛连喜，李科，等. 中国水资源现状分析与可持续发展对策研究 [J]. 水资源与水工程学报，2008（3）：10-14.

[4] 唐小明，李尚中，樊廷录，等. 不同覆膜方式对旱地玉米生长发育和产量的影响 [J]. 玉米科学，2011，19（4）：103-107.

[5] 李尚中，王勇，樊廷录，等. 旱地玉米不同覆膜方式的水温及增产效应 [J]. 中国农业科学，2010，43（5）：922-931.

[6] 杨长刚，柴守玺，常磊，等. 不同覆膜方式对旱作冬小麦耗水特性及籽粒产量的影响 [J]. 中国农业科学，2015，48（4）：661-671.

[7] 何进勤，雷金银，冒辛，等. 马铃薯覆膜方式对土壤氮磷钾养分与产量的影响 [J]. 中国土壤与肥料，2017（2）：35-41.

[8] 苏欣，缴锡云，翟铎，等. 黑龙港流域不同栽培方式下棉花蒸发量及产量试验研究节水灌溉 [J]，2012（5）：47-49.

[9] 张瑞喜，史吉刚，宋日权，等. 覆膜滴灌对玉米生长及苗期土壤温度的试验研究 [J]. 节水灌溉，2016（9）：98-101.

[10] 侯慧芝，吕军峰，郭天文，等. 全膜覆土栽培对作物的水温效应 [J]. 麦类作物学报，2012，32（6）：1111-1117.

[11] 王俊，李凤民，宋秋华，等. 地膜覆盖对土壤水温和春小麦产量形成的影响 [J]. 应用生态学报，2003（2）：205-210.

[12] 李世清，李东方，李凤民，等. 半干旱农田生态系统地膜覆盖的土壤生态效应 [J]. 西北农林科技大学学报（自然科学版），2003（5）：21-29.

[13] Xue N W，Xue J F，Yang Z P，et al. Effects of film mulching regime on soil water status and grain yield of rain-fed winter wheat on the Loess Plateau of China [J]. Journal of Integrative

Agriculture，2017，16（11）：2612-2622.

[14] Gao Y H，Xie Y P，Jiang H Y，et al. Soil water status and root distribution across the rooting zone in maize with plastic film mulching [J]. Field Crops Research，2014（156）：40-47.

[15] 巨晓棠. 氮肥有效率的概念及意义-兼论对传统氮肥利用率的理解误区 [J]. 土壤学报，2014，51（5）：921-933.

[16] Sotiropoulou D E，Karamanos A J. Field studies of nitrogen application on growth and yield of Greek oregano（Origanum vulgare ssp. hirtum（Link）Ietswaart）[J]. Industrial Crops & Products，2010，32（3）：450-457.

[17] 杨罗锦，陶洪斌，王璞. 种植密度对不同株型玉米生长及根系形态特征的影响 [J]. 应用与环境生物学报，2012，18（6）：1009-1013.

[18] 王秀斌，徐新朋，孙刚，等. 氮肥用量对双季稻产量和氮肥利用率的影响 [J]. 植物营养与肥料学报，2013，19（6）：1279-1286.

[19] 邹序安，远红伟，陆引罡. 肥料运筹和覆膜对小麦营养特征及产量品质的影响 [J]. 西北农业学报，2009，18（2）：70-73，87.

[20] 张建军，樊廷录，党翼，等. 密度与氮肥运筹对陇东旱塬全膜双垄沟播春玉米产量及生理指标的影响 [J]. 中国农业科学，2015，48（22）：4574-4584.

[21] 梁锦秀，郭鑫年，张国辉，等. 覆膜和密度对宁南旱地马铃薯产量及水分利用效率的影响 [J]. 水土保持研究，2015，22（5）：266-270.

[22] 闫慧颖，李春喜，叶培麟，等. 种植密度和施肥水平对青海旱地覆膜种植甜高粱草产量及品质的影响 [J]. 草业科学，2017，34（12）：2512-2520.

[23] 师日鹏，上官宇先，马巧荣，等. 密度与氮肥配合对垄沟覆膜栽培冬小麦干物质累积及产量的影响 [J]. 植物营养与肥料学报，2011，17（4）：823-830.

[24] 范志廷. 辽西北半干旱区旱作甜菜关键栽培技术集成 [J]. 现代农业，2013（1）：44.

[25] 王树林，张瑞枝，李洁，等. 发展旱作甜菜生产 [J]. 中国甜菜糖业，2001（4）：44-49.

[26] 中华人民共和国国家质量监督检验检疫总局. GB/T 10496—2002 糖料甜菜 [S]. 2002.

[27] 田丰，张永成，张凤军，等. 不同肥料和密度对马铃薯光合特性和产量的影响 [J]. 西北农业学报，2010，19（6）：95-98.

[28] 邓中华，明日，李小坤，等. 不同密度和氮肥用量对水稻产量、构成因子及氮肥利用率的影响 [J]. 土壤，2015，47（1）：20-25.

[29] 孙云岭，杨树青，刘德平，等. 水肥互作对大豆产量及氮肥利用的影响 [J]. 灌溉排水学报，2018，37（10）：81-86.

[30] 杜永成. 氮磷钾肥施用量对甜菜光合能力和氮代谢酶的影响 [D]. 哈尔滨：东北农业大学，2012.

[31] 范文婷. 氮磷钾肥施用量对黑龙江省不同生态区甜菜产质量的影响 [D]. 哈尔滨：东北农业大学，2012.

[32] 白晓山. 不同种植方式、密度和施肥量对甜菜产量及含糖率的影响 [D]. 乌鲁木齐：新疆农业大学，2014.

奇菌植物基因活化剂对甜菜产质量的影响

宋柏权[1]，杨骥[1]，韩秉进[2]，朱向明[2]

（1. 黑龙江大学，哈尔滨 150080；

2. 中国科学院东北地理与农业生态研究所 哈尔滨 150081）

摘要： 在大田条件下，甜菜叶片喷施植物生长调节剂（奇菌植物基因活化剂）对甜菜产质量的影响进行了研究。结果表明，喷施该植物生长调节剂提高甜菜产量 $2.69\%\sim16.61\%$，产糖量增加 $2.76\%\sim15.02\%$；对甜菜含糖率没有显著影响。当喷施 1 次施用 $59.83g/667m^2$ 或喷施 2 次分别施用 $50.70g/667m^2$ 调节剂时，甜菜块根可获得最高产量；当喷施 1 次剂量为 $69.70g/667m^2$ 或喷施 2 次各 $44.25g/667m^2$ 剂量调节剂时，可获得最高产糖量。综合分析表明，合理喷施此生长调节剂可提高甜菜块根产量及产糖量，对提高甜菜产量和品质具有重要作用。

关键词： 甜菜；植物生长调节剂；奇菌植物基因活化剂；产量；含糖

甜菜是我国及世界的主要糖料作物之一，是中国东北、西北和华北地区主要的经济作物之一，甜菜生产和甜菜制糖业是这些地区农村经济和地方工业重要的支柱产业。甜菜生长量大、块根产量高，生产中十分注重水、肥等调节措施。近年来植物生长调节剂在植物中具有广泛的应用，其在调控作物株形、延缓叶片衰老[1]、增强抗逆性[2]、协调"源""库"关系[3]、增加产量[4]、改善品质[5]等方面具有较好的作用。与水稻、小麦等作物相比，甜菜生产中植物生长调节剂的使用报道相对较少。奇菌植物基因活化剂作为一种新型植物生长调节剂在甜菜中使用尚未见报道，在甜菜上使用奇菌植物基因活化剂的研究有助于丰富甜菜栽培措施，具有重要的理论和实践意义。

本研究以甜菜为试材，在大田条件下研究奇菌植物基因活化剂不同剂量及施用次数对甜菜产量及产糖的影响，确定适宜的喷施次数和剂量，为甜菜高产栽培提供理论依据，进而指导生产实践。

1 材料及方法

1.1 供试材料

植物生长调节剂（奇菌植物基因活化剂）购于重庆市优胜科技发展有限公司（发明专利证书ZL01128842.6）；甜菜二倍体遗传单粒标准型品种 H003 购于黑龙江垦丰种业有限公司，该品种块根产量高、含糖高，抗病性强。

1.2 试验设计与实施

试验于 2014 年 5 月至 10 月在黑龙江省拜泉县富强镇新农村进行。分别于 7 月 20 日进行叶面喷施 1 次（A_1）和在 7 月 20 日及 8 月 15 日进行叶面喷施两次奇菌植物基因活化剂处理（A_2），每次分别喷施剂量均为 $0g/667m^2$（B_0）、$25g/667m^2$（B_{25}）、$50g/667m^2$（B_{50}）、$75g/667m^2$（B_{75}）、

---

* 通讯作者：宋柏权（1979— ），男，黑龙江绥棱人，副研究员，研究方向：现代施肥技术与农田生态。

100g/667m² （B_{100}），每 667m² 兑水 30kg，共计 10 个处理分别为 A_1B_0、A_1B_{25}、A_1B_{50}、A_1B_{75}、A_1B_{100}、A_2B_0、A_2B_{25}、A_2B_{50}、A_2B_{75}、A_2B_{100}，小区 10m 行长，6 行区，3 次重复。田间管理同常规，收获期测产测糖。

1.3 数据处理

试验数据采用 Excel 2003 和 SPSS 18.0 统计软件进行处理，统计方法采用单因素方差分析。

2 结果与分析

2.1 奇菌植物基因活化剂对甜菜产量、产糖量的影响

从表 1 可得出，喷施 1 次奇菌植物基因活化剂均增加了甜菜块根产量，增产幅度为 $2.69\%\sim15.59\%$，喷施 1 次处理没有增加块根的含糖率，25g/667m²、50g/667m²、75g/667m² 处理均增加了产糖量，且 25g/667m² 增加产糖最多（12.94%）。喷施两次处理同样均增加了甜菜块根产量，增产 $7.95\%\sim16.61\%$，以 50g/667m² 增产幅度最高；喷施两次处理均增加了产糖量，增加幅度为 $8.67\%\sim16.28\%$，以 50、100g/667m² 增糖较高（16.08%、16.28%）。综合分析得出，甜菜生产中对叶片合理喷施奇菌植物基因活化剂具有增产增糖的作用，初步得出以 50g/667m² 剂量喷施两次（A_2B_{50}）效果最佳。

表 1 奇菌植物基因活化剂对甜菜产质量的影响

处理	产量		含糖率/%	产糖量	
	kg/hm²	增产/%		kg/hm²	增糖/%
A_1B_0	74 400b	—	19.24	14 315	—
A_1B_{25}	86 000a	15.59	18.80	16 168	12.94
A_1B_{50}	86 000a	15.59	18.26	15 704	9.70
A_1B_{75}	83 600a	12.37	17.90	14 963	4.54
A_1B_{100}	76 400b	2.69	18.22	13 920	−2.76
A_2B_0	75 467e	—	17.67	13 341	—
A_2B25	85 467a	13.25	17.97	15 344	15.01
A_2B_{50}	88 000a	16.61	17.60	15 486	16.08
A_2B_{75}	81 467be	7.95	17.79	14 498	8.67
A_2B100	84 133b	11.48	17.25	15 513	16.28

2.2 喷施奇菌植物基因活化剂的甜菜产量、产糖量效应方程及相应的推荐用量

肥料试验中经常采用一元肥料效应模型计算试验推荐肥料施用量，本试验借鉴其方法为叶片喷施奇菌植物基因活化剂用量进行模拟，以期获得施用该活化剂高产、高糖更加精确合理的施用方式与剂量。图 1 为奇菌植物基因活化剂不同施用次数下，甜菜产量及产糖量对该活化剂反应的效应方程。根据表 2 奇菌植物基因活化剂施用模型可以得出，当施用剂量达到一定量后如果继续增加其施用量，产量及产糖量均会下降，不同喷施次数表现一致。

从表 2 可以看出，当喷施 1 次奇菌植物基因活化剂 59.83g/667m² 和喷施 2 次（分别施用 50.70g/667m²）时，甜菜块根可以获得最高产量；当喷施 1 次剂量为 69.70g/667m² 或喷施 2 次 44.25g/667m² 剂量时，可以获得最高产糖量。

表 2　甜菜施用奇菌植物基因活化剂效应方程及最佳剂量

项目	处理	施用效应方程	R^2 值	最佳剂量/$(g/667m^2)$
产量	A_1	$y=-2.712\ 5x^2+324.57x+76\ 850$	0.634 5	59.83
	A_2	$y=-457\ 14x^2+463.54x+75\ 246$	0.945 9	50.70
产糖	A_1	$y=-0.355x+49.489x+13\ 693$	0.548 3	69.70
	A_2	$y=-0.693\ 6x^2+61.38x+14\ 546$	0.866 4	44.25

3　讨论

本研究的结论表明，叶面喷施植物生长调节剂（奇菌植物基因活化剂）对甜菜产量和产糖量均具有提高的作用。当喷施 1 次调节剂时，剂量为 $59.83\sim69.70g/667m^2$ 可以获得较高的产量和产糖量；当喷施 2 次调节剂时，剂量为 $44.25\sim50.70g/667m^2$ 可以获得较高的产量和产糖量。

植物生长调节剂是在研究植物内源激素的基础上发展起来的，通过影响植物内源激素水平对植物生长发育起到调节作用，从而达到改善作物的品质和提高产量的目的，在我国的农业生产中已有广泛应用[6]。目前甜菜上植物生长调节剂的应用经常以一种或几种调节剂或与肥料配合施用对甜菜抗逆、增产效应的筛选等研究为主[7-11]，研究尚不系统、不全面。在甜菜生产、科研中应注重针对调控甜菜不同生长阶段、不同调控目的的新型调节剂的研发，进而结合不同地域生产特点形成系统的甜菜化控栽培模式，为甜菜高产优质栽培提供理论依据。

调节剂的作用分为直接作用和间接作用，间接作用是指调节剂在随着环境的改变其作用效果发生变化，本研究是在黑龙江省西部地区拜泉县进行，在当地当年自然条件下得出上述结论，其结果有待于在更广泛的地域进行验证和推广。

◆ 参考文献

[1] 郑殿峰，赵黎明，冯乃杰，等．植物生长调节剂对大豆叶片内源激素含量及保护酶活性的影响 [J]．作物学报，2008，34（7）：1233-1239.

[2] 李华伟，陈欢，赵竹，等．作物生长调节剂对小麦抗倒性及产量的影响 [J]．中国农学通报，2015，31（3）：67-73.

[3] 赵黎明，李明，冯乃杰，等．植物生长调节剂对寒地水稻产量和品质的影响 [J]．中国农学通报，2015，31（3）：43-48.

[4] 杨文钰，于振文，余松烈，等．烯效唑干拌种对小麦的增产作用 [J]．作物学报，2004，30（5）：502-506.

[5] 张明才，何钟佩，田晓莉，等．植物生长调节剂DTA-6对花生产量、品质及其根系生理调控研究 [J]．农药学学报，2013，5（4）：47-52.

[6] 杨文钰．植物生长调节剂在粮食作物上的应用 [M]．北京：化学工业出版社，2002.

[7] 闫志山，范有君，张金海，等．甜菜叶面喷施生长调节剂试验 [J]．中国糖料，2013（1）：45-46.

[8] 李文，王鑫，温暖，等．肥料与生长调节剂对甜菜产质量影响的数学模型 [J]．中国糖料，2012（3）：7-12.

[9] 徐承娥，孙佃军．甜菜叶面喷施植物生长调节剂试验简报 [J]．中国糖料，1996（2）：37-38.

[10] 温利军，刘君馨，马恢，等．双膦酸甘氨酸植物生长调节剂在甜菜上的应用初报 [J]．内蒙古农业科技，1998（1）：195-197.

[11] 徐天友，刘建国，王立辉，等．甜菜施用几种植物生长调节剂试验简报 [J]．中国糖料，1996（3）：37-38.

氮素对甜菜碳代谢产物的影响

张梅[1]，宋柏权[1]，杨骥[1]，闫志山[1]，范有君[1]，李建英[2]

（1. 黑龙江大学，哈尔滨　150080；

2. 黑龙江省农业科学院大庆分院，大庆　163316）

摘要：研究施氮量对甜菜可溶性糖、蔗糖、果糖、淀粉含量的影响，为甜菜生产的最佳氮肥管理提供理论依据。在大田条件下，选用甜菜品种 H003 为试验材料，设置 7 个施氮水平（0、40、80、120、160、200、240kg/hm²）。结果表明，同一施氮水平下，随着生育进程推进甜菜叶片可溶性糖含量呈先降低后升高的趋势，蔗糖、果糖呈降低—升高—降低的趋势，淀粉呈升高—降低—升高的趋势，蔗糖、果糖与淀粉变化规律相反。随着施氮水平的提高，甜菜叶片可溶性糖含量前期呈先降低后升高趋势，后期与之相反；施氮 120～160kg/hm² 有利于甜菜叶片蔗糖和果糖的累积以及淀粉积累峰值期的提前。综合分析表明，同一施氮水平，叶片可溶性糖含量呈先降低后升高的趋势，蔗糖和果糖表现出一致的变化规律，而淀粉与两者变化规律相反；施氮在 120～160kg/hm² 之间有利于甜菜碳水化合物同化、转化及积累代谢。

关键词：甜菜；氮肥；碳代谢产物

0　引言

氮素作为三大肥料之一，是甜菜生育所必需的重要营养元素之一。氮素在植物体内的含量一般占干物质中的 1%～3%，对甜菜形态建成、生长发育、碳氮代谢、产量和品质形成等都有十分重要的影响[1-2]。碳氮代谢作为作物体内基本的代谢途径，对作物的生长发育、产量品质等起着至关重要的作用。氮代谢需要碳代谢提供碳源和能量，而碳代谢又需要氮代谢提供酶和光合色素，二者相互关联，且需要共同还原力、ATP 和碳骨架[3]。

碳素代谢主要通过植物的光合作用、呼吸作用及糖类代谢等途径影响作物的生长发育[3]。碳水化合物是植物体中最主要的物质之一，约占干重的 90%～95%，为植物的生长提供大量的能量以及转化为其他生命必需的物质[4]。可溶性糖是碳水化合物中能直接运转和利用的主要形式，其含量的高低可代表碳水化合物的合成与运输情况，且在碳水化合物中含量较高、并能够相互转化和再利用的主要是蔗糖、淀粉和还原糖[5]。近年来，关于施氮对甜菜的影响多有报道，主要集中在氮素对甜菜形态[6]、氮素水平及对甜菜氮代谢关键酶活性及其产物和同化过程的影响[7]等方面，但关于不同施氮水平对甜菜碳代谢及其产物的影响尚无系统的研究。

为此，本试验在大田条件下研究了不同施氮水平甜菜不同生育时期碳水化合物（可溶性总糖、蔗糖、果糖、淀粉）含量的变化，旨在明确碳代谢产物与氮素水平之间的关系以丰富甜菜碳代谢理论，为生产实践提供一定的参考。

---

　*　通讯作者：宋柏权（1979—　），男，黑龙江绥棱人，副研究员，研究方向：现代施肥技术与农田生态。

1 材料与方法

1.1 试验材料、药品与试剂

供试甜菜品种为'H003'，药品与试剂有浓硫酸、蒽酮、盐酸、间苯二酚、高氯酸。

1.2 试验方法

田间试验于 2014 年 5 月至 10 月，在黑龙江大学呼兰校区试验基地进行。试验设置 0kg/hm²（N0）、40kg/hm²（N40）、80kg/hm²（N80）、120kg/hm²（N120）、160kg/hm²（N160）、200kg/hm²（N200）、240kg/hm²（N240）7 个氮素水平，小区行长 10m，每小区 6 根垄，小区面积 40m²，采用单因素随机区组设计，3 次重复。其他肥料施用量为 P_2O_5 146kg/hm²、K_2O 120kg/hm²，供试肥料品种分别为尿素、过磷酸钙、硫酸钾，肥料均作为基肥施用，田间管理按常规栽培进行。

1.3 取样及测定方法

从 6 月 10 日开始每隔 15 天左右在晴朗天气的上午 8：00—10：00，于甜菜不同生长期对叶片进行取样，用于可溶性糖、淀粉、蔗糖、果糖等的测定。可溶性糖、淀粉含量的测定采用蒽酮硫酸比色法，蔗糖、果糖测定采用间苯二酚法[10]。

1.4 主要仪器

LabTech EHD36 消煮炉，UV‐8000A 分光光度计，万分之一电子天平等。

2 结果与分析

2.1 可溶性总糖的变化

可溶性糖作为植株碳代谢的主要产物之一，在植株的生长发育中发挥着重大作用。由表 1 可以看出，同一施氮量甜菜不同生长时期间叶片中的可溶性糖含量整体上表现出先降低后升高的趋势。甜菜生长发育前期，随着施氮量的增加叶片可溶性糖的积累量整体上呈先降低后升高的趋势，中期整体上表现出逐渐下降的趋势，后期表现出先升高后降低的趋势。这表明，甜菜叶片可溶性糖含量在不同时期不同施氮量下变化幅度很大，且变化规律繁杂。

表 1 叶片可溶性糖含量

取样日期	氮处理						
	N0	N40	N80	N120	N160	N200	N240
6 月 10 日	2.41	1.83	1.84	1.69	2.31	2.11	2.52
7 月 03 日	3.29	2.34	2.33	1.99	1.91	2.73	2.05
7 月 19 日	1.64	1.20	1.61	1.36	1.56	1.07	1.28
8 月 04 日	2.85	2.74	1.57	2.06	2.46	1.70	1.14
8 月 23 日	1.74	1.42	1.36	2.02	1.35	0.90	1.24
9 月 06 日	2.77	5.25	5.65	3.46	3.17	2.66	4.49
9 月 18 日	2.32	2.68	1.77	1.27	2.21	1.33	1.96

2.2 蔗糖含量的变化

蔗糖是碳水化合物运输和贮藏的主要形式，在植物糖代谢中具有特殊的位置。由表 2 得出，在同一施氮水平下，随着植株的生长甜菜叶片的蔗糖在7月3日达到较高值，随后在7月19日出现低谷，而后蔗糖含量又开始回升，在9月6日达到峰值，此后又出现下降的趋势。甜菜叶片蔗糖含量对氮素水平的响应不同，随着施氮水平的提高，叶片蔗糖含量整体上呈现下降的趋势，但在施氮 $120\sim160kg/hm^2$ 的施氮范围内，随着施氮量的增加蔗糖含量有所增加，氮肥过量或不足又使其下降。

表2　叶片蔗糖含量

取样日期	氮处理						
	N0	N40	N80	N120	N160	N200	N240
6月10日	0.93	0.76	0.52	0.41	0.89	1.01	0.73
7月03日	1.02	0.56	0.63	0.71	0.76	0.70	0.74
7月19日	0.71	0.71	0.58	0.45	0.39	0.37	0.43
8月04日	1.03	0.86	0.50	0.43	0.61	0.54	0.21
8月23日	1.17	1.10	0.87	1.65	1.15	0.78	0.74
9月06日	2.10	3.81	3.94	2.50	2.39	2.45	3.55
9月18日	1.95	2.75	1.59	1.35	2.38	1.46	1.82

2.3　果糖含量的变化

果糖是蔗糖降解的产物，在相关酶的作用下生成 UDPG，参与淀粉的合成。表3表明，同一施氮量甜菜不同生长时期间比较，叶片果糖的积累趋势与叶片蔗糖的变化趋势基本一致，都是在7月3日达到较高值后在7月19日出现低谷，而后又在9月6日达到峰值，随后开始下降。随着施氮水平的提高，叶片果糖含量整体上呈现下降的趋势，但在施氮 $120\sim160kg/hm^2$ 的施氮范围内，有明显的上升趋势。

表3　叶片果糖含量

取样日期	氮处理						
	N0	N40	N80	N120	N160	N200	N240
6月10日	1.09	0.83	0.67	0.68	1.11	1.13	1.31
7月03日	1.39	1.06	0.96	0.79	0.89	1.35	0.82
7月19日	0.44	0.30	0.57	0.44	0.66	0.35	0.42
8月04日	1.19	0.98	0.59	0.59	1.13	0.60	0.31
8月23日	0.71	0.62	0.52	0.93	0.58	0.32	0.27
9月06日	1.48	2.87	3.00	1.91	1.63	1.46	2.40
9月18日	1.19	1.42	0.79	0.57	1.25	0.59	1.01

2.4　淀粉含量的变化

由表4可以看出，在施氮 $0\sim80kg/hm^2$ 和施氮 $200\sim240kg/hm^2$ 的施氮范围内，在8月22日之前叶片淀粉迅速累积，并在8月22日积累量达到峰值，随后在9月6日急剧下降，而后又有所回升。而 N120~160kg/hm² 的施氮范围内，甜菜叶片的淀粉积累峰值与急剧下降期分别为8月4日和8月22日，较其他氮素处理有所提前。这表明，合理增施氮肥可以提前淀粉峰值的到达时期。

3　结论

（1）同一施氮水平下甜菜生长发育前期叶片可溶性糖含量以运转为主，后期以积累为主。甜菜叶片可溶性糖含量随着施氮量的增加在生长发育前期呈先降低后升高的趋势，中期呈逐渐下降的趋势，后期呈先升高后降低的趋势。

（2）甜菜叶片蔗糖和果糖含量表现出基本一致的变化规律。同一施氮水平下，都是在7月3日达到较高值后在7月19日出现低谷，而后又在9月6日达到峰值，随后开始下降。并且都表现出施氮120～160kg/hm²可以提高叶片蔗糖和果糖的含量。

（3）同一施氮水平下，甜菜叶片淀粉含量在生育前期大量累积，而后急剧下降，随后又呈现回升的趋势；施氮120～160kg/hm²有利于淀粉积累峰值期的提前。

4　讨论

碳代谢作为最基本的生理代谢包括无机碳通过光合作用转化为有机碳的同化代谢，磷酸丙酮糖合成蔗糖并进一步转化为单糖的碳水化合物的运输转化代谢和以淀粉积累为主要标志的碳积累代谢等3个阶段[11-12]。碳代谢在作物生长发育过程中的动态变化和强度对作物产量和品质的形成将产生重大影响[11]。植物叶片中的可溶性糖含量反映了体内作为有效态营养物的碳水化合物和能量水平，体现了植物体内碳水化合物的合成及运输情况[14]。叶片与块根是源库关系，叶片的可溶性糖含量高，则有利于光合产物向块根运输，有利于块根产量与品质的积累[15-16]。本试验结果表明，甜菜叶片可溶性糖含量在不同施氮水平、不同生长发育时期表现出繁杂的变化规律。可能是由于可溶性糖是植物光合作用的直接产物，是碳水化合物代谢和暂时贮藏的主要形式，具有瞬时性。

淀粉是植物叶片的光合终产物之一，其含量高低也反映了源器官的供应能力。克热木·伊力[17]等认为氮肥施用量与叶内以淀粉为中心的碳水化合物含量存在一定关系，氮素施用量促进植株库器官增大。由于库的增大，从叶片流出的碳水化合物量就增加，叶内积累的碳水化合物量就降低。这一结论与本试验甜菜叶片淀粉含量在前期大量积累而后急剧下降结果相一致，同时也可解释合理施氮有利于淀粉积累峰值期的提前。糖叶植物中光合产物在叶片中以蔗糖的形式存在，并且主要以蔗糖的形式向外输出。甜菜是以积累蔗糖为主的经济作物，同一施氮水平下随着甜菜生育期的推进，甜菜叶片和块根蔗糖含量整体呈增加趋势[18]。这一观点与本试验结果相一致。在高等植物中蔗糖被转化酶不可逆地水解为葡萄糖和果糖，为细胞的可溶性糖类贮存提供可利用六碳糖[19-20]。这可能是本试验中蔗糖和果糖表现出基本一致的变化规律的原因。

◆ 参考文献

[1] 倪洪涛，孙元，黄雅曦.甜菜氮代谢的研究进展 [J].中国甜菜糖业，2008 (4)：35-38.

[2] 王树堂，黄立功，张成建，等.氮素对甜菜代谢、品质和产量的影响 [J].农业科技通讯，2012 (5)：184-186.

[3] Lawlor D W. Carbon and nitrogen assimilation in relation to yield: mechanisms are the key to understanding production systems [J]. J. Exp. Bot., 2002 (53): 773-787.

[4] 张瑞朋，傅连舜，杨德忠.氮素对不同来源大豆品种碳代谢相关指标的影响 [J].河南农业科学，2010 (2)：28-31.

[5] 葛体达，黄丹枫，芦波，等.无机氮和有机氮对水培番茄幼苗碳水化合物积累及氮素吸收的影响 [J].应用与环境生物学报，2008，14 (5)：604-609.

[6] 闫艳红，万燕，杨文钰，等.叶面喷施烯效唑对套作大豆花后碳氮代谢及产量的影响 [J].大豆科学，2015，34 (1)：75-81.

[7] 李文华.氮素水平和形态对甜菜（*Beta vulgaris* L.）形态建成和氮素同化的影响 [D].哈尔滨：东北农业大学，2002.

［8］ 李彩凤，马凤鸣，赵越，等 . 氮素形态对甜菜氮糖代谢关键酶活性及相关产物的影响 ［J］. 作物
学报，2003，29（1）：128－132.

［9］ 杜永成，王玉波，范文婷，等 . 不同氮素水平对甜菜硝酸还原酶和亚硝酸还原酶活性的影响
［J］. 植物营养与肥料学报，2012，18（3）：717－723.

［10］ 宋柏权，刘丽君，董守坤，等 . 大豆不同碳代谢产物含量变化研究 ［J］. 大豆科学，2009，28
（4）：655－658.

［11］ 邵金旺，蔡葆，张家骅 . 甜菜生理学 ［M］. 北京：农业出版社，1991：181－196.

［12］ Poling Stephen M，Hsu Wan－Jean，Koehrn Fred J. Chemical regulation of carotenoid biosyn-
thesis，Part 10：Chemical induction of β carotene biosynthesis ［J］. Phytochemistry，1977，
16（5）：551－555.

［13］ 宋小林，刘强，宋海星，等 . 不同处理条件下油菜茎叶可溶性糖和游离氨基酸总量及其对籽粒
产量的影响 ［J］. 西北农业学报，2010，19（6）：187－191.

［14］ 王芳 . 镁对大豆游离脯氨酸、可溶性糖和可溶性蛋白质含量的影响 ［J］. 河南农业科学，2004
（6）：35－38.

［15］ 陆飞伍，罗兴录，李红雨，等 . 不同木薯品种叶片碳氮代谢与块根淀粉积累特性研究 ［J］. 中
国农学通报，2009，25（10）：120－124.

［16］ 樊宪伟，潘宏，韦葳，等 . 高粉与低粉木薯品种叶片光合作用日变化及淀粉积累的研究 ［J］.
中国农学通报，2013，29（33）：146－152.

［17］ 克热木·伊力，新居直 . 不同氮素施用量对葡萄叶、枝、根碳水化合物含量的影响 ［J］. 新疆
农业大学学报，2001，24（1）：64－68.

［18］ 胡晓航，周建朝，陈立新，等 . 铵态氮和氨基酸态氮配施对甜菜生长特性及碳代谢的影响 ［J］.
植物研究，2015，35（3）：370－377.

［19］ 宋春艳，冯乃杰，郑殿峰，等 . 植物生长调节剂对大豆叶片碳代谢相关生理指标的影响 ［J］.
干旱地区农业研究，2011，29（3）：91－95.

［20］ Xiao Y Z，Xiu L W，Xiao F W，et al. A shift of phloem unloading from symplasmic to apoplas-
mic pathway is involved in developmental onset of ripening in grape berry ［J］. Plant Physiolo-
gy，2006（142）：220－232.

硼素胁迫对甜菜叶片结构及性能的影响

宋柏权[1]，丁川[1]，杨骥[1]，闫志山[1]，范有君[1]，张梅[1]，李建英[2]

（1. 黑龙江大学，哈尔滨 150080；
2. 黑龙江省农业科学院大庆分院，大庆 163316）

摘要：研究硼素水平对甜菜叶片硼素状况和叶片结构及性能的影响，阐明硼素对甜菜叶片性能的
影响机制，为甜菜生产中硼肥施用提供理论依据。以甜菜单粒种"HI0099"为试验材料，在水培条

※ 通讯作者：宋柏权（1979— ），男，黑龙江绥棱人，副研究员，研究方向：现代施肥技术与农田生态.

件下，设置十分缺乏（T1，0.05mg/L）、缺乏（T2，0.5mg/L）、正常（T3，2.0mg/L）及过量毒害（T4，30.0mg/L）4个硼营养浓度，对甜菜叶片硼含量及其光合性能进行测定，分析甜菜叶片硼含量及光合性能变化规律。结果表明：甜菜叶片的硼含量随着施硼量的增加而增加；在硼胁迫下，叶绿素含量、净光合速率和蒸腾速率均有下降的趋势。胞间 CO_2 浓度在硼素缺乏时呈先降低后升高的趋势，在毒害时则呈现升高趋势。硼素胁迫均增加了栅栏组织、海绵组织及叶片厚度，硼毒害处理降低了上表皮和下表皮厚度。综合分析表明，硼素胁迫改变了叶片硼素水平和叶片结构，在一定程度上降低了叶片的光合性能。因此，在甜菜生产中合理施用硼肥来改善叶片结构及光合性能具有重要实践意义。

关键词：甜菜；硼营养；叶片；光合性能

0 引言

甜菜是一种高产经济作物，具有较高的增产潜力，是中国东北、西北和华北地区主要的经济作物之一。以甜菜作为主要制糖原料生产的食糖约占全球食糖总产量的1/4，在中国北方农业与制糖业发展和农民增收等方面具有不可代替的作用[1-2]。甜菜是以收获块根为主并从中榨取糖分的经济作物，而光合作用是甜菜块根产糖量形成的重要影响因素，固定并转化 90%～95% 的有机质[3]。硼是高等植物生长发育所必需的微量元素，在促进植物的生长发育，提高作物产量和品质方面发挥着重要的作用[4]，原因可能是硼直接影响植物的光合作用。光合速率对甜菜产量与品质的形成起着积极的作用，胞间 CO_2 浓度是叶片光合作用反应底物，影响着光合速率的大小。硼主要靠蒸腾拉力向地上部运输，因此不同硼素处理对蒸腾速率也会产生显著的影响[5-6]。目前已有许多针对硼营养与光合作用的研究，魏文学等[7]发现硼具有稳定叶绿素结构的功能，缺硼会造成叶绿素含量的降低，并破坏叶绿体的结构；张涛等[4]也发现施硼能显著提高大蒜叶片的光合色素含量，增强光合速率、蒸腾速率和气孔导度。但是针对硼胁迫对甜菜光合特性的研究报道却很少。为此，本试验在水培条件下研究了不同硼素处理对甜菜叶片硼素水平、叶片结构及光合性能的影响，探寻硼素对甜菜叶片影响的生理机制，以期为甜菜优质高产提供理论依据。

1 材料与方法

1.1 试验材料、药品与试剂

供试甜菜品种为'HI0099'，水培用聚乙烯塑料盆（24cm×17cm×16cm）；主要药品与试剂为硼酸、甲亚胺、番红、固绿等。

1.2 试验方法

试验于2012年2月至4月，在黑龙江大学农作物研究院生物培养室进行。将'HI0099'甜菜种子播于经过180℃高温消毒4h的蛭石中，待子叶完全展开后移入1/2全量营养液中，每盆定苗6株。真叶完全展开后，参照Bonilla等[8]的试验，设计硼浓度为0.05、0.5、2、30mg/L4个处理，其他元素设为全量营养液。光照时间为7：00—13：00和14：00—21：00，通气2次。每处理10次重复，随机排列。

1.3 取样方法

于硼素处理后7、17、32天取功能叶片进行叶绿素含量测定、32天利用功能叶片进行显微结构及光合性能指标测定，烘干部分叶片用于全硼含量测定，取样时间为10：00。

1.4　测定方法

叶片全硼测定采用亚甲胺比色法；叶绿素测定采用乙醇和丙酮比色法；净光合速率等参数用 Li-6400 型光合作用测定仪测定；叶片显微特征的测定参照王灶安[9]方法。

1.5　主要仪器

LabTechEHD36 消煮炉、PE20pH 计、分光光度计、Li-6400 型光合作用测定仪等仪器。

2　结果与分析

2.1　硼素处理对叶片硼含量的影响

硼是植物生长发育必需的微量元素，是世界上最广泛应用的微量元素之一。由表 1 可见，叶片硼含量随着硼处理浓度的提高而增加；相同的硼处理条件下，随着甜菜的生长发育，硼含量也逐渐增加。

表 1　硼素处理对甜菜叶片硼含量的影响

硼素处理后天数/d	T1/(mg/kg)	T2/(mg/kg)	T3/(mg/kg)	T4/(mg/kg)
7	16.80±1.34d	23.39±3.13c	72.16±5.98b	1 037.66±39.77a
17	6.93±0.87c	27.96±3.53c	66.22±7.21b	1 118.11±30.45a
32	15.07±1.09d	30.07±5.11c	117.84±17.22b	1 335.21±40.55a

2.2　硼素处理对叶绿素含量的影响

由图 1 可知，硼素胁迫可导致植物叶片中叶绿素含量的降低。3 个时期的叶绿素含量变化规律基本一致，随着缺硼胁迫程度的加强呈下降趋势；而硼素毒害胁迫处理下各取样时期叶绿素下降幅度最大，降幅分别达到 44.50%、50.57%、49.30%。

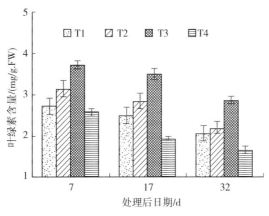

图 1　硼素处理对叶绿素含量的影响

2.3　硼素处理对叶片光合速率等的影响

由表 2 可知，随着硼素缺乏胁迫程度的加重，叶片净光合速率和蒸腾速率均呈下降趋势，且硼素十分缺乏胁迫下净光合速率与正常硼浓度处理差异显著；硼素缺乏胁迫下，甜菜叶片胞间 CO_2 浓度呈先降低后升高趋势，且硼素十分缺乏胁迫下与正常硼浓度处理差异显著。硼素毒害胁迫时，降低了叶片净光合速率和蒸腾速率，提高了胞间 CO_2 浓度。

表2 硼素对叶片光合速率、蒸腾速率和胞间CO₂浓度的影响

处理	净光合速率（Pn）/$[\mu mol/(m^2 \cdot s)]$	蒸腾速率（Tr）/$[mmol/(m^2 \cdot s)]$	胞间CO₂浓度（Ci）/$[\mu mol/(m^2 \cdot s)]$
T1	12.84b	3.37a	312.81a
T2	14.68a	3.35a	235.71b
T3	15.15a	3.79a	267.05b
T4	12.91b	3.44a	295.23a

2.4 硼素处理对叶片显微结构的影响

如表3所示，硼素缺乏处理增加了上表皮、栅栏组织、海绵组织、下表皮的厚度；硼素毒害处理也增加了栅栏组织、海绵组织的厚度，而与硼缺乏处理不同的是降低了上表皮及下表皮的厚度。

表3 硼素处理对叶片显微结构的影响

处理	上表皮	栅栏组织	海绵组织	下表皮	叶片厚度
T1	18.44±3.12a	103.68±12.39a	148.12±14.94a	20.18±3.46a	290.42±8.48a
T2	15.87±2.01b	79.33±9.18b	99.35±12.87c	15.22±3.09b	209.77±6.79b
T3	14.28±2.99b	50.09±5.04c	70.35±9.92d	13.05±2.97c	147.77±5.23c
T4	13.01±2.14b	88.74±6.66b	108.86±10.06b	12.28±2.03c	222.89±5.22b

3 结论

（1）甜菜叶片硼素含量随着施硼量的增加而增加，硼素缺乏与毒害均降低叶片中叶绿素的含量。

（2）在硼素缺乏与毒害胁迫下，叶片净光合速率和蒸腾速率均有下降的趋势；而胞间CO₂浓度在硼素缺乏时呈先降低后升高的趋势，在毒害时则呈现升高趋势。

（3）硼素缺乏与毒害处理均增加了栅栏组织、海绵组织及叶片厚度。硼素缺乏处理增加了上表皮、下表皮厚度，而毒害处理与之相反。

4 讨论

植物吸收硼后，大约只有1.21%～3.25%的硼会从叶片中转移到其他部位。在硼供应足量或过量时，植物对硼的吸收主要依靠蒸腾作用，而叶片又是蒸腾作用的主要部位，因此植物叶片是硼富集的主要场所[10]。本研究表明，随着施硼量的增加，叶片中的含硼量显著增加，这与谢志南等[11]的研究结果一致。因此，本试验以甜菜成熟叶片为材料，研究不同硼素处理对叶片光合特性的影响，为甜菜施硼提供理论依据。

硼具有稳定叶绿素结构的功能，硼的供应水平对叶绿素结构的稳定和功能的发挥有重要影响。因此施硼对增加叶绿素的含量，提高光合速率，增加产量发挥着重大的作用[12]。柴喜荣等[13]研究表明，施用适量硼肥可以提高菜心的叶绿素含量，硼水平过低或过高时，都会直接导致植株体内叶绿素含量的下降，进而降低光合速率。

本试验结果表明，适量硼能显著提高甜菜叶片的叶绿素含量，增强光合速率和蒸腾速率，这与在大蒜[4]、番木瓜[11]、紫花苜蓿[14]等作物的研究结果相似。在不同的施硼条件下，植物叶片的显微结构必然也会发生相应的改变。现有资料表明，硼胁迫对于一些植物显微特性的影响

已经有了深入的研究。但是，关于硼素胁迫下甜菜叶片显微特性的研究还少有报道。有研究表明，叶肉细胞抗性与叶片解剖结构和叶片厚度有关[17]，栅栏组织和上表皮的增厚可以增加内部器官对外界环境变化的抵抗力[16]。在本试验中，硼素缺乏与毒害处理均导致叶片厚度的增加，分析表明主要是由于栅栏组织和海绵组织的增厚引起的，这与 Huang 等[15]在柑橘叶片的研究结果相一致。

参考文献

[1] 宋柏权，林思宇，陈建斌，等．硼素对甜菜植株全硼影响的研究［J］．中国农学通报，2015，31（15）：103－107.

[2] 杨云，於丽华，彭春雪，等．不同浓度钾素对甜菜幼苗生理生化指标的影响［J］．中国农学通报，2014，30（3）：139－145.

[3] 曲文章．甜菜生理学［M］．哈尔滨：黑龙江科学技术出版社，1990：146－240.

[4] 张涛，刘世琦，孙齐，等．硼对大蒜光合特性、产量及品质的影响［J］．中国蔬菜，2012（2）：36－40.

[5] 于超，邵科，刘雪，等．甜菜不同基因型品种光合特性比较［J］．中国农学通报，2014，30（27）：38－42.

[6] 张涛，刘世琦，孙齐，等．硼对"洋葱型"畸形大蒜形成及其生理的影响［J］．园艺学报，2012，39（1）：109－118.

[7] 魏文学，王运华，孙香芝，等．缺硼条件下向日葵叶片叶绿体及线粒体解剖结构的观察［J］．华中农业大学学报，1989，8（4）：361－363.

[8] Bonilla I，Cadahia C，Carpena O. Effects of boron on nitrogen metabolism and sugar levels of sugarbeet［J］. Plant and Soil，1980（57）：3－9.

[9] 王灶安．植物显微技术［M］．北京：农业出版社，1992：60－85.

[10] 何建新．植物对硼吸收转运机理的研究进展［J］．中国沙漠，2008，28（2）：266－273.

[11] 谢志南，赖瑞云，钟赞华，等．施硼对番木瓜幼龄株硼形态含量及叶片光合作用的影响［J］．亚热带植物科学，2010，39（1）：5－8.

[12] 张涛，刘世琦，孙齐，等．水培条件下硼对青蒜苗光合特性及品质的影响［J］．植物营养与肥料学报，2012，18（1）：154－161.

[13] 柴喜荣，于文杰，杨暹，等．不同供硼水平对菜心光合作用和品质的影响［J］．广东农业科学，2013（12）：37－39.

[14] 宗毓铮，王雯玥，韩清芳，等．喷施硼肥对紫花苜蓿光合作用及可溶性糖源库间运转的影响［J］．作物学报，2010，36（4）：665－672.

[15] Huang J H，Cai Z J，Wen S X，et al. Effects of boron toxicity on root and leaf anatomy in two Citrus species differing in boron tolerance［J］. Trees，2014（28）：1653－1666.

[16] Faycal B，Hichem H. Physiologica and anatomical changes induced by drought in two olive cultivars（cv Zalmati and Chemlali）［J］. Acta Physiol Plant，2011（33）：53－65.

[17] 焦晓燕，王劲松，武爱莲，等．缺硼对绿豆叶片光合特性和碳水化合物含量的影响［J］．植物营养与肥料学报，2013，19（3）：615－622.

硼素对甜菜根系影响的研究

宋柏权，闫志山，范有君，杨骥

（黑龙江省普通高等学校甜菜遗传育种重点实验室/
中国农业科学院北方糖料作物资源与利用重点开放实验室，哈尔滨 150080）

摘要：研究硼素对甜菜根系形态参数、生理活性的影响，阐明硼素对甜菜根系性能的影响机制，为甜菜生产实践硼肥施用提供理论依据。以甜菜单粒种'HI0099'为试验材料，在水培条件下，设置十分缺乏（T1，0.05mg/L）、缺乏（T2，0.5mg/L）、正常（T3，2.0mg/L）及过量毒害（T4，30.0mg/L）4个硼营养浓度，对甜菜根系干物质量、冠根比、根系形态及活力进行测定，分析甜菜根系生长及生理变化规律。结果表明：硼素缺乏和毒害胁迫均降低了甜菜根系的干物质重；硼素缺乏胁迫降低了冠根比值，硼素毒害胁迫升高了冠根比值。在硼素缺乏与毒害胁迫下，根系体积、根粗、根系活力均有下降的趋势，且随着生育进程推进降低的幅度增大。综合分析表明，硼素胁迫降低了甜菜的根系活力，影响了根系的生长及干物质积累，进而导致根系性能恶化和根冠比例失调。因此，在甜菜生产中合理施用硼肥来改善根系生长与生理活性、调节冠根比例，对甜菜高产优质栽培具有重要实践意义。

关键词：甜菜；硼营养；根系活力

甜菜是世界第二大糖料作物，是中国东北、西北和华北地区主要的经济作物。硼是高等植物必需的微量元素，对植物的生长发育具有重要意义[1-2]。甜菜生长发育需硼较多，是对硼敏感作物之一。根系为最先感知硼素胁迫的部位，其形态和生理状况等直接影响作物的生长发育，因而，研究硼素胁迫对甜菜根系的影响具有重要的理论和现实意义。研究表明，施用硼肥有利于作物根系生长发育，可以增加作物根系的根长、根数、根粗、根系表面积、根体积等[3]，缺硼能明显降低作物的根长、根数、根表面积、根体积[4]。硼素适量下降能够提高根系活力，而硼素过量抑制根系活力[5]。适当硼素能够增加作物的干物质积累，浓度过高时干物质累积量则随着硼浓度的增加而逐渐减少[6]。施用肥料可以影响作物的根冠比，有报道表明氮素可以显著影响小麦的根冠比值，进而调节干物质分配[7]，而磷、钾肥对作物根冠比影响却不显著[8]，硼素对作物根冠比影响鲜见报道。关于硼素对甜菜生长发育研究已有报道，但由于根系研究的复杂性和研究手段与技术的限制，前人大部分报道多集中在地上部研究[9-10]或者大田条件下对甜菜产质量影响的报道[11-12]。关于甜菜根冠比例及其根系形态、生理活性与硼素胁迫反应关系的研究目前报道较少。本研究利用水培方法，研究甜菜根系对硼素的形态、生理反应，揭示不同硼素胁迫对甜菜根系生长的影响，旨在为甜菜硼素施肥管理提供理论依据。

1 材料与方法

1.1 试验材料、药品与试剂

供试甜菜品种为'HI0099'，水培用聚乙烯塑料盆（24cm×17cm×16cm）；主要药品与试剂为硼

---

* 通讯作者：宋柏权（1979— ），男，黑龙江绥棱人，副研究员，研究方向：现代施肥技术与农田生态。

酸、1-奈胺等。

1.2 试验方法

试验于 2012 年 2—4 月在黑龙江大学农作物研究院生物培养室进行。将 'HI0099' 甜菜种子播于经过 180℃高温消毒 4h 的蛭石中，待子叶完全展开后移入 1/2 全量营养液中，每盆定苗 6 株。真叶完全展开后，参照 Bonilla 等[14]的试验，设计硼浓度为 0.05、0.5、2.0、30.0mg/L 4 个处理（T1～T4），其他元素设为全量营养液。光照时间为 7：00—13：00 和 14：00—21：00，通气 2 次。每处理 10 次重复，随机排列。

1.3 取样及测定方法

硼素处理后 7、17、32 天按地上、地下部位对甜菜取样，一部分样品在 105℃烘 0.5h，65℃烘干至恒重并称重。取 10 株根系用量筒排水法测量根系体积，根粗采用游标卡尺测量法，根系活力测定采用 α-萘胺法[13]。

1.4 主要仪器

UV8000A 紫外分光光度计、PE20 pH 计、双蒸馏水仪等仪器。

1.5 统计分析

利用 Excel 软件对原始数据进行标准化处理，用 SPSS 18.0 软件进行方差分析。

2 结果与分析

2.1 硼素对干物质积累的影响

由表 1 得知，不同取样时期甜菜植株干物质重量表现出随着硼浓度的增加呈现先增加后降低的趋势，地上部与根部表现规律一致。说明硼素缺乏与硼素毒害胁迫均降低了植株的干重。在处理后不同日期无论是地上部干重还是根部干重，均表现出硼素正常处理与硼素极度缺乏处理、硼素毒害处理差异呈显著水平。

表 1 硼素对甜菜干物质积累的影响

部位	处理后天数/d	T_1	T_2	T_3	T_4
地上部	7	6.21±0.87b	6.57±0.34ab	7.18±0.99a	5.85±0.76b
	17	10.52±0.59b	11.25±0.68a	11.16±0.45a	10.14±0.57b
	32	12.37±0.71b	16.03±1.07a	16.00±1.21a	13.33±1.06b
根部	7	1.68±0.11b	1.77±0.12a	1.74±0.15ab	1.14±0.11c
	17	2.97±0.23b	3.12±0.31a	3.07±0.21a	2.07±0.22c
	32	5.40±0.34b	5.84±0.41ab	6.22±0.39a	3.39±0.31c

2.2 硼素对甜菜冠/根比值的影响

从表 2 看出，不同日期均表现出随着硼浓度的提高甜菜冠/根比值升高；缺硼胁迫降低了植株冠/根比值，硼毒害胁迫增加了冠/根比值，硼素正常处理与毒害胁迫及十分缺硼处理差异显著，不同日期表现相同。

表 2　硼素对甜菜冠/根比值的影响

处理后天数/d	T_1	T_2	T_3	T_4
7	3.70±0.25c	3.71±0.28c	4.13±0.37b	5.13±0.45a
17	3.54±0.33b	3.61±0.28b	3.64±0.38b	4.90±0.41a
32	2.29±0.22c	2.74±0.21b	2.57±0.28b	3.93±0.36a

2.3　硼素对甜菜根系形态的影响

硼素处理能明显影响甜菜根体积和根粗。如图 1 所示，在硼素处理后 7、17、32 d 各处理根体积均表现出正常硼浓度处理＞硼素缺乏处理＞硼素十分缺乏处理＞硼素毒害处理，且正常硼浓度处理与硼素十分缺乏和硼素毒害处理根部体积差异显著。硼素十分缺乏和硼素毒害有降低根粗趋势（图 2），处理后 32 d 根粗数据表明，正常硼浓度处理＞硼素缺乏处理＞硼素十分缺乏处理＞硼素毒害处理，并且正常硼浓度处理与硼毒害处理差异显著。

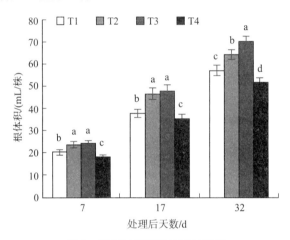

图 1　硼素对甜菜根体积的影响

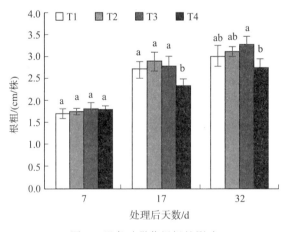

图 2　硼素对甜菜根粗的影响

2.4　硼素对甜菜根系活力的影响

由表 3 可以看出，处理后 7 d 取样日期不同程度硼素胁迫下甜菜根系活力变化不明显，缺硼与毒害胁迫根系活力均降低，硼素毒害处理下降幅度更为明显，各处理间根系活力差异不显著。随着生育时期的延长，各处理间根系活力差别变得明显。处理后 32 d，硼素缺硼胁迫程度越大，根系活力降低越明显。

表3   硼素对甜菜根系活力的影响

处理后天数/d	T_1	T_2	T_3	T_4
7	346.44±9.63a	365.31±15.31a	355.96±24.76a	340.12±7.63a
17	273.874±3.25b	297.93±17.24a	303.25±24.77a	252.32±7.25b
32	81.06±6.06c	140.74±10.41b	218.61±18.17a	90.99±7.06bc

3   结论

（1）甜菜根系干物质量随着施硼量的增加而先增加后降低，硼素缺乏与毒害胁迫均降低根系干物质量。

（2）甜菜冠/根比值随着施硼量的增加呈升高趋势，硼素缺乏胁迫降低了冠/根比值，硼素毒害胁迫升高了冠/根比值。

（3）在硼素缺乏与毒害胁迫下，根系活力、根系体积、根粗均有下降的趋势，且随着生育进程推进下降的幅度增大。

4   讨论

根系是植物地下的营养器官，具有吸收、同化物质、响应和传递环境信号等功能，是植物吸收矿质养分和水分、合成某些有机物质的重要场所[15]。根系形态生理特征是根系质量优劣的体现，决定着地上部及整个植株的生长发育[16]。根系生长不仅取决于自身的遗传因素，还受到外界环境条件的影响，其中养分是影响根系生长发育的主要环境因素[17-19]。对硼素胁迫反应最敏感的是根系，硼胁迫时对作物根系的伤害程度大于地上部，根系是受其影响最大的一个营养器官。适当硼素对根系生长有促进作用[20]，但硼素过量或者缺乏会对于植物的生理机制会产生不利影响。已有研究表明，施硼能够增加菠萝根系的根长、根粗、根体积等[3]，硼缺乏则显著降低菠萝[4]、油菜[21]根系的根长、根粗、根体积等。本研究表明，硼素缺乏降低了根的根粗、根体积，与前人研究结构一致；硼过量亦降低甜菜根系的根粗和根体积。可见，无论硼素养分供应缺乏还是过量都不利于根系的生长，从而影响根系养分的吸收和代谢。

根系活力包含了根系的吸收、合成、氧化及还原物质的能力，是能够反映作物根系生理活性的重要指标[22]。董肖昌等[15]研究表明，缺硼降低了根系的吸收活力，使根系生物膜功能受到破坏，导致膜透性增加和膜结合的ATP酶活性降低，影响了根系对养分的吸收。而方益华等[5]研究表明，硼浓度适量下降能提高根系活力，硼过量则抑制其活力。本研究表明，硼过量胁迫降低了根系活力与前人研究结果一致，硼素缺乏及硼素十分缺乏胁迫处理不同日期均降低了甜菜的根系活力，这与董肖昌等研究结构相同，与方益华等结构有所不同，其原因可能是硼素缺乏程度、胁迫时间、不同作物需硼特性以及硼素有效性等影响因素不同。

干物质是作物光合作用产物的最终形态，干物质积累是产量形成的基础，是表征作物生长状况及产质量的重要标志[23-24]。研究表明，硼作为高等植物所必需的微量营养元素，对约130种以上的作物具有明显增加干物质累积的效果[25]。也有研究表明，当硼浓度为0~2mg/L时，烤烟干物质累积量随着硼浓度的增加而逐渐增加；硼浓度为200~400mg/L时，烤烟干物质累积量则随着硼浓度的增加而逐渐减少[6]。本研究表明，硼浓度为0.05~2.0mg/L时，随着硼浓度的增加地上部位和根系干物质都有增加趋势，当硼浓度为2.0~30.0mg/L时，硼浓度增加降低了甜菜植株地上、地下干物质积累。说明硼作为甜菜必需的营养物质，无论是缺乏还是过量胁迫均同步降低了地上、地下部位的干物质积累。冠根比反映了作物地上与地下部位生长的协调程度，适宜的冠根比例有利于干物质的分配，从而利于作物产质量的形成。研究表明，肥料可以显著影响作物冠根比例，如施用氮肥降低了冬小麦[7]、三色堇[8]的根冠比。本研究表明，甜菜冠/根比值在硼含量为 0.05～30mg/L 范围内，随着施硼量增加呈升高趋势，即说明硼素毒害胁迫与缺乏胁迫相比对甜菜根系影响更加显著。

◆ **参考文献**

[1] Power P P, Woods W G. The chemistry of boron and its speciation in plants [J]. Plant Soil, 1997 (193): 1-13.

[2] Atiqueur Rehman • Muhammad Farooq. Boron application through seed coating improves the water relations, panicle fertility, kernel yield, and biofortification of fine grain aromatic rice [J]. Acta Physiol Plant, 2013 (35): 411-418.

[3] 习金根，曾洪立，祁寒，等. 硼素营养对菠萝根系和地上部生长的影响 [J]. 热带作物学报，2009，30 (10)：1417-1420.

[4] 耿明建，朱建华，吴礼树，等. 不同硼效率棉花品种根系参数和伤流液根系活力组分的差异 [J]. 土壤通报，2006，37 (4)：744-747.

[5] 周家容，廖益，秦煊南. 硼钙营养对柠檬幼苗光合生理及根系活力的影响 [J]. 西南农业大学学报，1998，20 (4)：108-112.

[6] 徐畅，高明，谢德体，等. 不同硼水平对烤烟干物质累积和氮磷钾吸收的影响 [J]. 水土保持学报，2010，24 (3)：94-99.

[7] 王艳哲，刘秀位，孙宏勇，等. 水氮调控对冬小麦根冠比和水分利用效率的影响研究 [J]. 中国生态农业学报，2013，21 (3)：282-289.

[8] 孟凡枝，杨鹏鸣. 不同施肥水平对三色堇根冠比和壮苗指数的影响 [J]. 中国农学通报，2010，26 (6)：216-218.

[9] 刘少军，陈巍，苏殿财，等. 采种甜菜喷施硼肥试验 [J]. 中国甜菜糖业，2003 (3)：10.

[10] 李国萍，张佩玲，蒋建宇，等. 叶面喷施硫酸镁锌硼对甜菜农艺性状和经济性状的影响 [J]. 中国土壤与肥料，2007 (4)：88-89.

[11] 刘烨，周建朝，许凤琪，等. 硼素对甜菜产质量效应及施用技术的研究 [J]. 中国糖料，1989 (4)：21-26.

[12] 姜金斗，徐德昌. 黑土区甜菜硼营养及施用硼肥的研究 [J]. 甜菜糖业，1994 (4)：11-14.

[13] 李廷轩，马国瑞. 籽粒苋富钾基因型的根系形态和生理特性 [J]. 作物学报，2004，30 (11)：1145-1151.

[14] Bonilla I, Cadahia C, Carpena O. Effects of boron on nitrogen metabolism and sugar levels of sugarbeet [J]. Plant and Soil, 1980 (57): 3-9.

[15] 董肖昌，姜存仓. 刘桂东，等. 低硼胁迫对根系调控及生理代谢的影响研究进展 [J]. 华中农业大学学报，2014，33 (3)：133-137.

[16] 李杰，张洪程，常勇，等. 高产栽培条件下种植方式对超级稻根系形态生理特征的影响 [J]. 作物学报，2011，37 (12)：2208-2220.

[17] 唐拴虎，徐培智，张发宝，等. 一次性全层施用控释肥对水稻根系形态发育及抗倒伏能力的影响 [J]. 植物营养与肥料学报，2006，12 (1)：63-69.

[18] 郑圣先，聂军，戴平安，等. 控释氮肥对杂交水稻生育后期根系形态生理特征和衰老的影响 [J]. 植物营养与肥料学报，2006，12 (2)：188-194.

[19] 苏志峰，杨文平，杜天庆，等. 施肥深度对生土地玉米根系及根际土壤肥力垂直分布的影响

[J]. 中国生态农业学报, 2015, 11 (5): 13.

[20] 汪鑫, 徐建明. 硼的植物生理功能研究综述 [J]. 安徽农业科学, 2007, 35 (30): 9611 - 9613.

[21] 彭青枝, 皮美美, 曹亨云, 等. 硼对油菜不同品种酶活性和根系活力的影响 [J]. 植物营养与肥料学报, 1996, 2 (3): 112 - 115.

[22] 戢林, 李廷轩, 张锡洲, 等. 氮高效利用基因型水稻根系形态和活力特征 [J]. 中国农业科学, 2012, 45 (23): 4770 - 4781.

[23] 姚素梅, 康跃虎, 刘海军, 等. 喷灌与地面灌溉冬小麦干物质积累、分配和运转的比较研究 [J]. 干旱地区农业研究, 2008, 26 (6): 51 - 56.

[24] 田中伟, 王方瑞, 戴廷波, 等. 小麦品种改良过程中物质积累转运特性与产量的关系 [J]. 中国农业科学, 2012, 45 (4): 801 - 808.

[25] 方益华. 高硼胁迫对油菜光合作用的影响研究 [J]. 植物营养与肥料学报, 2001, 7 (1): 109 - 112.

微生态制剂对重茬甜菜生长及块根产量品质的影响

宋柏权[1], 曲嫣红[2], 王孝纯[1], 王秋红[1], 郭亚宁[1], 周建朝[1]

(1. 黑龙江大学, 哈尔滨 150080;
2. 大连市隆基微生态学应用研究院, 大连 116023)

摘要: 为明确微生态制剂对重茬甜菜生长发育及产量品质影响效果, 试验于 2016 年在内蒙古自治区林西县进行。在甜菜苗床喷施 3 次微生态制剂 LJT1 号, 在移栽甜菜田喷施 3 次微生态制剂 LJT3 号。试验结果表明, 苗床喷施微生态制剂可以增加甜菜幼苗根长、株高、植株干重及增大根冠比率; 移栽田喷施微生态制剂提高了叶片 SPAD 含量, 增强了叶片光合能力; 施用微生态制剂降低了甜菜根腐病发病率, 提高了甜菜块根产量、含糖率和产糖量。因此, 在甜菜种植中特别是重茬甜菜栽培生产中可以施用微生态制剂培育壮苗、提高光合能力、降低发病率, 进而增产增糖。

关键词: 微生态制剂; 甜菜; 苗床; 产量; 根腐病

甜菜是世界第二大制糖原料, 与甘蔗等统称为糖料作物, 其产糖总量约占世界食糖总产量的 20%, 中国甜菜糖产量占国内食糖总产量的 10%[1]。在中国, 甜菜种植区主要分布于东北、西北、华北三大甜菜产区, 总种植面积达全国的 86%, 总产量占全国甜菜总产近 90%[2]。甜菜主产区由于轮作方式及种植习惯等原因, 很多甜菜地块已经轮作甜菜多次, 重茬现象也时有发生。甜菜重茬导致必要营养元素失衡、有害病原菌及根系分泌物富集, 甜菜生长环境恶化, 进而增加了病害发病率、降低了甜菜块根的产量、提高了块根内有害物质[3]。

微生态制剂是指用于动物和植物生理性细菌治疗的活菌制剂[4]。目前微生态制剂在畜牧[5]、兽医[6]、医学[7]等领域已广泛应用。而在农业生产中, 特别是甜菜种植中的应用鲜有报道。因此, 针对

---

* 通讯作者: 宋柏权 (1979—), 男, 黑龙江绥棱人, 副研究员, 研究方向: 现代施肥技术与农田生态。

甜菜重茬栽培生产中施用微生态制剂，确定其合理使用方法、明确微生态制剂对甜菜产量品质的影响效果，具有重要的理论和实践意义。

1 材料与方法

1.1 试验地概况

试验设 2 个地点，分别位于林西县的官地镇和隆平镇，试验地点均属于内蒙古佰惠生新农业科技股份有限公司甜菜产区。

1.2 试验材料和试验设计

供试甜菜品种为'MA096'，由丹麦麦瑞博种业公司培育。

供试微生态制剂（MA）分别为 LJT1 号和 LJT3 号，由大连市隆基微生态学应用研究院提供。

试验于 2016 年进行。以苗床期共喷施微生态制剂 LJT1 号 3 次，移栽田甜菜叶片喷施微生态制剂 LJT3 号 3 次为处理，以喷施相同体积清水为对照。分别于播种后 4 月 2 日喷施第 1 次微生态制剂，4 月 17 日喷施第 2 次微生态制剂，移栽前 5 月 3 日喷施第 3 次微生态制剂，每次均用 LJT1 号 750mL 兑水 225L 喷施于 1hm² 面积的苗床甜菜幼苗。移栽田甜菜叶片喷施微生态制剂 LJT3 号 3 次，喷施时间分别为叶丛快速生长期、块根增长期和糖分积累期的 7 月 12 日、8 月 2 日、8 月 28 日进行喷施微生态制剂，喷施方法为取 1 500mL LJT3 号兑水 450L 喷施于 1hm² 面积甜菜叶片上。

1.3 测定指标和测定方法

于移栽前选取苗床中长势一致的 10 株甜菜幼苗，测定株高、根长、干物质重等；于叶丛生长期对甜菜叶片 SPAD 值进行测定，选取每小区长势一致的植株，利用日本产 SPAD‐502（Chlorophyll Meter Model SPAD‐502）对倒数第 3 片完全展开叶片 SPAD 值进行测定。

于收获期对甜菜块根产量、含糖及根腐病发病率进行调查和测定。每小区居中选取长势一致的 5m² 面积进行块根产量测定，选取有代表性的 15 株甜菜采用日本产 Atago Refractometer PAL‐1 数字手持折射仪测定块根锤度，折算为含糖率见式（1）；调查测产株数中根腐病发病株数，计算根腐病发病率。

$$含糖率＝PAL－1 测定的锤度×84\% \quad (1)$$

1.4 计算公式及统计方法

分别利用 Excel2003 软件和 SPSS22.0 进行试验数据处理以及部分图表的制作和统计。

2 结果与分析

2.1 微生态制剂对甜菜育苗质量的影响

如图 1 至图 3 所示，苗床期喷施微生态制剂 3 次可明显促进甜菜幼苗的根系发育、地上部叶片和叶柄的生长，2 个试验点的结果趋势一致，株高平均增加 46%，根长平均增加 38%，地上部干重平均增加 27%，根系干重平均增加 44%。苗床喷施微生态制剂能够提高甜菜地下部与地上部干物质比值，提高根冠比，说明微生态制剂有利于苗床甜菜幼苗根系健壮生长。

2.2 微生态制剂对移栽田甜菜 SPAD 值的影响

在叶丛快速生长期，分别在 2 个地块对甜菜功能叶片的 SPAD 值进行了测定。结果表明，喷施微生态制剂后，2 个地块均能较大幅度增加叶片的 SPAD 值，增幅 8.1%～20.9%，说明微生态

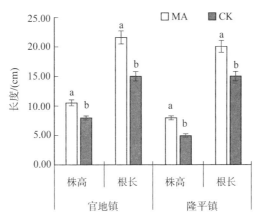

图 1　微生态制剂对甜菜株高和根长的影响

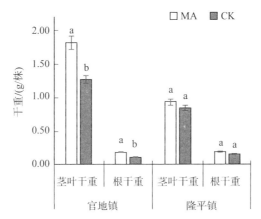

图 2　微生态制剂对甜菜植株干重的影响

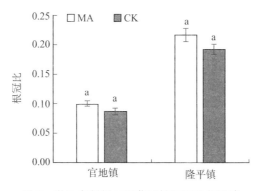

图 3　微生态制剂对甜菜植株根冠比的影响

制剂能够促进甜菜的氮素代谢，并提高功能叶片的叶绿素含量，进而达到提高叶片光合能力的效果。

2.3　微生态制剂对甜菜根腐病及块根产量和品质的影响

表 1 数据表明，苗床施用 3 次微生态制剂和移栽田施用 3 次微生态制剂，降低了甜菜根腐病发病率，提高了甜菜块根的产量、含糖率和产糖量，提高幅度分别为 9.56％～27.64％、3.97％～11.55％和 13.94％～40.00％，说明全生育期喷施微生态制剂能够有效控制根腐病发生，进而提高产量、产糖量等。

表1　微生态制剂对甜菜块根产量和品质的影响

地点	处理	根腐病/%	产量/（t/hm²）	含糖率/%	产糖量/（t/hm²）
官地	CK	4.33±1.15a	39.97±0.26a	15.61±0.35a	6.24±0.38b
	MA	2.33±0.58b	43.79±0.44a	16.23±0.57a	7.11±0.49a
隆平	CK	4.67±1.20a	44.55±3.90b	16.80±0.32a	7.50±0.45b
	MA	0.67±0.67b	56.85±6.60a	18.74±0.97a	10.50±0.75a

3　结论

甜菜纸筒育苗质量是移栽甜菜获得高产和优质的基础和保障。因此，在生产中常通过控制育苗时期[8]、进行苗床温度、水分管理，选择不同长度纸筒，对幼苗进行苗床断根及喷施壮苗剂[9]、种衣剂[10]等不同育苗管理措施来提高育苗质量，提高幼苗素质。笔者通过施用微生态制剂来调控苗床甜菜生长质量，结果表明苗床应用微生态制剂提高了甜菜幼苗株高、根长、植株干重、根冠比等生长参数，达到了壮苗目的，为提高甜菜移栽期成活率及获得高产块根提供了基础。

4　讨论

植物微生态制剂是指作用于植物体表或体内，通过调节植物体固有微生物的比例和平衡而达到保健增产和改良品质等作用效果的活菌或其他制剂[11]。微生态制剂具有绿色、环保、无害等诸多优点，其已在食品、医疗、改善环境、动物疾病防控及健康养殖等方面应用[12]。目前，微生态制剂分为益生菌（Probiotic）、益生元（Prebiotic）和合生素（Synbiotic）3种[13]。微生态制剂在作物中应用研究相对较少，主要研究表明微生态制剂能有效促进小麦分蘖、促进光合作用，提高小麦成穗率，增加穗粒数和千粒重[14]，防治小麦枯纹病[15]，增加甜玉米产量[16]、肥料转化率[14]等。

本研究在甜菜中施用微生态制剂，结果表明施用微生态制剂能够提高了甜菜叶片SPAD值，不同地点试验表明喷施微生态制剂处理SPAD值与对照达到显著水平。作物的产量90%以上来自光合作用，叶绿素含量是作物光合作用能力的重要指示因子[17-19]。近年来，甜菜科研生产中常用SPAD值表示植物叶绿素含量和光合能力[20-22]。施用微生态制剂能够提高SPAD值，说明微生态制剂能增强甜菜叶片叶绿素含量，进而提高甜菜的光合作用，为高产高糖生产提供了物质保障。同时，本研究还表明，在甜菜中施用微生态菌剂促进了甜菜根系发育，提高了根系长度，增加了根系干重和根冠比，促进了甜菜根系建成，为甜菜吸收矿质元素及水分提供保障，进而促进了甜菜植株生长发育，增加了株高和茎叶干重，构建了甜菜高产高糖栽培群体。

甜菜重茬种植在甜菜主产区经常发生，重茬会导致甜菜褐斑病发生提前、褐斑病和根腐病病情指数提高，块根产量含糖下降，块根中K、Na、α-N含量增高，糖分损失率增加，可提取糖减少，严重地降低甜菜生产的经济效益[23-25]。本研究在重茬田苗床期和移栽后田间的连续喷施微生态制剂，测产结果表明微生态制剂能显著降低根腐病的发病率，提高块根产量、含糖率和产糖量。试验表明，采用微生态制剂混配剂喷施，对重茬田甜菜生长发育具有促进作用，可提高甜菜块根产量和含糖率。因此，生产中特别是重茬田甜菜种植中可以使用微生态制剂来防止病害发生，提高块根产量、产糖量等。建议在重茬甜菜种植生产中将微生态制剂与土壤深翻、配合硼、锌等微量元素施用，会进一步提高作用效果。今后研究中，应从施用微生态制剂对甜菜种植土壤微生物种群变化及肥料利用率等方面进行研究，进一步阐明微生态制剂的作用机制。

▷ 参考文献

[1] 张翼飞，张晓旭，刘洋，等．中国甜菜产业发展趋势 [J]．黑龙江农业科学，2013（8）：156-160．

[2] 王亚平，李世光，赵金庆，等．入世后中国甜菜糖产业现状及其应对 [J]．新疆农垦经济，2013（11）：13-17．

[3] 林柏森，张福顺，吴玉梅．重茬对甜菜品质的影响研究 [J]．中国农学通报，2016，32（6）：81-85．

[4] 秦生巨．微生物生态制剂的概念及种类 [J]．水产科技情报，2008，35（1）：33-35．

[5] 李国鹏，陈耀强．反刍动物用微生态制剂对西杂肉牛育肥效果的影响 [J]．中国牛业科学，2017，43（5）：25-27．

[6] 金三俊，董佳琦，任红立，等．复合微生态制剂对断奶仔猪生长性能、血清生化和免疫指标及粪便中挥发性脂肪酸含量的影响 [J]．动物营养学报，2017，29（12）：4477-4484．

[7] 张亚红．微生态制剂治疗小儿抗生素相关性腹泻的临床观察 [J]．临床医学研究与实践，2017（2）：116-118．

[8] 刘娜，宋柏权，杨骥，等．不同播期甜菜纸筒苗解剖结构的抗旱性分析 [J]．中国糖料，2016，38（6）：10-12．

[9] 韩秉进，朱向明，杨骥，等．甜菜育苗期防徒长技术试验研究 [J]．土壤与作物，2016，2（2）：84-87．

[10] 李燕，刘少军，朱东顺，等．种衣剂在采种甜菜育苗时期的应用试验初报 [J]．中国糖料，2012，38（3）：43-44．

[11] 王琦．植物微生态制剂在现代农业中的应用 [A]．华东六省一市农学会．华东地区农学会学术年会暨福建省科协第七届学术年会农业分会场论文集 [C]．2007：4．

[12] 王苇，秦瑶，李爽，等．枯草芽孢杆菌微生态制剂的研究进展 [J]．中国畜牧兽医，2013，40（11）：217-220．

[13] 于莲，马丽娜，杜妍，等．微生态制剂研究进展 [J]．中国微生态学杂志，2012，24（1）：84-86．

[14] 蔡金兰，秦乃群，郝迎春，等．微生态制剂对小麦产量的影响试验研究 [J]．乡村科技，2017（33）：54-55．

[15] 刘忠梅．防治小麦纹枯病微生态制剂菌株的作用机理研究 [D]．北京：中国农业大学，2004．

[16] 曹丽，张其坤．甜玉米应用"丰本效速"微生态制剂的效果 [J]．耕作与栽培，2006（6）：20-21．

[17] 于超，邵科，刘雪，等．甜菜不同基因型品种光合特性比较 [J]．中国农学通报，2014，30（27）：38-42．

[18] Nijs I，Behaeghe T，Impens I. Leaf nitrogen content as a predictor of photosynthetic capacity in ambient and global change conditions [J]. Journal of Biogeography, 1995, 22（2）：177-183.

[19] 张金恒，王珂，王人潮，等．高光谱评价植被叶绿素含量的研究进展 [J]．上海交通大学学报（农业科学版），2003，21（1）：74-80．

[20] 刘莹，史树德．不同施氮水平下甜菜光合特性比较 [J]．北方农业学报，2016，44（2）：7-12．

[21] 胡伟，邵华伟，周建朝．新疆甜菜营养诊断指标研究 [J]．中国糖料，2016，38（2）：12-14．

[22] 王秋红，周建朝，王孝纯．采用SPAD仪进行甜菜氮素营养诊断技术研究 [J]．中国农学通报，

2015，31（36）：92-98.

[23] 赵思峰，李国英，李晖，等．新疆甜菜根腐病发生规律及其防治 [J]．中国糖料，2002（3）：22-26.

[24] 宋瑛，王荣华，王维成，等．甜菜遗传单胚杂交种高产高效制种技术研究 [J]．新疆农垦科技，2016（2）：45-47.

[25] 闫志山，杨骥，张玉霜，等．甜菜不同轮作年限对产质量及耕层土壤微生物数量的影响 [J]．中国糖料，2005（2）：25-27.

矮壮素对南疆甜菜糖分积累及产量形成的影响

潘竞海[1]，张恒[2]，阿不都卡地尔·库尔班[1]，刘华君[1]，
杨洪泽[1]，李锦虎[3]，伊力达尔江·阿不力米提[3]，张保[3]

（1. 新疆农业科学院经济作物研究所，乌鲁木齐　830091；
2. 新疆农业科学院国际科技合作交流处，乌鲁木齐　830091；
3. 喀什地区伽师县气象局，伽师县　844300）

摘要：为了筛选适宜南疆喀什新糖区甜菜糖分积累及产量形成的矮壮素喷施次数。以 KWS-9147 甜菜品种为试验材料，选用矮壮素水剂（50%），采用大田随机区组设计，设置 4 个处理，分别在不同时间喷施矮壮素 0 次（CK）、1 次（D1）、2 次（D2）、3 次（D3），研究喷施矮壮素次数对甜菜植株特性、糖分积累动态变化、糖分积累对气象因子的响应及产量形成的影响。喷施矮壮素 3 次（D3）、2 次（D2）处理与 CK 处理相比，使甜菜株高和枯叶数分别降低 19.77%、11.24%，17.52%、17.44%；根长及根直径分别增长 26.37%、19.90%，10.37%、5.93%；且使甜菜单根重和含糖率分别增加 16.54%、13.38%，6.60%、5.95%，从而使甜菜产量增产率及产糖量增产率分别达到 12.69%、8.90%，20.17%、15.35%。D2、D3 处理间差异不显著（$P>0.05$），其 D2 处理糖分积累动态变化与当地积温及日均温动态变化吻合度最高，拟合值分别为 0.985 4、0.898 6。喷施矮壮素 2 次（D2）处理有效促进南疆喀什新糖区甜菜含糖量和较高产糖量的形成。

关键词：矮壮素；甜菜；糖分积累；产量

甜菜（*Beta vulgaris* L.）是二年生草本植物，也是我国重要的糖料作物之一。新疆作为我国三北地区重要甜菜种植区域，其总产量与产糖量在全国排名第二。但是存在单位面积产量不高、总产量不稳、含糖率低的问题[1-3]。研究如何协调南疆喀什新糖区甜菜叶源根库关系，从而提高甜菜含糖量及产量是甜菜稳产高效中有待解决的关键问题。作物叶片中光合产物生产能力以及库器官中光合产物同化能力直接影响产量的形成[4]。前人[5-6]研究表明，作物营养器官养分的积累和转运受外界环境因子（如光照、温度）和栽培因素（如水分、养分）等的影响，同时也受植株库容大小以及库容流的通畅等的因素[7]。作物源库互作是提高产量的关键[8]。在多数作物的产品形成期，成熟的叶片是主要的

---

* 通信作者：杨洪泽（1961— ），男，新疆玛纳斯人，高级农艺师，研究方向：甜菜栽培技术。

源器官，生长发育中的产品器官是主要的库器官[9]。矮壮素（CCC）是一种植物生长延缓调节剂，可通过叶片进入到植株体内可抑制植物细胞伸长，使植株矮化，茎干加粗，利于根系生长[10]。施用矮壮素能够降低植物赤霉素（GA）含量水平，有效抑制植物吲哚乙酸（IAA）生长[11-12]。同时，通过调节植物激素含量能使植物营养生长期增加[13]。虽然，前人对矮壮素对小麦、黑麦、水稻、马铃薯、番茄等[14-18]植物生长发育影响的研究较多。但矮壮素对甜菜糖分积累及产量形成有关报道较少。研究矮壮素喷施次数对甜菜糖分积累及产量形成的影响，为南疆高产高糖甜菜栽培提供理论依据。

1 试验设计与方法

1.1 试验地概况

试验于 2019 年 4 月至 10 月在新疆伽师县和夏阿瓦提镇 18 村实施（表 1），位于喀什噶尔冲积平原中下游，天山南麓，塔里木盆地西缘。平均海拔高 1 208.6m，地处（N 39°38′27″，E 76°49′43″）。属暖温带内陆干燥气候区，年平均气温 11.7℃，年均降雨量 54mm，无霜期 233 天，昼夜温差大。

表 1 甜菜生育时期

生育期	苗期	叶丛快速增长期	块根膨大期	糖分积累期
时间	4/15 - 5/30	5/30 - 6/30	6/30 - 7/15	7/15 - 9/22

1.2 材料

供试药剂：矮壮素（CCC）[19]是一种季铵盐类植物生长调节剂，广泛用于陆生植物的矮化[20-21]。矮壮素水剂（50%），浓度为 1 000 毫克/升，试剂由济南天邦化工有限公司提供。供试品种：KWS-9147（德国 KWS 种子股份有限公司）。

1.3 试验设计

采用随机区组试验设计，设置 4 个处理，分别为喷施矮壮素一次（D1），喷施两次（D2），喷施（D3）与空白处理（CK），喷施具体时间与施用量见表 2。采用等行距种植模式，一膜两行，滴灌带在两行之间，行距为 45cm，株距为 16cm。理论密度 13.89 万株/hm²，长 8m，宽 4m，小区面积 32m²，重复 3 次。于 4 月 5 日播种，甜菜生育时期见表 1，中耕 2 次。共滴水 7 次。其他按大田处理。

表 2 矮壮素喷施时间与喷施量

处理	矮壮素施用量/mL·hm⁻²		
	出苗后第 60 天	出苗后第 90 天	出苗后第 120 天
CK	0	0	0
D1	1 000		
D2		1 000	1 000
D3	1 000	1 000	1 000

1.4 测定项目与方法

1.4.1 农艺性状

于收获期每小区选取中间 2 行有代表性的 10 株甜菜测量各处理绿叶片数、枯萎叶片数、株高、根长、根直径、根围、青头长。

1.4.2 产量

收获期各小区选取中间 2 行长势均匀有代表性的 6.67m² 实收实测，获得产量数据。

1.4.3 含糖率

用手持式测糖仪于甜菜糖分积累期分别（出苗后第 85、115、130、140、150、160d）实测各小区 10 株块根，通过折算得出含糖率，折算系数为 0.83。

1.4.4 单株重

进入成熟期后，每个试验小区选择中间两行，用卷尺量取 6.67m² 长的距离，挖出整株的甜菜，削去叶子，留下根，称取根重。

1.4.5 气象数据

降雨量、平均温度、日均高温及日均低温等气象数据由伽师县气象局提供，见图 1。

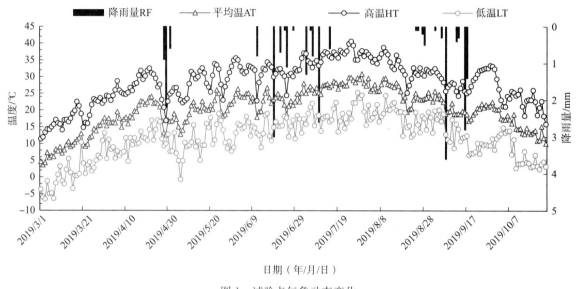

图 1　试验点气象动态变化

1.5　数据分析

采用 Excel2010、SPSS19.0 进行统计分析并绘图。

2　结果与分析

2.1　矮壮素对甜菜植株特性的影响

由表 3 可知，甜菜绿叶数、根长、根直径及根围随着喷施矮壮素次数的增加而增加。反而，甜菜枯叶数、株高及青头长下降。不同处理中，甜菜绿叶数、根长、根直径及根围均表现为 D3＞D2＞D1＞CK，其 D3、D2 处理根长、根直径与 CK 处理相比差异达到显著水平（$P < 0.05$），且分别增加了 26.37%、19.90%，10.37%、5.93%。D3 处理与 CK 相比甜菜绿叶数和根围差异达到显著水平（$P < 0.05$），且分别增加了 12.9%、9.59%。不同处理中甜菜枯叶数、株高及青头长均表现为 CK＞D1＞D2＞D3，其 D2、D3 处理与 CK 差异达到显著水平（$P < 0.05$），且分别下降了 17.44%、19.77%，11.24%、17.52%，10.04%、13.65%。说明，D2 和 D3 处理降低甜菜枯叶数和株高，且增加绿叶数、根长、根直径及根围，为甜菜块根产量的形成打下基础。

表 3　矮壮素对甜菜株型特性的影响

处理	绿叶数/个	枯叶数/个	株高/cm	根长 L/cm	根直径/cm	根围/cm	青头长/cm
CK	31±2.4b	17.2±1.9a	52.5±3.4a	20.1±0.5c	13.5±0.5b	41.7±1.8b	5.0±0.6a
D1	33±2.1ab	15.0±1.6ab	48.2±2.7b	22.7±0.7b	13.4±0.7b	43.4±1.4ab	4.5±0.4ab
D2	34±2.2ab	14.2±1.3b	46.6±2.8bc	24.1±0.9ab	14.3±0.9ab	43.9±2.7ab	4.5±0.2ab
D3	35±2.2a	13.8±1.9b	43.3±3.5c	25.4±0.7a	14.9±0.7a	45.7±2.1a	4.3±0.4b

注：绿叶数、枯叶数、株高、根长、根直径、根围及青头长分别用 NGL、NDL、PH、RL、RD、RC 及 GHI 来表示，不同字母分别表示 $P \leqslant 5\%$ 水平下显著性差异，下同。

2.2　矮壮素对糖分积累期甜菜糖分积累动态变化的影响

由图 2 可知，糖分积累随生育期的推移呈现增长的趋势。不同处理间，出苗后第 85d 各处理无显著性差异（$P>0.05$），出苗后第 130d 以后 D2、D3 处理与 CK 均达到显著差异（$P<0.05$），含糖率大小均表现 D3>D2>D1>CK。出苗后第 160 天不同处理含糖率达到峰值，D3、D2 处理之间无显著差异（$P<0.05$），与 CK 处理相比分别增加了 6.60% 和 5.95%。说明 D3，D2 处理有效促进甜菜含糖率的增长。

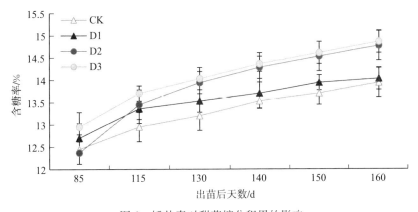

图 2　矮壮素对甜菜糖分积累的影响

2.3　矮壮素处理下甜菜糖分积累对气象因子的响应

2.3.1　甜菜糖分积累期与气象因子的相关性

由表 4 可知，甜菜糖分积累期日均温度、日均高温、日均低温及积温随生育期的推移而降低，而甜菜出苗后第 150～160d 出现日均温度和日均高温有所回升，且日均昼夜温差达到最高。

表 4　甜菜糖分积累期糖分积累及气象因子动态变化

出苗后天数/d	糖分积累量/%	日均温度/℃	日均高温/℃	日均低温/℃	总降雨量/mm	积温/℃	日均昼夜温差/℃
85～115	0.75	28.04	36.52	19.67	0	559.27	16.85
115～130	0.31	23.37	31.06	16.19	0.9	227.21	14.87
130～140	0.29	22.23	28.98	16.07	4.0	110.08	12.91
140～150	0.23	18.67	26.58	10.68	4.9	86.72	15.9
150～160	0.21	20.98	31.87	9.51	0	120.81	22.36

注：出苗后天数、糖分积累量、日均温度、日均高温、日均低温、总降雨量、积温、日均昼夜温差分别用 DAE、SA、DAT、DAHT、DALT、TR、AT 及 DADTD 来表示，下同。

由表 5 可知，甜菜糖分积累量与日均温度、日均高温、日均低温及积温正相关，其与积温相关性达到极显著水平（$P<0.01$）、与日均温度相关性达到显著水平（$P<0.05$）。糖分积累量与降雨量，日均昼夜温差呈负相关，其与昼夜温差相关性较低，可能是糖分积累后期（出苗后 $140\sim160d$）日均低温较低。这说明，日均温度和积温直接影响甜菜糖分的积累。

表 5　甜菜糖分积累期糖分积累与气象因子相关性

指标	SA	DAT	DAHT	DALT	TR	AT	DADTD
SA	1						
DAT	0.923*	1					
DAHT	0.828	0.908*	1				
DALT	0.813	0.883*	0.607	1			
TR	−0.455	−0.637	−0.863	−0.259	1		
AT	0.979**	0.941*	0.892*	0.781	−0.598	1	
DADTD	−0.105	−0.105	0.320	−0.558	−0.592	0.000	1

注：*、** 分别代表达到显著水平（$P<0.05$）和极显著水平（$P<0.01$）。

2.3.2　矮壮素处理下甜菜糖分积累量对气象因子的响应

由图 3 可知，糖分的积累量对积温和日均温呈现线性相关，均表现为直线上升。糖分积累量对积温响应中不同处理拟合值均大于 0.77，不同处理的拟合值大小表现为 D2＞D3＞D1＞CK，其 D2 处理拟合值为 $R^2=0.985\,4$，$Y=0.001\,8X+0.09$。糖分积累量对日均温响应中不同处理拟合值均大于 0.63，不同处理的拟合值大小表现为 D2＞CK＞D3＞D1，其 D2 处理拟合值为 $R^2=0.898\,6$，$Y=0.095\,4X-1.682\,1$。说明，D2 处理的糖分积累动态变化与当地积温及日均温动态变化吻合度较高，有效促进甜菜糖分的积累。

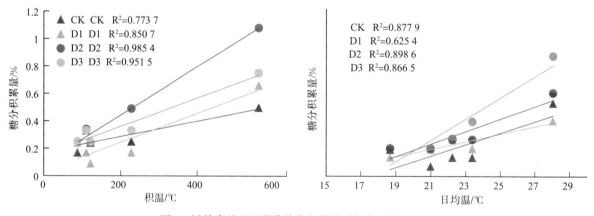

图 3　矮壮素处理下甜菜糖分积累量对气象因子的响应

2.4　矮壮素对甜菜产量及产量性状的影响

由表 6 可知，甜菜单根重、产量、含糖率、糖产量、产量增产率及糖产量增产率随矮壮素喷施次数的增加而增加，不同处理间其大小表现 D3＞D2＞D1＞CK。不同处理间 D2、D3 处理单根重、产量、含糖率和产糖率与 CK 处理差异达到显著水平（$P<0.05$），D2、D3 处理单根重和含糖率与 CK 处理相比分别增加了 13.38%、16.54%、5.95%、6.60%。不同处理间 D2、D3 处理产量增产率和糖产量增产率同比 D1 处理显著（$P<0.05$）增加了 82.75%、160.57%、170.25%、260.61%。说明，D2、D3 处理有效增加甜菜的单根重和含糖率，从而增加甜菜产量和糖产量。

表6 矮壮素对甜菜产量及产量性状的影响

处理	收获株数/10¹株	单根重/kg	产量/(10¹kg·hm⁻²)	含糖率/%	糖产量/(10¹kg·hm⁻²)	产量增产率/%	糖产量增产率/%
CK	11.40±0.15a	1.27±0.03b	14.48±0.46c	13.94±0.30b	2.02±0.02b		
D1	10.85±0.38a	1.40±0.06a	15.18±0.52bc	14.05±0.21b	2.13±0.04b	4.87±3.53b	5.68±2.11b
D2	10.95±0.54a	1.44±0.04a	15.76±0.38ab	14.77±0.33a	2.33±0.06a	8.90±4.91ab	15.35±4.2a
D3	11.05±0.31a	1.48±0.03a	16.32±0.80a	14.86±0.17a	2.43±0.15a	12.69±2.1a	20.17±0.15a

注：收获株数、单根重、含糖率、糖产量、产量增产率及糖产量增产率分别用 PN、RW、Y、SC、SY、YIR 及 SYIR 来表示。不同字母分别表示 $P \leqslant 5\%$ 水平下显著性差异，下同。

2.5 矮壮素处理下甜菜植株特性与产量性状相关性分析

由表7可知，植株特性与产量性状间，单根重、产量、含糖率、产糖量与绿叶数、根长、根直径及根围呈正相关，与枯叶数、株高及青头长呈负相关。单根重与甜菜绿叶数、枯叶数、株高及根长相关性达到极显著水平（$P<0.01$），与根围相关性达到显著水平（$P<0.05$）；产量与绿叶数、株高及根长相关性达到极显著水平（$P<0.01$），与甜菜枯叶数、根围和青头长相关性达到显著水平（$P<0.05$）；含糖率与根直径相关性达到显著水平（$P<0.05$）；产糖量与株高、根长相关性达到显著水平（$P<0.05$）。这说明，甜菜绿叶数、株高及根长直接影响甜菜单根重的形成，从而影响块根产量及糖产量的形成。甜菜根直径与含糖率的相关性较强。

表7 矮壮素处理下甜菜植株特性与产量性状相关性

指标	GLN	NDL	PH	RL	RD	RC	GHL	RW	Y	SC	SY
GLN	1										
NDL	-0.984*	1									
PH	-0.993**	0.961*	1								
RL	1.000**	-0.983*	-0.992**	1							
RD	0.847	-0.751	-0.859	0.852	1						
RC	0.975*	-0.928	-0.995**	0.974*	0.869	1					
GHL	-0.984*	0.987*	0.979*	-0.982*	-0.745	-0.960*	1				
RW	0.991**	-0.997**	-0.977*	0.990**	0.771	0.951*	-0.995**	1			
Y	0.991**	-0.953*	-0.991**	0.992**	0.909	0.981*	-0.955*	0.965*	1		
SC	0.902	-0.857	-0.880	0.908	0.951*	0.857	-0.813	0.855	0.936	1	
SY	0.967*	-0.922	-0.959*	0.970*	0.947	0.946	-0.906	0.929	0.988*	0.978*	1

注：*、** 分别代表达到显著水平（$P<0.05$）和极显著水平（$P<0.01$）。

3 讨论

植物生长调节剂对植物生长发育的调节和控制作用而被广泛应用已成为新的发展方向。杨可攀等[22]研究表明，喷施植物生长调节剂能影响玉米表观性状，并提高产量。前人[23-24]研究表明，喷施矮壮素能够显著降低小黑麦和黑麦的株高且有效提高产量。本试验表明，矮壮素能降低甜菜枯叶数和株高，且增加绿叶数、根长、根直径及根围，与何永梅[25]等人研究甜菜块根产量形成结论基本一致。本试验表明，不同处理间矮壮素喷施次数2次（D2）处理有效促进甜菜产量、含糖率、产糖量的增长。李淑芳等[26]研究表明，粳稻表观性状与产量相关性较大。前人研究表明，水稻主要农艺性状与产量均呈显著正相关[27-29]。牛艳波等[30]研究发现，小麦主要农艺性状特性与产量相关性较强。本试验表明，甜菜绿叶数、株高及根长直接影响甜菜单根重的形成，从而影响块根产量及糖产量的形成。甜菜根直径与含糖率的相关性较强。

光、温、水等环境因子是影响作物不同生长阶段变化的主要因素[31]。前人[32]研究表明，作物总含糖量主要受降水量、有效积温的影响。田云录等[33]研究发现，适当增温有助于提高冬小麦单产。Yao等[34]研究表明，气候变化影响水稻产量的形成。本试验表明，甜菜糖分积累量与日均温度、日均高温、日均低温及积温正相关，其与有效积温相关性达到极显著水平、与日均温度相关性达到显著水平，此与唐朝臣[31]等人结果一致。另本试验表明，糖分积累量与降雨量，日均昼夜温差呈负相关。不同处理间，矮壮素喷施处理 2 次（D2）处理的糖分积累适应当地有效积温及日均温，有效促进甜菜糖分的积累。

4　结论

综上所述，在南疆喀什新糖区甜菜糖分积累前期（分别出苗后 90d、120d）喷施 2 次矮壮素（1000mL·hm^{-2}/次）相比对照（CK）处理而言，有效降低甜菜株高和枯叶数 11.24%、17.44%，从而使甜菜绿叶数、根长、根直径及根围分别增加 9.68%、19.90%、5.93%、5.28%，且糖分积累动态变化较适应于当地积温及日均温动态变化，拟合值分别能达到 0.985 4、0.898 6，且能使甜菜单根重和含糖率的增加 13.38%、5.95%，从而使甜菜产量和产糖量增长 8.90%、15.35%。

参考文献

[1] Haq Z U，Aurang，MAHMOOD. Yield and Quality of Two Cultivars of Sugar Beet as Influenced by Fertilizer Applications [C]. Pakistan Journal of Scientific & Industrial Research，2006.

[2] 李阳阳，费聪，崔静，等. 滴灌甜菜对糖分积累期水分亏缺的生理响应 [J]. 中国生态农业学报，2017，25（3）：373-380.

[3] 唐利华. 调亏灌溉下滴灌甜菜耗水特征及水分生产函数研究 [D]. 石河子：石河子大学，2019.

[4] Rufty T W Jr，Kerr P S，Huber S C. Characterization of diurnal changes in activities of involved in sucrose biosynthesis [J]. Plant Physiology，1983，73（2）：428-433.

[5] 牟会荣，姜东，戴廷波，等. 遮光对小麦植株氮素转运及品质的影响 [J]. 应用生态学报，2010，21（7）：1718-1724.

[6] 王伟妮，鲁剑巍，何予卿，等. 氮、磷、钾肥对水稻产量、品质及养分吸收利用的影响 [J]. 中国水稻科学，2011，25（6）：645-653.

[7] 王丰，张国平，白朴. 水稻源库关系评价体系研究进展与展望 [J]. 中国水稻科学，2005，19（6）：556-560.

[8] 龚月桦，高俊凤，高等植物光合同化物的运输与分配 [J]. 西北植物学报，1999，19（3）：564-570.

[9] 陈年来. 作物库源关系研究进展 [J]. 甘肃农业大学学报，2019，54（1）：1-10.

[10] 许雪，季延海，张广华，等. 营养液中添加不同浓度的矮壮素对夏季黄瓜幼苗徒长的抑制效果 [J]. 中国农学通报，2015，31（22）：115-119.

[11] 张彦广，张启翔，杜鸿云，等. 矮壮素对蓝花棘豆 IAA、GA 及花序生长的影响 [J]. 河北农业大学学报，2006，29（2）：16-18.

[12] 杨炜茹，张彦广，石秀霞. 矮壮素对地榆株高及内源激素含量变化的影响 [J]. 河北农业大学学报，2006（1）：12-15.

[13] 柳延涛，徐安阳，段维，等．缩节胺、多效唑和矮壮素对向日葵生理特性的影响 [J]．中国油料作物学报，2018，40（2）：241－246．

[14] 孔德真，聂迎彬，桑伟，等．多效唑、矮壮素对杂交小麦及其亲本矮化效应的研究 [J]．中国农学通报，2018，34（35）：1－6．

[15] 郭建文，田新会，张舒芸，等．不同浓度矮壮素对黑麦抗倒伏性和种子产量的影响 [J]．草业科学，2018，35（5）：1128－1137．

[16] 张淑青，相丛超，封志明，等．矮壮素对二季作区主栽马铃薯组培苗的生长调控及其解除 [J]．江苏农业科学，2019，47（14）：99－103．

[17] 程艳，吴春燕，宫国辉，等．矮壮素基质浇灌法对番茄幼苗生长及理化指标的影响 [J]．东北农业科学，2018，43（6）：40－43．

[18] 张倩，张海燕，谭伟明，等．30%矮壮素•烯效唑微乳剂对水稻抗倒伏性状及产量的影响 [J]．农药学学报，2011，13（2）：144－148．

[19] Ud－Deen MM，Kabir G. Influence of growth regulators on root and shoot characters of Onion [J]，Journal of Bio－Science，2009（17）：51－55．

[20] Gudrupa I，Kruzmane D，Ievinsh G. Effect of CCC and pH on shoot elongation in Sedum rubrotinctum R. T. Claus－en [J]．Plant Science，2002（163）：647－651．

[21] 官凤英，范少辉，刘碧桃，等．矮壮素不同浓度及施用方法对绿竹的矮化效应 [J]．贵州农业科学，2010，38（8）：30－32．

[22] 何永梅，刘建中．植物生长调节剂在小麦生产上的应用 [J]．农药市场信息，2012（5）：41－42．

[23] 郭建文．矮壮素对饲草型小黑麦和黑麦抗倒伏及种子产量的影响 [D]．兰州：甘肃农业大学，2018．

[24] 任永峰，黄琴，王志敏，等．不同化控剂对藜麦农艺性状及产量的影响 [J]．中国农业大学学报，2018，23（8）：8－16．

[25] 杨可攀，顾万荣，李丽杰，等．DCPTA 和 ETH 复配剂对玉米茎秆力学特性及籽粒产量的影响 [J]．核农学报，2017，31（4）：809－820．

[26] 李淑芳，李玉发，王凤华，等．粳稻剑叶与穗粒重关系的研究 [J]．吉林农业科学，2004（5）：9－11．

[27] 聂守军．黑龙江省水稻主栽品种农艺性状与产量的相关性研究 [J]．中国农学通报，2005（12）：147－150

[28] 袁杰，王奉斌，张燕红，等．新疆水稻品种（系）的产量与主要农艺性状的相关分析 [J]．安徽农学通报（上半月刊），2009，15（19）：59－60．

[29] 聂呈荣，温玉辉，王蕴波，等．优质稻株的农艺性状与稻米品质关系的研究 [J]．佛山科学技术学院学报（自然科学版），2001（4）：69－74．

[30] 牛艳波．不同小麦品系的产量和农艺性状之间相关性分析 [D]．杨凌：西北农林科技大学，2015．

[31] Lobel D B，Hammer G L，Mclean G. The critical role of extreme heat for maize production in the United States [J]．Nature Climate Change，2013，3（5）：497－501．

[32] 唐朝臣．甜高粱产量及品质相关性状对环境因子反应度分析 [D]．天津：天津农学院，2015．

[33] 田云录，陈金，邓艾兴，等．开放式增温下非对称性增温对冬小麦生长特征及产量构成的影响 [J]．应用生态学报，2011，22（3）：681－686．

[34] Yao F，Xu Y，Lin E，et al. Assessing the impact of climate change on rice yields in the main rice areas of China [J]．Climate Change，2007，80（3）：395－409．

ZHONGGUO TIANCAI
ZAIPEI LILUN YANJIU

农艺措施篇

甜菜稳产提糖栽培技术研究与应用

闫斌杰，何新春，赵丽梅，李锟，王育红

（甘肃省张掖市农业科学研究院，甘肃张掖　734000）

摘要：为促进甘肃省甜菜生产发展，引进筛选出适宜本地种植的 LN90910、HYB－74、MK4081、LN90909、MK4087 等丰产高糖甜菜新品种，并积极开展适宜密度、地膜覆盖、科学施肥、合理轮作等稳产提糖配套栽培技术研究，经组装配套，在生产中推广应用成效明显。试验结果表明，引进适种甜菜品种的适宜种植密度为 100 050～111 150 株/hm²；白色和黑色地膜全覆盖均对甜菜根产、含糖及节水有明显促进作用，黑色地膜略优于白色地膜；氮磷钾硼锌等营养素合理配比有利于提高甜菜产质量，氮肥过量不利于糖分积累；甜菜施用莱姆佳专用肥 1 125kg/hm²，比常规施肥增产，含糖增加，增加纯效益 2 443.5 元/hm²；重茬和迎茬的甜菜褐斑病、黄化毒病、丛根病和根腐病发病率分别比 3 年轮作高 8.7～23.6、16.5～40.8、19.8～34.0 和 18.2～24.6 个百分点，轮作年限越短各种病害越重。示范结果表明，在张掖市甘州区，示范推广面积 150hm²，平均甜菜根产量达到 85 200kg/hm²，含糖率 16.6%；在武威市凉州区，示范推广面积 110hm²，甜菜根产量达到 88 440kg/hm²，含糖率 15.7%；在酒泉肃州区，示范推广面积 140hm²，平均甜菜根产量达到 88 050kg/hm²，含糖率 15.9%；示范区平均甜菜根产量增加 14.0%～16.5%，含糖率提高 1.5～2.0 度，成效显著。本研究为甘肃甜菜生产发展提供适宜的集成栽培技术。

关键词：甜菜；稳产提糖；种植密度；地膜覆盖；专用肥；轮作；栽培技术

甜菜在甘肃省种植已有 70 多年的历史。20 世纪 90 年代全省常年播种面积在 2.6 万公顷左右，年产量 110 多万吨[1]。21 世纪初由于丛根病的大面积发生和糖价的低迷，多家糖厂亏损闭厂，只剩 3 家糖厂生产至今，种植面积在 1 万～1.2 万公顷，年产量 50 万吨～70 万吨[2]，甜菜生产还存在一些待解决的问题[3-4]。2011 年，国家甜菜产业技术体系张掖综合试验站的建设及运行，有力地推动了全省甜菜产业的发展。"十二五"末，全省甜菜年产量增加到 75 万吨～90 万吨，平均单产达到 67.5t/hm²，菜丝含糖 13.5%～14.5%。2015 年，引进 30 个国内外甜菜新品种，在张掖、酒泉、武威三地同时开展新品种比较试验，试验筛选出综合性状突出、适宜河西范围内种植的甜菜优良品种 LN90910、MK4081、LN90909、MK4087 及引进抗丛根病甜菜新品种 HYB－74。优良品种必须配以优良的栽培技术，才能发挥品种的优良性能。为全面提高甜菜品质，增加产糖量，借鉴甜菜生产上成功的种植密度[5-6]、地膜覆盖[7-8]、施肥[3,5]及轮作倒茬[4,9]等现代配套种植技术[10]及经验，本站积极开展这几个甜菜适种品种与之相配套的稳产提糖栽培技术研究，并组装配套，推广应用于甜菜生产实践，以期促进甜农增收、企业增效、甜菜制糖产业进一步发展。这也有助于实现中国糖业协会提倡的 2018—2022 年实现糖农增收 300 元/667m²、食糖生产成本降低 300 元/t 的目标，促进中国制糖产业转型升级[11]。

　＊　通讯作者：闫斌杰（1965— ），男，甘肃天水人，副研究员，研究方向：甜菜育种和栽培。

1 试验材料与方法

1.1 不同品种的密度试验

试验地点：张掖市甘州区碱滩镇野水地村。参试品种：LN90910、MK4081（多粒）；MK4087、HYB-74（单粒）。方法：设4个密度处理，111 150株/hm²、100 050株/hm²、90 945株/hm²、83 370株/hm²；试验采用随机区组排列，4行区，行长12m，行距50cm，株距按照各甜菜品种的不同栽培密度要求，分别为18cm、20cm、22cm、24cm，3次重复，小区面积14.4m²。收获时每个小区取中间2行进行测产、测糖。

1.2 不同覆膜方式对甜菜生长发育的影响试验

供试甜菜品种为LN90910。试验设5个处理：白膜半膜、白膜全膜、黑膜半膜、黑膜全膜、露地（CK），每个处理330m²。人工覆膜，打孔，人工单粒点播，播后盖沙。

1.3 主要施肥因子对甜菜产量和含糖率的影响试验

供试甜菜品种：H003；最佳配方施肥的配方比例和最佳施肥量见表1，以不施肥为对照。试验采用随机排列，重复3次，6行区，行长10m，行距50cm，株距20cm，小区面积30m²，小区理论保苗300株，保苗100 005株/hm²。

表1 不同处理肥料用量

单位：g/10m

	处理	尿素	三料磷肥	硫酸钾	$NaB_4O_7 \cdot 10H_2O$	$ZnSO_4 \cdot 7H_2O$
1	(0)	0	0	0	0	0
2	(0-N)	0	104	120	7.5	15
3	(0-P)	130	0	120	7.5	15
4	(0-K)	130	104	0	7.5	15
5	(0-B)	130	104	120	0	15
6	(0-Zn)	130	104	120	7.5	0
7	(CK)	130	104	120	7.5	15

1.4 莱姆佳一号甜菜专用肥试验

在张掖市甘州区、酒泉市肃州区、武威市凉州区同时进行，供试甜菜品种：HYB-74。施甜菜专用肥1 125kg/hm²，每点试验面积1 000m²（其中专用肥面积667m²；对照333m²），以当地生产常规施肥水平（磷酸二氢铵525kg/hm²，尿素450kg/hm²）为对照；行距50cm，株距20cm，理论株数100 005株/hm²。

1.5 轮作定位栽培技术试验

供试甜菜品种：HYB-74。2015—2017年进行甜菜与不同作物轮作试验，设6个处理，A：甜菜—甜菜—甜菜（CK），B：小麦—小麦—甜菜，C：小麦—玉米—甜菜，D：甜菜—油菜—甜菜，E：小麦—大豆—甜菜，F：小麦—甜菜—甜菜。

2　试验结果与分析

2.1　不同品种不同密度的效应

不同甜菜品种的适宜密度有差异，其合适的种植密度才能充分发挥甜菜新品种的增产、增糖潜力；一般国外引进甜菜品种的种植密度为 7.5 万～12 万株/hm²，近些年提倡密植，密度多在 9 万株/hm²以上[1-2,12]。

本试验结果（表 2）表明，不同品种的最佳栽培密度不同，对参试品种而言，栽培密度在 100 050～111 150 株/hm²的范围内，甜菜品种的高产高糖性状能够充分发挥。HYB-74、MK4081、LN90910 在理论株数 111 150 株/hm²时，产糖量均达到最高，分别为 17 845.5kg/hm²、18 342.0kg/hm²、15 813.0kg/hm²。MK4087 在理论株数 100 050 株/hm²时，根产量 105 886.5kg/hm²，含糖 17.19%，产糖量 18 201.0kg/hm²，位居第一。

表 2　甜菜不同品种栽培密度试验结果

品种	理论株数/(株/hm²)	含糖率/%	根产量/(kg/hm²)	产糖量/(kg/hm²)	位次
HYB-74	111 150	18.04	98 938.5	17 845.5	1
	100 050	17.60	96 715.5	17 025.0	2
	90 945	17.17	84 436.5	14 496.0	4
	83 370	17.77	84 348.0	14 986.5	3
LN90910	111 150	15.75	100 420.5	15 813.0	1
	100 050	15.43	94 881.0	14 644.5	2
	90 945	15.30	74 886.0	11 454.0	3
	83 370	15.47	67 672.5	10 467.0	4
MK4081	111 150	16.20	113 175.0	18 342.0	1
	100 050	17.47	95 548.5	16 689.0	2
	90 945	16.74	97 624.5	16 338.0	3
	83 370	16.40	79 762.5	13 083.0	4
MK4087	111 150	16.10	102 643.5	16 527.0	2
	100 050	17.19	105 886.5	18 201.0	1
	90 945	16.92	91 864.5	15 546.0	3
	83 370	16.38	83 791.5	13 726.5	4

2.2　不同覆膜方式对甜菜生长发育的影响

在作物上的试验表明，黑色地膜覆盖可提高马铃薯水分利用效率、增产效果显著[13]；在甜高粱上应用黑色地膜覆盖，其除草效果良好，比白色地膜覆盖增产 10.1%[14]。本试验结果显示：在全地膜覆盖条件下，幼苗期植株长势最强，且出苗快，整齐度好，据田间 5 月 24 日和 6 月 8 日百株鲜重调查（表 3）显示：黑膜全膜覆盖的百株鲜重是露地栽培的 7.4 倍和 7.2 倍，根产量 141 070.5kg/hm²，比露地甜菜增产 72.0%，含糖提高了 2.1 度，产糖量 24 828.0kg/hm²，比露地栽培增产 95.3%。白膜全膜覆盖的百株鲜重是露地栽培的 7.5 倍和 7.6 倍，根产量 137 769.0kg/hm²，比露地甜菜增产 68.0%，含糖提高了 1.8 度，产糖量 23 880.0kg/hm²，比露地栽培增产 87.8%。

表3 不同覆膜方式对甜菜生长发育影响结果

覆膜方式	百株鲜重/g		根产量		含糖率/%		产糖量		位次
	5月24日	8月6日	kg/hm²	比CK/±%	平均	比CK/±	kg/hm²	比CK/±%	
黑膜半膜	306	1 288	92 547.0	12.8	17.7	2.2	16 338.0	28.5	4
黑膜全膜	488	1 995	141 070.5	72.0	17.6	2.1	24 828.0	95.3	1
白膜半膜	364	1 460	114 457.5	39.5	15.7	0.2	17 932.5	41.0	3
白膜全模	495	2 103	137 769.0	68.0	17.3	1.8	23 880.0	87.8	2
露地（CK）	66	278	82 026.0	0.0	15.5	0.0	12 714.0	0.0	5

白膜全膜覆盖甜菜全生育期共灌水 5 400m³/hm²，比露地甜菜（6 600m³）节水 120m³/hm²；黑膜全膜覆盖甜菜全生育期共灌水 4 950m³/hm²，比露地甜菜节水 1 650m³/hm²（表4）。

表4 不同覆膜方式的地膜甜菜全生育期灌水节水量

覆膜方式	百株鲜重/g		根产量		含糖率/%		产糖量		位次
	5月24日	8月6日	kg/hm²	比CK/±%	平均	比CK/±	kg/hm²	比CK/±%	
黑膜半膜	306	1 288	92 547.0	12.8	17.7	2.2	16 338.0	28.5	4
黑膜全膜	488	1 995	141 070.5	72.0	17.6	2.1	24 828.0	95.3	1
白膜半膜	364	1 460	114 457.5	39.5	15.7	0.2	17 932.5	41.0	3
白膜全模	495	2 103	137 769.0	68.0	17.3	1.8	23 880.0	87.8	2
露地（CK）	66	278	82 026.0	0.0	15.5	0.0	12 714.0	0.0	5

2.3 主要施肥因子对甜菜产质量的影响

试验结果为：试验地土壤比较肥沃，上一年的肥料在土壤中的残留量较多，没有完全达到试验预期的效果；并且由于甜菜收获前浇水造成甜菜持水量大，含糖率较低；但是主要施肥因子对甜菜的产量和含糖率的影响还是非常明显。由表5可知，肥料配合比率以全肥区为最佳，可获得最高产量135 001.5kg/hm²，与郑毅等[15]的结果氮磷钾等营养素合理配比有利于提高甜菜产质量类似，在缺氮情况下甜菜产量减产20.5%，而含糖提高了0.20度；在缺磷情况下甜菜产量减产22.4%，含糖率降低0.80度；在缺钾情况下甜菜产量降低14.0%，含糖降低0.20度；在缺硼情况下甜菜产量降低10.9%，含糖率低0.30度。表明N、P、K、B是甜菜产量和含糖的主要构成因子，氮肥过量会大大降低含糖率[3,15]。

表5 主要施肥因子对甜菜产质量的影响

肥料处理	根产量		含糖率/%		产糖量	
	kg/hm²	比CK/±%	平均	比CK/±	kg/hm²	比CK/±%
0	117 658.5	−12.8	12.37	−0.63	14 634.0	−16.5
0−N	107 320.5	−20.5	13.20	0.20	14 220.0	−18.9
0−P	104 785.5	−22.4	12.20	−0.80	12 786.0	−27.1
0−K	116 124.0	−14.0	12.80	−0.20	14 508.0	−17.2
0−B	120 259.5	−10.9	12.70	−0.30	13 795.5	−21.3
0−Zn	141 337.5	4.7	12.60	−0.40	17 862.0	1.9
CK	135 001.5	0.0	13.00	0.00	17 529.0	0.0

2.4 莱姆佳一号甜菜专用肥对甜菜产质量的影响

试验结果（表6）表明，在甘州区党寨镇中天牧业农场试验区施甜菜专用肥平均根产量88 710.0kg/hm²，较对照增产9.7%；含糖率17.79%，较对照增高0.72度；平均产糖量15 781.5kg/hm²，较对照增产14.3%。在肃州区上坝镇东沟村平均根产量100 911.0kg/hm²，比对照增产1.3%；含糖率15.79%，比对照增高0.47度；平均产糖量15 934.5kg/hm²，比对照增产4.4%。在武威市凉州区谢河镇谢河村平均根产量101 526.0kg/hm²，比对照增产5.2%；含糖率16.84%，比对照增高0.40度；平均产糖量17 097.0kg/hm²，比对照增产7.8%。

从经济效益方面分析，莱姆佳一号甜菜专用肥每667m²成本：75kg×2.4元/kg=180元，比对照当地生产施肥水平成本（35kg×4.0元/kg+30kg×2元/kg=200元）省20元，甜菜增产5.4%，可增加收入6 154.4kg×5.4%×0.43元/kg=142.9元，也就是每亩使用专用肥种植甜菜共增加纯收入162.9元。

表6 莱姆佳一号甜菜专用肥试验结果

试验地点	处理	根产量		含糖率		产糖量	
		kg/hm²	比CK/±%	平均/%	比CK/±	kg/hm²	比CK/±%
甘州区	专用肥	88 710.0	9.7	17.79	0.72	15 781.5	14.3
	CK	80 874.0	0	17.07	0	13 804.5	0
肃州区	专用肥	100 911.0	1.3	15.79	0.47	15 934.5	4.4
	CK	99 583.5	0	15.32	0	15 256.5	0
凉州区	专用肥	101 526.0	5.2	16.84	0.40	17 097.0	7.8
	CK	96 490.5	0	16.44	0	15 862.5	0
平均	专用肥	97 048.5	5.4	16.81	0.53	16 270.5	8.8
	CK	92 316.0	0	16.28	0	14 976.0	0

2.5 轮作定位对甜菜产质量及发病率的影响

多年的研究表明，甜菜需要5年以上轮作。但是由于目前土地流转问题短期难以形成规模种植，还由于除草剂药害问题[16]，使得种植甜菜选地成了问题。因此，考虑是否可以缩短轮作年限。

2015—2017年连续进行了3年的轮作定位试验，结果（见表7、表8）表明：重茬、迎茬使甜菜根产量和含糖率分别下降15.3%~57.2%、0.83~1.70个百分点，各种病害重茬、迎茬均较3年轮作的甜菜发病重，褐斑病，重茬、迎茬比3年轮作的甜菜平均发病率高8.7~23.6个百分点；黄化毒病，重茬、迎茬比3年轮作的甜菜平均发病率高16.5~40.8个百分点；根腐病，重茬、迎茬比3年轮作的甜菜平均发病率高18.2~24.6个百分点；丛根病，重茬、迎茬比3年轮作的甜菜平均发病率高19.8~34.0个百分点。2年轮作的甜菜褐斑病、黄化毒病、根腐病和丛根病平均发病率比3年轮作分别高14.9、24.3、6.4和14.2个百分点。甜菜丛根病的发生程度随轮作周期的缩短而不断加重，究其原因是丛根病的发生程度与土壤里的多黏菌休眠孢子及游动孢子数量呈正相关。甜菜重茬、迎茬，使土壤中丛根病病株的病残组织不断积累，土壤中的多黏菌数量逐年增加，因而丛根病的发病程度更加严重。而随着轮作周期的延长，土壤中多黏菌数量逐年减少，甜菜丛根病的发病率也不断减轻，因此，合理的轮作倒茬对防治丛根病危害有积极的作用。但是，在大田里，甜菜坏死黄脉病毒存在于甜菜多黏菌休眠孢子体内，其侵染性至少可以保持15年，因此，使用耐抗病品种是防治甜菜丛根病最根本有效的途径[17]。

表7 甜菜连作3年产质量结果

年份	根产量		含糖率		产糖量	
	kg/hm^2	比CK/±%	平均/%	比CK/±	kg/hm^2	比CK/±%
2015（CK）	77 742.0	—	14.80	—	11 506.5	—
2016	65 851.5	−15.3	13.97	−0.83	9 199.5	−20.0
2017	33 304.5	−57.2	13.10	−1.70	4 363.5	−62.1

表8 甜菜定位轮作病害发病率

轮作作物	褐斑病/%	黄化毒病%	丛根病/%	根腐病/%
A：甜菜—甜菜—甜菜（CK）	25.4	45.2	89.4	33.5
B：小麦—小麦—甜菜	1.4	3.7	60.4	8.7
C：小麦—玉米—甜菜	1.1	4.5	51.7	7.5
D：甜菜—油菜—甜菜	15.0	24.7	73.4	18.2
E：小麦—大豆—甜菜	3.0	5.1	54.2	10.6
F：小麦—甜菜—甜菜	18.5	32.8	65.8	12.4

3 甜菜稳产高糖新品种、新技术组装配套的应用效果

在张掖市甘州区，以示范推广抗丛根病的甜菜新品种 LN90910、HYB-74、KUHN1125 等为主，配套地膜覆盖、科学施肥（莱姆佳专用肥及一定量的硼、锌肥）、化学除草（甜菜3～4叶期喷安宁乙呋黄＋高效氟吡甲禾灵）、高密度栽培、实行5年以上的轮作、病虫害防治等综合栽培技术。示范推广150hm^2，平均甜菜根产量达到85 200kg/hm^2，平均含糖率16.6%，较对照田产量73 125kg/hm^{2}提高16.5%，平均含糖率增加2.0度。

在武威市凉州区，以示范推广 MK4081、LN90909 等甜菜新品种为主，配套推广全地膜覆盖节水技术、科学施肥（莱姆佳专用肥及一定量的硼、锌肥）以及化学除草（甜菜3～4叶期喷安宁乙呋黄＋高效氟吡甲禾灵）、病虫害防治等综合栽培技术。示范推广110hm^2，平均甜菜根产量达到88 440kg/hm^2，平均含糖率15.7%，较对照田产量77 578kg/hm^{2}提高14.0%，平均含糖率提高1.5度。

在酒泉市肃州区，以推广丰产、高糖甜菜新品种 KUHN1003、MK4087 为主，配套莱姆佳甜菜专用肥、地膜覆盖、高密度机械化栽培技术及化学除草和病虫害防治等综合栽培技术。示范推广140hm^2，平均甜菜根产量达到88 050kg/hm^2，含糖率15.9%，较对照田产量76 899kg/hm^{2}提高14.5%，平均含糖率提高2.0度。

4 结论与讨论

（1）引进推广应用稳产高糖抗病甜菜品种，是稳产提糖的最有效措施。试验筛选出的 LN90910、MK4081、LN90909、MK4087 等甜菜优良品种，增产、提糖效果显著，抗性强、综合性状突出，适宜机械化栽培要求。

（2）几个引进适种甜菜品种在适宜种植密度100 050～111 150 株/hm^2 更能发挥其高产高糖性能；白色和黑色地膜全覆盖均对甜菜根产、含糖及节水有明显促进作用，黑色地膜略优于白色地膜；氮磷钾硼锌等营养素合理配比有利于提高甜菜产质量，氮肥过量不利于甜菜糖分积累；甜菜施用莱姆佳专

用肥 75kg/667m²，比常规施肥增产，含糖增加，效益增加。重茬和迎茬的甜菜褐斑病、黄化毒病、丛根病和根腐病发病率分别比 3 年轮作高 8.7～23.6、16.5～40.8、19.8～34.0 和 18.2～24.6 个百分点，轮作年限越短各种病害越重。

（3）在试验研究的基础上，根据甘肃河西不同区域生产实际，组装配套全地膜覆盖、配方施肥或甜菜专用肥、高密植、机械化、5 年以上轮作、病虫草害综合防治等栽培技术，在生产上推广应用，是提高甜菜根产和含糖的最有效技术措施。平均甜菜根产量增加 14.0%～16.5%，含糖率提高 1.5～2.0 度，成效显著。

（4）建立健全社会化服务体系，加大科技宣传培训等公益性服务力度，把甜菜新品种、新技术普及到千家万户，最大限度地发挥新品种和新技术的增产增糖潜力，提高甜菜生产水平，对增加甜农收入、企业增效，推动甜菜制糖产业健康稳定发展意义重大。

（5）为实现《农业绿色发展技术导则（2018—2030 年）》的"农业资源环境保护、产业模式生态循环"等目标要求，今后应加强甜菜节水减肥及轻简高效集成栽培技术[3,18-19]，以利于大农业的绿色和节本增效生产。

参考文献

[1] 闫斌杰，何新春，赵丽梅，等．抗丛根病甜菜新品种 ZT - 6 的选育 [J]．中国糖料，2018，40（3）：7 - 9.

[2] 赵丽梅，闫斌杰，何新春，等．抗丛根病甜菜新品种 HYB - 74 引种试验及应用研究 [J]．中国糖料，2018，40（4）：3 - 5.

[3] 白晓山，林明，杨洪泽，等．天山北麓甜菜节本稳产增糖栽培技术集成模式示范 [J]．中国糖料，2018，40（6）：37 - 39.

[3] 赵光毅，张彩云．2013—2016 年酒泉市甜菜缺苗原因调查分析 [J]．中国糖料，2018，40（1）：78 - 80.

[4] 蔺多钰．提高河西走廊甜菜产量和品质的对策探讨 [J]．中国糖料，2018，40（2）：75 - 77.

[5] 李庆会，李志刚，智燕凤．专用肥与种植密度对甜菜的影响 [J]．中国糖料，2016，38（1）：35 - 37.

[6] 董心久，杨洪泽，高卫时，王燕飞．种植密度对不同类型甜菜品种产质量性状的影响 [J]．中国糖料，2016，38（5）：30 - 31.

[7] 高鹏斌，周玉萍．甜菜纸筒育苗栽培技术 [J]．中国甜菜糖业，2017（1）：6 - 11.

[8] 李智，李国龙，张永丰，等．膜下滴灌条件下高产甜菜灌溉的生理指标 [J]．作物学报，2017，43（11）：1724 - 1730.

[9] 林柏森，张福顺，吴玉梅．重茬对甜菜品质的影响研究 [J]．中国农学通报，2016，32（6）：81 - 85.

[10] 赵国辉，王远斌，李满红，等．甜菜现代化配套种植技术示范及推广 [J]．中国糖料，2016，38（5）：55 - 57.

[11] 柏章才，张文彬，卢秉福．中国制糖产业转型升级主要影响因素分析 [J]．中国糖料，2018，40（5）：62 - 65.

[12] 高卫时，张立明，王燕飞，等．甜菜单胚雄不育杂交种 XJT9907 的选育 [J]．中国糖料，2018，40（4）：1 - 2.

[13] 周东亮，叶丙鑫，王姣敏，等．黑色地膜双垄覆盖对马铃薯干物质和水分利用效率的影响 [J]．中国蔬菜，2018（2）：47 - 52.

[14] 张小叶．黑色地膜对甜高粱杂草防除及增产效果 [J]．中国糖料，2015，37（6）：44 - 46.

[15] 郑毅，李庆会，范富，等．糖用甜菜氮磷钾配方施肥效益分析 [J]．中国土壤与肥料，2016

（1）：77-82.

[16] 李彦丽，马亚怀，柏章才. 几种长效除草剂残留导致甜菜药害的早期诊断 [J]. 中国糖料，2015，37（6）：42-43.

[17] 范慧艳. 甜菜坏死黄脉病毒侵染本生烟和大果甜菜的生物学、转录组学和蛋白质组学研究 [D]. 北京：中国农业大学，2014.

[18] 谢金兰，李长宁，何为中，等. 甘蔗化肥减量增效的栽培技术 [J]. 中国糖料，2017，39（1）：38-41.

[19] 魏兰，邓军. 耿马县甘蔗种植应用轻简高效集成栽培技术初见成效 [J]. 中国糖料，2017，39（2）：42-44.

甜菜种植新技术在焉耆垦区生产上的应用

刘长兵，王维成

（新疆石河子甜菜研究所，石河子　832000）

摘要：介绍了新疆焉耆垦区甜菜种植新技术，主要是精量播种、加压滴灌、育苗移栽和机械化收获等多项技术集成配套应用等；希望通过在甜菜种植方面的交流讨论，优化各地区栽培技术与耕作模式，提高国内甜菜总体种植技术水平，激发农民种植甜菜的积极性，促进国内甜菜糖业健康持续发展。

关键词：甜菜种植；新技术；焉耆垦区

焉耆垦区土地资源丰富、光照充足、气候温凉、昼夜温差大，其独特的气候条件适宜种植甜菜，是新疆的甜菜种植重要基地之一。该垦区近几年每年的甜菜种植面积都在 6 700hm² 以上，占新疆甜菜种植面积的 10%；现有 2 家糖厂在其境内，成为当地的龙头企业，带动了地方经济。现如今，随着一些种植新技术在农业领域的应用和推广，特别是精量播种、加压滴灌、育苗移栽和机械化收获等多项技术集成配套应用，使得该垦区甜菜种植水平大幅度提高，甜菜单产达到国内先进水平。

1　焉耆垦区甜菜种植新技术

1.1　精量播种技术

该垦区引进地膜棉花精量播种机械，改造成甜菜精量播种机械，进行 6 膜 12 行精量播种；达到每穴 1 粒丸粒种、一播全苗的标准，采用 45～50cm 等行距，株距 20cm，这样既满足了机械化收获的标准，也可以使种植甜菜收获株数、产量最大化。精量播种机，在实现了棉花精量播种的基础上，甜菜也可以，条件是拥有优良的甜菜丸粒种；国外的甜菜种子已经实现高芽率、丸粒化，但遗憾的是，国产种虽然在产质量上可以与国外种一较高下，但在加工方面，达不到国外种的那样粒径均匀一致，所以在播种时，容易发生堵塞。因此，为更好地应用精量播种新技术，垦区甜菜生产上应用的种

＊　通讯作者：刘长兵（1973—　），男，新疆石河子市人，助理研究员。研究方向：甜菜育种。

子 90％以上是国外丸粒种。通过精量播种，甜菜出苗得到了保障，节省了人工定苗、补苗的投入，节约了成本，顺应了当今农业技术的发展。

1.2　加压滴灌技术

这项技术首先是在其他作物上展开的，后来应用到甜菜种植生产上。起初，先是做了小面积的示范试验，收到了很好的效果，现已得到大面积推广应用。在焉耆特别是兵团农场，它的推广力度最大，已经占据了团场甜菜种植面积的一半以上。加压滴灌技术有 4 大优点：①节水。②播种时间不受土地墒情影响。③可随水滴灌叶面肥，简单易行，降低劳动强度。④灌水不受地理条件的限制，每一株苗都可以得到相同的水量。通过使用加压滴灌技术，使甜菜在整个生育期灌溉及时，田间需水分布均匀；中后期肥料补给及时，避免甜菜脱肥现象的发生，为高产、高糖提供了保障。据田间实际产质量测定调查：在其他种植管理条件都相同条件下，使用此项技术的地块与不使用的地块相比，产量提高了 9％，含糖率提高了 1.1 度，这不仅为焉耆地方上的农民增加了经济收入，也提高了地方糖厂经济效益，促进了焉耆垦区的糖业健康稳步发展。

1.3　育苗移栽技术

此项技术是在小范围内进行的示范试验，可以说是大地播种的一个补充。它有以下优点：①延长甜菜生育期。在有些地区，由于各种原因，甜菜生育期不够，导致甜菜产量上不去，运用此技术可以保证苗齐、苗壮，有效地解决了这一问题。②确保全苗。对于出苗不好的地块，可以利用此项技术及时填补缺苗地段，以达到全苗的目的。③解决盐碱地、新开荒地的甜菜出苗保苗问题。对于盐碱地种植甜菜，如果用老办法播种出苗是大问题；而利用育苗移栽，保苗率可以达到 80％以上，提高了盐碱地的绿色覆盖面积，降低了土壤 pH 值。据统计调查，在焉耆二十二团一块 7hm² 的甜菜地，2011 年直播甜菜碱片面积 2.4hm²，2012 年利用育苗移栽，在 5 月中旬调查，碱片面积折合 1 330m²，保苗率达 98％。我们知道，新疆土壤盐碱面积大，程度重，甜菜又是抗盐碱性较强的作物，运用育苗移栽技术解决盐碱地种植甜菜出苗问题，其意义重大。

1.4　机械化收获技术

该垦区引进了当今世界上最先进的 T3 型全自动甜菜收获机，实现了切削、采收、装车一条龙作业。T3 机型全自动甜菜收获机，每小时收获 1.3hm²，每天可收获 13hm²，采收费用 150 元/667m²，比人工节省 122 元。还具有 4 大优点：①作业面积大，效率高。②可以增加职工的额定管理面积，彻底解放劳动力。③可以做到适时采收，不受天气的影响。④费用低，可进一步降低生产成本，增加农民收入。在实际的采收工作中，T3 全自动采收机工作效率高，可大量节约收获成本；甜菜收获清洁干净，收获效果好。通过利用该种收获机，甜菜生产的瓶颈问题将得到彻底解决，为农户大面积种植甜菜创造了条件；另外，还可以精准地把握收获时节，在甜菜糖分积累最高时进行采收，完全可排除外界因素干扰，使甜农和制糖企业实现双赢。

据测算，节约成本方面，在焉耆农二师单产为 5t/667m² 的甜菜地，667m² 切削需劳力 1.5 个，切削费、起挖费、装车费合计达 120 元；机械收获甜菜每 667m² 耗油约 2.5kg，机械收获费每 667m² 按 70 元计，较人工收获费低 50 元；另外，人工切削的甜菜，糖厂收购时要进行筛土工序，每吨成本约 8 元。机械收获的甜菜清土非常干净，收获 45 000t 甜菜可给糖厂节约费用 36 万元。节约劳动力方面，该机型每小时收获 1.3hm²，每天按 10h 计可收 13hm²，收获期按 45d 计，可收获 600hm²，总收获 45 000t，机械收获费约 63 万元，扣除收获成本 32.25 万元，年利润 30.75 万元。每天可节省切削劳力 450 个，装车劳力约 150 个，合计节省 600 个劳动力，整个收获期可节省劳力 27 000 个。

2 讨论

甜菜新技术的优化组合运用后，形成了适宜焉耆垦区甜菜高产高糖的栽培技术措施，对焉耆地区甜菜产量、含糖的提高起到了很大作用。当然也要有几个环节来保证：①甜菜精量播种，播期一定要在翻浆前播完，过早会影响保苗率。②播种深度，膜下 1.5～2cm，膜上盖土 0.5～1cm。③选择高质量、高标准的丸衣种。④揭膜期的确定，即在田间出苗 70% 时进行。⑤揭膜后，立刻查苗补苗。对于盐碱片区，要利用育苗移栽技术进行补充。希望通过在甜菜种植方面的交流讨论，优化各地区栽培与耕作模式，提高国内甜菜总体种植技术水平，提高甜菜单产和含糖，激发农民种植甜菜的积极性，促进国内甜菜糖业健康持续发展。

新疆甜菜优质高效栽培模式标准化探析

刘长兵[1,2]，王喜琴[3]

（1. 石河子大学农学院，石河子 832003；2. 新疆石河子甜菜研究所，石河子 832001；3. 新疆温宿县园艺站，温宿 843000）

摘要：通过对新疆各大甜菜种植区栽培情况的走访和详细调查，结合当地的气候、土质和劳力等实际状况，摸索总结出一套适应当地甜菜优质高效栽培的技术标准。

关键词：甜菜；优质高效；标准化；栽培模式

新疆地处我国西北边陲，是典型的温带大陆性气候，热量资源丰富，光照条件充足，日较差大，种植甜菜有着得天独厚的自然和地理优势。自新中国成立以来通过 70 多年的努力，新疆已成为全国最重要的甜菜制糖基地。每年的种植面积都在 6 万 hm^2 以上，年产甜菜 450 万 t。平均单产 57t/hm^2，含糖 14.6%，比全国 34.05t/hm^2、14.1% 的平均水平分别高出 67.4% 和 3.5%，种植甜菜的优势得到充分体现。新疆之所以取得如此好的成绩，是和广大生产和科研工作者不断探索种植模式分不开的。近年来，随着新技术的引入，新疆各大糖厂的原料基地采用的种植模式各不相同，比较混乱，导致产量、含糖差别较大。石河子甜菜研究所通过几年的调查、摸底、研究、总结，提出新疆甜菜优质高效栽培模式必须走标准化之路，以解决当前栽培模式良莠不齐的问题。

1 用整地标准

用地标准：忌重茬、迎茬。要求土层深厚，排灌良好，具有中、上等肥力，含盐较少，pH 值在 6～7.5 的土壤条件。

整地标准：适墒平地，用刨式平地器平地两遍后，再用轻型圆片耙带糖双遍耙地，耙深 5～6cm，达到墒、平、松、碎、净、齐六字标准。

---

* 通讯作者：刘长兵（1973— ），男，新疆石河子市人，助理研究员，研究方向：甜菜育种。

2 用种标准

在甜菜产区不宜选用单一类型的品种，更不宜只选用一个品种。南疆焉耆糖区积温多，无霜期长，自然条件优越，产量水平较高，应选种标准型品种为主，高糖、丰产品种搭配为辅，以达到稳定产量提高糖分的目的。新源糖区气候温和，土壤肥沃，雨量较多，应选用抗病性强的丰产偏高糖型品种；额敏糖区气候冷凉，雨水少，温差大，应选用丰产型品种；奇台糖区甜菜生长后期昼夜温差大，非常利于甜菜积糖，应选用丰产偏高型品种。每个糖区都应该种植一定比例的早熟品种，一是利于糖厂提早开榨，二是有利于农业的轮作倒茬。不同类型品种种植比例应由当前的丰产型：高糖型：标准型＝30：60：10，逐步过渡到丰产型：高糖型：标准型＝20：10：70。

3 播种标准

3.1 适期早播

当地面化冻 5cm（日平均地温稳定通过 1.5℃时），即可播种，一般于开春 3 月下旬开始播种，3 月底 4 月初播种结束。这要结合当地的实际情况而定。

3.2 播种方式及株行配置

常规播种方式：采用 1.8m 地膜，播幅 6m，一机三膜，一膜四行，一膜二带，50cm 等行距播种，株距 16.6cm，667m² 理论株数达到 8 032 株，提倡双膜覆盖技术，此配置适合机械采收。气吸式甜菜精量播种：采用 1.8m 的地膜，播幅 6m，采用膜上精量点播，一机三膜，三膜十二行，设施滴灌甜菜，一膜二管。株行距配置：50cm×15.5cm，667m² 穴数 8 603 穴，实际播种到 8 889 株。

3.3 播种质量要求

播种质量要求播行端直，不错位，空穴率控制在 3% 以下，播深膜下 2.0～2.5cm，种子盖土 1.0～1.5cm，建议侧封土。单粒种每穴 1～2 粒，多粒种每穴 2～3 粒。保证膜面平展，膜边压实，采光面达到 160cm 以上。播量一般多粒种 0.5～0.6kg/667m²，单粒种 0.1～0.3kg/667m²。及时查膜、查带、查断垄断条，及时催芽补种。

4 田管标准

4.1 苗期管理

（1）查苗补种：出苗后要及时查苗补种，凡是 30cm 内缺苗的都应补种。
（2）破除板结：播后苗前遇雨应在土表未结硬壳前人工或机械破除。
（3）查看苗情：在甜菜 4～6 片真叶时仔细查看苗情，去双留单。
（4）保苗株数：667m² 肥地 6 500～7 000 株，中等地 7 500～8 000 株，盐碱地 8 500～9 000 株。

4.2 揭膜中耕松土

甜菜生育期中耕 3～4 次，第一次现行后即可中耕，中耕深度 8～10cm。第二次中耕在甜菜有 6 片真叶后即可进行。第三次头水后进行，中耕深度 16～18cm。揭膜：地膜甜菜在头水前揭膜，随后中耕。

4.3 病虫草害防治

（1）褐斑病、白粉病：喷 70％甲基托布津可湿性粉剂或 50％多菌灵可湿性粉剂 1 000 倍液防治。

（2）象甲、地老虎、三叶草夜蛾：是甜菜苗期的主要害虫。象甲用 40％乙酰甲胺磷乳油 800 倍液进行均匀喷雾即可；1～2 龄幼虫地老虎采用 5％美除乳 1 000～1 500 倍液即可。三叶草夜蛾用 20％百树得乳 2 000 倍液即可。

（3）甘蓝夜蛾：喷二溴氰菊酯 2 000 倍液或者 50％久效磷 800～1 000 倍液即可。

化学除草：禾本科杂草多的地，播前用 72％的杜尔进行土壤封闭。667m² 用量 200～250g，兑水 30～40kg，随即耙地混土。单子叶和双子叶杂草多的地块，可用 72％杜尔 180g 加 65％甜菜灵 340g 兑水 30～40kg，进行土壤处理。苗后单子叶杂草用拿捕净、稳杀得 140g/667m²，阔叶杂草用甜菜安宁 400g/667m² 兑水 20kg，进行叶面喷雾防治。

5 化学调控

一般国内选育的品种，土壤肥力在中等以上，667m² 保苗株数达 5 000 株以上的甜菜均应进行化控。第一次化控在 6 月初，灌溉头水前 5～7d，叶片数在 11～15 叶，667m² 用 50％矮壮素 100～150g，兑水 30～40kg，均匀喷在叶面上；第二次在 6 月底至 7 月初，叶片数在 25～30 片时，667m² 用矮壮素 150～200g，加磷酸二氢钾 200g，兑水 30～40kg，均匀地喷在叶片上。在 9 月初每 667m² 用 90％曾甘霖可湿性粉剂 60～90g，兑水 30～40kg。

6 施肥

667m² 生产 4t 甜菜大约需从土壤中摄取纯氮 20kg，磷 6.0kg，钾 24kg，应首先测定土壤肥力，根据土壤肥力高低给予合理的补充。

甜菜是深根系作物，要求深施肥、全层施肥、重施基肥、适量种肥、看苗追肥、增施钾肥。

（1）施肥量：667m² 施无机肥 120～140kg 标肥，N：P＝1：0.5～0.6，其中 70％作基肥，其余以种肥、追肥施入。

（2）基肥：以无机肥为主，增施有机肥，667m² 施肥 50～60kg，标磷 30～40kg 和适量的钾肥。

（3）种肥：以磷肥为主，667m² 施标磷 10～15kg。

（4）追肥：667m² 施标氮 25～35kg，甜菜叶丛快速生长期，即灌水前结合开沟深施，若施肥后苗情生长较差的应在浇二水前补施适量的氮、磷肥。

7 生长期灌水

（1）灌水量：甜菜是耗水量比较多的作物，在高产栽培条件下，每生产 1t 甜菜需耗水 80m³，全生长期滴水 5～6 次。

（2）灌水时期：第一次滴水于 6 月上、中旬灌完，667m² 灌水量 70～80m³，以后每隔 20d 灌一次水，或根据甜菜的长相，当中午部分叶片开始出现萎蔫下垂状况时应及时灌水。收获前灌水 1 次，起拔水应在 10 月 5 日前灌完。

（3）灌水质量：灌水均匀、不旱不涝、深浅一致。

8 收获

(1) 收获期：甜菜成熟期的长相特征表现为叶丛疏散，外翻匍匐形，叶色泛黄，有明显的光泽，甜菜适宜收获期在 9 月下旬至 10 月上、中旬。

(2) 收获方式：机械起拔，机械收获。对于小块地，建议用西班牙 MACE 公司的 6HL－Tl 型甜菜茎叶切割机、AH 型甜菜挖掘机和 RT 型甜菜收集装载机。这种机型已经在伊犁糖区使用，比较成熟；对于大面积的地块，建议采用德国产 T3 自走式联合收获机来实施采收，这种机型在新疆的各大糖区都在使用，具有效率高，收获干净的特点。

甜菜露地直播高产栽培技术应用

(1. 新疆石河子甜菜研究所，石河子　832000；2. 新疆伊犁特糖业有限公司原料部，奎屯　833200；3. 新疆农七师 131 团农业科，奎屯　833200)

摘要：为了解决地膜甜菜残膜污染问题，实施并总结了甜菜露地直播栽培技术。
关键词：甜菜；地膜；露地直播；栽培；效益

自从 20 世纪 80 年代初地膜覆盖技术进入新疆，在新疆的农业生产上掀起"白色革命"以来，由于使用地膜覆盖后具有明显的增温保湿效果，并可适当提前播种，间接地延长了作物的生育期，从而能够显著地提高作物产量，因此地膜覆盖栽培技术目前已在各种农作物生产中广泛应用。近年来，由于种植棉花的经济效益要远远好于甜菜等作物，受棉花种植的排挤，新疆的甜菜原料产区多分布在地理位置相对比较偏远，气候较为冷凉的地区，在甜菜生产中普遍应用的是地膜覆盖栽培技术。

由于应用地膜覆盖栽培技术能够增温保湿，并可因此获得较高的产量和较好的经济效益。因此在各种作物生产中普遍使用地膜覆盖，然而随着种植年限的不断延长，因残膜污染而引发的各种问题逐渐在生产中凸显出来。受当前生产中残膜回收技术的限制，无论是采用人工或机械回收，土壤中的残膜都无法彻底回收干净，这样年复一年，土壤中的残膜越积越多，每年春天整地时可以看到，在土壤 0～30cm 耕层内残留着大量的地膜残片，甚至在 30cm 以下深度也可以找到许多的残膜。在甜菜播种时，若种子播到土壤中的残膜上，被残膜裹覆的种子要么无法从周围的土壤中吸收水分，要么种子发芽后其胚根在下扎过程中受到残膜的阻碍，造成幼根无法下扎，甚至有些幼苗的子叶出土后被残膜所包裹，若不及时采取人工措施干预，幼苗就会被烫死。这些都严重地影响到甜菜的出苗和成苗。此外，田间土壤中过多的残膜直接地影响到土壤的通透性，造成土壤耕作层透水、透气性差，这样的土壤环境既不利于甜菜的生长，也不利于提高甜菜的抗病性。

---

* 通讯作者：李蔚农（1969— ），男，新疆石河子市人，副研究员，研究方向：甜菜育种与栽培技术研究。

受残膜污染的困扰，为了较好地解决这一问题，实现农业生产的可持续发展，农七师131团农业科的技术人员自2009年以来通过不断地摸索创新，以小区试验结合大田示范的方式充分论证了甜菜露地直播技术的可行性，并对甜菜不同栽培方式下的成本效益进行了比较，最终成功地总结出一套切实可行的甜菜露地直播高产栽培技术，并于2011年在全团全面推广露地直播高产栽培技术。

1 甜菜露地直播栽培技术的优点

甜菜应用露地直播栽培不仅能够有效地避免土壤中的残膜污染，而且相比于地膜覆盖栽培，能够实现显著的节本增效。表1为不同栽培方式下甜菜的成本效益对比（表中设定的目标产量为5t/667m²，甜菜收购价为375元/t，成本相同的支出在表中未列出）。

表1　不同栽培方式下甜菜的成本效益分析

单位：元/667m²

栽培方式	化学除草	地膜	机械	水费	人工	成本	产值	利润
露地直播	47.6	0	92.4	147.6	100.0	1 326.44	1 875.0	548.57
地膜覆盖	7.6	48.0	93.2	137.8	150.0	1 426.40	1 875.0	448.61

从表中的数据可以看出，采用露地直播栽培的甜菜较地膜覆盖栽培的甜菜每667m²可直接减少成本支出99.96元，单位面积上的种植效益提高22.28%。由此看来，甜菜采用露地直播栽培具有显著的增收节支效果。

生产实践证明，甜菜应用露地直播栽培技术后，青头较地膜甜菜明显减少，甜菜根腐病的发病也显著减轻，发病率可降低5%以上。此外，由于田间没有地膜，机械收获时不存在残膜缠绕机械的影响，收获质量和收获效率均得以大幅度提高。

2 甜菜露地直播栽培技术

2.1 品种选择

宜选择生长势强、丰产性好、含糖率较高、抗病性好、适宜精量播种的丸粒化优良品种。目前，兵团农七师糖区使用较广泛的丸粒化品种是Beta 356。

2.2 播前土壤准备

2.2.1 选地

选择土壤疏松、土层深厚、肥沃的壤土、沙壤土，忌重茬及连作，通常实行4～5年轮作。前茬以麦类、玉米、豆类、棉花、苜蓿等为宜。

2.2.2 整地施肥

（1）秋耕：秋耕要求耕深28cm以上，其质量要求：不重不漏，深浅一致，翻扣良好，到头到边，无犁沟无犁梁。

（2）冬灌：秋耕后开沟灌水，洗盐压碱，每667m²灌量100～120m³。

（3）全层施肥：每667m²施尿素5kg，磷酸二氢铵或三料磷肥15～20kg，硫酸钾肥5～8kg，随犁地翻入耕作层。

（4）精细整地：须掌握好适耕期，整地质量达到墒、松、碎、齐、平、净六字标准。

（5）化学除草：播种前7d，每667m²用70～80g"金都尔"兑水40kg喷洒在土壤表面，沙壤土用下限（60mL），黏壤土用上限（80mL），边喷边耙，以提高除草效果。结合整地采取复式作业一次完成，整后要达到地表松碎，干土层不得超过2cm。

2.3 播种

2.3.1 适期早播

当5cm地温连续3d稳定在5℃以上时即可播种，一般在3月下旬至4月上旬，以确保苗全、苗齐、苗壮，同时可避开甜菜象甲危害高峰。若播种过晚，则造成甜菜播种后遇高温出苗较难和苗期生长期相对较短，影响根系下扎和根体膨大，且病虫害严重。

2.3.2 播种方法

采用气吸式甜菜专用播种机露地精量点播，行株距配置：50cm×15.5cm，667m² 理论株数 8 603 株，播幅6m，1机12行，带6根滴灌带，每穴播1粒种子，个别的2粒。播种深度2cm左右，播种时要求行距准确、下籽均匀、无浮籽、无断条。

2.4 田间管理

2.4.1 播后管理

播种后及时查种、查带、查墒、补种、补带、补墒。缺墒地块及时滴出苗水，每667m² 滴水 10～20m³，确保苗全、苗匀、苗齐。

2.4.2 定苗

当甜菜长出1对真叶时，剔除苗行中的少数双株，以利于发挥单株的生长优势。

2.4.3 中耕

早中耕有利于保持土壤疏松，提高地温，加快甜菜前期生长发育，提高甜菜幼苗的抗病能力。在幼苗显行前完成第一次中耕，要求耕深12cm；第二次中耕在子叶出土率达50%时进行，要求耕深达到16～18cm；第三次中耕耕深达到18～20cm，全生育期中耕3次，中耕质量要求达到土壤细碎，不翻块、不拉沟、不埋苗、不伤苗。

2.4.4 化学除草

在甜菜4～6叶期，杂草3～5叶期，667m²用16%甜菜安宁乳油400mL，兑水25～30kg，机动喷雾，对一年生阔叶杂草防除效果可达90%，且对甜菜生长无影响。可在整个生育期使用甜菜安宁1～2次，一定要掌握好杂草的种类和杂草的叶龄数，药液要喷洒在杂草上才能有效地防除杂草。

2.4.5 蹲苗

在甜菜种植上，大力推广头水前的蹲苗技术，适当延迟进头水的时间，蹲苗时间从出齐苗后一直到进头水前结束，历时近50d，以促进根体下扎，塑造良好的根形。实践证明，采取蹲苗措施后效果非常显著，根体下扎深度可达30～40cm，可有效提高甜菜的吸水吸肥和抗旱能力，为甜菜高产打下了良好的基础。

2.4.6 施肥

（1）施肥原则：做好全层施肥，真正做到深施、匀施。生育期追施氮肥要尽可能提前在叶丛繁茂期进行，合理调整氮、磷、钾的比例，前期以氮磷肥为主，中后期以磷钾肥为主，生育后期结合防虫，叶面喷施磷酸二氢钾、尿素等肥料。

（2）生育期施肥：在全层施肥时，每667m²施三料磷肥15～20kg、尿素5kg、硫酸钾5～8kg，真正做到深施、匀施，生育期追施氮肥要尽可能提前在叶丛繁茂期进行。在第1～4水滴水时随水滴施，1水1肥，要将尿素总量的80%施入。667m²施尿素21～28kg、磷酸二氢钾10kg，全生育期667m²投入标肥160个，氮、磷、钾的比例为1:0.8:0.7。

2.4.7 灌水

应根据长势情况和田间土壤的含水量，确定头水的灌水时间，当植株叶片早晨直立，中午发生萎蔫时即可灌头水。一般在 6 月初灌头水，每水间隔 10～12d，每次滴水 50～60m³/667m²，大多数地块在 6 月份灌 2 次水、7 月份灌 3 次水、8 月份灌 3 次水、9 月初灌 1 次水（起拔水），起拔水必须在甜菜收获前 20d 完成，机收甜菜必须在 9 月底前灌水结束，且灌水量不能过大，滴水量 30m³/667m²，以利于机械收获，确保甜菜的高产高糖。全生育期滴水 9～10 次，总灌水量 500m³/667m²。

2.5 甜菜主要病虫害的防治

2.5.1 综合防治

以农业和物理防治为基础，做好秋耕冬灌工作，控制害虫的越冬基数，减少来年害虫的为害。加强病虫测报网络与体系的建设，搞好病虫调查，切实了解和掌握甜菜病虫害的发生消长规律，科学使用化学防治技术，有效控制病虫危害。

2.5.2 甜菜病害防治

（1）甜菜根病防治：加强监测，严格控制已发生的地块，作业机车、机具应进行消毒，控制病害蔓延，实行严格的轮作倒茬制度。

（2）甜菜叶病防治：加强调查，及早防治，尤其要重视白粉病、褐斑病等蔓延较快的病害的调查防治，坚持预防为主。在 7 月初，用 50％甲基托布津可湿性粉剂 800 倍液，或 70％百菌清 600 倍液，或 25％粉锈宁 2 000 倍液交替喷雾防治白粉病、褐斑病，一般防治 2 遍。对于甜菜立枯病的预防则要提高种子处理质量，使用药剂包衣的种子，并落实早中耕、早定苗等管理措施。

2.5.3 甜菜主要虫害的防治

（1）甜菜象甲：甜菜播种后，立即在甜菜地四周挖防虫沟，沟宽 20～30cm，沟深 30～40cm，沟壁要光滑，沟中放药毒杀，防止外来象甲掉入后爬出。在成虫出土为害盛期，每 667m² 使用 40％乐果乳油或 48％毒死蜱乳油 50～60mL 兑水 20～30kg 喷雾或选用 2.5％溴氰菊酯 1 500～2 000 倍液喷雾。

（2）三叶草叶蛾：第一代幼虫发生于 5 月上旬，数量少，但因甜菜苗小，危害较重，第二、三代幼虫发生于 6 月、8 月中旬，可用杀灭菊酯或敌敌畏等高效低毒、低残留的药物进行叶面喷雾防治。

（3）甜菜叶螨：在 6 月中下旬注意调查叶螨的发生中心株，用克螨特 2 500 倍液或三氯杀螨醇 1 500 倍液并加入助剂，交替使用确保防效，重点喷施在甜菜的叶背面，3～5d 后，再补喷 1 次，主导思想是"有一点，防一片；有一片，防一面"，重点抓防效，力争将叶螨危害控制在局部范围以内。

2.6 收获

9 月下旬，当甜菜功能叶大量开始衰亡，茎叶下垂时，可及时收获。收获前应清除干净田间的杂草和滴灌管带，灌好起拔水，做到土壤不干不湿，利用甜菜联合收获机一次性完成打叶、切削、起拔、清净、装车等收获程序。

3 甜菜露地直播栽培技术适应的区域

甜菜露地直播栽培技术主要适用于那些早春土壤升温较快，具备滴灌灌水条件的地区。各地在应用这项栽培技术时应结合本地的自然气候条件，有选择地在小面积试验的基础上再进行大面积的示范推广。

◇ **参考文献**

[1] 李爱萍，王雪斌. 露地甜菜精量播种高产栽培技术 [J]. 农村科技，2010（1）：9.

新疆产区有机甜菜栽培技术探讨

刘华君，白晓山，林明，潘竞海，陈友强，邓超宏，李承业

（新疆农业科学院经济作物研究所，乌鲁木齐　830091）

摘要：根据新疆甜菜产区的气候特点以及灌溉农业、机械化种植的特点，从播前准备、播种、苗期管理、中期管理和后期管理等环节详细介绍了有机甜菜栽培技术。

关键词：有机甜菜；栽培技术；新疆

随着社会经济的发展和生活质量的提高，人们越来越追求采用无污染的有机产品。食糖是人们日常生活所必备的食品原料之一，也是餐饮业、食品加工业等行业的重要原料。有机糖是一种无任何污染的理想食品和原料，近年来备受消费者欢迎。有机甜菜则是生产有机糖的主要原料。新疆是中国最大的甜菜产区，并且具有发展有机甜菜的生态环境条件。首先，新疆自然条件得天独厚，冬季寒冷，不利于病虫害越冬，总体虫害比内地轻；夏季气候干燥、光照充足，昼夜温差大，是发展有机甜菜的最佳地区；其次，新疆土地资源丰富，水源稳定，有充足的灌溉条件。有机甜菜种植要求其栽培管理过程中不能受到任何污染，但是目前传统的甜菜栽培管理方式中，在种子处理、土壤处理、施肥、病虫草害防治等方面均无法满足有机甜菜无污染的要求。鉴于传统甜菜种植栽培方式存在的诸多问题，本文作者依靠多年的农业种植经验和甜菜专业知识，通过不断试验及调查研究，提出适宜新疆甜菜产区的有机甜菜栽培技术，以期对新疆有机甜菜原料生产者提供参考。

1　播前准备

1.1　土地选择

选择 4 年以上没有种植过甜菜的地块，并且在前 4 年种植作物过程中没有使用过任何化学农药、化学肥料，土壤环境质量符合 GB15618—2018 中的二级标准，农田灌溉用水水质符合 GB 5084 的规定，环境空气质量符合 GB3095—2012 中的二级标准；种植区周围 10km 以内没有重污染企业，包括对土壤、地下水、空气的污染，土壤肥力中上，土壤有机质含量 $10 \sim 15 \mathrm{g/kg}$，碱解氮 $60 \mathrm{mg/kg}$，速效磷 $8 \sim 10 \mathrm{mg/kg}$，总盐含量 $4 \sim 6 \mathrm{g/kg}$，地势平坦，灌排条件好的沙壤土或轻黏土；不宜选择低洼地、黏重地及地下水位高的下潮地；前茬作物以麦类、豆类、油菜、苜蓿为佳。

1.2　施足基肥

基肥要求使用羊粪和豆饼或棉饼按 4∶1 混合并充分发酵腐熟的有机肥，有机肥不含任何活虫卵、活病原体、能够发芽的杂草或其他作物种子等，用量 $15 \mathrm{t/hm^2}$，秋翻前均匀撒施在土壤表面，然后通过翻地机械混施在土壤耕层中。

1.3　灌溉

（1）秋耕冬灌：前季作物收获后，及时清除杂草并深翻，耕深 28cm 以上，土壤封冻前及时灌

＊　通讯作者：刘华君（1970—　），男，安徽省涡阳县人，副研究员，研究方向：甜菜栽培。

水，灌水量 1 200～1 500m³/hm²。（2）春耕春灌：春季翻耕的田块，翻耕前及时清除杂草，即翻即灌，灌水量 900m³/hm²。

1.4 播前整地

播前整地以"墒"为中心，秋耕冬灌地早春应及时耙糖保墒；春灌地应根据灌水时间和土壤质地，适墒耙糖，适时整地，要求耙深 8cm。整地质量按"墒、平、松、碎、净、齐"六字标准要求。

2 播种

2.1 用种标准与处理

选用抗病、抗逆性强，丰产、稳产性好，含糖率高的、适宜本地区栽培种植的、经过国家或省级农作物品种审定委员会审定的优良甜菜品种，种子要求发芽率 95% 以上，水分含量 14% 以下，净度 98% 以上，纯度 98% 以上。选用国内自育品种或进口未包衣品种，种子必须为裸种子，播种前在气温 25～30℃ 条件下晒种 3h，每隔半小时翻动一次。

2.2 膜下滴灌种植

采用气吸式精量覆膜播种机，50cm 等行距播种，边覆膜、边打孔、边播种、边覆土、边铺设滴灌带；株距 18cm；地膜厚度要求 0.01mm；宽度根据播种机型号选择 80～200cm 不同标准；滴灌带要求侧翼迷宫式，外径 16mm，壁厚 0.3mm，滴孔间距 0.3m，流量 3L/h，工作压力 100kPa。

2.3 适播指标

适时早播，春季 5cm 地温稳定在 5℃ 时，墒情好为最佳播种期。播种量 3kg/hm²。播种深浅要一致，一般播深 1.5～2.5cm 为宜。

3 田间管理

3.1 苗期管理

3.1.1 播后松土

若播种后遇雨造成板结，用耙与播行垂直方向破除板结，可在膜间进行必要的松土作业。

3.1.2 间苗、定苗

及时间苗、定苗，培育壮苗是提高甜菜产质量的重要环节。两对真叶时间苗，每穴留苗 2～3 株；间苗后 10～15d 进行定苗，每穴留 1 株苗。间苗、定苗时，要除去弱苗、病苗、虫害苗，留下壮苗。

3.1.3 查苗移栽

幼苗显行后，如果发现缺苗断垄现象要及时查苗移栽，移苗后及时浇水。移苗时可将真叶剪去一半叶片，防止叶片自身的蒸腾消耗。一般移苗应在下午较阴凉时进行。

3.2 中耕除草

甜菜中耕的主要作用，一是除去杂草，疏松土壤；二是提高地温，蓄水保墒；三是改善土壤理化状况，有利于土壤微生物的活动。要求中耕 4 次，第一次中耕在播后 3d 进行，耕深要求 5cm；第二次在甜菜幼苗显行后进行，耕深 10cm；第三次中耕在定苗后进行，耕深要求 15cm；第四次中耕在灌溉头水前进行，耕深要求 20cm。中耕松土质量要求：表土松碎，不埋苗、不压苗、不伤苗，不漏耕，田间无杂草。

3.3 灌水原则

甜菜对水的需求量较大，全生育期滴水 10 次，原则是前促后控。第一次滴水在出苗后 60d 左右。田间植株灌溉指标是晴天中午叶片出现萎蔫时；第一水之后，甜菜进入块根快速膨大期，这个时期甜菜需水量较大，要及时灌水，每隔 10d 左右灌水 1 次；中后期则适当减少灌水次数和灌水定额，收获前，应提前 20d 停水。全生育期灌水质量要求：灌水均匀，不漏灌、不积水，前中期灌水后土壤含水量达到田间最大持水量的 60%～70%。甜菜生长后期，田间管理主要是控制灌水次数和灌水定额，灌水后土壤含水量达到田间最大持水量的 60%，收获前 20d 停止灌水。

3.4 病虫草害防治

3.4.1 甜菜立枯病

防治措施：实行 4 年轮作，避免重茬和迎茬，前茬以禾本科作物为佳；改善土壤理化性质，增强透气性和透水性；及时中耕松土，破除板结，保持土壤疏松，提高地温，促进齐苗，壮苗。

3.4.2 甜菜根腐病

防治措施：一般选择土层深厚、土壤肥沃，疏松，通气性好，地势平坦，排水方便，地下水位低的地块为佳；进行 5 年以上轮作，避免重茬或迎茬，前茬以小麦等禾本科作物为宜；深秋耕并增施腐熟有机肥，改善土壤理化性质，增加土壤肥力，促进根系发育，增加块根抗病能力；避免大水漫灌。及时中耕松土，注意防治地下害虫，避免一切机械损伤。

3.4.3 丛根病

防治措施：甜菜丛根病属土传病害，避免重茬、迎茬；实行五年以上的轮作；增施腐熟有机肥，改善和提高土壤肥力；使用抗耐病品种。

3.4.4 蛇眼病

防治措施：实行轮作，彻底清除田间病残体，深秋耕和冬灌促进病残体腐烂，减少田间越冬菌源，减轻发病程度。

3.4.5 白粉病

防治措施：实行轮作，适时灌水，防止甜菜受旱，也要防止生长过旺，增强植株抗病性。

3.4.6 褐斑病

防治措施：实行 5 年以上轮作；及时中耕除草，铲除野生寄主，增施有机肥，及时定苗，适当密植，合理灌溉，防止田间积水。

3.4.7 地老虎

防治措施：除草灭虫，在害虫产卵期浅中耕，系统地铲除甜菜田内、外杂草，并沤肥或烧毁，这样可消灭大量的卵和幼虫；秋耕冬灌，消灭越冬幼虫，破坏黄地老虎越冬场所，减少越冬基数；利用成虫趋向性，采用黑光灯或糖醋液诱杀成虫。

3.4.8 甜菜象甲、茎象甲、跳甲等鞘翅目昆虫

防治措施：秋耕冬灌，压低越冬虫口基数；清除杂草，破坏成虫越冬场所和早春产卵基地；适当提早播种，可以减轻危害；苗期适当灌溉，可以抑制跳甲的繁殖和危害。

3.4.9 甘蓝夜蛾、三叶草夜蛾、潜叶蝇等害虫

防治措施：秋耕冬灌，铲除杂草，清洁田园，可消除大量越冬蛹，减少次年虫口基数；利用成虫的趋向性，用糖醋液进行诱杀，亦可用甘蓝夜蛾性诱剂进行诱杀。

3.4.10 各种草害

防治措施：使用充分腐熟的有机肥；使用黑白膜；使用净度 98% 以上的种子；种植前茬作物时，及时拔除田间杂草；提前清除田边地头杂草。

4 收获

工艺成熟是甜菜可以收获的标准，甜菜工艺成熟的标准是地上部分枯叶数量占叶片总数量的30%，块根含糖率达到当地制糖企业要求的指标。甜菜收获期较长，根据当地制糖企业安排的收获时间进行收获。

可采用半机械化收获和全自动机械收获两种收获方式。半机械化收获方式是先由机械起挖，然后由人工切削，最后集中拉运；全自动机械收获方式是由机械一次性完成打叶、起挖、捡拾、装车、拉运等全部环节。

参考文献

[1] 新疆农业科学院经济作物研究所．一种有机甜菜栽培方法［P］．中国专利：CN 201510076162.8，2015-05-27.

[2] 王燕飞，李承业，刘华君．饲料甜菜高产高糖栽培技术［M］．乌鲁木齐：新疆科学技术出版社，2012.

[3] 韩成贵，马俊义．甜菜病虫害简明识别手册［M］．北京：中国农业出版社，2014.